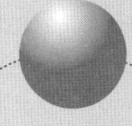

第五版

人機介面設計

DESIGNING THE USER INTERFACE
Strategies for Effective Human-Computer Interaction

Ben Shneiderman & Catherine Plaisant　著

賴錦慧　譯

PEARSON 台灣培生教育出版股份有限公司
Pearson Education Taiwan Ltd.

序 Preface

　　人機介面設計是專為學習互動式系統的學生、研究者、設計者、管理者、和評估者所設計的書籍。內容說明互動式系統中開發高品質使用者介面的方法。具備電腦科學、心理學、工業工程、資訊科、商業、教育、和通訊背景的讀者，都可以從書中找到新鮮且珍貴的資料。本書的目標，是希望引起讀者對可用性議題的重視，並深入研究人機互動的科學領域，以及在社群媒體中的新興議題。

　　自從本書的前四個版本分別於1986、1992、1998以及2005年出版以來，從事人機互動的人員和學者已越來越多，且越來越具影響力。介面品質也已大幅地改善，但使用群之間的差異也變得越來越大。過去的研究者與設計者可能宣稱這樣的成果是很成功的，然而現今的使用者對於介面和應用的期望與要求更高，也使得各式各樣的平台不斷地出現。除了桌上型電腦之外，現在的設計者還必須考慮到web服務和各種行動裝置，因而介面設計者有了新的方向：部分介面創新者提出虛擬實境與擴增實境，而其他的介面創新者則針對普適運算（ubiquitous computing）、嵌入式裝置和實體使用介面等提出吸引人的情境。

　　這些創新是重要的，但對於改善初學者的使用經驗，以及專家級使用者面對挫敗的努力上，仍有許多的努力空間。若我們希望讓全球各地的使用者都能享受這些新技術所帶來的好處，達到普遍可用性的目標，就必須解決這些問題。本書希望能激勵學生、引導設計者、並激發研究人員對這些問題的關注。

　　跟上人機互動創新的腳步是一件困難的任務，書籍出版後很快就會有更新的需求。這個領域的快速發展讓本書前三個版本的作者Ben Sheiderman向長期合作的研究夥伴Catherine Plaisant尋求協助，共同合著本書的第四版與第五版。此外，Maxine S. Cohen以及Steven M. Jacobs兩位作者也在第五版中貢獻所長，他

們長期使用本書的前幾個版本，並以讀者及授課老師的立場提出改善本書品質的新穎觀點。在準備第五版的期間，我們從書籍、期刊、網際網路、研討會、與同儕的討論中獲得許多資訊。接著，我們回到電腦前開始撰寫、產生第一版的初稿，這是一個起點，可讓同事、人機介面的從業人員和學生提供回饋意見。完稿期間需全神貫注，但結果是讓人滿意的。我們希望讀者可以將這些想法做最好的應用，並能將創新的想法提供給我們。

第五版的新增內容

讀者將在第五版的內容中看到人機互動領域的改變。人機互動、以人為中心的運算環境、互動式介面設計的相關課程越來越普及。雖然許多從事可用性設計的人仍必須爭取發聲，而企業與政府單位對可用性工程的支持則與日俱增。可用性設計已經出現在商業案例中，且相關的網站內容說明，根據許多研究顯示投資的獲利都是來自於可用性設計上所做的努力。

本版主要的改變，涵蓋社群媒體和使用者自訂內容，尤其是行動裝置。為顧及互動式系統中各式各樣的使用者，第1章說明為確保普遍可用性而出現的一些議題。第2章提出設計的指導方針、原則和理論，這些更新的內容可以反映出新的思考方式。第2單元包含開發方法與評估技術的修正。第3單元則研究直接操作流程與其它延伸應用，例如虛擬實境與擴增實境，以及因為新平台（尤其是行動裝置）的出現而做了修訂的功能表選單、填空式表單與命令語言。由於協同工作與社群媒體已變得很重要，因此第9章也針對這些議題擴大探討並更新內容。第4單元強調服務品質和一連串重要的設計議題。第12章的內容也重新修訂，顯示在達成普遍可用性的目標下，為使用手冊與線上說明所帶來的活力。最後，資訊搜尋與資訊視覺化已變成獨立的章節，因為我們相信這些主題會越來越重要。

我們努力平衡一些具爭議的主題說明，例如3D、說話與自然語言介面。哲學的爭議，例如人爲的控制程度和動態的角色，皆必須要謹慎地論述，以公平地呈現出與我們觀點的不同之處。我們提供同儕一個機會，可以針對章節內容提出意見，而在我們清楚呈現我們的想法時，也會努力做到平衡說明，尤其在書末的後記中特別是如此。不論本書是否成功，這些觀點都要請讀者自行做出判斷。

本書的使用方式

我們希望閱讀本書的介面設計者與研究者在研究新的主題或尋找參考資料時，能將此書當成參考書籍。

教師可按照本書的編排順序授課，也可以自行安排授課的順序。對大部份的學生而言，第1章是一個很好的起點，然而教師可能會依據過去的訓練而採取不同的方式，例如有些教師可能依領域安排授課的章節順序：

- 資訊科系：2, 5, 6, z 7, 8, 9, 10, 13, 14
- 工業工程：2, 4, 5, 10, 11, 13, 14
- 教育學科：2, 4, 9, 12, 13, 14
- 科技寫作和圖形設計：3, 4, 5, 11, 12

致謝

　　寫作是一個孤獨的過程，而校訂卻是一個社交過程。我們很高興看到許多來自同事和學生所提供的前一版本改進建議。我們特別感謝Maxine S. Cohen對第4、5、9、12章，以及Steven M. Jacobs對第3、7、10、11章的貢獻，且本書中隨處可見他們兩位所提供的幫助。他們在產業的經驗，以及使用本書的授課經驗，皆為第五版帶來很有價值的意見。

　　我們在馬里蘭大學每天一起合作的同伴對於我們的工作有深遠的影響：感謝Ben Bederson、Allison Druin、Francois Guimbretière、Kent Norman、Doug Oard、Jennifer Preece、Anne Rose、和Vibha Sazawal。在此也感謝大學部和研究所的學生所提供的鼓舞人心的回饋意見、具有挑戰性的問題、以及讓我們持續更新本書的動機。

　　審閱小組所提供的大量意見，在我們的修訂過程中扮演重要的角色。以下人士提出許多深具建設性的建議：

> Harry Hochheiser, *Towson University*
> Juan Pablo Hourcade, *University of Iowa*
> Richard D. Manning, *Nova Southeastern University*
> Chris North, *Virginia Tech*
> Jeff Offutt, *George Mason University*

　　此外，許多同事針對他們專精的內容提供我們諮詢或慷慨地寫下評論：感謝Christopher Andrews、PatrickBaudisch、Justine Cassell、Nick Chen、David Doermann、Cody Dunne、Jean-Daniel Fekete、 Dennis Galletta、Jennifer Golbeck、Art Graesser、Chang Hu、Bonnie John、Lewis Johnson、Matt Kirschenbaum、Kari Kraus、Alex Quinn、Kiki Schneider、Hyunyoung Song、Michael Twidale、以及Bo Xie。

出版社的編輯團隊在本書開始進行時即主動參與。我們感謝Michael Hirsch、Jeffrey Holcomb、Stephanie Sellinger、Bethany Tidd、Linda Knowles、和Joyce Cosentino Wells等人的貢獻。我們還要感謝Nesbitt Graphics公司的Rose Kernan、Paul Fennesy、Risa Clow和Jerilyn Bockorick。第四版和第五版的版權編輯Rachel Head告訴我們清楚且具教育性的寫作方式。若我們忘了感謝某些對於本書有貢獻的協助者，我們在此道歉。最後，感謝世界各地曾經提供意見給我們的學生與教授們。因為這些關於我們成長的訓練與專業的挑釁式質疑，激勵著我們不斷進步。

Ben Shneiderman (ben@cs.umd.edu)
Catherine Plaisant (plaisant@cs.umd.edu)

目錄 Contents

第 1 單元　導論

第 1 章　互動式系統的可用性 3
    1.1 導論 4
    1.2 可用性的目標和評估 11
    1.3 可用性的動機 13
    1.4 普遍可用性 20
    1.5 我們的專業目標 37

第 2 章　指導方針、原則、和理論 59
    2.1 導論 60
    2.2 指導方針 61
    2.3 原則 67
    2.4 理論 87

第 2 單元　開發流程

第 3 章　管理設計流程 107
　　3.1　導論 108
　　3.2　支援可用性的組織設計 109
　　3.3　設計的四個支柱 113
　　3.4　開發方法 120
　　3.5　人種誌觀察 123
　　3.6　參與設計 126
　　3.7　情節開發 129
　　3.8　初期設計審查的社會影響說明 132
　　3.9　法律問題 135

第 4 章　介面設計的評估 145
　　4.1　導論 146
　　4.2　專家審查 148
　　4.3　可用性測試和實驗室 153
　　4.4　調查工具 164
　　4.5　接受度測試 170
　　4.6　現行使用時期的評估 172
　　4.7　受控心理學導向實驗 180

第 3 單元　互動型態

第 5 章　直接操作與虛擬環境 193
　　5.1 簡介 194
　　5.2 直接操作的實例 195
　　5.3 直接操作的討論 214
　　5.5 遠距操作 228
　　5.6 虛擬和擴增實境 232

第 6 章　功能表選單點選、填寫式表單和對話窗 249
　　6.1 導論 250
　　6.2 與工作相關的功能表選單結構 251
　　6.3 單一功能表選單 253
　　6.4 多個功能表選單的組合 265
　　6.5 內容組織 270
　　6.6 在功能表選單中快速移動 277
　　6.7 利用功能表選單執行資料輸入：填空式表單、對話窗、
　　　　和其它的方法 278
　　6.8 語音功能表選單和小型顯示器的功能表選單 288

第 7 章　命令和自然語言 299
　　7.1 簡介 300
　　7.2 命令組織功能、策略和結構 304
　　7.3 命名和縮寫 311
　　7.4 電腦上的自然語言 318

人機介面設計

第 8 章	互動裝置	337
	8.1 支援使用	338
	8.2 鍵盤和小型鍵盤	339
	8.3 指示裝置	347
	8.4 語音和音訊介面	366
	8.5 小型和大型顯示器	379
第 9 章	協同工作與社群媒體	399
	9.1 導論	400
	9.2 協同工作和參與的目的	404
	9.3 非同步分散式介面：不同位置、不同時間介	410
	9.4 同步分散式介面：不同地點、相同時間	426
	9.5 面對面介面：同一地點、同一時間	433

第 4 單元　設計議題

第 10 章	服務品質	451
	10.1 簡介	452
	10.2 回應時間影響模型	453
	10.3 期望和態度	463
	10.4 使用者的生產力	468
	10.5 回應時間的變異性	470
	10.6 使人沮喪的經驗	472

第 11 章　平衡功能和風格 483
- 11.1　簡介 484
- 11.2　錯誤訊息 485
- 11.3　非擬人化的設計 492
- 11.4　畫面設計 497
- 11.5　網頁設計 505
- 11.6　視窗設計 510
- 11.7　色彩 520

第 12 章　使用說明文件與線上說明 533
- 12.1　簡介 534
- 12.2　線上與書面說明文件 536
- 12.3　紙上閱讀 VS. 螢幕上閱讀 540
- 12.4　規劃說明文件的內容 543
- 12.5　使用說明文件 547
- 12.6　線上教學和動態的說明文件 557
- 12.7　協助使用者的線上社群 562
- 12.8　開發程序 564

第 13 章　資訊搜尋 571
- 13.1　簡介 572
- 13.2　純文字文件的搜尋和資料庫查詢 576
- 13.3　多媒體文件搜尋 584
- 13.4　進階的過濾和搜尋介面 587

第 14 章	資訊視覺化 597
	14.1 簡介 598
	14.2 根據工作分類法定義的資料型別 600
	14.3 資訊視覺化的挑戰 614
後 記	使用者介面對社會和個人的影響 623
	A.1 未來的介面 624
	A.2 資訊時代的十大問題 629
	A.3 持續的爭議 634
	作者簡介 648

第 1 單元

導論

CHAPTER 1

互動式系統的可用性

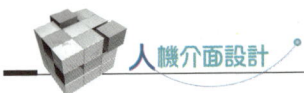

1.1 導論

使用者介面的設計者已變成轉變的英雄。他們的設計工作已從個人電腦轉換至社交電腦（social computer）上，讓使用者能以不同的方式進行溝通與合作。過去只提供專業需求的桌上型電腦應用，現在已能讓廣大的使用群產生使用者自製內容，並在全球資訊網（World Wide Web）上與眾多的使用者分享。以web為基礎之社群網路（social networking）和社群媒體應用（social media applications），在以前僅供桌上型電腦使用者使用，而現今都能透過各類行動電話和其他行動裝置來使用。

圖1.1

Apple® Mac OS X®。左上角視窗為Windows XP的虛擬機器以及社群網站Facebook（http://www.facebook.com/），右上角為Unix終端機，右下方視窗是很受歡迎的線上拍賣網站eBay（http://www.ebay.com/），螢幕下方顯示常用項目之選單：Dock，其項目圖示會在滑鼠經過時放大

由於研究者和使用者介面設計者已開始利用先進的技術來處理使用者的需求，因而讓產生戲劇性變動這件事成為可能。研究者利用實驗心理學的方法與強大的社會科學工具，為人機互動（human-computer interaction）建立跨領域之設計科學，然後整合教育和工業心理學家、教學和圖形設計者、技術作家、人因工程學專家、資訊設計師、以及富冒險精神的人類學家與社會學家的豐富經驗。在越來越強大的社群媒體（social media，或可被稱為社群電腦互動（social-computer interaction））中，這樣的效果看來是成功的。在社群工具與服務的傳播影響下，研究者和設計者會收集來自政策分析師、智慧財產權保護者、隱私權保護者、消費提倡者和倫理學家等的新想法。

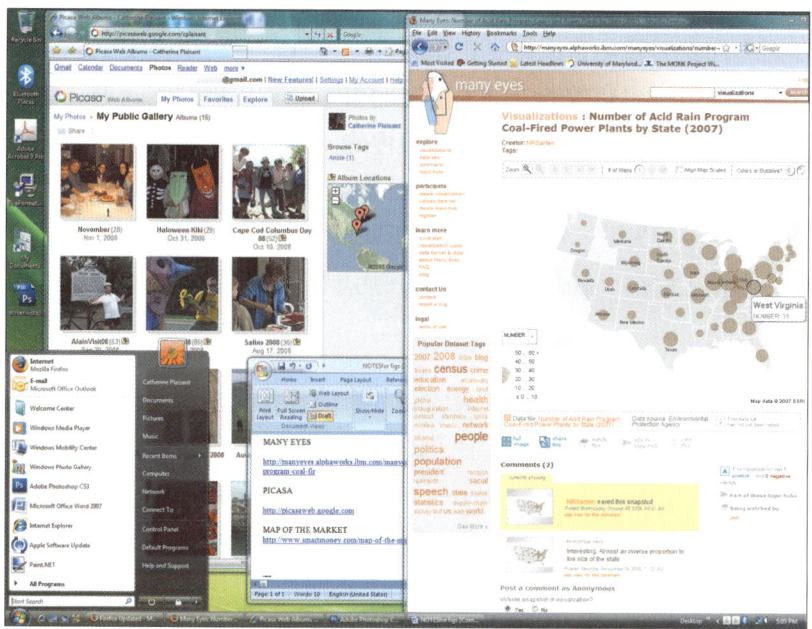

圖1.2

Microsoft® Windows Vista®，項目圖示顯示在左上以及左下的開始選單中，其透明度會使得視窗顯示在選單之下。左邊的主視窗為Google的照片分享應用軟體Picasa™，右邊為IBM的Many Eyes應用軟體，它能讓使用者張貼與視覺化資料（此處是顯示美國燃媒發電廠的位置分佈），其他使用者也可發表意見或加上標籤

使用者介面能夠締造商場上的成功傳奇，和轟動華爾街的事件，它們也會挑起激烈的競爭、侵害版權的訴訟、智慧財產權的戰爭，以及數百萬美元的併購和跨國合作。網際網路的遠景產生了一個可以免費取得音樂的世界，然而，致力於保護創作的人士也主張應該支付合理的費用。

因為使用者在國家認證方式、國土保護、打擊犯罪、醫學紀錄管理等領域中，都是扮演重要的角色，因此使用者介面同樣也具有許多爭議之處。在2001年9月11日的恐怖攻擊之後，某些美國國會議員抨擊使用者介面設計上的缺點，導致無法發現恐怖份子。

從個人的角度來看，使用者介面改變了人們的生活：對專業人員而言，有用的使用者介面，代表著醫生可以做更正確的診斷，飛行員可以更安全地駕駛飛機，同時，孩童也可以更有效的方式學習，而畫家能夠以更順暢的方式從事各種可能的創作。然而，某些改變卻是具破壞性的。許多時候，當使用者遇到非常複雜的選單、不太容易了解的術語、或非常凌亂的瀏覽途徑時，他們必須要處理挫折、害怕、和失敗。在接收到如 "Illegal Memory Exception: Severe Failure" 這樣的訊息，而卻又缺乏如何處理的導引時，使用者怎會不被這樣的訊息所困擾呢？

由於設計者的需求是為了提升使用者經驗，使用者介面的設計持續受到關注（圖1.1到1.2所示為常用的作業系統）。在商業環境中，企業家可得到來自較好的決策支援與小型出版工具的幫助，而在家庭環境中，可以藉由數位相片和語音傳訊，增進家人之間的關係。有太多人受惠於全球資訊網（World Wide Web）所提供的教育和文化資源，以使用來自中國的傑出藝術品、印尼的音樂、巴西的運動、和好萊塢（Hollywood）或寶萊塢（Bollywood）的娛樂（圖1.3到1.7為一些受歡迎的網站）。行動裝置可以為每個人增添日常生活樂趣，包括殘障者、低教育程度者與低收入戶（圖1.8為部份的行動裝置）。就全世界的角度來看，全球化的提倡者和反對者對於技術在全球化發展中所扮演的角色，一直有不同的看法和爭議。行動主義者則為達成聯合國千禧年發展目標（United Nations Millennium Development Goals）而努力。

● 第 1 章 ● 互動式系統的可用性

圖1.3

Apple的iTunes®介面（http://www.apple.com/itunes/）能讓個人電腦與Macintosh®的使用者購買音樂、影片等，並且能管理使用者的多媒體資料，使得這些蒐集的內容能與音樂播放器如iPod®和iPhone™進行同步

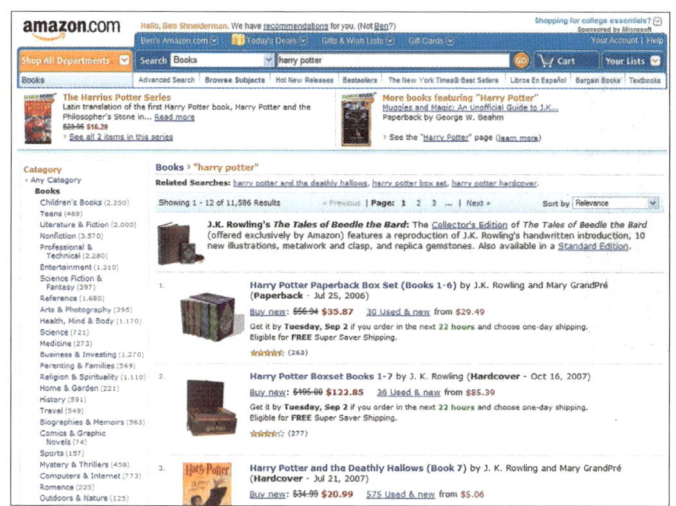

圖1.4

Amazon.com（http://www.amazon.com/）的網站，能根據使用者在網站中的個人歷史記錄，進行書籍與產品的推薦

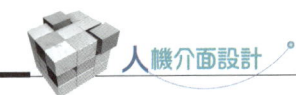

由於個人通訊之行動裝置（尤其是行動電話）爆炸性地成長，進而促成桌上型電腦網路應用的變革。而在已開發和開發中國家，行動裝置的成長已變得很驚人。有些分析師看到經濟成長和行動電話的普及之間是有密切的關聯性，因為溝通促進了商業活動並刺激了企業家的冒險精神。行動裝置也能增進家人和朋友間的關係、即時醫療照護，以及對專家和居民提供災難生命救助之回應服務。

爆炸性成長也很適合用來描述網路社群與使用者創作內容。舊媒體，例如報紙和電視，已試圖透過新媒體來增加觀眾群，而舊媒體的觀眾群則漸漸喜歡社群網站（如MySpace和Facebook），或是可呈現使用者自訂內容的網站（如YouTube和Wikipedia）（MySpace、Facebook、YouTube和Wikipedia都名列最常使用的前十大網站）。當企業家建立越來越聰明的社群媒體（social media participation），並可透過web應用和行動裝置來使用時，早期的這些網站就是一種體驗。

圖1.5

YouTube（http://www.youtube.com/）為免費提供大量影片上傳與下載的前十大網站之一，鼓勵創作好笑和嚴肅的短片（長度為2到10分鐘）。這個例子展示在Sony™ PlayStation® 3上的遊戲Untold Legends™

設計者可讓使用者建立、編輯和呈現三維圖形、動畫、音樂、聲音和影像,這樣的結果可讓網站上的多媒體體驗變得更豐富,而具創意的使用者自訂內容也能呈現在行動裝置上。

社會學家、人類學家、決策者、和管理者目前正研究社群媒體如何改變教育、家庭生活、個人關係和各種服務,例如醫療照護、財務建議和政治組織。他們也處理組織影響力、工作再設計、分散式團隊運作、在家工作的情境、和長期社會變化等議題。當面對面的互動被螢幕對螢幕的互動取代時,如何維護個人信任度與組織的忠誠度?

設計者正面臨顯示器尺寸的挑戰,這些顯示器的大小,小到如手機的行動裝置,大到如電漿螢幕和投影機。這些設計的可塑性(plasticity),必須確保能在不同尺寸的顯示器間順利轉換、以web瀏覽器或口袋型行動電話的方式傳送資訊、轉換成多國語言、與殘障者使用的輔助裝置相容。

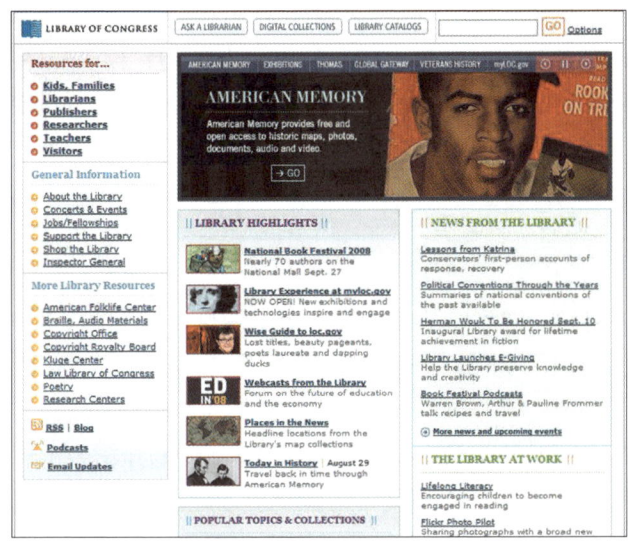

圖1.6

國會圖書館網站(http://www.loc.gov/)提供超過200個主要資料來源,其包含了美國南北戰爭至1920年代的猶太戲院等各式各樣的主題

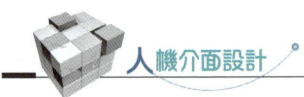

　　有些創新者認為桌上型電腦和其使用者介面會消失,而新介面會變得更普遍、普及、無形,並且融入於週邊環境中;他們相信新的裝置可以理解內容、體貼、感知、並了解使用者的需求,同時透過發光、發出聲音、改變形狀、或吹出氣體的環境來做回饋。某些夢想家預見將出現可攜帶、可穿戴、或甚至可以植入皮膚的先進行動裝置。用來追蹤使用者進入大樓,或是追蹤FedEx包裹正在抵達目的地的個別感應器,可用以製作追蹤人群、流行病、汙染的感應器網路。其它的設計者則提倡能改變使用者行為、增進使用機會的多型態或手勢輸入介面,以及能回應使用者情緒狀態的感情介面。

　　對使用者介面設計者而言,目前是令人感到興奮的時代,技術提倡者所做的鼓舞人心宣示或許令人振奮,但使用者介面的快速發展,卻是來自那些設計出滿足人類真正需求者的努力。這些設計者會與一些熱心的早期使用者、及勉強接受現況的後期採用者嚴格地評估實際的使用情況,並且謹慎地探討使用者拒絕使用的原因。筆者深信下一階段的人機介面必定會受到提升介面的普遍可用性、與強調社群媒體的使用群的深遠影響。

　　第1章分別從使用者和研究者的角度,對人機互動做全面性的介紹。1.2和1.3節說明可用性目的、評估和動機。1.4節談到普遍可用性這個重要主題,最後以專業目標做為總結。本章最後會列出章節內容中所引用的特定參考文獻及一般參考資料、參考書籍、期刊、影片資料,整理參考資料的目的是希望能作為讀者深入研究時的起點。

　　第2章會概略介紹本書使用到並經過修改的指導方針、原則、和理論。第3到4章介紹開發流程和評估方法,第5到9章介紹互動方式,介紹的範圍從直接圖形操作的互動方式,到文字命令的互動方式,並說明使用常用的互動裝置開發這些互動方式的方法。協同工作(collaboration)也包含在這部份的介紹中,目的在強調每個設計者的考量,都應超越個人電腦,考慮到更多社群運算(social computing)的形式。第10到14章說明可決定產品成功與否的重要設計決策,這些決策可能會帶來意想不到的突破,並將產品帶領到可能的新方向。後記則會說明科技對社會與個人的影響。

○第 1 章○ 互動式系統的可用性

1.2 可用性的目標和評估

每個設計者都想創造高品質的介面,這些介面能夠被同事欣賞、被使用者讚美、被競爭者仿效。介面會被欣賞和讚美的原因,並非是設計者自己誇耀系統的好處或刊登新潮的廣告,而是系統的內在特質,如可用性、普遍性、和有效性。在一定的預算與時間內,這些目標是透過細心的規劃、了解使用者的需求、致力於需求分析、和全盤的測試來達成。

追求卓越使用者介面的管理者,首先會挑選具經驗的設計者,並準備實際的時間表,其中包含準備指導方針與重覆測試的時間。而設計者從決定使用者需求、產生多個設計方案、並執行廣泛的評估(第3章和第4章)著手。最新的使用者介面建立工具可快速地開發可用的系統,並能做進一步測試。

成功的設計者,能夠超越「使用者友善」(user friendliness)的模糊概念,他們不僅會檢查設計是否符合主觀的指導方針,而且會針對不同的使用群和必須完成的工作進行全面性的了解。好的設計者會熱衷服務使用者,尤其是當使用者面對不同的選擇、時間壓力與有限的預算時,更能強化設計者的決心。

當管理者和設計者成功的完成工作後,這些設計良好的介面能讓使用者產生成功、合適和能充分掌握等正面感受。介面有易懂的心智模型,可讓使用者有信心地預測在每個操作之後會有什麼結果。在最佳的情況下,介面幾乎是不存在的,這能讓使用者專注於他們的工作、研究、或感興趣的事物上。這樣平靜的環境會讓使用者感覺到,他們正為了達成目標而順利地工作著。

與使用群密切互動可產生一些精選的標準工作,可用以當成可用性目標和評估的基礎。針對各類型的使用者和工作,明確的評估目標可導引設計者通過測試程序。ISO 9241人機系統互動工程學(Ergonomics of Human-System Interaction)(ISO, 2008)標準著重在一些值得稱讚的目標上:有效性、效率、和滿意度,但以下的可用性評估是把焦點集中在後兩項目標,可直接進行實際的評估:

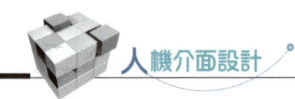

1. **學習時間**。使用者社群中的一般使用者需要花費多少時間,才能學會使用與工作相關的操作?

2. **執行速度**。完成標準工作需要多少時間?

3. **使用者的錯誤率**。在執行標準工作時,使用者會造成多少和哪類錯誤?雖然發生錯誤和修正時間也可以涵蓋在執行速度內,但錯誤處理是介面設計中的重要部分,應該更深入研究。

4. **記憶維持**。使用者在一小時、一天、一週後還能記得的程度為何?記憶維持和學習時間密切相關,同時使用頻率也扮演了重要的角色。

5. **主觀滿意度**。使用者對介面的各方面喜好程度為何?這個答案可以利用面談,或問卷(包含滿意度等級與可填寫評語)得知。

每個設計者都希望可以達成每一項可用性目標,但事實上,這些目標之間往往需要做取捨。若使用者可以做長時間的學習,則可以藉著使用複雜的縮寫、巨集、和捷徑來減少工作的執行時間;若要保持低錯誤率,執行速度可能就要被犧牲;在某些應用中,主觀滿意度可能是成功的主要決定因素,而在其它應用中,學習時間短、或執行速度快,才是最重要的。了解這些目標之間取捨的專案管理者和設計者,才能做出更有效的公開、明確選擇。而且能明確地說明主要目標的需求文件和商業手冊,才會受到高度的重視。

■ Box 1.1 **需求分析的目標**

1. 確認使用者的需求。
2. 確保具有相當的可靠度。
3. 提倡適當的標準化、整合性、一致性、和可攜性。
4. 在預算內按照進度完成計畫。

在多個設計的可行方案提出後,應再將最可能採取的方案交由設計者和使用者審查。較不精確的書面原型(paper mock-ups)的確有幫助,但精確的線上

原型（online prototype）能為專家審查和可用性測試建構更真實的環境。使用手冊和線上說明必須在開發之前完成，以便在設計期間提供審查與設計其他的新觀點。接著，開發時可以利用適當的軟體工具；若設計是完整且明確的，那麼開發的工作應該不會太困難。最後，接受度測試可證明交付的介面能夠達到使用者與顧客的目標。這些開發的流程和軟體工具，將在第3、4章中完整地介紹。

商業上可見到許多可用性的例子，且仍不斷有新的實例產生（Landauer, 1995; Norman, 2000; Bias and Mayhew, 2005）。在預算和預定時間內完成的專案中，成功的使用者介面設計也會是管理上的成功。完整地記錄使用者需求有助於闡明設計流程，而謹慎的介面原型測試則會減少開發實作時產生的變動，可避免產品發行後需要更新而需付出昂貴的成本代價。透過完整的接受度測試，可確保介面開發可產生穩固且符合使用者需求的介面。

1.3 可用性的動機

使用者體認到好的設計介面所帶來的好處，因而對介面可用性產生很大的興趣。這個動機的產生，源自於攸關生命的系統；工業和商業系統；家用和娛樂應用；探索、創意和協同工作的介面；以及社會技術系統的設計者和管理者。

1.3.1 攸關生命的系統

攸關生命的系統包括：控制空中交通、核子反應爐、電力設施、警消調度、軍事運作、和醫學儀器系統。這些應用需要花費相當大的成本，但必須具備高度的可靠性和可用性。為了達到快速、無誤的效能，即使使用者感受到壓力，仍需接受長時間的訓練。且由於系統的使用者都是已經具備足夠使用動機的專業人員，所以主觀滿意度在這類的系統中較不重要。經常使用的功能以及緊急操作的練習課程，可以幫助使用者維持記憶。

1.3.2 工業和商業上的使用

　　工商業所使用的典型系統，包括銀行、保險、帳單輸入、製造管理、航空和旅館訂位（圖1.7）、銷售點終端機等系統。在這些例子中，成本會影響許多設計者的判斷。操作員的訓練時間所費不貲，所以容易學習是很重要的；因為許多商業活動都是國際性的，而需翻譯成多國語言、並根據當地文化做調整。運作速度和錯誤率之間的取捨，取決於系統生命週期的所有成本（見第10章）。主觀滿意度並非最重要；頻繁的使用將有助於記憶的維持。對大部分的應用系統而言，因為系統處理的交易量龐大，所以執行速度最重要；但是，作業員的疲勞、壓力等都是須考量的因素。平均的處理時間減少10%，可能代表減少10%的作業員人數、減少10%的終端機工作站、和減少10%的硬體成本。

1.3.3 家用和娛樂應用

　　家用和娛樂應用的快速發展，是可用性另一個令人感興趣的動機來源。個人計算環境的應用包括電子郵件、搜尋引擎、行動電話（圖1.8）、數位相機和音樂播放器。娛樂應用的成功，使得電腦遊戲變成比好萊塢還要大的產業，而新遊戲的輸入裝置，像是任天堂Wii™（圖1.9）和Guitar Hero™的簡化樂器（圖1.10），為運動、教育和復健等領域開啟了全新的可能。社群媒體應用包含社群網路（MySpace、Facebook）、虛擬環境（Second Life®、EverQuest®）、和使用者自訂內容（YouTube、Flicker）。因為這些應用的介面可以任意使用，而且產品競爭激烈，所以容易使用、錯誤率低和主觀滿意度都非常重要。如果使用者沒辦法快速地完成操作，他們可能會放棄使用電腦，或找尋另一個有用的軟體。

　　要在低成本的條件下做出正確的功能選擇並不容易。最好是提供有限制的、簡單的功能給初學者。但隨著使用者經驗的增加，他們會希望用到更多的功能、和得到更快的效能。為初學進階到專業使用者所設計的演進方式，是採用階層或層級式的架構設計。當使用者需要額外的功能，或有時間學習的時候，他們就可以進階到更高的層次。搜尋引擎就是一個幾乎具備基本和進階介

面的簡單例子（第13章）。另一個得到初學者青睞的方式，是謹慎地拿掉一些功能以產生一個簡單裝置，例如非常成功的BlackBerry或iPhone。

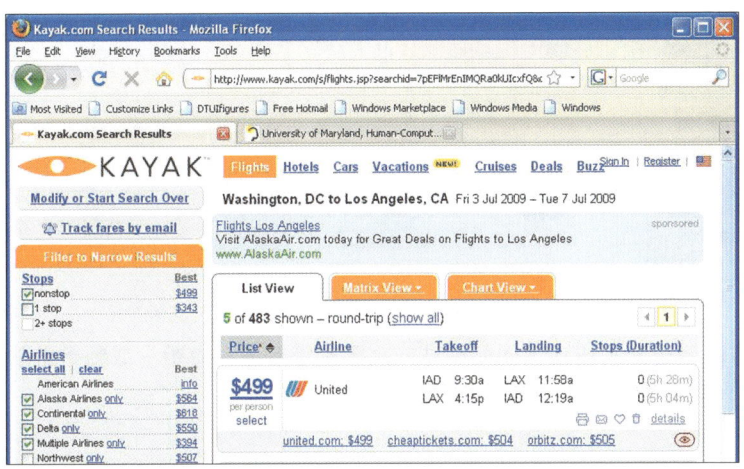

圖 1.7

在 Firefox® 3.0 中展示的 Kayak 旅遊搜尋網站（http://www.kayak.com/），其中的核取方塊可用來選擇直飛的班機和特定航空公司，使用者也可以使用下方的移動控制鈕來指定特定的班機時間

圖 1.8

Blackberry Curve™、Apple iPhone、HTC Android™等進階行動電話具有較大的螢幕，提供網際網路的連結，並支援各式各樣的應用

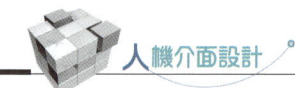
人機介面設計

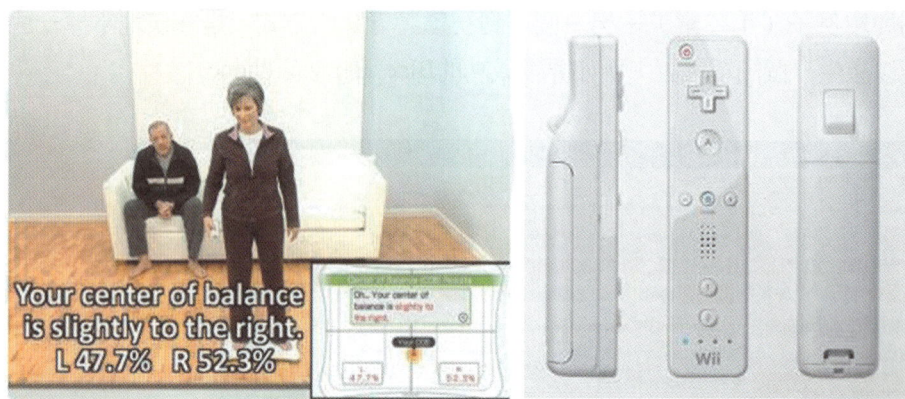

圖1.9
任天堂Wii 在很多方面皆已非常成功。例如網球或高爾夫球等運動遊戲，或動畫遊戲Mario™，以及能幫助平衡、伸展、肌力等訓練的體適能軟體

圖1.10
Guitar Hero是一個很成功的音樂演奏遊戲，其使用者可以學習演奏流行樂曲，並能根據演奏的好壞來進行評分。這個網站會提供特別的小吉他功能與使用方式給使用者，它也有一個討論社群並會舉辦比賽

1.3.4 探索、創意、和協同工作的介面

電腦的使用上,有愈來愈高的比例是用來支援人類智能和創意事業。探索應用包括World Wide Web瀏覽器和搜尋引擎(圖1.11至1.13)、科學和商業合作團隊的支援。創意的應用包括結構設計環境(圖1.14)、音樂創作工具、和錄影編輯系統。藉由使用文字、語音、和影音郵件,可讓兩個以上的人一起工作;或透過電子會議系統進行面對面的會議;或透過群組軟體讓遠端的合作者一起處理同一份文件、試算表或影像(即使使用者之間有時間和空間的距離)。

圖1.11

Yahoo!入口網站(http://www.yahoo.com),提供使用者e-mail、天氣、和個人照片等服務,它也提供搜尋視窗(靠近中間、上方);有20個類別可供瀏覽(左方);並有新聞、購物與娛樂等連結

圖1.12A

Google搜尋引擎(http://www.google.com/)。這個視窗展示簡單的使用者搜尋介面

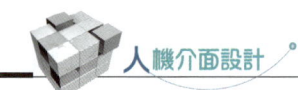

圖1.12B

顯示的視窗為進階搜尋的使用者介面，可提供更多不同的搜尋方式

在這些系統中，使用者可能具備夠多與工作領域相關的知識，但是卻沒有足夠的電腦概念；他們通常有很高的動機，但他們的期望也很高。因為這類應用具有探索的本質，使用的狀況也從偶爾使用、到經常使用都有，所以比較難描述他們常用的標準工作。總之，設計和評估這些應用系統是很困難的。設計者所能追求的目標，只是讓電腦感覺起來像是消失了，而讓使用者能夠完全地專注於他們的工作領域。當電腦提供一個可用以表示實際世界動作的直接操作方式（第5章），並以鍵盤的快捷鍵做為輔助時，讓電腦消失的目標似乎可以有效地達成。直接操作的方式，就可以利用熟悉的選擇或手勢，並伴隨著即時回饋和新的選項，讓工作執行。如此使用者可以將心思花在工作而非介面操作上。

● 第 1 章 ● 互動式系統的可用性

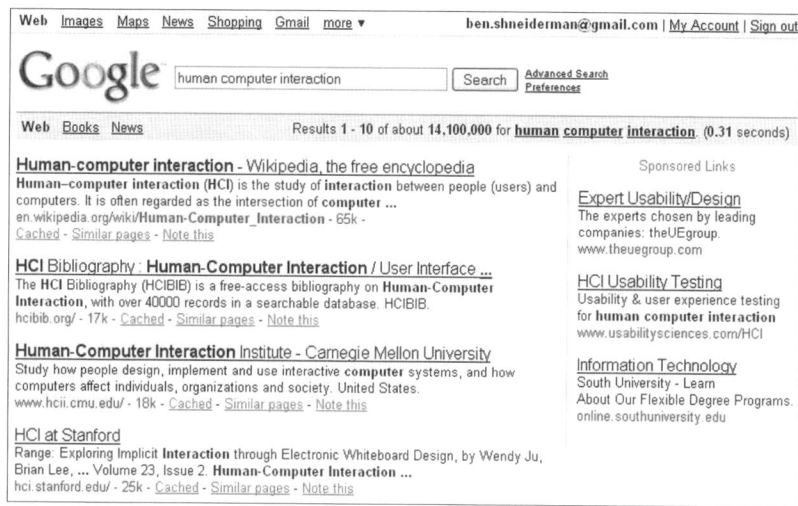

圖1.13
Google搜尋引擎顯示「人機互動」的搜尋結果

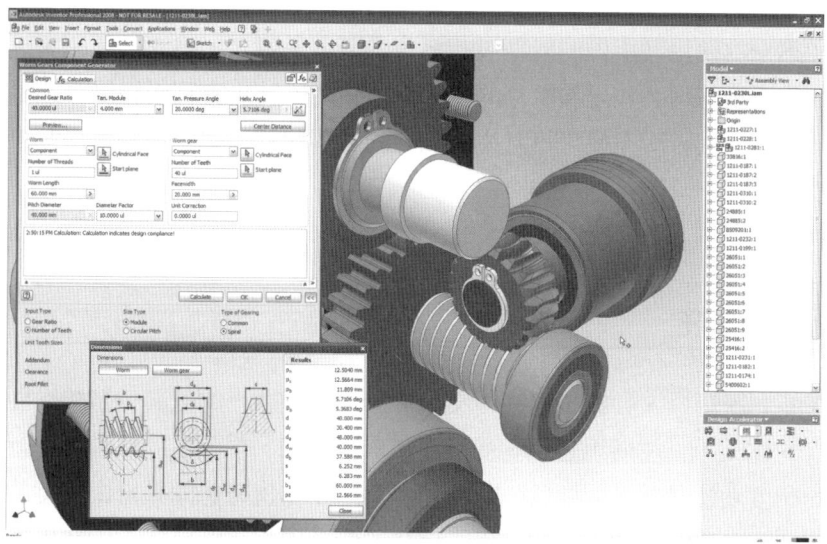

圖1.14
Stork Townsend公司的工程師使用Autodesk® Inventor®的Design Accelerators進行軸設計、齒輪設計、軸承設計等工作,以建立能在惡劣環境中運作的客製化齒輪箱(Autodesk與Stork Townsend公司提供)

19

1.3.5 社群技術系統

在長時間內牽涉到多人的複雜系統（如身分認證、和災害回報系統），其可用性需求領域會逐漸增加。這些系統的介面通常是由政府組織所建構，它們必須處理信任、隱私、和責任，並限制刻意竄改、詐欺、和不正確資訊所帶來的有害影響。使用者會希望知道有問題時要找誰處理，以及當一切順利時該感謝誰（Whitworth and de Moor, 2009）。

例如，在電子投票系統（Herrnson et al., 2008）中，公民需要一個再確認的回饋機制，有可能是透過列印的收據來確認他們的投票已經被正確地紀錄。除此之外，政府官員以及反對黨的專業觀察家會需要可以證明各選區選票都有正確回報的方式。若有人提出異議，調查人員會需要可以審查投票各階段程序的工具。

社群技術系統的設計者必須考慮不同身分的使用者在專門知識上的差異。為初學者和第一次使用者所做的成功設計，會強調容易學習、建立信任感所提供的回饋。為專業管理者和經驗豐富的研究者所做的設計，會利用視覺化工具來發現不尋常的模式、或在使用日誌中偵測出詐騙問題的方式，來快速提升複雜程序的效能。

1.4 普遍可用性

人類在能力、背景、動機、個性、文化、和工作型態上的差異，帶給介面設計者很大的挑戰。一位慣用右手、受過專業電腦訓練、想要透過小螢幕進行快速互動的印度女性設計者，要為一位慣用左手、工作型態悠閒且自由不拘的法國男性藝術家，設計一個成功的介面，這樣的設計過程可能會相當困難。為了要開拓市場佔有率、促使各種可能使用者的創意參與，了解使用者在物理、智力和個性上的差異是非常重要的。身為專業人員，使用者會記得我們是如

● 第 1 章 ● 互動式系統的可用性

何滿足他們的需求。這是最終的目標 — 滿足所有使用者的需求（Shneiderman, 2000; Lazar, 2007）。

在全球龐大的行動裝置消費市場中，尤其是行動電話，其要求的普遍可用性已造成設計者的壓力。雖然抱持懷疑態度的人會認為要應付分歧的需求，就是要採取愚蠢或最小共同利益的策略，然而，在我們的經驗中，只要針對不同的情況重新思考介面設計，就可以產生更好的產品給所有的使用者。評估某群使用者的特殊需求，對其他的使用者可能也會有用；例如，在人行道上，提供給輪椅使用者的護欄，對推著嬰兒車的父母、溜滑板的人、拉著有滾輪行李箱的旅人、以及有手推車的遞送人員同樣有幫助。把這個概念牢記心中，本節將說明物理、認知、感知、個性和文化差異的挑戰。而所考慮的使用者包括殘障使用者、年長者、和年輕使用者的介面，最後再討論軟硬體之間的差異。不同的使用狀況（新手、偶爾使用者和專家）、廣泛的工作型態、和多重互動型態的重要議題，都會在2.3.3節中討論。

1.4.1 在物理能力和工作環境上的差異

要適應人們的感知、認知、和行動能力上的差異，對每個設計者來說都是一大挑戰。幸運地，人因工程研究人員和使用者從汽車、飛機、行動電話等設計專案上獲得豐富的經驗。這樣的經驗可以應用在互動式電腦系統與行動裝置的設計上。

有關人類特徵的基本資料，是由人體測量學（anthropometry）的研究而得（Drefuss, 1967; Pheasant, 1966）。數百種的人類特徵可有數千種的評量方式 — 男性和女性、年輕和成年、歐洲人和亞洲人、過輕和過重、高和矮，可以提供資料來建立5到95百分的設計區間。人們已按頭、口、鼻、頸、肩、胸、臂、手、手指、腳、和腳的大小等資訊，而精心地歸納成各種分群。這些靜態評量的差異提醒我們：系統不會有「平均」使用者的形象出現，而且設計者必須妥協，或建立具有多個版本的系統。

　　行動電話鍵盤設計參數的選擇 — 按鍵的距離、按鍵的大小、和按下所需的力量（見8.2節），逐漸會考慮到使用者在物理能力上的差異。手特別大或特別小的使用者，在使用標準行動電話或鍵盤時可能會有些困難，但是大部分的人，都能滿足於標準設計。另一方面，由於人們對螢幕亮度的偏好有很大的差異，設計者通常會讓使用者自行控制這個參數；同樣地，椅子和椅背高度、以及視角的控制，也允許使用者自行控制。當單一設計無法滿足大部分人時，多種版本或是可調整的控制裝置是有助益的。

　　要建立好的設計，僅有靜態的物理度量並不足夠，對動態運作的評估 — 如坐著時雙手可及的距離、手指按按鈕的速度、或按鈕彈起的力道，也必須考慮（Bailey, 1996）。

　　因為許多工作都與感知有關，設計者必須了解人類感知能力的範圍，尤其是關於視覺方面（Ware, 2004）。例如，研究者研究人類對不同的視覺刺激的反應時間，或適應微光或亮光的時間。他們研究人類在情境中判定物件的能力，或判斷移動點的方向或速度的能力。視覺系統對不同顏色的反應不同，而且有些人在顏色判定上有暫時（因為生病或藥物）或永久的缺陷。人類的視覺光譜範圍和敏感度不盡相同，外界的影像和視網膜中央窩所呈現的影像很不一樣。設計者必須研究閃爍、對比、移動的敏感度、和深度感知，同樣地，視覺疲勞所帶來的影響也一定要考量。最後，設計者必須考慮到有亂視、眼睛受傷、眼疾、或配戴矯正眼鏡的人。

　　其他的感覺也很重要：例如，碰觸鍵盤或碰觸螢幕的觸覺，和聲音訊號、語調、語音輸入或輸出（見第8章）的聽覺。在互動系統中，疼痛、溫度、味覺、和嗅覺很少作為輸入或輸出，但是，卻有一些機會在創新應用中使用。

　　這些物理能力會影響互動系統的設計。他們在工作環境或工作站（或遊戲站）的設計上也扮演重要的角色。電腦工作站的人因工程（Human Factors Engineering of Computer Workstations）標準（HFES, 2007），列出以下的考量點：

- 工作的平面和顯示器支撐的高度
- 工作平面下雙腳可活動的空間
- 工作平面的寬度和深度
- 椅子和工作平面的高度與角度的可調整性
- 姿勢 — 座位深度和角度、椅背高度和腰的支撐
- 可用的扶手、踏腳、和護腕墊
- 有滑輪的座椅

為了確保高度的工作滿意度、好的績效以及低錯誤率，工作環境的設計是很重要的。不良的桌面高度、不舒適的椅子、或不夠放置文件的空間，都會妨礙工作的進行。這個標準文件也說明如照明等級（200到500 lux）、降低強光（反強光的塗料、反射板、篩網、位置）、平衡亮度和閃光、器材的反射、噪音和震動、氣溫、移動、和溼度，以及器材的溫度等問題。

最佳的畫面設計，可能會被吵雜的環境、不良的光線、或通風不良的空間拖累，進而導致績效降低、錯誤率增加，甚至讓積極的使用者感到沮喪。一些貼心的設計，像是提供有滑輪的椅子，和有良好光線工作地點，會受到殘障及年長使用者的青睞。

另一個物理環境的考量，牽涉到空間規劃與人類互動的社會學。對於有許多工作站的教室或辦公室，不同的空間規劃，會鼓勵或限制社會互動、協同工作、以及協助處理問題。因為使用者經常在一些小問題上幫助其他使用者，所以把許多終端機集中在一起，或者讓管理者或老師能從後面看到所有的終端機的螢幕，這樣的空間規劃可能會更有幫助。另一方面，程式設計師、訂位人員、或藝術家會喜歡安靜且隱密的工作環境。

走路、開車或在公共空間中，或是明亮、吵雜、移動和晃動的餐廳或火車上，使用到行動裝置的機會越來越多，這也是使用者經驗的一部份。為這些會變動的環境進行設計，對於設計的研究者與企業家來說都是很好的機會。

1.4.2 多樣的認知與感知能力

互動式系統設計者重要的基本原則，是了解使用者認知和感知的能力（Ashcraft, 2005）。Ergonomics Abstract 期刊針對人類認知過程做出以下的分類：

- 短期和工作記憶
- 長期和語意記憶
- 解決問題和推理
- 決策制定和風險評估
- 語言溝通和理解
- 搜尋、圖像、和感覺記憶
- 學習、技術養成、知識獲取、和概念的形成

他們也提出影響感知和活動表現的因素：

- 激勵和警惕
- 疲勞和缺乏睡眠
- 感知（心理）負擔
- 結果和回饋的知識
- 單調和無聊
- 感知剝奪
- 營養和飲食
- 恐懼、焦慮、心情、和情緒
- 藥物、抽菸、和酒
- 生理節奏

這些重要的議題並不在本書的討論範圍，但它們對互動式系統的設計品質具有深遠的影響。智能（intelligence）這個專有名詞並沒有列在以上的清單中，因為它本身具有爭議，而且在純粹的智能評估上是有困難的。

在任何應用中,工作領域和介面領域的背景經驗和背景知識,在學習和績效上扮演很重要的角色。工作或電腦技能的詳細分類,有助於績效的預測。

1.4.3 人格特質差異

有些人渴望使用電腦,而有些人因電腦而感到挫敗。甚至,喜歡使用電腦的人之間,對互動型態、互動方式、圖形與表格的呈現、密集與稀疏資料的呈現等等,可能會有不同的偏好。為了替各種不同的使用群設計介面,了解人格特質和認知型態的差異是有所助益的。

男性與女性之間是有明顯的差異,但是在現有的文件中,並沒有記錄與性別相關的介面偏好。大部份電視遊樂器的玩家和設計者都是年輕的男性,但有一些遊戲(例如The Sims™和Guitar Hero)吸引大量的女性玩家。當設計者深入探討為什麼女性會喜愛特定的遊戲,通常會推測女性喜歡暴力動作較少、配音也比較小聲的遊戲。其他猜測是女性喜歡社會遊戲、具有個性的角色人物、使用較柔的顏色樣式、而且有結束與完成的感受。這些非正式的推測,可以轉化為可評估的標準,並加以驗證嗎?

從遊戲到生產工具,大部分的男性設計者可能無法體會使用KILL(殺掉)程序或ABORT(中斷)程式的命令名稱,對女性使用者所帶來的影響。在使用者介面和使用者之間,這些可能令人遺憾的錯誤搭配,可以更貼心地注意個人差異的方式來避免(Beckwith et al., 2006)。

不幸地,使用者的人格特質並沒有簡單的分類法則。一個常用但具有爭議的技巧,是使用Myer-Briggs類型指標(Myer-Briggs Type Indicator)或MBTI(Keirsey, 1998),這個指標是以Carl Jung的人格特質理論為基礎,Jung假設有四種二分法:

- **外向與內向**。外向的人注重外界的刺激,並喜歡多樣性與活動,而內向的人喜歡熟悉的型態,依賴他們內在的想法,並且安於獨自工作。

- **理智與直覺**。理智的人比較傾向建立常規，善於明確的工作，並且喜歡應用已知的技巧。直覺的人喜歡解決新的問題，找出新的關係，但不喜歡花時間在細節上。
- **觀察與判斷**。具有觀察性的人，喜歡學習新的狀況，但可能在做決策上會有困擾。而具有判斷性人格特質的人，喜歡制定縝密的計畫，甚至在目標改變時，仍會想要實現原本的計畫。
- **富於感情與喜歡思考**。富於感情的人，能察覺他人的感受、想要討好他人、和大部分的人都處得不錯；而喜歡思考的人，比較缺乏情感，可能會無情地待人，並且喜歡把事情按邏輯順序處理。

MBTI 背後的理論，描繪出職業、人格特質、以及不同個性的人之間的關係。這個理論已經被應用在使用群的測試上，並且也用來導引設計者，但是，這些人格特質類型和介面特質之間的關係，實際上卻很薄弱。

繼 MBTI 之後所提出的理論，還包括根據 OCEAN 模型的五大測試（Big Five Test）：對經驗／才智（封閉／開放）的開放度、認真（混亂的／有組織的）、外向（內向的／外向的）、一致度（不一致／一致）、和神經過敏性（鎮定／緊張）。除此之外，還有上百種心理的衡量方式，包括承擔風險與迴避風險；內在與外在的控制；反射與衝動行為；聚斂與擴散性思考；焦慮度高低；壓力的承受度；模糊的容忍度；動機、或強制性；環境的依賴度與獨立性；獨斷與被動的人格特質；使用左腦或右腦。當設計者為家庭、教育、藝術、音樂、和娛樂開發電腦應用時，他們可以因注意到使用者的人格特質，而得到許多好處。

另一個衡量人格特質的方法，是研究使用者行為。例如，某些使用者把上千封電子郵件存放在非常組織化的階層式郵件匣中；而某些使用者則會把郵件一股腦地放在收件匣中，並用搜尋工具來尋找他們想要的信件。這些不同的處理方式，和人格特質有很大關係，而對設計者來說，要滿足雙重需求的訊息相當明顯。

1.4.4 文化和全球化差異

另一個個別差異，和文化、人種、種族、或語言背景有關（Fernandes, 1995; Marcus and Gould, 2000）。從小學習閱讀日文、或中文的使用者，瀏覽螢幕的方式，和從小學習閱讀英文、或法文的使用者不同。具思考性、或傳統文化背景的使用者，可能比較喜歡有固定選項的介面；而來自動作導向、或新穎文化的使用者，可能比較喜歡動態的畫面和許多的選項。使用者對網頁內容的好惡，也會有所不同。例如，某些大學的首頁，強調學校中令人讚嘆的建築、以及受敬重教授的授課內容；而其它的大學則突顯學生團隊專案和活潑的社交生活。使用者對行動裝置的偏好，也會隨著文化而有快速變動的風格—例如，來自Motorola®薄型且漂亮的RAZR™手機是一個很成功的例子，但它卻讓位給圓角的iPhones和其他的競爭者。

雖然已經學到愈來愈多來自不同文化使用者之間的差異，但為了多種語言與文化的設計，設計者仍在努力地建立設計的指導方針。全球電腦市場的成長（許多美國公司有一半以上的市場是在海外），代表設計者必須為全球化做準備。能協助使用者自行設定區域版本之使用者介面的軟體架構，才能具備競爭優勢。例如，可將所有的文字（指令、說明、錯誤訊息、標籤等）儲存在檔案中，如此可以在不需要或撰寫少量程式的情況下，產生其它語言的版本。硬體上的考量包括字元集、鍵盤和特殊輸入裝置。全球化使用者介面設計上的考量如下：

- 字元、數字、特殊字元、和音符字母
- 由左至右、由右至左、與垂直的輸入和閱讀
- 日期和時間格式
- 數字和貨幣格式
- 重量和度量單位
- 電話號碼和地址
- 名字和稱謂（先生、女士、太太、少爺、博士）

人機介面設計

- 身份證字號、護照號碼
- 大寫和標點符號
- 排序順序
- 圖示、按鈕、和顏色
- 複數表示、文法、和拼字
- 規矩、規則、語調、禮節、和隱喻

以上列出的考量很多,但仍不完整。雖然早期的設計者可以不用顧慮文化和語言上的差異,但是在目前高度競爭的環境中,越能有效區域化即能產生更強的優勢。為了開發更好的設計,公司應該和來自不同國家、文化和語言的使用者一起進行可用性研究。

資訊技術在全球化開發上扮演愈來愈重要的角色,但為了考量具有不同語言技能與科技能力之使用者的需求差異,還是有許多事需要處理。為了培育出成功的資訊應用,世界各國的代表於2003及2005年在「資訊社會的世界高峰會」聚首。他們宣布:

> 渴望並承諾能建立一個以人為中心、包含一切的、和以開發為導向的資訊社會。在這個社會中,根據聯合國所認可的目的與原則,完全尊重與維持人類權利的普世宣言,人們可以創造、取得、利用和分享資訊和知識,使個人、社群、和人類在促進提升開發水準與改善生活品質上,發揮他們完全的潛能。

這個計畫要求應用系統應該「所有人都可以使用、都負擔得起、能考慮當地的語言和文化需要、並且能持續開發」。希望在2015年達成的聯合國千禧年發展目標(UN Millennium Development Goals):消滅極端貧窮及飢餓;降低兒童死亡率;迎戰愛滋病毒、瘧疾、及其他疾病;確保永續的生活環境。為了達成這些目標而發展的基礎建設中,資訊和通訊技術扮演重要的角色。

1.4.5 殘障的使用者

　　桌上型電腦、web軟體和行動裝置的設計彈性，可讓設計者為殘障的使用者提供特殊的服務（Vanderheiden, 2000; Stephanidis, 2001; Horton, 2005; Thatcher et al., 2006）。美國復健法案第508節的第1998修正案（1998 Amendment to Section 508 of the Rehabilitation Act），要求聯邦機構保障員工和大眾對資訊技術的使用權（http://www.access-board.gov/508.htm）。Access Board針對視覺受損、聽覺受損、和行動能力受損的使用者，詳細說明指導方針，包括如鍵盤或滑鼠的替代品、色彩識別、字型大小設定、對比設定、用紋理代替影像，以及像框架、超連結、和外掛（plug-ins）等web特質。在許多國家也有類似的法規，工具開發者藉由網頁授權工具以保證大部份環境中的承諾，以及網頁編碼檢查器在需要變更時提供回饋。

　　利用許多廠商所提供的硬體和軟體，螢幕的某個部分可以被放大，或文字可以轉換成聲音輸出（Blenkhorn et al., 2003）。將文字轉換成語音，可以幫助視障者接收電子郵件、或閱讀文字檔案，而且語音辨識裝置允許使用者在一些使用介面中做語音控制。對視覺能力受損的使用者，圖形使用者介面是一種挫折，但是科技的發明，如Freedom Scientific的JAWS®、GW Micro的Windows-Eyes™、或Dolphin的HAL™螢幕閱讀器，能夠把平面資訊轉換成口語文字（Thatcher et al., 2006）。同樣的，IBM的Home Page Reader™和Conversa®的網頁瀏覽器，能讓網頁瀏覽者存取web資訊和服務。在特殊狀況（如駕駛汽車、騎腳踏車、或在刺眼的陽光下工作）下，語音產生與聽覺介面對明眼人也是有幫助的。

　　只要對電腦做簡單的改變，通常就能讓聽覺能力受損的使用者使用電腦（將音調轉換為視覺訊號通常很容易辦到），並且能讓他們在大量使用電子郵件和傳真的辦公室環境中作業。為聽障者設計的電信裝置（TDD或TTY），能利用電話取得資訊（如火車或班機時刻）和服務（聯邦機構和許多公司都提供TDD或TTY存取）。有許多為殘障使用者設計的特殊輸入裝置，在設計時會根據使用者

特定部位受損的程度而進行；語音辨識、眼球注視控制、頭戴式光學滑鼠、和其它創新的裝置（甚至是電話）都能滿足殘障使用者需要（見第8章）。

設計者若能在早期規劃時即考慮殘障使用者的需求，將能大幅降低設計成本，這是因為在這個時候，改變設計的成本很低，或者根本不需要成本。例如，將on/off開關移到電腦的正面，所需做的改變很小，就算有也只是改變製造成本，然而這樣的改變卻可增加所有使用者在使用上的便利性，尤其是那些行動能力受損的人。其它的例子，包括為聾人加上電視節目字幕開關 — 這對聽得見的使用者也很有用；和為盲人提供描述網頁圖片的ALT標籤 — 這麼做也可以增進所有使用者搜尋資料的能力。

考量到視力、聽力、和行動能力受損使用者的需求，美國Public Laws第99-506及100-542條法規要求美國政府單位應該要為雇員和公民建立無障礙資訊環境。任何一個想要把產品銷售給美國政府的公司，都要遵守這個要求。針對工作環境、學校、和家庭提供的服務，可從下列來源取得相關資訊：

- 私人基金會（如，美國盲人基金會和國家盲人聯盟）
- 組織（如，Alexander Graham Bell 聾人協會、國家聾人協會、盲人軍人協會）
- 政府單位（如，為國會圖書館的盲人和身體殘障者的國家圖書館服務、和位於Maryland復建中心的人類殘障技術中心）
- 大學團體（如：在Wisconsin大學的TRACE研究發展中心、Utah州立大學的Web Accessibility in Mind、MIT的資訊網可及性推動組織（Web Accessibility Initiative）
- 製造商（如，Apple、IBM、Microsoft、和Sun Microsystems™）

使用電腦讓殘障人士有可能可以增加學習、工作、社會參與、和社群貢獻的能力。此外，有許多人的殘疾問題是暫時性的：他們可能會忘記他們的眼鏡、在開車時無法看路標、在吵雜環境中很難聽見聲音。威斯康新大學的

TRACE中心和猶他州立大學的Web Accessibility in Mind（WebIM）組織，在網站上為強調普遍可用性之設計者提供指導方針和資訊。WebIM涵蓋認知失能，例如記憶喪失、癡呆、失語症、注意力不集中，以及閱讀、語言、視力等能力上的困難，並提供特殊指導方針給設計者，例如建立清楚的操作順序結構、重要資訊的強調、和產生明確結構的一些方法。MIT的W3C組織（World Wide Web Consortium）中的資訊網可及性推動組織（Web Accessibility Initiative）已訂定一致的指導方針和工具，來協助開發者建立無障礙網路環境。

針對殘障使用者改善原有設計必須是全球性的考量。聯合國網站（http://www.un.org.disabilities/）提倡這樣的認知，而在特定國家的網站，例如法國的AccessiWeb（http://www.accessiweb.org/），則提供法律的規定和特定語言的軟體工具。

1.4.6 年長的使用者

年長者能提供許多愉快的使用經驗，然而老化卻會造成身體上、認知上、和社會上的負面影響。了解人類老化的原因，能協助設計者建立可供年長者使用的使用者介面。年長者能得到的好處包括：增加生產性工作機會；增加寫作、使用電子郵件和其它電腦工具的機會；以及在教育、娛樂、社會互動、和挑戰性工作上的滿足感（Furlong and Kearsley, 1990; Hart et al., 2008）。年長者是健康維護團體中特定的主動參與者（Xei, 2008）。為年長者做設計，帶給社會的好處包括可以從年長者獲取經驗和情感的支持。

國家研究會議在老化人口的人因研究需求報告中，把老化形容為：

> 在身體和心理功能上的不一致的緩慢轉變 .... 平均的視力和聽力，隨著年紀衰退，平均的力量和反應速度也是如此 ...〔人們體驗到〕至少失去某種記憶功能、感知上的靈活度降低、刺激編碼速度的降低、與在學習複雜的心智技能上困難度的增加 ....，視覺功能，例如，準確度、黑暗的調適、調整、對比的敏感度、和視力，平均而言，都會隨著年齡衰退（Czaja, 1990）。

這段敘述雖有令人沮喪的一面，但對許多人而言，其實只有遇到部分的狀況，他們仍然繼續參與許多活動，甚至到九十多歲仍是如此。

更進一步的好消息是，介面的設計者為年長使用者做了更多設計，因此可讓年長者享受到使用電腦和網路通訊的好處。有多少年輕人的生活，因為能和祖父母或曾祖父母通電子郵件而變得更加豐富？有多少公司是因為對有經驗的年長者進行電子諮詢而獲益？有多少政府單位、大學、醫學中心、或法律事務所可以藉著和具有豐富學識的年長公民接觸，而提升它們的目標？對於社會，我們如何從年長者在文學、藝術、音樂、科學、或哲學上的創意作品中獲益？

隨著世界人口的逐漸老化，許多領域的設計者正調整它們的產品，以服務年長的使用者。為能讓駕駛和行人更安全，嬰兒潮時代出生的人開始推動較大的街道標誌、較明亮的交通號誌、和更好的夜間燈光。同樣地，透過讓使用者自行控制字型、顯示器的對比、和音量，也能讓桌上型電腦、web、和行動裝置的操作更方便。介面設計也可以利用更容易使用的指示裝置、更明確的瀏覽路徑、一致的版面、和更簡單的命令語言，讓年長者和一般的使用者更容易使用（Czaja and Lee, 2002; Hart et al., 2008）。研究人員和設計人員正要開始進入介面改良的黃金時代（Czaja et al., 2006）。讓我們在比爾蓋茲65歲之前完成它！在美國，AARP的Older Wiser Wired運動提倡為年長者提供教學，並提供指導方針給設計者。歐盟也有為了讓年長者使用電腦，而進行的許多活動和研究。

網路計畫，如以舊金山為基礎的SeniorNet，是要讓年齡超過50歲的成人使用與學習電腦與網際網路。網路「能豐富他們的生命，並讓他們能分享他們的經驗和智慧」（http://www.seniornet.org/）。電腦遊戲也能吸引年長者，例如意外成功的任天堂Wii，成功的原因來自於電腦遊戲模擬社會互動，提供感應運動技巧的練習（如眼手協調、增加靈活度、改善互動時間）。除此之外，由於過程中會面臨挑戰，因而能從中獲得成就感與對電腦的熟練度，也有助於增進自我定位。

在教導兩位年長者學習電腦的經驗中，也曾遭遇過他們對電腦感到恐懼以及認為自己無法學會電腦的情況。但在學習一些正面經驗後，這些恐懼馬上就消失了。能夠使用電子郵件、照片分享和教學遊戲的年長者，會對自己感到滿意，並想要再學習更多的東西。這種新發現的熱情，會鼓勵他們去嘗試使用自動櫃員機和超市的觸控螢幕。給設計者的建議是：要滿足年長者（和其他可能的使用者）的需求。例如：相較於滑鼠，精密的觸控螢幕會較吸引年長者（第8章）。

總之，針對年長者設計的具吸引力和容易使用的電腦，除了可利用技術所帶來的好處之外，其他人也會因為年長者的參與而獲益。想了解更多與此主題相關的資訊，可以試著詢問人因工程學會（Human Factors & Ergonomics Society），他們有一個發行報紙與組織會議的老化科技團隊。

1.4.7 兒童

兒童是另一個很活潑的使用群，他們使用娛樂和教育的電腦應用。即使是學齡前兒童，都有可以使用電腦控制的玩具、音樂產生器、和藝術工具（圖1.15）。當他們長大到可以開始閱讀，並且在學習有限的鍵盤技巧之後，他們可以使用更多的桌上型電腦應用、web服務和行動裝置。當他們變成了青少年，可能會成為非常專業的使用者，並有能力幫助父母或其他的成人。環境中有許多容易接觸到技術、並有父母及同儕支持的兒童，都會有這樣的理想成長過程。然而，有許多沒有經濟資源或支援性學習環境的兒童，卻很難使用到這類技術的機會，他們在使用上經常感到挫敗，並且會受到週遭的隱私、疏離、色情圖片、不會提供協助的同儕、和惡意陌生人的威脅。

兒童軟體設計人員的崇高抱負，包括教育加速、促進同儕社會化、和從熟練的技巧中培養自信。支持教育遊戲的擁護者，認為教育遊戲能引發內在的動機和創造性活動，但反對者經常控訴反社會和暴力遊戲會帶來負面的影響。

對於青少年，要有讓其自主的機會。他們經常率先使用新的溝通方式，例如：在行動電話上使用即時傳訊、手機簡訊，並創造出令設計者感到驚訝的文化或流行趨勢（例如，玩模擬和幻想遊戲、以及參與web的虛擬世界）。

適當的兒童軟體設計原則，會了解兒童對於互動交流的渴望，而這樣的交流會讓兒童控制適當的回饋，並支持他們與同儕間的社會交流（Druin and Inkpen, 2001; Bruckman et al., 2007）。設計者也必須找到兒童對挑戰的渴望、與父母對安全的要求間的平衡點。兒童可以應付一些沮喪和嚇人的故事，但他們也會希望知道自己可以重新開始、而且可以在不受到懲罰的情況下再嘗試一次。他們不懂得接受奉承的評語、或不適當的幽默，但他們喜歡熟悉的人物、可以探索的環境、和重複重做的能力。年幼的兒童有時候會重新玩一個遊戲、重新閱讀一個故事、或不斷地播放同一段音樂。某些設計者是藉由觀察兒童並和兒童一起測試軟體的方式工作，「兒童是我們的技術設計夥伴」的創新方法，讓兒童也能參與長期的合作諮詢過程，在這個過程中，兒童和成人一起設計出新的產品和服務。國際兒童數位圖書館（圖1.16）這項產品，就是把兒童視為設計者並與他們一起工作，此產品提供來自全球40種語言、超過2500本的童書，並使用一個具有15種語言的介面來支援低速和高速網路（Druin et al., 2007）。

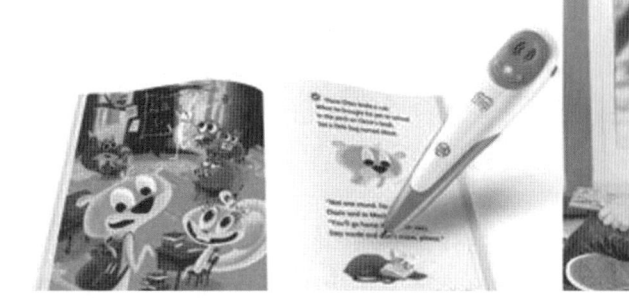

圖1.15
兩個小朋友使用包含書籍和筆的教育套裝教材（LeapFrog®的Tag™ Reading Basics）來學習閱讀、字母的發音以及玩遊戲（http://www.leapfrog.com）

圖1.16
參予One Laptop Per Child計畫的小朋友，在XO設備上使用國際兒童數位圖書館
（http://www.childrenslibary.org/）

　　若要為年紀更小的兒童做設計，需要注意到他們的限制。由於他們的手還不夠敏捷，因而無法使用滑鼠拖曳、雙擊；由於他們還正在培養的語文能力，因此操作指南和錯誤訊息對他們沒有任何作用。而且他們還不具抽象思考的能力，除非有成人介入，不然就要避免複雜的順序。其他的考量包括：注意力集中的時間短暫、能夠同時運用許多概念的能力還很有限。兒童軟體的設計者也須注意到危險的情況，特別是在web的環境中，父母必須得控制兒童對暴力、種族主義、或色情資訊的讀取。父母也需要適時地教導兒童有關隱私的問題和陌生人的威脅。

　　在藝術、音樂、寫作、科學、和數學教育活動中，兒童會因為玩遊戲而啟發創造力，這也是使用兒童軟體的原因。讓兒童有能力製作高品質的影像、照片、歌曲、或詩詞，並能和他們的朋友與家人分享，這樣可以加速兒童的個人發展和社會化能力。來自圖書館、美術館、政府單位、學校、和商業資源的教

材，可豐富兒童的學習經驗，並能讓兒童建立他們自己的網站、參與合作的工作、和投入社區服務計畫。提供年紀較大的兒童程式設計和模擬建築的工具，可協助他們接受複雜的認知挑戰，並創造出可供他人使用的產品。在這些機會下，有了主要的成果（例如One Laptop Per Child），現在全世界的兒童已可使用低價電腦，並希望日後還能結合豐富的內容、家長的指導教材、以及有效的教師訓練。

1.4.8 考慮硬體和軟體的差異

除了適應不同類別的使用者和技術等級，設計者還需要支援許多的軟體和硬體平台。技術的快速成長，代表新的系統會有數百或數千倍的儲存能力、更快的處理器、和具有更大頻寬的網路。然而，設計者需要考慮到較舊的裝置，以及具有較小頻寬和較小螢幕的新型行動裝置。

設計者必須同時考慮到不同硬體的挑戰，並確保設計能符合不同版本軟體的需求。新的作業系統、網頁瀏覽器、電子郵件軟體、和應用程式，在介面設計和檔案結構上，應該具有向前相容的能力。質疑者會認為，這樣的需求會降低創新的速度，但已進行仔細規劃的設計者，能夠提供彈性的介面和自我定義檔案，並能得到較高的市場佔有率（Shneiderman, 2000）。

至少在未來的十年中，三項主要的技術挑戰是：

- **在高速（寬頻）和低速（撥接和無線）網路連結下，產生令人滿意和有效的網際網路互動**。某些突破性的技術已經應用在壓縮演算法中，可用以減少影像、音樂、動畫、甚至是視訊的檔案大小，但目前的狀況仍嫌不足。仍需使用新的技術進行預先載入（pre-fetching）或預定下載。讓使用者控制每一次請求下載的資料量，可能也很有幫助（例如，讓使用者決定一張很大的影像應該是要縮小、轉換成簡化的線條畫、只用文字描述取代，或是在網際網路費用較低的晚上才做下載）。

- **從大型螢幕（1200×600像素或更高）到小型螢幕（640×480或更低）的行動裝置都可以使用web服務**。為了配合不同的顯示器大小，選擇重新撰寫每個網頁可能會有最好的品質，但對大多數的網頁提供者而言，這個方法的成本可能太高，而且很花時間。因此，需要有新突破性的軟體，讓網站的設計者能指定他們的內容，且讓內容能夠根據不同的顯示器大小，自動進行轉換。
- **容易維護並有自動轉換成多種語言的支援**。商業經營者體認到，如果他們的產品可以使用多種語言並跨越多個國家，那麼就有機會開拓市場。這表示獨立的文字可以允許進行簡單的替換、選擇適當的象徵物和顏色、和滿足多種文化的需求（見1.4.4節）。

為了考慮這些多樣化的需求，可以藉由重新思考設計的方式來改善品質。至於成本，藉由適當的軟體工具，電子商務提供者正在尋找以小量的工作，就可以讓市場成長20%以上的方法。

1.5 我們的專業目標

明確的目標不僅有助於介面開發，對於教育和專業組織也有幫助。有三個廣泛的目標似乎是可達成的：（1）影響學術和產業界的研究人員；（2）提供工具、技術、和知識給商業設計者；以及（3）提升一般大眾的電腦學習意識。

1.5.1 影響學術和產業界的研究人員

在早期，人機介面的研究大多藉著自省和直覺的方式進行，但這個方式缺乏正確性、一般性、和準確度。透過心理導向、受控實驗（controlled experimentation）技術，可對人機互動的基本原理有更深入的了解。用於介面研究的科學方法，是以受控實驗為基礎，其要點如下：

- 對於實際問題和相關理論的理解
- 可驗證假說的清楚陳述
- 少數獨立變數的操縱
- 特定相依變數的評估
- 精心選擇與指派的受測者
- 控制受測者、程序、和材料的偏差值
- 統計檢定的應用
- 結果的判讀、理論的修正、和實驗者的導引

材料和方法必須經過導引性實驗的測試，且其結果必須藉著重複不同狀況的方式進行驗證。

當然，基於受控實驗的科學方法有一些缺點，就是要找到合適的受試者很困難或是成本很高，而且實驗室的環境可能會扭曲實際的情況，造成做出的結論不具應用價值。受控實驗基本上只能針對短期的使用狀況，所以很難了解長期的用戶行為、或具經驗的使用者策略。因為受控實驗強調統計資料（statistical aggregation），非常好或非常差的個人表現可能會被忽略。甚至於觀察的證據或個別的情況可能會非常不受重視，這也是因為統計所造成的影響。

因為這些顧慮，所以利用人種誌的觀察方法（ethnographic observation methods）來平衡受控實驗。把軼事的證據和主觀的反應都記錄起來，採用把想法說出來或協定的方法進行田野或個案研究。其他的研究方法包括：自動紀錄使用者行為、考核、焦點團體、和面談。

在電腦科學領域，大家越來越重視可用性議題。人機介面的課程在一些大學部課程中是必修課，而許多課程中也會補充介面設計的議題。提出新程式語言、隱私保護方法或網路服務的研究者，更需要知道如何符合人類認知能力的需求。而先進的圖形系統、敏捷製造設備和消費性產品的設計者也逐漸體認到，提案的成功與否，與建立適當的人機介面有很大的關係。

人們有很多機會把傳統心理學（以及其子領域，如認知心理學）的知識和技術，應用到人機介面的研究上。為了解人類的認知過程，心理學家正在研究人類利用電腦解決問題與使用電腦的創造力。這樣的研究對心理學很有幫助，而且心理學家也有機會對重要且廣泛使用的技術，產生戲劇性的影響。

資訊科學、商業和管理、教育、社會、人類學、和其它學科的研究人員，不斷地自人機互動的研究中受益，也同樣的對人機互動研究有貢獻。有非常多的研究方向，且任何一個方向都可以作為研究的起點。如：

- **降低對電腦使用的焦慮和恐懼**。雖然目前電腦的使用廣泛，但還是有些有能力的人因為擔心會弄壞電腦、犯下尷尬的錯誤、或是侵犯到他們的個人隱私，因而抗拒使用電子郵件或是使用電子商務。當使用者的經驗越來越多時，會因為設計者對於安全與隱私的改進，而減少使用者對詐欺的恐懼與對垃圾電子郵件厭惡。

- **適度的進展**。雖然初學者可能只使用很少的功能與電腦進行互動，但他們會希望有能力使用更強大的功能。為了讓初學者轉變為知識者、進而成為專家的過程能夠順利，多層次介面設計與訓練教材的修正是有其必要。初學者和專家對於提示、錯誤訊息、線上協助、畫面複雜度、和回饋資訊有著不同的需求，因此需要更進一步的研究。可藉由改變背景圖片和鈴聲的方式允許使用者客製化介面，但是在這樣的流程中，引導使用者的方法仍需要加以討論。

- **社群媒體參與**。近期社群媒體和社群網路的擴展，是大改變即將來臨的一個早期指標。目前已經能讓使用者在web上（尤其是來自行動裝置）分享使用者自訂內容。還有很多工作尚待完成：提升自訂內容的品質、能夠有效的加上註釋、讓這些註釋內容可使用、以及提升再利用性以保護使用者在隱私或利益上的需求。

- **輸入裝置**。對介面設計者而言，有過多的輸入裝置是機會也是種挑戰（見第5章）。目前有許多關於多點觸控螢幕、語音、眼球凝視和手勢

輸入、滑鼠、和觸覺回饋裝置的討論。透過許多任務和使用者實驗，可以解決相衝的問題。其他潛在的議題包括：速度、準確度、疲勞、錯誤校正、和主觀滿意度。

- **線上說明**。雖然許多介面提供線上輔助文字或影片教學資訊，但對於初學者、或已具有相關背景的使用者和專家，我們卻不清楚什麼樣的指引最具效果（見第12章）。研究這些協助訊息和線上社群所扮演的角色，有助於評估使用者的成功使用和滿意度。

- **資訊探索**。在多媒體數位圖書館與全球資訊網中進行瀏覽和搜尋，已變得越來越普及，因而使得尋求更有效的策略和工具的壓力與日俱增（見第13章）。使用者希望能花最少的功夫，快速地過濾、選擇和重組所需的資訊，而不用害怕找錯方向、或找到無關的資訊。在文字、影像、圖片、聲音、和科學資料等大型資料庫中，使用新的資訊視覺化和視覺分析工具，會讓資料探索變得越來越容易。

1.5.2 提供工具、技術、和知識給商業設計者

使用者介面的設計和開發是熱門的話題，而且存在著跨國性的競爭。雇主以往都將可用性當作次要的議題，但是他們現在要雇用更多的使用者介面設計者、資訊設計師、使用者介面開發人員、和可用性測試員。這些雇主了解，高品質的使用者介面能帶來競爭優勢，並能改善員工的效能。他們渴望有軟體工具、設計指導方針、和測試技術的知識。使用者介面建構工具（見第5章）能支援快速原型建構和介面開發，並有助於設計的一致性、支援普遍可用性、和簡化逐步的細部修改工作。

目前已有為一般和特定的使用者撰寫的指導方針（參見本章最後的參考資料）。許多計畫採取最具生產力的方式來撰寫指導方針，同時將這些指導方針與其應用環境的問題結合在一起，再根據實驗的結果、目前介面的使用經驗、和知識性的預測結果來建立這些指導方針。

在介面開發過程中適合進行反覆的可用性研究和接受度測試。一旦有了初始介面，即可根據線上或書面調查、個人或團體訪談、或新策略的受控實際測試結果，進行介面的修正（見第4章）。

在開發的過程中，使用者的回饋可以為漸進的修正作業提供有用的觀點和指導方針。電子郵件能讓使用者直接傳送意見給設計者，而線上的使用者顧問和會員則可以提供立即的協助和鼓勵。

1.5.3 提升一般大眾的電腦學習意識

媒體充斥著有關電腦的故事，所以看起來似乎不必提升大眾對這些工具的認識，但是許多人在接觸電腦時仍感到不自在。當他們最後還是要使用櫃員機、行動電話或電子郵件時，他們可能會因害怕犯錯而感到恐懼、擔心會破壞設備、或擔憂「電腦比我聰明」。某種程度上，這些恐懼是因為設計不佳所造成的，這些不佳的設計包含複雜的命令、不友善和模糊的錯誤訊息、不直接和不熟悉的運作順序、或虛偽的擬人風格。

我們的目的是鼓勵使用者，把他們內在的恐懼轉化為憤怒的行動（Shneiderman, 2002）。當他們收到像SYNTAX ERROR這樣的訊息時，不是感到內疚，而是應該把他們的憤怒表達給不體貼和不為他人著想的介面設計者知道。不要因為無法記住一連串複雜的運作而感到自己能力不足，相反的，應該向設計者抱怨，控訴設計者沒有提供更方便的機制，或應該找到另一個較合適的產品。

當成功和令人滿意的介面愈來愈多時，粗糙的設計者就會變成歷史，而且成為商業上的失敗者。當設計者改良互動系統後，某些使用者的恐懼會降低，而且勝任、熟練、感到滿意的正面經驗就會出現。接著，大眾對於電腦科學家和介面設計者的看法就會改變。之前的機械導向和技術導向的設計者形象，將會轉變成親切、敏感、和為使用者著想的正面形象。

從業人員的重點整理

　　如果你正在設計互動系統，進行完整的使用者和工作分析，可以為適當的功能性設計提供最佳資訊。如果你還注意到可靠性、可用性、安全性、完整性、標準化、可攜性、整合性、時程與預算等行政問題，更可得到正面的結果。當設計的可行性方案提出後，可以根據學習時間、工作成效、錯誤率、記憶保持度、使用者滿意度等因素進行方案評估。能夠符合兒童、年長者、和殘障者需求的系統，可以提升所有使用者的使用品質。當設計已經過修正並實作後，可以進行引導研究、專家審查、可用性測試、使用者觀察、和接受度測試等評估，以加速設計的改善。產品開發的成功與否，越來越多的條件是依普遍可用性進行評估（取代了原來的由少數熱心使用者的推薦）。考慮到使用者的多樣性以及逐漸增加的使用社群時，快速增加的文獻和實證的指導方針，對於設計專案是很有幫助的。

研究者的議題

　　創新的成果必須經過廣大、並經由較長時間執行有用工作的使用群的使用，以做為成功研究的判斷標準。同時，研究者也正努力想了解，哪一些具有創造力的消費性產品會吸引並滿足多樣的使用者。研究者有無限的機會，有非常多有趣、重要和可以做的計畫，但也因此很難選擇一個方向。要以具有彈性的介面設計達到普遍可用性的目標，這樣的想法會讓研究者忙上數年。實踐過去模糊的承諾，以及利用不同的介面評估使用者的效能，將會是推動研究快速發展的重心。每個實驗都有兩個起因：設計者面臨的實際問題，以及根據人類行為和介面設計原理的基礎理論。從提出一個清楚的、可測試的假設開始，然後考慮適當的研究方法、進行實驗、收集資料、並分析結果。每個實驗也有三項產物：對實際問題提供明確的建議、修訂後的理論、和未來的實驗方向。本書每一章最後都會提出特定的研究計畫。

全球資訊網資源

http://www.aw.com/DTUI

本書有一個英文版的網站（http://www.aw.com/DTUI），內容包括與本書每一章相關的額外資源。除此之外，網站也提供教師、學生、從業人員、和研究者相關的資訊。第1章所提供的網頁連結，包含人機互動的一般資源，如專業學會、政府單位、公司、參考資料、和指導方針文件。

欲尋找特定的期刊和會議的參考資料的讀者，可以線上查閱人機介面的文獻目錄（http://www.hcibib.org/）。這是在Gary Perlman帶領下建立的資料系統，其中有超過4萬份以上的期刊、論文、和書籍摘要，另外加上許多主題的連結，包括：顧問公司、歷史、和國際發展。

一些很棒的全球資訊網資源：

1. The HCI Index（http://degraaff.org/hci/）

2. Diamond Bullet Design（http://www.usabilityfirst.com/）

3. 可用性方法的一個很棒的資源Usability.gov；以及美國政府指導方針（http://www.usability.gov）

4. IBM的延伸指導方針是以使用者為中心的設計方法（http://www-306.ibm.com/software/ucd/）

用來發佈消息與討論的電子郵件名單是由ACM SIGCHI（http://www.acm.org/sigchi/）以及British HCI Group（http://www.bcs-hci.org.uk/）維護，它也是經常更新的Usability News（http://www.usabilitynews.com/）的贊助者。

參考資料

本章的參考資料詳列如下:

Beckwith, L. Burnett, M., Grigoreanu, V., and Wiedenbeck, S., Gender HCI: What about the software? *IEEE Computer* 39, 11 (2006), 97–101.

Blenkhorn, Paul, Evans, Gareth, King, Alasdair, Kurniawan, Sri Hastuti, and Sutcliffe, Alistair, Screen magnifiers: Evolution and evaluation, *IEEE Computer Graphics and Applications* 23, 5 (Sept/Oct 2003), 54–61.

Bruckman, Amy, Forte, Andrea, and Bandlow, Alisa, HCI for kids, in Jacko, Julie and Sears, Andrew (Editors), *The Human-Computer Interaction Handbook, Second Edition,* Lawrence Erlbaum Associates, Hillsdale, NJ (2008), 793–810.

Center for Information Technology Accommodation, Section 508: The road to accessibility, General Services Administration, Washington, DC (2002). Available at http://www.section508.gov/.

Czaja, S. J. (Editor), *Human Factors Research Needs for an Aging Population*, National Academy Press, Washington, DC (1990).

Czaja, S. J., Charness, N., Fisk, A. D., Hertzog, C., Nair, S. N., Rogers, W. A., and Sharit, J., Factors predicting the use of technology: Findings from the Center for Research and Education on Aging and Technology Enhancement (CREATE), *Psychology and Aging* 21, 2 (2006), 333–352.

Czaja, S. J. and Lee, C. C., Designing computer systems for older adults, in Jacko, Julie and Sears, Andrew (Editors), *The Human-Computer Interaction Handbook*, Lawrence Erlbaum Associates, Hillsdale, NJ (2003), 413–427.

Dickinson, Anna, Smith, Michael J., Arnott, John L., Newell, Alan F., and Hill, Robin L., Approaches to web search and navigation for older computer novices, *Proc. SIGCHI Conference on Human Factors in Computing Systems*, ACM Press, New York (2007), 281–290.

Druin, Allison and Inkpen, Kori, When are personal technologies for children?, *Personal Technologies* 5, 3 (2001), 191–194.

Druin, A., Weeks, A., Massey, S., and Bederson, B. B., Children's interests and concerns when using the International Children's Digital Library: Afour country case study, *Proc. Joint Conference on Digital Libraries (JCDL 2007)*, ACM Press, New York (2007), 167–176.

Furlong, Mary and Kearsley, Greg, *Computers for Kids Over 60*, SeniorNet, San Francisco, CA (1990).

Hart, T. A., Chaparro, B. S., and Halcomb, C. G., Evaluating websites for older adults: adherence to 'senior-friendly' guidelines and end-user performance, *Behavior & Information Technology* 27, 3 (May 2008), 191–199.

Herrnson, P.S., Niemi, R.G., Hanmer, M.J., Bederson, B.B., Conrad, F.G., and Traugott, M., *Voting Technology and the Not-So-Simple Act of Casting a Ballot*, Brookings Institute Press, Washington, DC (2008).

Keirsey, David, *Please Understand Me II: Temperament, Character, Intelligence*, Prometheus Nemesis Books, Del Mar, CA (1998).

Marcus, Aaron and Gould, Emile West, Cultural dimensions and global user-interface design: What? So what? Now what?, *Proc. 6th Conference on Human Factors and the Web* (2000). Available at http://www.tri.c.com/hfweb/.

Pheasant, Stephen, *Bodyspace: Anthropometry, Ergonomics and the Design of the Work, Second Edition*, CRC Press, Boca Raton, FL (1996).

Shneiderman, B., Universal usability: Pushing human-computer interaction research to empower every citizen, *Communications of the ACM* 43, 5 (May 2000), 84–91.

Vanderheiden, Greg, Fundamental principles and priority setting for universal usability, *Proc. ACM Conference on Universal Usability*, ACM Press, New York (2000), 32–38.

Xie, Bo, Older adults, health information, and the Internet, *ACM interactions* 15, 4 (2008), 44–46.

一般資訊資源

主要的期刊包括：

ACM interactions: A Magazine for User Interface Designers, ACM Press, New York

ACM Transactions on Accessible Computing, ACM Press, New York

ACM Transactions on Computer-Human Interaction, ACM Press, New York

AIS Transactions on Human-Computer Interaction, AIS, Atlanta, GA

Behaviour & Information Technology (BIT), Taylor & Francis Ltd., London, U.K.

Computer Supported Cooperative Work, Springer, Berlin, Germany

Human-Computer Interaction, Taylor & Francis Ltd., London, U.K.

Information Visualization, Palgrave Macmillan, Houndmills, Basingstoke, U.K.

Interacting with Computers, Butterworth Heinemann Ltd., Oxford, U.K.

International Journal of Human-Computer Interaction, Taylor & Francis Ltd., London, U.K.

International Journal of Human-Computer Studies, Academic Press, London, U.K.

Journal of Organizational Computing and Electronic Commerce, Taylor & Francis Ltd., London, U.K.

Journal of Usability Studies, Usability Professionals Assn., Bloomington, IL

New Review of Hypermedia and Multimedia, Taylor & Francis Ltd., London, U.K.

Universal Access in the Information Society, Springer, Berlin, Germany

定期發表相關主題文章的其他期刊：

ACM: Communications of the ACM (CACM)

ACM Computers in Entertainment

ACM Computing Surveys

ACM Transactions on Graphics

ACM Transactions on Information Systems

AIS: Communications of the Association for Information Systems

Cognitive Science

Computers in Human Behavior

Ergonomics

Human Factors (HF)

IEEE Computer

IEEE Computer Graphics and Applications

IEEE Multimedia

IEEE Software

IEEE Transactions on Systems, Man, and Cybernetics (IEEE SMC)

IEEE Transactions on Visualization and Computer Graphics (IEEE TVCG)

Journal of Computer-Mediated Communication

Journal of Visual Languages and Computing

Personal and Ubiquitous Computing

Presence

Technical Communication

UMUAI: User Modeling and User-Adapted Interaction

World Wide Web: Internet and Web Information Systems

（美國）計算機協會（Association for Computing Machinery, ACM）有一個關於人機互動的技術聯盟（Special Interest Group on Computer & Human Interaction；SIGCHI），其發表一份報紙並定期舉辦研討會。ACM也發表相關的期刊（Transactions on Human-Computer Interaction）和雜誌（interactions）。其他的ACM技術聯盟，如Graphics and Interactive Techniques（SIGGRAPH）、Accessible Computing（SIGACCESS）、Multimedia（SIGMM）、和Hypertext, Hypermedia, and Web（SIGWEB）等，也會舉辦研討會並發表報紙。其他相關的ACM團體有：Computers and Society（SIGCAS）、Design of Communication（SIGDOC）、Groupware（SIGGROUP）、Information Retrieval（SIGIR）、以及Mobility of Systems, Users, Data, and Computing（SIGMOBILE）等。

IEEE Computer Society透過許多研討會、會刊、和雜誌，討論使用者介面的問題。American Society for Information & Technology（ASIST）有一個關於人機介面的技術聯盟（SIGHCI），發表一份報紙，並在ASIST年度大會舉辦一個會議。同樣地，商業導向的資訊系統協會（Association for Information System, AIS）也有一個SIGHCI團體，定期出版報紙、期刊和舉辦許多研討會。已經成立很久的人因與人因工程學協會（Human Factors & Ergonomics Society）每年都會舉辦年度會議，並有一個電腦系統技術團體（Computer Systems Technical Group），會發表報紙。此外，技術通訊學會（Society for Technical Communications, STC）、美國平面設計協會（American Institute of Graphic Arts, AIGA）、國際人因工程學協會（International Ergonomics Association）、和人因工程學協會（Ergonomics Society）都逐漸注意到使用者介面。具有影響力且以商業為導向之Usability Professionals Association（UPA），出版UX - User Experience雜誌和線上電子期刊Journal of Usability Studies，在每年11月的World Usability Day，會在世界各地舉辦很多活動。

資訊處理國際聯盟（International Federation for Information Processing）有一個關於人機互動的技術委員會（TC.13）和許多人機互動的工作團體。英國電腦協會人機互動團體（British Computer Society Human-Computer Interaction Group）和French Association Francophone pour l'Interaction Homme-Machine（AFIHM），在他們的國內提倡人機介面的開發。其他的國家和地區團體在南非、澳大利亞／紐西蘭、北歐、亞洲、和拉丁美洲舉辦活動。

那些ACM（特別是SIGCHI和SIGGRAPH）、IEEE、ASIST、Human Factors & Ergonomics Society、和IFIP所舉辦的研討會，常有很多相關的論文發表。INTERACT、Human-Computer Interaction International、和Work with Computing Systems是一系列涵蓋使用者介面問題的研討會。一些更特定的研討會，例如：User Interfaces Software and Technology, Hypertext, Computer-Supported Cooperative Work, Intelligent User Interfaces, Computers and Accessibility, Ubiquitous Computing, Wearable, Computers and Cognition, Designing Interactive Systems等，可能也有相關的主題。

對於想要研究這個正在發展的領域的讀者，BradMyers發表的HCI的歷史會是一個很好的起跑點（ACM interactions, March 1998）。JamesMartin在他1973年出版的Design of Man-Computer Dialogues提供了一個貼心且有用的互動式系統概論。Ben Shneiderman在1980年出版的書籍Software Psychology: Human Factors in Computer and Information Systems中，提倡使用受控實驗技巧和科學研究方法。Rubinstein和Hersh所著的The Human Factor: Designing Computer Systems for People（1984），對電腦系統設計提出了一個很吸引人的簡單介紹，以及許多指導方針。這本書的第一版於1987年發表，討論重要問題，提供給設計者一些方針，並建議一些研究方向。

具有影響力的書籍促使廣大的媒體和大眾對可用性議題產生關注，包括Nielsen的Usability Engineering（1993）、Landauer的The Trouble with Computers（1995）、以及Nielsen的Designing Web Usability（1999）。Don Norman在1988年出版的書籍The Psychology of Everyday Things（再版書名為The Design of Everyday Things），對於我們週遭的科技設計，以心理學角度提出新的看法。

隨著這個領域的成熟，會出現以特定主題為中心的小團體和刊物，如：行動計算、網頁設計、線上社群、資訊視覺化、虛擬環境等。為探索廣泛且越來越多的文獻，以下所列出的指導方針文件和書籍，是可作為進入這個領域的起點。

指導方針

Apple Computer, Inc., *Apple Human Interface Guidelines*, Apple, Cupertino, CA (June 2008). Available at http://developer.apple.com/.

— 說明如何針對具有Aqua使用者介面的Mac OS X，設計一致的視覺與行為特色的介面。

Apple Computer, Inc., *iPhone Human Interface Guidelines for Web Applications* (2008). Available at http://developer.apple.com/.

— 說明如何在iPhone行動web平台設計應用介面。

Dept. of Defense, *Human Engineering Design Criteria for Military Systems, Equipment and Facilities*, Military Standard MIL-STD–1472F, U.S. Government Printing Office, Washington, DC (1999).

— 涵蓋傳統人因工程和人體測量的問題。後續的版本逐漸注意到人機介面。對許多人因問題提供有趣和刺激思考的提示。

Federal Aviation Administration, *The Human Factors Design Standard*, Atlantic City, NJ (updated July 2007). Available at http://hf.tc.faa.gov/hfds/.

— 承包商所遵循的人因標準（human-factor standards），尤其是與飛機和空中交通控制有關。

Human Factors & Ergonomics Society, *ANSI/HFES 100-2007 Human Factors Engineering of Computer Workstations*, Santa Monica, CA (2007).

— 為設計、安裝、和使用電腦工作站，謹慎思考下所修訂標準。強調人因工程學（ergonomics）和人類學（anthropometrics）。

International Organization for Standardization, *ISO 9241 Ergonomics of Human-System Interaction*, Geneva, Switzerland (updated 2008). Available at http://www.iso.org/.

— 完整的一般簡介，包含對話原理、可用性的準則、資訊呈現、使用者導引、功能表選單對話、命令對話、直接操作對話、表單填寫對話等。對許多國家和公司而言是一個很重要的資源。

Microsoft, Inc., *The Microsoft Windows User Experience*, Microsoft Press, Redmond, WA(1999).

— 提供可用性原則的詳細分析（使用者具有控制、率直、協調、寬恕、美學和單純等特徵），並提出詳細的準則給windows軟體開發者。

Microsoft, Inc., *Windows Vista User Experience Guidelines* (2008). Available at http://msdn.microsoft.com/en-us/library/aa511258.aspx.

— 說明設計相關的原則、控制、命令、文字、互動、視窗和美學等。

NASA, *NASA.gov Standards and Guidelines*, Washington, DC (2005). Available at http://www.hq.nasa.gov/pao/portal/usability/.

— 說明NASA入口網站的資訊架構與使用者介面設計。

National Cancer Institute, *Research-based Web Design and Usability Guidelines*, Dept. of Health & Human Services, National Institutes of Health (updated edition 2006). Available at http://www.usability.gov/pdfs/guidelines.html.

— 具有權威性以及許多彩色實例的資訊導向網站。

Sun Microsystems, Inc., *Java Look and Feel Design Guidelines, Second Edition*, Addison-Wesley, Reading, MA (2001). Available at http://java.sun.com/products/jlf/.

— 以一致、相容、和美學的方式，告訴設計者如何開發視覺設計和視覺行為。

United Kingdom Ministry of Defence, *Human Factors for Designers of Systems*, Defence Standard 00-250, Issue 1 (23 May 2008). Available at http://www.dstan.mod.uk/data/00/250/00000100.pdf.

— 說明整合人因的流程、需求和可接受測試。

World Wide Web Consortium's Web Accessibility Initiative, *Web Content Accessibility Guidelines 2.0*, Geneva, Switzerland (2008). Available at http://www.w3.org/WAI/.

— 針對殘障人士所設計的網頁設計指導方針，提出實際的、可實踐的三階優先順序準則。資訊網可及性推動組織（Web Accessibility Initiative, WAI）發展了策略、指導方針、和資源，來幫助殘障人士使用無障礙網頁。四個準則為：可感知的、可操作的、可理解的、以及穩定的。

World Wide Web Consortium, *Web Accessibility Evaluation Tools*, Geneva, Switzerland (2008). Available at http://www.w3.org/WAI/ER/existingtools.html.

── 一份偶爾更新、且與可及性（Accessibility）有關的軟體工具清單；示範生動的活動。

書籍

經典書籍：

Bailey, Robert W., *Human Performance Engineering: Using Human Factors/Ergonomics to Achieve Computer Usability, Third Edition*, Prentice-Hall, Englewood Cliffs, NJ (1996).

Beyer, Hugh and Holtzblatt, Karen, *Contextual Design: Defining Customer-Centered Systems*, Morgan Kaufmann, San Francisco, CA (1998).

Cakir, A., Hart, D. J., and Stewart, T. F. M., *Visual Display Terminals: A Manual Covering Ergonomics, Workplace Design, Health and Safety, Task Organization*, John Wiley & Sons, New York (1980).

Card, Stuart K., Moran, Thomas P., and Newell, Allen, *The Psychology of Human-Computer Interaction*, Lawrence Erlbaum Associates, Hillsdale, NJ (1983).

Carroll, John M., *Making Use: Scenario-Based Design of Human-Computer Interactions*, MIT Press, Cambridge, MA (2000).

Dreyfuss, H., *The Measure of Man: Human Factors in Design, Second Edition*, Whitney Library of Design, New York (1967).

Dumas, Joseph S. and Redish, Janice C., *A Practical Guide to Usability Testing*, Ablex, Norwood, NJ (1999, revised edition).

Fernandes, Tony, *Global Interface Design: A Guide to Designing International User Interfaces*, Academic Press Professional, Boston, MA (1995).

Foley, James D., van Dam, Andries, Feiner, Steven K., and Hughes, John F., *Computer Graphics: Principles and Practice in C, Second Edition*, Addison-Wesley, Reading, MA(1995).

Hiltz, Starr Roxanne and Turoff, Murray, *The Network Nation: Human Communication via Computer*, Addison-Wesley, Reading, MA (1978, revised edition 1998).

Krueger, Myron, *Artificial Reality II*, Addison-Wesley, Reading, MA (1991).

Landauer, Thomas K., *The Trouble with Computers: Usefulness, Usability, and Productivity*, MIT Press, Cambridge, MA (1995).

Laurel, Brenda, *Computers as Theater*, Addison-Wesley, Reading, MA (1991).

Marchionini, Gary, *Information Seeking in Electronic Environments*, Cambridge University Press, Cambridge, U.K. (1995).

Marcus, Aaron, *Graphic Design for Electronic Documents and User Interfaces*, ACM Press, New York (1992).

Martin, James, *Design of Man-Computer Dialogues*, Prentice-Hall, Englewood Cliffs, NJ (1973).

Mullet, Kevin and Sano, Darrell, *Designing Visual Interfaces: Communication Oriented Techniques*, Sunsoft Press, Englewood Cliffs, NJ (1995).

Mumford, Enid, *Designing Human Systems for New Technology*, Manchester Business School, Manchester, U.K. (1983).

National Research Council, Committee on Human Factors, *Research Needs for Human Factors*, National Academies Press, Washington, DC (1983).

Nielsen, Jakob, *Usability Engineering*, Academic Press, Boston, MA (1993).

Norman, Donald A., *The Psychology of Everyday Things*, Basic Books, New York (1988).

Norman, Donald A., *The Invisible Computer: Why Good Products Can Fail, the Personal Computer Is So Complex, and Information Appliances Are the Solution*, MIT Press, Cambridge, MA (2000).

Preece, Jenny, *Online Communities: Designing Usability and Supporting Sociability*, John Wiley & Sons, New York (2000).

Raskin, Jef, *Humane Interface: New Directions for Designing Interactive Systems*, Addison-Wesley, Reading, MA (2000).

Rubinstein, Richard and Hersh, Harry, *The Human Factor: Designing Computer Systems for People*, Digital Press, Maynard, MA (1984).

Sheridan, T. B. and Ferrel, W. R., *Man-Machine Systems: Information, Control, and Decision Models of Human Performance*, MIT Press, Cambridge, MA (1974).

Shneiderman, Ben, *Software Psychology: Human Factors in Computer and Information Systems*, Little, Brown, Boston, MA (1980).

Shneiderman, Ben and Kearsley, Greg, *Hypertext Hands-On! An Introduction to a New Way of Organizing and Accessing Information*, Addison-Wesley, Reading, MA (1989).

Turkle, Sherry, *The Second Self: Computers and the Human Spirit*, Simon and Schuster, New York (1984).

Weizenbaum, Joseph, *Computer Power and Human Reason: From Judgment to Calculation*, W. H. Freeman, San Francisco, CA (1976).

Winograd, Terry and Flores, Fernando, *Understanding Computers and Cognition*, Ablex, Norwood, NJ (1986).

近期書籍：

Ashcraft, Mark H., *Cognition, Fourth Edition*, Prentice-Hall, Englewood Cliffs, NJ (2005).

Ballard, Barbara, *Designing the Mobile User Experience*, John Wiley & Sons, New York (2007).

Benyon, David, Turner, Phil, and Turner, Susan, *Designing Interactive Systems: People, Activities, Contexts, Technologies*, Addison-Wesley, Reading, MA (2005).

Buxton, Bill, *Sketching User Experiences: Getting the Design Right and the Right Design*, Morgan Kaufmann, San Francisco, CA (2007).

Cooper, Alan, Reimann, Robert, and Cronin, David, *About Face 3: The Essentials of Interaction Design*, John Wiley & Sons, New York (2007).

Dix, Alan, Finlay, Janet, Abowd, Gregory, and Beale, Russell, *Human-Computer Interaction, Third Edition*, Prentice-Hall, Englewood Cliffs, NJ (2003).

Dourish, Paul, *Where the Action Is*, MIT Press, Cambridge, MA (2002).

Dumas, Joseph S. and Loring, Beth A., *Moderating Usability Tests: Principles and Practices for Interacting*, Morgan Kaufmann, San Francisco, CA (2008).

Fogg, B.J., *Persuasive Technology: Using Computers to Change What We Think and Do*, Morgan Kaufmann, San Francisco, CA (2002).

Galitz, Wilbert O., *The Essential Guide to User Interface Design: An Introduction to GUI Design Principles and Techniques, Third Edition*, John Wiley & Sons, New York (2007).

Holtzblatt, Karen, Wendell, Jessamyn Burns, and Wood, Shelley, *Rapid Contextual Design: A How-to Guide to Key Techniques for User-Centered Design*, Morgan Kaufmann, San Francisco, CA (2004).

Johnson, Jeff, *GUI Bloopers 2.0: Common User Interface Design Don'ts and Dos*, Morgan Kaufmann, San Francisco, CA (2007).

Jones, Matt and Marsden, Gary, *Mobile Interaction Design*, John Wiley & Sons, New York (2006).

Jones, William, *Keeping Found Things Found: The Study and Practice of Personal Information Management*, Morgan Kaufmann, San Francisco, CA (2008).

Keates, Simeon, *Designing for Accessibility: A Business Guide to Countering Design Exclusion*, CRC Press, Boca Raton, FL (2006).

Kortum, Philip, *HCI Beyond the GUI: Design for Haptic, Speech, Olfactory and Other Nontraditional Interfaces*, Morgan Kaufmann, San Francisco, CA (2008).

Love, Steve, *Understanding Mobile Human-Computer Interaction*, Morgan Kaufmann, San Francisco, CA (2005).

Löwgren, J. and Stolterman, E., *Thoughtful Interaction Design: A Design Perspective on Information Technology*, MIT Press, Cambridge, MA (2004).

Ludlow, P. and Wallace, M., *The Second Life Herald: The Virtual Tabloid That Witnessed the Dawn of the Metaverse*, MIT Press, Cambridge, MA (2007).

Markopoulos, Panos, Read, Janet, MacFarlane, Stuart, and Hoysniemi, Johanna, *Evaluating Children's Interactive Products: Principles and Practices for Interaction Designers*, Morgan Kaufmann, San Francisco, CA (2008).

Moggridge, Bill, *Designing Interaction*, MIT Press, Cambridge, MA (2006).

Norman, D., *Emotional Design: Why We Love (or Hate) Everyday Things*, Basic Books, New York (2004).

Norman, K. L., *Cyberpsychology: An Introduction to the Psychology of Human-Computer Interaction*, Cambridge University Press, New York (2008).

Pirolli, Peter, *Information Foraging Theory: Adaptive Interaction with Information*, Oxford University Press, New York (2007).

Rubin, Jeffrey and Chisnell, Dana, *Handbook of Usability Testing: How to Plan, Design, and Conduct Effective Tests, Second Edition*, John Wiley & Sons, New York (2008).

Saffer, Dan, *Designing for Interaction: Creating Smart Applications and Clever Devices*, New Riders, Indianapolis, IN (2006).

Schummer, Till and Lukosch, Stephan, *Patterns for Computer-Mediated Interaction*, John Wiley & Sons, New York (2007).

Sharp, Helen, Rogers, Yvonne, and Preece, Jenny, *Interaction Design: Beyond Human-Computer Interaction, Second Edition*, John Wiley & Sons, West Sussex, England (2007).

Shneiderman, Ben, *Leonardo's Laptop: Human Needs and the New Computing Technologies*, MIT Press, Cambridge, MA (2002).

Sieckenius de Souza, C., *Semiotic Engineering of Human-Computer Interaction*, MIT Press, Cambridge, MA (2005).

Stone, Debbie, Jarrett, Caroline, Woodroffe, Mark, and Minocha, Shailey, *User Interface Design and Evaluation*, Morgan Kaufmann, San Francisco, CA (2005).

Te'eni, Dov, Carey, Jane, and Zhang, Ping, *Human-Computer Interaction: Developing Effective Organizational Information Systems*, John Wiley & Sons, New York (2007).

Thackara, John, *In the Bubble: Designing in a Complex World*, MIT Press, Cambridge, MA (2005).

Tullis, Thomas and Albert, William, *Measuring the User Experience: Collecting, Analyzing, and Presenting Usability Metrics*, Morgan Kaufmann, San Francisco, CA (2008).

Ware, Colin, *Information Visualization: Perception for Design, Second Edition*, Morgan Kaufmann, San Francisco, CA (2004).

Ware, Colin, *Visual Thinking for Design*, Morgan Kaufmann, San Francisco, CA (2008).

網頁設計資源

Alliance for Technology Access, *Computer and Web Resources for People with Disabilities: A Guide to Exploring Today's Assistive Technology*, Hunter House, Alameda, CA (2000).

Horton, Sarah, *Access by Design: A Guide to Universal Usability for Web Designers*, New Riders, Indianapolis, IN (2005).

Lazar, Jonathan, *User-Centered Web Development*, Jones & Bartlett Publishers, Boston, MA (2001).

Lynch, Patrick J. and Horton, Sarah, *Web Style Guide: Basic Design Principles for Creating Web Sites, Third Edition*, Yale University Press, New Haven, CT (2008).

King, Andrew B., *Website Optimization: Speed, Search Engine & Conversion Rate Secrets*, O'Reilly Media, Sebastopol, CA (2008).

Krug, Steve, *Don't Make Me Think!: A Common Sense Approach to Web Usability, Second Edition*, New Riders, Indianapolis, IN (2005).

Nielsen, Jakob, *Designing Web Usability: The Practice of Simplicity*, New Riders, Indianapolis, IN (1999).

Nielsen, Jakob and Loranger, Hoa, *Prioritizing Web Usability*, New Riders, Indianapolis, IN (2006).

Nielsen, Jakob and Tahir, Marie, *Homepage Usability: 50 Websites Deconstructed*, New Riders, Indianapolis, IN (2002).

Porter, Josh, *Designing for the Social Web*, New Riders, Indianapolis, IN (2008).

Redish, Janice, *Letting Go of the Words: Writing Web Content that Works*, Morgan Kaufmann, San Francisco, CA (2007).

Rosenfeld, Louis and Morville, Peter, *Information Architecture for the World Wide Web, Second Edition*, O'Reilly Media, Sebastopol, CA (2002).

Spool, Jared M., Scanlon, Tara, Schroeder, Will, Snyder, Carolyn, and DeAngelo, Terri, *Web Site Usability: A Designer's Guide*, Morgan Kaufmann, San Francisco, CA (1999).

Thatcher, Jim et al., *Web Accessibility: Web Standards and Regulatory Compliance*, friends of ED (2006).

Van Duyne, Douglas K., Landay, James A., and Hong, Jason I., *The Design of Sites: Patterns, Principles, and Processes for Crafting a Customer-Centered Web Experience*, Addison-Wesley, Reading, MA (2002).

Wroblewski, Luke, *Web Form Design: Filling in the Blanks*, Rosenfeld Media, Brooklyn, NY (2008).

文獻集

經典文獻集：

Baecker, R., Grudin, J., Buxton, W., and Greenberg, S. (Editors), *Readings in Human-Computer Interaction: Towards the Year 2000*, Morgan Kaufmann, San Francisco, CA (1995).

Badre, Albert and Shneiderman, Ben (Editors), *Directions in Human-Computer Interaction*, Ablex, Norwood, NJ (1980).

Bergman, Eric, *Information Appliances and Beyond*, Morgan Kaufmann, San Francisco, CA (2000).

Carey, Jane (Editor), *Human Factors in Management Information Systems*, Ablex, Norwood, NJ (1988).

Carroll, John M. (Editor), *Designing Interaction: Psychology at the Human-Computer Interface*, Cambridge University Press, Cambridge, U.K. (1991).

Druin, Allison (Editor), *The Design of Children's Software: How We Design, What We Design and Why*, Morgan Kaufmann, San Francisco, CA (1999).

Hartson, H. Rex (Editor), *Advances in Human-Computer Interaction, Volume 1*, Ablex, Norwood, NJ (1985).

Helander, Martin, Landauer, Thomas K., and Prabhu, Prasad V. (Editors), *Handbook of Human-Computer Interaction*, North-Holland Elsevier Science, Amsterdam, The Netherlands (1997).

Laurel, Brenda (Editor), *The Art of Human-Computer Interface Design*, Addison-Wesley, Reading, MA (1990).

Nielsen, Jakob (Editor), *Advances in Human-Computer Interaction, Volume 5*, Ablex, Norwood, NJ (1993).

Norman, Donald A. and Draper, Stephen W. (Editors), *User Centered System Design: New Perspectives on Human-Computer Interaction*, Lawrence Erlbaum Associates, Hillsdale, NJ (1986).

Shneiderman, Ben (Editor), *Sparks of Innovation in Human-Computer Interaction*, Ablex, Norwood, NJ (1993).

Thomas, John C. and Schneider, Michael L. (Editors), *Human Factors in Computer Systems*, Ablex, Norwood, NJ (1984).

Van Cott, H. P. and Kinkade, R. G. (Editors), *Human Engineering Guide to Equipment Design*, U.S. Superintendent of Documents, Washington, DC (1972).

Winograd, Terry (Editor), *Bringing Design to Software*, ACM Press, New York, and Addison-Wesley, Reading, MA (1996).

近期文獻集：

Bias, Randolph and Mayhew, Deborah (Editors), *Cost-Justifying Usability: An Update for the Internet Age, Second Edition*, Morgan Kaufmann, San Francisco, CA (2005).

Branaghan, Russell J. (Editor), *Design by People for People: Essays on Usability*, Usability Professionals' Association, Bloomingdale, IL (2001).

Carroll, John M. (Editor), *Human-Computer Interaction in the New Millennium*, Addison-Wesley, Reading, MA (2002).

Carroll, Johh M. (Editor), *HCI Models, Theories, and Frameworks: Toward a Multidisciplinary Science*, Morgan Kaufmann, San Francisco, CA (2003).

Earnshaw, Rae, Guedj, Richard, van Dam, Andries, and Vince, John (Editors), *Frontiers in Human-Centred Computing, Online Communities and Virtual Environments*, Springer-Verlag, London, U.K. (2001).

Erickson, Thomas and McDonald, David W. (Editors), *HCI Remixed: Essays on Works That Have Influenced the HCI Community*, MIT Press, Cambridge, MA (2008).

Jacko, Julie and Sears, Andrew (Editors), *The Human-Computer Interaction Handbook: Second Edition*, Lawrence Erlbaum Associates, Hillsdale, NJ (2008).

Kaptelinin, V. and Nardi, B., *Acting with Technology: Activity Theory and Interaction Design*, MIT Press, Cambridge, MA (2006).

Lazar, J. (Editor), *Universal Usability: Designing User Interfaces for Diverse Users*, John Wiley & Sons, New York (2007).

Lumsden, Joanna (Editor), *Handbook of Research on User Interface Design and Evaluation for Mobile Technology*, IGI Publishing, Hershey, PA(2008).

Nahl, Diane and Bilal, Dania (Editors), *Information and Emotion: The Emergent Affective Paradigm in Information Behavior Research and Theory*, Information Today, Medford, NJ (2007).

Proctor, Robert (Editor), *Handbook of Human Factors in Web Design*, Routledge, New York (2004).

Salvendy, Gavriel (Editor), *Handbook of Human Factors, Third Edition*, John Wiley & Sons, New York (2006).

Stephanidis, Constantine (Editor), *User Interfaces for All: Concepts, Methods, and Tools*, Lawrence Erlbaum Associates, Hillsdale, NJ (2001).

Streitz, Norbert, Kameas, Achilles, and Mavrommati, Irene (Editors), *The Disappearing Computer: Interaction Design, System Infrastructures and Applications for Smart Environments, Lecture Notes in Computer Science* 4500, Springer, Heidelberg, Germany (2007).

Whitworth, Brian and De Moor, Aldo (Editors), *Handbook of Research on Socio-Technical Design and Social Networking Systems*, IGI Global, Hershey, PA(2009).

Zhang, P. and Galletta, D. (Editors), *Human-Computer Interaction and Management Information Systems – Foundations*, M. E. Sharpe, Inc., Armonk, NY (2006).

影片

影片是呈現現代的使用者介面的動態、圖形、互動本質的一個有效的媒體。ACM SIGCHI研討會的技術影片課程（Technical Video Program）展示人們經常引用、但很少看到的傑出系統。所有的CHI錄影帶可以直接在開放影片計畫（Open Video Project）中訂購，參考http://www.open-video.org/。

Maryland大學的人機互動實驗室在1991年發表了一個報告，位於 http://www.cs.umd.edu/hcil/pubs/video-reports.shtml/，一些精選的影片內容也可以在網路上從開放影片計畫中取得。史丹佛大學的CS547人機互動專題討論中有很棒的課程，可參考http://scpd.standford.edu/scpd/students/cs547archive.htm。一個Georgia Tech的團隊建立的以人為中心的計算教育數位圖書館，其中包含影片、課程、教學投影片、和其他教材，可參考http://hcc.cc.gatech.edu/。

在每年的技術、娛樂&設計研討會中都有令人鼓舞的影片，涵蓋廣大的主題，包括想像中的使用者介面主題，可參考http://www.ted.com/index.php/talks/。其他特別的資源是YouTube（http://www.youtube.com/），在上面搜尋"user interface"就會列出上百個最近的產品發表、研究報告、和一些聰明且有趣的科技展示。

CHAPTER 2

指導方針、原則、和理論

2.1 導論

使用者介面的設計者已經累積了豐富的經驗，研究者也持續建立相關的經驗實證和理論，相關的實證和理稐可以分類為：

1. **特定且實用的指導方針**。可提供好的實例和危險警告。
2. **中階原則**。能幫助分析和比較設計替代方案的。
3. **高階理論和實用模型**。其用一致的術語來描述物件和運作，提出可以理解的說明以協助溝通和教學。其它的理論是屬預測性的，如為了閱讀、打字、或指示時間的理論。

現代的許多系統，有很大的機會可以改善使用者介面。凌亂的顯示內容、複雜的程序、不一致的設計、和不完整的資訊回饋，會產生令人沮喪的壓力。當使用者快要完成冗長的線上購物訂單時，網路卻在這時候無法連結，可理解地，他們可能會變得沮喪，甚至生氣。壓力和沮喪可能會導致較差的效能、無意或輕微的差錯、和嚴重錯誤，這些都會造成對工作不滿和顧客的抗拒。

這些問題的預防性良藥和解決方法 — 指導方針、原則、和理論，在這幾年已經趨於成熟。用來預測指示和輸入時間的可靠方法（第8章）、有用的認知理論（第10章）、和更好的訓練方法（第12章），現正影響著研究和導引著介面設計。

本章會先介紹一針對瀏覽、顯示組織過的內容、可引起使用者的注意力、和協助資料輸入的指導方針的範例（2.2節）。接著，2.3節說明某些基本介面設計原則，例如：適合使用者技術水準、工作概況、和互動型態，並提出介面設計的八個黃金定律（Eight Golden Rules），並探究避免發生使用者錯誤的方法，最後介紹在增加自動化的同時，所能確保的人為控制。2.4節回顧幾個介面設計的理論。

2.2 指導方針

從早期使用電腦的時代開始，介面設計者就嘗試寫下指導方針，紀錄他們個人對介面設計的理解，並為未來的設計者提供方向。早期的Apple和Microsoft指導方針，對於桌上型電腦的設計者有很大的影響力，而許多Web和新的行動裝置的指導方針文件內容也都遵循這些指導方針（見第1章最後「指導方針」）。指導方針文件可協助發展一個共同語言，並幫助許多設計者，讓他們使用一致的術語、外觀、和運作。指導方針是依據實際經驗或經驗研究，從中記錄最佳的實作方式。指導方針的建立，讓設計群對於輸入或輸出格式、一連串的運作、術語、和硬體裝置可以有熱烈的討論（Galitz, 2007; Lynch and Horton, 2008）。

有些批評者抱怨指導方針可能太過詳細、不完整、很難應用、而且有時候是錯誤的。支持者則辯稱，根據設計領導者經驗所建立的指導方針，有助於穩定地改善介面設計。雙方都了解，熱烈的討論才能讓問題更清楚。

在接下來的內容中將提出一些指導方針的範例，在3.3.2節中討論如何將它們整合到設計流程中。這些範例會說明一些重要的議題，但它們僅只是數千個已經被撰寫出來的指導方針中的幾個而已。

2.2.1 使用者介面瀏覽

對許多使用者而言，瀏覽介面有可能很困難，但若能提供明確的設計規則，這對使用者就會很有幫助。以下所列舉的指導方針範例是來自於美國國家癌症協會（National Cancer Institute），該協會為了協助政府單位設計教育性網頁因而做了許多努力（NCI, 2006），而這些指導方針也已被廣泛地應用。大部分的指導方針都用肯定的語氣描述（「減少使用者的工作量」），但是有一些是用否定的語氣描述（「不要顯示未經請求的視窗或圖片」）。NCI的這388項指導方針提出令人信服的範例和令人印象深刻的研究結果，其中包含設計流

程、一般原則、和特定的規則。這些指導方針能提供有用的建議，並能體驗其特點：

- **標準化工作順序**。讓使用者以相同的順序和方式，在類似的條件下執行工作。

- **確保所嵌入的連結具有描述性**。當使用嵌入的連結時，連結的文字應該要能明確地描述連結的目標。

- **使用獨一無二且為描述性的標題**。使用獨一無二的標題，且標題與其所描述的內容相關。

- **用單選按鈕來表示互斥的選擇狀況**。提供單選按鈕給使用者，讓他們能從一個互斥的選擇清單中，選擇一種回應方式。

- **建立能夠正確列印的頁面**。如果使用者想要列印一頁或多頁，建立符合列印大小的頁面，使其能正確地印出。

- **用縮圖來預覽較大的影像**。當不需要立即觀看原始大小的影像時，先提供影像的縮圖。

用來增進殘障者可用性的指導方針，列在美國復健法案中。法案的第508節，包含了web設計的指導方針，公佈於Access Board（http://www.access-board.gov/508.htm），這是一個獨立的美國政府機構，專為促進殘障人士的可用性所設置。網際網路聯盟（World Wide Web Consortium, W3C）採用這些指導方針（http://www.w3.org/TR/WCAG20/），並且將它們分成三個優先等級順序，為此，它們提供了自動檢查的工具。一些可用性指導方針為：

- **替代文字**：針對任何非文字內容，提供替代文字說明，使得這些非文字內容可以轉換成人們所需的其他型式，例如：大圖片、點字、方言、符號或較簡單的語言。

- **具時間性的媒體**：對任何一個具有時間性的媒體（如電影或動畫），提供替代說明。將多媒體展示與伴隨的替代說明（如標題或視訊的語音描述）同步。
- **可區別**：讓使用者可以很容易的看和聽一些內容，包括從背景中分離出前景。顏色不只是資訊傳送的視覺化方式，它可用來表示一個行為、提示回應、識別視覺元素。
- **可預測**：讓網頁能以可預測的方式出現或運作。

這些指導方針的目標，是讓網頁的設計者採用一些設計，使殘障者能利用螢幕閱讀機或其它特殊技術，來讀取網頁內容。

2.2.2 組織顯示的內容

顯示畫面的設計是一個很大的主題，其中包含許多特例。Smith 和 Mosier（1986）提出五個高階的目標，作為資料顯示的部份指導方針：

1. **資料顯示的一致性**。在設計的過程中，術語、縮寫、格式、色彩、大寫等都應該標準化，並使用這些項目的字典來控制。
2. **使用者能有效率地吸收資訊**。應該使用操作者熟悉的格式，而且應該和需要執行的工作與資料有關。這個目標可藉由一些規則來達成：簡潔的資料欄位、字母與數字資料靠左對齊、整數靠右對齊、小數點對齊、適當的間距、使用容易理解的標記、適當的測量單位及以十進位表示的數目。
3. **使用者承受最少的記憶負擔**。設計者不應該要求使用者記住上一個畫面的內容，並把上面的資訊用在下一個畫面上。任務的安排，應該盡量讓操作次數降到最低，以減少忘記執行某個步驟的機會。對於初學者和中階的使用者，應該要提供一些標籤和一般常用的格式。
4. **資料顯示與輸入的相容性**。資訊顯示的格式，應該明確地和資料輸入的格式連結在一起。可能的話，輸出欄位也應該可以當作可編輯的輸入欄位。

5. **使用者控制資料顯示的彈性**。使用者應該要能以最方便工作的方式得到資訊。例如,使用者應該要能輕易地改變欄位的順序和列的順序。

這組簡潔的高階目標是個很有用的起點,但每個設計專案都會針對特定應用和硬體標準,進一步擴充這些目標。例如,以下為某個電力設備控制室的設計報告(Lockheed, 1981),其中的通用指導方針到現在仍然適用:

- 使用一致的標記和圖形。
- 將縮寫標準化。
- 所有顯示的內容(頁首、頁尾、頁碼、功能表選單等)皆使用一致的格式。
- 只顯示能夠輔助操作者的資料。
- 利用線條的寬度、刻度尺上的標示和其它的技巧,以圖形化的方式呈現資訊,藉以降低讀取和理解文字與數字的負擔。
- 只有當數值資料是必須且有用的時候,才呈現數字數值。
- 使用並維護高解析度監視器,以提供最佳的顯示品質。
- 利用間距和組織排列,規劃單色的顯示內容,然後在能幫助操作者的地方,明確地加入色彩。
- 讓使用者參與新的顯示內容與程序的開發。

第11章會進一步討論資料顯示的問題。

2.2.3 吸引使用者的注意

由於大部分的資訊都是針對一般的使用情況,但也必須將例外的情況或與時間相關資訊呈現給使用者,以吸引使用者的注意(Wickens and Hollands, 2000)。以下的指導方針說明一些吸引使用者注意的技巧:

- **亮度**：只用兩級，有限制的使用高亮度來處理為吸引人注意的設計。
- **標示**：以加底線、加上方框、以指標指明，或是使用如星號、項目符號、虛線、加號、或X的指示符號。
- **大小**：最多使用四種大小尺寸，以較大的尺寸吸引更多的注意。
- **選擇字型**：最多利用三種字型。
- **影像反白設定**：使用反轉的色彩。
- **閃爍**。利用閃爍顯示（2-4 Hz），或在限定的區域內使用閃爍的顏色變換。
- **顏色**。最多利用四種標準色，保留額外的顏色，以便應用在偶發狀況。
- **聲音**。用較柔和的音調代表肯定回饋；而刺耳的聲音則用在少見的緊急狀況。

在此必須提出一些警告。過度使用這些技巧，有時會造成混亂的顯示內容。某些web的設計者使用閃爍的廣告、或動態的圖示來吸引使用者注意，但是大部分的使用者並不喜歡。動畫只有在呈現有意義的資訊時才會為使用者欣賞，如完成度的指示器。初學者需要簡單的、邏輯上有組織的、和適當標示的顯示內容，來引導他們進行操作。專家級的使用者喜歡沒有太多額外標示的欄位，只要突顯出改變的數值或位置就夠了。顯示的格式必須經過使用者的測試，以判斷它的可理解度。

以類似的方式標示的項目會被視為是具有關聯性的。對於相關聯項目之間的連結，可以利用顏色進行辨別（color-coding），但若想讓使用不同的色彩辨別的項目群之間產生關聯則會較困難（見11.6節）。讓使用者可以自行控制色彩標記的方式，也可是一個有用的解決方法。例如，讓行動電話使用者選擇連絡人的顏色，考慮個人偏好，可以讓親密的家庭成員、朋友或會議參與者有較高的重要性。

可以透過敲擊鍵盤或電話來電聲音提供與進度相關的回饋資訊。緊急狀況的鈴聲能迅速提醒使用者，但相對的，必須提供一個控制警鈴的機制。若使用

多種警鈴,就必須測試使用者,確認使用者是否可以辨別這些警鈴。事先錄製或組合的語音訊息,是個很用的替代方案,但因為它們可能會妨礙操作者之間的通訊,要很小心地使用(見8.4節)。

2.2.4 協助資料輸入

資料輸入會佔用使用者大部分的時間,而且可能是造成沮喪或發生問題的錯誤來源。Smith和Mosier(1986)提出了五項可作為資料輸入指導方針的高階目標:

1. **資料輸入處理的一致性**。在任何情況下,都應該使用類似的操作順序;應該使用類似的定義符號、縮寫等。

2. **讓使用者的輸入動作減至最少**。較少的輸入動作,表示操作者的生產力會更高,且發生錯誤的機會通常也會較低。可以利用按下單一按鍵、滑鼠點選、或手指按壓的方式,取代鍵入長串的文字。使用選擇清單,可以減少所需要記憶、建構決策制定工作、以及減少打字上的錯誤機率。然而,如果使用者一定要把手從鍵盤移到另一個分開的輸入裝置,這些優點就會被抵銷,這是因為原點-列(home-row)的位置就會不見。專家級使用者比較喜歡利用鍵入六到八個字元的方式輸入資料,而不是移動滑鼠、搖桿、或其他的選擇裝置。

   這個指導方針的第二個層面,是避免重複資料輸入的操作。要求使用者在不同的地方輸入一樣的資料是很惱人的,因為輸入兩次相同的資料,不但浪費力氣,而且會有出錯的機會。當不同的地方需要相同的資訊時,系統應該幫使用者複製資訊,而且應該仍能夠讓使用者可以利用重新鍵入,做覆寫的操作。

3. **使用者承受最少的記憶負擔**。當進行資料輸入時,不應該要求使用者記憶很長的編碼清單、以及複雜的語法命令字串。

●第2章● 指導方針、原則、和理論

4. **資料輸入與資料顯示的相容性**。資料輸入資訊的格式,應該和顯示資訊的格式緊密連結。
5. **使用者控制資料輸入的彈性**。熟練的資料輸入操作者,可能會希望他們可以自行控制輸入資訊的順序。例如,在空中交通控制環境中,在某些情況下,控制者認為抵達時間是最重要的欄位;而在其他的情況下,則會認為高度是最重要的。然而,對於彈性的應用必須小心,因為它會違反一致性原則。

指導方針是個很好的起點,它可提供使用者經驗累積的智慧,但是卻總是需要藉由管理流程來協助教育、實施、刪減、和強化功能的執行(見3.3.2節)。

2.3 原則

雖然指導方針的內容很集中,但原則談的更為基礎、普遍可用、並且歷久不衰。然而原則也需要有更多的說明,例如,對於設計者而言,識別具多樣性的使用者原則是有意義的,但這些原則也必須被詳細解釋。一個玩電腦動畫遊戲的學齡前兒童和做書目索引的圖書館員的差異相當大;同樣的,一個傳送文字訊息的祖母,和一個經過訓練且資深的空中交通控制者間也有很大的差異。這些範例突顯出因使用者的背景知識、接受的系統使用訓練、使用頻率、目標、以及發生錯誤時對使用者的影響之間有很大的差異。因為並沒有一個單一的設計能夠滿足所有的使用者和使用狀況,因此成功的設計者一定要描繪使用者與使用狀況的特質,如此,他們的產品才能在正確和完整的狀況下供使用者使用。

第1.4節提出了許多為達到普遍可用性,設計者必須解決的個人差異問題。本節則著重在一些基本的原則,從考慮使用者的技術水準、工作內容、和使用者需求開始,並討論五個主要的互動種類(直接操作、功能表選單選擇、表單

填寫、命令語言、和自然語言）以及介面設計的八個黃金定律，接著也會討論錯誤避免的議題。最後，本節還將說明為增加自動化，一些有關人為控制的爭議策略。

2.3.1 判斷使用者的技術水準

「了解使用者」是一個簡單的想法，但卻是個困難且經常被低估的目標。沒有人會對這個原則有意見，但是許多設計者都以為他們了解使用者和使用者的工作，但事實並非如此。成功的設計者能了解人們以不同的方式學習、思考、並解決問題：某些使用者比較喜歡處理表單而不喜歡圖形、喜歡文字而不喜歡數字、或喜歡嚴謹的結構而不是開放格式的表單。

所有的設計都應該從了解未來的使用者著手，包括他們的年齡、性別、實體和認知能力、教育、文化或種族背景、訓練、動機、目標、和人格特質等概況。尤其針對web應用程式和行動裝置，其使用者介面常有多個使用群使用，所以設計的工作量是加倍的。對於典型的使用群，如護士、醫生、倉管、高中生、或圖書館員，可預期會有不同的知識和使用模式的組合。設計者應該特別注意來自不同的國家的使用者群，同時，國家內也會有區域差異出現。其他用以描述使用者特質的變數包括：位置（例如，城市與鄉村）、經濟概況、殘障者、和使用科技的態度。技術不佳、教育程度有限、和使用動機很低的使用者，都需要特別注意。

除了這些概況外，了解使用者在介面與應用領域的技能是很重要的。設計者可能會測試使用者對介面特性的熟悉度。例如，在階層式功能表選單中移動，或使用繪圖工具。其它的測試可能包括特定領域的能力，如機場城市代碼的知識、證券商的術語、保險索賠概念、或地圖圖示。

因為需要知道的資訊很多，也因為使用者不斷地在改變，所以了解使用者的過程永遠不會結束。然而，為了解每一個使用者的操作，以及從設計者的角度來辨別每位使用者的差異，這裡的每一步都可能是接近成功設計的一步。例

如，若能區別出初學者或首次使用者、具備使用知識的偶爾使用者、和專家級的經常使用者，可能會產生以下不同的設計目標：

- **初學者或首次使用者：**一般認為真正的初學者（例如，祖父母寄送他們的第一封電子郵件給孫子）應該對工作或介面概念的了解不多。相反的，首次使用者可能是了解工作概念的專業人員，只是他們所具備的介面概念知識不多（例如，使用租用車輛導航系統的商務人士）。這兩類使用者，可能會有拒絕學習電腦的焦慮。介面的設計者藉由操作說明、對話窗、和線上說明來克服這些限制，這也是一個很大的挑戰。一開始建立使用者的知識時，必須只使用使用者熟悉且經常使用的少數概念術語。操作步驟也應該減少，這可以幫助初學者和首次使用者成功地完成簡單的工作，以降低他們的焦慮，並建立其信心。每個步驟完成時出現的回饋訊息，對他們也很有幫助。並且，當使用者發生操作錯誤時，應該提供建設性與特定的錯誤訊息。仔細地設計使用手冊、示範影片、和工作導向的線上教學課程，可能都很有用。

- **具備使用知識的偶爾使用者。**有許多人其實是博學的，但對各類的系統卻只是個偶爾的使用者（例如，公司的經理人使用文書處理器建立旅遊補助的文件範本）。他們具備工作概念，也擁有介面概念的廣泛知識，但是他們可能對於記住功能表選單或一些功能的位置會有困難。藉著一些強調了解而非記憶的特性，如功能表選單的順序架構、一致的術語、和高度的介面直覺度，能減輕使用者的記憶負擔。透過一致的操作順序、有意義的訊息、和常用模式的引導，可以幫助具備使用知識的偶爾使用者找到適當進行工作的方法。這些特色也可以幫助初學者和部份專家，但最主要的受益者還是具備使用知識的偶爾使用者。為了提供隨意探索的功能、以及忘記部分操作順序時的處理方式，因而需要避免損害的保護方法。使用者得到來自與情境相關的協助，可用以補足缺乏的工作部分內容或介面知識。結構完整且具有搜尋功能的參考手冊也很有幫助。

- **專家級的經常使用者**。專家級的使用者完全熟悉工作和介面概念，並希望能夠快速地完成工作。他們需要快速的回應時間、精簡而不分散注意力的回饋、和只用少數按鍵和選擇就可以完成工作的捷徑。當需要經常地執行三個或四個連續的操作時，專家級的使用者會樂於建立一個 macro（巨集）、或以其它形式減少操作步驟。命令字串、功能表選單之類的捷徑、縮寫、和其它加速的方式都是有需要的。

這三類使用者的使用特色，必須根據不同的環境進行修正。只為某一類使用者做設計很容易，但要設計給好幾類使用者的介面就困難得多了。

當一個系統考慮到好幾類的使用者時，基本的策略是允許多層級（multi-layer）（也時也稱為階層結構（level-structured）或螺旋（spiral））的學習方式。初學者可以從學習最小的物件和操作集合開始，當使用者只有少數的選項可供選擇，並且在能避免出錯的狀況下（換句話說，當他們獲得漸進輔助式學習（training wheels）介面時），他們很可能會做正確的選擇。使用者從被協助的經驗中取得信心後，他們可以選擇進入更高階的工作與介面概念等級。當他們需要支援更複雜的工作，學習計畫則應該根據使用者所選擇的工作與介面概念而定。對於擁有豐富的工作知識和介面概念的使用者，學習速度可能會有快速的進展。

例如，行動電話的初學者，可以先快速地學會撥打／接電話，接著使用功能表選單，之後再儲存經常撥打的電話號碼。他們的學習進度取決於任務的領域，而不是將任務無關的命令清單按照字母排列。多層級的學習方式不僅應用在設計軟體時，也應用在設計使用手冊、輔助螢幕、錯誤訊息和教學課程（Shneiderman, 2003）。為了增加普遍可用性，多層級的設計似乎是最可行的方式。

另一個選擇是考慮不同的使用類別，並允許使用者對選單內容做個人化，在文字處理的研究中（McGrenere et al., 2007）已證明這樣是有益的。第三個選

擇是允許使用者控制系統回饋訊息的頻率。初學者需要更多的資訊回饋來確認他們的操作，但經常的使用者則需要較不會讓人分心的回饋；相同的，經常使用者似乎比初學者更喜歡較密集的顯示內容。另外，初學者可能喜歡比較慢的互動步調，而經常的使用者則喜歡較快的步調。

2.3.2 確定工作項目

仔細地描繪出使用者概況後，開發者必須確定要執行的工作。每個設計者都會同意，工作必須在開始設計之前即決定，但是工作分析常常是以非正式或不完整的方式完成。工作分析有段很長且混亂的歷史（Bailey, 1996; Hackos and Redish, 1998），但長時間觀察並訪問使用者，通常是可以產生成功的策略，這樣的方式也可以幫助設計者了解工作頻率和順序，並且做出要支援哪件工作的困難決策。有些開發者喜歡把所有可能的操作都加入系統中，並期待某些使用者可能會發現這些操作很有幫助，但是，這樣會造成混亂的狀況。Palm Pilot的設計者曾有過非常成功的經驗，這是因為他們無情地限制一些功能（行事曆、通訊錄、待辦事項清單、和筆記），以確保系統的簡單性。

高階的工作運作可以分解成許多中階的工作運作，而中階的工作運作可以進一步修改為數個不可再分割的最小運作（atomic action），讓使用者可藉由單一命令、功能表選單或其它功能，即可執行一個最小運作。選擇一組適當的最小運作集合是一件困難的工作，若最小運作太小，則需要執行大量的運作才能完成一項高階的工作，這會造成使用者的困擾；但若最小運作太大且複雜，則使用者會需要許多具備特殊選項的運作，或是他們無法從系統得到他們實際想要的東西。

相關工作的頻率對於設計是很重要的，例如在設計一組命令或功能表選單樹時。頻繁的工作應該要能簡單且快速地執行，延長某些非頻繁工作是要付出代價的。相對的使用頻率是決定結構化設計決策時所依據的基礎之一。以文字處理器為例：

- 經常出現的運作可以利用特殊按鍵執行，如四個方向鍵、插入鍵、和刪除鍵。

- 不常出現的運作可以用單一的字母按鍵加上Ctrl鍵、或利用下拉式功能表選單中的一個選項執行，如底線、粗體、或儲存檔案。

- 不常使用的運作或複雜的運作可能需要執行一連串的功能表選單、或填寫表單才能完成。例如，改變列印格式或修改網路協定參數。

同樣地，行動電話使用者可以為好友和家人的電話號碼設定快速撥號鍵，只要按下一個鍵就可以替代撥打長串的電話號碼。

藉由使用者與工作所組成的矩陣，可以幫助設計者找出工作的使用頻率（圖2.1）。在每一個方格中，設計者可以利用打勾符號來表示使用者會執行該項工作；而更精確的分析則還應該包括執行頻率。這類的使用者需求評估能釐清需要設計哪些工作，以及為了維持系統的簡單與容易使用特性，有哪些工作可以排除。

職業	根據病患進行查詢	更新資料	病患交叉查詢	加入關係	評估系統
護士	0.14	0.11			
治療師	0.06	0.04			
管理者	0.01	0.01	0.04		
預約人員	0.26				
病歷維護人員	0.07	0.04	0.04	0.01	
臨床研究員			0.08		
資料庫程式設計師		0.02	0.02	0.05	

圖2.1

根據職業所做的工作頻率資料。醫學臨床資訊系統的一個假想的使用頻率資料。工作頻率最高的工作，是需要回應個別病患查詢的預約人員。

2.3.3 選擇互動型態

當工作分析完成,且工作物件和運作都定義好後,設計者可以選擇主要的互動型態:直接操作、功能表選單選擇、表單填寫、命令語言、和自然語言(Box 2.1和Box 2.2)。第5到7章會詳細探討這些方式。以下的摘要先提供讀者一個簡潔的比較性概述。

直接操作。當聰明的設計者以視覺形式來表述運作中的世界時,由於使用者可以直接操作熟悉的物件,所以可以大大地簡化使用者的工作。類似的系統範例包括:桌面隱喻(desktop metaphor)、畫圖工具、空中交通控制系統、和遊戲。藉著指到物件和運作的視覺圖示,使用者可以快速地執行工作,並馬上可以看到結果(例如,把一個圖示拖拉到垃圾桶)。用鍵盤輸入的命令或功能表選單的選項,可以指示裝置來取代,並在視覺化的物件和運作的組合中做選擇。直接操作很吸引初學者,而對於偶爾使用的使用者,這樣的操作方式也很容易記憶。同時這樣的精心設計,頻繁使用的經常使用者也可以很迅速操作。第5章將探討直接操作和其應用。

功能表選單。在選單系統(menu-selection system)中,使用者可讀取選項清單,從中選擇最適合他們執行的工作選項,並且觀察結果。如果使用者能了解術語和選項的意義與不同處,則使用者只需少許的學習或記憶,並在少量的操作下完成他們的工作。因為選單可在同一時間提供所有可能的選擇,所以最大的好處是使用者可以擁有進行決策的清楚架構。這種互動型態適合初學者和偶爾的使用者,而且若顯示與選擇機制是迅速的,也會吸引經常使用的使用者。對設計者而言,選單系統需要詳細的工作分析,以確保能支援所有的功能,而且術語是經過仔細挑選的,且以一致的方式使用。用以支援功能表選單的使用者介面建立工具,藉由確保一致性的畫面設計、完整性的驗證、和支援維護功能,提供設計者極大的幫助。功能表選單在第8章中討論。

人機介面設計

■ Box 2.1 五個主要互動型態的優缺點

優點	缺點
直接操作	
表示工作的視覺化圖示	程式可能不容易撰寫
允許使用者學習	可能需要圖形顯示器與指示裝置
容易維持記憶	
能避免錯誤	
鼓勵探索	
能提供高度主觀滿意度	
功能表選單選擇	
減少學習時間	提供許多會發生問題的功能表選單
減少敲擊鍵盤	可能降低經常性使用者的速度
結構決策制定	佔用畫面空間
可以使用對話－管理工具	需要快速的顯示速率
容易支援錯誤處理	
表單填寫	
簡化資料輸入	佔用畫面空間
需要適度的訓練	
提供便利的協助	
允許表單－管理工具的使用	
命令語言	
具有彈性	處理能力差
吸引「能力強」的使用者	需要大量的訓練和記憶
支援使用者主導	
能很容易的建立使用者定義的巨集	
自然語言	
減輕學習語法的負擔	需要說明對話
	可能不會顯示上下文
	可能需要更多的鍵盤敲擊
	無法預測

第2章 指導方針、原則、和理論

■ **Box 2.2 直接性的幅度**

更直接操作的例子:較少的記憶/較多的識別、較少的鍵盤敲擊/較少的滑鼠點選、較不會造成錯誤、更清楚的上下文。

```
>MONTH/08;DAY/21
```

(a) 命令列

MM/DD 08/21

(b) 使用填空式表單以減少打字

MM 08 DD 21

(c) 改良自填空式表單,能更清楚且減少錯誤

(d) 下拉式功能表選單能提供有意義的名稱並避免錯誤值

(e) 提供上下文的2-D功能表選單,顯示正確的日期,使用者可以快速進行選擇

填空式表單。當需要輸入資料時,填空式表單會比功能表選單來得合適。使用者可以查看相關欄位、在欄位間移動游標、並在需要填寫資料處輸入資料。使用填空式表單的互動型態時,使用者一定要了解欄位標籤,了解允許的輸入值和輸入資料方式,並要能對錯誤訊息做出回應。因為填空式表單需要運用到鍵盤、標籤、和允許的欄位值的知識,因而必須事先訓練使用者。這樣的互動型態,最適合具備知識的偶爾使用者、或經常性的使用者。詳細論述請見第6章的說明。

命令語言。對於經常性使用者,命令語言(請見第7章的介紹)可提供強烈的掌控感。使用者學習語法表示,且通常不須閱讀讓人分心的提示,即能快速地表達各種複雜的情況。然而使用此方式,使用者的錯誤率很高,使用者必須經過訓練,且使用者對於命令的記憶維持度很差。因為命令語言會有多種不同

的狀況，所以將工作對應到介面概念以及語法的複雜度很高，這使得提供錯誤訊息和線上輔助變得很困難。通常僅有專家級的經常性使用者會使用命令語言和冗長的查詢、或程式語言，他們會因為能熟練地運用複雜的語意和語法組合而感到滿意。命令語言最大的優點包括容易保存歷史紀錄、容易進行簡單的巨集開發。

自然語言。儘管目前的進展有限，但許多研究者和開發者仍抱持著電腦能夠適當地回應自然語言的希望而持續從事研發工作。在利用自然語言進行互動時，提供給下一個命令的背景資訊不多，因此往往需要說明對話內容，因而可能比選擇功能清單更慢、更麻煩。然而使用者只要具備工作領域相關的部份知識、或是在偶爾使用者拒絕學習命令語言時，自然語言介面就有派上用場的機會（請見第7章的討論）。

當必須執行的工作和使用者很多樣化時，就適合混合數種不同的互動型態。例如，購物付款的填空式表單介面，會提供可接受的信用卡選項；也可在直接操作環境中按下滑鼠右鍵，接著使用彈出的具有顏色的功能表選單；鍵盤命令則可提供專家級使用者可快速執行的捷徑。第5到7章將會詳細描述互動型態，第8章說明輸入和輸出裝置對這些互動型態的影響。第9章將介紹使用協同工作式介面及參與社群媒體時的互動型態。

2.3.4 介面設計的八個黃金定律

本節的焦點集中在八個稱為「黃金定律」（Golden Rules）的原則上，它們可以應用在大部分的互動系統。對於特定的設計領域，這些來自於經驗、並經過三十多年修正的原則，仍舊需要經過確認與協調。沒有一個原則清單可以稱得上是完整的，但這幾個原則已廣為接受，並被認為是對學生和設計者很有用的指南。

1. **為一致性努力**。類似的情況應該要有一致的操作順序。提示、功能表選單、和說明畫面應該要使用一致的術語。同時，也應該從頭到尾使用一

致的顏色、版面設計、大小寫以及相同的字型。但對於例外狀況，如系統接收到刪除命令後必須進行確認，或在輸入密碼時不要顯示輸入的字元，應是可以理解的，但出現的次數不可以太多。

2. **滿足普遍可用性**。針對介面設計的彈性，以及為了幫助內容的轉換，必需要了解不同使用者的需求。從初學者到專家使用者間的差異、不同的年齡層、殘障者、和各類的技術背景，不同需求讓設計更加豐富。針對初學者增加一些說明功能，或為專家級使用者增加捷徑功能，這些做法都可以豐富介面設計和改善系統的品質。

3. **提供有用的回饋**。使用者的每個運作都應得到系統回饋。對出現頻繁且較不重要的運作，可以不用有太多的回應。然而，對於非頻繁但重要的運作，則需給予更多的回應內容。利用視覺化方式表示物件的環境，能清楚地顯示出改變（見第5章的相關討論）。

4. **設計結束的對話**。運作的順序應該可分成開始、中間、和結束三類群組運作。在完成一個群組運作後所提供的資訊回饋，能讓操作者產生完成工作的成就感、解脫感，這樣的回饋也是一種信號，可讓使用者拋開腦中的替代方案，同時這也是讓使用者準備進行下一群運作的訊息指示。例如，在電子商務網站中，從選擇產品到結帳，都會引導使用者的運作，並利用清楚的交易完成確認畫面表示交易結束。

5. **避免錯誤**。盡可能設計出不會讓使用者犯下嚴重錯誤的系統；例如，把不適合的選單項目變成灰色、不允許數值的欄位出現字母字元（見2.3.5節）。若使用者犯錯，介面應該要能偵測出錯誤，並且提供簡單的、具建設性的、和詳細的引導來復原錯誤。例如，若使用者輸入錯誤的郵遞區號，他們應該不用重新輸入完整的姓名－地址表單，而應只是針對錯誤的部份，指出需要修改的地方。錯誤的運作不應該能改變系統的狀態，介面應該提供能夠恢復狀態的指令。

6. **允許使用者可以簡單的方式取消運作**。請盡可能讓執行的運作可以回復。這個特質可以紓解使用者的焦慮，若使用者知道犯的錯誤都可以復

原，就能鼓勵他們勇敢去探索不熟悉的功能。可以復原的最小單位，可能是單一的運作、一項資料輸入工作、或像是輸入姓名和通訊錄的一組完整的運作。

7. **支持內在控制感**。具經驗的使用者會強烈希望能掌控介面的感覺，並希望知道介面對運作的回應。使用者不會希望執行熟悉的運作卻面臨驚奇和改變，此外，他們也會因冗長的資料輸入、很難取得必要資訊以及無法產生希望的結果等情況，而感到困擾。

8. **減少短期記憶負擔**。由於受限於短期記憶的資訊處理能力限制（根據經驗，我們可以記憶「7加2或7減2組」資訊），設計者所設計的介面必須避免需要使用者使用到其他畫面中的資訊。這也代表行動電話不應要求重新輸入電話號碼、網站的位置應是可以看得到的、多頁的畫面內容應該要合併、而複雜的運作順序應該要指定足夠的訓練時間。

這些基本的原則應用到每個不同環境時，必須再加以解釋、修正、與擴充。它們有其本身的限制，但可以為行動通訊者、桌上型電腦使用者和web設計者提供一個很好的起點。本章即將介紹的原則，重點在於藉由簡化資料輸入流程、提供可理解的顯示內容和快速的資訊回饋，以增加使用者勝任、精通和掌控系統的感受，進而提升使用者的生產力。

2.3.5 避免錯誤

"沒有預防死亡的藥物，而且沒有發現預防錯誤的規則"。

Sigmund Freud

（寫在自畫像上的題詞）

避免錯誤（第五條黃金定律）非常重要，所以它需要用到一整節來詳細介紹。行動電話、電子郵件、試算表、空中交通控制系統以及其它互動式系統使用者，其犯錯頻率比想像中高出許多。資深分析師所製作的試算表，甚至是用於重要商業決策的試算表，幾乎有一半會出現錯誤（Panko, 2008）。

第 2 章 指導方針、原則、和理論

　　降低因錯誤而喪失生產力的方法之一，是改善介面所提供的錯誤訊息。比較好的錯誤訊息是可以提高修復錯誤的成功率、降低未來的錯誤率，並增加主觀滿意度（Shneiderman, 1982）。出色的錯誤訊息是明確的、肯定的語氣、並具創造性的（告訴使用者要做什麼，而不只是回報問題）。不使用模糊（「？」或「什麼？」）或不友善的訊息（「不當操作」或「語法錯誤」），並鼓勵設計者使用資訊性的訊息，如「印表機電源未開啟，請開啟印表機電源」或「月份的範圍從1到12」）。

　　然而，改良後的錯誤訊息，僅像是有幫助的藥物而已，更有效的方法是避免錯誤發生。這個目標對許多介面而言似乎比較可行。

　　第一步是了解錯誤的本質。設計者藉著組織畫面和功能表選單，幫助使用者避免錯誤和疏忽（Norman, 1983）。設計清楚的命令或功能表選單選項，使用者不太容易發生無法復原的運作。Norman也提出其它的指導方針，如提供目前介面狀態的回饋（改變游標的狀態，用以表示地圖的使用者介面是處於放大或選擇模式）、和設計一致的運作（確保Yes／No按鈕的順序總是相同的）。Norman的分析，提供了實際的範例和有用的理論。以下是其它用來降低錯誤發生機會的設計技巧：

　　正確的運作。業界的設計者體認到，成功的產品一定要具安全性，並且一定要避免使用者以危險、不正確的方式使用產品。在降落裝置接近地面前，飛機引擎不能倒轉；當車子的前進速度超過每小時五英里時，車子就不能倒退。類似的原則可以應用到互動系統中 ─ 例如，把不適合的功能表選單選項設定為灰色（表示無法作用），以避免它們被不小心選到；或者讓web使用者只能用滑鼠點選日曆，而不是以鍵入月、日的方式來輸入飛機起飛日期。類似的情況，行動電話使用者可以只用一個按鈕，捲動常打的或最近才撥打的電話清單，而並不用輸入10位數的電話號碼。某些系統（如Visual Basic程式設計環境）使用另一種方式，就是利用自動完成命令的方式減少使用者發生錯誤的可能：使用者輸入命令的前幾個字母，當輸入的內容足以判斷特定的命令時，電腦就會顯

示出完整的命令。像這樣的技巧，幫使用者做了一些工作，因而可降低使用者發生錯誤的機會。

完整的順序。有時候運作是需要幾個步驟才有辦法完成，但因人們有可能會忘了運作的某幾個步驟，所以設計者試著提供一個能把一連串步驟當作是一個單一運作的方法。汽車駕駛不需為了左轉的方向燈設定兩道開關，一個開關就可以讓兩個左轉方向燈（前和後）閃爍。同樣的，當飛行員打開降落裝置的開關，便能自動地執行數百個機械步驟與檢查。類似的概念也可以應用在電腦的互動使用上。

另一個範例是文書處理器，使用者不需在每次輸入章節標題時都要下一連串的命令 — 如標題置中、設定字級、和加上底線。假設使用者想要改變標題的樣式（例如，不要加底線），只要一個命令，就可以修改所有章節的標題樣式。最後一個例子與空中交通控制者有關，他們可能計畫改變一架飛機的飛行高度，讓飛機從14000英呎飛到18000英呎。在飛機上升到16000英呎後，控制員有可能因為其他事情而無法完成整個運作，所以控制員應該要能紀錄這個計畫，並讓電腦完成此工作。具有完整順序的運作概念並不容易開發，因為使用者可能需要運用最少的運作而且是完整的運作順序。在這個情況下，設計者應該讓使用者定義他們自己的順序，每個使用者層級都應提供巨集或日常工作的概念。藉著研究人們實際進行的一連串命令與所造成的實際錯誤模式，設計者可以收集潛在的完整運作順序。

考慮普遍可用性也可以幫助減少錯誤 — 例如，太多小按鈕的設計，對於年長使用者或其他行動有障礙的使用者，會造成非常高的錯誤率，所以放大按鈕對所有使用者都有好處。第4.6.2節說明紀錄下對於使用者操作錯誤的一些想法，將有助於設計者持續改善其設計。

2.3.6 在增加自動化時確保人為控制

前幾節敘述的指導方針和原則經常被以來簡化使用者的工作,因此,使用者便可以避免進行例行的、冗長無味的、和容易出錯的運作,而可以將注意力集中在制定重要決策、處理非預期狀況、和規劃未來的運作上(Sanders and McCormick, 1993)(Box 2.3提供了一個人類與機器能力的詳細比較)。

■ Box 2.3 人類和機器的相關能力(來源:編譯自Brown, 1988; Sanders and McCormick, 1993)

人類通常比較好	機器通常比較好
偵測低階的刺激	偵測人類所能偵測的範圍以外的刺激
在吵雜的環境偵測刺激	計算或評估物理量
在變化的環境認出不變的模式	正確地儲存大量編碼的資訊
偵測到不尋常和非預期的事件	監控指定的事件,特別是不常發生的事件
記憶原則和策略	對輸入訊號做快速且一致的回應
在未事先具備知識下取得適當的細節資訊	正確地回復詳細的資訊
根據經驗並隨著狀況調整決策	以事先指定的方式處理大量資料
如果原來的方法失敗,選擇替代方案	原因推論:由一般的原則推斷
原因推論:將觀察推廣	可靠地執行重複的程式運作
在意料之外的緊急狀況和新的情況下運作	發揮強大的、高度控制的物理力量
應用原則解決各種不同的問題	同時執行許多活動
做主觀評估	在沉重的資訊負載下維持運作
開發新的解法	在長時間內維持效能
當超過負載時,專注在重要的工作上	
調整對於改變的物理回應	

人機介面設計

隨著程序的標準化和生產壓力的增加，自動化的程度也隨之增加。針對例行性工作，因為自動化可以降低潛在的錯誤、使用者的工作量，因此非常需要。然而就算增加自動化的程度，設計者仍然可以提供可預期和可控制的介面。因為真實世界是一個開放系統（意即，無法事先估算無法預測的事件和系統錯誤），所以仍需要人類扮演監督的角色。相反地，電腦是一個封閉的系統（系統的軟硬體只能在有限的正常和錯誤狀況下運行）。非預期的事件需要人類的判斷，才能採取某些確保安全、避免嚴重錯誤、或提高產品品質的運作（Hancock and Scallen, 1996）。

例如，在空中交通控制中，常見的運作包括改變飛機的高度、航向、或速度。這些運作容易了解，而且利用排程和航道配置演算法可以將其自動化，但還是必須有控制者，以便解決高度變化和無法預期的緊急狀況。自動化系統可以成功地處理很大的交通量，但是機場若因天候太差而關閉跑道時，會發生什麼事？控制者必須盡快重新安排航線。假設有一位飛機駕駛因為引擎故障要求緊急降落，但另一位駕駛告知機上有胸痛需要立即進行治療的乘客，在這種情況下，就必須以人為判斷哪架飛機應該先降落、恢復至正常的交通情況時會需要多少成本與風險。空中交通控制者不能只是在緊急狀況時才加入，如果他們必須根據訊息很快作出判斷，就必須非常專注在這些狀況上。總之，許多實際的狀況都非常複雜，因此要預知每件突發事件是不可能的；在做決策的過程中，人為的判斷和評估是必須的。

另有一個空中交通控制中攸關生死的例子，就是飛機上發生火災意外的狀況。飛航管制人員清除航線上的其他交通工具，並開始引導飛機降落，但是因為機上的煙霧太大，飛機駕駛員無法閱讀儀表，接著，機上的感應器燒壞了，所以飛航管制員無法從顯示器查看飛機的高度。最後，飛航管制員和駕駛決定先不管這些故障問題，要快速地降落以挽救許多乘客的性命。但電腦可能沒辦法處理這種一連串特殊狀況的事件。

過分使用自動化的悲劇性結果出現在一架飛往哥倫比亞卡利市的飛機。駕駛依賴自動駕駛，卻沒有察覺到飛機正在做一個大轉彎，而飛機又回到先前已經過的地方。當即將撞擊地面的警報響起，駕駛已經完全失去判斷力，且又無法及時讓飛機向上攀升。他們在距離山頂200英呎的位置墜毀，除了四人倖免外，其餘全部罹難。

許多應用的系統設計目標，是提供操作者有關目前狀態與活動的足夠資訊，因此，當有需要介入時，甚至是在部分故障的情況下，他們仍有知識與能力正確地執行（Sheridan, 1997; Billings, 1997）。美國聯邦航空署強調設計出的系統應該讓使用者控制，而自動化的目的，是要「改善系統效能，而不是減少人為的介入」（FAA, 2007）。這些標準也鼓勵管理者要「訓練使用者發出何時進行自動化的疑問」。

整個系統必須經過設計和測試，不只是針對正常的狀況，還要包括許多異常的情況。一組龐大的測試條件，可以被視為是需求文件的一部分。操作者需要有足夠的資訊，才能為他們的運作負責。除了監督決策制定與處理故障外，人類操作者的角色有助於改善系統的設計。

在家庭和辦公室自動化系統中，也會出現自動化與人為控制的整合問題。許多設計者都想要建立一個自主的代理人（agent），能夠知道個人喜好、做適當的推理、對新情況做回應、並僅需少量的引導就能完整地執行運作。他們相信人與人的互動是人機互動的一個很好的典範，而且他們希望能建造出電腦化的夥伴、助手、或代理人（Berner-Lee et al., 2001）。

這個爭議在於要建立像工具一樣的介面，還是要追求自主、隨環境調整的、或擬人的代理人，以完成使用者的目標和所期望的需要（Gratch et al., 2002）。在代理人的方式中，通常顯示一個會回應的、像管家的人，如1987年Apple電腦公司在Knowledge Navigator影片中那個打著蝴蝶領節的男孩。Microsoft在1995年的BOB計畫，用卡通人物建立螢幕上的夥伴，但並不成功；它們較受

爭議的動畫人物迴紋針（Clippit，綽號叫Clippy）也被取消。用來閱讀新聞且以web為基礎的人物，像是Ananova™也因過時而變得默默無名（雖然新聞網站仍在營運）。但另一方面，在遊戲和三度空間的社群環境中，代表使用者而非電腦的擬人化身（例如，第二人生（Second Life））仍很受歡迎；使用者在建立具有特殊外表的新的身份時，有時似乎很喜愛戲劇特色的體驗（5.6節）。

為了成功的使用電腦來表示擬人角色（11.3節），提倡者必須了解並克服上述產品、以及在銀行終端機、電腦輔助教學和talking car等未成功的應用。有成功希望的方案包括虛擬老師代理人，可以使用自然語言互動方式，透過說話的表情（talking faces）來教學、回應、或引導學生（D'Mello et al., 2007）。聲音的教學可能很有用，但少有資料證明說話表情的好處（Moreno and Mayer, 2007; 7.6.5節）。

代理人方案的一個變化形式，是不包括擬人的實體，而是在電腦中利用使用者模型（user model）來引導設計出適性化介面（adaptive interface）。這個系統紀錄使用者的效能，並調整介面以符合使用者的需求。例如，當使用者開始快速使用選單時，這表示他們很熟練，所以應該出現進階的功能表選單選項。自動化適應性（automatic adaptation）已經應於在許多介面上，如功能選單的內容、功能選單項目的順序（6.5.2節）、回饋的型態（圖形或表格）、和輔助畫面的內容。提倡者指出，電腦遊戲會根據使用者進行的遊戲階段，來增加遊戲的速度和發生危險的次數；然而，遊戲明顯與大多數的工作情況不同，執行工作時使用者會有目標與動力來完成他們的工作。

有許多時機會為了配合系統設計而調整使用者模型（如垃圾電子郵件的過濾器或Google的搜尋結果排序），但即便是偶發的非預期行為，也會帶來嚴重的負面影響，進而打消使用的念頭。若適性化系統造成令人意外的改變，使用者必須暫停系統並查看原因。使用者可能會變得焦慮，因為他們無法預期下次的改變、無法解釋發生什麼問題、或無法把系統還原到原來的狀態。進行調整前先資詢使用者的意見可能會有幫助，但是詢問產生的打擾，可能會中斷問題

解決程序,並且會惹惱使用者。根據實徵證據可知,由使用者控制的內容調整是較為使用者接受的方式,例如允許使用者在新聞網站上顯示更多的體育新聞(Kobsa, 2004)。

使用者模型建構的延伸是推薦系統、或在分散在全球資訊網中所應用的合作過濾概念。這類介面不會有代理人或適性調整,但是系統會以某種方式(經常是專屬的)累積多個來源的資訊。在使用者選擇電影、書籍、或音樂的例子中,這樣的方式很具有娛樂和實用價值。根據使用者的喜好或購買的內容所累積的紀錄,可用以判斷可做出什麼建議,藉此吸引並取悅使用者(Konstan and Riedl, 2003)。Amazon.com的成功策略之一就是提出「買X的顧客也會買Y」的建議給使用者。

代理人與使用者模式的另一個選擇,是設計可理解的系統。這個系統提供一致的介面、使用者控制、和可預期的行為。強調直接操作方式的設計者相信,使用者有控制系統的強烈慾望,並希望很熟悉系統,這樣的想法讓他們對自己的操作負責,並從而產生成就感(Shneiderman, 2007)。過去的經驗告訴我們,使用者要的是可理解的和可預期的系統,並且厭惡那些複雜或無法預期的系統。例如,若飛行員發現系統運作不如預期,他們可能不會使用自動導航裝置。

另一個解決爭議的方法,是在介面中加入使用者控制,但考慮使用像代理人或多個代理人的設計方式,讓內部程序自動化,例如:根據目前負載,配置磁碟空間或網路路徑。然而,這些調整都是根據系統的特性,不是來自於使用者概況。

代理人的擁護者倡導一切自動化,但這代表他們必須為失敗負責。當代理人違反版權、侵犯隱私、或破壞資料時,應由誰負責呢?若代理人可以支援效能監測,並讓使用者檢視、並修改使用者模型,這樣的代理人設計可能會更好。

人機介面設計

　　具有使用者模型之代理人的替代方案，可能是發展控制台模型（control-panel model）。所設計的電腦控制台，就像汽車導航控制裝置和電視遙控器一般，可用來傳遞使用者所期望的控制感。使用者利用控制台設定物理參數，如游標閃爍的速度、或喇叭的音量，並建立個人的喜好設定，如時間／日期格式、或色彩組合（圖2.3和2.3）。部份軟體套件可讓使用者設定參數，如遊戲的速度。使用者從第一層開始，並且能夠選擇何時進階到較高的層級；使用會滿足於在複雜介面的第一層當個專家，而不是進階至較高層級去應付更多的不確定性。在更精心設計的控制台中，有文書處理器的樣式表、查詢功能的規格方塊、和資訊視覺化工具。同樣的，排程軟體可能會精心設計一些控制，讓使用者可以定期、或當事件觸發時執行已規劃的程序。

圖2.2

Mac OS X系統中Universal Access的喜好設定選項，其幫助視覺障礙的使用者，能夠看見或聽到螢幕上顯示的內容。Zoom可以放大螢幕的內容，White on Black選項，可以提高顯示的對比。這個系統可以唸出所選擇的文字以及滑鼠所指處的文字，並且有語音辨識功能，讓使用者能夠執行應用程式，並且能以簡單的說話方式來執行應用程式中的命令

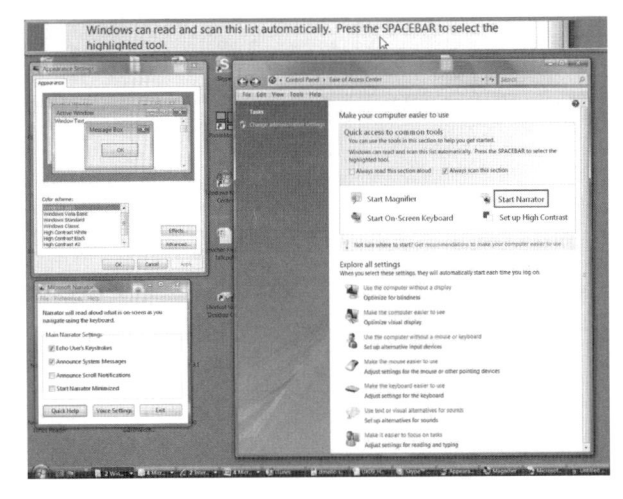

圖2.3

Microsoft Windows Vista的控制台，顯示外觀設定之對話窗（左上）、解說（Narrator）（左下）、具有畫面放大、以及有易於使用的其他設定，可協助殘障使用者操作

2.4 理論

人機互動的一個目標,是超越具體的指導方針,並根據廣泛的原則,發展已經過測試、可靠、和普遍可用的理論。當然,像使用者介面設計這樣大的主題,是需要許多理論。

有些理論是敘述性的(descriptive),這些理論有助於建立一致的物件和操作術語,因此可以支援合作與訓練。有些理論是解釋性的(explanatory),用以說明一連串事件、哪裡可能出現事件、結果和影響、以及可能產生的干預。仍然有些理論是規定性的(prescriptive),針對設計者的選擇而給予明確的引導。最後,大部份精確的理論都是預測的(predictive),這些理論讓設計者能夠針對所設計的介面,比較設計的執行時間、錯誤率、轉換率、或信任等級。

另一種理論的分類方式,是依據技能的類型,例如動力的(motor)(以滑鼠指示)、感知的(在螢幕上找某個項目)、或認知的(規劃付款所需的一連串步驟)技能。動力技能的效能預測理論已經很完備,而且可以準確地預測按鍵敲擊和指示時間(見Fitts定律,8.3.5節)。感知理論在預測任意的文字、列表、格式化顯示、和其他視覺或聽覺工作的閱讀時間上,一向都很成功。認知理論涵蓋短期記憶、工作記憶、和長期記憶,這是問題解決的核心。它隨著回應時間的改變,在理解生產力上,扮演重要的角色(第10章)。然而,預測複雜認知工作(由許多子工作組合而成)的效能非常困難,這是因為認知工作可以使用多種策略,且也有許多機會走錯方向。初學者和專家之間,或初次使用者和經常使用者之間,執行複雜工作的時間比可能會高達100比1。實際上,因為初學者和第一次使用的人經常無法完成工作,所以這個對比會更為明顯。

網頁設計者強調,具備導覽功能的資訊-結構理論(information-architecture theories),是使用者可成功使用的關鍵。網頁使用者可以被當作是探索資訊的人,因此,連結所提供的資訊線索有效性便是值得關切的問題(Pirolli, 2003)。對於特定的工作,一個高品質的連結應能夠把連結目標的相關資訊線

索（或指示）提供給使用者。例如，若使用者想要尋找套裝軟體的示範版本，寫著"download demo"文字的連結就是一個好線索。設計者的挑戰，在於必須對使用者的工作要有完整的了解，以便能設計一個讓使用者可以成功從首頁連結到正確目標的大型網站。資訊搜尋理論（information-foraging theory）試圖預測在給定一組工作和一個網站的情況下，使用者的成功率，而此結果可以導引設計的修訂作業。

分類法（taxonomies）是描述性或解釋性理論中一個重要的部分。分類法將複雜的現象分成幾個可理解的類別，並加入順序的概念。例如，不同種類的輸入裝置所建立的分類法可能為：直接與間接、1-, 2-, 3-, 或更高維度等等（Card et al., 1990）。其它的分類法可能包括工作（結構與非結構、新的與一般的）與使用者介面型態（功能表選單、填空式表單、命令）。分類法中的一個重要類別是從使用者中區別個人化差異（Norman, 2008），例如個人化風格（收斂與發散、欄位相依與獨立）、技術習性（空間視覺化、推理）、以及使用者經驗等級（初學者、具知識背景的、專家）。分類法能進行有用的比較、為新手組織主題、引導設計者，並經常能指出新產品的機會 — 例如，工作類型的分類法能架構出第14章的資訊視覺化。

任何一個可能幫助設計者預測使用者、工作、或設計效能的理論，都是一項貢獻。截至目前，這個領域充斥著數百種相互競爭的理論 — 理論的擁護者不斷的修正理論、批評者擴充這些理論、而滿懷希望但卻抱持著懷疑的設計者，也還應用著這些理論（Carroll, 2003）。對於人機互動原則的發展，這樣的環境是很正面的，但這也表示從事此類工作的人必須跟上軟體工具、設計指導方針、和理論的快速發展。批評者提出了兩項挑戰：

- **理論應該是研究和實踐的核心。**好的理論應該引導研究者了解概念之間的關係，並歸納結果。它也應該能夠在進行產品設計的取捨時，引導開發人員。從一些理論，如GOMS或Fitts定律（參見2.4.1節），可以清楚

看出理論的力量能夠塑造出設計的能力。解釋性理論比較難示範，其主要影響在於教導下一代的設計者、或引導研究。

- **理論應該要能引導實務**。許多批評都提到，太多的理論通常都只用來解釋商業產品設計者做了什麼。然而完備的理論應該要能預測，或至少在設計新產品時能引導從業者。有效的理論應要能為新產品提供建議，並協助修改現有產品。

理論學家的另一個方向，是預測主觀滿意度、或使用者的情感反應。研究媒體和廣告學者了解預測情感反應的困難度，所以他們以直覺判斷並進行廣泛的市場測試，用以彌補以理論推斷出的預測（Nahl and Bilal, 2007）。

目前已證實透過小團體行為、組織動力學、和社會學等理論，有助於了解社群媒體和協同工作介面的使用（第9章）。同樣地，人類學或社會心理學的方法，對於了解科技的使用狀況、和克服新技術所造成的拒絕使用的障礙，可能會很有幫助。

「沒有比好的理論更實用的了」（"nothing so practical as a good theory"），但要想出一個有效的理論，通常是很困難的。根據定義，理論、分類法、或模型，是現實的抽象化，所以一定是不完整的。然而，好的理論至少應該是可理解的、對所有使用者都能產生類似的結論、也能用來幫助人們解決特定的實際問題。本節將檢視一些描述性和解釋性理論。

2.4.1 設計的層次

發展描述性理論的一個方法，是根據層次（level）來分別不同概念。在軟體工程和網路設計，這樣的理論一向都很有幫助。對於介面，吸引人且容易理解的模型，是一個具有概念、語意、語法、和詞彙之四個層次模型（Foley et al., 1995）：

1. **概念層**（conceptual level）是互動系統中使用者的「心智模型」（mental model）。影像建立的兩個心智模型，是可操作像素的繪畫程式和操作物件的繪圖程式。繪圖程式的使用者，可以從像素或一群像素的運作順序進行思考；而繪圖程式的使用者，可針對物件或一群物件的運作順序來思考。心智模型的決策，會影響每個較低層的決策。

2. **語意層**（semantic level）描述使用者的輸入和電腦的輸出顯示所傳達的意義。例如，刪除繪圖程式中的物件，可以藉由復原最近的一個運作，或呼叫一個刪除物件運作來達成；以上的任一個運作，都只會刪除一個物件，而不影響到其它的物件。

3. **語法層**（syntactic level）定義傳達語意的使用者運作如何組成一個能夠指示電腦執行特定工作的完整句子。例如，刪除檔案的運作，可能是藉由拖拉一個物件到垃圾筒，接著在對話窗中點選「確認」後完成。

4. **詞彙層**（lexical level）處理裝置的相依性、和使用者使用語法的準確機制（例如，功能鍵或在200毫秒內雙擊滑鼠）。

四個層次的方式對設計者很方便，因為它的由上而下（top-down）本質很容易解釋，符合軟體架構，而且在設計期間可進行有用的模組化。這幾年來，圖形化的直接操作介面已將注意力轉移至概念層，此層次與工作領域的關係最為密切。例如，個人化財務介面的設計者已將使用命令列的介面，轉換成直接操作介面。藉由顯示核對清單給使用者填寫，並根據使用者填寫核對清單的心智模型而建立這些介面，相同的核對清單可視為是查詢範本，使用者可以指定日期、付款人或總額。

清算清單是一個顯示給使用者的物件，所附帶的運作也要以視覺化的方式呈現（例如，用來表示刪除運作的垃圾筒，或是用來表示開始播放影片的播放按鈕）。使用者必須學習物件的意涵（例如，使用者可以藉由打開垃圾筒的動作來還原一個檔案，或是按下暫停按鈕來停止播放影片），若是介面設計者選擇熟悉的物件，並把它們與一些運作結合，則使用者可以很快地了解正確的心

智模型進而操作使用介面。當然，使用者也必須學習拖拉物件的語法、或點擊啓動運作，但是這些機制已常被使用，也是大家熟知方式。

即使是有許多物件和運作的複雜系統，設計層次的想法也很成功。例如，可以從神經、肌肉、骨骼、再生、消化、循環、以及其它子系統的觀點討論人體，也可以從器官、組織、和細胞的觀點討論人體。真實世界中大部份的物件都有相似的分解方式：建築物可分解爲樓層、樓層分解爲房間、房間分解爲門／牆／窗等等。同樣地，電影可分解爲場景、場景分解爲鏡頭、鏡頭分解爲對話／影像／聲音。由於大部份的物件都可使用許多方式進行分解，設計者的工作就是要爲物件建立可理解的、不易忘記的層次。

與物件分解相比，設計者必須將複雜的運作分解成幾個小的運作。例如，棒球遊戲有局數、投球數、打數、出局數；建築物的建設規劃可以被歸納爲一連串的步驟，例如評估標的、鋪設地基、建構建築形體、架設屋頂、完成內部設計。因此，大部份的物件都可使用許多方式進行分解，所以再提一次，設計者的工作就是要針對運作建立可理解的、不易忘記的層次。當使用視覺化圖像來表示相關的物件和運作時，簡化介面概念的目標，就是設計直接操作方式（第5章）。

當完成一完整的使用者介面設計後，使用者的工作就可以藉由一系列的運作進行描述。這些精確的敘述可用來預測執行工作所需之時間的基準，這樣的時間預測是來自於加總完成所有步驟所需的毫秒數。例如，調整一張照片的大小需要幾次的滑鼠拖拉、選單的選擇、和擊點對話盒中的按鈕，這裡每個運作所花費的時間是可預測的。幾位研究人員藉由計算每個運作所需之時間，已能成功地預測複雜工作所需的時間。這種預測方式以目標（goals）、操作（operator）、方法（method）和選擇規則（selection rules）（GOMS）爲基礎，將目標分解成許多操作（運作），接著再分解成方法。爲了達成目標，使用者應用這些選擇規則在多個可達成目標的方法中進行選擇（Card et al., 1983; Baumeister et al., 2000）。

若使用者是專家和經常性使用者，他們專注於工作且不會犯錯，此時的 GOMS方法可以有最好的結果。GOMS的提倡者懷抱著增加使用性的期望，已開發出能簡化並加速塑模流程的軟體工具（John et al., 2004）。而批評者則認為，為預測新手的使用者行為、轉換時的熟練程度、使用者的錯誤率、身處壓力時的效能、與印象深刻程度，廣泛的理論是有其需要的。

使用工作領域中的語言，並從清楚地定義高層次的物件和運作開始，設計者可以應用設計層級策略。音樂可被想成是歌曲，是由歌手、專輯和音樂類型所組成。使用者找到一首歌曲，播放它或把它加入播放清單。這樣清楚的概念性結構是可以得到專利的，並已促成多個商業成功案例。

應用GOMS的方法，設計者可以藉由預測專家級使用者執行標準工作所耗費的時間，在多個設計方式中進行選擇。當然，關於這些概念的語意、視覺呈現（具有可理解的控制方式）、以及執行運作語法，在設計上還有許多工作要做。

2.4.2 運作階段模型

另一個形成解釋性理論的方式，是描繪使用者試圖使用互動產品時（如資訊設備、web介面、行動裝置）的運作階段。Norman（1988）提出以循環模式來組織七個運作階段，作為人機互動的解釋性模型：

1. 形成目標
2. 形成意圖
3. 指定運作
4. 執行運作
5. 察覺系統狀態
6. 解釋系統狀態
7. 評估結果

Norman 的部份階段，大致上和Foley等人（1995）的考量相符；也就是說，使用者形成一個概念意圖，再把它以許多命令的語意表示，並建構所需的語法，最後移動滑鼠來點選螢幕上的某個點以來產生詞彙標記（lexical token）。Norman的貢獻在於把他所提出的幾個階段，放在運作循環（cycles of action）和評估（evaluation）的情境中。這個運作的動態過程，能夠區分出Norman的模型與其它模型的差異，而其他模型的主要知識必定在使用者腦中。甚至，這個七個階段的模型，能自然地引導到執行分歧（gulf of execution）（使用者的意圖和可允許的運作間不相符）和評估分歧（gulf of evaluation）（系統呈現和使用者期望不相符）的判定。

這樣的運作階段模型讓Norman提出四個設計準則。第一，可供選擇的狀態和運作應該是可見的。第二，應該有好的概念模型，以及一致的系統影像。第三，介面應該包含好的對應方式，以顯示階段之間的關係。第四，使用者應該不斷接收到回饋。Norman非常強調研究「錯誤」的重要 — 描述從目標到意圖、到運作、到執行的過程中，錯誤發生的頻率。

運作階段模型幫助我們描述使用者探索介面的過程（Polson and Lewis, 1990）。當使用者想要完成他們的目標時，會有四個會發生錯誤的關鍵：（1）使用者可能建立不適當的目標；（2）因為無法理解標籤或圖示，使用者可能會找不到正確的介面物件；（3）使用者可能不知道如何描述或執行想要的運作；（4）使用者可能會接收到不適當或誤導的回饋。後面三個錯誤可以利用改善設計避免，或利用耗時的介面使用經驗克服（Franzke, 1995）。

改良的運作階段模型已被應用在其它領域。例如，資訊搜尋（information-seeking）可分為以下幾個階段：（1）識別、（2）接受資訊問題、（3）定義、（4）產生查詢，接著（5）檢視結果、（6）再定義問題、（7）使用結果（Marchionini and White, 2007）。當然，使用者可能會跳過部分階段或是回到前幾個階段，然而這個模型仍有助於引導設計者與使用者。

商業網站的設計者知道，引導焦慮的使用者使用複雜的程序時，有一個清楚的運作階段模型是有好處的。Amazon.com的網站將可能令人感到困惑的結帳流程，轉換成易於理解的四階段模型：（1）登入、（2）運送和付款、（3）物品包裝、與（4）開立訂單，使用者可以根據這四個階段簡單的完成流程，或退回到之前的階段進行修改。

當線上社群與使用者自製內容之網站的參與者有信心，並對品質有強烈的責任感時，這些參與者也可以根據階段模型來發展流程。應用階段模型的途徑有很多，但是在Wikipedia貢獻者的研究中（Bryant et al., 2005），建議至少要包含以下階段：（1）與個人興趣相關之文章讀者；（2）修正熟悉主題中錯誤與遺漏的人；（3）已註冊的使用者和蒐集文章的管理人；（4）新文章的作者；（5）作者群中的參與者；（6）進行管理與導引未來方向的管理員。

藉由深思初始、中間、與結束階段，設計者可利用運作階段模型，以確保這些階段有涵蓋足夠大的使用範圍。許多新產品出現，是因為加入新的元素到已定義好的流程中；例如，發展音樂播放流程，其包含先前音樂購買或作曲階段，以及後來的音樂分享或音樂評論／評價階段。

2.4.3 一致性

設計者的重要目標之一，是設計出一個一致的使用者介面；然而，一致性的論點在於：若物作和運作的術語是有規則的，並以為數不多的規則進行描述，則使用者可以很容易地學習與記憶這些術語。以下為一致性與不一致性的範例（A所示為完全不一致，B則只有一項不符一致性的要求）：

一致	不一致A	不一致B
刪除／插入表格	刪除／插入表格	刪除／插入表格
刪除／插入欄	移除／加入表格	移除／插入欄
刪除／插入列	破壞／建立列	刪除／插入列
刪除／插入框線	清除／畫出框線	刪除／插入框線

第 2 章 指導方針、原則、和理論

在一致版本中的每一個運作的名稱都相同，但是在不一致版本A中的運作名稱則有多種表達。雖然這些不一致的運作用詞都是可接受的，但它們的差異可能會讓使用者的學習時間變長、造成更多的錯誤、降低使用者的速度、而且讓使用者更難記憶。從某個角度來說，不一致版本B更令人驚訝，因為只有一個非預期的不一致出現，而且這個不一致非常明顯，由於這個不一致是很特殊的，因而人們可以很容易地記住這個用語的不同。

物件與運作的一致是一個很好的起點，但是設計者還需要謹慎思考其他的一致形式。使用一致的顏色、版面配置、圖示、字型、字型大小、按鈕大小等等，這是讓使用者清楚了解介面的一個重要方式。使用不一致的元素，例如不一致的按鈕位置或顏色，會降低使用者5到10%的執行速度，而改變使用的術語則會降低使用者20到25%的執行速度。

一致性是一個重要的目標，但有時可能會有衝突的情況發生，而有時不一致反而會是優點（例如，讓人注意到危險的操作）。對於只能選擇其一的情況，設計者就必須為一致性做出困難的選擇，或是發展新的策略。例如，當汽車設計者同意將加速踏板放置在煞車踏板的右邊時，並沒有協議方向燈控制器應該要放在方向盤的右邊或左邊。

在行動裝置的設計上，一致性是個重要議題。在成功的產品中，使用者會習慣使用一致的模式，例如按左邊的按鈕啟動一個運作，按右邊的按鈕來結束運作。一個常見的問題，是電話按鍵的Q和Z兩個字母常會出現在不一致的按鍵位置。

設計者可針對設計對象建立詳細說明所有一致性需求的詳細指導方針文件（3.3.2節），以達成設計的一致性。接著，使用者介面的專家級檢驗者可以驗證設計的一致性，這樣的驗證是需要仔細的觀察和細心的注意，以了解如何安排每個畫面的配置、如何執行每個運作序列、以及如何播放每種聲音。

2.4.4 情境理論

雖然早期的人機互動受到實驗心理學和認知心理學等科學方法的深遠影響，但隨著特殊需求的增加，也出現了其他的理論。隨著研究人員和相關工作者對於在孤立的嚴加控制實驗室進行研究的抱怨不斷的增加，工作環境和家用電腦運算設備的研究人員發現到，使用者與其他人、其它電子設備、和文件資源之間的複雜互動的重要角色。例如，成功的介面使用者，通常身邊會有可以提供協助的同事，或是需要各種文件方能完成他們的工作。意料之外的打擾，也是生活中的一部分；貼附於螢幕一邊的便利貼，常是用來提供重要的資訊。總之，無法避免地，實體和社會環境會和資訊與通訊技術的使用糾結在一起。因此，設計是無法從使用模式中分離出來。

Suchman（1987）在《Plans and Situated Action》一書中的分析，常被認為是引發人們重新思考人機互動的主因。她提到有規則的人為計畫的認知模型，並不足以描述更豐富更生動的工作、或個人使用情況。她指出，使用者的運作發生是在時間和空間中，這讓使用者的行為，與其他人和環境情境之間，有著高度的回應。如果使用者在使用介面時不知如何繼續，他們可能會尋求身邊的人的協助，或是查閱手冊（如果有的話）。如果他們有時間的壓力，他們可能會冒險採用一些捷徑，但如果是生命攸關的工作，他們會特別小心。使用者會隨著環境的改變持續改變原來的計畫，而不是一直使用固定的計畫。分散式認知的論點，在於知識不僅是在使用者的腦中，而且也分散在他們的環境中 ─ 某些知識儲存在文件上，而某些知識是由電腦來保存、或者來自於同事。

對那些開始思考更多有關運作、普及運算、和嵌入式裝置的人，實體空間變成了一個重要的考量點；然而，當他們嘗試把注意的焦點從位置轉移到空間，表示除了實體空間外，還要考慮社會／心理的空間（Dourish, 2001）。隨著各式各樣的感應器變得更普遍，這些考量也變得更重要。可以開啟超市的門或水龍頭的感應器、和廁所烘手機的感應器是應用的第一步，而且偵測和監視人們活動的感應器，似乎有增加的趨勢。這些發展的目標通常都是正面的（像安

全、保密目的），但是對隱私的威脅、發生錯誤所造成的危險、和保留人為控制的需要，都必須謹慎考慮。

科技使用的替代模型，強調的是社會環境、使用者的動機、或經驗的角色。發明者相信，相對於理想的工作內容，實際使用情況所發生的干擾，意謂著使用者必須不只是測試的對象 — 他們必須參與設計過程（Greenbaum and Kyng, 1991）。破壞經常被視為是理解設計的來源，它鼓勵使用者持續在設計改良的過程中，成為有思考力的從業人員。了解從初學者到專家的轉變、和不同技術等級的差異，這些都已經成為設計者關注的焦點。再者，數小時的實驗、或半天的可用性－測試研究，就可以視為一個月或更長時間的使用者行為，這是會令人質疑的。這些轉變讓參與的觀察者更會注意人種誌的觀察、縱向個案研究、和運作研究（Nardi, 1997; Redmiles, 2002）。

情境理論與行動裝置與普及運算特別有關，因為這些裝置都是可攜帶的，或安裝在一個實體空間，通常是用來提供特定地點資訊（例如，在手提電腦上的城市情報，或是在畫作上提供博物館導覽資訊）。行動裝置應用的分類方法，可以引導創新者：

- **監測血壓**、股票價格、或空氣品質，且於超過正常值時發出警告。
- **收集**來自與會人員或救援小組成員的資料，並把活動清單和目前的狀況**發佈**給所有人。
- 利用投票**參與**大型團體活動，並利用傳送個人訊息與特定個人**聯繫**。
- 找出最近的餐廳或瀑布的位置，並**確認**目前位置的詳細資訊。
- **擷取**其他人留下的資訊或照片，並把自己的資訊與之後的觀光客**分享**。

這五組運作可以和各種物件結合（如相片、文件），促使人們想出新的行動裝置和服務。他們也提出思考使用者介面的一個新方向，也就是利用使用者遭遇到的物件，以及對物件採取運作方式。使用行動裝置的另一種方式是整合

數千筆來自行動電話的資訊，以判斷發生壅塞的路段、或是遊樂園中大排長龍的遊樂設施。

　　藉由觀察使用者的環境（例如使用者執行工作的環境、或是參與的運動與表演等），設計者可以在環境中應用情境理論。在一個關於如何選擇和執行工作的詳細記錄中，會包含與其他使用者合作、內部或外部干擾、及可能發生的錯誤，這些都可當成是介面設計的基礎。情境理論是有關人們如何形成意圖、如何形成抱負、如何促進移情作用、如何信任所描繪的行為；情境理論也與興奮或沮喪、達成目標的欣喜、和對失敗感到失望等情緒狀態有關。這些強烈的情緒回應很難使用預測性的數學公式來取得，但是研究與了解這些情緒是重要的。到最後，許多研究學者將他們的研究方法，從受控實驗轉變成對人種誌的觀察、專注於群體的討論與長期的個案研究。研究資料和訪談資料可以提供量化的資料給所需的理論，其包括如何設計影響使用者滿意度、恐懼、信任、和合作等級的變數。

從業人員的重點整理

設計原則和指導方針是來自於實際的經驗和研究經驗。管理者可以藉由審視可用的指導方針，並從而建構出屬於自己的版本。指導方針文件紀錄著組織策略、一致性的支援、以及實際使用和實驗測試的結果。指導方針也能激發使用者介面問題的討論，並協助訓練新的設計者。許多既有原則 — 如辨識使用者的多樣性、追求一致性、和避免錯誤 — 已為大眾所接受，但當牽涉到技術和應用時，它們需要更新的詮釋。在許多工作中增加自動化的功能，但維持人為控制仍有其好處。

除了越來越多的指導方針、原則和理論外，使用者介面設計是一個很複雜，且具高度創意的流程。成功的設計者是從使用群的全面需求、工作分析和詳細說明開始。對於能建立運作順序的專家級使用者而言，能引導設計者設計出可減少每一步驟執行時間的預測性模型是有其價值的；而對於新的應用和初學者，專注在工作物件與運作（例如，歌曲和專輯可以播放或是加入到播放清單中），可以讓使用者更容易從設計中學習，藉此來提升使用者的信心。對於每一種設計，大量的測試與不斷地修正，是開發流程中必要的一環。

研究者的議題

對於人機互動的研究者而言，核心問題是要建立適當的理論和模型。傳統的心理學理論必須加以擴充與修正，以滿足使用者介面中複雜的人類學習、記憶、和問題解決的需求。有用的目標包括：描述性的分類法、解釋性的理論、和預測性的模型。當可以預測出設計中的學習時間、執行速度、錯誤率、主觀滿意度、或隨時間改變的人類記憶，設計者即可更輕鬆的在多個設計方案中進行選擇。

人機互動的理論可以分為四個群組：這些理論專注於設計層次、運作階段、一致性與情境認知。甚至將這些理論狹義的聚焦在特定的工作（如從上百萬影片的資料庫中選擇一部影片）或特定的使用者（例如專業的年輕女生）上，這些理論仍是很有用的。然而，當理論應用於廣泛的工作上（例如任何選擇性工作）以及廣泛的使用者時，理論會變得更有價值。甚至當理論應用在各種作業上時，如電子郵件、網頁搜尋、或輸入行動電話資料，理論會更具影響力。數百個設計原則或指導方針，每一個都啟發了許多應用研究的問題。原則的驗證和可應用範圍的釐清，為互動系統的使用者效能提供了很小卻有幫助的貢獻。

全球資訊網資源

http://www.aw.com/DTUI

許多網站分別提供桌上型電腦、web、和行動裝置介面的指導方針文件，並針對普遍可用性提出建議，以符合殘障者或其它使用者的特殊需求。由於理論不斷的增加，所以Web是獲取最新理論的好地方。可以在相關的部落格和新聞討論群找到熱門主題的資料庫，而這些都是可以在許多標準的服務中（如Yahoo!或Google）搜尋到。

參考資料

Anderson, J. R. and Lebiere, C., *The Atomic Components of Thought*, Lawrence Erlbaum Associates, Mahwah, NJ (1998).

Bailey, Robert W., *Human Performance Engineering: Using Human Factors/Ergonomics to Achieve Computer Usability, Third Edition*, Prentice-Hall, Englewood Cliffs, NJ (1996).

Baumeister, L., John, B. E., and Byrne, M., Acomparison of tools for building GOMS models, *Proc. CHI 2000 Conference: Human Factors in Computing Systems*, ACM Press, New York (2000), 502–509.

Berners-Lee, Tim, Hendler, James, and Lassila, Ora, Semantic web, *Scientific American* 284, 5 (May 2001).

Billings, Charles E., *Animation Automation: The Search for a Human-Centered Approach*, Lawrence Erlbaum Associates, Hillsdale, NJ (1997).

Bridger, R. S., *Introduction to Ergonomics*, McGraw-Hill, New York (1995).

Brown, C. Marlin, *Human-Computer Interface Design Guidelines*, Ablex, Norwood, NJ (1988).

Bryant, Susan, Forte, Andrea, and Bruckman, Amy, Becoming Wikipedian: Transformation of participation in a collaborative online encyclopedia, *Proc. ACM SIGGROUP International Conference on Supporting Group Work*, ACM Press, New York (2005), 1–10.

Card, Stuart K., Mackinlay, Jock D., and Robertson, George G., The design space of input devices, *Proc. CHI '90 Conference: Human Factors in Computing Systems*, ACM Press, New York (1990), 117–124.

Card, Stuart, Moran, Thomas P., and Newell, Allen, *The Psychology of Human-Computer Interaction*, Lawrence Erlbaum Associates, Hillsdale, NJ (1983).

Carroll, John M. (Editor), *HCI Models, Theories, and Frameworks: Toward a Multidisciplinary Science*, Morgan Kaufmann, San Francisco, CA (2003).

D'Mello, Sidney, Picard, Rosalind, and Graesser, Arthur, Toward an affect-sensitive AutoTutor, *IEEE Intelligent Systems*, 22 (2007), 53–61.

Dourish, Paul, *Where the Action Is: The Foundations of Embodied Interaction*, MIT Press, Cambridge, MA (2001).

Federal Aviation Administration, *The Human Factors Design Standard*, Atlantic City, NJ (updated 2007). Available at http://acb220.tc.faa.gov/hfds/.

Foley, James D., van Dam, Andries, Feiner, Steven K., and Hughes, John F., *Computer Graphics: Principles and Practice in C, Second Edition*, Addison-Wesley, Reading, MA (1995).

Franzke, Marita, Turning research into practice: Characteristics of display-based interaction, *Proc. CHI '95 Conference: Human Factors in Computing Systems*, ACM Press, New York (1995), 421–428.

Galitz, Wilbert O., *The Essential Guide to User Interface Design: An Introduction to GUI Design Principles and Techniques, Third Edition*, John Wiley & Sons, New York (2007).

Gilbert, Steven W., Information technology, intellectual property, and education, *EDUCOM Review* 25 (1990), 14–20.

Graesser, Arthur C., VanLehn, Kurt, Rose, Carolyn P., Jordan, Pamela W., and Harter, Derek, Intelligent tutoring systems with conversational dialogue, *AI Magazine* 22, 4 (Winter 2001), 39–52.

Gratch, J., Rickel, J., Andre, E., Badler, N., Cassell, J., and Petajan, E., Creating interactive virtual humans: Some assembly required, *IEEE Intelligent Systems* 17, 4 (2002), 54–63.

Greenbaum, Joan and Kyng, Morten, *Design at Work: Cooperative Design of Computer Systems*, Lawrence Erlbaum Associates, Hillsdale, NJ (1991).

Hackos, JoAnn T. and Redish, Janice C., *User and Task Analysis for Interface Design*, John Wiley & Sons, New York (1998).

Hancock, P. A. and Scallen, S. F., The future of function allocation, *Ergonomics in Design* 4, 4 (October 1996), 24–29.

John, B. E., Prevas, K., Salvucci, D. D., and Koedinger, K., Predictive human performance modeling made easy, *Proc. CHI 2004 Conference: Human Factors in Computing Systems*, ACM Press, New York (2004), 455–462.

John, Bonnie and Kieras, David E., Using GOMS for user interface design and evaluation: Which technique?, *ACM Transactions on Computer-Human Interaction* 3, 4 (December 1996a), 287–319.

John, Bonnie and Kieras, David E., The GOMS family of user interface analysis techniques: Comparison and contrast, *ACM Transactions on Computer-Human Interaction* 3, 4 (December 1996b), 320–351.

Kobsa, Alfred, Adaptive interfaces, in Bainbridge, W. S. (Editor), *Encyclopedia of Human-Computer Interaction*, Berkshire Publishing, Great Barrington, MA (2004).

Konstan, Jospeh and Riedl, John, *Word of Mouse: The Marketing Power of Collaborative Filtering*, TimeWarner, New York (2003).

Lockheed Missiles and Space Company, *Human Factors Review of Electric Power Dispatch Control Centers, Volume 2: Detailed Survey Results*, (prepared for) Electric Power Research Institute, Palo Alto, CA (1981).

Lynch, Patrick J. and Horton, Sarah, *Web Style Guide: Basic Design Principles for Creating Web Sites, Third Edition*, Yale University Press, New Haven, CT (2008).

Marchionini, G. and White, R. W., Find what you need, understand what you find, *International Journal of Human-Computer Interaction* 23, 3 (2007), 205–237.

McGrenere, Joanna, Baecker, Ronald M., and Booth, Kellogg S., Afield evaluation of an adaptable two-interface design for feature-rich software, *ACM Trans. on Computer-Human Interaction* 14, 1 (May 2007), Article 3.

Moreno, R. and Mayer, R. E., Interactive multimodal learning environments, *Educational Psychology Review* 19 (2007), 309–326.

Mullet, Kevin and Sano, Darrell, *Designing Visual Interfaces: Communication Oriented Techniques*, Sunsoft Press, Englewood Cliffs, NJ (1995).

Nahl, Diane and Bilal, Dania (Editors), *Information and Emotion: The Emergent Affective Paradigm in Information Behavior Research and Theory*, Information Today, Medford, NJ (2007).

Nardi, Bonnie A., *Context and Consciousness: Activity Theory and Human-Computer Interaction*, MIT Press, Cambridge, MA (1997).

National Cancer Institute, *Research-based Web Design and Usability Guidelines*, Dept of Health & Human Services, National Institutes of Health (updated edition 2006).

National Research Council, *Intellectual Property Issues in Software*, National Academy Press, Washington, DC (1991).

Norman, Donald A., Design rules based on analyses of human error, *Communications of the ACM* 26, 4 (1983), 254–258.

Norman, Donald A., *The Psychology of Everyday Things*, Basic Books, New York (1988).

Norman, Kent L., Models of the mind and machine: Information flow and control between humans and computers, *Advances in Computers* 32 (1991), 119–172.

Norman, Kent L. Cyberpsychology: *An Introduction to the Psychology of Human-Computer Interaction*, Cambridge University Press, New York (2008), Chapter 9.

Panko, Raymond, What we know about spreadsheet errors, *Journal of End User Computing* 10, 2 (Spring 1998), 15–21. Revised May 2008, available at http://panko.shidler.hawaii.edu/ssr/Mypapers/whatknow.htm.

Payne, S. J. and Green, T. R. G., Task-action grammars: Amodel of the mental representation of task languages, *Human-Computer Interaction* 2 (1986), 93–133.

Pew, R. W. and Gluck, K. A. (Editors), *Modeling Human Behavior with Integrated Cognitive Architectures: Comparison, Evaluation, and Validation*, Lawrence Erlbaum Associates, Mahwah, NJ (2004).

Pirolli, Peter, Exploring and finding information, in Carroll, John M. (Editor), *HCI Models, Theories, and Frameworks: Toward a Multidisciplinary Science*, Morgan Kaufmann, San Francisco, CA (2003).

Polson, Peter and Lewis, Clayton, Theory-based design for easily learned interfaces, *Human-Computer Interaction* 5 (1990), 191–220.

Redmiles, David (Editor), Special issue on activity theory and the practice of design, *Computer Supported Cooperative Work* 11(2002), 1–2.

Reeves, Byron and Nass, Clifford, *The Media Equation: How People Treat Computers, Television, and New Media Like Real People and Places*, Cambridge University Press, Cambridge, U.K. (1996).

Sanders, M. S. and McCormick, E. J., *Human Factors in Engineering and Design, Seventh Edition*, McGraw-Hill, New York (1993).

Sheridan, Thomas B., Supervisory control, in Salvendy, Gavriel (Editor), *Handbook of Human Factors, Second Edition*, John Wiley & Sons, New York (1997), 1295–1327.

Shneiderman, Ben, System message design: Guidelines and experimental results, in Badre, A. and Shneiderman, B. (Editors), *Directions in Human-Computer Interaction*, Ablex, Norwood, NJ (1982), 55–78.

Shneiderman, Ben, Direct manipulation: Astep beyond programming languages, *IEEE Computer* 16, 8 (1983), 57–69.

Shneiderman, Ben, Promoting universal usability with multi-layer interface design, *ACM Conference on Universal Usability*, ACM Press, New York (2003), 1–8.

Shneiderman, Ben, Human responsibility for autonomous agents, *IEEE Intelligent Systems* 22, 2 (March/April 2007), 60–61.

Smith, Sid L. and Mosier, Jane N., *Guidelines for Designing User Interface Software*, Report ESD-TR-86-278, Electronic Systems Division, MITRE Corporation, Bedford, MA (1986). Available from National Technical Information Service, Springfield, VA.

Suchman, Lucy A., *Plans and Situated Actions: The Problem of Human-Machine Communication*, Cambridge University Press, Cambridge, U.K. (1987).

Wickens, Christopher D. and Hollands, Justin G., *Engineering Psychology and Human Performance*, Prentice-Hall, Englewood Cliffs, NJ (2000).

第 **2** 單元

開發流程

CHAPTER 3

管理設計流程

Steven M. Jacobs合著

3.1 導論

在電腦軟體開始發展的前十年,技術導向的程式設計師為自己和同儕設計出文書編輯器、程式語言和應用軟體。這些使用者具有豐富的經驗和動機,他們可以適應複雜的介面,甚至是欣賞這些介面。目前的行動裝置、即時通訊、電子商務、和數位圖書館使用群,已與原先的使用群之間有非常大的差異,因而程式設計師以往直覺的設計方式已不再適用。現在的使用者並不會把全部的心力花費在技術上,使用者所具備的知識背景會與他們的工作所需以及所執行的工作相關,而且,他們將電腦用在娛樂方面的機會也增加。設計者應該仔細觀察目前的使用者,藉由細心分析工作頻率和工作順序來修正設計的雛型,並且透過早期的可用性和完整的接受度測試來驗證雛型,以產生高品質的介面。

在最好的組織中,早期的技術集中型態,是考慮了使用者的技術、目標、和喜好,進而產生真正的需求。設計者在需求和特色定義、設計階段、開發過程、和整個系統生命週期的過程中,尋求與使用者的直接互動。反覆設計方法(iterative design method)是高品質系統的催化劑,該方法允許在設計初期測試較粗糙的原型,再根據使用者的反應進行修正,並藉著可用性測試管理員的建議,再逐步修正。

可用性工程(usability engineering)已發展成具有成熟慣例的正式原則與逐漸增加的標準。可用性專家協會(Usability Professionals Association, UPA)已經漸漸地成為受到重視的團體,許多大型企業以及小型的設計、測試、和開發公司皆積極參與UPA。UPA每年的"World Usability Day"贊助數百場演講,並拜訪策略制訂者和產業研究的決策者,而這樣的活動是根據UPA所發表的知識,來認證可用性專家(Usability Professionals Assn., 2008)。此外,可用性測試報告也逐漸標準化(例如,透過通用產業規格,Common Industry Format),這使得軟體的買家可以比較不同供應商的產品。

由於設計狀況的多變，所以不可能會有無所不包的設計策略，因而管理者必須調整本章所提出的策略（3.2節），讓這些策略適用於所屬的組織、計畫、時間表、和預算。我們將從支援可用性的組織設計為起點，開始介紹這些設計策略。

我們的目標，是要讓開發工具和建立方式更貼近終端使用者的需求，尤其在Web領域。例如，試試建立Amazon.com的wish list、Google Mashup Editor、或Many Eyes的視覺化工具。保有彈性和不設限的開發流程，並提供終端使用者調適的功能（tailoring capability），以增加成功開發使用者介面的機會。

成功的使用者介面開發有四大支柱：使用者介面需求、指導方針文件和流程、使用者介面軟體工具、和專家審查與可用性測試。這些要素會在3.3節中介紹，在3.4節中，會討論成功的使用者介面之開發方法，以及說明情境式調查和快速的情境式設計，這個也是以使用者為中心的設計架構（Holtzblatt et al., 2005）。

人種誌觀察（3.5節）已證實能促進成功的開發流程，參與設計（3.6節）和情境開發（3.7節）是介面設計成功的關鍵。在設計審查前應該要說明社會影響（3.8節），在設計過程中也應該要探討法律相關議題（3.9節）。

3.2 支援可用性的組織設計

公司的行銷和客戶服務部門逐漸體會到可用性的重要，而且這兩個部門是創造可用性的來源。當競爭的產品間具有類似的功能時，可用性工程是產品接受度的重要關鍵。許多公司都成立了可用性實驗室，並在產品開發的過程中提供專家審查，以及進行產品可用性測試。當可用性測試的對象是在細心控制的條件下進行評比工作時，公司外的專家即可對此提供新的見解（Rubin and Chisnell, 2008; Dumas and Redish, 1999）。評估策略請參閱第4章的介紹。

大多數公司還沒有為了可用性而設置的高階主管（chief usability officer, CUO），但是公司通常會有使用者介面的設計師，和可用性工程的管理者。由高階主管推動的工作較容易受到內部各層級人員的注意。而為了提昇全體員工對可用性的認識，可以提出可用性日（Usability Day）、利用內部研討會、業務通訊、和獎勵等方式推動。然而，反對新技術和軟體工程師角色轉換的阻力，也會在公司內部造成問題。

要進行組織變革是很困難的，但有創造力的領導者會有好的辦法。組織變革的最佳途徑，是訴諸於大部分專業人員對品質的共同渴望。當管理者注意到好的介面所節省的學習時間、帶來較好的效率、或較低的錯誤率時，他們可能會比較願意應用可用性工程的方法。而讓電子商務管理者感興趣的是更高的週轉率、更大的市場佔有率、和留住更多的客戶。對消費產品管理者而言，他們渴望能達到減少退貨／抱怨、增加品牌忠誠度、和有更多人推薦他們產品的目標。要進行組織變革時，比較不明智的方法是指出目前的複雜設計所帶來的挫折、混亂和高錯誤率，並列舉競爭者應用可用性工程方法的成功事蹟。

在大型企業中，可用性工程的投資報酬率（Return on investment, ROI）總是令人質疑。然而，很多白皮書舉出可用性測試獲得回報的證據（Nielsen, 2008; Mias and Mayhew, 2005）。大部份的大公司和很多小公司都有一個集中管理的人因團隊或可用性實驗室，可提供設計和測試時的專業知識來源（Perfetti, 2006）；然而，每個計畫都應該有專屬的使用者介面設計師，其負責開發必要的技巧、管理其它人的工作、準備預算和進度表，並且在需要進一步的專業知識、參考資料、或可用性測試時，可以與內部及外部的人因專家進行協調。這個雙重的策略平衡了對集中專業知識和分散應用的需求，它同時也能夠讓使用者介面和應用領域內的專家數量成長（例如，在以地理資訊或以web為基礎的產品目錄）。

在部份產業，例如航空業，通常需要提出人力系統整合（Human Systems Integration, HIS）的需求，其結合人因、可用性、畫面設計、導覽等等，同

時也要滿足客戶的需求（National Research Conncil, 2007; Defense Acquisition University, 2004）。

隨著使用者介面設計領域的成熟，計畫的複雜度、大小、和重要性也會隨之提高。如同在建築、航空、和書籍設計領域一樣，角色分化（role specialization）正逐漸興起。當利用新原則來寫網頁應用、行動裝置應用或桌上型電腦應用，有新的原則並透過這些媒體來轉換相同資訊時，使用者介面設計將會呈現出新的觀點。最後，個人將專精於某些特定問題領域（如使用者介面建立工具、圖形顯示策略、聲音和音調設計、捷徑、導覽、與線上教學製作）。當然，也可能會諮詢平面藝術家、書籍設計者、廣告製作者、教科書作者、遊戲設計者、或影片動畫製作者。感知系統的開發者明白開發過程，邀請心理學家進行實驗測試、邀請社會學家評估對組織的影響、邀請教育心理學家修正訓練程序、以及邀請社會工作者指導客服人員的需求。

當設計進行到實作開發階段時，使用者介面建立工具的選擇，是計畫成功與否的重要關鍵。這些發展快速的工具，能讓設計者快速地建立新的系統，並且支援重複設計／測試／修正的工作週期。

指導方針文件一開始是為了回應可用性的問題而撰寫，但是可用性問題現在被認為是更廣泛的社會過程，在這個過程中，撰寫文件只是第一步。四個"E"的管理策略 — 教育（education）、執行（enforcement）、免除（exemption）、強化（enhancement）才剛出現，並且逐漸制度化。

專注於可用性的商業成功案例一直不斷出現（Nielsen, 2008; Bias and Mayhew, 2005; Marcus, 2002; Karat, 1994）。由於傳統的管理者和工程師經常會拒絕改變，但這些改變會增加對使用者需求的注意，因此這些案例顯然需要經常重覆出現。當Claire-Marie Karat在IBM內的商業報告（Karat, 1994）對外發表後，變成了具有影響力的文件。她提到每在可用性上花一塊錢，最多就有100美元的收益，可以看得到的好處包括：減少程式開發成本、減少程式維護成本、

因更高的客戶滿意度而增加的收益、和增加使用者的效率與生產力。其它的經濟分析顯示，當設計者從開發計畫一開始就把可用性牢記在心時，組織的生產力會有根本的改變（最多可提升720%）（Landauer, 1995）。甚至是當進行最少的可用性測試並修正20個最容易修正的錯誤時，使用者的成功率可以從原來的19%，最多增加到80%。

必須注意的是介面開發活動並不會立即明顯看到成果，在這裡，開發週期中的可用性分析是ROI，並不會立即明顯地看到結果，但是在開發完成的系統中，真實的可用性卻是成功的關鍵。一個熟悉的例子是投票系統，一個令人混淆、誤解的最後投票結果可能會帶來災難，並與投票人口主要的喜好相佐，但是可用性分析與相關開發成本，應該可以由建立電子投票系統的政府承包商來管理。

使用者經驗（user experience, UX）團隊中的可用性工程師（usability engineers）和使用者介面設計師（user-interface architects），會在管理組織變革的過程中不斷的獲取經驗。當注意力從軟體工程或管理資訊系統轉移到介面設計時，會使他們陷入預算和人事配置的控制與權力鬥爭。已經準備好、有具體的組織計畫、成本／利潤分析、和實際開發方法的管理者，最可能成為勝利者。

設計具有創意以及無法預測的本質。互動系統的設計者必須融合技術可行性的知識、以及吸引使用者的神秘美感。描述設計特色的方法如下（Rosson and Carroll, 2002）：

- 設計是一個過程；它不是一個狀態，它也無法完整地以靜止的方式呈現。
- 設計的過程是非階層式的；它不是嚴格地從下而上，也不是從上而下。
- 這個過程是可完全轉換的；它包含開發和過渡時期的解決方案，而這些方案在最終的設計中，可能並不扮演任何角色。
- 設計本身牽涉到探索新的目標。

以上描述的設計特色，呈現出設計過程中變動的本質，但是，在每一個創意的領域中，也會有準則、修正的技術、正確和錯誤的方法、以及成功與否的評估。一旦初期資料收集和初步的需求建立後，就可以開始進行更詳細的設計與初步開發。本章將介紹專案初期階段的管理策略以及呈現設計的方法。第4章則把焦點集中在評估方法上。

3.3 設計的四個支柱

在本節所描述的四個支柱，可以幫助使用者介面設計者將好的想法轉換為成功的系統（圖3.1）。它們不一定保證一定能完美無瑕地運作，但是根據經驗顯示，每個支柱都能依序加快設計的過程，並能夠協助建立完美的系統。

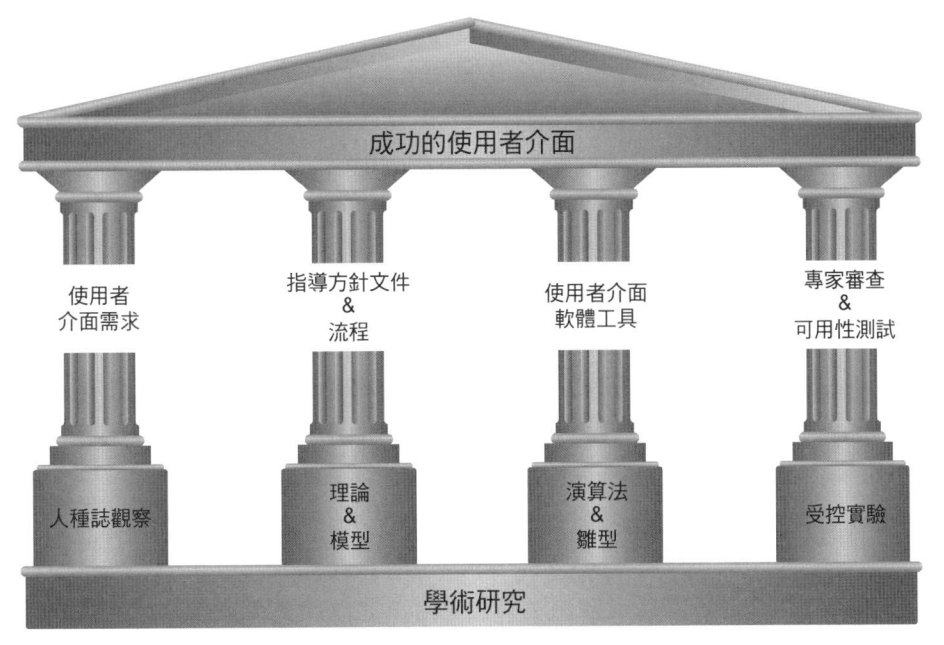

圖3.1
成功的使用者介面開發的四個支柱

3.3.1 使用者介面需求

在任何開發活動中,徵求使用者需求、並且清楚地說明使用者需求是成功的重要關鍵(Selbym, 2007)。在不同組織和產業中,用以引導使用者需求、並根據使用者介面需求達成協議的方法也會不同,然而,最終結果是相同的:詳細的使用群需求說明、以及他們的工作說明。展示使用者介面需求,是整體需求開發與管理流程的一部份;系統需求(硬體、軟體、系統執行、可靠度等)必須清楚地說明,而其它關於使用者介面的需求(輸入/輸出裝置、功能、介面、使用者的分類等)也必須詳述,並要符合使用者需求。

使用者和開發者之間是否有徹底且明確的了解,將會是決定軟體專案成敗的關鍵。不適當的需求定義會發生什麼問題?這會造成你無法確定你正在解決什麼問題,而且當問題解決時你也不會知道。

請注意不要將人為操作行為加諸在使用者的介面需求上(Box 3.1)。例如,不要像這樣說明需求:「使用者應該在5秒鐘內決定要從ATM提領多少錢」,而是指定相同的需求給電腦系統:「在出現回應訊息之前,ATM應該給使用者5秒鐘的時間選擇提款金額⋯」。

判斷使用者介面需求的成功方法之一,是使用人種誌觀察(ethnographic observation)(在3.5節中討論),監視使用者在不同情境和環境中的真正行為。在人機互動中(2.3.6節),什麼功能最好由電腦做、以及什麼功能最好由人類來做,之間的平衡應該要在開發流程中進行討論。

3.3.2 指導方針和流程

在設計流程的初步階段,使用者介面設計師應該建立或要求其它人建立一組工作指導方針。可能是由兩個人合作一週,製作出10頁的文件;或由12個人合作兩年,製作出300頁的文件。Apple的Macintosh的成功因素之一,是在於一開始就有機器的指導方針文件,這份文件提供應用程式開發者一組應該遵循的

第3章 管理設計流程

■ Box 3.1 與系統行為有關的使用者介面之範例

- **效能需求：**

  「網站應該要讓使用者有能力去更新他們的資料，例如：姓名、郵件地址、e-mail地址、電話。」

  「系統應該給ATM客戶15秒進行選擇，若客戶沒有做出任何選擇，則系統應該警告使用者，其交易即將結束。」

  「當行動裝置不在訊號服務的範圍內時，應該要能夠儲存文字訊息的草稿。」

- **功能性需求：**

  「系統要能確保輸入的PIN與檔案中的一組號碼相符。」

  「網站應該根據過去流覽網站的資訊，來提供其它相關的購買選擇。」

  「在顯示確認號碼之前，必須要允許信用卡交易的執行。」

- **介面需求：**

  「Kiosk顯示樣式應該要符合現有列印媒體的指導方針」

  「行動裝置應該可以允許下載鈴聲」

原則，因此可以保證各產品間設計的協調性。Microsoft Windows Vista的使用者經驗指導方針（User Experience Guideline）已經過多年的修正，它也為許多程式設計師提供了一個很好的學習起點與教學經驗。所參考的指導方針文件，請參閱第1章「參考文獻」的內容說明。

每個專案都有不同的需求，但是指導方針應該考慮：

- **文字、圖示、和圖形**

    - 術語（物件和運作）、縮寫、和大寫

    - 字元集、字型、字體大小、和樣式（粗體、斜體、底線）

    - 圖示、按鈕、圖形、和線條粗細

    - 色彩、背景、強調效果、和閃爍的使用

- 螢幕顯示配置議題
  - 功能表選單選擇、填空式表單、和對話窗
  - 提示、回應、和錯誤訊息的用語
  - 對齊、空白區域、和邊界
  - 項目和列表的資料輸入和顯示格式
  - 頁首和頁尾
  - 可分別適用於小螢幕和大螢幕的策略

- 輸入和輸出裝置
  - 鍵盤、螢幕、游標控制、和指示裝置
  - 可聽的聲音、聲音回應、語音I/O、觸控輸入、其它特殊輸入模式和裝置
  - 不同工作的回應時間
  - 可供殘障使用者選擇的方式

- 運作順序
  - 直接操作點選、拖拉、放下、和手勢
  - 命令語法、語意、和順序
  - 捷徑和設定的功能鍵
  - 行動裝置（如Apple iPhone）、桌上型系統（如Microsoft Surface™）的觸控螢幕導覽
  - 錯誤處理和復原程序

- 訓練
  - 線上輔助、教學和支援團體
  - 訓練和參考資料

指導方針的建立（Box 3.2），應該是一個在組織內的社會過程，如此才可以有能見度並得到支持。具有爭議的指導方針（例如，什麼時候使用聲音發出警告），應該經由同事審查或依據經驗進行測試。為了發佈指導方針，應該要建立一些程序，以確保其施行、允許例外、和允許改進。指導方針一定要是文字，其能夠適應需求的改變，並透過經驗加以修正。透過嚴格的標準、公認的準則、和彈性的指導方針這種三個階層的方法，可以提高接受度。這個方法可以闡明哪些項目比較穩定，而哪些項目比較可能會改變。

■ Box 3.2 指導方針的建議

- 提供社會過程給開發者
- 紀錄決策並讓所有人都可以看到
- 提升一致性和完整性
- 促進設計的自動化
- 允許多個層級：
    嚴格的標準
    公認的準則
    彈性的指導方針

- 發布政策：
    教育：如何實施？
    實施：誰審查？
    例外：誰決定？
    改進：多頻繁？

開發計畫開始時所建立的指導方針，是著重於介面設計，並對有爭議的問題提供討論機會。當指導方針被開發團隊採用後，會快速地執行，要在開發程序中改變設計的機會較少，且只會做少數的修改。大型組織為因應專案中有截然不同的樣式各區域使用的術語，因此可能會有兩階層或多階層的指導方針。因此，有一些組織會開發「樣式指南」（例如Microsoft, 2008）。

以下的四個 "E" 是建立文件和程序的基礎：

- **教育**（Education）。使用者需要訓練以及討論指導方針的機會。在產生的指導方針中，開發者也必須要被訓練。

- **實施**（Enforcement）。必須要有及時的和清楚的程序，以驗證介面是否遵守指導方針。

- **例外**（Exemption）。當使用具創意的想法和新技術時，必須遵守指導方針的快速程序。

- **改進**（Enhancement）。可預期的審查程序約為一年一次，這能讓指導方針保持在最新的狀態。

3.3.3 使用者介面軟體工具

設計互動系統的困難點之一，是客戶和使用者對於新系統可能沒有明確的想法。在許多情況下，因為互動系統都是新穎的，使用者可能不會了解設計決策的影響。不幸地，一旦系統開發出來後，要對系統做重大的改變會是很困難的、且費用昂貴、耗時。

雖然上述問題沒有完整的解決方法，但若客戶和使用者在設計初期就能對最終的系統有個實際印象，如此即能避免一些更嚴重的問題（Gould and Lewis, 1985）。列印出建議的螢幕顯示內容將有助於引導測試（pilot test），但若透過實際的螢幕顯示並搭配上可操作的鍵盤和滑鼠，這樣的效果將會更為逼真。功能表選單系統的雛型可能只有一個或兩個有效路徑，而不像最終系統有上千個路徑；填空式表單系統的雛型可能只會顯示欄位，但不會真正處理這些欄位。雛型一向都使用簡單的繪圖或文書處理工具產生，甚至是以PowerPoint®來呈現所描繪的畫面，並透過PowerPoint®投影片進行展示，但有時也可以使用其它的動畫軟體。Flash®和Ajax。Flash®是一個編寫多媒體的軟體，能內嵌於網頁內容中，在Flash®中建立的介面，可與其它工具所建立的介面進行比較。Ajax是

互動網頁的混合式技術，非常像是一個開發環境。其它可使用的設計工具包括 Adobe®PageMaker®或Illustrator®。

Microsoft的Visual Basic/C++開發環境就是一種很容易上手且有完整功能的工具。可利用Visual Studio、C#、.Net Framework進行使用者介面開發專案的評估。進行評估時需確認工具的功能、容易使用的程度、容易學習的程度、成本和效能，並要根據工作規模選擇適當的工具。建立可以支援使用者介面開發專案的軟體架構，就像其它（尤其是大型的）軟體開發活動一樣重要。

像Sun的Java™這樣的複雜工具，可以提供跨平台開發功能和各類服務，對於想要撰寫Java程式的人可以使用Java Development Kit™（JDK）。對於想要撰寫Java基礎類別（Java Foundation Classes, JFC）的Java開發者，Java Look and Feel Design Guidelines（Sun Microsystems, 2001）為使用者介面型態提供了很好的參考資訊。例如欄位是如何快速變動、以及在此時是如何寫入，Java發行了LightWeight User Interface Toolkit（LWUIT），並以「一個用來建立吸引人的行動使用者介面、具多功能且簡潔的API」來宣傳此開發工具。

雖然網站介紹不是本書的重點，但有許多網站對於目前的使用者介面軟體工具有深入的介紹；其中Web Developers Journal是最受本書作者青睞的網站之一。

3.3.4 專家審查和可用性測試

戲劇的製作人都知道，為了確保有個成功的首映夜，必須讓影評人觀看試片和彩排。初期的彩排，可能只需要主要的演員穿著平常的服裝，但是隨著首映夜的到來，所有演員都要穿著戲服，同時道具和燈光也都是必備的。飛機設計者完成風洞測試（wind-tunnel tests）、建立客艙的夾板原型、建立駕駛艙模擬，並對第一個原型進行全面性的飛行測試。同樣地，網站設計者現在了解到，在發表產品前，他們必須要完成許多小型的和一些大型的引導測試（Dumas and Redish, 1999）。除了許多不同的專家審查方法外，利用未來的使用者進行

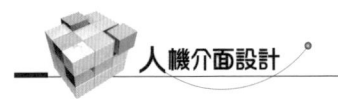

測試、審核,以及自動化分析工具也都很有用。隨著可用性研究的目標改變,包括期望的使用人數、錯誤的危險性、和投資的程度,程序也會有很大的不同。第4章將深入地介紹專家審查、可用性測試、和其它評估方法。

3.4 開發方法

許多軟體開發計畫無法達成它們的目標。某些開發的失敗率,最高可達到50%(Jones, 2005)。這些問題中的許多原因,都可歸咎於開發者和他們的客戶之間、或開發者和使用者之間溝通不良。

成功的開發者會細心地了解企業需求,也會從不具技術背景的企業管理者身上找出正確的需求,以修正技巧。除此之外,因為企業管理者可能缺乏技術知識,因而無法了解開發者的提案,為了降低組織相關之設計決策所帶來的誤解,對話是必要的。

成功的開發者也清楚,在軟體開發初期,將重心放在以使用者為中心的問題上,會大幅降低開發時間與成本。以使用者為中心的設計,在開發期間產生的系統問題較少,且在系統的生命週期間花費的維護成本較低。這些系統比較容易學習、效能較好、能大幅降低使用者錯誤、並會鼓勵使用者嘗試一些進階的功能。除此之外,以使用者為中心的設計規劃,能協助組織調整系統功能,使其符合商業需求和優先順序。

軟體開發人員已經發現到,依循已建立的開發方法,能夠幫助他們達成預算與進度的設定(Sommerville, 2006; Pfleeger, 2005)。雖然軟體工程方法論對於軟體開發流程很有幫助,但是它們總是無法提供研究使用者、了解使用者的需求、和建立可用介面的明確程序。有一些專門從事以使用者為中心的設計的小型設計顧問公司開發了一些創新的設計方法,例如以情境訪談方法為基礎的快速情境設計(Bayer and Holtblatt, 1998)。一些大公司也已經把以使用者為中心的設計整合到它們的準則中,例如,適合目前IBM組織的Ease of Use方法(圖

3.2）。對於使用者介面開發和可用性需求而言，敏捷的技術和方法能提供一些回應（Boehm and Turner, 2004）。

這些商業導向（business-oriented）的方法都可明確說明不同設計階段的可遞交且詳細的設計內容，並能加入成本／利益和投資報酬（return-on-investment, ROI）分析，以協助決策的制定。它們也提出一些能讓計畫如期進行，並促進組織與技術團隊間有效合作的管理策略。因為以使用者為中心的設計，只是整個開發流程的一部分，這些方法一定也要能和目前所使用的各種不同軟體工程方法緊密結合。

角色／階段矩陣	所有階段	商業機會	了解使用者	初始設計	開發	開發	生命週期
所有角色							
使用者經驗領導力		使用者工程規劃—初始	使用者工程規劃—最終	執行使用者工程規劃	已建立尺度的滿意度	計畫評估	滿意度調查
市場規劃		業務和市場需求	適當的使用者需求	大略市場產品	詳細市場產品	最終市場產品	
使用者研究			使用者需求	適當的設計			
使用者經驗設計			設計方向	概念性設計，低精確度原型	細部設計，高精確度原型	設計問題決議	
視覺&工業設計			外觀方向	外觀指導方針	外觀格詳細規		
使用者經驗評估			詳細評估	概念性設計評估	細部設計評估	使用者回應和標準檢查程式	使用者問題報告

圖3.2
IBM的Ease of Use開發方法，是根據角色和階段來說明活動

目前已經有幾十種開發方法（如GUIDE、STUDIO和OVID），但這裡的焦點會放在Holtzblatt等人提出的快速情境設計，概述如下。快速情境設計方法中有用於情境設計與管理資料的工具（Holtzblatt and Beyer, 2008），也有其它針對

可用性工程流程和互動設計的資源（Heim, 2008; Sears and Jacko, 2008; Leventhal and Barnes, 2007; Sharp et al., 2007），設計方法包含以下步驟（表3.1）：

1. **情境訪談**。計劃、準備，接著執行領域訪談，以觀察和了解正在執行的工作任務，並檢閱組織的工作。

2. **解釋會議和工作模型**。舉行團隊討論，並根據情境訪談取得結論，其中包括了解組織的工作流程，以及會受到文化和政策影響的執行中的工作，並從中獲得關鍵內容（親和記錄）。

3. **模型合併與建立親和圖**（affinity diagram）。利用使用者、以及針對較大目標人口的解釋性工作模型，來呈現所收集的資料，以得到深入的理解與一致的意見。合併工作模型以說明一般性工作的型態和流程，以及建立親和圖（以階層方式來表示使用者的需求）。

4. **角色發展**。在一個可能會使用網站或產品的目標人口中，發展角色（小說的人物角色）來表示不同的使用者類型（Cooper, 2004）。這種方式可以幫助團隊傳達使用者需求，並實現這些使用者需求。以重要層級中的角色為例，可能包括：（1）具有5年電腦遊戲經驗的22歲男性，或（2）只使用電子郵件和數位照片分享的70歲女性。

5. **視覺化**。從所建立的角色中，審查和「走過」整理過的資料。這個視覺化階段可協助定義系統要如何有效率的改善使用者的工作，藉由使用活動掛圖（filpchart）、或改善已修正的商業流程表達的任何視覺媒體，來獲取重要議題與想法。

6. **分鏡**（Storyboarding）。透過照片和圖形來描述使用者介面的初始概念、商業規則和自動化假設，並對使用者的工作重新詳細設計。分鏡可用來定義與說明「被建立」的假設。

7. **使用者環境設計**。在使用者環境設計（User environment design, UED）中，可以單一且一致的方式來表示使用者和所執行工作，而UED是根據分鏡而建立的。

8. **透過紙本雛型和模擬方式進行訪談與評估**。從紙本雛型開始，然後再利用較精確的雛型，對實際的使用者進行訪談和測試，根據所得到的訪談結果確保系統符合終端使用者的需求。

情境訪談
解釋會議和工作模型
模型合併與建立親和圖
角色
視覺化
分鏡
使用者環境設計
紙本雛型與模擬訪談

表3.1
《Rapid Contextual Design: A How-To Guide to Key Techniques for User-Centered Design》（Morgan Kaufmann, San Francisco, CA, 2005）一書所介紹的快速情境設計

3.5 人種誌觀察

多數方法都會在其初期階段加入對使用者的觀察。由於介面使用者都是來自於特定的文化，因此用來觀察工作環境中的使用者所使用的人種誌方法（ethnographic methods）變得愈來愈重要（圖3.3）。人種誌學者會參與使用者的工作或家庭環境，仔細地聆聽與觀察，有時候還會進一步詢問問題，並參與活動（Fetterman, 1998; Harper, 2000; Millen, 2000）。如同人種誌學者，使用者介面設計者會對個人行為和組織情境進行更深入的了解。然而，使用者介面設計者和人種誌學者的不同之處，在於除了了解他們的使用者外，為了要改變與改善介面，使用者介面設計者還必須把焦點集中在介面上；同時傳統的人種誌學者會讓自己埋首於某個文化中數週或數月，但是使用者介面設計者通常需要限制這個過程，使其縮短到數天或數小時內完成，並且要得到足以影響重新設計所需的相關資料（Hughes et al., 1997）。人種誌方法已經應用在辦公室工作（Suchman, 1987）、飛航管制（Bentley et al., 1992）和其它領域上（Marcus, 2005）。

圖3.3
十三歲以下兒童的研究者以及巴爾的摩大學的KidsTeam觀察兒童在家的閱讀習慣（左圖）。巴黎的研究者，和來自法國、瑞典、和美國的家庭，一起腦力激盪產生出新的家庭科技（右圖）

　　觀察的目的是為了得到足以影響介面重新設計的必要資料。不幸的，人們很容易誤解觀察結果，因而使得正常工作被破壞，並忽略了重要的資訊。遵循驗證過的人種誌流程，可以降低發生這些問題的可能性。人種誌觀察研究的例子包括：（1）人機介面的社群（HCI community）如何採用與適應文化性探索（Boehner et al., 2007）。（2）針對家庭保健，發展以地理位置為基礎之互動式服務，以支援分散式的行動式協同工作（Christensen et al., 2007）。以及（3）在開發中的區域，影響科技解決方案的社會動態（Ramachandran et al., 2007）。為了評估所做的準備、進行的田野調查、分析的資料、和發現報告等的指導方針，可能包含以下的內容：

- **準備**
  - 了解工作環境中的策略，以及家中的家庭價值。
  - 讓自己熟悉現有的介面和其歷史。
  - 設定初始目標和準備問題。
  - 取得觀察或訪問的權利和許可。

- **田野調查**
  - 與所有使用者建立和諧關係。
  - 在使用者的工作環境中觀察或訪問他們，並且收集主觀和客觀的量化與質性資料。
  - 追蹤訪查時出現的線索。
  - 紀錄訪查內容。

- **分析**
  - 彙編在數值、文字、和多媒體資料庫內收集的資料。
  - 量化資料並彙編統計。
  - 減少並解釋資料。
  - 修改目標和所用的程序。

- **報告**
  - 考慮各類的讀者和目標。
  - 準備報告並描述發現。

經過說明後，這些概念看起來很簡單，但還需要針對各種情況再加以解釋和注意。例如，了解管理者和使用者對目前的介面功能所持的不同看法，將會提醒你注意到每個使用群將可能會有的挫折。管理者可能抱怨職員不願馬上更

新資訊，但是職員可能是會因為登入的程序需耗費長達六到八分鐘，因而拒絕使用這個介面。在建立和諧的關係時，尊重工作環境這項規則是很重要的。在某次進行觀察準備時，我們發覺到管理者警告我們的研究生不應該穿牛仔褲，這是因為之前的使用者都禁止這樣穿。學習使用者的技術語言，對建立和諧的關係也很重要。先準備一個很長的問題清單，然後藉著把焦點集中在所提出的目標，進而過濾出一些問題，這是一種很有用的方式。體會到使用群間的差異（如在1.4節所提過的差異），將會使觀察和訪問的過程更有成效。

資料收集包括廣泛的質性主觀印象或量化的主觀反應，如評分等級或排名。客觀的資料可能包括：質性的奇聞或紀錄使用者經驗的重要事件，或者包括量化的報告，例如，在一小時內觀察六個使用者出現錯誤的次數。事先決定要紀錄的內容是非常有幫助的，為預期之外的事件作準備，也是很有用的。報告摘要的用處遠超過原來的預期；在大部分的情況下，每個對話的原始紀錄份量太多，並沒有什麼價值。

讓程序詳盡明確並且仔細地規劃，可能會讓許多受過電腦和資訊技術訓練的人覺得笨拙；然而在應用考慮周到的人種誌流程後，已經證明這樣的流程是有許多好處的。它可以增加可靠度和可信度，這是因為設計者藉著拜訪最後會使用系統的工作環境、學校、家庭或其它環境，而了解未來環境的複雜度。設計者親自出現在現場，可與許多終端使用者討論想法，並與他們發展工作關係，更重要的是，使用者可能會願意主動參與新介面的設計工作。

3.6 參與設計

許多作者極力提倡參與設計策略，但是這個概念是頗具爭議的。參與設計（participatory design）是讓人們直接參與他們使用的產品和科技的協同設計。贊成的理由指出，透過更多使用者的參與，會帶來與工作相關、更正確的資訊，並且讓使用者有機會影響設計決策。在成功的開發過程中，讓使用者建立

● 第 3 章 ● 管理設計流程

自我投入的參與感，這樣的參與感可能會對最終系統使用者的接受度有最大的影響力（Kujala, 2003; Muller, 2002; Damodaran, 1996）。

另一方面，過多使用者的參與，可能會產生很大的成本，而且可能會延長開發時間。這也可能讓沒有參與、或所提建議被拒絕的人產生敵意，甚至可能會讓設計者在設計上做些讓步，以滿足這些參與者（Ives and Olson, 1984）。

參與設計的經驗通常都是正面的，而且它的擁護者可以指出許多沒有使用者參與就可能無法達成的重要貢獻。反對的人比較欣賞有點正式的多案例研究方法 — 透過視訊研究來建立合作式技術的可塑介面（plastic interface for collaborative technology initiatives through video exploration, PICTIVE）（Rosson and Carrol, 2006; Muller, 1992）。使用者草擬介面，然後用幾張紙、幾片塑膠、和錄影帶來建立準確度較低的初期雛型。接著把概略的排練情節記錄在錄影帶上，呈現給管理者、使用者、或其它設計者。在正確的領導下，PICTIVE方法可以有效地誘發新的想法，而且會讓所有參與的人都感到有趣（Muller et al., 1993）。已經有許多參與性設計的變形被提出，這些變形讓參與者能製作出戲劇表演、攝影展、遊戲，或是只草擬和撰寫出劇本。在引導使用者需求的過程中，高準確度的雛型和模擬也是重要的。

精心的挑選使用者，有助於建立成功的參與性設計實驗。具競爭的挑選會讓參與者感覺到自己的重要性，並可強調計畫的重要性。可能會要求參與者必須不斷參加會議，並應該告訴他們所應扮演的角色和該發揮的影響力。他們可能必須學習技術和組織的規劃，並且要求他們扮演與較大使用群溝通的管道。

使用嚴格定義的方法和控制實驗，仍不足以研究圍繞在複雜介面週遭的社會與政治環境。社會和工業心理學家會對這些問題感興趣，但可能永遠不會出現可靠的研究和開發策略。敏感的計畫領導者，一定要判斷每個情況的好處，並且一定要決定使用者參與的適當程度為何。參與設計團隊成員的人格特質是非常重要的因素，因此團體動態和社會心理學專家可以是很有幫助的顧問。有

許多問題仍待研究,例如,同質性或是異質性的團體比較容易成功?如何為小團體和大團體制定合適的流程?如何平衡一般使用者和專業設計者之間的決策制定與控制?

開發複雜應用系統(如運輸安全、投票、線上拍賣、e-learning、以及提供保健服務)的社會技術系統(Socio-technical system, STS)開發者越來越能察覺到參與設計的價值。在每一階段,他們會從投資者中尋找參與的使用者,以從中了解一些議題,例如隱私權保護、錯誤造成的損失、延遲的成本、法律的限制,以及道德議題,例如存在著喜歡某一使用群的偏見、或排除與其它使用群之間產生的障礙(Whitworth and De Moore, 2009)。

資深使用者介面設計者都知道,組織的辦公室政治關係和個人的偏好,在決定互動式系統成功與否上,可能比技術問題更為重要。例如,由於互動系統可以透過桌上型電腦的顯示器,提供最新資訊給資深管理者,而工作受到互動系統威脅的倉庫管理者,可能會利用延遲輸入資料,或不保證輸入資料正確性的方式,讓系統失效。介面設計者應該考慮到系統對使用者的影響,並且應該吸引使用者參與,以確保在初期時就能詳盡地考慮到所有的問題,而能避免產生不良結果以及使用者對改變的反抗。新奇的事物對許多人而言是具威脅性的,所以清楚地陳述預期的結果,將有助於降低焦慮。

不同使用者(從兒童到年長者)參與設計的想法正不斷地修正。對於某些使用者,例如有認知障礙或沒有時間的(如外科醫生)使用者,要安排他們的參與是有困難的。使用者參與的程度變得越來越重要,有一種分類法描述開發兒童使用介面時,兒童所扮演的角色,而年長者在開發年長者使用的介面時,該介面的典型使用者會是其它的年長者,以此類推,說明從測試者、資訊提供者到夥伴等不同角色(Druin, 2002)(圖3.4)。測試者只被當作是試驗新設計的人;而資訊提供者透過訪問和焦點團體,提供意見給設計者。設計夥伴是設計團隊中成員之一,至於兒童軟體本質上會有多個年齡層的兒童參與,因此團隊成員會是包含兩代成員的團隊。

這個領域中的其它研究已發表在參與設計的會議（Participatory Design Conferences, PDCs）中，此會議從1990年開始舉辦，並由Computer Professionals for Social Responsibility（CPSR）贊助。針對人種誌觀察與參與設計，開發者與專案管理者應該努力透過各種不同的參與者了解詳細情況，才有可能成功。

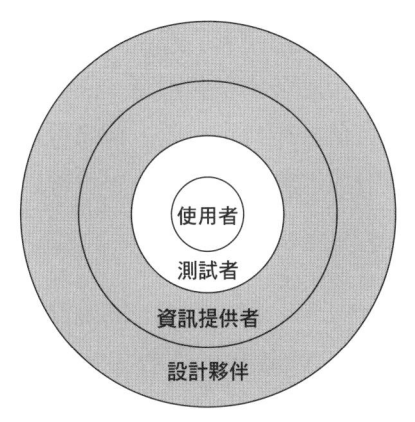

圖3.4
四種程度的使用者參與的Druin模型。有顏色的區域（資訊提供者和設計夥伴）表示參與設計的階段

3.7 情節開發

當目前的介面被重新設計，或完善的人工系統正進行自動化時，工作頻率和順序分配的相關資料會是一項龐大的資產。如果目前的資料不存在，則可從使用紀錄快速地深究。

把使用群列在表格的第一列，而工作列在表格的第一欄，這樣的方式有助於對工作的了解。表格的每一格可以填入某個使用者執行某個工作的頻率。另一個表示工具，是工作順序的表格，其表示哪個工作要在其它工作之後進行。在許多情況下，流程圖（flowchart）或轉換圖（transition diagram）能夠幫助設計者紀錄並表達一連串可能的運作；圖中連接線條的粗細表示轉換的頻率。

在沒有良好定義的專案中，許多設計者已發現，使用者進行一般工作時，生活中的情節是有助於描述會發生什麼。在初期的設計階段，應收集有關目前

效能的資料，以做為設計的底線。類似系統的相關資訊也會有幫助，也可以訪問投資者（如使用者和管理者）（Rosson and Carroll, 2001; Bodker, 2000; Carroll, 2000）。

在早期，描述新系統的一個簡單的方式，是撰寫使用的情節（scenario），若可能的話，像戲劇一樣地把它表演出來。當需要多個使用者一起合作時（例如，在控制室、駕駛艙、或金融交易間），或當使用許多物理裝置時（例如，在客戶服務台、醫學實驗室、或旅館登記區），這個技術特別有效。情節可以同時為初學者和專家級使用者表示一般或緊急的情況。角色（persona）也可以被包含在情節產生的過程中。

在開發國家數位圖書館（National Digital Library）時，設計團隊一開始寫了81套情節，用以描寫潛在使用者的基本需求。這裡有一個例子：

> K-16使用者：一位七年級的社會學教師，他正在教授工業革命單元。他想要利用一些的原始資料來說明促進工業化的原因、工業化發生的方式、和工業化對社會與環境的影響。因為教學的工作量很大，他大約只有四小時的時間找出並整理這些上課用的補充資料。

其它的情節可能描寫使用者如何使用系統，如以下針對美國猶太人受難紀念館（U.S. Holocaust Museum and Education Center）所寫的正面情節：

> 一位祖母和她10歲與12歲的孫子之前參觀過這個紀念館，他們這次又來到學習中心，探索1930年代波蘭Shtetl小鎮的生活情況。他的孫子熱切地按下歡迎畫面的按鈕，他們觀賞紀念館所準備的45秒視訊簡介。然後他們按下「大屠殺之前的歷史」按鈕，並選擇觀看城鎮的清單。Shtetl小鎮並沒有在清單上，但她認出在附近的一個比較大的城市，然後他們得到了一份簡短的文字敘述、該區域的地圖、和市場的照片。他們閱讀有關這個城市的歷史，並且觀賞15秒的市場活動、和猶太劇院作品的影片。他們略過主要的建築物和機構，選擇閱讀一位著名的社會領導者和一位

詩人的傳記。最後，他們選擇「訪客留言簿」，並把他們的姓名留在和這個城市有關係的人名清單上。在這個清單上，祖母注意到一位兒時玩伴的名字，她已經有60年沒有他的音訊了 — 幸運的，這位先前的參觀者有留下住址。

這個情節是寫給不具技術背景的紀念館規劃者和董事會，告訴他們如果有資金，就可以建立什麼樣的內容。這樣的情節大多數人很容易就了解，並且傳達了如物理裝置（提供給三個或更多參觀者的隔音間和座位）和開發需求（導演簡介的影片製作和檔案影片的轉檔）等設計議題。

為了幫助美國統計機構規劃統計知識網路（Statistical Knowledge Network），因此進行了一個情節開發程序，把公民要求服務的型態和機構的提案合併在一起，建立了15個簡潔的情節，以第一人稱的方式描述，以下為兩個做為介面實證分析基礎的情節：

> 我是一個住在北卡羅萊納Raleigh-Durham地區的社會運動主義者，我漸漸留意到都市向外擴張，而農村地區的農場和休憩區域的消失。我需要統計資料來支持我的觀點，我認為在農村和／或耕作區域進行都市開發時，會產生重大的差異。

> 我想要在大西雅圖都會區開一間專賣有機產品的雜貨店，有機產品的製造和消費的趨勢為何？西雅圖這個區域是開店的好地方嗎？

更甚者，某些情節撰寫者會透過錄影帶的製作來傳達他們的意向。有許多有關未來的情節引起了諸多爭議，如Apple在1987年製作的Knowledge Navigator（知識導覽器）。它描寫一位使用語音指令的教授，和螢幕上一個打著蝴蝶結、像畢業生的人物對話，並使用觸碰指令進行生態實驗。許多人都很喜歡這個片子，但是因為螢幕上的人物可以認出教授的表情、含糊的字彙、和情緒反應，大家也認為這已經超出現實的界線了。另一個範例是Bruce Tognazzini給Sun

Microsystems的Starfire 情節（1994），呈現出一個精心製作卻真實的支援遠端協同工作的超大型螢幕工作環境。

在2003年，手機開發者製作了一些情節，表達行動視訊通訊如何改變個人、家庭、和商業關係 — 一個很吸引人的例子是日本NTT DoCoMo的Vision 2010: Beyond the Mobile Frontier（願景2010：超越行動的疆界），它的內容描述當孩子們到離家很遠的地方求學時，家庭成員間如何能夠保持緊密的聯繫。NTT DoCoMo已建立許多其它值得看的情節，包含Mobile Life Story "Concert" version、Vision 2010: Old School Friends，以及The Road to Hokusai's Waterfall。DoCoMo的所有的影片表現出很棒的未來先進科技，行動裝置上的介面使用容易，因此各年齡層的人都很容易上手。針對安全、隱私權和資料傳輸等需求，影片的情節可以提高我們的個人防護、健康和安全。

另一個情節是Microsoft的未來健康願景（Health Future Vision），在未來可預見健康照護會與行動通訊技術連結，所說明的概念包含：在遠端傳送個人健康狀態資訊、醫院通訊與協同工作工具、使用行動技術與觸控式螢幕技術的進階使用者介面、安全控制病人健康與身份資訊、將無接縫式的服務環境視為輸入／輸出裝置等。

3.8 初期設計審查的社會影響說明

互動式系統常對許多使用者造成戲劇性的影響。為了將風險降到最低，在最容易做改變的開發階段詳細說明預期的影響，會有助於在開發初期誘發出一些有益的建議。

政府、公共事業、和公眾管理的產業，漸漸被要求使用資訊系統來提供服務，然而，某些評論者強烈反對現代技術，而且只看到一個絕望的技術決定論：「科技獨裁消滅了其它的選擇，其中包括把科技奉為神，代表文化尋

求技術的認可、在科技中尋找對文化的滿意度、和接受科技所下達的命令」（Postman, 1993）。

Postman永無休止的恐懼，並無法幫助我們創造出更有用的技術，或避免技術出錯而造成的傷害。然而，建設性的批評、和設計的指導方針，有助於修正長久以來缺乏信賴的歷史，這包括因為非技能化或解雇所造成的混亂，以及有缺陷的醫療工具所造成的死亡。目前的考量重點在於監視系統造成的侵害隱私、政府企圖要限制資訊的取得、和因為缺乏安全性而造成的選舉舞弊。雖然不能保證有完美的設計，但建立策略和程序比較可能會得到滿意的結果。

社會影響說明（social impact statement）和環境影響說明類似，有助於提升與政府相關的應用系統（私營公司的計畫審查會是非必要，而是屬自我管理）的品質。初期廣泛的討論可以發現利害關係，並且讓利害關係人能公開的描述他們的立場。當然，這些討論有著提高恐懼或強迫設計者做不合理讓步的危險，但在一個管理良好的計畫中，這些風險看起來是合理的。社會影響說明可能包括以下幾個部分（Shneiderman and Rose, 1996）：

- **描述新的系統和它的好處**
    - 傳達新系統的高層次目標
    - 定出利害關係人
    - 找出特定的優勢
- **指出所考量的事和可能的障礙**
    - 工作職務可能的改變和可能的裁員動作
    - 指出安全和隱私的問題
    - 討論系統誤用和故障所應負的責任
    - 避免潛在的偏見
    - 權衡個人權利和社會利益

- 評估集權與分權的取捨
- 保持民主原則
- 確保多樣的使用方式
- 提升簡單性和保持原來的運作

● 開發流程概述
- 提出所預估的計畫時程表
- 提出決策的流程
- 討論利害關係人要如何參與
- 察覺到更多員工、訓練、和硬體的需求
- 提出資料和裝置的備份計畫
- 概述移植到新系統的計畫
- 描述一個評估新系統成功與否的計畫

　　社會影響說明應該早一點在開發過程中產生，如此才可影響計畫的進度、系統需求、和預算。它可以由系統設計團隊建立，這個團隊可能包括直接使用者、管理者、內部或外部軟體開發人員，也可能包括客戶。甚至在大型系統中，社會影響說明應該有適當的篇幅長度與複雜度，以讓具備相關背景的使用者能夠理解。

　　在撰寫社會影響說明後，應該交由適當的審查小組以及管理者、其它設計者、直接使用者、和任何會受到系統影響的人進行評估。可能的審查小組包括聯邦政府單位、州議會、管理機構（例如，證劵交易管理委員會或聯邦航空管理局）、專業協會、和勞工聯盟。審查小組會在收到書面報告後主辦公聽會，並要求進行修改。公民團體也應該要有機會表達他們的意見，並提出替代方案。

一旦社會影響說明被採用，它一定要確實執行。社會影響說明會說明新系統的目的，而且利害關係人必須看到這些目的獲實際運作的支持。基本上，審查小組是一個適當的執行單位。

在進行徹底的審查時，投注的精力、成本、和時間應該要與計畫本身相符。這樣的過程會藉由避免問題發生（包括昂貴的維修費用、增進隱私權的保護、降低發生法律問題的機會和建立更滿意的工作環境）的方式來大幅改進系統。不做任何承諾、但卻願意為設計的崇高目標而努力的資訊系統設計者，會贏得尊敬並激勵其它人。

3.9 法律問題

隨著使用者介面變得重要之後，嚴肅的法律問題也隨之出現。每個軟體和資訊的開發人員，應該檢討可能會影響設計、開發、或行銷的法律問題。

不論利用電腦儲存資料或監視活動時，隱私一直都是一個重要問題。為了避免未經同意的存取、非法竄改、疏忽造成的損失、或蓄意損害，必須針對醫學、法律、金融、和其它資料進行保護。近來執行的隱私保護法，會讓醫療和金融團體產生複雜、且難以理解的政策與程序。基本的保護方式是利用物理安全設施防止任意的存取，除此之外，隱私方面的保護措施，包括控制密碼存取、身分確認、和資料驗證等使用者介面機制。有效的保護可以使工作上的混亂和入侵降至最低。網站開發者應該提供容易使用和可理解的隱私策略。

第二個考量包括安全和可靠度。飛機、汽車、醫療設備、武器系統、或控制室的使用者介面，都會影響生死攸關的抉擇。如果飛機駕駛對狀態顯示感到困擾，即可能發生致命的錯誤。像這類難以理解的系統使用介面，很可能會讓設計者、開發者和操作者間發生設計不良的訴訟。設計者應該努力建立高品質和經過完善測試、遵守最新指導方針的介面。測試和使用文件所提供的準確紀錄，將可以在問題發生時保障設計者。

第三個問題是軟體版權或專利的保護（Samuelson, 2001; Lessig, 2006）。使用者購買非法複製的軟體，會令花費許多時間和金錢開發軟體的開發者灰心。有一些技術可以避免盜拷，但是聰明的駭客總是能克服這些困難。很少看到公司控告個人盜拷程式，但一些針對大學和企業訴訟的官司倒是一直出現。一個由自由軟體聯盟所領導的開發者發聲團體提出反對軟體版權和專利的看法，他們相信廣泛地散播是最佳的策略。一個新的合法方式 ─ 創意共享（Creative Commons™），讓作者可以指定更多的自由契約，使其它人能夠使用他的創作。開放軟體原始碼運動已使爭論更為熱烈。開放原始碼協會（Open Source Initiative）以如下的文字描述他們的運動：「當程式設計師可以讀取、重新散佈、和修改某個軟體的原始碼時，軟體就演化成長了。人們改良它、使用它、並進行除錯，而且與傳統步調緩慢的軟體開發速度比較起來，它的速度快得令人驚訝。」某些開放原始碼的軟體，如Linux®作業系統以及Apache™網頁伺服器，已經成功地佔有大部份的市場佔有率。

第四個考量是線上資訊（如影像或音樂）的版權保護，如果顧客取得線上資源，他們有權利把資訊儲存起來留作日後使用嗎？顧客可以傳送一份副本給同事或朋友嗎？誰有「朋友」清單，並在社會網路的網站上分享資料？個人、他們的員工、或網路操作員可以擁有在e-mail內的資訊嗎？全球資訊網的擴張，挾其龐大的數位資料庫，已使這些版權議題升溫。出版商想要保護他們的智慧財產，而圖書館員則是夾在服務大眾與出版商的法律義務之間。如果具有版權的作品被免費地散播，對出版商和作者的衝擊是什麼？如果在未經允許或未付費的狀況下傳播任何具有版權的作品就是非法的話，科學、教育、和其它領域也都會因此而受害。為了個人和教育目的，可進行有限複製的公平使用原則，能夠幫助處理影印技術所造成的問題。然而透過網際網路來進行完美快速的複製和廣泛地散佈，則需要詳細考慮（Lessign, 2001; Samuelson, 2003）。

第五個問題是在電子環境下的言論自由。使用者有權利透過e-mail或分散式郵件系統散發具有爭議或攻擊性的言論嗎？這樣的言論受到第一修正案（First Amendment）的保護嗎？網路像街角一樣，可以允許言論自由，是網路應該像

電視傳播，有必須保護的社群標準？網路操作者應該負責或被禁止刪除攻擊性或猥褻的笑話、故事、或影像？網際網路服務供應商是否有權禁止反對他們的e-mail訊息？另一個浮現的爭議是，是否網路操作者有責任抑制種族主義者的e-mail或討論版的言論。如果毀謗性的言論被傳播了，人們可以控告網路操作者和言論來源嗎？設計者該不該建立系統，其系統的清單預設值設為「進入」（opt in），而使用者必須在交談窗中明確地選擇「退出」（opt out）？

其它的法律考量，包括堅持殘障使用者能夠得到平等的網路使用權，以及注意世界各國法律的改變。Yahoo! 和eBay必須遵守每個國家的法律嗎？所有的問題，都代表線上服務的開發者必須要考慮到設計決策所造成的所有法律影響。

網路聯盟（NetCoalition）是一個集合大眾政策的組織，其監視許多在這裡出現的法律議題，該網站提供關於隱私立法和相關議題的資訊，是一個很棒的資訊來源。還有許多在現今受到注意的其它法律議題，包括反恐、仿冒、垃圾郵件、間諜軟體、網路責任、網際網路課稅等等。這些議題的確需要你的關注，而最終也可能須立法規範。

從業人員的重點整理

可用性工程正快速地日趨成熟，昔日新穎的想法現已成為標準的實行方法。可用性已逐漸成為組織和產品規劃的中心。諸如情境設計等開發方法，藉由提供可預期的時程表和有意義之遞交的驗證程序，來協助設計的進行。人種誌觀察可以提供引導工作分析的資訊，並且謹慎地補足監控的參與設計流程。使用紀錄可以提供關於工作頻率和順序的寶貴資料。情節寫作可以協助對於設計目標的理解，這有助於完成對管理階層和顧客的報告，而且可以輔助規劃可用性測試。由政府、公共單位、和特許產業所開發的介面，初期的社會影響說明，可以引發大眾的討論，盡可能地找出問題，並產生具有高度整體社會利益的介面。設計者和管理者應該取得法律上的建議，以確保介面設計是遵守法律並保障智慧財產。

研究者的議題

人機介面指導方針經常是根據最佳猜測而來，而非實際的資料。藉由更多的研究可以修改標準，使其更為完整與可靠，並且可以準確地知道改變設計後的改善程度。因為科技不斷地改變，我們將不會有不變且完整的指導方針，但就使用者介面的可靠性與決策品質的角度來看，科學研究還是會帶來很多好處。設計流程、人種誌方法、參與設計活動、情節寫作、以及社會影響說明仍持續不斷地發展。為因應國際間的差異、兒童或老人等特殊人口、和實際使用的長期研究，設計必須是要能變動的。透過設計流程的個案研究，可以改良設計、並促進更廣泛地應用。創意的程序非常難進行研究，但完整紀錄的成功範例，仍可以傳達訊息並帶來鼓舞的力量。

全球資訊網資源

http://www.aw.com/DTUI

內容包括企業和專業標準組織所提倡的設計流程，以及如何開發樣式指導方針的資訊。指導方針請參考第1章的「參考資料」。

參考資料

Bentley, R., Hughes, J., Randall, D., Rodden, T., Sawyer, P., Shapiro, D., and Sommerville, I., Ethnographically-informed systems design for air traffic control, *Proc. CSCW '92 Conference: Sharing Perspectives*, ACM Press, New York (1992), 123–129.

Beyer, Hugh and Holtzblatt, Karen, *Contextual Design: Defining Customer-Centered Systems*, Morgan Kaufmann, San Francisco, CA (1998).

Bias, Randolph and Mayhew, Deborah (Editors), *Cost-Justifying Usability: An Update for the Internet Age, Second Edition*, Morgan Kaufmann, San Francisco, CA (2005).

Bodker, Susan, Scenarios in user-centered design – Setting the stage for reflection and action, *Interacting with Computers* 13, 1 (2000), 61–76.

Boehm, Barry and Turner, Richard, *Balancing Agility and Discipline: A Guide for the Perplexed*, Addison-Wesley, Reading, MA (2004).

Boehner, Kirsten, Vertesi, Janet, Sengers, Phoebe, and Dourish, Paul, How HCI interprets the probes, *Proc. Conference on Human Factors in Computing Systems (ACM CHI 2007)*, ACM Press, New York (2007), 1077–1086.

Carroll, John M. (Editor), *Making Use: Scenario-Based Design of Human-Computer Interactions*, MIT Press, Cambridge, MA (2000).

Christensen, Claus M., Kjeldskov, Jesper, and Rasmussen, Klaus K., GeoHealth: A location-based service for nomadic home healthcare workers, *Proc. 2007 Conference of the Computer-Human Interaction Special Interest Group (CHISIG) of Australia on Computer-Human Interaction: Design: Activities, Artifacts and Environments*, ACM Press, New York (2007), 273–281.

Cooper, Alan, *The Inmates are Running the Asylum*, Sams, New York (2004).

Damodaran, Leela, User involvement in the systems design process – A practical guide for users, *Behaviour & Information Technology* 15, 6 (1996), 363–377.

Defense Acquisition University, *Defense Acquisition Guidebook – Chapter 6, Human Systems Integration (HSI)* (2004). Available at https://akss.dau.mil/dag/welcome.asp.

Druin, Allison, The role of children in the design of new technology, *Behaviour & Information Technology* 21, 1 (2002), 1–25.

Dumas, Joseph and Redish, Janice, *A Practical Guide to Usability Testing, Revised Edition*, Intellect Books, Bristol, U.K. (1999).

Fetterman, D. M., *Ethnography: Step by Step, Second Edition*, Sage, Thousand Oaks, CA (1998).

Gould, John D. and Lewis, Clayton, Designing for usability: Key principles and what designers think, *Communications of the ACM* 28, 3 (March 1985), 300–311.

Harper, R., The organization of ethnography, *Proc. CSCW 2000*, ACM Press, New York (2000), 239–264.

Heim, Steven, *The Resonant Interface: HCI Foundations for Interaction Design*, Addison-Wesley, Reading, MA (2008).

Holtzblatt, Karen and Beyer, Hugh, CDTools, InContext Enterprises, Inc., http://www.incontextdesign.com/cdtools/index.html (2008).

Holtzblatt, Karen, Wendell, Jessamyn Burns, and Wood, Shelley, *Rapid Contextual Design: A How-To Guide to Key Techniques for User-Centered Design*, Morgan Kaufmann, San Francisco, CA (2005).

Hughes, J., O'Brien, J., Rodden, T., and Rouncefield, M., Design with ethnography: A presentation framework for design, *Proc. ACM Symposium on Designing Interactive Systems*, ACM Press, New York (1997), 147–159.

Ives, Blake and Olson, Margrethe H., User involvement and MIS success: A review of research, *Management Science* 30, 5 (May 1984), 586–603.

Jones, Capers, A CAI State of the Practice Interview, Computer Aid, Inc., http://web.ecs.baylor.edu/faculty/grabow/Fall2007/COMMON/Secure/Refs/capersjonesinterview1.pdf (July 2005)

Karat, Claire-Marie, A business case approach to usability, in Bias, Randolph and Mayhew, Deborah (Editors), *Cost-Justifying Usability*, Academic Press, New York (1994), 45–70.

Kujala, Sari, User involvement: A review of the benefits and challenges, *Behaviour & Information Technology* 22, 1 (2003), 1–16.

Landauer, Thomas K., *The Trouble with Computers: Usefulness, Usability, and Productivity*, MIT Press, Cambridge, MA (1995).

Lessig, Lawrence, *The Future of Ideas: The Fate of the Commons in a Connected World*, Random House, New York (2001).

Lessig, Lawrence, *Code and Other Laws of Cyberspace, Version 2.0*, Basic Books, New York (2006).

Leventhal, Laura and Barnes, Julie, *Usability Engineering: Process, Products, and Examples*, Prentice Hall, Upper Saddle River, NJ (2007).

Marcus, Aaron, Return on investment for usable user-interface design: Examples and statistics (2002). Available at http://www.amanda.com/resources/ROI/AMA_ROIWhitePaper_28Feb02.pdf.

Marcus, Aaron, A practical set of culture dimensions for global user-interface development (2005). Available at http://www.amanda.com/resources/articles_f.html.

Mayhew, Deborah J., *The Usability Engineering Lifecycle: A Practitioner's Guide to User Interface Design*, Morgan Kaufmann, San Francisco, CA (1999).

Microsoft, Inc., *Microsoft's Windows Vista User Experience Guidelines* (2008). Available at http://www.procontext.com/en/guidelines/style-guides.html#microsoft.

Millen, David, Rapid ethnography: Time deepening strategies for HCI field research, *Proc. ACM Symposium on Designing Interactive Systems*, ACM Press, New York (2000), 280–286.

Muller, Michael, Retrospective on a year of participatory design using the PICTIVE technique, *Proc. CHI '92: Human Factors in Computing Systems*, ACM Press, New York (1992), 455–462.

Muller, Michael, Participatory design, in Jacko, Julie and Sears, Andrew (Editors), *The Human-Computer Interaction Handbook*, Lawrence Erlbaum Associates, Hillsdale, NJ (2003), 1051–1068.

Muller, M., Wildman, D., and White, E., Taxonomy of PD practices: A brief practitioner's guide, *Communications of the ACM* 36, 4 (1993), 26–27.

Myers, Brad, Hudson, Scott E., and Pausch, Randy, Past, present and future of user interface software tools, in Carroll, John M. (Editor), *HCI in the New Millennium*, ACM Press, New York (2001), 213–233.

National Research Council, Committee on Human Factors, Committee on Human-System Design Support for Changing Technology, Pew, Richard W. and Mavor, Anne S. (Editors), *Human-System Integration in the System Development Process: A New Look*, National Academies Press, Washington, DC (2007).

NetCoalition, http://www.NetCoalition.com/ (2008).

Nielsen, Jakob, *Designing Web Usability: The Practice of Simplicity*, New Riders, Indianapolis, IN (1999).

Nielsen, Jakob, Usability ROI declining, but still strong (2008). Available at http://www.useit.com/alertbox/roi.html.

Perfetti, Christine, Building and managing a successful user experience team (2006).

Available at http://www.uie.com/events/uiconf/2006/articles/bloomer_ wolfe_ interview/.

Pfleeger, Shari Lawrence and Atlee, Joanne, *Software Engineering: Theory and Practice, Fourth Edition*, Prentice-Hall, Englewood Cliffs, NJ (2009).

Postman, Neil, *Technopoly: The Surrender of Culture to Technology*, Vintage Books, New York (1993).

Ramachandran, Divya, Kam, Matthew, Chiu, Jane, Canny, John, and Frankel, James F., Social dynamics of early stage co-design in developing regions, *Proc. Conference on Human Factors in Computing Systems (ACM CHI 2007)*, ACM Press, New York (2007), 1087–1096.

Rose, Anne, Plaisant, Catherine, and Shneiderman, Ben, Using ethnographic methods in user interface re-engineering, *Proc. ACM Symposium on Designing Interactive Systems*, ACM Press, New York (1995), 115–122.

Rosson, Mary Beth, *Usability Engineering: Scenario-Based Development of Human Computer Interaction*, Morgan Kaufmann, San Francisco, CA (2002).

Rosson, Mary Beth and Carroll, John M., *Usability Engineering: Scenario-Based Development of Human Computer Interaction*, Morgan Kaufmann, San Francisco, CA (2002).

Rosson, Mary Beth and Carroll, John M., Dimensions of participation in information system design, in Zhang, Ping and Galletta, Dennis F. (Editors), *Human-computer Interaction and Management Information Systems: Applications*, M.E. Sharpe, Armonk, NY (2006), 337–352.

Rubin, Jeffrey and Chisnell, Dana, *Handbook of Usability Testing: How to Plan, Design, and Conduct Effective Tests, Second Edition*, John Wiley & Sons, New York (2008).

Samuelson, Pamela, Digital rights management {and, or, vs.} the law, *Communications of the ACM* 46, 4 (April 2003), 41–45.

Samuelson, Pamela and Schultz, Jason, Should copyright owners have to give notice about their use of technical protection measures?, *Journal of Telecommunications & High Technology Law* 6 (2007), 41–76. Republication forthcoming in Digital Rights Management Technologies (ICFAI 2008).

Samuelson, Pamela, Intellectual property for an information age: How to balance the public interest, traditional legal principles, and the emerging digital reality, *Communications of the ACM* 44, 2 (February 2001), 67–68.

Sears, Andrew and Jacko, Julie A., *The Human-Computer Interaction Handbook: Fundamentals, Evolving Technologies and Emerging Applications, Second Edition*, CRC Press, Boca Raton, FL (2008).

Selby, Richard W. (Editor), *Software Engineering: Barry W. Boehm's Lifetime Contributions to Software Development, Management, and Research*, John Wiley & Sons, NewYork (2007), 663–685.

Sharp, Helen, Rogers, Yvonne, and Preece, Jenny, *Interaction Design: Beyond Human-Computer Interaction, Second Edition*, John Wiley & Sons, New York (2007).

Shneiderman, Ben and Rose, Anne, Social impact statements: Engaging public participation in information technology design, *Proc. CQL '96: ACM SIGCAS Symposium on Computers and the Quality of Life*, ACM Press, New York (1996), 90–96.

Sommerville, Ian, *Software Engineering, Eighth Edition*, Addison-Wesley, Reading, MA(2006).

Suchman, Lucy A., *Plans and Situated Actions: The Problem of Human-Machine Communication*, Cambridge University Press, Cambridge, U.K. (1987).

Sun Microsystems, Inc., *Java Look and Feel Design Guidelines, Second Edition*, http://java.sun.com/products/jlf/ed2/book/ (2001).

Usability Professionals Association, Usability body of knowledge, http://www.usabilitybok.org/ (2008).

Web Developers Journal, http://webdevelopersjournal.com/software/webtools.html (2008).

Whitworth, Brian and De Moore, Aldo (Editors), *Handbook of Research on Socio-Technical Design and Social Networking Systems*, IGI Global, Hershey, PA (2009).

CHAPTER 4

介面設計的評估

Maxine S. Cohen合著

4.1 導論

設計者可能會因為太欣賞他們自己的作品，而無法適當地評估介面。但資深的設計者就能接受並且謙虛地知道大量的測試是必要的。如果回饋是「冠軍的早餐」，而測試就是「主的晚餐」。然而，我們必須從含有許多種評估可能性的大菜單中，小心地選擇以建立均衡的一餐。

在開發週期中，有許多因素會影響在何時和在何處進行評估。例如，評估計畫的決定因素（Nielsen, 1993; Dumas and Redish, 1999; Sharp et al., 2007）至少包括：

- 設計階段（早期、中期、晚期）
- 計畫的新穎性（定義完善的 vs. 實驗性質的）
- 預期的使用者數目
- 介面的重要性（例如，攸關生命的醫學系統 vs. 博物館展覽支援系統）
- 產品的成本和分配給測試的資金
- 可用的時間
- 設計和評估團隊的經驗

評估計畫的規模範圍大小，從長達兩年且需要多階段測試的國家空中交通管制系統，到只需要六位使用者進行三天測試的小型內部網站都有可能。測試的成本可能佔計畫的20%到5%。在評估週期中，測試工作可能出現好幾次，進行時機從初期一直到產品發行前都有可能。

數年前，只要把焦點集中在可用性並進行測試，就可以超越競爭者。不過，現今人們對可用性的注重程度快速增加，這意味著如果沒有確實執行測試，就會危及系統的成敗。如此一來，不僅是彼此的競爭更激烈，而且只要時間和預算許可，對於所建議的變更也需要進行適當的測試和追蹤。假如測試的執行

和文件紀錄沒做好，加上沒有注意到測試流程所建議的變更，可能會導致無法結案或是發生本來可以避免的錯誤，造成使用者提出設計不當的法律訴訟。

測試的惱人部份是即使利用許多方法做大量測試之後，仍然存在不確定性。在複雜的人性因素下，不太可能達到完美的境界，所以規劃必須包括後續的方法，使得在介面的生命週期中，能持續不斷評估並修復問題。第二，雖然問題可能會陸續地被發現，但還是必須決定在某個時間點必須完成原型測試並提交產品。第三，大部分的測試方法，適合用在正常的使用狀況。但是如果碰上一些無法預期的狀況，或者輸入的是非常重要的資料，如核子反應爐控制、空中交通管制的突發事件或數量龐大的選舉投票（如，總統選舉），那麼要測試這些狀況是非常困難的。當開發生命攸關應用系統的使用介面時，還必須測試緊急情況的處理方法，甚至測試有部分裝置失效的情況。傳統的實驗室測試（4.3節）對於健康照護服務業、需要靈敏反應或軍用系統這類經常處於高壓或不友善的環境中所開發的系統而言，可能不夠精確和可靠。同樣地，全球定位駕駛系統的測試不應該是在實驗室或是其他固定地點進行，而是應該在戶外測試。有些特殊醫療裝置也必須在它們適用的環境中做測試，例如醫院、維生設備或甚至是私人的家中。許多行動裝置最好也是在適用的情境中做評估。

有關可用性測試和報告其結果的最佳方式，目前已經有許多討論。評估方法必須配合所考慮的研究問題來做選擇（Greenberg and Buxton, 2008）。可用性評估者必須擴充他們的方法，並開放接受一些非實證方法，例如使用者略圖（user sketches）（Tohidi et al., 2006a）、考慮其它設計方案（Tohidi et al., 2006b）、以及人種誌研究（3.5節）。產生使用者介面設計的略圖，與建築師的設計草圖類似，是一種有趣的方法。在設計確定之前，這種方式可以在初期階段發現更多替代方案。

可用性所包含的意義不只是容易使用的程度，還需要度量有用的程度（Dicks, 2002）。現今存在許多很難以簡單的受控實驗進行測試的複雜系統（Olsen, 2007）。目前有不少針對參與可用性研究的使用者人數的討論，其實

除了使用者人數之外，還應該針對一般性的工作和工作涵蓋的範圍加以探討（Lingdaard and Chattratichart, 2007）。可用性必須視為是一種多維度的概念（Koohang, 2004）。在測試新裝置時，例如使用表面計算的桌面系統，可能會有一些特殊的考量。可用性檢查技術可能被修正成有考慮桌面分享的概念和個人空間，例如Table-CUA（T-CUA）是一種群組評估技術，它將協同作業可用性分析（Collaboration Usability Analysis, CUA）應用到桌上型電腦，並考慮群組活動的範圍（Pinelle and Gutwin, 2008）。

可用性測試在設計流程中已經變成是一個確定的、可接受的部份，但是對於複雜度高的系統、期待較高的資深使用者、行動裝置和其他創新裝置（如遊戲系統和控制器）、以及競爭的市場等環境中，還需要更進一步擴展和了解。目前有一系列的可用性評估與相關的分析已進行好幾年，可參考比較可用性評估（Comparative Usability Evaluation, CUE）之研究。最近的研究（CUE-4）顯示一些令人驚訝的結果：可用性測試可能忽略一些問題，甚至是重要的問題（Molich and Dumasm, 2008）。Spool（2007）針對可用性評估流程提出三個的重大的改變：（1）停止提出建議，並用觀察所得的發現來取代；（2）停止評估的實行，並促使設計團隊進行評估的研究；（3）尋找新的技術，因為需要新的工具。這在可用性評估中是一個令人興奮的時刻，業者應該注意這個建議，仔細觀察目前的程序，並盡可能做一些革命性的改變。

4.2 專家審查

在評估新的或修改介面時，有個很自然的出發點，就是請同事或客戶提供他們的意見。像這樣非正式的方式，可以得到一些有用的回饋，但是更正式的專家審查，已經被證實會更有效（Stone et al., 2005; Nielsen and Mack, 1994）。這些方法需仰賴員工或顧問身分的專家（他們的專長可能在應用或使用者介面領域）。專家審查可以短期內快速地進行。

專家審查可以在設計階段初期或末期進行。審查的結果可能是一份正式的報告，內容指出所找到的問題，或改變的建議；或者，專家審查會和設計者或管理者進行討論。審查者應該對設計團隊的自我意識與專業技能有足夠的敏感度，應該小心地提出建議：對某些剛使用過介面的人而言，要完全理解設計原理和開發歷程是很困難的。在審查某些介面時，例如遊戲應用軟體，領域專家是一個很重要的部份。審查者可以註記要和設計者討論的問題，但是，一般而言，問題的解決方法應該要留給設計者。

雖然專家審查可能需要花費冗長的訓練期間來解釋工作領域或操作程序，但實際的審查時間通常花費半天到一週的時間。最好的做法是計畫開發幾次，就進行幾次新的專家審查。專家審查有許多不同的方法可供選擇：

- **經驗法則評估**。專家審查者評估介面，決定其是否符合設計經驗法則的內容，如八個黃金定律（見2.3.4節）。如果專家熟悉這些定律，並且能夠說明與應用它們，會有非常大的幫助。目前有許多不同類型的裝置可以使用經驗法則評估，而經驗法則要能配合應用是很重要的。Box 4.1中列出一些針對遊戲環境所開發的經驗法則。而與其相似的29個遊戲能力經驗法則（playability heuristics）組合也正在開發中，這個組合將經驗法則分成三個類別：遊戲可用性、行動力經驗法則和玩遊戲的經驗法則（Korhonen and Koivisto, 2006）。其中玩遊戲的經驗法則是最難評估的，因為必須要熟悉遊戲的各方面。要一面藉由經驗法則來遵循良好的互動設計準則，一面還要維持遊戲的挑戰性和不確定性，這之間是很難取得平衡的。

- **指導方針審查**。測試介面是否與組織或其它的指導方針文件一致（見第1章的指導方針文件之列表，以及2.2節的介紹）。因為指導方針文件可能含有上千個項目，專家審查者會需要一些時間熟悉指導方針，而且需要花上數天或數週來審查大型的介面。

■ Box 4.1 針對遊戲環境的經驗法則

- 對使用者行動的回應要一致。
- 允許使用者客製化影片和聲音設定、困難度和遊戲速度。
- 針對電腦的控制單元提供可預測和適當的行為。
- 對於使用者目前的行動,提出適當且無障礙的觀察。
- 允許使用者略過不能玩的、經常重複的內容。
- 提供直覺與客製化的輸入對應。
- 提供容易管理、具有適當的敏感和回應程度的控制功能。
- 提供遊戲狀態資訊給使用者。
- 提供操作指南、訓練和使用協助。
- 提供視覺化的呈現方式,使其容易理解而將細微的管理需求最小化。

(Pinelle et al., 2008)

- **一致性檢查**。專家驗證多個介面之間的一致性,包括介面、訓練教材和線上說明的術語、字型、色彩、配置、輸入和輸出格式等。軟體工具能夠使這個過程自動化,並可以產生一致的用語與縮寫。

- **認知排練**。專家模擬使用者執行一般工作時操作介面的過程。從頻率較高的工作開始測試,但像修復錯誤這種很少發生但是重要的工作,也應該要排練。模擬使用者一天的工作內容,應該也是專家審查程序的一部分。針對介面而開發的認知排練,可以藉由探索瀏覽來學習介面(Wharton et al., 1994),甚至針對需要大量訓練才能使用的介面也是很有用。專家可能會私下嘗試排練並使用系統,但是也應該和設計者、使用者或管理者一起開會,以進行排練並討論。認知排練可以延伸到網站導覽,以描述使用者和他們的目標,並延伸到語言分析程式,以分析連結標籤和目標的相似性(Blackmon et al., 2002)。

- **人類思考的隱喻(MOT)**。使用者與介面互動時,專家應進行檢視,並著重在使用者如何思考。針對人類思考的五個觀點,專家們提出一些隱喻:習慣、想法的流程、體認和關聯、表達與想法之間的關聯性,以及認知。在實驗的環境中,這個技術似乎會比認知排練和經驗法則評

估要來得好（評估者發現更多問題，這些問題是更複雜的，因此相較於新手，這些問題對專家來說是更大的問題）（Frøkjær and Hornbæk, 2008）。

- **正規使用性檢查**。專家舉辦一個像法庭形式的會議，以仲裁者或法官的身分簡報介面，並且討論它的優缺點。設計團隊成員可能會反駁反對方問題的證據。正規可用性檢查，可以做為新手設計者和管理者的教育訓練體驗，但是這個方法可能會花費比較長的時間與較多的人力來做準備。

專家審查可以安排在開發過程中的幾個時間點展開，這些時間點是當專家能參與時和設計團隊準備好可以處理回饋意見的時候。專家審查的次數，會根據計畫的大小和所配置資源而定。專家審查報告應該有綜合性，而不是對特定功能下投機取巧的評語，或隨意提出改進的建議。評估者可能使用指導方針文件來建立報告的架構，然後分別針對初學者、進階、專家的功能下評論，並審查所有顯示內容的一致性，且需注意可用性建議必須是有助益的而且可用的。有關如何寫出有效用的可用性建議，請見Box 4.2的提議。

■ Box 4.2 如何使可用性建議更有用和更可用

- 在概念層級清楚地溝通每個建議。
- 確保建議可改善應用程式整體的可用性。
- 知道商業上或技術上的限制。
- 對產品團隊的限制表示尊重。
- 解決整個問題，而不只是特殊情況。
- 使建議更明確和清楚。
- 建議內容中儘量舉出實例，可避免模稜兩可的情況。

（Molich et al., 2007）

如果報告是根據建議的重要性和預期的工作量來分級，則管理者比較容易執行這些建議（或至少能執行高回報而低成本的建議）。例如在某個專家審查過程中，其優先順序最高的建議是將長達三到五分鐘的登入程序想辦法縮短；

原本此程序需要在兩個網路上使用八個對話窗和密碼。對原本就非常忙碌的使用者而言，這個改進的好處是顯而易見的，他們都很歡迎這項改進措施。常見的進階建議包括：重新安排畫面出現的順序、提供改善的指令或回應，以及去除不必要的動作。專家審查也應該包括必須解決的小問題，如拼字錯誤、資料欄位沒有對齊或按鈕的配置不一致等。專家審查的最後一類，包括解決比較不嚴重的問題，以及提出可以加在下一版本介面中的新功能。

專家審查者應該體驗使用者最常遇到的狀況。專家審查者應該參加訓練課程、閱讀使用說明、參加教學課程，並且在有噪音和干擾、接近實際的工作環境情況下來試用介面。然而，專家審查者也可以回到比較安靜的環境，詳細地審查每個畫面。

另一種方法是藉由把所有的畫面印出，擺在地上或釘在牆上，來取得介面的鳥瞰圖。這個方法在偵測不一致和找出不尋常模式上，已被證明是非常有用的方式。鳥瞰圖能讓審查者快速地發現字型、色彩和術語是否一致，並判斷每位開發者是否都遵循相同的格式。

專家審查者也利用軟體工具（例如WebTango）加速分析的工作，特別是對大型介面的分析（Ivory, 2003）。對設計文件、說明文字或程式碼進行字串搜尋雖然重要，但是較特定的介面設計分析現在變得越來越有效，例如網頁可存取性驗證、隱私政策檢查和縮短下載時間。目前市面上有用來做網頁可存取性驗證的工具，包括IBM的Rational Policy Tester Accessibility Edition Software（之前是Bobby™或WebXAct™）、InFocus™、資源分配方法計畫（Resource Allocation Methodology Project, RAMP）以及LIFT™。這些工具通常可以提供明確的改進指引。關於自動化工具的進一步討論，參見4.6.5節。

專家審查可能會出現的風險，是專家對工作領域或使用者群不一定有完整的了解。在同一個介面，不同專家會找出不同的問題，所以有三到五個專家審查者就可以有很高的生產力，並可與可用性測試互補。但因為專家可能來自不同的背景，所提出的建議若互相衝突將會使情況更混亂（諷世者說：「每一個

博士,有一個立場相同的博士,就有一個立場相反的博士」)。為了要提高專家審查成功的可能性,選擇對計畫夠熟悉,以及與組織本身保持長期關係的專家是很有幫助的。這類專家能夠被召回觀察他們介入的結果,而且也更能夠負起責任。然而,即使是有經驗的專家審查者都不太容易了解典型的使用者(特別是第一次使用的人)會如何來使用系統。

4.3 可用性測試和實驗室

可用性測試和實驗室的興起是在1980年代早期,這代表設計的注意力完全轉移到使用者的需求上。傳統的管理者和開發者一開始是反抗這麼做的,他們說可用性測試似乎是個不錯的想法,但因時間壓力或資源有限,所以他們無法做可用性測試。但隨著經驗的累積,以及成功的計畫給予測試程序正面的評價,使得測試的需求增加,而且設計團隊也開始爭取可用性實驗室人員。管理者發現在時間表上加入可用性測試,能夠為設計階段的完成帶來有效的激勵。可用性測試報告能確認系統的進步,並能對需要做的變更提供詳細明確的建議。令人驚訝的是,可用性測試不僅會加速計畫,也可以節省大量的成本(Rubin and Chisnell, 2008; Sherman, 2006; Dumas and Redish, 1999)。

由於開發的新方法受到廣告和市場研究的影響,部份可用性實驗的實作者因而從原來的學術領域分支出來。當學術研究人員仍在開發受控實驗,測試所做的假設來支持理論時,實作者已經開發出能快速改良使用者介面的可用性測試方法。進行受控實驗(4.7節)的方法至少有兩種,目的是想要顯示出統計上的顯著差異;而可用性測試則是被設計來找出使用者介面中的缺陷。這兩種方法都有一套需要事前細心準備的工作,但是可用性測試的參與者比較少(可能少到只有三人),而且它們的結果是一份含有修改建議的報告,而不是對假設理論的肯定或否定。當然,在嚴格的控制和非正式的測試之間,存在著一連串不同的測試方式,而且有時候也很適合採用混合的方式。

4.3.1 可用性實驗室

可用性測試的潮流刺激了可用性實驗室的建立（Rubin and Chisnell, 2008; Dumas and Redish, 1999; Nielsen, 1993）。有了實體的實驗室，組織可以對員工、客戶和使用者清楚宣示可用性的承諾。一般典型合適的可用性實驗室，可能有兩個10乘10英呎的區域，用一面半鍍銀鏡隔開（圖4.1）：一個區域讓參與者進行他們的工作，而另一個區域提供給測試者和觀察者（設計者、管理者和客戶）。IBM曾是建立可用性實驗室的先驅。Microsoft起步較慢，但是它採用這個概念建立了25個以上的可用性測試實驗室。目前已經有上百家軟體開發公司也跟著這樣做，同時也出現了可受雇用的可用性測試顧問群。

圖4.1
在可用性實驗室中進行測試，參與者和觀察者坐在工作站旁。錄影機記錄使用者的運作與畫面的內容，而麥克風記錄說出來的意見。而測試監視器安裝在另一個房間，並有一個單面鏡子，因此可以看到參與者。在測試監視器的控制站裡，有各種控制台，用來收集資料以及顯示參與者所看到的畫面（http://www.cure.at/controlrooms）

● 第 4 章 ● 介面設計的評估

可用性實驗室會配置一位或多位專精於測試和設計的人員，他們每年負責整個公司內的10到15個計畫。在計畫一開始，實驗室的人員會與使用者介面設計者或管理者開會，規劃預定時間和配置預算的測試計畫。可用性實驗室人員會參與初期的工作分析或設計審查，提供軟體工具的資訊或文獻，並且幫忙開發可用性測試的工作。在開始可用性測試前的二到六週，要建立詳細的測試計畫，其中包括工作清單，加上主觀滿意度與任務報告問題。同時也會訂出參與者的人數、類型和來源 ─ 來源可能是客戶、人力派遣公司或報紙廣告。找一至三位參與者，在測試的前一週，先進行程序、工作和問卷的前導測試，這樣做就還有時間可修改測試計畫的內容。這類典型的準備流程可以透過許多方式修改，以符合每個計畫的特定需求。圖4.2提供執行可用性評估時詳細的分解步驟。

當測試計畫的修改提議被核准後，就將注意力集中在參與者使用電腦的背景上，根據參與者的工作、動機、教育程度和使用介面的自然語言的能力，選擇出某些能代表未來使用群的參與者。可用性實驗室人員也必須控制物理因素（如視野、慣用左手或右手、年齡、性別、教育程度和電腦經驗），以及其它實驗條件（如時間、日期、物理環境、噪音、室內溫度與分心的程度）。

為了以後的審查、以及為了將使用者遭遇的問題告知給設計者和管理者，記錄參與者正在執行的工作通常是很有價值的。審查這些記錄是一件令人厭煩的工作，為了縮減尋找關鍵事件所花費的時間，在測試期間謹慎的記錄並加上註解是很重要的。大部份的可用性實驗室已取得軟體或開發軟體，讓觀察者能以自動時間戳記來記錄使用者的活動（打字、使用滑鼠、閱讀螢幕、閱讀手冊等等）。一些很受歡迎的資料記錄工具包括Live Logger、TechSmith®的Morae、Spectator、Mangold的LogSquare、以及VisualMarker。參與者在開始測試時會對攝影機感到焦慮，但在幾分鐘後，使用者通常會專注在工作上，而忽略錄影的程序。在使用者的實際記錄中，使用者在操作介面失敗時所做的反應是很有用的，對於設計者可能是很大的刺激。當設計者看見參與者老是重覆選擇錯誤的功能選項時，他們通常會體認到項目的標示或配置應該要修改。

可用性指引的步驟

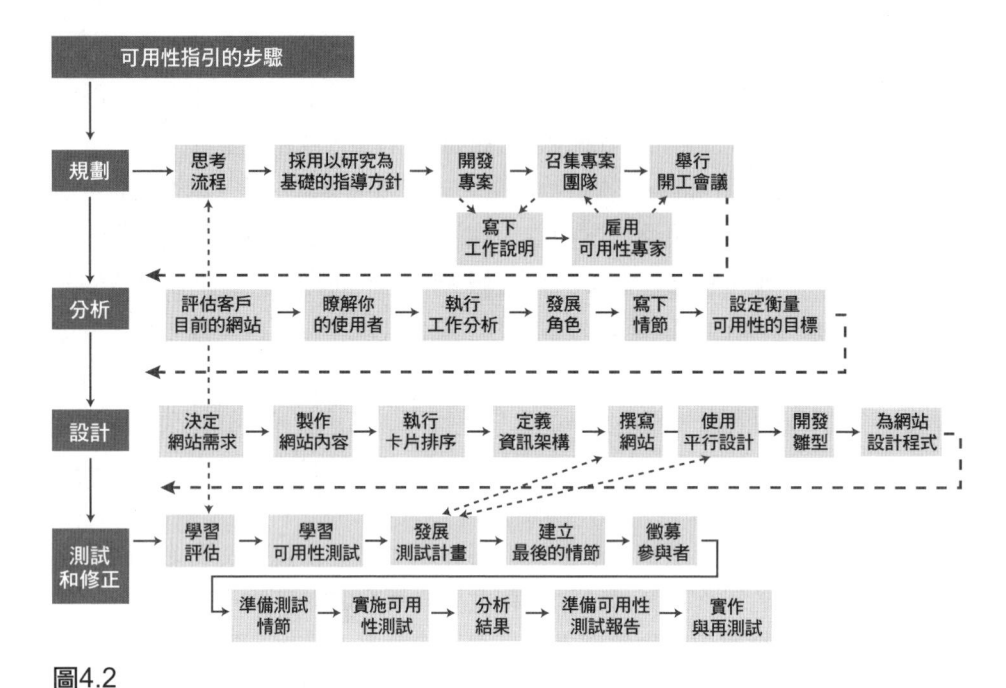

規劃：思考流程 → 採用以研究為基礎的指導方針 → 開發專案 → 召集專案團隊 → 舉行開工會議 / 寫下工作說明 → 雇用可用性專家

分析：評估客戶目前的網站 → 瞭解你的使用者 → 執行工作分析 → 發展角色 → 寫下情節 → 設定衡量可用性的目標

設計：決定網站需求 → 製作網站內容 → 執行卡片排序 → 定義資訊架構 → 撰寫網站 → 使用平行設計 → 開發雛型 → 為網站設計程式

測試和修正：學習評估 → 學習可用性測試 → 發展測試計畫 → 建立最後的情節 → 徵募參與者 / 準備測試情節 → 實施可用性測試 → 分析結果 → 準備可用性測試報告 → 實作與再測試

圖4.2

Usability.gov的逐步可用性指引，這個指引顯示從可用性測試規劃，一直到實際測試的執行，以及結果報告的所有步驟

　　可用性評估專家使用的另一個相關新技術是眼球追蹤（eye-tracking）軟體（圖4.3）。眼球追蹤的資料可以顯示出參與者注視的螢幕位置以及注視的時間長度，用顏色編碼的溫度圖來顯示結果（圖12.4），這種圖可以清楚地展示出螢幕的哪個區域被觀看，以及螢幕的哪個區域是被忽略的。這種軟體在以前是相當昂貴的，但現在只要在個人電腦上加裝簡單的附加裝置即可達成（圖4.4）。當使用像行動電話這樣的小型行動裝置進行測試時，可能需要特殊設備來擷取使用者螢幕畫面和相關的活動（圖4.5）。

　　每個設計階段都要能夠反覆地修正介面，並且要能測試修正後的版本。即使是微小的缺點（例如拼字錯誤或是版面配置不一致），也要能夠很快地修正，這是很重要的，因為這些缺點會影響使用者的期待。

●第 4 章● 介面設計的評估

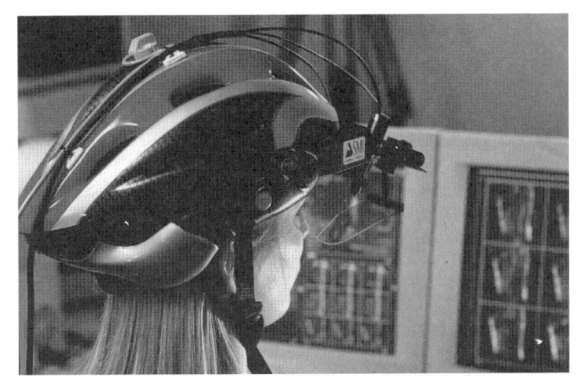

圖4.3
在這個眼球追蹤系統中,參與者戴上頭盔,這個頭盔可以用來監視和記錄使用者正在看螢幕哪裡(http://www.cure.at/eyetracking/)

圖4.4
具備眼球追蹤功能的可攜式實驗室(http://www.mangold-international.com/en.html)

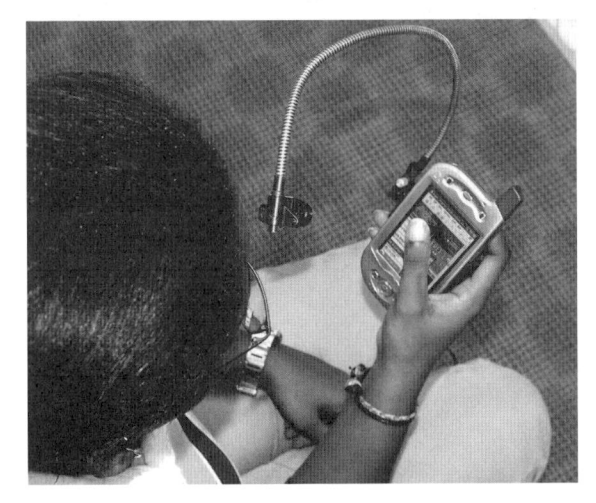

圖4.5
特殊的行動攝影機,用來追蹤與記錄手持裝置螢幕上的活動(http://www.tracksys.co.uk/product-details.php?id=9)

4.3.2 管理參與者與審查組織委員會（IRB）

參與者應該要被尊重，他們應該被告知，被測試的不是他們，而是所要研究的軟體和使用介面。而且，也要告訴他們將會做些什麼（例如，在網站上找產品、用滑鼠繪圖，或研究在觸控式螢幕上的餐廳指南），以及他們會待在實驗室多久。參與者應該是自願的，並得到他們的同意（Box 4.3）。

在大多數地方，審查組織委員會（Institutional Review Board, IRB）會管理任何與人有關而執行的研究。審查有不同的層級，並且必須遵守精確的程序。特殊族群可能會有獨特的考量，需要特別注意。大部份的大學會有個IRB代表，可負責解釋這些程序的細節。

■ Box 4.3 徵求參與者同意的規範

每條徵求同意的條文應該包括：
- 研究的目的（解釋為什麼要完成研究）。
- 在研究中所使用的程序。這個部份也應該包含參與的期待時間和要求暫停的協議。
- 若有錄下任何影片或聲音，當測試完成時，將會由誰來看錄影，以及在測試完成後這些影片資料將如何處理（不是所有的研究都有錄影）。
- 保密條款的說明和如何保護匿名參與者不曝光。
- 對參與者的任何風險（在大部份可用性研究中只有很小的風險）。
- 參與者是完全自願的，而且參與者可以在任何時間退出，而不會有任何處罰。
- 在研究完成後若有問題以及需要進一步資訊的人該與誰連絡，以及在測試剛開始時提出的問題應該要有令人滿意的回答。

在任何測試開始之前，應該要簽署這份同意條款。

（Dumas and Loring, 2008）

4.3.3 思考大聲說和相關技術

在可用性測試過程中,有個很有效的技術是邀請使用者思考,並大聲說出(think aloud)他們正在做的事(有時會是同時大聲說出)。設計者或測試者應該支持參與者,而不是接管或下命令,是要提示和聆聽參與者如何操作介面。思考並大聲說出的這種方式,能提供可用性測試者有趣的線索,例如測試者可能會聽到這樣的評論:「這個網頁的文字太小...所以我正在功能表尋找能讓文字變大的選項...可能選項是在圖示的最上面...可是我找不到...所以我只好繼續這樣看」。

在適當的時間內完成所有工作後,通常是一到三小時,可以請參與者做評論或建議,或回應特定的問題。非正式的思考並大聲說出想法的過程,會令人感到舒適,而且經常能夠導引出許多自發性的改進建議。在鼓勵使用者思考並大聲說出時,某些可用性實驗室人員發現,如果讓兩位參與者一起工作,會產生更多的對話,因為其中一位參與者會對另一位解釋使用程序和抉擇。

另一個相關的技術被稱為回顧式的思考大聲說(retrospective think aloud)。這個技術是在使用者完成工作後,詢問使用者在執行工作時他們正在想些什麼。缺點是使用者在完成工作後,可能無法正確地回憶他們全部的想法;然而,這個方法可以讓使用者全心專注於正在執行的工作上,並能更精確的安排時間。

當使用思考大聲說的技術時,時間安排是很重要的。思考大聲說的標準程序可能會改變真正的工作時間,因為使用語言來描述想法的流程時,會需要額外花時間來思考,而且當使用者說出他們的想法時,可能需要暫停工作。回顧式的思考大聲說程序不會影響工作本身的時間量;但是因為使用者在執行工作後,還要再次地思考與檢查這些工作,所以它們全部的時間可能會變成兩倍。同樣的,請注意若同時使用思考大聲說技術與眼球追蹤,可能會產生無效的結果:因為使用者的眼球在說話時會無目的地移動,因而會產生不可靠的資料。

4.3.4 可用性測試的範圍

可用性測試會有許多不同的風格和形式。目前大部份的研究結果顯示,在設計週期中經常進行測試、以及在不同時期做測試是很重要的。測試的目的和所需的資料類型是重要的考量。若設計者想確認是否進行了正確的設計,或想驗證是否符合特定需求,則在探索階段即可完成測試。以下列出各種不同類型的可用性測試,也可以合併使用這些方法來執行測試。

- **紙上模型和雛型**。早期的可用性研究,是利用螢幕畫面的紙上模型進行,以評估使用者對用語、版面和順序安排的反應。測試管理者扮演電腦的角色快速地翻頁,並要求參與的使用者進行一般的工作。這種非正式的測試方法不但成本低、快速,且很有效。通常設計者所建立的是精確度較低的紙上雛型,但是現在的電腦程式(例如Visio™)已經能讓設計者以最少的力氣建立更詳細、精確度更高的雛型。然而有趣的是,使用者對於精確度較低的設計反而能更放心的回應(Snyder, 2003)。

- **縮減的可用性測試**。這種快速但較陽春的方法,對於工作分析、雛型開發和測試有廣泛的影響,因為它能降低初學者的學習障礙(Nielsen, 1993)。其中較具爭議的部分,是它建議只用三到六位測試參與者。這個方法的提倡者指出,大部分嚴重的問題,只要用少數的參與者就可以找到,這樣的方法可以快速修改和重複測試。然而反對者認為,針對更複雜的系統做全面的測試時,需要測試更廣泛的主題範圍。解決此爭議的方法之一,是使用縮減的可用性測試當作是形成性評估(formative evaluation)(當設計正大幅改變時),之後再使用大規模可用性測試當作總結性評估(summative evaluation)(設計流程即將結束時)。形成性評估可找出可能造成需要重新設計的問題,而總結性評估則是用來證明產品已能發表(「我們的120位測試者中,有94%不需要協助就能完成採購工作」),並闡明訓練的需求(「只要4分鐘的教學時間,每個參與者就能夠成功地設定錄影機」)。

- **競爭式的可用性測試**。競爭式測試是把新的介面拿來和之前的版本或競爭對手的產品做比較。這個方法接近受控實驗研究（4.7節），同時，人員必須小心地建立平行的工作組，並平衡介面簡報的順序。因為參與者可以比較彼此競爭的介面，所以這個方法對主題範圍內的設計似乎最具影響力；這種方式所需的參與者較少，然而每位測試會花費較多的時間。

- **通用的可用性測試**。這個方法以具有高度差異的使用者、硬體、軟體平台、和網路來測試介面的可用性。當有許多跨國使用者參與時（如針對消費性電子產品、web資訊服務或電子化政府服務），為了要解決問題，以確保能夠成功，廣泛的測試是必須的。以小型和大型的螢幕、低速和高速網路，以及許多種作業系統或網際網路瀏覽器來做進行測試，對於提高使用率有很大的幫助。另外要考慮部分使用者有感官或身體上的限制（例如視障者、聽障者、身障者），並修改測試以涵蓋這些使用者，這樣創造出來的產品會有更廣泛而多樣化的使用者。

- **現場測試和可攜實驗**。這個測試方法，是把新的介面放在實際的環境下，或是在一個很自然的現場環境中運作一段時間。如果使用記錄軟體來記錄錯誤、命令、輔助頻率以及生產力評估，現場測試會更有成效。為了更徹底的支援現場測試，目前已經有具備錄影和記錄裝置的可攜可用性實驗室（圖4.6）。另一種現場測試，是提供使用者新軟體或消費產品的測試版本。可能有十多位、甚至上千位使用者會收到測試版，並要求他們提供意見。提供這種服務的公司包括Noldus、UserWorks、Ovo Studios和Experience Dynamics。

- **遠端的可用性測試**。因為web的應用遍及全世界，因此以網路的方式進行可用性測試很吸引人，這將不會因為要把參與者帶到實驗室而提高複雜度和成本。這個方法的參與者背景可能有相當大的差異，而且因為參與者在自己的環境做測試，使用自己的設備，因此這個方法可能會更符合實際情況。我們可以藉由客戶的電子郵件或線上社群來聘用參與者。這個方法將參與機會開放給較厲害的使用者，也許是因為他們所

在的遠端位置或其他實體的挑戰，這些是在實驗室環境中無法得到的。雖然使用記錄和電話查訪是很有用的輔助工具，但這個方法的缺點是較無法控制使用者的表現，而且比較無法觀察到他們的反應。這些測試皆可以同步地（使用者在執行工作的同時，評估者也在做觀察）和非同步地執行（使用者獨立執行工作，而評估者在之後才觀察結果）。一些研究顯示遠端的可用性測試，會比傳統可用性測試找到更多的問題。同步的遠端可用性測試是一個有效的評估技術，支援這類測試的軟體包括 NetMeeting™、WebEx™、以及 Lotus® Sametime®。

- **「你可以過關嗎？」測試方式**。遊戲設計者是「你可以過關嗎？」可用性測試方法的先驅，他們向精力旺盛的青少年提出打敗新遊戲的挑戰。在這個消極的測試方法中，使用者嘗試找出系統的嚴重缺失或破壞它。這個方法已經應用在遊戲以外的其他計畫中，因為購買軟體的人沒有耐心使用有瑕疵的產品，而且送出上千片的更新光碟的成本很高。同時，客戶必須下載並安裝修正版本所造成的商譽損失，很少有公司能夠承擔，所以應該要認真地看待這種測試方式。

圖4.6
可攜式可用性實驗室範例（http://www.userworks.com）

儘管可用性測試很成功，它仍至少有兩個嚴重限制：它強調第一次使用，並且所涵蓋的介面功能有限。因為可用性測試的時間通常只有一到三小時，這樣的時間內要了解一週或一個月的一般使用效能是很困難的。在可用性測試的短暫時間內，參與者可能只會使用到系統的一小部分功能，如功能表選單、對話窗或說明畫面。這些考量使得設計團隊必須運用不同形式的專家審查，來彌補可用性測試的不足。

活動理論的支持者，以及相信要評估資訊設備、週邊技術和消費者導向的行動裝置就必須要有實際測試環境的人，對於可用性實驗室測試提出了更進一步的批評。他們認為要了解採用和學習的過程，就必須經過長期的測試，例如長達六個月的家用電視介面測試（Petersen et., 2002）。此外，用於高壓力環境和重要任務領域的介面（例如軍事、執法、緊急救援和類似情況中），通常不適合使用傳統的可用性實驗室環境來做測試。要適當地測試這樣的介面，建立真實的環境是很重要的，然而這樣的做法並非一定能成功。當在高壓力的情況下，使用者可能無法處理所有的資訊，而只能處理部分的資訊（Rahman, 2007）。

行動裝置的可用性測試也需要特別注意。有些已知的問題，包括需要額外的電池和充電器、訊號強度問題、還要確保使用者在使用紙雛型時能專注在介面上，以及讓使用者以筆尖觸控介面，因為手指可能會擋住觀察者察看使用者正在觸控什麼（Schultz, 2006）。

目前可用性測試受到的關注程度，可從這個主題的各類相關書籍略知一二。這些資源（Dumas and Loring, 2008; Rubin and Chisnell, 2008; Dumas and Fox, 2008; Stone et al., 2005; Barnum, 2002）討論包括可用性實驗的建立、可用性監視器的角色、測試資料的收集與回報，以及執行專業的可用性測試所需的其它資訊。

4.3.5 可用性測試報告

在1997年,美國國家標準與技術研究中心在可用性測試報告標準化上有重大進展。他們召集一群軟體製造商和大型採購者一起工作數年,制定出可用性測試結果的共同工業規格。這個規格以標準的方式,描述測試環境、工作、參與者和結果,讓消費者可以進行比較。這個團體的工作(http://www.nist.gov/iusr/)仍在進行中;參與者正在建立形成性可用度測試報告的規範,還有一些經驗指導方針也正在製作。重點是在於了解讀者(誰將會讀這個報告)以及報告要簡短(Theofanos and Quesenbery, 2005)。另外在美國衛生署所發表的規範中,也提出有益且容易遵守的網頁設計與可用性的相關指導方針(National Cancer Institute, 2006)。

4.4 調查工具

使用者調查(書寫的或線上的)是一種很常用、成本不高,而且是一般人可接受的與可用性測試和專家審查相互配合的方法。管理者和使用者可以很容易地了解調查的概念,而且可把調查結果與可用性測試的參與者或專家審查者所做出的結果進行比較。通常使用者調查的受訪對象如果人數眾多(數百或數千位使用者),結果會比人數較少的測試參與者和專家更具有某種程度的權威性。調查成功與否的關鍵在於事前弄清楚目標,以及開發能夠幫助達成目標的項目。資深的調查者知道,在設計、管理和資料分析過程中,謹慎也是必須的(de Leeuw et al., 2008)。

4.4.1 準備和設計調查問題

在開始進行大規模的調查之前,應該把調查表準備好,先提供同事複查,並且由少數的使用者測試。統計分析的方法(除了平均和標準差)和呈現方式(長條統計圖、散佈圖等)也應該在進行最終調查之前建立。總之,經過完善規劃的活動,會比未經規劃的統計收集考察來得成功。我們的經驗是,經過引

導的活動更容易有預料外的發現。但因為帶有偏見的受訪者可能會有錯誤的結果，所以問卷調查規劃者需要建立一些方法，讓受訪者確實能代表各種（年齡、性別、經驗）層面的人。

在實際使用之前，事前測試（pre-test）和引導測試（pilot-test）的調查工具是很重要的。我們可以詢問使用者對介面特定部份之主觀印象，例如以下介面的呈現方式：

- 工作領域物件和運作
- 介面領域的代表意義和運作處理
- 輸入語法和畫面的設計

確認使用者的某些特徵可能會有幫助，包括：

- 背景人口（年齡、性別、出身、母語、教育程度、收入）
- 電腦的使用經驗（特定應用或軟體套件、時間長度、知識的深度、是透過訓練或是自修而得的電腦知識）
- 工作責任（決策制定影響力、管理角色、動機）
- 個人風格（內向與外向、承擔風險與規避風險、較快或較慢適應、有條理的或機會主義者）
- 不使用某個介面的原因（服務不夠、太複雜、太慢、害怕）
- 功能的熟悉度（列印、巨集、捷徑、教學指引）
- 使用某個介面後的感受（困惑或清楚、沮喪或能掌控、厭煩或興奮）

以線上和web方式調查，可以避免列印、散佈和回收紙本表單的成本與努力。如果讓人們自我選擇抽樣調查方式，可能會有潛在的偏差，例如許多人偏愛回答顯示在螢幕上的簡短問卷，而不喜歡填寫並寄回列印的表格。有些網站接受調查的受訪者甚至超過50,000位。

以某個調查為例（Gefen and Straub, 2000），電子商務使用者被要求根據以下常用的答案等級，回答五個問題：

非常同意　　同意　　沒意見　　不同意　　非常不同意

調查的題目為：

- 能改善我在搜尋和購買書籍的工作
- 讓我能更快地搜尋和購買書籍
- 提高我在搜尋和購買書籍時的正確性
- 使搜尋和購買書籍更容易
- 提升我在搜尋和購買書籍時的效率

像這樣的問題清單，可以幫助設計者找出使用者遭遇的問題，並在改變教育訓練、線上輔助、命令結構後，呈現出改善後的介面。而改進後的結果，可以從後續得到高分的問卷調查中得到肯定。

Coleman和Williges（1985）建立了一組具有兩極化意義的選項（令人愉快或令人煩躁、簡單或複雜、簡要或冗長），要求使用者利用文字處理器描述他們的反應。在我們針對文書處理器的錯誤訊息所做的先期研究中，使用者必須對這些訊息從1到7級加以評分：

不友善的	1 2 3 4 5 6 7	友善的
模糊的	1 2 3 4 5 6 7	具體的
使人誤解的	1 2 3 4 5 6 7	有幫助的
令人沮喪的	1 2 3 4 5 6 7	鼓勵人的

另一個方法是要求使用者評估介面設計的各個層面，如文字的可讀性、命令名稱是否具有意義，以及錯誤訊息是否有幫助。如果使用者對系統某層面的

評分較差，設計者就會清楚知道哪些地方該改進。如果問卷調查中的問題越精確（相對於一般的），則問卷調查的結果就越能提供有用的指引。

若問卷對象是特殊的族群，則可能需要特別注意。例如，對象為兒童的問卷必須使用適合其年齡的語言、跨國性使用者的問卷必須先經過翻譯、年長者的問卷可能需要使用較大的字體，以及可能需要特別調整殘障使用者的問卷。

4.4.2 樣本問卷

問卷調查很常被用在可用性評估上。有許多相關工具和量表陸續問世，並隨著時間持續進行修正。早期問卷注重如字型的清晰度、螢幕上出現的位置以及鍵盤的配置。而後期的問卷則較重視多媒體元件、視訊會議功能和其他目前的介面設計。以下是其中一些資訊（大部分是使用Likert-like量表）：

使用者互動滿意度問卷（Questionnaire for User Interaction Satisfaction, QUIS）：是由Shneiderman提出，並由Chin等人改良（1988）。QUIS（http://www.lap.umd.edu/quis）已被應用在許多有上千位使用者的專案上，而在新版本中則包含與web網站設計和視訊會議相關的項目。由馬里蘭大學科技商業化辦公室核發電子和紙上的授權給世界上數百家公司，也授權給具學生身分的研究者。這些授權有時候只使用到QUIS的幾個部分，或是可以把它擴充到特定的領域問題。表4.1包含部份的QUIS，是以收集電腦使用經驗資料的情況為範例。

系統可用性量表（System Usability Scale, SUS）：是由John Brooke在Digital Equipment公司工作時開發出來的，有時把它當成是「應急」（quick and dirty）的量表（Brooke, 1996）。SUS是由10個陳述句所組成，並由使用者根據他們的意見來評分（在一個滿分為5分的量表上）。有一半的問題是使用正面的措辭來表達，而另一半問題則以負面的措辭來表達。所計算的分數可被視為是百分比。表4.2包含一個簡單的SUS樣本。

PART 1：系統經驗	
1.1 你使用這個系統多久？	
＿＿ 少於1小時	＿＿ 6個月到少於1年
＿＿ 1小時到少於1天	＿＿ 1年到少於2年
＿＿ 1天到少於1週	＿＿ 2年到少於3年
＿＿ 1週到少於1個月	＿＿ 3年以上
＿＿ 1個月到少於6個月	
PART 6：學習	
6.1 學習操作系統	困難　　　容易 1 2 3 4 5 6 7 8 9　　NA
6.1.1 開始上手	困難　　　容易 1 2 3 4 5 6 7 8 9　　NA
6.1.2 學習進階功能	困難　　　容易 1 2 3 4 5 6 7 8 9　　NA
6.1.3 學習使用系統的時間	困難　　　容易 1 2 3 4 5 6 7 8 9　　NA

表4.1
使用者互動滿意度問卷（© University of Maryland, 1997）

	非成不同意				非常同意
1. 我想我會想要經常使用這個系統	1	2	3	4	5
2. 我覺得系統不需要這麼複雜	1	2	3	4	5

表4.2
系統可用性量表範例

　　系統可用性後研究問卷（Post-Study System Usability Questionnaire, PSSUQ）：是由IBM所開發，內含48個項目，著重於系統有效性、資訊品質和介面品質（Lewis, 1995）。

電腦系統可用性問卷（Computer System Usability Questionnaire, CSUQ）：這是IBM之後才開發的，其包含19個陳述句並讓參與者以7個等級做回應，表4.3是CSUQ的樣本。

軟體可用性評量清單（Software Usability Measurement Inventory, SUMI）：是由人因研究團體（Human Factors Research Group, HFRG）所開發的，裡面設計了50個項目用來評估使用者對介面的認知（情緒的回應）、介面的效率、介面的控制、學習能力和助益（Kirakowski and Corbett, 1993）的感想。表4.4包含SUMI的一個樣本。

網站分析和評量清單（Website Analysis and MeasureMent Inventory, WAMMI）問卷：用來進行網站的評估，並且有多種語言版本可用。

		1 2 3 4 5 6 7		NA
1. 整體來說，我對於這個系統容易使用的程度感到滿意	非常不同意	☐ ☐ ☐ ☐ ☐ ☐ ☐	非常同意	☐
2. 我可以使用這個系統有效率地完成我的工作	非常不同意	☐ ☐ ☐ ☐ ☐ ☐ ☐	非常同意	☐

表4.3

電腦系統可用性問卷範例

	同意	未定	不同意
1. 這個軟體的回應太慢導致不方便做輸入	☐	☐	☐
2. 我會推薦這個軟體給我的同事	☐	☐	☐

表4.4

軟體可用性評量清單範例

雖然有許多問卷已經發展好一段時間了，但這些問卷仍是可靠且有效的工具。有些問卷會因為改變所要求的重點項目而有了一些轉變。而專業問卷的發展與測試，仍然是以這些已被證實的工具為基礎。像行動電話可用性問卷（Mobile Phone Usability Questionnaire, PUQ）就是一個例子，這個問卷由72個項目組成，這些項目可分為6個因素：容易學習與使用、是否有助益與問題解決能力、情感層面和多媒體特性、指令與最少的記憶體負擔、控制和效率，以及行動電話的基本功能（Ryu and Smith-Jackson, 2006）。SUS已經被運用在手機電話和互動式語音系統、以web為基礎的介面和其它介面，這顯示SUS已經是一種穩固和用途廣泛的工具（Bangor et al., 2008）。在任何評估量表中，評分是不可被單獨使用的。最佳測試程序會將來自多個方法的資料做三角測量，例如觀察、訪談、記錄介面的使用等等（Shneiderman and Plaisant, 2006），以產生令多數人信賴的結果。

在Gary Perlman的網站（http://oldwww.acm.org/perlman/question.html）和Jurek Kirakowski的網站（http://www.ucc.ie/hfrg/resources/qfaq1.html）中有更多關於問卷的細節。撰寫和設計好問卷是一種藝術也是一門科學。某些書籍（Tullis and Albert, 2008; Rubin and Chisnell, 2008）和文章（Tullis and Stetson, 2004）針對使用性、有效性以及如何發展良好的與有效的問卷等議題，提供進階的閱讀資訊。除了針對滿意度這類標準評估方式外，對於特殊裝置（例如行動裝置）和遊戲介面可能需要獨特的評量方式，例如是否具有樂趣、娛樂性、感動、挑戰性或真實程度。

4.5 接受度測試

針對大型的計畫，客戶或管理者通常會為硬體和軟體效能訂定可評估的目標。許多需求文件的撰寫者甚至大膽地指明故障發生的平均時間，以及修理硬體故障的平均時間，在某些情況下，甚至會提出軟體故障的平均時間。最典型的作法是撰寫者為軟體指定一組測試項目，也載明各種硬體／軟體組合可能的

回應時間。若完成的產品無法達到可接受的標準，系統必須要重新修訂，直到能成功地操作為止。

這些概念恰好可以延伸到使用者介面。當撰寫需求文件或提出契約時，應該建立明確的接受度標準。不是使用模糊和容易誤導人的「使用者友善」標準，而是為以下的項目提供可評估的標準：

- 使用者學習特定功能的時間
- 工作進行的速度
- 使用者發生錯誤的頻率
- 使用者能夠記住命令的時間
- 主觀使用者滿意度

以食物購物網站的接受度測試為例，可能包含如下的說明：

> 參與者有35位成人（25到45歲），說母語且身心健全，由職業介紹所介紹。他們具有相當的網站使用經驗：1－5小時／週，至少持續一年。用5分鐘時間向他們介紹基本功能。35位成人中，至少要有30位能在30分鐘內完成這個標準測試工作。

針對同一個介面，另一個測試需求如下：

> 有三類特殊的參與者也會參與測試：（a）10位55－65歲的長者；（b）10位有著各種行動、視覺、聽覺障礙的成人；和（c）10位把英文當作第二語言的新移民。

因為測試標準的選擇工作很重要，所以接受度測試的內容和程序，必須要透過引導測試修訂。接受度測試的第三個項目，是將焦點集中在記憶力：

其中10位參與者在一週後會被召回,並且被要求進行一組新的標準測試工作。在20分鐘內,至少要有8位參與者能正確地完成工作。

針對大型介面的不同元件,可能需要以不同的使用群進行8或10個這樣的測試。其它的標準,如主觀滿意度、輸出資訊的可理解度、系統回應時間、安裝程序、書面文件說明和圖形的吸引力等,可能在商業產品的接受度測試中被列入考量。

若能建立明確的可接受度標準,可以避免是否達到使用者友善程度的爭議,並且能客觀地顯示契約的履行度,無論客戶或介面開發者都可獲益。接受度測試和可用性測試不同,它的氣氛可能是對立的,為了確保測試的立場中立,所以適合找外面的組織來進行測試。接受度測試的核心目標,不是找出缺點,而是驗證是否遵守需求。

完成接受度測試之後,在進行全國或全世界銷售之前,可能有一段現場調查的時間。除了能更進一步修改使用者介面外,現場調查能改善訓練方法、教學課程教材、電話客服程序、行銷方法和宣傳策略。

早期的專家審查、可用性測試、問卷調查、接受度測試和現場調查的目的,是要在還能很容易改變設計且改變的成本不高時,儘可能迅速達成發表前置階段。

4.6 現行使用時期的評估

經過謹慎設計和徹底測試的介面,是一個非常棒的資產,但要成功地使用介面,則需要管理者、使用者服務人員和維護人員持續予以關注。每一位參與支援使用群的人,都可以協助介面的改善,使改善後的介面能提供更高級的服務。雖然你無法取悅所有的使用者,但是真誠的努力,會讓使用群給予正面的評價。雖然無法達到完美,但是部分的改善仍是可行且值得追求的。

用漸進的方式來散播介面很有用,如此一來,問題就可以在最少修改的狀況下解決。由於使用者的數量越來越多,因此每一年或每半年才能發表大規模的介面修正版本。若介面的使用者可以參與修改的過程,特別是當他們對改進有正面的觀感時,就可以降低他們的抗拒心理。在快速發展的全球資訊網中,更頻繁的修改是可預期的,但若能在加上新服務的同時,還能穩定地取用關鍵資源,這才是致勝策略。

4.6.1 訪談和焦點團體討論

因為訪談者可以探究特定的問題,所以對個別使用者進行訪談會很有成效。在一連串的個別討論之後,可透過焦點團體討論來取得使用者共同的看法(Kuhn, 2000)。訪談很耗費金錢和時間,所以通常只有少部分的使用群會參與。另一方面,直接和使用者接觸,往往能夠帶來明確與建設性的建議。由專家所帶領的焦點團體可能會導引出令人訝異的使用模式或隱藏的問題,這些模式和問題,可以很快地被參與者發現與證實。但要注意的是,說話強勢的人會對團體造成影響,或是讓較弱勢的參與者的意見被忽略。針對目標明確的使用者,例如資深或長期的產品使用者,可以安排訪談和焦點團體,以發掘出不同於新手使用者的問題。

例如某間公司曾經針對4,300位內部訊息系統的66位使用者,進行45分鐘的訪談。透過訪談發現使用者對部分功能感到滿意,例如在任何地方取得訊息的能力、列印出的訊息容易閱讀、下班後使用系統的方便性等。然而,訪談也顯示出23.6%的使用者關心可靠度,20.2%的使用者認為使用這個系統令他們感到困惑,以及18.2%認為方便性和可用性可以再改進。而只有16%表示沒意見。稍後的訪談中提出了一些探討特定功能的問題。這次的訪談結果提出42個介面強化方案,並且決定加以執行。雖然介面的設計者之前已經提出另一組強化的替代方案,但是訪談的結果改變了強化方案執行的優先順序,使其更能反映使用者的需要。

4.6.2 連續的使用者－效能資料記錄

　　軟體的架構應該要讓系統管理者能很容易收集有關介面使用模式、使用者執行速度、錯誤率或使用線上說明的頻率等資料。日誌資料能夠導引管理者採購新硬體、改變作業程序、改善教育訓練或規劃系統擴充等。

　　例如，若記錄每個錯誤訊息出現的頻率，即可找出頻率最高的錯誤訊息。若沒有詳細明確的日誌資料，系統維護人員完全無法知道在上百個錯誤訊息的狀況中，哪一個問題最大。同樣的，系統維護人員也應該檢查從來不曾出現的錯誤訊息，以判斷是否是程式有誤，或者使用者是否避免使用某些功能。

　　如果每個命令、每個輔助畫面，以及每筆資料庫記錄都有日誌資料，就可以利用這些資料來修改使用者介面和簡化常用的功能。管理者也應該檢視沒用到或很少用的功能，以了解使用者為什麼會避免使用這些功能。使用頻率資料（usage-frequency data）的主要好處，在於能夠提供系統維護者資訊將系統效能最佳化並降低所有參與者成本的導引。後者可以為具有成本意識的管理者帶來顯而易見的好處，而介面品質的提升，對服務導向的管理者更具吸引力。

　　記錄日誌的用意很好，但卻必須同時保護使用者的隱私權。因此除非必要，否則不應該收集連結到特定使用者名稱的連結。為了監測集體的效能而需要記錄個人的活動時，管理者必須告知使用者哪些活動會被監測，以及這些資訊會如何使用。雖然組織有權查明工作者的效能水準，但工作者應該要能檢視結果，並討論其原由。若是偷偷摸摸進行監測，卻在事後被發現，將會導致工作者對管理階層的不信任，反而讓收集資料這件事變成弊多於利。為了提高生產力及工作者的參與，建議由管理者和工作者合作，以完成記錄日誌的過程。

　　受到網際網路上電子商務的巨大影響，許多公司對於追蹤網站點擊率、網頁瀏覽等感到興趣。因此有眾多公司（包括Google、Microsoft、Yahoo!等）提供網站分析服務，這能讓公司詳細追蹤網站上的資訊，包括圖形顯示和計算，以及計算的結果，以顯示投資報酬率變化的影響。

例如Nielsen NetRatings™和Knowledge Networks™這類廣告服務公司，其成功之處在於將使用者群拜訪網站所得到分析資料和日誌資料提供給客戶。這些使用者提供自己的統計資訊，或允許紀錄他們網站瀏覽的模式。行動裝置也有類似的做法，這是由M:Metrics™公司（現在是comScore™的一個部門）所提供。這些資料的購買者所感興趣的是：哪些人買書、拜訪新網站、或尋找保健資訊，如此便可以引導他們的行銷、產品開發、和網站設計工作。

4.6.3 線上或電話諮詢、電子郵件和線上建議信箱

透過線上或電話諮詢，可以為遭遇問題的使用者提供有效且個人化的協助。若果使用者知道遇到問題時可以求助，他們會比較放心。這些諮詢管道是使用者發生問題時的絕佳資訊來源，而且可以提出改進的建議。

許多公司都提供免付費電話，使用者可藉此向具豐富知識的顧問尋求協助；其它要付費的諮詢可能以分計費，或是只支援VIP或是額外付費的客戶。在某些網路系統，顧問可以在電話語音交談的同時監看使用者的電腦，並可看到使用者所看到的螢幕顯示內容。這個服務非常讓人放心，因為使用者知道某人可以帶領他們透過一連串正確的畫面順序來完成他們的工作。當使用者需要服務時，他們是希望獲得立即的服務。Netflix™認清這一點，所以建立了有375位客服人員的團隊，專職處理來自840萬個客戶的電話，並以線上支援來取代電話支援（不包括境外）。Netflix驕傲的說這個方法已被證明是成功的方式，從Nielsen Online和ForeSee Results的報導中也可知Netflix公司的客戶滿意度很高。

組織通常（或選擇性地）都使用 staff@<組織名稱> 這種制式格式的電子郵件信箱，或提供即時傳訊和即時聊天工具，讓使用者可以從線上取得協助。有時候這些服務是由真人去設置軟體代理人，讓軟體扮演組織的員工，這些服務能建立使用者的忠誠度，並為企業帶來改進設計和擴充新產品的詳細意見。

一些提供高水準客戶服務的公司網站會設置建議信箱和投訴機制。例如Google的Chrome™瀏覽器即有提供程式錯誤的回報工具（圖4.7）。在開放原始碼團體中，以網頁為基礎的使用者程式錯誤回報工具也很普遍，如Bugzilla™。

圖4.7
Google的Chrome瀏覽器的程式錯誤回報畫面（http://www.google.com/chrome/）

4.6.4 討論群組、wikis和新聞群組

有時使用者可能會希望了解某個軟體是否能滿足他們的需求，或是希望直接詢問使用過某個介面功能的人，但因他們心中沒有任何適當的諮詢人選，所以並沒有辦法藉由e-mail取得協助。此外，若是全世界都在使用的軟體產品，在現在的全天候計算環境中，使用者可能會在一般工作時間之外遇到問題。許多介面設計者和網站管理者都會提供使用者討論群或新聞群組，甚至是wikis（見9.3節）服務，允許張貼公開的訊息和問題。另外也有獨立的討論群組會提供各類服務，藉由強大的搜尋引擎就可以很容易地找到這些服務。

討論群組通常會提供標題清單，讓使用者可以檢視相關主題。這些討論群組的內容是由使用者所產生的，任何人都可以加入一個新的討論題目，但是通常會有人負責管理討論的內容，確保不會出現攻擊、沒有價值或重複的主題。而當使用者分佈於在不同區域時，管理者可能還得努力建立討論群組的團體感。

由面對面開會所建立的個人關係，也會增加使用者間的團體感。畢竟，重要的是人，而且人們對於社會互動的需求應該被滿足。每個技術系統也是一個需要鼓勵及培養的社會系統。

管理者可以藉由這些方式獲取使用者的回應,並判斷使用者的態度,從中找出有用的建議。甚至當使用者看到管理者真誠地渴望意見和建議時,他們對介面或web服務可能會有更正面的態度。

4.6.5 自動化的評估工具

軟體工具可用以有效地評估桌上型應用程式、網站和行動裝置的使用者介面。甚至如檢查拼字之類的簡單工具,對介面設計者都有幫助。從畫面、介面元件或畫面間連結的數目,可以呈現出使用者介面專案的大小;但是納入更複雜的評估函數可以讓設計者知道選單的樹狀結構是否太多層或有多餘的資料、介面元件的標籤內容是否一致、所有的按鈕是否都有適當的對應動作等。

有個早期的範例是Tullis(1988)的畫面分析程式(Display Analysis Program),其目的是針對數字和文字的畫面設計(沒有色彩、反白、分隔線或圖形)產生畫面複雜度評估和建議,如以下的例子:

> 大寫字母:大寫字母的比例偏高,佔77%。
> 　　可以考慮使用較多的小寫字母,因為閱讀包含大小寫字母的正常文字的速度,會比閱讀全是大寫字母的文字的速度快約3%。全部都是大寫字母的文字留給需要吸引注意的項目。
> 最大區域密度 = 89.9% 在第9列,第8行。
> 平均區域密度 = 67.0%
> 　　先找出含有最大區域密度的區域...你可以儘可能地把字母平均分散在整個畫面,以降低區域密度。
> 整體版面複雜度 = 8.02個位元
> 版面的複雜度很高。
> 　　這表示所顯示的項目(標籤和資料)並沒有彼此對齊...可以利用把每列開始的項目放在不同的直欄上(也就是垂直對齊它們),來降低水平複雜度。

圖形化的使用者介面朝著含有更豐富的字型,以及多樣版面的方向演進,因此降低了人們對Tullis評估的興趣,但評估以web為基礎的版面設計方式仍在發展中。這些評量方式包括分群分析、排列分析、對稱性分析、一致性分析,

以及更多模糊概念的評估，例如版面是乾淨的、複雜的或是有創意的（Parush et al., 2005; Lavie and Tractinsky, 2004）。

全球資訊網組織針對 HTML 提出標記驗證服務（Markup Validation Service），可準確的找出問題（http://validator.w3.org/）並傳回如下的回應訊息：

```
Line 13, Column 8: required attribute "TYPE" not specified.
Line 68, Column 29: document type does not allow element
"BODY" here.
Line 848, Column 23: required attribute "ACTION" not specified.
```

美國國家標準與技術協會（U.S. National Institute of Standards and Technology, NIST）的 web 度量測試網（Web Metrics Testbed）（http://zing.ncsl.nist.gov/WebTools/）提供了許多測試工具，例如網頁和網站的靜態分析器（WebSAT）、檢查從網頁擷取的類別是否符合設計者想法的類別分析器（WebCAT）、能快速從現有網頁上收集互動網頁使用資訊的工具（instrumenter）（WebVIP）、以 2D 視覺化方式呈現使用者在網站上的瀏覽路徑（VISVIP），以及其它用來引導 web 設計者的工具。用來檢查網站的工具必須遵守 Section 508 的規定，其針對使用存取方式（http://www.section508.info/）提出指示，例如：

> 對於任何非文字的元素應該要提供對等的文字（例如透過"alt"、"longdesc"或在元件內容中）。若是透過alt或／及longdesc元件，請加上敘述說明。
> 網頁的設計必須考慮到所有色彩顯示的資訊若以單色觀看也要能看得見，例如上下文（context）或標記（markup）。

為了導引設計者製作吸引人的網頁，研究者把網站評分、以及141種版面評量標準結合起來（Ivory and Hearst, 2002）。由網際網路專家擔任Webby獎的評審，為網站評分。研究者分析在5300個網頁中有關資訊、導覽和圖形的部份，藉此建立一個統計模型，並以此模型預測網站的分數，且在大部分的情況下準確度超過90%，所產生的統計模型統稱為WebTango（Ivory, 2003），並應用這些

模型判斷應推薦的設計特色。這個結果很複雜，例如顯示網頁的功能類型和網頁大小之間的交互關係。部份網頁設計可以很容易應用的結論是：若大型網頁中有直欄的結構、使用的標題與內文文字量比例相符、廣告動畫較少時，則分數會較高。其它與內文設計相關的建議：超連結文字的長度最好保持在二到三個英文單字之間、以色彩強調標題。有個有趣的發現：人們比較喜愛的網站，未必一定有最快的效能表現；這表示在電子商務和娛樂應用中，吸引力可能比能快速執行工作更重要。進一步分析這些結果後，可以找出最能讓人喜愛的設計元素：例如它應該是容易理解的、可預測和視覺上吸引人的，以及內容應該要切題。

使用網站最佳化服務可改善網頁下載的速度，網站最佳化服務包括計算一個網頁中項目的個數、每個影像的位元數，以及程式碼的大小。這些服務也會針效能改善提出一些建議。

另外一種工具是即時日誌軟體（run-time logging software），它可以記錄使用者活動的模式。只要簡單的報告 ─ 包括如每個錯誤訊息、選單項目的選擇、對話窗的外觀、呼叫輔助說明、表單欄位的使用或網頁存取等動作的頻率 ─ 這些資料對於管理人員和初始設計的修改者是很有幫助的。實驗的研究者也能取得替代設計方案的效能資料，以協助研究者進行決策。用於分析與彙整效能資料的軟體（如ergoBrowser™）也持續在進行改善。

在評估自動化工具領域的行動裝置時，可能需要謹慎的資料收集方法。日誌檔案記錄工具（log-file-recording tool）負責記錄與點擊相關的時間戳記與螢幕位置、記錄選取的項目和螢幕變化、擷取螢幕畫面和記錄使用者完成操作的時間，這些資料可為分析工作提供有價值的資訊。例如在有30位使用者的研究中，像這樣的分析會發現5個問題，而這些問題的發現並不是藉由觀看影片錄影、或使用思考大聲說的方法（Kawalek et al., 2008）。

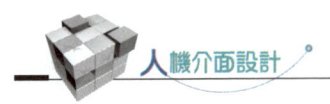

當然，從可用性評估來收集資料只是一個開始。讓資料變得有意義、找出模式和進一步了解資料的含意，這些都是困難且煩雜的工作。ExperiScope是一個自動化工具，它是利用視覺化技術和其它模型（keystroke-level和GOMS）在資料中找出模式（Guimbretière et al., 2007）。這個工具是有彈性的，而且支援雙手的壓力互動動作，其輸出畫面（圖4.8）是一個圖形，沿著水平軸顯示倒數的時間，在垂直軸上顯示互動動作的其它性質。

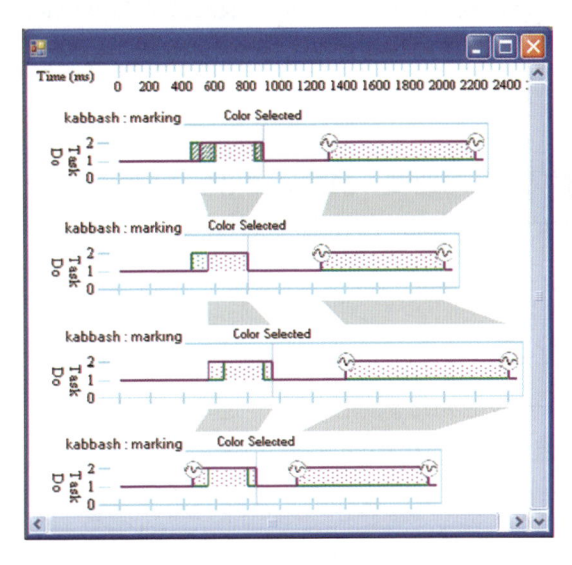

圖4.8

ExperiScope的輸出結果範例，其中在水平軸上顯示的是時間，而垂直軸上顯示的是多個模式。最上面的模式是整合下面的模式，並使用開口來表示不一致的部份。紫色線代表筆尖（pen tip）的動作，綠色線代表筆鍵（pen button）的動作，而在模式之間的灰色帶狀則是用來簡化圖形的閱讀（Guimbretière et al., 2007）

4.7 受控心理學導向實驗

精確測量技術的改進經常會刺激科學與工程領域的進步，而人機介面設計的進步則是由研究者開發適當的人為工作效能度量和技術所激勵。就像是我們期望汽車會提供每公升可跑多少公里的測試報告，或者家電會公佈其省電效率報告一樣，很快的我們也會期望軟體包裝上會顯示由公正單位所公佈的預估學習時間和使用者滿意度指標等參考資訊。

4.7.1 實驗方式

學術和產業的研究者都已發現,傳統的科學方法可以有效地應用在介面的研究上。他們進行許多尋找基本設計原則的實驗。當科學方法應用在人機互動時,可能包含以下的工作:

- 討論實際問題並考慮理論架構。
- 提出清楚易懂且可測試的假設。
- 訂定少量容易操控的獨立變數。
- 小心選擇將進行評估的相依變數。
- 慎選擇參與者,並刻意或隨機的把參與者分配到不同的群組。
- 控制偏差因子(例如不具代表性的參與者或工作的抽樣、不一致的測試程序等)。
- 應用統計方法進行資料分析。
- 解決實際問題、修改理論,並提供建議供未來的研究者參考。

典型的心理學實驗方法已經逐漸被延伸,用以探討人們在使用資訊和電腦系統時的複雜認知工作的效能。從亞理斯多德的自省,到物理上伽利略的實驗法的轉變,這過程歷時兩千年;但是在人機互動的研究上,相同的轉變只花20年就完成了。

受控實驗的簡化方法,產生了受限但卻可靠的結果。透過重複類似的工作、參與者和實驗條件,可以提高實驗結果的可靠度和正確性。每個小型實驗結果所扮演的角色,就如同電腦化資訊系統使用者效能的一塊馬賽克瓷磚。

系統管理者也漸漸了解受控實驗在人機介面微調方面的威力。當新的功能表選單結構、新的游標控制裝置和重新組織的顯示格式被提出時,仔細規劃的受控實驗可為管理者提供決策的資料。可將改善後的系統提供給部分使用者使

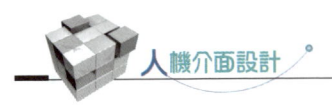

用一小段時間，如此便可和原來的系統進行效能比較。相關的評估內容可能包括執行時間、使用者主觀滿意度、錯誤率和使用者經過一段時間後的記憶能力。

例如，在行動裝置輸入方法上的競爭，產生了許多有關鍵盤配置的研究，這些研究使用類似的訓練方法、標準評比方式、相同的錯誤率計算方法和經常使用者的測試策略。因為若能減少10分鐘的學習時間、增加10%的速度，或者減少10個錯誤，在競爭激烈的消費者市場中都可能是重要的優勢，因而細心的控制是必要的。

4.7.2 實驗設計

實驗設計的完整討論已超出本書的範圍。實驗設計和統計分析是很複雜的主題（Lazar et al., 2009; Cozby, 2006; Elmes et al., 2005）。本節將介紹一些基本的術語和方法論，但是建議新手必須與資深的社會科學和統計學專家合作，收集相關細節資訊。

在嚴謹的受控實驗研究中，選擇合適的參與者是很重要的。參與者的抽樣結果要能夠代表介面的目標使用者，這一點非常重要，因為結論和推論通常都是來自這些資料。使用者通常會依照某類人口統計資料（demographic）進行分組或分類，例如年齡、性別、電腦使用經驗等。當從某個族群人口中選擇參與者來建立樣本時，需要考慮抽樣技術（sampling technique）。要隨機選擇參與者嗎？這裡是否有可以使用的分層子樣本（stratified subsample）？研究新手可能會想要使用朋友和家人來建立便利抽樣（convenience sample），但是這類樣本基本上並不具代表性，可能會有偏差，因此會影響結果的信度與效度。另一個需考慮的是樣本的大小，此外，定義出能符合研究目的的信心水準（confidence level）也很重要。樣本大小和信心水準的完整討論，在大部份的統計書籍中都可以找到。

基本的實驗設計可分成兩類：個體之間（between-subjects）或個體之內（within-subjects）。在個體之間的設計中，群體在結構上相當類似，而且每一群體都有不同的處理方式。為了得到有力的結果，這個設計方法在每個群體中需要有相當多的使用者，而樣本大小夠大通常可以確保群體在本質上是相似的，所以針對不同的差異就有不同的處理方式。若群體太小，其結果可能只與每個群體特有的特質相關。此外，在個體之內的設計中，每個參與者都執行相同的工作，這些資料會被記錄下來，並用以比較不同參與者的差異。雖然樣本的大小可能會很小，但仍要考慮到疲勞（導致效能降低）、練習和熟悉度（導致效能提升）。而工作順序會影響到結果，因此平衡對抗（counterbalance）設計是很重要的。若要進行評估的因素為容易使用的程度，則初期安排的工作可能會顯得比較困難，這是因為使用者還不熟悉系統的緣故；同樣的，之後的工作可能會比較容易，但這不是因為工作本身的複雜度較低，而是使用者已經熟悉此系統。

在實驗研究的設計中，必須考慮和了解不同類型的變數。獨立變數（independent variable）是可被操控的，例如可能有兩種不同的介面設計，其中之一是提供輔助系統的存取，另一個則不是。相依變數（dependent variable）有時會變成實驗的結果，通常會被用以進行評估。相依變數的範例包括完成工作的時間、錯誤的數量和使用者滿意度。需小心控制實驗設計，使得在相依變數中發現的主要差異能夠推論到獨立變數，而不是外在資源或混淆變數（confounding variable）。

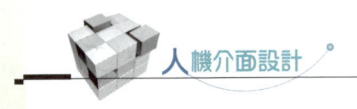

從業人員的重點整理

　　介面開發者藉由專家審查、可用性測試（在實驗室環境或實際環境）和嚴格的接受度測試為其設計進行評估。一旦介面發表後，開發者可以透過訪談或問卷調查、或以尊重使用者隱私的方式紀錄使用者效能...等方式，持續進行效能評估。若你不進行使用者效能評估，就表示你不夠重視可用性！

　　成功的介面管理者了解，他們必須努力和使用者群建立信任關係。只要市場打開了（例如在另一個國家或垂直的市場區隔），專案管理者就必須開始取得認同和增加客戶忠誠度。必須特別考慮到初學者、殘障者和其它特殊族群（兒童、老年人）。除了提供一個運作得很順利的系統外，成功的管理者知道他們還需要建立接受回應的機制，例如線上問卷調查、訪談、討論社群、建議信箱、電子報和研討會等。

研究者的議題

　　研究者可以貢獻他們使用實驗方法的經驗，開發出介面評估的改善方法。無論是前導研究、接受度測試、問卷調查、訪談和研討，對於開發團隊都會有程度上的幫助。為了評估使用者可能遭遇的各種形式的障礙，需要有一些策略。例如善於建立心理學實驗的專家，可以協助建立正確、可靠的測試工具，來評估以網頁為基礎的、包含特定遊戲介面的桌上型應用程式和行動裝置介面。像這樣的標準化測試，可用以比較介面的接受度。需要多少位使用者才足以產生有效的建議？我們要如何解釋使用者的工作認知與評量的目標之間的差異？如何針對工作選擇最好的評估方式？與生命攸關的應用系統如何進行可靠的測試？我們可以結合效能資料與目標資料，並產生有意義的單一結果嗎？是否有可以用來解釋和理解評估方法之間關係的理論？

心理治療師和社會工作者可以協助訓練線上或電話諮詢人員。最後，獲得越多來自實驗、認知和臨床心理師的資訊，將有助於電腦專業人員了解到使用電腦時人為因素的重要性。心理學原則可以協助降低初學者的焦慮或專家級使用者的挫折感嗎？使用者操作介面的技術等級對工作分配和訓練課程有幫助嗎？在遊戲軟體的環境中，如何能保有遊戲本身的挑戰和刺激，而又同時能兼具良好的可用性？

　　選擇適合的評估方式是必要的。一些傳統的方法論需要被擴充，且也應該要考慮非實證的方法，例如略圖和其他設計方案。為了讓可用性報告變得容易理解、合理和具有價值，改變是有其需要的。開發自動化工具也是必要的，並且要特別著重在現今使用的特定系統上（如行動裝置、遊戲、個人裝置）。標準化的可用性設備在處理不同的條件和環境時需要再做修正和驗證。若測試不是在可用性實驗室中進行，可能會發生什麼問題？也許為了確保測試的有效性，應該選擇在實際環境中進行。但是我們要如何有效地模擬使用者處於惡劣環境與高壓力的情況下？也許滿意度應該有更廣泛的定義，包括樂趣、愉快和挑戰。

全球資訊網資源

http://www.aw.com/DTUI

有關可用性測試和問卷等資訊，請參考本書網站。

參考資料

Bangor, Aaron, Kortum, Philip T., and Miller, James, An empirical evaluation of the system usability scale, *International Journal of Human-Computer Interaction* 24, 6 (2008), 574–594.

Barnum, Carol M., *Usability Testing and Research*, Longman, New York, NY (2002).

Bias, Randolph G. and Mayhew, Deborah J. (Editors), *Cost-Justifying Usability, Second Edition*, Morgan Kaufmann, San Francisco, CA (2005).

Blackmon, M.H., Polson, P.G., Kitajima, M., and Lewis, C., Design methods: Cognitive walkthrough for the Web, *Proc. CHI 2002 Conference: Human Factors in Computing Systems*, ACM Press, New York (2002), 463–470.

Brooke, John, SUS: Aquick and dirty usability scale, in Jordan, P.W., Thomas, B., Weerdmeester, B.A., and McClelland, I.L. (Editors), *Usability Evaluation in Industry*, Taylor and Francis, London, U.K. (1996).

Chin, John P., Diehl, Virginia A., and Norman, Kent L., Development of an instrument measuring user satisfaction of the human-computer interface, *Proc. CHI '88 Conference: Human Factors in Computing Systems*, ACM Press, New York (1988), 213–218.

Coleman, William D. and Williges, Robert C., Collecting detailed user evaluations of software interfaces, *Proc. Human Factors Society, Twenty-Ninth Annual Meeting*, Santa Monica, CA (1985), 204–244.

Cozby, Paul C., *Methods in Behavioral Research, Ninth Edition*, McGraw-Hill, New York (2006).

de Leeuw, Edith D., Hox, Joop J., and Dillman, Don A., *International Handbook of Survey Methodology*, Lawrence Erlbaum Associates, New York (2008).

Dicks, R. Stanley, Mis-usability: On the uses and misuses of usability testing, *Proc. SIGDOC '02 Conference*, ACM Press, New York (2002), 26–30.

Dumas, Joseph and Fox, Jean, Usability testing: Current practice and future directions, in Sears, Andrew and Jacko, Julie (Editors), *The Human-Computer Interaction Handbook, Second Edition*, Lawrence Erlbaum Associates, Hillsdale, NJ (2008), 1129–1149.

Dumas, Joseph and Loring, Beth, *Moderating Usability Tests: Principles and Practices for Interacting*, Morgan Kaufmann, Burlington, MA (2008).

Dumas, Joseph and Redish, Janice, *A Practical Guide to Usability Testing, Revised Edition*, Intellect Books, Bristol, U.K. (1999).

Elmes, David G., Kantowitz, Barry H., and Roediger, Henry L., *Research Methods in Psychology, Eighth Edition*, Wadsworth Publishing, Belmont, CA (2005).

Frøkjær, Erik and Hornbæk, Kasper, Metaphors of human thinking for usability inspection and design, *ACM Transactions on Computer-Human Interaction* 14, 4 (2008), 20.1–20.33.

Gefen, David and Straub, Detmar, The relative importance of perceived ease of use in IS adoption: Astudy of e-commerce adoption, *Journal of the Association for Information*

Systems 1, 8 (October 2000). Available at http://jais.isworld.org/articles/default.asp?vol=1&art=8.

Greenberg, Saul and Buxton, Bill, Usability evaluation considered harmful (some of the time), *Proc. CHI 2008 Conference: Human Factors in Computing Systems*, ACM Press, New York (2008), 111–119.

Guimbretière, François, Dixon, Morgan, and Hinckley, Ken, ExperiScope: An analysis tool for interaction data, *Proc. CHI 2007 Conference: Human Factors in Computing Systems*, ACM Press, New York (2007), 1333–1342.

Ivory, Melody Y., *Automated Web Site Evaluation: Researchers' and Practitioners' Perspectives*, Kluwer Academic Publishers, Dordrecht, The Netherlands (2003).

Ivory, Melody Y. and Hearst, Marti A., Statistical profiles of highly-rated web site interfaces, *Proc. CHI 2002 Conference: Human Factors in Computing Systems*, ACM Press, New York (2002), 367–374.

Kawalek, Jurgen, Stark, Annegret, and Riebeck, Marcel, Anew approach to analyze human-mobile computer interaction, *Journal of Usability Studies* 3, 2 (February 2008), 90–98.

Kirakowski, J. and Corbett, M., SUMI: The Software Usability Measurement Inventory, *British Journal of Educational Technology* 24, 3 (1993), 210–212.

Koohang, Alex, Expanding the concept of usability, *Informing Science Journal* 7 (2004), 129–141.

Korhonen, Hannu and Koivisto, Elina M.I., Playability heuristics for mobile games, *Proc. MobileHCI '06 Conference*, ACM Press, New York (2006), 9–15.

Kuhn, Klaus, Problems and benefits of requirements gathering with focus groups: A case study, *International Journal of Human-Computer Interaction* 12, 3/4 (2000), 309–325.

Lavie, Talia and Tractinsky, Noam, Assessing dimensions of perceived visual aesthetics of web sites, *International Journal of Human-Computer Studies* 60, 3 (2004), 269–298.

Lazar, Jonathan, Feng, Jinjuan, and Hochheiser, Harry, *Research Methods in Human-Computer Interaction*, John Wiley & Sons, London, U.K. (2009).

Lewis, James R., IBM computer usability satisfaction questionnaires: Psychometric evaluation and instructions for use, *International Journal of Human-Computer Interaction* 7, 1 (1995), 57–78.

Lingdaard, Gitte and Chattratichart, Jarinee, Usability testing: What have we overlooked?, *Proc. CHI 2007 Conference: Human Factors in Computing Systems*, ACM Press, New York (2007), 1415–1424.

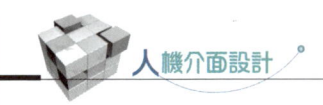

Molich, Rolf, Jeffries, Robin, and Dumas, Joseph S., Making usability recommendations useful and usable, *Journal of Usability Studies* 2, 4 (2007), 162–179.

Molich, Rolf and Dumas, Joseph S., Comparative usability evaluation (CUE-4), *Behaviour & Information Technology* 27, 3 (May/June 2008), 263–281.

National Cancer Institute, *Research-based Web Design and Usability Guidelines*, Dept. of Health & Human Services, National Institutes of Health (updated edition 2006). Available at http://www.usability.gov/pdfs/guidelines.html.

Nielsen, Jakob, *Usability Engineering*, Academic Press, New York (1993).

Nielsen, Jakob and Mack, Robert (Editors), *Usability Inspection Methods*, John Wiley & Sons, New York (1994).

Olsen, Dan R. Jr., Evaluating user interface systems research, *Proc. UIST '07 Conference*, ACM Press, New York (2007), 251–258.

Parush, A., Shwartz, Y., Shtub, A., and Chandra, J., The impact of visual layout factors on performance in web pages: Across-language study, *Human Factors* 47, 1 (Spring 2005), 141–157.

Petersen, Marianne Graves, Madsen, Kim Halskov, and Kjaer, Arne, The usability of everyday technology—Emerging and fading opportunities, *ACM Transactions on Computer-Human Interaction* 9, 2 (June 2002), 74–105.

Pinelle, David and Gutwin, Carl, Evaluating teamwork support in tabletop groupware applications using collaborative usability analysis, *Personal Ubiquitious Computing* 12 (2008), 237–254.

Pinelle, David, Wong, Nelson, and Stach, Tadeusz, Heuristic evaluation for games: Usability principles for video game design, *Proc. CHI 2008 Conference: Human Factors in Computing Systems*, ACM Press, New York (2008), 1453–1462.

Rahman, M., High velocity human factors: Human factors in mission critical domains in non-equilibrium, *Proc. Human Factors and Ergonomics Society, Fifty-Firstt Annual Meeting*, HFES, Santa Monica, CA (2007), 273–277.

Rubin, Jeffrey and Chisnell, Dana, *Handbook of Usability Testing*, John Wiley & Sons, Indianapolis, IN (2008).

Ryu, Young Sam and Smith-Jackson, Tonya L., Reliability and validity of the mobile phone usability questionnaire (MPUQ), *Journal of Usability Studies* 2, 1 (November 2006), 39–53.

Schultz, David, Usability tips & tricks for testing mobile applications, *ACM interactions* 13, 6 (November/December, 2006), 14–15.

Sharp, Helen, Rogers, Yvonne, and Preece, Jenny, *Interaction Design: Beyond Human-Computer Interaction*, John Wiley & Sons, West Sussex, U.K. (2007).

Sherman, Paul (Editor), *Usability Success Stories*, Gower Publishing, Hampshire, U.K. (2006).

Shneiderman, Ben and Plaisant, Catherine, Strategies for evaluating information visualization tools: Multi-dimensional in-depth long-term case studies, *Proc. 2006 AVI Workshop on Beyond Time and Errors: Novel Evaluation Methods for Information Visualization*, ACM Press, New York (2006), 1–7.

Snyder, Carolyn, *Paper Prototyping*, Morgan Kaufmann, San Francisco, CA (2003).

Spool, Jared, Surviving our success: Three radical recommendations, *Journal of Usability Studies* 2, 4 (August, 2007), 155–161.

Stone, Debbie, Jarrett, Caroline, Woodroffe, Mark, and Minocha, Shialey, *User Interface Design and Evaluation*, Morgan Kaufmann, San Francisco, CA (2005).

Stross, Randall, Can't open your e-mailbox? Good luck, *New York Times*, 4 October 2008, BU4.

Theofanos, Mary and Quesenbery, Whitney, Towards the design of effective formative test reports, *Journal of Usability Studies* 1, 1 (November 2005), 27–45.

Tohidi, Maryam, Buxton, William, Baecker, Ronald, and Sellen, Abigail, User sketches: A quick, inexpensive and effective way to elicit more reflective user feedback, *Proc. CHI 2006 Conference: Human Factors in Computing Systems*, ACM Press, New York (2006a), 105–114.

Tohidi, Maryam, Buxton, William, Baecker, Ronald, and Sellen, Abigail, Getting the right design and the design right: Testing many is better than one, *Proc. CHI 2006 Conference: Human Factors in Computing Systems*, ACM Press, New York (2006b), 1243–1252.

Tullis, Thomas S., Asystem for evaluating screen formats: Research and application, in Hartson, H. Rex and Hix, D. (Editors), *Advances in Human-Computer Interaction, Volume II*, Ablex, Norwood, NJ (1988), 214–286.

Tullis, Thomas S. and Albert, Bill, *Measuring the User Experience*, Morgan Kaufmann, Burlington, MA (2008).

Tullis, Thomas S. and Stetson, Jacqueline N., Acomparison of questionnaires for assessing website usability, *Proc. UPA 2004*, UPA, Bloomingdale, IL (2004).

Wharton, Cathleen, Rieman, John, Lewis, Clayton, and Polson, Peter, The cognitive walkthrough method: Apractitioner's guide, in Nielsen, Jakob and Mack, Robert (Editors), *Usability Inspection Methods*, John Wiley & Sons, New York (1994).

第3單元

互動型態

CHAPTER 5

直接操作與虛擬環境

Maxine S. Cohen 合著

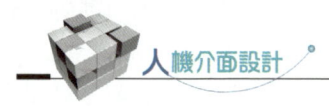

5.1 簡介

某些互動系統會讓使用者使用過後更樂於使用，這與一般使用者常見的抗拒或不安的感受有很大的差別。熱忱的使用者會反映出以下正面的感受：

- 很熟悉介面
- 能夠勝任各種工作
- 容易學習新穎和進階的功能
- 有信心能夠保持熟練度
- 享受操作介面的感覺
- 渴望操作介面給初學者看
- 想要探索更強大的功能

這些感受傳達了真正使用愉快的使用者的形象。這些令人滿意的介面，現在普遍被稱為直接操作介面（direct-manipulation interfaces）（Shneiderman, 1983）。這些介面的核心概念包括讓目標物件與其運作具有可見性；快速的、可逆的（reversible）漸進式動作，以及利用目標物件的指向動作來取代用打字輸入的命令。把檔案拖曳到垃圾桶是最令人熟悉的直接操作範例。直接操作的概念同時也是許多進階的非桌上型電腦介面的核心。遊戲設計者持續地採用新技術來建立視覺上令人注目的三度空間（3D）場景，這些場景中的人物（有時是設計出來的或使用者自創的）是利用新型指示裝置所控制。同時，人們對遠距操作裝置也產生了極大的興趣。遠距操作讓操作者可透過位在另一端的顯微鏡或無人駕駛飛機，來觀看另一處的狀況。隨著技術平台的成熟，直接操作對行動裝置和網頁的設計者的影響逐漸增加。它也啟發了資訊視覺化系統（information-visualization system）的設計者，讓他們在畫面上呈現出數千個具備動態的使用者控制項的物件（參見第14章）。

從直接操作延伸出的新概念,包括虛擬實境(virtual reality)、擴增實境(augmented reality),以及其他有形和可觸控的使用者介面(tangible user interface)。虛擬實境把使用者帶入一個沉浸式(immersive)的環境,在這個環境中,可利用頭戴式顯示器隔絕外在的正常環境,並呈現出人造的環境。藉由戴著資料手套所做的手勢,方便使用者指示、選擇、抓取與瀏覽。擴增實境技術讓使用者可身處在正常的環境,但在環境上覆蓋一層透明資訊,如建築物名稱或隱藏式物件的視覺化資訊。有形且可觸控的使用者介面可讓使用者直接操作實體物件,例如把一些塑膠積木擺放在一起而建立出辦公室的平面設計圖。這些概念不只應用在個人互動上,也廣泛應用在人造世界中建立合作關係及其它類型的社群媒體互動,如第二人生(Second Life)網站。

在本章我們將介紹直接操作的原理,回顧一些歷史上重要的例子(5.2節)並提供心理學的解釋,同時提出一些需要關注的議題(5.3節)。在介紹3D介面(5.4節)、遠距操作(5.5節)和虛擬與擴增實境(5.6節)時,將會說明直接操作的進一步應用。

5.2 直接操作的實例

世界上不可能有哪個介面,它的每一個特質或設計特色都是最好的。然而,以下的每一個範例都有相當多的良好特質,因而能夠獲得使用者的熱烈支持。

駕駛汽車是使用直接操作的一個很好的例子。駕駛人透過前車窗可以直接看到場景,並且可以進行煞車或操縱方向盤的動作;在我們的文化中,這已經是眾所皆知的知識。例如想要左轉時,駕駛人只要把方向盤往左轉,眼前的場景就會快速地改變,提供能夠修正轉彎的回饋。假如要駕駛人輸入某個命令或從功能表選單上選擇「向左轉30度」,才能讓車輛準確轉彎,這簡直令人無法接受。在許多應用上能夠有流暢的互動,是因為直接操作的使用越來越普遍。

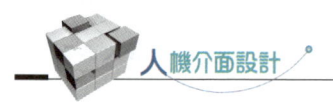

5.2.1. 文書處理器的歷史與現況

現在文書處理器的使用者可能很難相信，在1980年代初期，文書編輯動作是透過命令語言（command-language）來進行的。當時的使用者每次可能只看到一列文字！要在檔案中往上或往下移動、或做其它修改都需要鍵入命令。後來出現新的全頁顯示編輯器（full-page display editors）的使用者，是利用游標來控制二維介面。當時普遍的說法是「一旦你使用過顯示編輯器，就再也不會回去使用行列編輯器（line editor），因為你會被寵壞」。如WordStar™之類的早期個人電腦文書處理器，或像在Unix®系統上的Emacs的顯示編輯器的使用者也會有類似的評論。在這些介面中，使用者可以看到整個畫面的文字，並且可以利用退回鍵（backspace）編輯，或直接鍵入來插入文字。辦公室自動化評估的結果顯示，多數人偏好使用整頁顯示的編輯器，而且由於能夠直接看到斜體、粗體、底線、或文字置中這類設定的結果，使得使用者可專注在文件的內容上。

在1990年代初期，所見即所得（what you see is what you get, WYSIWYG）的顯示編輯器已經成為文書處理器的標準。在Macintosh和Windows平台上，目前的主流產品是Microsoft Word（圖5.1），它具備完整文書處理器的大多數功能。WYSIWYG文書處理器的優點如下：

- **使用者可看到整頁的文字。**同時顯示20到60列文字，能讓讀者對文件內容有更清楚的概念，而且容易閱讀和快速瀏覽。相反地，行列編輯器所提供的單列顯示，就像是透過硬紙板的小洞看外界一樣。新型的顯示器可以顯示並排的兩頁或多頁的文件。

- **文件列印出來的樣子和在螢幕上看到的一樣。**如此可避免使用混亂的格式設定命令，同時也可以簡化閱讀和快速瀏覽文件的工作。包括表格、項目符號、分頁符號、跳行、小節標題、居中的文字和圖片，都可以直接呈現設定後的外觀。因為使用這種介面會讓錯誤看起來很明顯，所以可避免惱人的格式設定命令和除錯所耽誤的時間。

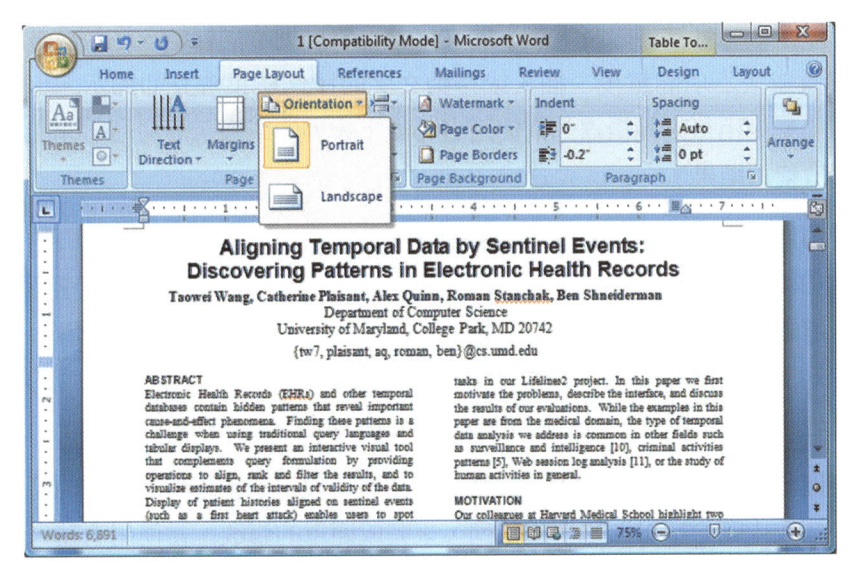

圖5.1

Microsoft Word 2007，一個WYSIWYS（所見即所得）編輯器的例子

- **可見的游標運作。** 看到畫面上的箭頭、底線或閃爍的方塊，能夠提供操作者一個清楚的概念，知道要注意哪裡，以及要在哪進行操作。

- **自然的游標移動。** 方向鍵或游標移動裝置，如滑鼠、軌跡板或手寫板，可提供移動游標的自然物理機制。這些裝置和使用游標的命令形式（像 UP 6）不同，文字形式的命令會要求操作者把物理的運作轉換為正確的語法，不但不容易學而且很難記憶，這是導致讓人沮喪的錯誤的來源之一。

- **含有標籤的圖示能讓常用的動作快速進行。** 大部分的文書處理器都提供加上圖示（icon）的工具列，這些工具列上的圖示都是經常使用到的動作。這些按鈕就像是固定的功能表選單，用來提醒使用者可用的功能，並可以快速選擇想要執行的動作。

- **立即顯示動作結果。** 當使用者按下按鈕使游標移動或使文字居中時，操作的結果便會立即顯示在畫面上。刪除的動作也可立即見到結果：字

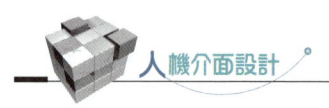

母、單字或整列被刪除時，剩下的文字會重新排列。同樣地，在每次敲擊鍵盤或按下功能鍵後，插入或移動文字的操作結果會立即顯示。但是，若是使用行列編輯器，則使用者必須下達列印或顯示的命令，才能觀看改變的結果。

- **快速的回應與顯示**。大部分顯示編輯器都是在高速下運作；顯示整頁的文字和圖形所花費的時間不到一秒。快速的顯示頻率以及簡短的回應時間，這樣的效能和速度都讓人們感到滿意。使用者可以快速地移動游標、快速地瀏覽大量的文字，而且，操作的結果幾乎可以馬上出現。快速的回應也減少了使用額外命令的需求，因此可以簡化設計和學習過程。

- **容易進行可逆式（reversible）操作**。使用者可以把游標移到有問題的區域，插入或刪除字母、單字或整列，來完成簡單的修改。當使用者輸入文字後，可以只利用倒退鍵和重新鍵入的方式，來修改錯誤的輸入。有個有用的設計策略是針對每個動作都加入反向的運作（例如字型大小變大與變小）。有多種顯示編輯器提供一種簡單的復原方式，讓文字的內容可以回到上一個動作執行之前的狀態。簡單的可逆功能可降低使用者對犯錯或破壞檔案的焦慮，也能鼓勵探索更多的功能。

以上的這些議題都已經過經驗性研究證實，而且有人開玩笑地認為，文書處理器只是人機互動研究人員的白老鼠。然而換個比喻，對於商業開發者，我們可以說文書處理器是許多技術的發源地：

- 將圖形、試算表、動畫等整合在一個文件中。

- 桌上型電腦排版軟體可產生多欄且複雜的印刷樣式，並且能以高解析度的印表機輸出。可在高品質的文件、通訊、報告、報紙或書籍中，使用多種字型、整合圖形／照片、灰階和色彩。範例軟體包括Adobe的InDesign™和QuarkXPress™。

- 簡報軟體可以從電腦直接擷取彩色文字和圖形，並搭配有動畫效果的大尺寸投影機。簡報軟體包括Microsoft PowerPoint®和Apple Keynote®。

- 超媒體（hypermedia）環境和全球資訊網，讓使用者利用可點選的按鈕或內嵌的熱門鏈結，從某個網頁或文章跳到另一頁。讀者可以自行加入書籤、註解和導覽。

- 改良的巨集工具讓使用者能夠建立、儲存和編輯一連串常用的指令。有個類似的特色是讓使用者能夠指定並儲存一組樣式（包含間距、字體、頁框大小等）的樣式表。同樣地，範本的儲存能讓使用者把同事已經設定好的格式化工作當作自己文件的格式。大部份的文書處理器都有數十種商用書信、新聞稿或手冊的標準範本。

- 在許多功能完整的文書處理器上，拼字檢查和辭典都是標準的功能。拼字檢查也可以在使用者打字的時候進行檢查，並且能自動校正常見的錯誤，例如把"teh"校正成"the"。

- 文法檢查可顯示出寫作文體中潛在的問題，例如使用被動式、大量使用特定的單字或缺乏平行的句法結構。某些寫作者（包括初學者和專業人員）喜歡參考文法檢查所顯示的建議，然後決定是否要採納這些意見。但批評者也指出，文法檢查的建議往往不適當，因此很浪費時間。

- 文件產生器讓使用者能夠利用制式的文體，針對男性或女性、國民或外國人、高／中／低收入的人、承租人或屋主等不同角色，使用適合的用語產生出複雜的文件，如契約或遺囑。

5.2.2 VisiCalc試算表和其衍生的產品

第一個電子試算表稱為VisiCalc™，是由哈佛商學院（Havard Business School）的學生Dan Bricklin於1979年發明。他當時對於商研所課程中所要做的重複計算感到厭煩，便和一位友人Bob Frankston發明出「立即計算電子工作表」（instantly calculating electronic worksheet）（使用手冊上是這麼形容他們的發明），它可以進行運算並且馬上在螢幕上顯示254列和63行的結果。

人機介面設計

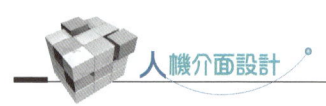

例如這個試算表可以設定程式，讓第4欄的結果等於第1到第3欄的總和；如果前三欄的數值修改，第4欄的數值也會隨著改變。例如製造成本、配送成本、銷售收入、佣金和利潤之間複雜的相依關係，可以根據不同的區域和月份進行儲存。試算表的使用者可嘗試使用不同的規劃，並且可以馬上看到規劃的改變對利潤的影響。會計人員進行的試算表模擬，讓商業分析師可以容易了解內容涵義和可採取的行動。

VisiCalc很快就出現了競爭對手 — 它們在使用者介面上做了吸引人的改進，並且可以進行更多的工作。在1980年代，Lotus 1-2-3™是市場的主流（圖5.2），但是目前佔有率最高的是Microsoft Excel（圖5.3），它有許多功能和專屬的附加功能。現代的Excel和其它試算表程式可提供圖形顯示、多視窗、統計函式和資料庫存取功能。這些功能是由功能表選單或工具列觸發，並且利用強大的巨集工具擴充現有的功能。

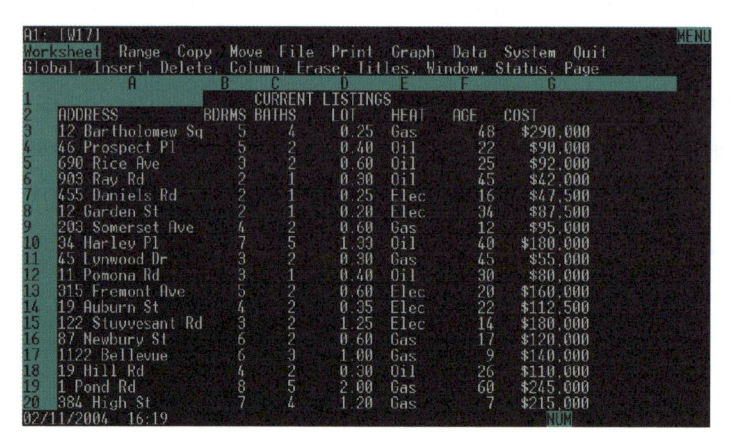

圖5.2

Lotus 1-2-3 早期的版本，此試算表程式在1980年代曾寡佔市場

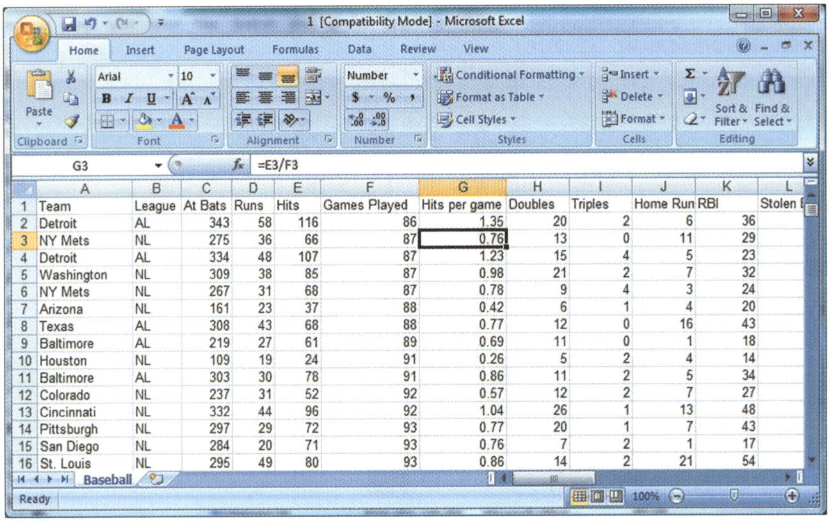

圖5.3

Microsoft Excel 2007的試算表範例。請注意其可讀性已改良，還加上可見的格線，同時分配更多的空間給工具集和其他格式化工具

5.2.3 辦公室自動化歷史

　　早期辦公室自動化系統的設計者會採用直接操作原則。例如Xerox® Star™（Smith et al., 1982）提供複雜的文字格式化選項、圖形、多種字型、高解析度，還有以游標為主的使用者介面（圖5.4），使用者移動（不是拖拉）文件圖示到印表機圖示上即可產生列印結果。Apple Lisa™系統也細緻地應用許多直接操作原則；雖然它在商業上並不成功，卻為Macintosh打下成功的基礎。Macintosh的設計者根據Star和Lisa的經驗加以簡化，同時保留適合使用者的功能（圖5.5）。硬體和軟體設計者利用下拉式功能表選單、視窗操作、圖形和文字編輯和拖拉圖示，以支援快速且連續的圖形互動。之後在其它流行的個人電腦上，很快地出現一些類似Macintosh的變型，目前是Microsoft佔有大部份的辦公室自動化市場。Microsoft視窗設計仍與Macintosh的設計相當相似，在改善視窗管理、為新手使用者提供簡化功能，以及為有經驗使用者增強功能方面，兩者都是值得參考的候選者。

人機介面設計

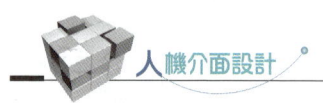

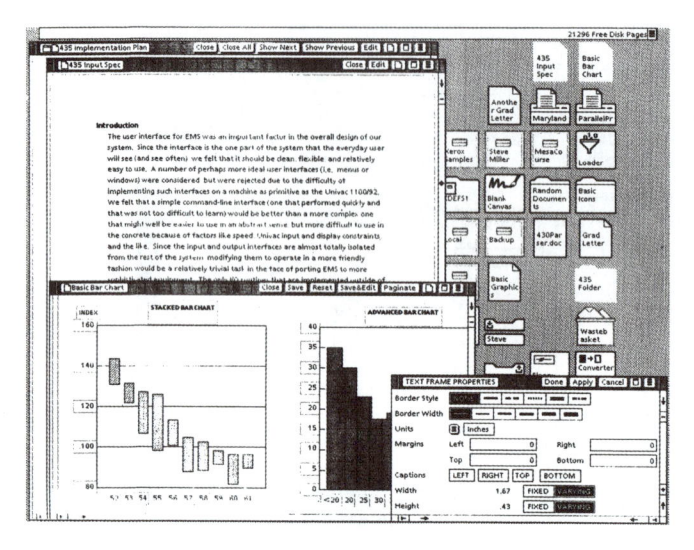

圖5.4

圖為具備ViewPoint™系統的Xerox Star 8010，它能讓使用者建立多種字型和圖形的文件。此圖顯示在文件框架屬性試算表（Text Frame Properties sheet）上以文件當背景的簡單長條圖，同時桌面上還有多種應用圖示可以選擇

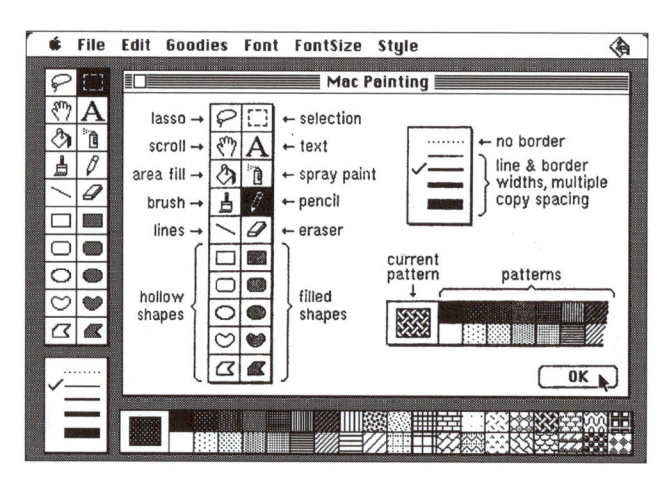

圖5.5

原始的Apple Macintosh MacPaint™。命令功能表的位置在程式上方，動作圖示的功能選單在左邊，線條粗細的選擇是在左下方，而紋理調色盤是在下方，所有的動作都可以只用滑鼠即完成

5.2.4 空間資料管理

在地理學的應用中,利用地圖表達空間資訊似乎是很自然的方式,空間資料管理系統(Spatial Data Management System)(Herot, 1980; 1984)原型的開發者把這個原始創意歸功於MIT的Nicholas Negroponte。以早期的某個使用情境為例,使用者坐在顯示出全世界的彩色圖形顯示器前,他可以把視野拉近到太平洋觀看軍艦隊的標示。藉由移動搖桿的方式,使用者可以讓畫面顯示出個別軍艦的輪廓;也可以放大顯示出詳細的資料,例如顯示艦長的全彩影像。

後來陸續有嘗試管理空間資料的軟體出現,其中包括Xerox PARC Information Visualizer,它組合多種工具,可以應用在建築物三度空間動畫、圓錐形檔案目錄、組織圖、把焦點項目放在最前面並居中的透明牆,以及二度和三度空間資訊的版面配置上(Robertson et al., 1993)。

ESRI™的 ArcGIS 是一個廣為使用的地理資訊系統(GIS),它提供富含地圖資訊的階層式資料庫(圖 5.6)。使用者可以放大某個區域,選擇他們想要看的資訊種類(包括道路、人口密度、地形、降雨量、行政區域以及其它更多的資訊),並且進行有限度的搜尋。在 Web、光碟軟體、桌上型電腦和行動裝置上,也有高速公路圖、天氣圖和經濟地圖,這些圖形比較簡單,但是卻更普及。

Google Maps™和功能更強大的Google Earth™結合來自航照圖(aerial photograph)、衛星影像和其它來源的地理資訊,建立出容易觀看和顯示圖形資訊的資料庫。在某些地區,詳細的資訊可以精細到街上的個別房屋。這些在Mac和PC平台上都是可行的,而且通常是以瀏覽器附加元件(plug-in)的形式來提供。通常更強大和更複雜的商業軟體版本是需要付費的,但是也有成千上萬的使用者選擇使用免費版本。

空間資料管理系統的成功,需仰賴設計者在選擇圖示、圖形顯示和資料配置上的技巧。放大、縮小或漸進讀取資料的樂趣,可以吸引使用者想要使用進階功能和更多資料。

人機介面設計

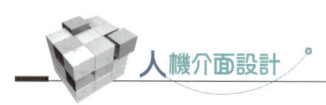

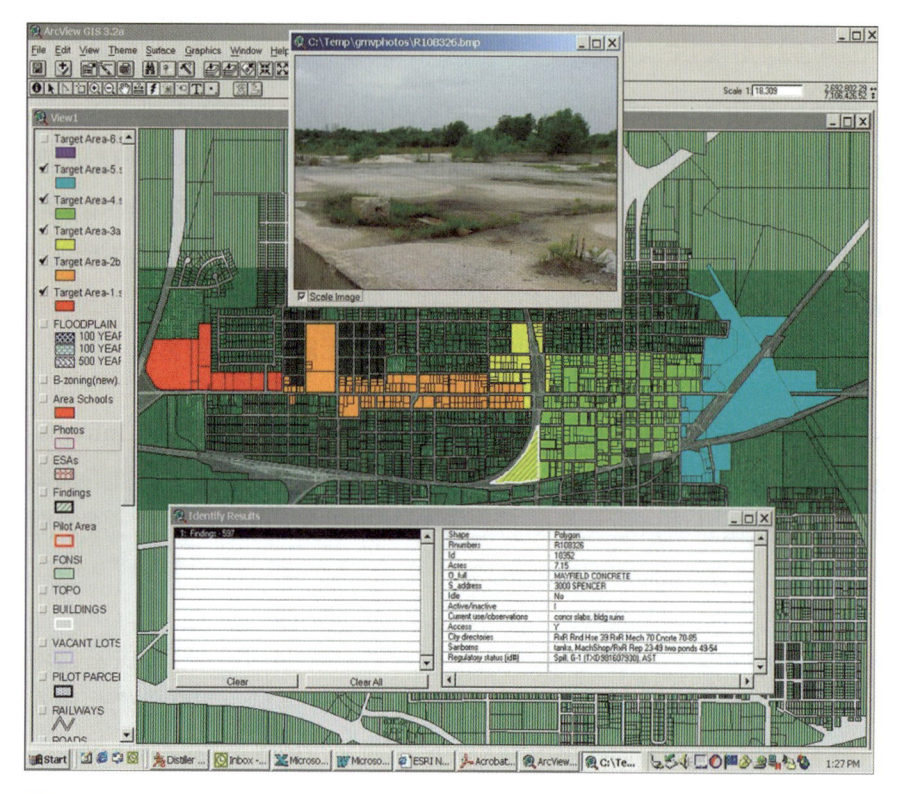

圖5.6

ArcGIS（http://www.esri.com/）提供許多繪圖和相關資料管理功能。使用者可以看到地理資料，並操作各種不同特性的資料，真實的照片影像也包含在系統中

5.2.4 電動遊戲

對許多人而言，直接操作概念中最令人興奮、最完善並且在商業上應用最成功的是電動遊戲。PONG®是早期很受歡迎的遊戲，使用者藉由旋轉某個旋鈕來移動畫面中白色的矩形，這代表球拍。白色的點代表乒乓球，它從牆上飛出來，必須要透過移動白色矩形才能把它打回去。使用者練習控制「球拍」的速度和準確度，努力不要錯過愈來愈快的球，當球反彈撞擊時，電腦喇叭便發出「砰」的聲音。只需要看別人玩個30秒，就能成為合格的新玩家，但是要成為熟練的老手則需要數小時的練習。

之後陸續出現的遊戲，如Missile Command®、Donkey Kong®、Pacman™、Tempest™、TRON®、Centipede®或Space Invader®，它們的遊戲規則、彩色圖形和音效都更複雜。目前最新的遊戲具備允許多人同時競賽（例如網球或空手道遊戲）、三度空間圖形、更高的靜態解析度和立體音效等特色。這些遊戲的設計者以令人興奮的娛樂效果挑戰新手和老手，並且提出了許多介面設計上與人性因素相關的課題。從某個角度來看，他們已經找到讓人們把錢投入電腦旁邊的投幣孔的方式。美國的四億個任天堂遊戲的玩家中，70%的家庭中有8到12歲孩童。相對於許多使用者對辦公室自動化裝置所表現的焦慮和排斥，Mario系列遊戲的暢銷，證明了遊戲的驚人吸引力。

遊戲的世界正快速地變化。上一代的Nintendo GameCube™、Sony PlayStation 2、和Microsoft Xbox®，在很短的時間內就被新一代的Nintendo Wii、Sony PlayStation 3和Microsoft Xbox 360™所取代。這些遊戲平台已經把功能強大的三度空間圖形硬體帶到家庭中，並且開拓了相當大的國際市場。其中有許多非常成功的遊戲，包括暴力的第一人稱射擊遊戲、快節奏的賽車遊戲和較平靜的高爾夫遊戲。小型的掌上型遊戲裝置，例如Nintendo DS™（之前是Game Boy™），其方便攜帶的特性為許多人帶來歡樂，從街上的小孩到待在辦公室的經理人都有。這些遊戲也支援以競爭為基礎的兩個玩家互動遊戲，如賽車、網球或較暴力的拳擊或射擊遊戲。在網際網路上的多人遊戲，因為有額外的社交和競爭機會，也吸引了許多使用者。遊戲雜誌和相關研討會的出現，證明遊戲已經贏得大眾的興趣。

在2006年推出的Nintendo Wii讓電玩的使用人口從8歲到12歲（尤其是男孩）拓展到更廣泛的使用者群，甚至包含老年人。這個遊戲平台其中一個獨一無二的特色是Wii無線遙控（圖1.9）。這個遙控可以控制3D移動，並可當成是一個指向裝置而提供更多遊戲的體驗。例如，在Wii上玩高爾夫遊戲時，使用者可以做出手臂和腕關節動作，就像真正的高爾夫運動一樣。Wii Fit（體能活動附件）基本上是讓平時習慣以坐姿來玩電動遊戲的使用者能站起來運動。Wii（和其它類似的平台）也具備連結網際網路的能力。

各種形狀大小的無線控制器已經漸漸取代電子機械式的搖桿。Guitar Hero是一個在PlayStation上的音樂電動遊戲，其控制器是吉他形狀（圖5.7）。Rock Band™是另一種音樂類型的遊戲，它的控制器可以模擬吉他、鼓和人聲，這個遊戲可以單人或與競爭者玩遊戲。其它佔有主要虛擬類型遊戲市場包括Ever-Quest、Grand Theft Auto™、Halo™和World of Warcraft™。目前已經出現地區性和虛擬的遊戲社群來支持這些遊戲。玩家們甚至可以使用像Spore™的Creature Creator™（圖5.8）工具，來創作屬於自己的角色。具有視覺美學的遊戲像Myst®，還有之後推出的Riven™和Exile™都已經得到廣泛的認同，甚至是在某些文藝圈中。有很多暴力但卻很成功的遊戲，已經引發對於青少年的心理影響的爭議，例如DOOM®和QUAKE®系列。

典型的遊戲會提供可見和逼真的操作環境，使用者所進行的身體動作（如按下按鈕、搖桿移動或旋轉旋鈕）會在畫面上產生快速的回應。由於不用記憶語法，因此不會有語法錯誤的訊息。又因為操作的結果顯而易見，而且可以輕易地復原，所以很少出現錯誤訊息。當使用者移動他們的太空船時，若太過偏左，只要利用自然的反方向操作，就能讓太空船向右移動。這些能夠增加使用者滿意度的原則，可以應用到辦公室自動化、個人計算或其它互動的環境上。

圖5.7
兩個使用者同時在玩Guitar Hero。其控制器與吉他的形狀類似，並且有控制裝置來模擬樂器，即每個樂器的琴把上有彩色的控制裝置（琴格按鈕）

● 第 5 章 ● 直接操作與虛擬環境

圖5.8

Spore（http://www.spore.com）的怪物創造機（Creature Creator），這是建立個人化怪物的畫面之一，在左邊版面上有各種身體部位和形狀可以選擇，其它控制功能可以讓使用者改變怪物的特徵

　　大部分的遊戲會不斷地顯示出一個數值的分數，讓使用者可以評估他們的進步情況，並且和之前的表現、朋友或得分最高者做比較。基本上，把得分最高的前10位玩家名字儲存在遊戲中並公開顯示的策略，可以鼓勵玩家朝著成為遊戲專家而努力。我們對小學學童所做的研究，都顯示出持續地顯示分數是非常重要的。電腦產生的回應如「很好」或「你做得好！」並不是很有效，因為相同的分數對不同的人具有不同的意義。大部分的使用者偏向採用自己的主觀判斷，並且把電腦產生的訊息視為惱人和騙人的東西。結合行為資料和態度資料可提升玩家對遊戲的專注程度（Pagulayan et al., 2008）。

　　許多教育遊戲都能有效應用直接操作概念。例如用於都市規劃的SimCity™和其相關遊戲，它可以顯示都市環境，並透過直接操作的方式，讓小學生或中

207

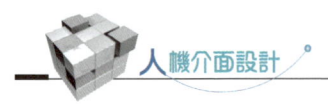

學生可以建造街道、機場、房屋等等，藉此學習都市設計的相關知識。社會模擬遊戲The Sims和它的線上版本，因為比較吸引女性，而打開了新的市場。

研究遊戲設計很有趣（Lecky-Thompson, 2008），但是這些研究的可用性有限。遊戲玩家埋頭與系統或其他玩家競爭，而應用系統的使用者，卻比較喜歡能夠滿足他們支配慾的強烈內在控制感。同樣地，電玩玩家尋求娛樂效果，並把焦點集中在挑戰上，而應用系統的使用者，卻把焦點放在他們的工作上，而且不願意見到太多嘻鬧分心的事。在許多遊戲中，隨機發生的事件，目的是要挑戰使用者；然而，在非遊戲的設計中，使用者比較能接受的卻是可預期的系統表現。

5.2.6 電腦輔助設計

大多數汽車、電子電路系統、飛機或機械設計的電腦輔助設計（computer-aided design, CAD）系統，都利用直接操作的原理。現在的建築和室內設計師，擁有像Autodest Inventor（見圖1.14）之類的強大工具，這些工具內含結構設計、平面設計、室內設計、景觀美化、管線配置、電子裝置等元件。藉由這樣的程式，操作者可以直接在畫面上看到電路圖，也可以利用滑鼠點選，把元件加入或移出計畫中的線路。當設計完成後，電腦可以提供有關電流、電壓和製造成本的資訊，以及有關前後不一致或製造方面有問題的警告。同樣的，新聞版面設計者或汽車車身設計者可以在數分鐘內輕易地嘗試多種不同的設計方案，並且可以把可能的方案儲存起來，一直到他們找到更好的設計為止。使用這類系統的樂趣，來自於直接操作物件和快速產生許多替代方案的能力。

有很多大型的製造業公司使用AutoCAD®和類似的系統，還有其他針對廚房和浴室規劃、景觀美化規劃和屋主情況的特殊設計程式。這些程式允許使用者在不同的季節中控制太陽的角度，來了解在房子的不同位置所看到的景觀和房子的影子。它們也允許使用者觀看廚房的設計，並計算平方英呎來測量樓層和平面，甚至可以直接從軟體把材料清單列印出來。在室內設計軟體的領域中，

在住宅和商業市場上的一個領先者是20-20 Technologies公司,它所設計出來的產品從桌上型電腦到web上都有,可以在所有環境中使用;這些產品也提供各種不同的視角(由上到下(top-down)、建築圖、前景圖),可為客戶產生更接近真實的外觀。

電腦輔助設計的相關應用,包括電腦輔助製造(computer-aided manufacturing, CAM)和流程控制。Honeywell的Experion® Process Knowledge System將煉油廠、造紙廠或電力設施工廠的資訊,以彩色的概要圖提供給管理者。這個概要圖可以顯示在數台顯示器上,或顯示在整個牆壁大小的大型地圖上,並利用紅線表示感應器的數值超過正常範圍。操作者只要按一下滑鼠按鈕就可以看到故障元件的詳細內容;而連按兩下滑鼠鈕則可以檢查個別的感應器或重設閥門和電路。這個設計的基本策略是儘量避免複雜的命令。因為畫面的內容與工廠溫度或壓力之間的連結密切,所以概要圖可使問題較容易透過類推的方式解決。

5.2.7 直接操作的持續發展

一個成功的直接操作介面,必須能適當呈現真實事物的模型。在某些應用上,若要使用者馬上跳到視覺語言的使用方式可能會很困難,但是在使用過直接操作介面後,大多數的使用者和設計者都會覺得很難想像,為什麼會有人想要利用複雜的語法符號來描述這些原本就是可見的程序。以現代的文書處理器、繪圖程式或試算表為例,要學會其為數眾多的功能命令是非常困難的,但是藉由目前軟體所呈現的視覺提示、圖示、功能表選單和對話窗這些物件,即使是偶爾才使用這些軟體的使用者,都能成功地使用這些應用軟體。

直接操作介面被應用在多種用途上,包括個人金融和旅遊規劃。在直接操作的支票簿管理和支票簿搜尋介面上,會顯示上面有支票號碼、日期、受款人和金額欄位的支票登記簿,例如Quicken®(Intuit®)。在這種支票簿上可以就地修改,在第一個空白行中可以輸入新帳目,並且可以加上一個支票標記,代表這筆帳目經過銀行對帳單驗證;使用者在空白的付款人欄位上輸入「?」就可以

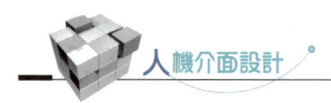

搜尋特定的付款人。在電子帳單付款系統上延伸這樣的功能是一種很自然的發展。某些使用web介面的航空公司訂位系統，還會把地圖顯示給使用者看，並提示使用者在地圖上點選出發和到達的城市。接著，使用者可以透過日曆選擇日期，利用時鐘選擇時間，並且利用點選飛機座位圖的方式來選擇他們的座位。

另一個直接操作的新應用和家庭自動化有關（Norman, 2002）。因為許多家庭的控制裝置都與建築平面圖相關，所以自然可以在建築平面圖上直接操作；上面的每個狀態指示器（如防盜鈴、溫度感測器或煙霧偵測器）和觸發器（如窗簾或遮陽板、空調、視聽設備或喇叭的控制開關）都有可選擇的圖示。例如，使用者只需把CD圖示拖曳到臥室和廚房圖示上，便可讓客廳中CD音響所發出的聲音傳到這些房間，並可藉著移動線性刻度尺上的標記來調整聲音的大小。

影片的直接操作方式是直接拖拉選擇的內容。利用傳統的直接操作工具，使用者可以滑動時間刻度來找影片中想要的位置。相對流拖拉（relative flow dragging）是一種新技術，允許使用者沿著目標物件的視覺軌道拖拉來移動影片內容（Dragicevic et al., 2008）。這個技術在觸控式輸入的手持式多媒體裝置中已經運作得很好。

目前的使用者會嘗試更深入理解所有資料和視覺化內容，而管理這種資料的方式之一是使用儀表板（dashboard）（Few, 2006）。能一次看到大量的資料、直接操作這些資料、並在視覺上觀察操作後的結果，這是非常有幫助的概念。企業和公司每天都會被大量的資料攻擊，將使用者產生的資料組織成有用的圖形格式，以幫助企業和公司管理資源和趨勢（圖5.9）。例如Dashboard Spy公司提供使用者自訂的內容和基本的樣版，幫助使用者設計自己的儀表板（圖5.10）。

第 5 章 ● 直接操作與虛擬環境

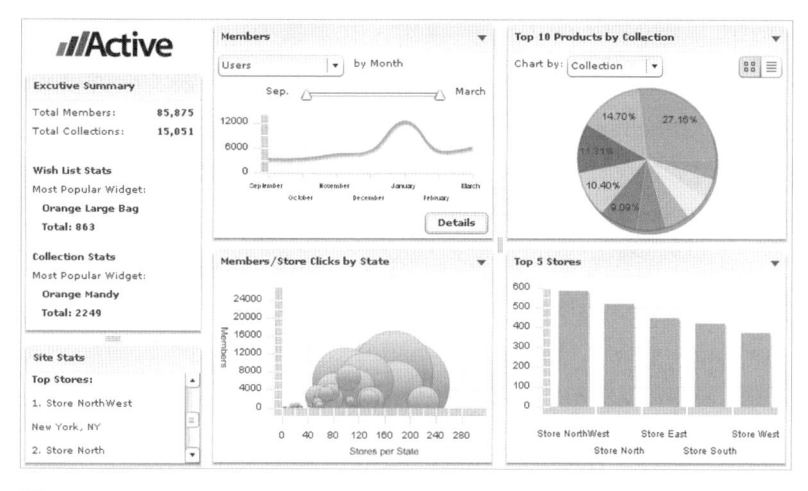

圖5.9

某零售商店的儀表板範例（http://www.dashboardspy.com/），管理者可以從不同的角度來檢視這個商店，如會員數量、產品種類、系統中其它商店等。並且可以用各種不同方式來呈現資料，包括清單、圖表和圖形皆可

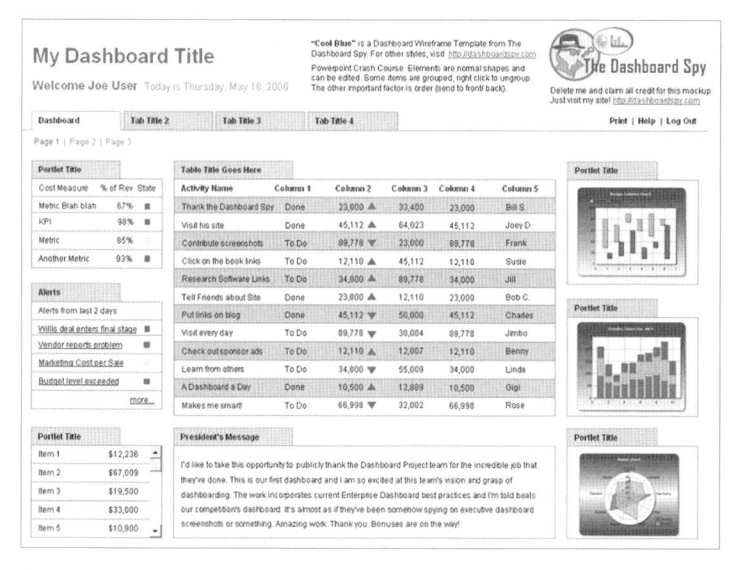

圖5.10

另一個儀表板範例，此例展示基本的樣版，可填入使用者產生的內容（http://www.dashboardspy.com）

在1990年代，直接操作所衍生出來的應用，其影響力已經超越桌上型電腦的範疇，涵蓋範圍包括如虛擬實境（virtual reality）、普及運算（ubiquitous computing）、擴增實境（augmented reality）和實體使用者介面。虛擬實境是把使用者放在一個沉浸式的環境中，使其與外界隔絕。使用者從立體眼鏡中看到人造的世界，而當他們轉頭時，所看到的情景也會跟著改變。使用者穿戴一個能讓他們指向、選擇、抓取和瀏覽的資料手套，可利用手勢來控制活動。手持的控制器有個包含六個維度的指向器（包括位置的三個維度和方向的三個維度），可以用來模擬滑鼠點選，或朝著所指示的方向飛行。虛擬世界讓使用者能夠做人體旅行、在海洋中游泳、騎在電子上繞著原子核旋轉，或者與遠端的網際網路合作者共同參與虛擬世界。這種概念已經延伸到第二人生（Second Life）網站，其使用者可以在空間上做心靈轉變，並能與其它世界做社會互動。使用者可以取得各種不同化身，並改變他們的個性；老變少、男變女、長髮變成短髮等。

Weiser（1991）對普及運算提出了一個非常具有影響力的願景，它描繪出一個計算裝置無所不在的世界 ─ 在你的手上、在你的身上、在你的車上、在你的家中，以及充斥在你身處的環境中。Communication of the ACM在1993年的特刊（Wellner et al., 1993）上發表了改良自Weiser願景的雛型，其中提出許多超越桌上型電腦設計的願景。這個雛型利用手勢和小型行動裝置，而且行動裝置的畫面會隨著使用者站立的位置和手勢的改變而改變。差不多過了二十年後，Weister的願景尚未完全實現，但社群媒體的觀點卻已經出現。

直接操作的另一項新發明是擴增實境。在擴增實境中，使用者可以看到真實世界，並且看到覆蓋在真實世界上的額外資訊，例如如何修護雷射印表機的說明或牆壁背後的管線位置資訊（Feiner et al., 1993）。同時也發展出實體使用者介面的概念（圖5.11），在這類介面中使用者可用手拿取如積木、塑膠板或大理石等實體，直接操作設計出如都市計畫藍圖、光學工作台或電子郵件介面等。有形的實體裝置利用互動技術來操作物件，並把實體形式轉換成數位形式（Ishii, 2008）。針對創新的應用也要開發出相關的裝置，例如Energy Joule產品

•第 5 章• 直接操作與虛擬環境

可監控家中能源的使用，若能源價格上漲或下跌時會顯示相關資料，讓用戶可以任意調整能源使用（圖5.12）。至於虛擬、人工和擴增實境的進階討論參見5.6節。

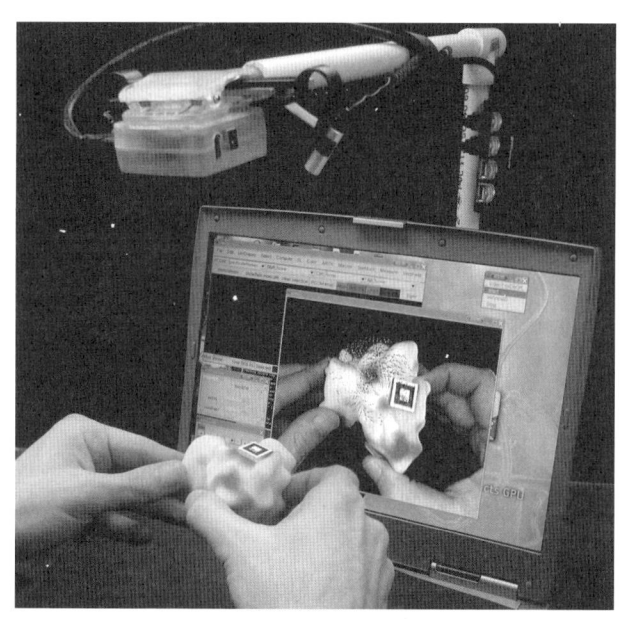

圖5.11
一種用在分子生物學的實體使用者介面，由The Scripps Research Institute的Art Olson's Laboratory所開發，利用自動組裝的分子模型，並使用由華盛頓大學的人因介面科技實驗室（Human Interface Technology Lab）所開發的擴增實境工具來做追蹤。在筆記型電腦上的攝影機可以擷取分子模型的位置和方向，並且能讓分子建模軟體顯示資訊，例如分子周圍的吸引／排斥力量

圖5.12
可插入傳統電插座的Energy Joule產品（http://www.ambientdevices.com/），它可以顯示目前的電費、目前使用的能源和天氣預測。當能源費用很貴時控制器會改變顏色，提醒用戶節省使用能源。而能源費用的資訊是來自於公用事業公司，已使用的能源量資訊是來自於家中的無線監視器。它的目的主要是提供概略的資訊，然而不是所有的地區都可以使用

觸控式顯示器目前也逐漸變得可行，如Microsoft Surface；應用方式之一是讓使用者在顯示器上方放置一個攝影機，系統可以自動從攝影機下載影片到顯示器上，之後便可觀看、調整大小、列印等，使用者不用輸入很長的指令就可以完成全部的動作。另一個應用是虛擬地圖，使用者可以在觸控介面上藉由手部的移動動作，來操作和縮放地圖（Han, 2005）。在傳統裝置上使用者要放一隻手在滑鼠上，並用一隻手指做點選，在需要時要將手移回鍵盤上打字。相反地，對於大部份日常的操作而言，人們會使用兩隻手，並使用手上的幾隻手指或所有手指來操作。在觸控式顯示螢幕上，使用雙手的互動是相當自然的（雖然螢幕很小，可能會有接觸上的問題）。工作需要分開控制兩點時，雙手的操作會比單手要來得好，而且針對位置和方向進行控制時，最好使用手上的多隻手指來操作（Moscovich and Hughes, 2008）。

直接操作固然未來會有許多可能的演變和延伸，但是基本目標仍然類似：容易理解的介面可以幫助快速學習、操作應該具有可預測和可控制的特性、並有適當回饋可確認進展。直接操作之所以會吸引使用者，因為它快速而且有趣。如果操作很簡單、能保證復原，而且容易記憶，這會降低使用者的焦慮，並且讓使用者有掌控感和成就感。

5.3 直接操作的討論

有許多作者都嘗試過描述直接操作的組成原理。Ted Nelson（1980）是一位想像力豐富的早期互動式系統的設計者，當介面用他所稱的虛擬原則（principle of virtual reality，一種針對可被操作的真實物件的呈現方式）建構時，他觀察到使用者會比較感興趣。Hutchins et al.（1986）回顧直接操作的概念，並提出嚴謹的問題剖析。他們描述「直接和物件世界的接觸感，而不是透過中間媒介的溝通感」的感覺，並且闡明直接操作如何消除執行的鴻溝（gulf of execution）和評估的鴻溝（gulf of evaluation）。

直接操作的另一個觀點，來自問題解決（problem-solving）和學習研究（learning research）的心理學文獻。研究結果顯示，以適當的方式表示問題，對於找到問題的解決方法和學習極為重要。這個方法和Maria Montessori（1964）的兒童學習方法一致。她曾提出利用實體物件（如珠子或木棒）來表達像加法、乘法或比較大小的數學原理。耐用的算盤是非常吸引人的，因為它是一種直接操作數字的呈現方式。實體的、空間的和視覺的圖像表示方式，似乎比文字的或數值的表示方式更容易記憶和操作（Arnheim, 1972; McKim, 1980）。

Papert（1980）的LOGO語言建立出一個數學的微小世界，在這個世界中的幾何原理是可見的。依據瑞士的心理學家Jean Piaget的兒童發展原理為基礎而建立的LOGO，能讓學生很容易地使用畫面上的電子龜來作畫。在這個環境中，使用者的程式能得到快速回應，能輕易地判斷發生了什麼事，而且可以快速地發現並修復錯誤，並能從創意的繪圖中得到滿足。這些都是直接操作環境的特色。

5.3.1 直接操作的問題

對於需要特殊軟體的盲人或視障者而言，他們並不需要立體的或可見的圖像表示方式。對於有視覺障礙的使用者而言，圖形使用者介面是一種開倒車的做法，他們反而喜歡線性命令語言的簡潔。而桌上型電腦介面的畫面閱讀器、網際網路瀏覽器的網頁閱讀器，以及行動裝置的音效設計，能協助有視覺障礙的使用者了解某些必要的空間關係。

第二個問題，是直接操作會佔用珍貴的畫面空間，會使重要的資訊超出畫面之外，因此需要捲動畫面或透過多個動作才能看得到資訊。有一些比較繪圖與表格、流程圖與程式碼優缺點的研究發現：若只需要看到主要的資訊，簡潔的圖形比較好；但若圖形變得太大，而且需要看到許多詳細的資訊時，利用圖形的表現方式就比較不適合。對於資深的使用者而言，把50個文件的名稱列在表格中，會比用10個文件圖示、並以縮寫表示文件名稱以符合圖示的大小的呈現方式要好。

第三個問題是使用者必須學習視覺表示的意義。圖示可能對設計者有意義，但是對使用者而言，可能需要花費像學習文字一樣的學習時間來瞭解圖示的意義。某些飛機場利用大量的圖示，為不同語言的人提供服務，但是這些圖示的意義對於來自不同文化的人可能不是很顯著。同樣地，某些國際使用的電腦終端機，用圖示代替名稱，但是它們的意義並不是很清楚。雖然當游標移動到圖示上時會出現圖示的標題，但這樣的方式只能解決部分的問題。

第四個問題是視覺表示可能會發生誤導的情況。使用者可能會以很快的速度理解類似的呈現方式，但是他們可能會對所允許的動作做出錯誤的推論。使用者可能會高估或低估類似的功能。因此必須進行大量的測試，修正所顯示的物件和運作，並把負面的邊際效應降至最低。

第五個問題，是對於資深的輸入人員而言，將手從鍵盤移動到滑鼠上，利用滑鼠進行操作所花費的時間，可能比鍵入相關命令所花費的時間還要長。當使用者很熟悉某個簡潔的符號表示法時，這個問題特別容易發生。例如，算式很容易用鍵盤輸入，但是用滑鼠點選可能會很麻煩。雖然直接操作經常被定義為利用指向裝置代替打字輸入的命令。但是，鍵盤有時候卻是最有效率的直接操作裝置。與鍵盤的快速互動效率非常吸引專家級使用者，但是其視覺回饋一定要夠快且容易理解。

第六個問題可能會發生在有螢幕大小限制的小型行動裝置上。手指在裝置上操作時可能會擋到部份的畫面；而且，若因為有限的螢幕大小而使用小圖示，會讓圖示很難點選。分析與觀察能力較差的使用者（尤其是老年人）會因為很難區別這些圖示，而使得圖示的意義變得模糊不清或混亂。

除了這些問題之外，要為直接操作介面選擇正確的物件和動作可能很困難。我們可以先找出簡單的象徵物或最小的象徵概念的集合，例如繪圖工具中的鉛筆和油漆刷，這就是個很好的開始。混合來自兩個不同來源的象徵物，可能會增加複雜度而造成困擾。而且，象徵物的情感特性應該是吸引人的，而不

●第 5 章● 直接操作與虛擬環境

是讓人不愉快或不適當的（Carroll and Thomas, 1982）。例如，汙水處理系統對於電子訊息系統而言，就是一種不適當的象徵。由於使用者對於設計者使用的象徵物、比擬或概念模型可能沒有共同的認知，所以需要做大量的測試。

令人訝異地，某些直接操作的原理可能很難在軟體中實現。快速和漸進的動作有兩個重要的含意：快速的感知／動作迴圈（少於100 ms）和可逆性（復原動作）。像標準的資料庫查詢需要花費數秒鐘的時間，所以開發資料庫上的直接操作介面需要特殊的程式設計技術。復原動作（undo action）可能更難開發，因為它需要記錄使用者的每個操作，並且定義對應的逆向動作（reverse action）。不可逆的動作（nonreversible action）可以用簡單的函式呼叫開發，而復原動作則需要記錄逆向動作，因此，復原動作改變了程式設計的方式。

直接操作的網頁開發者所面臨的挑戰更大，因為標準的標記語言（HTML）限制了動態的使用者互動，即使是加入額外的JavaScript™也是如此。較新的Dynamic HTML（DHTML）的彈性較大（Golub and Shneiderman, 2003），但是網頁直接操作比較容易藉由Java、Flash或Ajax達成。隨著這些工具逐漸為大眾所接受，網頁直接操作將會更普及，使用者也能在使用者自訂內容上更輕鬆的執行移動、選擇或拖放的操作。

5.3.2 直接操作的三個原則

直接操作的吸引力明顯地表現在使用者的熱情上。第5.2節中範例的設計者，都有著創新的靈感和了解使用者會想要什麼的直覺。每個範例的功能上都還有些問題存在，但是它們展現了直接操作的強大優勢，我們可將這些優勢整理成以下三個原則：

- 以有意義的視覺象徵物，連續呈現物件和動作。
- 以實體動作或按下具有標示的按鈕來取代複雜的語法。
- 可以馬上看見快速、漸進及可逆向的動作對於物件的影響。

利用這三個原則所設計出的系統，具有以下幾個有用的特性：

- 透過較資深的使用者進行示範，初學者可以快速地學習基本功能。
- 專家可快速地工作和執行大量的作業，甚至定義新的功能和特性。
- 具有專業知識的偶爾使用者可以容易記住操作概念。
- 不太需要錯誤訊息。
- 使用者可以馬上看出這樣的操作是否能夠達成目標。若動作會有不良的後果，他們只要改變動作的方向即可。
- 因為介面是容易理解的，也因為動作可以輕易地取消，使用者比較不會感到焦慮。
- 因為使用者是動作的啟動者，他們有掌控感，並且可以預測介面的反應，因此他們會得到自信且對操作感到熟練。

與處理文字描述相反，處理物件的視覺化表示會更「自然」、而且接近人類與生俱來的本能：在人類演化史上，運作和視覺技巧比語言更早出現。心理學家早就知道，當提供人們視覺而非語言形式的呈現時，人們能以較快的速度了解空間關係和運作。此外，用適當的視覺呈現來表示數學系統，也可以提高直覺和理解能力。

瑞士的心理學家Jean Piaget描述人類的四個成長階段（stages of development）分別為：感覺動作期（sensorimotor）（從出生到大約2歲）、前運思期（preoperational）（2到7歲）、具體運思期（concrete operational）（7到11歲），以及形式運思期（formal operations）（大約在11歲開始）（Copeland, 1979）。根據這個理論，兒童在具體運思期的階段學到守恆或不變性，可以理解物件的物理運作。在約11歲時，兒童進入形式運思期階段，可使用符號操作（symbol manipulation）來代表對物件的運作。由於數學和程式設計都需要抽象思考，對於兒童而言是困難的，因此設計者必須把符號表示連結到實際的物

件。直接操作是把操作引導到具體運思期的階段，讓大兒童和成人可以很容易地進行某些工作。

5.3.3 視覺思考和圖示

視覺語言（visual language）和視覺思考（visual thinking）的概念是由Arnheim（1972）所提出的，而許多商業圖形設計者（Verplank, 1988; Mullet and Sano, 1995）、符號學者（符號語言學研究的領域包括記號和符號）（de Souza, 2005）和資料視覺化的大師都支持這個概念。對於展現結構、顯示關係和進行互動，電腦提供了絕佳的環境，而這些特質會吸引有審美觀念、擅用右腦思考和具直覺個性的使用者。隨著視覺化電腦介面的增加，這對於具有邏輯的、線性的、文字導向、擅用左腦思考和具理性的程式設計師而言是一項挑戰，甚至會威脅到這些很早以前就擅長使用電腦的人。雖然這些刻板印象無法進行科學分析，但是它們的確表達出使用電腦所依循的兩個途徑。新的視覺化的方式有時被傳統主義者輕視為WIMP（視窗、圖示、滑鼠和下拉式功能表（windows, icons, mouse, and pull-down menu））介面，另一方面，視覺化系統的擁護者則認為命令列的擁護者是頑固的和沒有彈性的。

在電腦世界中圖示通常很小（小於1平方英吋或64x64個像素）。使用比較小的圖示可以節省空間，也方便將其整合到其它的物件中，如視窗的外框或工具列。圖示經常用在繪圖程式中，用來代表工具或動作（例如用來裁剪影像的套索或剪刀、用來上漆的刷子、用來畫素描的鉛筆、用來清除的橡皮擦）；然而，文書處理器的各項動作，通常都條列在文字的功能表選單中。這個差異似乎反應了視覺和文字導向使用者在認知型態上的差異，或至少在工作上的差異。也許在進行視覺導向的工作時，利用圖示來「維持視覺效果」對工作較有幫助；但在處理文字文件時，利用文字的功能表來「提供文字」是比較有幫助的。

某些情況是視覺化圖示或文字項目都適用,如目錄列表。此時設計者會遇到兩個問題:如何決定要使用圖示還是文字,以及如何設計圖示。道路的號誌是一個很好的學習經驗。以圖示來表示概念的效果有時會比文字還好,如「連續彎路」。但是像「單行道!禁止進入」這樣的句子,文字又比圖示容易理解。當然,還有一種方式是將兩者結合在一起(例如,八角形的禁止符號)。有證據指出,使用電腦時加上文字的圖示,其效果會更好(Norman, 1991)。所以第一個問題的答案(決定使用圖示還是文字),不僅要考慮使用者和工作,也要考慮圖示的品質或所使用的文字。文字的功能表選單將在第6章討論,其中許多的原則都能繼續應用在圖示的使用上。除此之外,應該考慮以下專門針對圖示提出的使用原則:

- 將物件或動作以熟悉及可理解的方式呈現。

- 限制不同圖示的數目。

- 讓圖示從它的背景中突顯出來。

- 仔細考慮三度空間圖示;它們能吸引目光,但是也可能會讓人分心。

- 當周圍有未選擇的圖示時,確保被選擇的圖示清楚可見。

- 每個圖示都能與其他圖示容易清楚區別。

- 確保有一致的圖示設計調性,使圖示如同來自同一圖示家族。

- 設計移動動畫:拖曳圖示時,可能將用整個圖示、只有圖示框、圖示淡出或變透明或黑盒子等各種方式,來顯示圖示移動的過程。

- 加入詳細資訊,如用陰影顯示檔案大小(較大的陰影代表較大的檔案)、用厚度顯示目錄匣的容量(越厚代表有越多的檔案在其中)、用色彩顯示文件儲存的時間(較久的可以用較黃或灰色代表),或用動畫顯示文件已經印出多少份(文件匣逐漸地併入印表機圖示中)。

- 利用組合圖示建立出新的物件或動作,例如拖曳文件圖示到某個文件匣、垃圾桶、寄件匣或印表機圖示。文件可以藉由貼上相鄰圖示的方

式，來表示把它附在另一份文件之後嗎？使用者可以藉由拖曳文件或資料匣到看門狗、警車或金庫圖示的方式，來設定安全等級嗎？可以藉由把兩個資料庫圖示重疊在一起來表示交集嗎？

圖示可能包括利用滑鼠、觸控螢幕或筆所做的豐富動作，這些動作可以代表複製（向上和向下箭號）、刪除（十字記號）、編輯（圓圈）等。圖示也可以有配合的聲音，例如若每個文件圖示都有附屬的音調（如音調較低表示文件較大），則當目錄開啓時，就會同時或依序播放每個音調。就像我們可以藉由撥打的電話號碼音調，來發現自己是否打錯電話號碼，使用者會習慣每個目錄所發出的和聲，並能夠聽出某些特質或異常狀況。

5.3.4 直接操作程式設計

利用直接操作來執行工作並不是我們唯一的目標，也應該要能透過直接操作來規劃工作，至少對於某些問題應該是如此。如同前面提到，人們經常藉著一連串移動機器手臂的步驟，來規劃汽車噴漆機器人的工作，之後這些步驟便可以用較快的速度重複執行。你認為將鑽孔機或外科工具複雜的動作運作一次並記錄下來，之後就能精確地重複這些動作的想法如何？以汽車為例，可以為個別駕駛人記錄其汽車座位和後照鏡的設定偏好，駕駛人坐上駕駛座後只要微調即可。同樣地，某些專業電視攝影機也可支援讓操作者事先設定一連串的鏡頭移動或調整鏡頭遠近的動作，等以後有需要時即可流暢地重複運作。

利用直接操作來設計實體裝置的程式似乎相當自然，而且將資訊以適當的視覺方式呈現的做法，可以將直接操作工作規劃應用到其它的領域。例如有的試算表套裝軟體（如Excel）具有豐富的程式語言，可讓使用者將標準的試算表動作建立成為程式。同時也可以把結果儲存在試算表的另一個部份，而且其結果可以編輯、列印或以文字的形式儲存。另外如Access™這個資料庫軟體，它可讓使用者建立按鈕來啓動一連串的動作和指令並產生報表。同樣地，Adobe Photoshop會記錄使用者執行動作的歷史，然後讓使用者利用直接操作來建立內含一連串動作並可重複執行的程式。

當使用者在進行重複的介面操作時,如果電腦能夠可靠地找出重複的模式,並且能夠自動地建立有用的巨集,接著在得到使用者的確認後,電腦可以自動接管並執行剩下的工作,這樣的做法對使用者而言相當有用(Lieberman, 2001)。這個自動工作規劃的夢想很吸引人,但是更有效的方法,可能是提供使用者視覺工具用來設定並記錄他們的目的。某些行動電話上的按鍵可以設定成是呼叫家用電話、呼叫醫生或其他緊急電話,這種方式能讓使用者使用簡單的介面,並避開工作的細節。Jitterbug™針對老年人設計一個簡單的行動電話介面:使用者可以自己撥號,或連絡接線生幫忙撥號(圖5.13)。

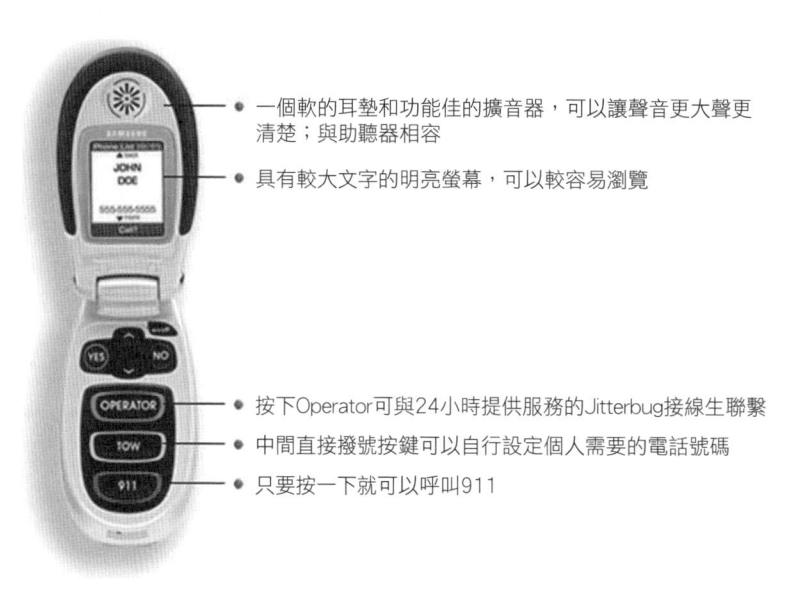

・一個軟的耳墊和功能佳的擴音器,可以讓聲音更大聲更清楚;與助聽器相容

・具有較大文字的明亮螢幕,可以較容易瀏覽

・按下Operator可與24小時提供服務的Jitterbug接線生聯繫

・中間直接撥號按鍵可以自行設定個人需要的電話號碼

・只要按一下就可以呼叫911

圖5.13
Jitterbug phones(http://www.jitterbug.com/)的目標市場是想要簡單使用行動電話的老年人。這個特殊的模型是OneTouch™,它提供按下單一按鍵就可撥打911、撥打其他設定的電話,或呼叫接線生提供協助的功能。Jitterbug也有具備其它功能的電話。它的所有電話產品的特色,是有個比一般畫面更大的數字畫面,以及方便瀏覽的大型按鍵

直接操作的程式設計對於2.3.6節的代理人情境(見2.3.6節)提供另一種解決方案。代理人的提倡者相信,電腦可以自動弄清楚使用者的意圖,或者可以根據模糊的目標說明採取行動。但是使用者的意圖無法以這樣的方式就輕易地

決定，而且模糊的說明通常沒有用。然而，如果使用者可以從視覺圖形中，選擇出可理解的動作來說明他們要什麼，則往往能夠快速達成目標，而且可以維持他們的掌控和成就感。

5.4 3D介面

某些設計者夢想能夠建立三度空間（3D）實境的豐富介面（Bowman et al., 2004）。他們相信介面愈接近真實世界，就愈容易使用。這種直接操作的極端詮釋方式未必是正確的，因為針對使用者的研究結果發現，會令人迷失的導覽以及複雜的使用者操作，同樣都會降低真實世界與3D介面的效能（Cockburn and McKenzie, 2002; Risden et al., 2000）。藉著限制活動範圍、限制介面動作和確保介面物件的可見性，許多介面（有時稱為2D介面）都設計得比現實世界簡單。然而，運用在醫學、建築、產品設計和科學視覺化上的「純」3D介面，其強大功能對介面設計者而言是個重要的挑戰。

有個很有趣的可能，就是「強化的」介面可能比3D實境要好。強化的功能可能會產生超越人類的能力，例如，比光還要快的遠距移動、穿越物件、同時觀看物件的多個層面以及X光成像。遊戲的設計者和創意應用開發者已經將這個技術往前推進，比起那些只想要模仿真實環境的人來說，它們做得更多。

對某些電腦化的工作，如醫學影像、建築繪圖、電腦輔助設計、化學結構模型和科學模擬而言，純3D的表示方式會有明顯的幫助，並且已經成為主要產業。然而，這些工作成功的原因，是因為設計特質使得介面比現實世界還要好。使用者可以如魔法般地改變顏色或形狀、複製物件、縮小／放大物件、群組／取消群組單元、將它們用電子郵件傳送以及附加浮動的標籤等。在這些圖像表達方式中，使用者也可以完成其它有用的超自然動作，例如：利用取消最近的動作而回到過去的狀態。

在許多創作中曾出現過一些有問題的3D雛型，如空中交通控制（和直接從上方觀看的平面概觀圖比較起來，透過透視圖法顯示高度只會增加混亂程

度)、數位圖書館(顯示在書架上的書,雖然對瀏覽很方便,但是其限制了搜尋和連結),以及檔案目錄(使用三度空間顯示樹狀結構,有時候會造成瀏覽上的問題)。其它有問題的應用案例,包括未經適當考量就將3D的特質應用到一些情況,而這些情況利用2D圖像就可以做得很好了。例如,在長條圖中加上第三個維度,可能會拖慢使用者的速度並誤導他們(Hicks et al., 2003),但是3D的特質對某些使用者非常有吸引力,所以它們仍會出現在大部份的商業圖形套裝軟體中(Cognos、SAS/GRAPH、SPSS/SigmaPlot)。

遊戲環境含有既有趣又成功的3D圖形應用。這些環境包括單人動作遊戲,在其中使用者巡邏街道或跑下城堡的長廊,並同時射擊對手;以及角色扮演的幻想遊戲中,有漂亮的島嶼天堂或山中堡壘(例如,Myst、realMyst®、或Riven)。許多遊戲藉著讓使用者選擇3D的替身來扮演自己,使用者可以選擇類似他們的替身,但是他們經常會選擇超乎尋常的角色,或選擇具有異常力量或美麗的人物(White, 2007; Boellstorff, 2008)。

某些web遊戲環境,如Second Life(圖5.14),有數百萬個使用者,以及上千個使用者所建立的「世界」,如學校、購物中心和市郊。遊戲玩家每週可能花上數十小時沉浸在他們的世界中,和同盟者交談或和對手談判。例如Sony的EverQuest(圖5.15)以野心勃勃的描述來吸引使用者:「歡迎來到EverQuest的世界,這是一個真實的3D多人角色扮演遊戲。準備進入這巨大的虛擬環境:一個有著多樣人種、經濟系統、同盟和政治的完整世界」。另一個受歡迎的角色扮演遊戲是The Sims Online™,它有生活在家庭環境中的3D角色,以及由使用者控制的豐富社會行為。

從這類遊戲環境有愈來愈豐富的社交內涵看來,證明它們已經越來越成功。在這裡使用者會欣賞週遭環境,並尊重身邊的參與者。這樣的環境可舉行有效率的商業會議(如There.com、Basecamp®和Blaxxun®環境的擁護者)、社群討論群,甚至是許多有爭議的政治論壇。想像一下你可以到Giza的Great Pyramid(大金字塔)來趟虛擬旅行,包括遊覽金字塔的內部走廊,並詳細觀看石頭上的刻畫標記。

第 5 章　直接操作與虛擬環境

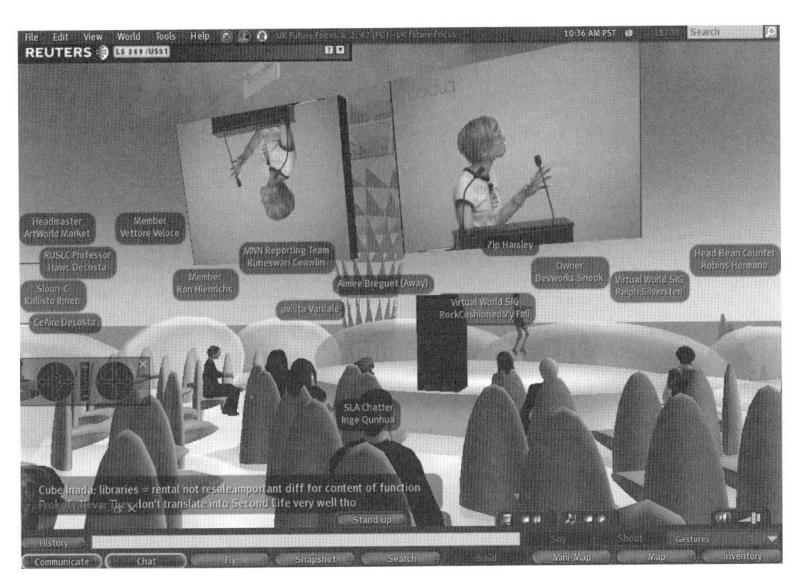

圖5.14
在Second Life中虛擬世界的某個影像（http://www.secondlife.com/）

圖5.15
Sony的EverQuest虛擬世界。左上角的圖片是EverQuest，上面顯示一個交談視窗和角色控制項。右下角的圖片是EverQuest II，展示即時的多玩家互動

由web應用所帶來的三度空間藝術和娛樂的體驗，通常能提供另一個創新應用的機會。像是3DNA®公司建立出3D前端介面，提供購物、遊戲、網際網路和辦公室應用的空間，並且能大大吸引熱衷於遊戲、娛樂和運動的使用者。如VRML（Virtual Reality Modeling Language）等早期的web標準，並沒有創造龐大的商業成功案例，目前已經被更豐富的標準取代，如X3D®。X3D標準有大型公司的贊助，他們相信這個標準會帶來可行的商業應用。

3D技術的應用方式之一是在2D介面加上強調作用的設計，如凸起或下凹的按鈕、視窗重疊的陰影，或是類似真實世界物件的圖示。因為使用空間記憶強化的結果，這些圖示可能很有趣、可辨識而且容易記憶，但因為額外的視覺複雜度，也可能會讓人分心或感到困惑。如果嘗試建立像電話、書籍或CD播放器的真實裝置，可能會讓使用者首次使用時的臉上出現愉悅的笑容；但是這些構想並不是很流行，這可能是因為設計者會為了3D效果而危害到可用性。

以下所列舉的3D介面的特色，也許可以提供給設計者、研究者和教育者當作核對清單：

- 阻擋物、陰影、透視和其它3D技術的使用要小心。
- 將使用者完成工作所需要的導覽步驟的數目降至最低。
- 保持文字的可讀性（較佳的描述、與背景有好的對比且傾斜不超過30度）。
- 避免視覺上不必要的散亂、分散注意、對比變化和反射。
- 簡化使用者的活動（保持平面活動，避免像穿透牆壁般令人訝異的活動）。
- 避免錯誤（意即只在需要的地方動刀的外科工具，還有只產生真實分子物和安全化合物的化學工具）。
- 簡化物件活動（幫助銜接、循著可預測的路徑、限制旋轉）。
- 把群組項目排列成整齊的結構，以允許快速的視覺搜尋。

- 讓使用者能建立視覺群組，來幫助空間記憶（把項目放在角落或有顏色的區域中）。

利用聰明的構想，我們可以在介面上做更多的突破（Bowman et al., 2008）。例如利用立體顯示器（Ware and Franck, 1996）、觸覺回饋和3D音效所產生的介面，但它們除了用在特殊的應用上，目前還沒有證明出有多大的好處。在加入強化的3D特質時，如果能遵循以下的原則，可能有更大的好處：

- 提供概觀圖，讓使用者可以看到大圖片（規劃場景顯示、組合場景）。
- 允許遠距操作（在概觀圖中選擇目標來快速轉換內容）。
- 提供X光成像，讓使用者能看透或超越物件。
- 提供歷史紀錄（記錄、取消、重播、編輯）。
- 允許使用者對物件進行豐富的操作（儲存、複製、註解、分享、傳送）。
- 使具有遠端協同工作的能力（同步、非同步）。
- 讓使用者可以控制說明文字的內容（彈出、浮動、標籤或小技巧視窗），並讓使用者能選擇想要觀看的細節。
- 提供選擇、標示和測量的工具。
- 開發動態查詢，以便能快速過濾掉不需要的項目。
- 支援語意上的放大縮小和移動（用簡單的動作把物件提到最前端、置中，並顯示更多的細節）。
- 甚至在有段距離的情況下，顯示出地標的內容（Darken and Sibert, 1996）。
- 允許多座標觀點（使用者可以同時身在不同的地點，可同時觀看一種以上的資料陳列方式）。
- 開發新的3D圖示，使其能表達出更容易辨識和記憶的概念（Irani and Ware, 2003）。

某些使用者非常欣賞三度空間環境，而且，三度空間環境對某些工作也很有幫助（Bowman et al., 2004）。如果設計者能超越模仿3D實境的目標，3D介面就很有可能應用在新的社會、科學和商業應用上。強化的3D介面，可能會是讓3D遠距會議、協同工作和遠距操作受到歡迎的關鍵。當然，它需要好的3D介面設計（純粹的、有限制的或強化的），並且需要更多的研究，來尋找除了吸引首次使用者的娛樂特質之外的獲益。如果設計者可以提供吸引人的內容、恰當的特色、適當的娛樂和新社群媒體結構的支持，則他們很可能會成功。此外，藉由研究使用者的表現和評估滿意度，設計者能將設計做得更好，並且修訂使用原則供其他人遵循。

5.5 遠距操作

遠距操作有兩個來源：在個人電腦中直接操作，以及由操作員在複雜的環境下控制實體的操作程序。在電力或化學工廠操作、控制製造、手術、駕駛飛機或車輛，這些都是一般的工作。若實體操作程序發生在遠端，我們稱之為遠距操作（teleoperation）或遠端控制（remote control）。為了進行遠端的控制工作，人類操作員可能要和電腦互動，而且電腦會在沒有人類操作員的介入下，完成某些控制工作。這個概念是源自於監督控制（supervisory control）的概念（Sheridan, 1992）。雖然監督控制和直接操作是來自不同的問題領域，而且通常應用在不同的系統架構上，但是它們有很多相似的地方。

若能建構出可接受的使用者介面，裝置的遠端控制或遠距操作就會有絕佳的應用機會。當設計者可以在時間內提供足夠的回饋，協助促成有效的決策制定時，則在製造業、醫學、軍事和電腦輔助工作中，具有吸引力的應用就變成可行。家庭自動化應用系統可將電話答錄機的遠端操作功能，延伸到保全和存取系統、能源控制與家電操作。若將此技術應用在太空、水面下或惡劣環境，則新的科學研究計畫便可以經濟且安全地進行。

第 5 章 直接操作與虛擬環境

　　在傳統的直接操作介面中，目標物件和行動會持續顯示。使用者通常會利用指向、點選或拖曳動作來操作，而不是用打字，而且會馬上出現代表已變更的回應。然而，在遠端操作裝置時可能無法實現這些目標，而且設計者需要花額外的精力來幫助使用者處理較慢的回應、不完整的回饋、較高的損毀機會，以及更複雜的錯誤修復程序。這些問題與硬體、實際環境、網路設計和工作領域很有關係。

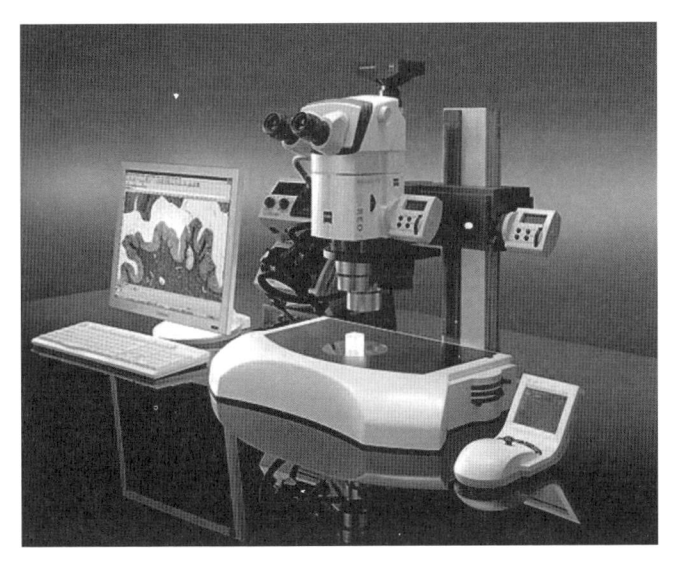

圖5.16
遠端操作系統能讓病理學家從遠端觀察並檢視樣本（在匹茲堡大學中的遠端操作實驗室）

　　一個典型的遠端應用是遠距醫療（telemedicine）或透過通訊線路傳遞醫療照護資訊（Sonnenwald et al., 2006），使醫生能夠在遠端替病人進行診斷，並讓外科醫生能跨越美洲大陸完成手術。遠距病理學（telepathology）是一種正在發展中的應用，病理學家透過遠端的顯微鏡檢查組織樣本或體液（圖5.16）。傳送端的工作站配有高解析度的相機，安裝在由機械控制的輕型顯微鏡上，在接收端工作站的病理學家，可以用滑鼠或小型鍵盤操縱顯微鏡，並且可以看到樣本放大後的高解析度影像。兩端的人員透過電話交談來協調控制顯微鏡的操作，而在遠端的病理學家可要求將不同的載玻片放在顯微鏡下。控制動作包括：

- 放大（三或六倍）
- 對焦（粗略和細膩的雙向控制）
- 照度（連續式或刻度式雙向調整）
- 位置（顯微鏡物鏡下載玻片的二度空間定位）

其它醫療應用包括虛擬結腸鏡檢查和機器人自動化手術。虛擬結腸鏡檢查讓病人接受CT掃描，這與侵入式程序不同；接著醫生可透過3D模型進行互動式瀏覽（Kaufman et al., 2005）。機器人手術（使用da Vinci®手術系統，圖5.17所示）是傳統手術的一種替代方案，它的切口較小，手術操作也更準確和精確。機器人平台能提昇外科醫生的能力，並提供高度放大的3D影像。此外，外科醫生能透過機器手臂來控制手臂、腕關節和手指的移動。外科醫生能舒服地坐在手術室的控制台前，而不是在病人前面，且系統能降低減少可能有問題的動作。SensAble科技公司在MIT所開發的系統稱為PHANTOM®，目前在觸覺技術（haptic technology）領域是領先者，並在許多應用中提供施力回饋系統（force-feedback systems），包含牙科醫學。

遠端環境的結構會帶來一些複雜的因素：

- **時間延遲**。在傳送使用者的動作和接收回饋上，網路硬體和軟體會造成延遲，包括傳輸延遲（transmission delay）指的是命令到達顯微鏡所需的時間（此例的命令是透過數據機傳送），還有操作延遲（operation delay）指的是顯微鏡回應的時間。這些在系統中的延遲使操作員無法立即知道目前的系統狀態。例如定位的命令已經發出，但載玻片可能需要數秒後才開始移動。

- **不完整的回饋**。原本被設計用來做直接控制的裝置，可能會遇到沒有適當的感應器或狀態指示器的狀況。例如，顯微鏡可以傳送它目前的位置，但是它的運作非常慢，以致於無法指出現在的準確位置。

- **意料之外的干擾**。因為裝置在遠端運作，意外干擾出現的機率比在個人電腦上的直接操作環境下更大。例如，若顯微鏡下的載玻片意外地被當地的操作員移除，此時所顯示的位置也就不正確了。在執行遠端操作期間，發生事件時若沒有良好的指示方式告知此事件已經送達遠端，則可能會發生故障的狀況。

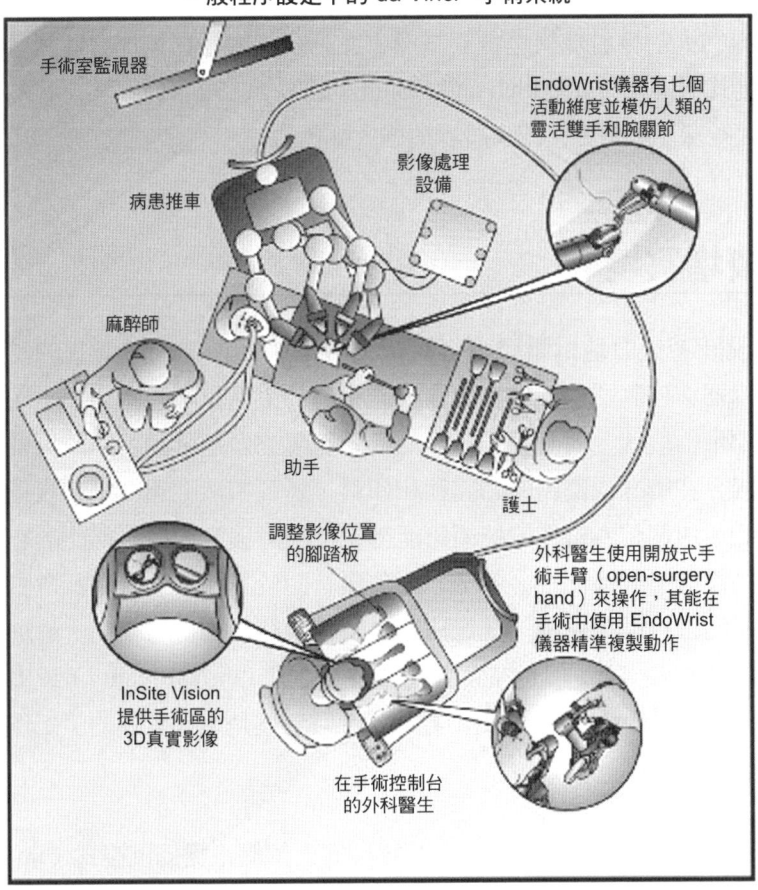

一般程序設定下的 da Vinci® 手術系統

圖5.17
da Vinci機器人自動化手術系統控制器（http://www.davincisurgery.com/）

這類問題的解決方式之一，是把網路延遲和故障當作系統的一部分。使用者看到的是系統起始狀態、已經觸發的運作，以及系統進行此運作的目前狀態的模型。最好讓使用者能指定目的地（而不是動作），並且等到動作完成後，視需要再進行重新調整目的地的工作。

遠距操作也常被用在軍事或民間的太空計畫中。最近在阿富汗和伊拉克的戰爭中，可以看到無人駕駛飛機的軍事應用；無人駕駛的偵查機常被廣泛使用，而且遠距操作的火箭發射飛機也曾測試過。在許多危險任務情況會使用敏捷且有彈性的行動式機器人（Goodrich and Schultz, 2007）。軍事任務和惡劣的環境，如海底和太空探測，是促使改良設計的強大驅動力。

5.6 虛擬和擴增實境

飛行模擬的設計者努力地為戰鬥飛行員或飛機駕駛，創造出最逼真的體驗。駕駛艙的顯示器與控制器都取自和實際裝置相同的生產線，同時窗戶是用高解析度的電腦顯示器取代，而且精心設計的音效聽起來像是發動引擎或反推進器的效果。最後，在爬升或翻轉時的震動和傾斜，是利用液壓起重機和複雜的懸吊系統產生的。這個精心製作的技術可能得花上一億美元，儘管如此，它還是比四億美元的模擬噴射機便宜、安全，而且更有助於訓練（家庭電腦遊戲玩家花30美元購買的飛行模擬遊戲，並無法達成訓練飛行員的目的！）。駕駛一架飛機是很複雜的專業技術，但是在吸引人的虛擬實境（virtual reality）或虛擬環境（virtual environments）之下，更常見的（而且有些是令人意外的）工作都可以使用模擬器。

為了超越辦公室個人電腦和多媒體，虛擬實境的大師們正提倡沉浸式（immersive）的感受（圖5.18）。不管是飛越西雅圖、從彎曲支氣管中找尋是否有肺癌的徵兆，或者抓取複雜的分子，這些網際空間的探險家推動他們過去的夢想而建立有用的技術（McMenemy and Ferugson, 2007）。在虛擬實境中的想像

● 第 5 章 ● 直接操作與虛擬環境

和性格，經常是多采多姿的（Rheingold, 1991），但是許多研究者在表現出熱情的同時也提出問題，嘗試提供平衡的觀點（Stanney, 2002; Stanney and Cohn, 2008）。

建築師利用電腦來繪製三度空間的建築物圖像，已經有三十年之久。他們的設計工具將建築物顯示在標準的顯示器上，利用投影機產生大尺寸的影像，以提供客戶更寫實的印象。現在加入的動畫還可以讓客戶看到，如果他們往左或右移動或靠近影像時所看到的影像。同時也藉著像腳踏車或跑步機之類的工具（走得快會更快接近建築物）讓客戶控制動畫，並讓他們能夠進門或上樓梯。最後，用頭戴顯示器取代投影機，並用頭部追蹤器（例如，Polhemus™、Logitech™、或InterTrax2™）來監測頭部的動作，這些改變都會讓使用者更遠離「看」的層次，而更接近「身歷其境」的層次。諸如撞到牆壁、滾下（輕輕地）樓梯、遇到其他人或等待電梯，都是下一個可能的變化。

圖5.18
在應用頭盔和手套的虛擬實境範例中，系統會追蹤使用者的手和頭部的移動，以及手指的手勢，來控制畫面的移動與操作。若要進入這個虛擬環境，你需要特殊的裝置。許多立體裝置能將二維影像資料，轉換成三度空間影像

建築的應用是「身歷其境」的一個具有說服力的證據，因為我們經常在建築物中「身歷其境」，並且在它們內部四處移動。另一方面，對許多應用而言，「看」通常更具有效果，這也就是為什麼空中交通控制工作站，會把觀看的人安排在顯示處的上方。1960年代的生活劇場（Living Theater）營造沉浸式的劇場感受，而且使「身歷其境」很受歡迎，但是當大部份的戲迷安全地坐在觀眾席上時，還是比較喜歡從「看」的角度出發，對所看到的景象只是抱持「暫時停止懷疑」的態度（Laurel, 1991）。同樣地，在大型的環繞場景中看電影，並把觀眾「放入」賽車或飛機中，這些經歷可看成是特殊的情況，而且

不是每個人都會對這樣的情況感到舒服。有一家提供「身歷其境」的公司是EveryScape。EveryScape記錄許多城市中真實鄰近地區和街道，只要使用電腦就可以提供人們探索城市的機會，而不必去旅行。在某些地區甚至可以探索各種建築的內部，如波士頓。

醫師和外科醫師是否習慣於「看」病，還是真的想要慢慢地爬進患者的結腸或「進入」患者的腦部，這仍有待觀察。外科醫師藉由「觀看」用光纖相機拍攝的病患心臟視訊影像，並使用遠端直接操作裝置進行侵入式手術，這對醫生會有些幫助，但他們未必想體驗利用頭戴顯示器進入病患體內的沉浸式感受。在桌上型電腦顯示器上顯示三度空間「看到」的形象，加上手持工具的引導，也可以用來完成手術規劃和遠距操作（Hinckley et al., 1994）。像這樣的視訊和光纖相機，也有許多生活化的應用，想像一下能在家中水槽排水管彎曲處找到遺失的結婚戒指，或者把孩子的玩具從堵塞的馬桶管線中拿出來的場景。

其他令人興奮的創意來源，包括由Myron Krueger（1991）所創的人工實境（artificial reality）。他的Videoplace和Videodesk裝置，配有大尺寸螢幕投影機和視訊感應器，可將全身的動作、投影影像和聲音合併在一起。投影的影像包括沿著表演者手臂游走的光線和多顏色的圖案；聲音是根據表演者的動作產生。同樣的，Vincent John Vincent所展示的Mandala系統，將表演藝術帶進複雜和想像的新境界。CAVE™是個具有許多高解度背面投影顯示器的牆壁，加上三度空間音效的房間，它可以提供同時讓許多人滿意的體驗（Cruz-Neira et al., 1993，圖5.19）。這類的劇場發展，已經吸引了許多想把真實和虛幻結合起來的研究者和媒體先驅人士（Benford et al., 2001）。

虛擬實境在遠距臨場的應用上打破了空間的物理限制，並讓使用者看起來好像是在另一個地方工作一樣。務實的人會馬上看出遠端直接操作、遠端控制和遠端視覺的關係，而夢想家則是會看到逃離現實世界進入科幻小說世界、卡通園地、過去的歷史、有著不同物理定律的銀河系或尚未探索的感官世界的可能性（Whitton, 2003）。

圖5.19
CAVE是由伊利諾大學芝加哥分校所開發，這是一個可供多人使用、像房間大小的、具高解析度畫面的3D視訊和音效環境。CAVE是一個10×10×9英呎的劇院，牆上有三個後方投影畫面，地板上顯示的是向下投影畫面

在醫學上已經有應用虛擬環境的成功案例。虛擬世界可以用來治療懼高症，藉由提供沉浸式的感受，讓懼高症患者認為他們能夠控制觀看位置和移動（Hodges et al., 1995; Hoffman, 2003）。安全的沉浸式環境，使懼高症患者能逐漸適應害怕的刺激因子，為現實世界中類似的感受做準備（圖5.20）。另一個戲劇性的結果是利用沉浸式環境來分散病患的注意力，進而能夠控制某些形式的疼痛程度（Hoffman et al., 2001；圖5.21）。

對於正在設計和改良虛擬環境的人，在5.3.2節中所概述的直接操作理論可能會有幫助。當使用者可以透過指向或手勢快速地選取動作，並可以立即看到產生的回饋時，使用者即可強烈感覺到這之間的因果關係。介面物件和運作應該要簡單，讓使用者能觀看並操作工作領域物件。外科醫師的器具應該要可以馬上取用，或者能很容易地找到。同樣的，室內設計師帶客戶走進虛擬房屋時，應該要能拿到開窗的用具或拉把手試著把窗子開大些；或使用室內油漆工具改變牆壁的顏色，而不會誤漆到窗子和家具。在大型虛擬空間內的導覽將更具挑戰，不過目前概觀圖已被證實可提供有用的方位資訊（Darken and Sibert, 1996）。

圖5.20
對患有各種恐懼症的患者進行虛擬實境的治療。透過虛擬實境的體驗，這些病患在有經驗的治療師指導下，可以「暴露」在恐懼症的體驗中（http://www.virtuallybetter.com/）

圖5.21
此範例顯示當兒童接受疼痛的治療時，讓他們沉浸在某個虛擬世界中。這種沉浸式的體驗似乎可以減輕疼痛的感受（http://www.5dt.com/software.html#med）

第 5 章 直接操作與虛擬環境

　　3D介面的另一個重要的變化稱為擴增實境（augmented reality），讓使用者能在真實世界中看到重疊的額外資訊。例如，當使用者看著大樓的牆壁時，他們可以透過半透明眼鏡看到電線或抽水管線的位置。外科醫師在看病患的同時，能夠看到疊在上方的X光或超音波，以便找出癌細胞組織，像這樣的醫學應用似乎很吸引人。擴增實境可以告訴使用者如何維修電子裝置，或引導旅客參觀景點（Feiner et al., 1993）。旅遊導覽眼鏡可以讓旅客在歷史上著名的城鎮中，看到古城建築特色的說明，或在大型校園內找到餐廳。擴增實境的策略也能讓使用者操作現實世界的物品，並在圖形模型上顯示操作的結果（Ishii, 2008; Poupyrev et al., 2002），實際的應用如操作蛋白質分子，以了解分子之間的引力／互斥。這些策略和規劃範例能幫助使用者進入擴增實境的世界（Cawood and Fiala, 2007）。

　　沉浸式環境的替代方式很吸引人，因為它們避免了頭戴裝置所造成的噁心、暈眩和不舒服的問題。Desktop或fishtank虛擬環境（兩者都有標準的「看」的顯示器）逐漸普及，因為它們能避免身體上不舒服的症狀，並且只需要標準配備。三度空間圖學可促使使用者介面的發展，這些介面可以由使用者操控，探索真實地點、科幻情景或想像的世界。許多應用都在高效能的工作站上執行，能做到快速成像；但是有些在Web上的系統也非常吸引人，這些系統使用的是VRML和在之後發明的語言（如X3D）。圖學研究者已經使顯示影像的呈現，完美到能模擬光線的效果、紋理的表面、反射和陰影。能夠快速且平順地放大影像，以及移動鏡頭到物件上的資料結構和演算法，目前在一般的電腦上都已經很實用。

　　成功的虛擬環境，有賴於多種技術的順利整合：

- **虛擬顯示器**。正常的電腦螢幕大小（對角線長12到17吋），在正常的觀看距離（70公分）下視角大約5度。大型螢幕（17到30吋）可以涵蓋20到30度的範圍，而且頭戴顯示器可以涵蓋水平方向100度，垂直方向60度的範圍。頭戴顯示器隔絕了其他的影像，讓使用者有360度環場的感

受。飛行模擬器也能隔絕無關的影像，但是它們這麼做，是為了避免強迫使用者戴上有些笨重的頭戴顯示器。另一個方法是使用架在支臂上的顯示器，它可以感應使用者的位置，而不需要他們戴上笨重的眼鏡（圖5.22）。

隨著硬體技術的進步，有可能提供更快和更高解析度的影像。大部份的研究者都同意，在顯示影像時，顯示器的顯示速度必須接近即時（大約小於100毫秒的延遲）。不過可以接受當使用者或物件在移動時使用低解析度的畫面，但是一旦使用者停止並凝視時，為了要保持「沉浸」感，必須要有較高的解析度。如果要做到先快速顯示大略的形狀，然後當移動停止時再呈現細節的部份，則需要改良的硬體和演算法。「平順的移動」是進一步的需求，此時物件的漸進變化和連續顯示都是必須的（Allison et al., 2001）。

圖5.22
和頭部結合在一起的立體顯示器。Boom Chameleon和一個具有六個方向維度的平衡連接式手臂整合在一起，可提供高畫質顯像與追蹤

●第 5 章● 直接操作與虛擬環境

- **頭部位置感測**。頭戴式顯示器可以隨著頭部位置的改變，而改變顯示的畫面。例如向右看會看到森林，向左看森林會變成都市。某些頭部追蹤器戴起來會不舒服，但嵌入帽子或眼鏡的小型追蹤器則能增加機動性。用視訊來判斷頭部的位置是可能實現的。感應器的精確度應該要很高（小於1度或小於1公分）而且要夠快速（小於100毫秒）。追蹤眼球來辨別對焦的位置可能很有用，但是假如當時使用者是一面戴著頭戴式顯示器一面移動時，辨識的工作就會很困難。

- **手部位置偵測**。DataGlove™（資料手套）是一種創新發明，它被不斷改良以修正其舒適性、準確性和取樣率。Bryson（1996）抱怨道：「手套裝置的問題，包括估測不準確，以及缺乏標準的手勢字彙」。最後可能會變成只有在只利用到一根或兩根手指，或甚至是結合一根或兩個關節的情況下，才需要做準確的估測。利用一個裝在手套或手腕上具有6個活動維度的追蹤器，可以提供手的方向。目前身體其它部位（如膝蓋、手臂或腿）的感應器也逐漸被用在運動訓練和行動記錄上。許多媒體也報導過在身上其他部位裝設的感應器，以及觸覺回饋裝置的可能性。

- **手持操作**。可能實現的應用包括主動式電子手術工具和小型玩偶（Pierce and Pausch, 2002）。使用者可以操作這些物件來產生輸入、操作裝置、繪圖或創作雕塑品。有個變化版本常被叫做「微型世界」，它是利用使用者可以操作的小型家庭或科學裝置的模型，產生出運用在大型的真實世界物件上的運作情況。

- **施力回饋和觸覺回饋**。用來進行化學實驗室中的實驗或處理核能原料的手動遙控裝置，都會提供施力回饋（force feedback），讓使用者清楚在什麼時候他們要抓取物件，或者會遇到一個物件。汽車和飛機駕駛的施力回饋，都經過嚴謹的設定，以提供實際且有用的有形資訊。利用軟體模擬回饋，可以加速複雜分子的接合工作（Brooks, 1988）。當外科醫師進行困難的手術時，施力回饋可能會有幫助。另外在加入觸覺回饋（接觸加上施力回饋）後，裝在支臂上的掌上顯示器，被證實出可以使遠端操作的工作效能變得更快且更準確（Noma et al., 1996）。「遠端握手」

被視為視訊會議的一部份，但這種體驗是否能和真實的感受一樣令人滿意，仍不是很明朗。

- **聲音輸入和輸出**。很久以前，電玩設計者就發現，聲音輸出能為彈跳的球、跳動的心臟或掉落的花瓶帶來真實性。在正確的時刻，發出逼真的三度空間音效是可能的，但這也是困難的工作。雖然能透過數位音效硬體達成這樣的效果，但是軟體工具仍不足夠。利用虛擬樂器產生音樂是大有可為的；早期的心力多半投入在模擬現有的樂器上（如小提琴或吉他），但是新興的樂器也陸續出現。因為鍵盤和滑鼠的使用會受限，因此用語音辨識來啟動操作和選擇功能表選單可能也很有用。

- **其它的感應能力**。飛行模擬的傾斜和震動為某些設計者帶來靈感。目前已經有傾斜和震動的虛擬雲霄飛車，而且如果使用者可以在每小時60、600或6,000英哩下行進，並且墜落到山谷或上升到行星軌道上，這樣的應用可能會變得更受歡迎。為什麼不加入逼真的狂風和雨滴、變熱或變冷來表現虛擬天氣呢？終於，透過Proust和Gibson等人的努力，目前已經知道能引起強烈反應的嗅覺能力。已經有人嘗試過嗅覺計算（olfactory computing），但是到目前為止，還沒有出現適當和實際的應用（Yanagida, 2008）。

- **協同工作和競爭的虛擬環境**。協同工作（見第9章）是一個活潑的研究領域，大部份的人稱它為「合作式虛擬環境」（collaborative virtual environments），或者有人稱它為「為兩個人建立的虛擬環境」。這樣的環境可以讓兩個在遠端的人一起工作，可以一起設計同一物件，且同時能看到彼此的行動與所操控的物件（Benford et al., 2001）。像虛擬拍球這樣的競賽遊戲，已經有雙人對打的模式。還有用來訓練陸軍坦克人員的軟體設計，從只和電腦對抗演進到可射擊其它台坦克人員，同時要防範對方的攻擊這樣的境界，這類的軟體變得更吸引人。逼真的音效會讓人員體驗到心跳加速、呼吸加快和出汗的戰鬥感受。相反地，某些虛擬環境可以產生放鬆及與其他人交往的愉快感受，進而加強社交的參與感。

Box 5.1 直接操作的定義、優點和缺點

定義
- 「行動世界」的視覺呈現（象徵）
- 顯示物件和行動
- 開發類似的推理
- 快速、遞增與可逆的行動
- 用指向和點選取代打字
- 行動的結果馬上看得見

比命令好的優點
- 控制／顯示的相容性
- 較少的語法可降低錯誤率
- 更可以避免錯誤
- 快速學習和較好的記憶保持力
- 鼓勵探索

擔心的部分
- 可能會增加系統資源
- 某些操作可能會很麻煩
- 巨集技術較弱
- 歷史記錄和其他資訊的追蹤可能很困難
- 視覺障礙的使用者可能會遭遇更大的困難

許多表演藝術工作者、博物館的設計師和大樓的建築師，正在探索將虛擬環境應用在藝術表達和公共空間設施上的機會。創意的裝置包括投影的影像、3D 音效和雕塑品，有時也會透過行動裝置來結合視訊攝影機和使用者控制裝置。

從業人員的重點整理

在各種提供相當的功能和可靠度的互動系統中，有些系統會具有壓倒性的競爭優勢。最吸引人的系統通常都有著令人喜愛的使用者介面，其具有客製化的使用者內容，這樣的介面能自然地呈現出工作物件和動作 — 因此被稱為直接操作的介面（Box 5.1）。這類介面容易學習與使用，而且不容易忘記。初學者可以先學簡單的一部份操作，然後逐漸進步到較複雜的操作。其操作是快速、漸進和可逆的，而且可以用身體的動作來進行，而不用複雜的語法。操作的結果是立即可見的，通常較不需要出現錯誤訊息。

在介面中使用直接操作的原理，並不能保證一定會成功。不良的設計、開發緩慢或功能性不足，都會影響接受度。對於某些應用而言，功能表選單、填寫表單或命令語言可能會更適合。然而，直接操作的程式設計、3D介面和遠距操作，存在著很大的潛力。虛擬和擴增實境目前正應用在更多具有社會互動的應用中。互動設計（見第3章）對於測試進階的直接操作的系統是特別重要的，因為這些都是新的方法，所以可能會帶給設計者和使用者意料之外的問題。

研究者的議題

對於直接操作的每個功能，我們需要透過研究來修正對於其貢獻的理解，包括類似的表達方式、漸增式的操作、可逆性、使用身體動作而非語法、結果立即可見和圖形顯示與圖示。藉著一般的復原動作，可以輕易地達到可逆性，但是為每個動作設計自然的逆向動作可能會更有吸引力。直接操作可以適當地表現複雜的運作，但是讓初學者逐漸進步成專家的多層次設計方式，可能才是重要的貢獻。對於專家使用者而言，直接操作的程式設計仍有應用的機會，但是需要有好的方法來記錄歷史紀錄和編輯動作順序，以及對使用者產生的內容提高其注意力。深入了解觸控式螢幕與使用，以及雙手與單手操作的研究是必要的。吸引人的3D互動很棒，但是，研究者更需要知道如何／何時（與何時

不）使用如封閉、減少導覽的特性，以及如遠距操作或X光成像的增強式3D運作。針對在各種年齡層和活動中使用豐富的社群媒體互動方式，對於遊戲和虛擬世界所產生的沉浸影響，這部份還需要更多的了解。

除了桌上型電腦和筆記型電腦外，遠距臨場、虛擬環境、擴增實境和感應情境裝置，也都有吸引人之處。針對個人、合作者和在社群媒體環境中的玩家而言，他們當然會追求好玩的遊戲，但是真正的挑戰在於尋找實用的設計，以及了解「身歷其境」和「看」三度空間世界。

全球資訊網資源

http://www.aw.com/DTUI

提供一些創新的直接操作裝置和工具，其中大部份資源是有關遠距操作和虛擬環境，包括Second Life。Web3D聯盟和規格協助創作出視覺上吸引人的web三度空間環境。

參考資料

Allison, R. S., Harris, L. R., Jenkin, M., Jasiobedzka, J., and Zacher, J. E., Tolerance of temporal delay in virtual environments, *Proc. IEEE Virtual Reality Conference 2001*, IEEE, New Brunswick, NJ (2001).

Arnheim, Rudolf, *Visual Thinking*, University of California Press, Berkeley, CA (1972).

Benford, Steve, Greenhalgh, Chris, Rodden, Tom, and Pycock, James, Collaborative virtual environments, *Communications of the ACM* 44, 7, ACM Press, New York (July 2001), 79–85.

Boellstorff, Tom, *Coming of Age in Second Life: An Anthropologist Explores the Virtually Human*, Princeton University Press, Princeton, NJ (2008).

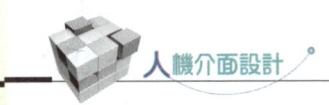

Bowman, Doug A., Coquillart, Sabine, Froehlich, Bernd, Hirose, Michitaka, Kitamura, Yoshifumi, Kiyokawa, Kiyoshi, and Suerzlinger, Wolfgang, 3D User interfaces: New directions and perspectives, *IEEE Computer Graphics and Applications*, 28, 6 (November/December 2008), 20–36.

Bowman, Doug A., Kruijff, Ernst, Laviola, Joseph J., and Poupyrev, Ivan, *3D User Interfaces: Theory and Practice*, Pearson, New York (2004).

Brooks, Frederick, Grasping reality through illusion: Interactive graphics serving science, *Proc. CHI '88 Conference: Human Factors in Computing Systems*, ACM Press, New York (1988), 1–11.

Bryson, Steve, Virtual reality in scientific visualization, *Communications of the ACM* 39, 5 (May 1996), 62–71.

Carroll, John M. and Thomas, John C., Metaphor and the cognitive representation of computing systems, *IEEE Transactions on Systems, Man, and Cybernetics*, SMC-12, 2 (March–April 1982), 107–116.

Cawood, Stephen and Fiala, Mark, *Augmented Reality: A Practical Guide*, Pragmatic Bookshelf, Raleigh, NC (2007).

Cockburn, Andy and McKenzie, Bruce, Evaluating the effectiveness of spatial memory in 2D and 3D physical and virtual environments, *Proc. CHI 2002 Conference: Human Factors in Computing Systems*, ACM Press, New York (2002), 203–210.

Copeland, Richard W., *How Children Learn Mathematics, Third Edition*, MacMillan, New York (1979).

Cruz-Neira, C., Sandin, D. J., and DeFanti, T., Surround-screen projection-based virtual reality: The design and implementation of the CAVE, *Proc. SIGGRAPH '93 Conference*, ACM Press, New York (1993), 135–142.

Darken, Rudolph, P. and Sibert, John L., Navigating large virtual spaces, *International Journal of Human-Computer Interaction* 8, 1 (1996), 49–71.

Dragicevic, Pierre, Romas, Gonzalo, Bibliowicz, Jacobo, Nowrouzezahrai, Derek, Balakrishnan, Ravin, and Singh, Karan, Video browsing by direct manipulation, *Proc. CHI 2008 Conference: Human Factors in Computing Systems*, ACM Press, New York (2008), 237–246.

de Souza, Clarisse Sieckenius, *Semiotic Engineering of Human-Computer Interaction*, MIT Press, Cambridge, MA (2005).

Feiner, Steven, MacIntyre, Blair, and Seligmann, Doree, Knowledge-based augmented reality, *Communications of the ACM* 36, 7 (1993), 52–62.

Few, Stephen, *Information Dashboard Design*, O'Reilly Media, Sebastopol, CA (2006).

Golub, Evan and Shneiderman, Ben, Dynamic query visualizations on World Wide Web clients: ADHTML solution for maps and scattergrams, *International Journal of Web Engineering and Technology* 1, 1 (2003), 63–78.

Goodrich, Michael A. and Schultz, Alan C., Human-robot interaction: Asurvey, *Foundations and Trends in Human-Computer Interaction* 1, 3 (2007), 203–275.

Han, Jefferson Y., Low-cost multi-touch sensing through frustrated total internal reflection, *Proc. UIST '05 Conference*, ACM Press, New York (2005), 115–118.

Herot, Christopher F., Spatial management of data, *ACM Transactions on Database Systems* 5, 4 (December 1980), 493–513.

Herot, Christopher, Graphical user interfaces, in Vassiliou, Yannis (Editor), *Human Factors and Interactive Computer Systems*, Ablex, Norwood, NJ (1984), 83–104.

Hicks, Martin, O'Malley, Claire, Nichols, Sarah, and Anderson, Ben, Comparison of 2D and 3D representations for visualising telecommunication usage, *Behaviour & Information Technology* 22, 3 (2003), 185–201.

Hinckley, Ken, Pausch, Randy, Goble, John C., and Kassell, Neal F., Passive real-world props for neurosurgical visualization, *Proc. CHI '94 Conference: Human Factors in Computing Systems*, ACM Press, New York (1994), 452–458.

Hodges, L.F., Rothbaum, B.O., Kooper, R., Opdyke, D., Meyer, T., North, M., de Graaff, J.J., and Williford, J., Virtual environments for treating the fear of heights, *IEEE Computer* 28, 7 (1995), 27–34.

Hoffman, H.G., Patterson, D.R., Carrougher, G.J., Nakamura, D., Moore, M., Garcia-Palacios, A., and Furness, T.A. III, The effectiveness of virtual reality pain control with multiple treatments of longer durations: Acase study, *International Journal of Human-Computer Interaction* 13 (2001), 1–12.

Hoffman, H. G., Garcia-Palacios, A., Carlin, C.., Furness, T.A. III, and Botella-Arbona, C., Interfaces that heal: Coupling real and virtual objects to cure spider phobia, *International Journal of Human-Computer Interaction* 15 (2003), 469–486.

Hutchins, Edwin L., Hollan, James D., and Norman, Don A., Direct manipulation interfaces, in Norman, Don A. and Draper, Stephen W. (Editors), *User Centered System Design: New Perspectives on Human-Computer Interaction*, Lawrence Erlbaum Associates, Hillsdale, NJ (1986), 87–124.

Irani, Pourang and Ware, Colin, Diagramming information structures using 3D perceptual primitives, *ACM Transactions on Computer-Human Interaction* 10, 1, (March 2003), 1–19.

Ishii, Hiroshi, Tangible user interfaces, in Sears, Andrew and Jacko, Julie (Eds.), *The Human-Computer Interaction Handbook, Second Edition*, Lawrence Erlbaum Associates, Hillsdale, NJ (2008), 469–487.

Kaufman, Arie E., Lakare, Sarang, Kreeger, Kevin, and Bitter, Ingmar, Virtual colonoscopy, *Communications of the ACM* 48, 2 (February 2005), 37–41.

Krueger, Myron, *Artificial Reality II*, Addison-Wesley, Reading, MA (1991).

Laurel, Brenda, *Computers as Theatre*, Addison-Wesley, Reading, MA (1991).

Lecky-Thompson, Guy W., *Video Game Design Revealed*, Charles River Media, Boston, MA(2008).

Lieberman, Henry, *Your Wish Is My Command: Programming by Example*, Morgan Kaufmann, San Francisco, CA (2001).

McKim, Robert H., *Experiences in Visual Thinking, Second Edition*, Brooks/Cole, Monterey, CA (1980).

McMenemy, Karen and Ferguson, Stuart, *A Hitchhiker's Guide to Virtual Reality*, A.K. Peters, Wellesley, MA (2007).

Montessori, Maria, *The Montessori Method*, Schocken, New York (1964).

Moscovich, Tomer and Hughes, John F., Indirect mappings of multi-touch input using one and two hands, *Proc. CHI 2008 Conference: Human Factors in Computing Systems*, ACM Press, New York (2008), 1275–1283.

Mullet, Kevin and Sano, Darrell, *Designing Visual Interfaces: Communication Oriented Techniques*, Sunsoft Press, Englewood Cliffs, NJ (1995).

Nelson, Ted, Interactive systems and the design of virtuality, *Creative Computing* 6, 11, (November 1980), 56 ff., and 6, 12 (December 1980), 94 ff.

Noma, Haruo, Miyasato, Tsutomu, and Kishino, Fumio, Apalmtop display for dexterous manipulation with haptic sensation, *Proc. CHI '96 Conference: Human Factors in Computing Systems*, ACM Press, New York (1996), 126–133.

Norman, Donald A., *The Design of Everyday Things*, Basic Books, New York (2002).

Norman, Kent, *The Psychology of Menu Selection: Designing Cognitive Control at the Human/Computer Interface*, Ablex, Norwood, NJ (1991).

Papert, Seymour, *Mindstorms: Children, Computers, and Powerful Ideas*, Basic Books, New York (1980).

Pagulayan, Randy J., Keeker, Kevin, Fuller, Thomas, Wixon, Dennis, and Romero, Ramon, User-centered design in games, in Sears, Andrew and Jacko, Julie (Editors), *The Human-

Computer Interaction Handbook, Second Edition, Lawrence Erlbaum Associates, Hillsdale, NJ (2008), 731–759.

Pierce, Jeffrey S. and Pausch, Randy, Comparing voodoo dolls and HOMER: Exploring the importance of feedback in virtual environments, *Proc. CHI 2002 Conference: Human Factors in Computing Systems*, ACM Press, New York (2002), 105–112.

Poupyrev, Ivan, Tan, Desney S., Billinghurst, Mark, Kato, Hirokazu, Regenbrecht, Holger, and Tetsutani, Nobuji, Developing a generic augmented-reality interface, *IEEE Computer* 35, 3 (March 2002), 44–50.

Rheingold, Howard, *Virtual Reality*, Simon and Schuster, New York (1991).

Risden, Kirsten, Czerwinski, Mary P., Munzner, Tamara, and Cook, Daniel, An initial examination of ease of use for 2D and 3D information visualizations of web content, *International Journal of Human-Computer Studies* 53, 5 (November 2000), 695–714.

Robertson, George G., Card, Stuart K., and Mackinlay, Jock D., Information visualization using 3-D interactive animation, *Communications of the ACM* 36, 4 (April 1993), 56–71.

Sheridan, T. B., *Telerobotics, Automation, and Human Supervisory Control*, MIT Press, Cambridge, MA (1992).

Shneiderman, Ben, Direct manipulation: Astep beyond programming languages, *IEEE Computer* 16, 8 (August 1983), 57–69.

Smith, D. Canfield, Irby, Charles, Kimball, Ralph, Verplank, Bill, and Harslem, Eric, Designing the Star user interface, *Byte* 7, 4 (April 1982), 242–282.

Sonnenwald, D.H., Maurin, H., Cairns, B., Manning, J.E., Freid, E.B., Welch, G., and Fuchs, H., Experimental comparison of 2D and 3D technology mediated paramedicphysician collaboration in remote emergency medical situations, *Proc. 69th Annual Meeting of the American Society of Information Science & Technology (ASIS&T)*, Vol. 43, Austin, TX (2006).

Stanney, Kay (Editor), *Handbook of Virtual Environments Technology: Design, Implementation, and Applications*, Lawrence Erlbaum Associates, Mahwah, NJ (2002).

Stanney, Kay and Cohn, Joseph, Virtual environments, in Sears, Andrew and Jacko, Julie (Editors), *The Human-Computer Interaction Handbook, Second Edition*, Lawrence Erlbaum Associates, Hillsdale, NJ (2008), 621–638.

Weiser, M., The computer for the 21st century, *Scientific American* 265, 3 (1991), 94–104.

Wellner, P., Mackay, W., and Gold, R., Computer augmented environments: Back to the real world, *Communications of the ACM* 36, 7 (July 1993), 24–27.

White, Brian A., *Second Life: A Guide to Your Virtual World*, Que, Indianapolis, IN (2007).

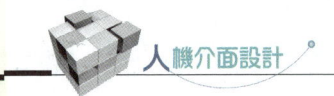

Whitton, Mary C., Making virtual environments compelling, *Communications of the ACM* 46, 7 (July 2003), 40–46.

Yanagida, Yasuyuki, Olfactory interfaces, in Kortum, Philip (Editor), *HCI Beyond the GUI*, Morgan Kaufmann, Burlington, MA (2008), 267–290.

CHAPTER **6**

功能表選單點選、
填寫式表單和對話窗

6.1 導論

當設計者無法建立適當的直接操作策略時，功能表選單和填空式表單是很吸引人的替代方案。當功能表選單是以用熟悉的術語撰寫，並組織成方便的結構和順序時，使用者即可很容易進行選擇。早期系統所使用的是加上數字編號的全螢幕功能表選單，現在的功能表選單包括下拉式選單、核取方塊、對話窗中的按鍵、在網頁中內嵌的連結等形式，所有的選擇可利用滑鼠點選、以筆尖或指尖輕觸完成。在網路上，免費的DHTML和JavaScript程式庫已足以提供基本功能表選單的變化樣式。流暢的動畫、顏色和雅緻的圖形設計可將簡單的功能表選單轉變成自訂的小工具，用來協助定義網站或應用程式獨一無二的外觀與感覺。

功能表選單之所以有用，是因為它們提供看得懂的提示，而不是強迫使用者從腦海中回想命令語法。使用者利用指標裝置或按鍵做出選擇，並得到立即回饋，可得知已經做了什麼。對於缺乏訓練、偶爾使用介面、不熟悉術語、或在組織決策過程時需要協助的使用者而言，簡單的功能表選單選擇會特別有效。即使是專家級的使用者，有著快速互動與精心設計的複雜功能表選單仍然很吸引人。

即便設計者規劃使用功能表選單、填空式表單和對話窗，但仍無法保證介面是容易使用和吸引人的。只有在細心考量和測試許多設計問題之後，有效的介面才會出現。這些設計上的議題包括：與工作相關的結構、選項的用語、選項的順序、圖形安排和設計、選擇機制（鍵盤、指標裝置、觸控螢幕、語音等）、為具備相關知識的經常使用者提供捷徑、線上協助和錯誤更正（Norman, 1991）。

在介紹過具有意義的功能表選單結構的重要性（6.2節）後，本章將檢視現有的功能表選單技術，包括單一功能表選單（6.3節）及功能表選單的組合（6.4節）。6.5節討論與功能表選單內容相關的問題，6.6節探討透過功能表選單讓專

家級使用者快速進行操作的方式。填空式表單、對話窗、和其它藉由功能表選單進行資料輸入的方法，請見6.7節介紹。最後，語音選單和小型裝置選單等特殊方式，將在6.8節討論。

6.2 與工作相關的功能表選單結構

功能表選單、填空式表單、和對話窗的主要目標，是建立一個與使用者的工作相關、合理的、可理解的、可記憶的、和方便的結構。藉由將一本書拆解成不同的章節、將一支程式分解成數個模組、或將動物界的物種分類等範例，我們可以了解階層式分解（hierarchical decomposition）的概念，對大部分人而言，階層式分解很容易了解，因為每個項目都屬於單一的類別。但不幸的，在某些應用中，要把單一選項歸類至單一類別可能會很困難，且設計者有時會試圖建立重複的選項連結，因此會產生複雜的網路結構。

餐廳的菜單可見到開胃菜、湯、沙拉、主菜、點心、和飲料等分類，是為了幫助顧客規劃他們的餐點選擇。菜單上的項目，邏輯上應該可以歸納為某些類別，並要能看得懂。餐廳若以如 "veal Monique" 之類有氣質的名稱、 "wor shu op" 之類不常見的名稱、或 "house dressing" 之類的一般通稱做為餐點的名稱，可以預見的，顧客會對這樣的菜單感到困擾，而服務生也必須浪費許多解釋菜單的時間。同樣的，電腦功能表選單的分類，應該是容易理解且具特色的，如此使用者方能有信心的進行選擇，也才能清楚了解選擇所產生的結果。比起餐廳菜單，因為電腦畫面空間較小，所以設計難度更高。除此之外，在許多電腦應用中，選擇的數目和複雜度都比較高，且使用者身旁並沒有提供諮詢的服務生。

在Liebelt等人（1982）早期的研究中，證實了把功能表選單選項有意義地組織起來的重要性。有3層共16個項目的簡單功能表選單樹，同時用有意義的組織結構和沒有組織的形式呈現；使用有意義的結構時，錯誤率幾乎減半，也

縮短使用者思考的時間（從功能表選單出現的時間，到使用者選擇了一個項目的時間）。在後續的研究中，使用有意義的分類（如食物、動物、礦物、和都市）的回應時間，會比使用隨機或字母順序的組織方式還要短（McDonald et al., 1993）；作者研究的結論「從這些結果顯示，特別是當項目中有某種程度的不確定性時，分類的功能表選單結構，要比單純按照字母排序的結構要好。」對於大型的功能表選單結構，效果會更明顯。從這些結果可以得知，功能表選單結構設計的關鍵，首先要考慮與工作相關的物件和運作。以音樂會購票系統為例，工作物件可能分為地點、演出者、費用、日期與音樂類型（古典、民俗、搖滾、爵士等），而運作可能包含瀏覽清單、搜尋和購票。介面物件可能是對話窗，其中含有用來選擇音樂種類的核取方塊、和音樂會地點的捲動式功能表選單。表演者的名字可能列在捲動清單、或透過表單填寫輸入。

使用行動應用時，簡單和容易學習是很重要的，所以根據使用頻率來組織功能表選單，是目前主要的方式。例如，使用電話介面加入電話號碼遠比刪除電話號碼頻繁，所以應該要能方便的使用「新增」命令，而「刪除」則可放至下一層功能表選單中（6.8.2節）。

功能表選單的應用，範圍從簡單的兩個項目之間的選擇，到可能產生上千個畫面的複雜資訊系統。這些應用約可分為四類。最簡單的應用只有單一的功能表選單，但即便是最簡單的應用，仍有許多可能的變化。第二類的應用，是使用線性的功能表選單選擇順序，這樣的順序和使用者的選擇無關，安裝精靈或是線上問卷即為這類應用的最典型範例。嚴謹的樹狀結構組成了第三類、也是最常見的一類應用。非循環（功能表選單可以由一個以上的路徑（方式）選到）和循環（結構中包含有意義的路徑，允許使用者遇到重複的功能表選單）網路組成了第四類應用。全球資訊網的結構屬於最後一類。

6.3 單一功能表選單

單一功能表選單要求使用者在兩個或更多個項目間進行選擇，或允許多個選擇。最簡單的例子就是二元選單，例如：「真／假」、「男／女」、或「是／否」。這些簡單的功能表選單可能會被重覆使用（例如，在刪除的對話窗中），所以應該要小心地選擇捷徑和適合的預設行為（圖6.1）。

圖6.1
二元選單讓使用者可以在兩個選擇之間做選擇（這裡為"Yes"或"No"）。Yes有藍色外框，表示此選項為預設值，按下"Enter"會直接選擇它。加上底線的字母表示有鍵盤快捷鍵可用。按下"N"會選擇No

當同時有兩個以上的選項時，例如，在觸控螢幕上的小測驗，使用者只需選擇其中一項：

誰發明電話？
　Thomas Edison
　Alexander Graham Bell
　Lee De Forest
　George Westinghouse

單選鈕（Radio buttons）可支援在多個選項的功能表選單進行選擇（圖6.2），而核取方塊（check boxes）可以允許同一個選單中有一個或多個選項。在處理多個二元選擇上，多重選擇的選單是很方便的選擇方法，這是因為使用者在做決定時，可以看到所有的選項（圖6.3）。

3. 婚姻狀態？
　○單身　○結婚　○寡居／離婚／分居

圖6.2
一個線上調查問題，利用單選鈕讓使用者從三個選項的選單中選擇其一

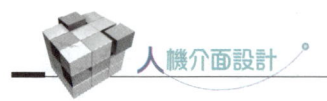

☑ Adjust Layout to show Path to Root
☑ Draw Node Borders
☐ Code depth by height
☐ Code size by color
☑ Wrap Layout of Focus Node's Children

圖6.3
使用者可點選一或多個選單上的核取方塊進行偏好設定。選取後會出現一個打勾的符號做為回饋，不可選擇的項目會設定為灰色

在行動應用的儀表板上，動態指示器（ticker）功能表選單已經變得很熱門，主要是因為引人注目的畫面顯示工具，當畫面空間有限時，指示器可以表示成功能表選單（例如，在行動電話上；圖6.4）。使用者不用透過功能表選單的選項，就可以手動地捲動畫面或換頁，只要點選或觸碰，使用者就可以停止捲動畫面並選擇一個要查看的選項。但另一方面，必須等待某個項目的出現或再度出現會讓使用者感到沮喪，尤其是當選項越來越多時。

圖6.4
為了看到朋友、照片的更新，Zumobi Ziibii介面（http://www.zumobi.com）能讓使用者在兩種不同類型的呈現方式之間做選擇。左邊是一個靜態的文字／圖片項目清單，用手掃過介面可以控制換頁，而右邊是一個動態的捲軸指示器（稱為"River"），可以在螢幕上水平地捲動標題和圖片

6.3.1 下拉式、彈出式、工具列和功能區選單

　　下拉式功能表選單（pull-down menus）是可以讓使用者在視窗頂端的功能表選單列進行選擇的選單（圖6.5），早期的Xerox Star、Apple Lisa、和Applie Macintosh介面可見到這類的功能表選單，而目前大部分的桌上型電腦應用仍使用這類選單。在選單列上常見的選項包括檔案（File）、編輯（Edit）、格式（Format）、檢視（View）、和說明（Help）。點選一個標題，會出現相關選項的列表，使用者可以把指向裝置移動到選單項目上（該選項會出現不同的底色），然後點選所要選擇的項目（或移動鍵盤的上／下箭頭找到選項，最後按下Enter鍵執行選擇）。因為位置的恆定性非常重要，因此無法選擇的選項最好將其標示為灰色，而不是把它從選單中移除。

　　建立自訂工具的容易度越高，設計者越能產生更多的基本下拉式選單設計的變型：例如，功能表選單可能被放置在應用視窗的左邊，並且可以變動其放置的位置。在建立新的介面設計時，維持可讀性，並確保使用者可以辨識功能表選單是很重要的目標。

　　對能夠記住選項按鍵的專家級使用者，鍵盤快捷鍵（如Ctrl-C代表「複製」）有其必要性，因為這樣可以加快互動速度。通常會以命令的第一個字母當作快捷鍵，以方便記憶，但是需要避免衝突的情況發生。若有可能，多個應用程式的快捷鍵應該要一致。例如，Ctrl-S通常代表儲存（Save）、Ctrl-P代表列印（Print）。鍵盤快捷鍵應該標示在功能表選單選項的旁邊。學習快捷鍵（也稱為熱鍵）的使用可協助使用者達到專家級使用者的執行速度，但仍有許多使用者甚至從未嘗試學習過快捷鍵。Grossman等人（2007）證明有一些策略可以增進學習動機（例如，使用聲音或強迫使用者使用捷徑），但要找到所有使用者都接受的工具仍是一大挑戰。

　　透過工具列（toolbar）和圖像功能選單（iconic menu），使用者可利用滑鼠點選進行運作的選擇，並且可以應用在許多顯示的物件上（圖6.5）。使用者應

要能自訂工具列的內容,並可以控制工具列上的工具鈕數量和擺放位置。若使用者希望減少工具列佔據的畫面空間,可以僅顯示部份或所有的工具列。

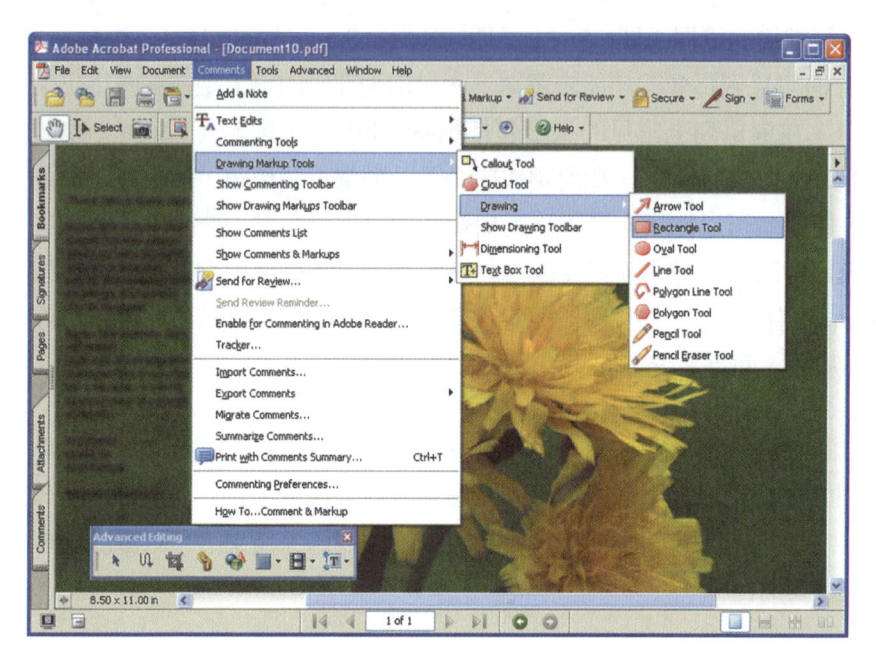

圖6.5

Adobe Acrobat的階層式下拉選單(cascading pull-down menus),讓使用者探索應用程式的所有功能。為了方便進行探索和學習,圖示與鍵盤快捷鍵分別標示在功能表選單選項的左邊和右邊(例如,CTRL-T是用來列印註釋摘要的鍵盤快捷鍵,使用者也可以藉著點選Comment Bubble的圖示來選擇相同的功能)。黑色小三角形代表選擇此項目會出現另一個功能表選單。三個點(...)表示選擇此選項會出現一個對話窗。在視窗的周圍有顯示功能表選單圖示的工具列,可以拖曳放在文件的旁邊或上端(如圖中顯示的進階編輯工具列)

在螢幕上顯示彈出式功能選單(pop-up menu),是用來回應滑鼠點選或對指標裝置的觸碰。所彈出的功能選單內容,通常根據指標裝置按下時,游標所在的位置而定。因為彈出選單僅佔用一部份的畫面,所以選單上的文字一定要盡量小(也就是使其不會蓋住功能選單的內容)。彈出的功能選單也可以排列成圓圈的形式,產生圓餅形功能選單(pie menu)(Callahan et al., 1988;圖6.6),也被稱為標記功能選單(marking menu)(Tapia and Kurtenbach,

1995）。因為圓餅形功能選單的選擇更快，而且可以不需要特別專注地看，所以它很方便（Callahan et al., 1988），而且在設計時不需要視覺化就可以完成。因為彈出選單可以在畫面的任何一個位置出現，它們特別能夠適用於大尺寸的螢幕：它們在螢幕上不至於太不顯眼，而且使用者不需要回到固定的工具列即能使用功能選單。以FlowMenu的創新設計為例，它把資料輸入和功能選單選擇整合在一起，延伸彈出式功能選單的功能（見6.7.4節）。

功能區（Ribbons）是由Microsoft在Office 2007（圖5.1）中所提出，功能區利用一英吋的標籤將命令分類，嘗試取代功能表選單和工具列。這種方式對於新使用者可能會有幫助，但專家級使用者卻很難重新組織功能表選單、很難找到他們以前所知道的項目、很難突顯此變化型式上的挑戰、以及在專業的應用中重新組織功能表選單。功能區也減少了文件的畫面空間，這對很多使用者而言是個缺點。

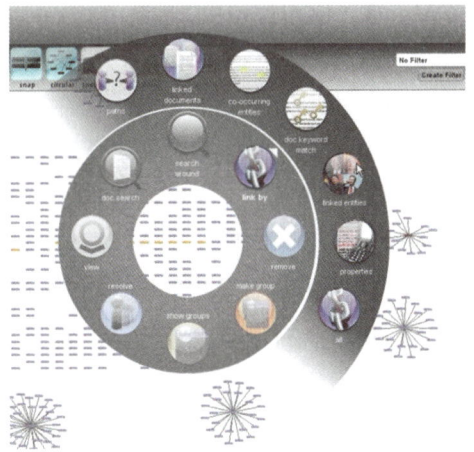

圖6.6
兩個圓餅形功能選單之範例。左邊是遊戲The Sims（http://www.maxis.com），玩家可以購屋並進行裝潢，接著再建立角色並與環境互動。例如，點選自動唱機（jukebox），會彈出一個小的圓餅形功能選單並列出這個角色可以使用的運作。右邊則是在Palantir Technologies中用於財務與智慧型分析之視覺分析工具的圓餅形功能選單（http://www.palantirtech.com）

6.3.2 冗長清單的功能表選單

有時候功能表選單清單的長度會超過30到40列，理論上，應該要全部顯示在畫面中。解決方法之一，是建立樹狀結構的功能表選單（6.4.2節），但是有時候會想要使用只有一個概念的選單 — 例如，當使用者必須要從美國的50州中選擇一州，或從許多國家中選擇一個國家時。一般的清單是根據字母順序排序，使用者可透過鍵入起始的字元，快速地跳到清單上相符的位置，但是分類清單也許更有用。可套用功能表選單清單順序原則（6.5.2節）。

捲動式功能表選單、複合方塊和魚眼功能選單。捲動式功能表選單（scrolling menu）先顯示部分的功能表選單，然後再顯示其餘的部分；一般在功能表選單的順序中會有箭號，用來顯示下一組功能表選單項目。利用在許多圖形使用者介面中可見到的listbox（列示盒、清單方塊）功能，可讓捲動（或分頁）式功能表選單持續地顯示數十或數千個項目。鍵盤快捷鍵可讓使用者在輸入字母"M"後，就直接捲動到第一個以字母"M"開頭的項目，但是這種特色很難被發現。複合方塊（combo box）結合捲動式功能表選單和一個文字輸入欄位，讓上所述的使用方式更加清楚；使用者可以鍵入起始字元來快速捲動清單。另一個替代方式是魚眼功能表選單（fisheye menu），它可以一次把所有的項目顯示在畫面上，但只有在游標附近的項目是以完整的大小呈現；而其他的項目的顯示大小比較小。魚眼功能表選單在Apple的Mac OS X（圖1.1）已經很熱門，且會讓有10到20個項目的功能表選單變得更吸引人，選單上的項目有小的變焦的比例，可讓所有項目在任何時間都是可看得到的。當項目數量變多，變焦比例讓小的項目變得不易辨別時，魚眼功能表選單就可以用來改善捲動功能表選單的速度，但是階層式功能表選單可能會更快（Hornbak and Hertzum, 2007）。因為使用者之間存在著許多不同的偏好，這使得魚眼功能表選單雖然是個有用的選擇，但並不推薦將它當作長清單的預設功能表選單樣式。

滑動桿和文字滑動桿。當選項是由某個範圍內的數值組成時，滑動桿（Sliders）是選擇一個數值的自然方式；也可以利用雙邊（範圍）滑動桿來選

擇數值範圍。使用者利用指標裝置，沿著刻度拖曳滑桿鈕（捲動方塊）選擇數值。當需要更高的精確度時，可以利用點選滑動桿兩端的箭號微調數值。文字滑動桿（alphasliders）是一個類似的工具，它對於呈現含有大量選項的功能表選單很有用。因為它們的簡潔性，常可於互動式視覺化系統的控制台中見到滑動桿、範圍滑動桿（range slider）和文字滑動桿（見第14章與圖6.7）。當取得立即的回饋後，移動滑桿鈕針對大量的項目進行比較，而這些項目在其他的選單樣式中可能是相當冗長的。利用多個滑桿鈕操作不同測量水準的滑桿鈕，可以支援數十個或數以千計的項目（Ahlberg and Shneiderman, 1994）。

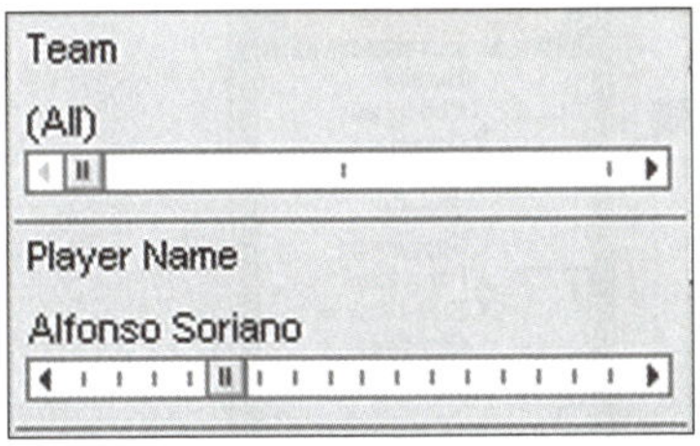

圖6.7
文字滑動桿能讓使用者從大量的類別項目中選擇一個項目。若移動滑桿鈕，其對應的應用也會立即更新，並可與其他項目快速做比較

二維功能表選單。我們也可以利用多欄的功能表選單。這些「快且多」的二維功能表選單能讓使用者對於所有選擇有大致的了解，因而可減少所需要的運作，並能進行快速選擇。多欄功能表選單對於網頁設計特別有用，它能夠把捲動清單的需求降到最低，並且利用圖示或文字，讓使用者可以在一個畫面上看到所有選擇的概觀（圖6.8）。使用熟悉的二維版面配置，例如選擇班機出發時間、利用顏色標示已售出的機位、以及地圖上的區域和圖示。標籤雲（Tag Clouds）也可以表示成大型的二維主題功能表選單，並讓使用者根據主題瀏覽使用者自製的內容（圖6.11）。

6.3.3 內嵌功能表選單和熱門連結

截至目前所討論到的功能表選單都可以歸類為顯式功能選單（explicit menus），這類選單可有條理地列舉出含有少許額外資訊的選單項目；然而在許多情況下，選單選項可以內嵌（embedded）在文字或圖形中，且可以被點選。

人機介面設計

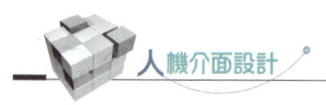

例如，讓使用者選擇內文中的名稱，即可讀取相關的人、事、地和物，以擷取詳細的資訊（Koved and Shneiderman, 1986）。加上強調設定的名稱、地點、或詞彙，都是在有意義的文件中內嵌的選單項目，這些有意義的文字告知並協助使用者了解功能表選單選項的意義。內嵌連結在Hyperties系統中很常見，原是應用在早期的商業計畫中（如Shneiderman, 1988），之後成為全球資訊網的熱門連結（hotlinks）的靈感來源（見圖1.4和1.5）。

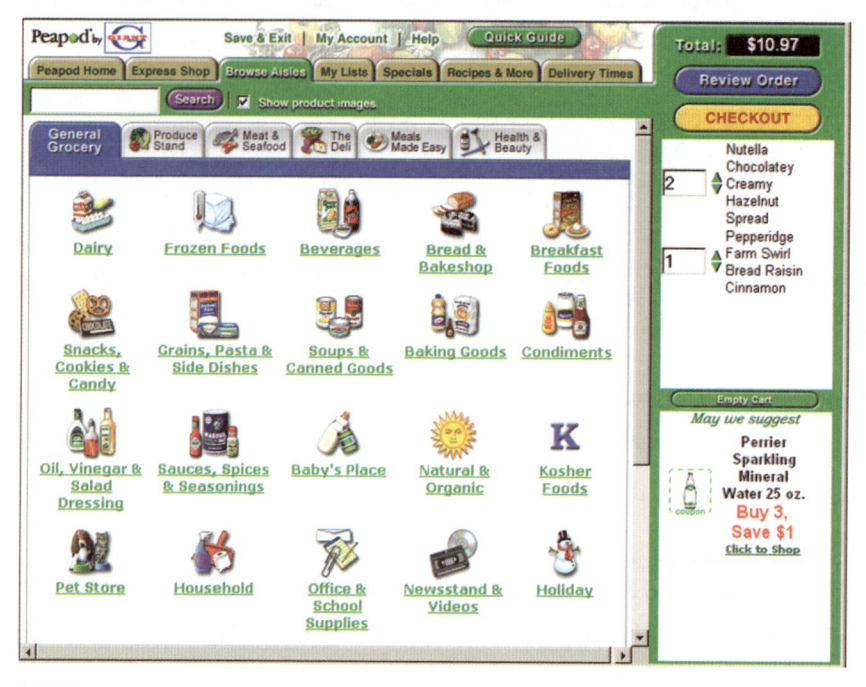

圖6.8
線上雜貨購物網（http:// www.peapod.com）利用圖示和文字標籤的組合提供功能表選單。在General Grocery類別下共有25個包含文字標示的圖示。圖示具有吸引力，而且可以代表每個項目。它們的位置是固定的，可幫助使用者記憶，如麥片，是位於這個功能表選單的右上角。本網頁也展示提供其他服務存取的索引標籤設計。無論什麼時候都可以看得到訂購清單和總價的索引標籤

透過內嵌連結，選項可以出現在內文中，同時不會像列舉的選單項目一樣，讓人分心且浪費畫面空間。把連結直接顯示在內文中，能幫助使用者把注意力集中在他們的工作、與所專注的物件上。圖形功能選單是用以呈現多種選項的一種特別吸引人的方式，它能夠提供內文的資訊，並同時讓使用者做出選擇。例如，在使用者選擇一個功能表選單選項之前，可利用地圖讓使用者先熟悉區域的地理環境（圖6.12），而日曆可以告訴使用者可選擇的日期與限制（圖6.13）。資訊豐富簡潔的視覺影像，能夠呈現龐大的功能表選單（見第14章）。

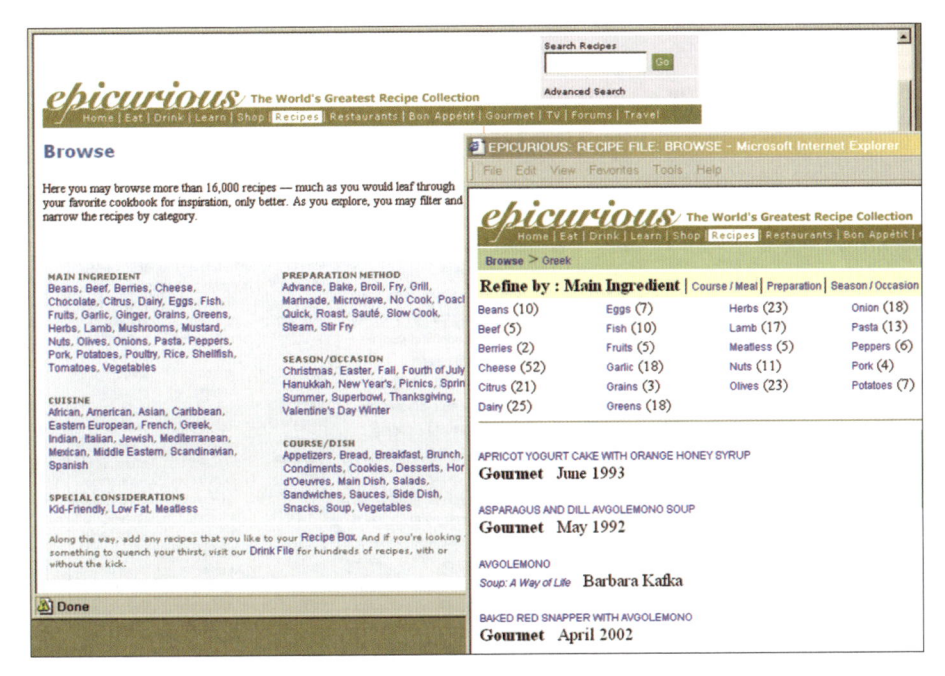

圖6.9

Epicurious（http://www.epicurious.com）提供一個有上百類食譜的功能表選單。只要使用者選擇了類別（本例中為Greek recipes），就可以瀏覽其下層清單或縮小選擇範圍。每一類菜單的數目資訊標示在每一類名稱的旁邊（例如，Beans有10份菜單）。其它挑選的方式包括：course/meal（菜／用餐時間）、preparation time（烹調時間）、和season/occasion（季節／場合）

圖6.10

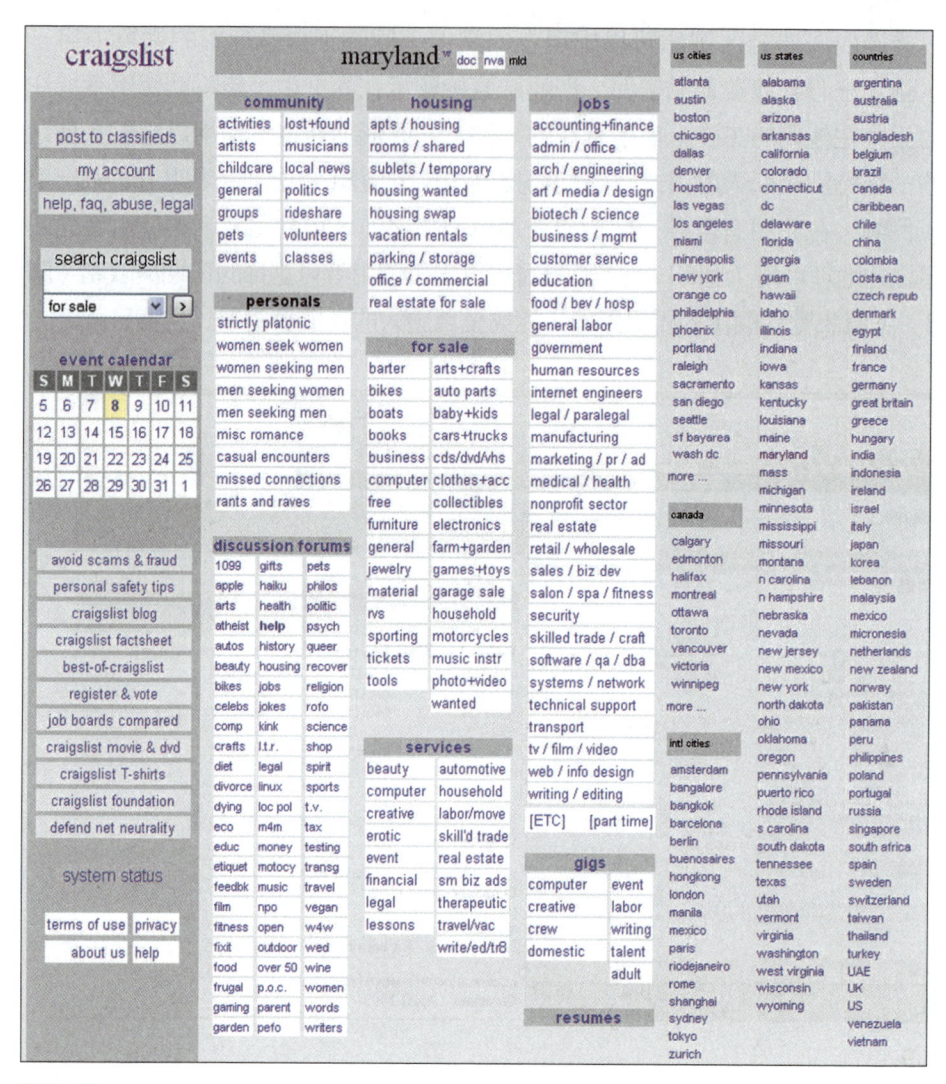

Craigslist（http://www.craigslist.com/）使用大型的二維功能表選單，讓使用者可以快速瀏覽上百個選項

圖6.11

Flickr（http://www.flickr.com/）讓使用者透過選擇標籤雲中的標籤，來瀏覽各主題下的照片。標籤的字體越大，代表有較多的照片

圖6.12

為了搜尋租車公司的位置，使用者可以利用顯示全球各區域地理位置的階層式功能表選單進行選擇，或直接點選感興趣的區域（http://www.alamo.com/）。當使用者選擇了某個區域（本例中是歐洲）後，地圖內容便會跟著更新。可選擇的區域以黃色顯示。游標所指的國家（在這個例子中是Ireland）其地圖和功能選項都會加上不同的強調設定

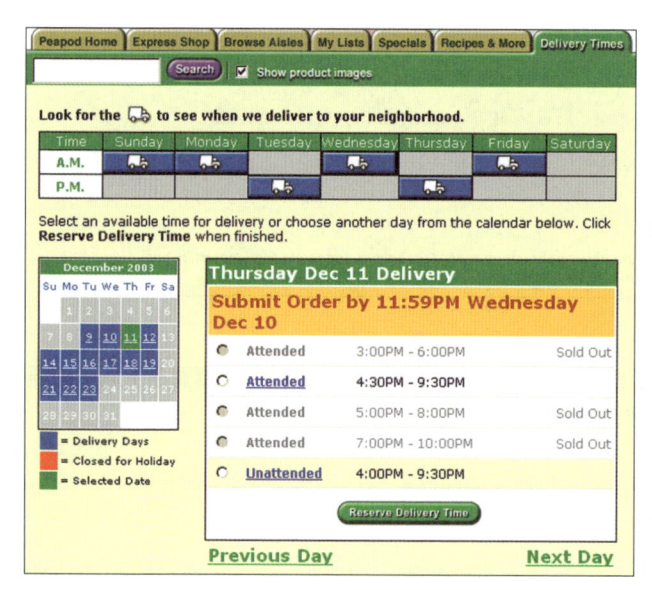

圖6.13

為了選定一個送件日期，使用者可以在當月的日曆上選擇某一天（加上顏色的表示可選擇的日期），或在一週的檢視模式中選擇早上或下午送抵。可在時間清單上點選最後的送達時間，清單中無法選擇的時段設定為灰色（http://www.peapod.com/）

6.4 多個功能表選單的組合

功能表選單可以用線性序列組合起來、或同時呈現。常見的方式是利用樹狀結構組織大型的功能表選單，但也可以用非循環式或循環式網路結構。

6.4.1 線性功能表選單和同步功能表選單

一連串相互依賴的功能表選單可用以引導使用者完成一系列的選擇。例如，訂購披薩的介面可能包括一連串線性的功能表選單，讓使用者可選擇尺寸（小、中、或大）、厚度（厚、標準、或薄）、和醬料。其它較為熟悉的例子，包括有一連串選擇測驗題的線上測驗系統，每一個題目都可以組成一個選單；或以一連串的提示板和功能表選單選項引導使用者安裝軟體或完成其它程序的精靈（Microsoft的用語）。線性序列利用一次出現一個選擇的方式引導使用者，這對於進行簡單工作的初學者相當有效。

同步功能表選單是同一時間在螢幕上顯示多個有效的功能表選單，並讓使用者以任意的順序進行選擇（圖6.14）。這種功能表選單需要較大的顯示空間，在某些特定的顯示環境和功能表選單結構下，這些選單擺放的位置可能不恰當；然而研究指出，進行複雜工作的資深使用者較能受惠於同步功能表選單（Hochheiser and Shneiderman, 1999）。Flamenco的faceted metadata搜尋介面（見13.4節與圖13.6）是利用同步功能表選單的一個強大應用程式，可用以瀏覽大型影像資料庫（Hearst, 2006）。

6.4.2 樹狀結構功能表選單

當選項增加時，設計者可以把類似的項目歸類，並建立樹狀結構。某些選項可以輕易地分為許多有著特殊名稱、且彼此互斥的群組。例如，線上雜貨店中的產品可以組織成如農產品、肉類、乳類、清潔用品等類別；此外，農產品可以分為蔬菜、水果、和堅果，而乳類可以分為牛奶、起司、優格等。

人機介面設計

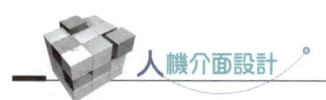

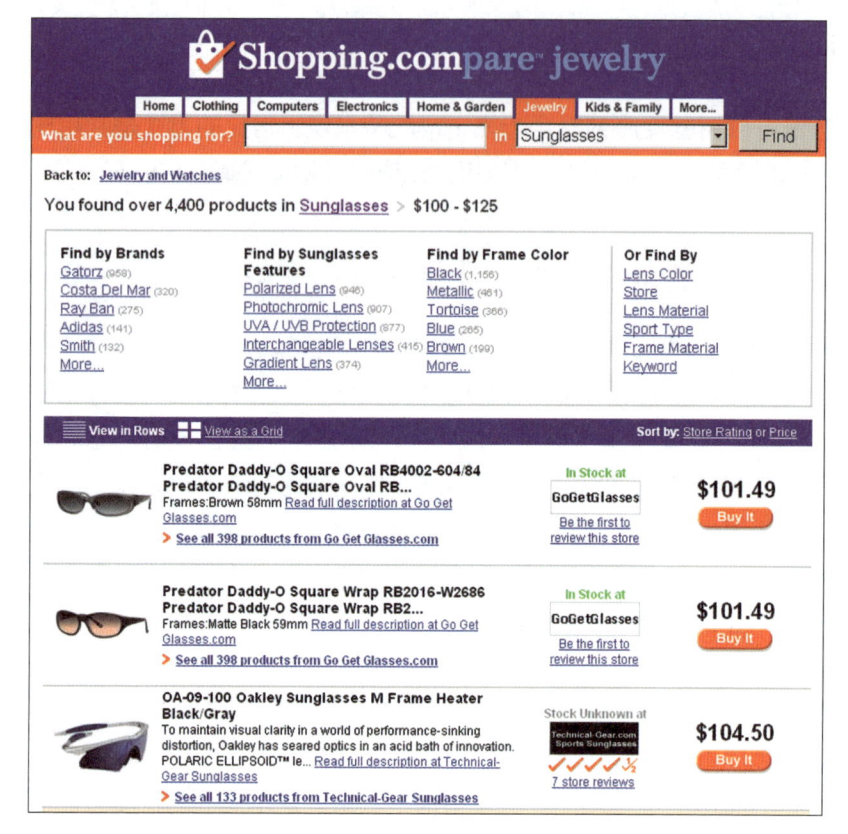

圖6.14
正在找尋太陽眼鏡的購物者，可以藉由選擇廠牌、功能、和鏡框顏色三項功能表選單的方式，縮小搜尋範圍（http://www.shopping.com/）。搜尋結果可以列或格狀結構顯示，且可以根據價格或商店評價排序

在這些分類中，有時候也會造成混淆或不一致的情況。進行分類和索引是複雜的工作，且在多數情況下並不存在所有人都能接受的分類方式。初始設計可以根據使用者的回饋再加以修正，而隨著結構的改善、與使用者逐漸熟悉這個結構後，設計的成功率就會提高。

除了關聯性的問題外，樹狀結構選單系統具有提供初學者或中階使用者使用大量資料的能力。如果功能表選單有30個選項，則4層的功能表選單樹可讓

未受過訓練的使用者選擇810,000個目標;對於文書處理器中的命令,這樣的數字可能太大,但在全球資訊網應用中(如報紙、圖書館,圖1.6),或如Yahoo!(圖1.11)之類的入口網站,這個數字卻是很實際的。

若每一層級的分群是使用者容易了解的,且使用者也知道目標選項,則功能表選單的瀏覽就可以在數秒內完成。另一方面,若分群方式是使用者不熟悉的,而且使用者對想要找的項目只有模糊的概念時,他們可能會在樹狀功能表選單中花上數小時的時間(Norman, 1991)。使用者工作領域的術語,可以幫助引導使用者。不使用模糊的標題,並且強調電腦領域的用法,例如不要使用像「主功能表選單選項」(Main Menu Options)之類的術語,而是使用像「親切的銀行服務」(Friendlibank Service)或只用「遊戲」(Games)等名稱。

使用大型索引的功能表選單(例如,圖書館主題標題、或許多的商業分類),對導覽而言是一大挑戰。利用展開式功能表選單(expanding menu),當使用者瀏覽樹狀結構時(如在檔案總管),仍可以保留選項的完整內容。在任何時刻,使用者可以讀取到主要的、和同一層的所有類別。另一方面,在循序的功能表選單中,移至階層架構中較低的階層時,並不會顯示所有的階層架構,只有所選擇的類別中的項目會被顯示出來。最近展開式功能表選單的一個研究中指出:功能表選單階層架構的深度只有2或3層時,展開式功能表選單才會被接受,並且應該避免使用階層較多的階層架構。這項研究也指出,展開式功能表選單應該避免使用難以依循的縮排方式,且瀏覽視窗要避免使用需要不斷捲動的冗長清單(Zaphiris et al., 2002)。

功能表選單樹的深度(depth)或階層的數目,在某種程度上是取決於它的廣度(breadth),或每個階層中的項目個數。若把較多的項目放在主選單,則功能表選單樹會變寬、且階層較少;但只有在能清楚呈現的情況下,這樣的形狀才有好處。許多設計者極力主張每個功能表選單使用4到8個選項,但同時他們也主張功能表選單樹不要超過3到4個階層。而具有大型功能表選單的應用程式,必須對以上所述兩個指導方針做一些取捨。

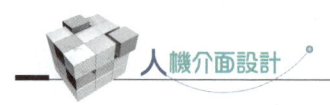

許多實證研究已經討論過深度／廣度之間的取捨，並且證明廣度應該優先於深度的事實（Norman, 1991）。事實上，鼓勵設計者把功能表選單樹限制在3個階層以內是有道理的：當深度達到4或5層時，使用者可能有很大的機會會迷失方向。Jacko和Salvendy（1996）研究工作複雜度與不同深度／廣度的功能表選單效能之間的關係，他們發現回應時間和錯誤的次數會隨著深度的增加而增加。此外，使用者發現，比較深的功能表選單會比較複雜。在另一個研究中證實，於網頁連結的階層架構應用階層式功能表選單時，階層式設計實驗是可以被複製的（Larson and Czerwinski, 1998）。隨著階層式架構的深度增加，瀏覽選單的問題（迷失或選用較沒有效率的路徑）會愈來愈變化莫測。

雖然選項的語意組織不能被忽略，但根據這些研究可知：階層愈少，愈容易做選擇。當然，除了語意組織之外，也要考慮畫面的凌亂程度。

6.4.3 功能表選單地圖

隨著功能表選單樹的深度的增加，使用者會發現愈來愈難在選單樹維持方向感。他們會遺失方向感，「迷路」的感覺也會增加。每次觀看一個功能表選單時，會很難了解功能選單樹的整體結構，也看不出類別之間的關係。早期的幾個研究證明提供空間地圖可以幫助使用者維持方向感。功能表選單地圖有時候會顯示在網頁中（圖6.15）；而專業的應用程式則會提供功能表選單地圖的大型海報，讓使用者概略地看到數個階層中的數百個項目。

6.4.4 非循環式和循環式功能表選單網路

雖然樹狀結構很吸引人，有時候網路結構會更合適。例如，商用線上服務中，提供樹狀結構中來自金融和顧客端的銀行資料存取是很合理的。使用功能表選單網路的第二個動機，是希望兩個樹狀結構之間存在互通的路徑，而不是要求使用者新從主選單開始新的搜尋。網路結構在社會關係、交通路線、和全球資訊網中以非循環或循環的形式自然出現。當使用者從使用簡單的樹狀結構，變成使用非循環式網路、循環式網路，則迷路的機會就會增加。當使用者

意識到他們遠離主選單時,功能表選單地圖或網站地圖會讓使用者比較自在,所以保持「階層」的概念可能會有幫助。

也可以設計出其它專用的或混合式的功能表選單結構。例如,電腦化的問卷,通常是利用一連串線性的功能表選單,但條件判斷會改變選單的順序,而且選項的數值也會根據之前問題的答案變化。新的結構和現有結構的改善,應該要以能夠改善使用者的效能與滿意度為目標。

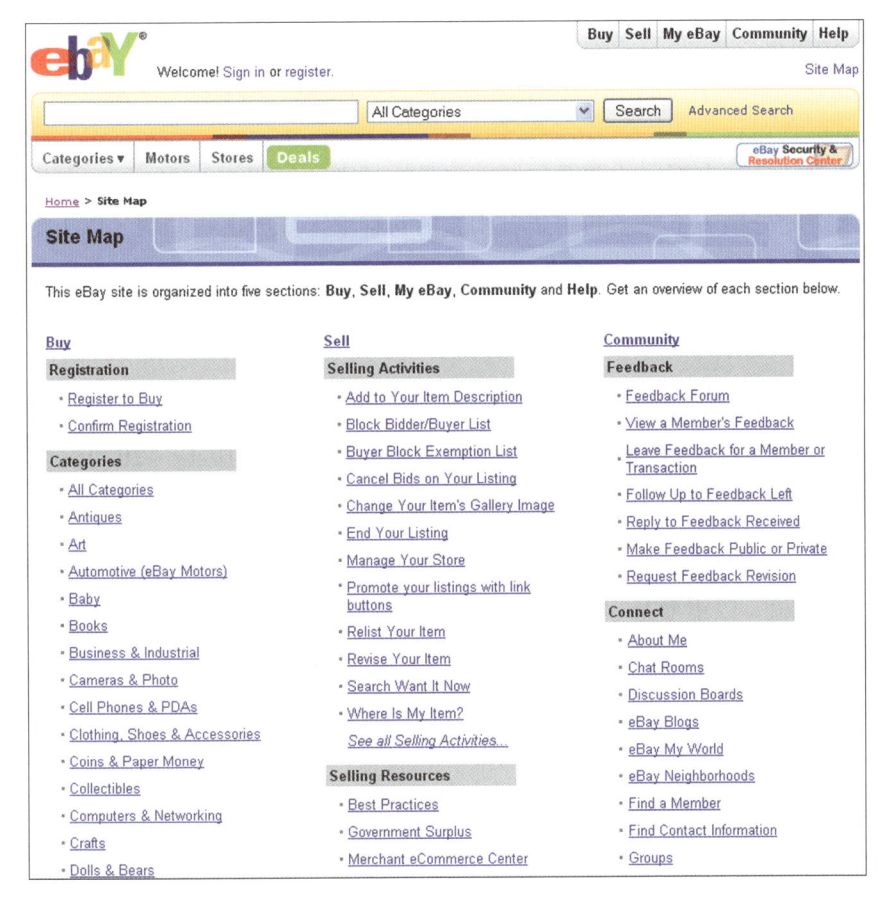

圖6.15
eBay提供網站地圖,清單中列出網站中的所有網頁(http://www.ebay.com)

6.5 內容組織

將功能表選單的項目有意義地群組起來並安排出現的順序，配合仔細地選擇標題和標籤，並做適當的版面配置，如此可以產生容易學習的功能表選單，加快選擇的速度。本節將探討內容組織的問題，並提供一些設計的指導方針。

6.5.1 在樹狀結構中根據工作任務分群

將樹狀結構的功能表選單選項分群，可以協助使用者容易理解選單內容，並且能使分群符合工作結構。但是，要這麼做有時候是有困難的。這個問題就像要排列廚房的器具，牛排刀放在一起，湯匙放在一起，可是奶油刀或菜刀組要放在哪？電腦功能表選單的問題包括：重疊的類別、無關的選項、同一選單中會產生衝突的分類、不熟悉的用語、和通稱的辭彙。基於這些問題，以下是一些產生功能表選單樹的建議規則：

- 建立邏輯上相似的項目所組成的群組。例如，容易理解的功能表選單，在階層1列出國家、階層2列出州或省、而階層3列出都市。

- 產生包含所有可能的群組。例如，含有年齡範圍0-9、10-19、20-29、與>30的功能表選單，使用者可以容易地選擇一個項目。

- 確保項目不會重疊。較低階層的項目，應該自然地與一個較高階層的項目相關。以重疊類別「娛樂」和「事件」相較於「音樂會」和「運動」，前者的分類方式較差。

- 使用熟悉的用語，但需確保項目的名稱和其它項目不同。一般的名詞如「天」和「夜」可能太模糊；「早上6點到晚上6點」的明確選項，可能會更有用、也更精確。

沒有完美功能表選單結構會符合每個使用者知識應用領域。設計者必須在初期開發階段做出正確的判斷，但之後必須要能接受改進建議與實證資料。即使是複雜的樹狀結構，使用者也將漸漸熟悉，且會愈來愈容易找到所需的選項。

6.5.2 選項的呈現順序

一旦在功能表選單中的選項決定之後，設計者仍然要面臨呈現順序的抉擇。如果項目有既定的順序 — 如每週的天數、書中的章節、或蛋的大小，這個抉擇就會很簡單。

一般排列選項順序的依據包括：

- 時間（時間順序排列）
- 數值順序（遞增或遞減排列）
- 物理性質（增加或減少的長度、面積、體積、溫度、重量、速度等）

在許多情況下並沒有與工作相關的順序，而使用者必須從以下的可能方式中選擇一個：

- 名稱的字母順序
- 將相關的選項群組化（用線條、或其它的方式區別群組）
- 最常用的選項優先
- 最重要的選項優先（重要性可能不容易決定，而且是主觀的）

有一個研究，把FedStats（一個全球資訊網政府統計入口網站）中的用語，分別使用按字母順序排列的清單（645個選項）與分類組織架構（16個類別）做整理並比較（Ceaparu and Shneiderman, 2004）。當依據類別進行分類組織時，使用者在回答複雜問題的效能上會有明顯的改善。當依類別來分類組織選項，並提供215個單位、或計畫首頁的連結時，即可用以替代會令使用者覺得找不到所需資訊的低階網頁，如此可看到更進一步的效能改善。

如果選項的使用頻率是排列功能表選單選項的一個不錯方式，則不斷地調整順序以反映目前使用的狀況也會變得有意義。不幸地，不斷地調整順序，可

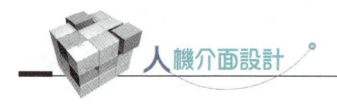

能會造成問題、增加困惑,而且造成使用者學習功能表選單結構的困難。除此之外,使用者可能會擔心,其它的改變可能隨時會發生。在一項研究中發現反對動態順序調整的證據。此研究使用一個下拉式的食物清單,該清單不斷地改變順序,愈常選擇的選項會被移到清單的上端(Mitchell and Shneiderman, 1989)。使用者會因為不斷改變的功能表選單而被弄得心神不寧,然而使用靜態的功能表選單時,使用者的表現反而會比較好。相反的,支持動態調整的證據,出現在一個電話簿功能表選單樹的研究中,以不斷調整電話簿功能表選單樹結構的方式,讓使用者更容易取得常用的電話號碼(Greenberg and Witten, 1985)。然而,這個研究並沒有討論到使用時可能發生的功能表選單亂排的潛在問題。為了避免問題以及無法預期的情況,讓使用者選擇何時要重排功能表選單可能是個明智的策略。

當某些功能表選單項目較常被選擇時,會傾向於把選項依照選擇頻率做遞減排列。這個組織方式的確會加速最上端的幾個選項的選取速度,但對於選擇頻率比較低的項目,進行排序並不具意義,而且會造成問題。一個合理的折衷做法,是取出三或四個最常選擇的項目,並把它們放在頂端,而其餘的項目維持原來的排序順序(圖6.16)。對於冗長的字型選單所做的受控實驗和田野調查中,三個最常用的英文字型(Courier、Helvetica和Times)被放在頂端,而剩下的清單則根據字母順序排列。這種分割選單(split-menu)的做法很吸引人,而且很明顯的提高了效能(Sears and Shneiderman, 1994)。功能表選單選擇效能的改良理論提到,可在對數時間內點選常用的項目,而根據選擇項目的位置,會在線性時間內發現不熟悉的項目。軟體會收集使用頻率的資料,但在系統管理者決定改變之前,分割功能表選單的順序都要保持固定。

微軟在Office 2000中引進自動調整功能表選單(adaptive menu)。當使用者使用此軟體時,沒有被選過的功能表選單選項會從功能表選單中消失,使功能表選單變得比較短;而目前已經被選擇的項目則會留在短的功能表選單中。為了再看到消失的項目,使用者必須點選功能表選單底端的箭號,或把游標停在箭號上數秒,讓選單顯示所有的項目。許多使用固定模式的使用者都很欣賞這

個複雜的方式，但常被自動調整功能表搞混的使用者則非常不喜歡這種設計。Office 2007以穩定的功能區介面取代自動調整功能表選單，其在空間的固定位置上有很多選擇。

自訂順序（使用者控制的）功能表選單（adaptable menu）是另一個吸引人的選擇。一項研究把含有一點變化的自動調整功能表選單放在Microsoft Word中，提供使用者在兩個操作模式之間切換的能力：標準的全功能模式、和個人模式。在個人模式中，使用者選擇功能表選單中的項目，可以自訂功能表選單（McGrenere et al., 2007）。結果顯示，參與者在使用自訂順序的調整功能表選單時，比較能夠學習和瀏覽功能表選單。使用者的偏好有很大的差異，而且研究顯示，某些使用者從頭到尾都不喜歡自訂順序的功能表選單，而其他人也不願花很多時間自行設定介面。

圖6.16

Microsoft Office中可看到的自動調整功能表選單。字型選擇功能表選單的頂端會列出最近選擇過的字型（以及完整的清單），讓使用者能快速地選擇常用字型

6.5.3 功能表選單版面配置

功能表選單版面配置的實驗性研究比較少。本節包含許多主觀的判斷，還需要經驗上的驗證（Box 6.1）。

標題。選擇一本書的標題，對作者、編輯、或出版商而言，是需要小心處理的問題。特別是具有描述性或容易記憶的標題，讀者的反應會有很大的差異。同樣地，選擇功能表選單的標題，也是一個複雜的問題，需要認真的思考。

對於單一功能表選單，只要能夠判定狀況的描述性標題即可。對於線性序列的功能表選單，標題應該要能夠正確地呈現出線性序列中的每個階段。一致的文法樣式，可以減少混淆的狀況，而簡潔、但不含糊的名詞片語，就已經足夠。

樹狀結構功能表選單的標題選擇會更困難。針對選單樹的樹根，如「主功能表選單」的標題，或如「銀行交易」的主題敘述，可以清楚地指出使用者目前處於開始的位置。一個很有幫助的規則，是把較高階功能表選單選項，做為下一個較低階功能表選單的標題；如此可以讓使用者預知，在選擇如「商業和金融服務」的選項時，接下來會出現以「商業和金融服務」為標題的畫面。如果使用者看到的是「管理你的金錢」為標題的畫面，雖然這仍具有類似的含意，但卻會讓使用者搞混。試著想像這樣的情境：看著書的目錄，並發現有一章的標題是「美國革命」，但是，當你翻到所指示的頁數時，看到的卻是「我們的早期歷史」的標題 — 你可能會認為自己可能弄錯了，而且會失去信心。同樣地，在設計全球資訊網網頁時，應該要確保嵌入的功能表選單選項和目的網頁的標題相符。利用功能表選單選項做標題，可能會使功能表選單作者更加仔細地選擇選項，讓選項具有描述性，而且也能做為下一個功能表選單的標題。

■ Box 6.1 功能表選單選擇指導方針

- 使用工作任務語意組織功能表選單（單一、線性順序、樹狀結構、非循環和循環式網路）
- 對寬－淺的喜好勝過窄－深
- 利用圖形、數字、或標題顯示位置
- 選項做為子樹的標題
- 以有意義的方式將選項分群
- 以有意義的方式排列選項順序
- 使用簡潔的選項，名稱以關鍵字為起始
- 使用一致的文法、版面配置、術語
- 允許隨打即找（type ahead）、往前跳、或其它的快捷鍵
- 具有跳到上一個、和主功能表選單的能力
- 使用線上說明、新的選擇機制、最佳回應時間、顯示頻率、畫面大小

需要更深入思考的，是標題和其它特徵在功能表選單畫面中位置的一致性。Teitelbaum和Granda（1983）指出，當選單畫面中的標題或提示資訊位置不斷改變時，使用者思考的時間幾乎是原來的兩倍，所以應該努力讓擺放的位置固定。

功能選項的用詞和格式。就因為介面有文字、片語、或句子做為功能表選單的選項，因此無法保證使用者能完全了解這些文字。某些使用者對於獨特的字眼可能不大熟悉（例如，「分頁」），而且有時可能有兩個功能表選單選項看起來滿足使用者的需求，但事實上，只有一個是使用者要的（例如，「放棄」或「退出」）。這個問題由來已久，並沒有完美的解答，但是設計者可以從同事、使用者、引導研究、接受度測試、和使用者效能監測中收集有用的回饋。以下的指導方針看來可能平淡無奇，但是因為彼此間常會相互衝突，因此特別提出說明：

- 使用熟悉且一致的術語。仔細地選擇使用群熟悉的術語，並整理出用語清單，以促進術語使用的一致性。

- 確保選項之間是有所區別的。每個選項間應該要能清楚地區別。例如，「鄉間漫遊」和「公園參觀行程」的區別性，會比「腳踏車之旅」和「國家公園火車行」來得小。

- 使用一致和簡要的用詞。檢視選項的集合，確保它們的一致性和簡潔性。使用者喜歡更舒適的感受，而且，使用「動物」、「蔬菜」、和「礦物」，比「有關動物的資訊」、「你可以選擇的蔬菜」、和「查看礦物分類」成功。

- 把關鍵字放在前面。請讓使用者從選項的第一個字，即可辨別和區分項目使用 "Size of type"（字體大小），而不用 "Set the type size"（設定字體大小）。而且使用者若從第一個字即可判斷這個項目是不相關的，就可以從下一個項目開始瀏覽。

當應用程式包含多個功能表選單畫面時，藉由使用一致的格式來增加使用者對選項的預測性，可以減少使用者使用時的焦慮。功能表選單設計者，至少應為下列的功能表選單元件建立一致性的指導方針：

- **標題**。某些人偏好置中的標題，但是靠左對齊也是可以接受的方式。

- **選項位置**。一般而言，選項是依照選項說明前面的數字或字母，而做靠左對齊。空白線可以用來分隔有意義的選項群組。若使用多欄時，應該使用一致的編號或字母樣式（例如，根據欄的方向，從上往下尋找，比根據列的方向進行橫跨尋找容易）。請見11.4節的畫面設計。

- **指令**。每個功能表選單的指令應該要相同，而且應該放在相同的位置。這個規則包含有關瀏覽、說明、或功能鍵使用的指令。

- **錯誤訊息**。如果使用者做出無法接受的選擇，應該在一致的位置顯示錯誤訊息，並且應該使用一致的術語和語法。無法接受的選擇標示為灰色將有助於減少錯誤的發生。

- **狀態報告**。某些系統會顯示目前正在搜尋功能表選單結構中的哪一個部份，目前正在查看結構的哪一頁，或為了要完成工作，必須要選擇什麼。這些資訊應該要顯示在一致的位置，並且要有一致的結構。

除此之外，因為迷失方向是可能會發生的問題，指出使用者在功能表選單結構中的位置的技巧是很有用的。書本可以分別使用不同的字型和字體，代表章、節、小節的結構。同樣的，在功能表選單樹中，當使用者在樹狀結構中往下層移動時，標題可以被設計用來表示階層、或與主功能表選單的距離，可以利用圖形、字型、字體、或強調的技巧來達成。例如，針對向下發展之樹狀結構，這個畫面顯示一個的清楚指令：

Main Menu （主功能表選單）
HOME SERVICES （家庭服務）
NEWSPAPERS （報紙）
The New York Times （紐約時報）

當使用者想要由下往上瀏覽樹的結構、或連接到在同一層的功能表選單時，他們會知道要採取什麼運作。

線性序列的功能表選單可以提供使用者序列位置的可見資訊：位置標誌（position marker）。例如，在含有8個一系列的功能表選單畫面之應用程式中，位於功能表選單選項正下方的位置標誌（＋），可能代表進度。在第三個畫面中，位置標誌為

_ _ _ ＋ _ _ _ _

使用者可以利用位置標誌，來估計他們的進度，並可知道還有多少要完成。在購物網站中的進度指示器，在大部份線性功能表選單結構是一個很有用的範例。

有了足夠的畫面空間，就可以顯示大部份的功能表選單地圖，並能讓使用者點選功能表選單樹中任何一個位置的選項。在這樣的設計計畫中，圖形設計師和版面配置師是很好的合作伙伴。

6.6 在功能表選單中快速移動

將功能表單選項的群組和順序做最佳化，並考慮自訂順序的功能表選單之後，仍有一些可以特別提供給專家級使用者在功能表選單中設計快速移動的方法。

一個標準的方式，是提供鍵盤快捷鍵給經常使用功能表選單的使用者。例如，專家級使用者可以記住Microsoft Word的CTRL-S是「儲存檔案」、CTRL-Z是「復原」。甚至當功能表選單選項的顯示非常快時，這類使用者仍傾向使用迅速的鍵盤快捷鍵，而不是移動滑鼠開啟檢視功能表選單，並選擇適合的選

項。這個方式很吸引人，因為它很快，而且不論是初學者或專家，都能夠學習這個技巧。利用可幫助記憶的字母執行隨打即找的方法，需要小心相互衝突的情況，而且轉換成外國語言所花的精力會增加，但是這種方法清楚且容易記憶，對許多應用是一個優點。快捷鍵應該顯示在功能表選單項目標籤的旁邊，讓使用者可以在需要時慢慢學習所需的新快捷鍵。

圓餅形功能表選單、標記功能表選單、和其它圓餅形功能表選單的變化形式，可以在功能表選單項目顯示前，加入很短的延遲時間，讓使用者能夠進行隨滑鼠移動即找（mouse ahead）的工作；使用者靠著他們的肌肉記憶，重新產生一系列的角度偏移，來選擇一個特定的選項（例如，在繪圖程式中，"click-up-left-up"（滑鼠點選－向上－向左－向上），可以在功能表選單出現之前，就開始拖曳物件）。當使用者並不確定要做什麼時，可以等待功能表選單出現。

在web瀏覽器中，透過書籤（bookmark）能讓使用者利用捷徑連結到之前所拜訪過的目的地。對許多使用者而言，這個功能表選單會很快的變大，同時因需要階層式的管理策略，因而使得這樣的作法變成一項挑戰。

最後，若需要多次使用較低階層功能表選單中的選項，分離式功能表（tear-off menu）能讓選項清單一直出現在畫面中。

6.7 利用功能表選單執行資料輸入：填空式表單、對話窗、和其它的方法

要從清單中選擇一個項目，利用功能表選單會是較有效率的方式。但若要輸入個人姓名或數值資料，則利用鍵盤鍵入會比較方便。當有許多欄位的資料需要輸入，比較適合的互動方式是利用填空式表單，這是因為顯示畫面類似紙上表單（圖6.17），所以幾乎不需要引導。即使是預約機票、座位選擇、和購物，透過填空式表單、彈出式或捲動式功能表選單、以及像日曆或地圖的自訂視窗元件，都可以支援快速的選擇。

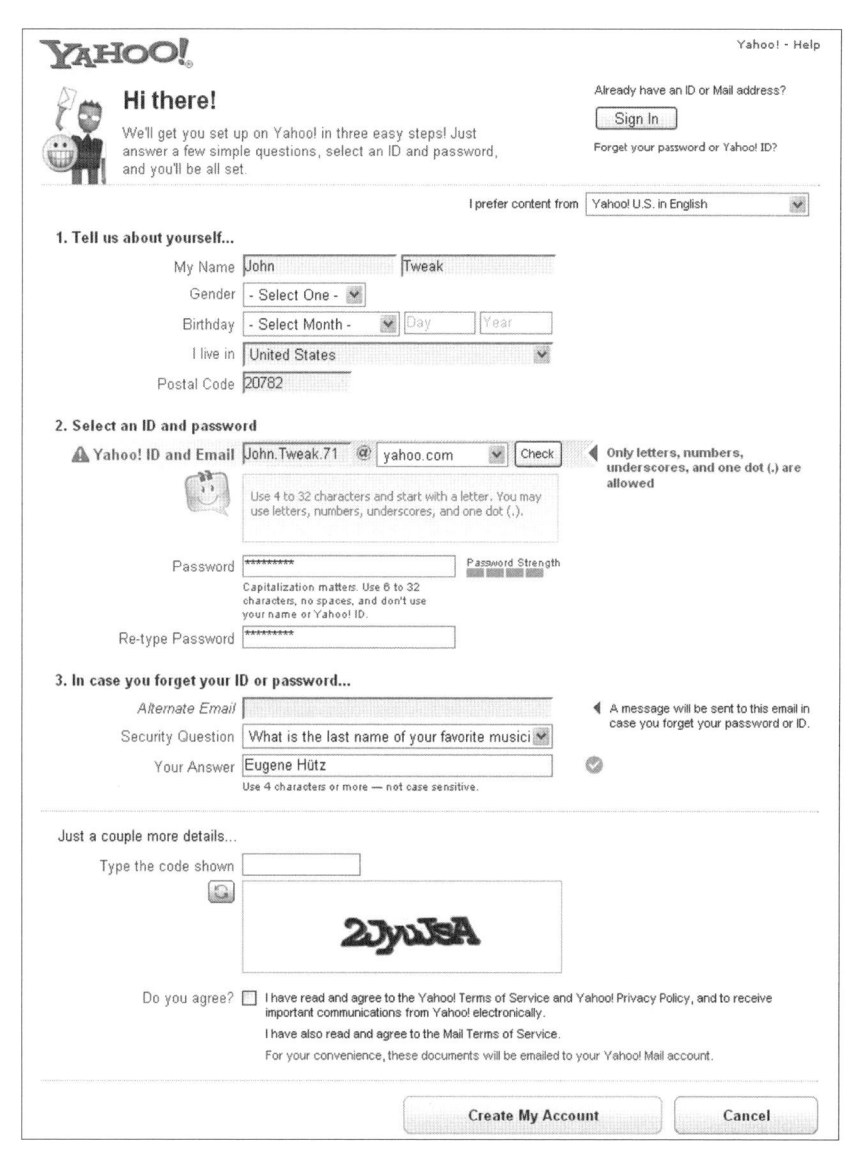

圖6.17

在Yahoo!的網站（http://www.yahoo.com/）進行註冊時，這個填空式表單能讓使用者輸入個人資訊。欄位會以有意義的方式分群，而特殊欄位規則，例如要求輸入的密碼形式會出現在欄位旁邊，或是在錯誤訊息中說明如何更正問題。驗證是需要的，當使用者完成每個欄位時，資料會被檢查，並在幾秒鐘後欄位旁會出現小的綠色檢查標誌，代表資料是可被接受的

6.7.1 填空式表單

關於填空式表單的實證研究很少,但可以從許多從業人員身上得到許多設計相關的指導方針(Galitz, 2007; Brown, 1988)。軟體工具簡化了設計、確保一致性、使維護容易、而且加速開發,但即使是使用完美的工具,設計者仍須做許多複雜的決定(Box 6.2)。

■ Box 6.2 填空式表單設計指導方針

- 有意義的標題
- 可理解的說明
- 欄位的邏輯分群和排序
- 吸引人的表單版面配置
- 熟悉的欄位標籤
- 一致的用語和縮寫
- 資料輸入欄位的可見空間和邊界
- 方便的游標移動
- 個別字元和整個欄位的錯誤校正
- 錯誤預防
- 無法接受的數值的錯誤訊息
- 清楚標示必要的欄位
- 欄位的說明訊息
- 支援使用者控制的完成訊息

填空式表單設計要素如下:

- **有意義的標題**。確認主題,並且避免使用電腦用語。
- **可理解的說明**。使用熟悉的用語描述使用者的工作。要簡潔,如果需要較多的資訊,製作一組說明畫面給需要的初學者。為達簡潔,只描述必須的操作(「輸入地址」或只是「地址」),並且要避免代名詞(「你應該輸入地址」)或提到「使用者」(「表單的使用者應該輸入

地址」)。另一個有用的規則是用「輸入」來代表輸入資訊，使用「按下」加上特殊鍵（如Tab、Enter、或游標移動（方向）鍵等）。

- **欄位的邏輯分群和排序**。相關的欄位應該相鄰，並且應該用分隔群組的空白空間對齊。順序應該能反映一般的模式 — 例如，城市接著是州，接著是郵遞區號。

- **吸引人的表單版面配置**。對齊可以產生整齊的感覺、與增加可理解性。例如，欄位標籤為「姓名」、「地址」、和「城市」的欄位，可以靠右對齊，使得資料輸入欄位在垂直方向上是對齊的。這樣的版面配置，讓經常使用的使用者能夠專注於輸入欄位，而不用理會標籤。

- **熟悉的欄位標籤**。應該使用常用的用語。如果用「居住地」取代「住家地址」，會讓許多使用者對於要輸入什麼產生不確定感或焦慮感。

- **一致的用語和縮寫**。製作一個用語、和可接受的縮寫的清單，並盡量使用這個清單，且只有在詳細考量後，才會把用語或縮寫加入清單中，因此不會任意變換使用如「地址」、「辦公室地址」、「住所」等用語，而是固定使用某個用語。

- **資料輸入欄位的可見空間和邊界**。使用者應該要可以看到欄位的大小，而且要能預先知道是否需要縮寫或其它斷詞的技巧。大小適當的方框，可以在GUI中顯示完整的欄位長度。

- **方便的游標移動**。利用鍵盤按鍵，提供在欄位之間移動游標的簡單、且可見的機制，例如，用Tab或方向鍵。

- **錯誤預防**。可能的話，要避免使用者輸入錯誤的數值。例如，在需要正整數的欄位中，不允許使用者輸入字母、減號、或小數點。

- **無法接受的數值的錯誤訊息**。若使用者輸入無法接受的數值，錯誤訊息應該要指出欄位可用的數值。例如，若郵遞區號被輸入為「28K21」或「2380」，顯示訊息可以是「郵遞區號應該為5位數的數字」。

- **立即回應**。比較好的做法，是可以馬上反應出使用者的錯誤。當只有在表單被提交後，才能提供回應時（例如，使用純HTML的表單），應該要將需要校正的欄位位置明顯地標示出來（例如，在欄位的旁邊，用紅色顯示錯誤訊息，而不是在表單上方顯示一般的說明）。

- **清楚的標示必要欄位**。針對必需填寫的欄位，應提示「必填」或其它的指示說明。可能的話，非必要欄位應該在必要欄位之後。

- **欄位的說明訊息**。可能的話，關於欄位、或其可接受的數值的說明資訊，應該出現在標準的位置，例如，只要游標在欄位中，就在欄位的旁邊、或下方的視窗中出現說明訊息。

- **完成訊息**。使用者要能清楚的知道，當他們完成填表之後，要做些什麼。一般而言，應該避免填寫最後一個欄位之後，表單就會被自動提交的狀況，這是因為使用者可能會想要檢查、或改變之前的欄位輸入值。當表單很長時，可將多個送出按鈕或儲存按鈕放置在表單的不同位置。

這些考量可能看起來平淡無奇，但表單設計者往往會遺漏標題、或用明顯的方式表示完成，或者，使用不必要的電腦檔案名稱、奇怪的編碼、難以理解的說明、非直覺的欄位群組、混亂的版面配置、模糊的欄位標籤、不一致的縮寫或欄位格式、難以操作的游標移動機制、令人困惑的錯誤校正程序、或具有敵意的錯誤訊息。

6.7.2 格式特定的欄位

資訊欄位的資料輸入和顯示，需要特殊的處理。文字欄位，在習慣上是以靠左對齊的方式輸入與顯示，而數值欄位可能在輸入時是靠左對齊，但在顯示時就變成靠右對齊。可能的話，數值欄位的輸入和顯示應避免在最左邊出現一個「0」。有小數點的數值欄位，應該以小數點對齊。特別注意以下幾種常用的欄位：

- **電話號碼**。用一個表單來指定子欄位。

  ```
  Telephone: (_ _ _) _ _ _ - _ _ _ _
  ```

  小心特殊的情況，如額外的分機號碼、或非標準格式的國際電話號碼的需求。

- **社會安全號碼**。美國社會安全號碼的格式，應以下列的樣式顯示在畫面上

  ```
  Social security number: _ _ _ - _ _ - _ _ _ _
  ```

  當使用者已經輸入前三碼時，游標應該自動跳到二位數欄位的最左邊的位置。

- **日期**。指定日期是最難處理的問題之一，但並沒有好的解決方案。不同的工作，適合使用不同的日期格式，而且英式和美式的表示方式也不同。因為從未出現一個可被普遍接受的標準，所以需要輸入日期的正確範例，例如：

  ```
  Date: _ _/_ _/_ _ _ _   (04/22/2009 indicates April 22, 2009)
  ```

  對多數人而言，以下的例子會比抽象的描述容易理解：

  ```
  MM/DD/YYYY
  ```

  使用彈出的圖形日曆，可以減少錯誤發生的次數（圖6.13）。

- **時間**。雖然 24 小時制的時間很方便，但還是有很多美國人感到困惑，而偏好 A.M.（上午）或 P.M.（下午）的設定。因此可能會出現以下的表單：

  ```
  _ _ : _ _ _ _   (09:45 AM or PM)
  ```

  秒有可能會出現，也可能不會出現，因此增加了必要格式的多變性。

- **金額**（或其它貨幣）。貨幣的符號，應該要出現在畫面中，如此使用者只需輸入金額。若有一筆很大的金額要輸入，可以提供使用者類似以下的欄位：

```
Deposit amount: $_ _ _ _ _ . _ _
```

把游標移到小數點的左邊。當使用者輸入數字時，數字會往左移，就像計算機顯示的方式。要輸入幾分錢時，使用者可以將游標移到最右邊的欄位位置（不同的國家有不同的數字輸入方式）。

利用自訂的直接操作圖形介面元件，有助於資料輸入並可減少錯誤。日曆可以用來輸入日期；座位圖可以幫助選擇機位；使用圖片的功能表選單，可以很清楚的選擇披薩種類。

6.7.3 對話窗

許多工作會因要求使用者進行選擇、或進行少量的資料輸入、或檢閱錯誤訊息而被中斷。最常見的方法，是提供一個對話窗（圖6.1和圖6.18）。

對話窗的設計包括了功能表選單選擇、填空式表單原有的議題，以及在上百個對話窗之間的一致性、和與畫面上其它項目的關係（Galitz, 2007）。對話窗的指導方針文件，可以幫助我們確保適當的一致性（Box 6.3）。對話窗應該包含有意義的標題，以方便辨識，且應要有一致的視覺屬性 — 例如，置中、12點的字型大小、黑色的明體字型。為符合不同的情況，對話窗的形狀和大

圖6.18

Microsoft Word中讓使用者選擇字型的對話窗。範例文字的預覽功能，能幫助使用者在將選擇套用到文件之前，預先看到設定後的結果

小經常會改變,但是,特定的大小或比例的對話窗,可能被用來告知錯誤、進行確認、或做為應用程式的元件。

因為對話窗通常出現在畫面的某個部份,會有遮住相關資訊的危險。因此,對話窗的尺寸應該要盡量縮小(但要在合理範圍內),以減少重疊和視覺上的分割效果。對話窗應該出現在相關項目的附近,但不是在其之上。當使用者點選地圖上的城市時,與城市有關的對話窗,應該出現在點選位置的旁邊。有一個很典型的惱人範例,就是尋找或拼字檢查對話窗會遮住文件中相關的部分。當要同時使用多個顯示畫面時,把對話窗同時放在多個地方可以有較快的互動方式(Hutchings and Stasko, 2007)。

■ Box 6.3 對話窗指導方針

內部版面配置:同類的功能表選單和表單
- 有意義的標題、一致的樣式
- 從左上到右下的順序
- 群組和強調
- 一致的版面配置(邊界、網點、空白區域、線條、和方框)
- 一致的用語、字型、大小寫、對齊方式
- 標準的按鈕(確定、取消)
- 利用直接操作方式避免錯誤發生

外部關係
- 平順的出現和消失
- 以小的邊界進行區別
- 尺寸夠小以減少重疊的問題
- 顯示在適當的項目附近
- 必要項目不重疊
- 容易使其消失
- 明確知道如何完成/取消

對話窗應該夠獨特，讓使用者可以容易地將它們與背景做區別，但要避免顯眼到造成視覺上的混亂。最後，對話窗應該要能輕易地消失，造成的視覺混淆的情況愈少愈好。鍵盤的快捷鍵是必要的，可以加快對話窗的回應。一般傳統的方式是使用Escape鍵來取消並關閉視窗，而Enter鍵可以用來選擇一個合適的預設指令。對話窗並不會總是要求使用者回答或關閉對話窗（例如，在許多應用中的搜尋對話窗，在執行搜尋後仍可以維持開啟的狀態）。像這種非典型的對話窗，通常能讓使用者繼續他們的工作，之後能夠再次回到對話窗。

當工作很複雜時，可能需要多個對話窗，設計者可以選擇使用分頁對話窗。分頁對話窗中的一列或數列上，有兩個或多個突出的標籤，用來代表多個對話窗。這個方法很有效，但是，會有分段過多的問題 — 使用者可能要花很長的時間，才能找到他們所想要的項目。因為使用者通常偏好做視覺上的搜尋，而不喜歡記住要在哪裡找到想要找的項目，所以利用較少分頁設定但較大型的對話窗，可能會有好處。

6.7.4 結合功能表選單和直接操作的新介面設計

許多圓形功能表選單的改良方式，是將功能表選單選擇和直接操作資料輸入結合（Guimbretiere, 2005）。例如，早期的圓餅形功能選單，讓使用者在一個動作內同時指定字型的大小和樣式（Hopkins, 1991）：根據移動方向，從可能的字型屬性中，選擇字型樣式；根據所移動的距離，從字型的大小範圍中，選擇字體的大小。與中心的距離愈遠，代表所選的字體就愈大，而且當使用者把游標移近和移遠時，中央的文字樣本會動態地放大和縮小，用來做視覺上的回應。控制功能表選單（control menu）（Pook et al., 2000）展示出類似的技術。當指標裝置到達指定的臨界點時，命令就會被觸發，並且可以馬上進行直接操作。標記功能表選單（marking menu）（Tapia and Kurtenbach, 1995）也可以做直接操作，並且證明出，放開指標裝置的方式亦可當做命令選擇的機制。圓餅形游標（pie cursors）（Fitzmaurice et al., 2008）使用極小的圓餅形功能選單

當成是游標,以取代彈跳式功能選單,它就像是工具列,能依照游標的方向來選擇工具,並透過點選感興趣的物件來驅動它。

另一個稱為流程功能表選單(flow menu)的新型功能表選單(Guimbretiere and Winograd, 2000),是在功能表選單選擇後,回到中心的休息區域,來觸發進行參數設定的直接操作(圖6.19)。多個選擇和直接操作,可以被鏈結在一起,不使用手提起指標裝置,就能做複雜的功能表選單選擇和資料輸入。這些技巧特別適合大型顯示器,因為它們不需要使用者回到遠端的功能表選單軸,就能進行互動。

另一個選擇是Toolglass™(Bier et al., 1994),它利用雙手操作,將功能表選單選擇和資料輸入合併。使用者使用較不慣用的手來操作一個半透明的工具組,同時利用慣用的手選擇命令、並進行直接操作的工作。以畫出一條彩色線條為例,一隻手將工具組中的線條工具放在起始點,而另一隻手在同時間點選透明的工具,並且拖曳畫出一條線。Toolglass很適合用在中尺寸的顯示器,在這個情況下,所有的功能表選單都會在雙手可及的距離,而且使用者可以容易地找出功能選單在畫面中的位置。

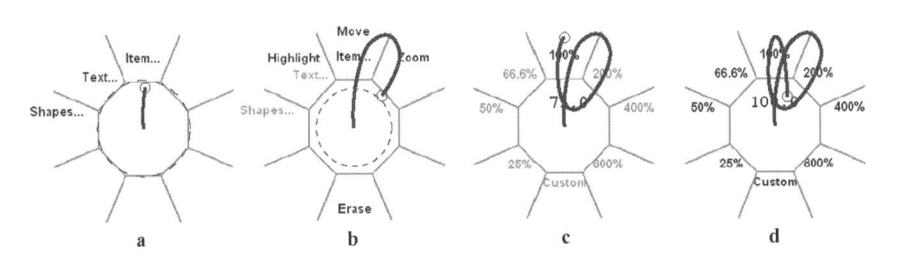

圖6.19

利用流程功能表選單的放大物件功能,使用者從中心把移動游標或筆移動到Item...(a)功能表選單的第二階層,就會出現(Highlight, Move, Zoom),而且使用者可以選擇Zoom。(b)移回到中心,會出現第三個有zoom(縮放)比例的功能表選單。(c)往100%移動,選擇適當的放大比例,然後移回中心。(d)注意,圖中明顯地標示出筆的路徑,然而在實際使用下,筆的路徑不會出現,而且所選擇的物件也會以透明的方式,呈現在功能表選單後面

6.8 語音功能表選單和小型顯示器的功能表選單

當手和眼睛都忙於其它事情時（例如，使用者正在開車或測試裝置），語音功能表選單就會很有用。在電話介面上以及公眾服務中，語音功能選單也很重要，這些服務也適用於盲人、或有視覺障礙的使用者，例如資訊亭、或投票機。行動裝置的螢幕很小，因此大部份的桌上型電腦的畫面設計在此變得不實用（8.5節）。這些裝置需要從頭開始進行重新思考，考慮應該加入哪些功能，因此，常產生新的、根據裝置和應用調整的介面、以及功能表選單的設計。

6.8.1 語音功能表選單

使用語音功能表選單，提示和選項清單都利用說的方式說給使用者聽，而使用者則是利用鍵盤的按鍵、按鍵式電話、或說話來回應。可見的功能表選單有固定配置的獨特優點，然而使用語音功能表選單的使用者，必須要能夠記憶。同樣地，可見的功能表選單，強調可以確認使用者的選擇，而語音功能表選單必須要提供確認的對話。因為選項的清單是唸給使用者聽的，使用者必須把每個提出的選項和他們的目標進行比較，而且比較的結果是不符合和完全符合的兩極化差異。有些設計會要求使用者馬上做接受或拒絕選項的決定，要不然就是讓使用者在清單唸出後的任何一個時間點做選擇。語音功能表選單，必須要有重複唸出選項清單、和離開選單的機制（最好是能夠偵測使用者沒有任何回應的狀況）。

應該避免複雜的功能表選單結構。一個簡單的指導方針是限制選項在三個或四個以內，以避免記憶選項的問題，但這個規則必須視應用而重新評估。例如，電影院資訊系統應該提供一個較長的電影名稱清單，而不是把它們分成兩個任意群組的功能表選單。隨撥即找的功能，要能讓已使用過的使用者跳過說明提示。例如，銀行信用卡中心電話功能表選單的使用者，可能記得直接撥0就可以馬上和服務人員聯絡，而不用等待銀行的歡迎訊息、和選項清單出現。語音功能表選單中，存在許多設計上的變化（Marics and Engelbeck, 1997）。

語音辨識能讓互動語音系統（Balentine, 2007; Brandt, 2008）的使用者說出他們的選擇，而不是按下字母或數字鍵。早期語音的使用，是以語音提示按鍵操作（例如，「要再次聽取選項請按9或說出9」）。當使用者的手無法進行操作時（如開車），這個方式很有用，但它會帶來較長的回應時間、和較長的工作完成時間。其它的系統，是利用自動文字辨識，把唸出的字、或簡短的片語，和待選的選項作比較。

先進的系統正嘗試利用自然語言分析，來改善語音辨識。有一項田野調查，是根據使用者對「請簡單告訴我，你今天打來的目的」的提示語的回應，把傳統按鍵功能表選單、和自然語言分析進行比較。撥號者可能會被引導至五位服務人員的其中一位進行對話。結果顯示，當使用自然語言時，撥號者被導向正確的服務人員的次數會增加，而且使用者也比較偏好自然語言的方式（Suhm et al., 2002）。然而，對於相當複雜的要求，如「在明天第一班從紐約飛往華盛頓的班機，保留兩個位置」，對於有效的自然語音辨識仍是一大挑戰，而且也可能會造成錯誤和惱人的對話（見8.4節）。

為了發展成功的語音功能表選單，知道使用者的目的，並使得最一般的工作容易快速地執行，是很重要的。為了加速互動，互動語音系統可以在使用者正在閱讀說明時，讓使用者可以說話。當大部份的使用者都是重複的使用者，而且也可以根據之前的使用經驗馬上說出選項時，這個插話的技巧會運作得很好。不合時宜的互動是讓使用者提供目前尚未請求的資訊，而這些資訊在之後的對話窗中會用到（Perugini, 2007）。但是，一項挑戰是，讓系統自動辨識發出無法辨識命令的初學者，並把系統切換到具有更多引導訊息的模式。

6.8.2 小型顯示器的功能表選單

不同的應用領域會影響小型顯示器裝置的使用：娛樂應用（例如，在Nintendo DS 上玩的遊戲），其包含長時間的非正式、內容密集的互動。另一方面，最常使用的資訊與通訊應用（例如，日曆、通訊錄、導覽輔助、維修和庫存管理系統、或醫療裝置），包含反覆的、簡潔的、和高度結構化的交流，通

常是在時間或環境壓力下進行。其它應用包含電子郵件,其使用者可以閱讀訊息,發表回覆。功能表選單和表單往往都是這些介面的主要部份。

因為這類稱為資訊應用（information appliances）的產品不斷地增加,而且使用者手邊通常沒有使用手冊,因此可學習性成為重要的議題。使用者必須在數分鐘內學會使用這些產品,或能避開危險的操作（Bergman, 2000）。成功的設計,只會加入最需要的功能（Box 6.4和圖6.20）,它們把其它的功能放在介面中較少存取的部份,並將其交給桌上型電腦應用程式處理（若存在的話）,或完全把這些功能刪除。一個常提到的小型裝置的基本原則「少就是多」。若有需要,可以透過硬體按鈕,觸發額外的功能表選單。例如,在Palm的手持裝置上有一個固定的按鈕,能夠顯示下拉式功能表選單,以使用進階的功能,例如,把通訊錄的資料傳送到其它裝置。「進階」或「更多」按鈕也可用來將常用的選項,加到簡單的常用功能表選單中。

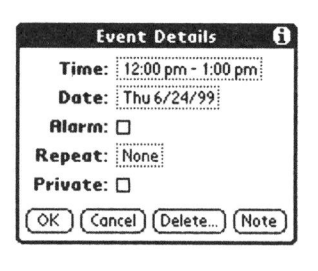

圖6.20
在Palm裝置上,用來輸入新的行事曆事件的早期和改良過後的設計。左邊為原先的設計。右邊為簡化畫面的新設計,並且把所有週期性發生的事件控制放在一個輔助的畫面中,大幅簡化了最常做的工作（資料來源:Bergman的Rob Haitani, 2000）

畫面愈小,介面出現的時間就愈短（當沒有畫面可用時,就是完全語音的介面）。小型裝置一次只能呈現部份的資訊,因而需要特別注意使用者如何瀏覽功能表選單項目、階層架構的階層、和冗長表單的一部分。許多裝置有專屬的方向鍵或具有方向性的瀏覽鍵（D-pad）,至少要提供兩個依序瀏覽功能項目

● 第 6 章 ● 功能表選單點選、填寫式表單和對話窗

所需的按鍵，和一個選擇鍵。某些小型裝置，利用在畫面旁邊或下方的「軟」按鍵。裝置的畫面可以根據內容動態地調整（圖6.21）。軟按鍵讓設計者可以根據每一個步驟，直接使用下一個最符合邏輯的命令（Lindholm and Keinonen, 2003）。透過瀏覽鍵，在具有捲動軸的較大顯示器上可以簡化表單的瀏覽，例如，Pocket PC裝置。iPod和iPhone上沒有按鍵，而是使用一些小手勢來捲動清單，或挑選方格上的功能表選單圖示。

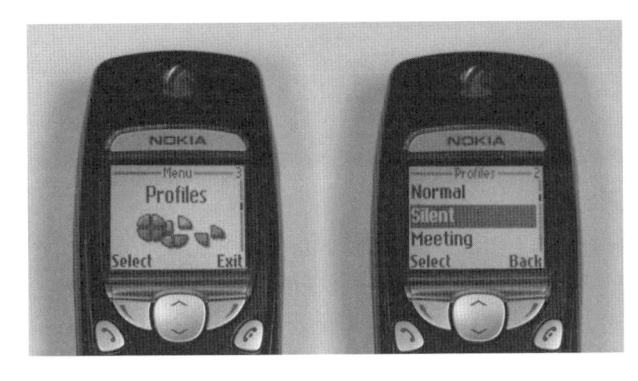

圖6.21
電話功能表選單利用軟按鍵，提供與背景資訊相關的功能表選單選項。習慣的用法是把選擇放在左邊，「回到上一頁」或「離開」選項放在右邊。硬按鈕控制連線和離線的功能。兩個專屬的按鈕，可以輔助清單的捲動。清單右邊的捲軸顯示目前的位置

為了提供回應而進行的設計，最重要的是要能容易啟動最常用的應用、或執行最常見的工作，而這類設計，可以透過提供硬體按鈕來達成。大部份的個人化資訊裝置，都有專屬的按鈕，用來觸動行事曆或電話簿。電話有專屬的掛斷按鈕。在沒有按鍵而只有觸控的裝置上，像是iPhone，最常使用的項目必須放置在第一個畫面。在大畫面上包含許多項目是很棒的，因為這是可能發生的，但是，增加複雜度的同時也會增加成本，設計者通常會回歸到只提供少數選項的設計，並代表著有需要時才會去擴充（例如，圖6.22中iPhone Zumobi的介面）。沒有鍵盤的小型裝置，在資料輸入上會有新的挑戰（第8章），也就是很難使用大型螢幕上最好的互動方式 — 填空式表單。

在使用最常用的功能時，速度是重要的考量時，選項根據使用頻率的順序排列，會比分類或字母順序排列有用。在小型螢幕中，無法藉由檢視選項清單而得到自然分群的感受。行動裝置的設計者也必須處理使用者在操作環境中遭遇到的干擾和分心的狀況。提供自動儲存的功能，可以解決這些問題，同時

也可簡化介面。小型裝置不需要可用以關閉開啟中的對話窗的功能，這個功能可以利用其它的命令、或輕觸對話窗以外的區域取代。這和桌上型電腦的應用相當不同，它們需要更加小心。例如，電話鈴響時，在緊急儲存命令發出前，文書處理器會要求先關閉列印對話窗。

簡潔的標題、標籤、和說明，會產生較簡單和容易使用的介面。每個字都會佔用一小部份的畫面，因此應該刪去非必要的文字或空格。一致性仍然很重

圖6.22
行動電話上的Zumobi介面（http://www.zumobi.com/）是以四個「標題」為啟始，其使用二層的拉近拉遠互動方式，以便能看到標題的詳細資訊（左邊）。使用者可以指定哪些標題是在"zoomspace"中。當使用者熟悉介面後，可以使用三層的拉近拉遠互動方式，增加為16個標題，並流暢地在全部檢視（overview）、區域檢視（zone View）和詳細檢視（detail view）（右邊）之間做切換。這樣的應用主要使用觸控式螢幕、區域放大的數字按鍵、4個方向的D-Pads、以及拇指滾動控制器

要，但是當無法提供背景資訊時，能清楚地區分出功能表選單種類的方式，能幫助使用者保持方向感。未使用小圖示是因為小圖示很難設計、佔空間、需要標籤說明，所以很少使用這樣的設計。另一方面，大型的彩色圖示很成功的運用在車輛導航系統或是iPhone中，這是因為使用者經過學習後，一看就能知道圖示代表什麼。

至於未來的應應用，則可能會使用背景資訊（如位置或靠近物件）來提供相關的資訊。這些應用，會在「軟」按鍵上，顯示最可能被選擇的功能表選單選項，並且設定資料輸入的預設值。藉由全球定位服務（Global Position Services,

GPS）或無線射頻識別（Radio Frequency Identification, RFID），可以加強旅遊導覽、或藥品櫃服務的應用（Fano and Gershman, 2002）。使用裝置的背面當成是觸控靈敏的按鍵，可以增加選擇的方式（Wigdor et al., 2007）。小型顯示裝置與使用者身體的相對精準位置資訊，也可以帶來新的功能表選單的互動模式。例如，使用者可以把裝置移到他們面前，以水平或垂直的方式捲動很長的清單，或把地圖或圖片傾斜（Yee, 2003）。

■ Box 6.4
資訊裝置的五個設計考量（擷取自Bergman的Michael Mohageg and Annette Wagner, 2000）

---

1. **考慮目標領域**
   娛樂應用vs.資訊存取和通訊vs.輔助裝置
2. **專屬裝置表示有專屬的使用者介面**
3. **適當的配置功能**
   考慮使用頻率和重要性
4. **簡化**
   把焦點集中在重要的功能，把其它的功能交給其他的平台
5. **針對回應進行設計**
   為中斷作好規劃，並提供持續的回應

最後，語音和視覺的功能表選單，以令人驚訝的方式結合在一起。現代小型的行動電話通常會包含個人資訊管理服務，例如行事曆，該項功能需要使用者暫停他們的談話，並看一下螢幕。為了解決這個問題，已有新方法問世，當使用者接收到語音回饋時（只有使用電話的人可以聽到，其他線路的人無法聽到），可以透過小型鍵盤操作手機，這時可以使用免持式功能表選單（Li et al., 2008）。而使用大螢幕和耳機的使用者，可能會在互動語音回覆系統（interactive voice-response system）看到聲音功能表的視覺呈現方式（Yin and Zhai, 2006）。

從業人員的重點整理

應該要將注意力集中於組織功能表選單的結構和順序，以符合使用者的工作內容、使用的優先順序以及環境。每個功能表選單都應該是有意義的、與工作相關的，並要建立獨特、可理解的選項。偏好使用廣且淺的階層式功能表選單。經常使用系統、捷徑、滑鼠移動即找、或隨撥即找功能的使用者，將能大幅加快互動的速度。允許回到之前顯示過的功能表選單、和主功能表。記住，語音功能表選單和小型裝置的功能表選單，需重新思考要包括哪些功能。對於這類的功能表選單應小心限制選項數，而使用的頻率會是排序選項的重要依據。考慮直接操作的圖形介面元件，例如行事曆或地圖，以增進填空式表單的資料輸入。具有立即回饋和動態說明的介面元件，將有助於減少錯誤並加速資料的輸入。

要進行可用性測試，並在設計過程中邀請人因專家參與。開發介面時，要收集使用資料、錯誤統計、和主觀反應，以做為改進的參考。應考慮可由使用者自訂順序的功能表選單設計。

研究者的議題

實驗性研究有助於改善功能表選單的組織和排序的設計指導方針。不同的使用群有不同的資訊需求，相同的功能表選單組織如何能夠滿足不同的使用者？應該允許使用者自訂功能表選單的結構？還是有足以說服每個人使用相同結構和術語的更好優勢？若有某種程度的冗餘情況發生，應該繼續使用樹狀結構嗎？以漸進方式將大型功能表選單結構介紹給新使用者的最好方式是什麼？如何鼓勵使用者學習使用鍵盤捷徑？在小型和大型顯示器上，執行哪些改進方案可以加速功能表的選擇？

有許多研究功能表選單的機會，而且尋求在小型和大型的螢幕提供更好的功能表選單選擇策略仍持續進行著。開發者可以從自動建立、管理、收集使用

統計資料、和逐步改良的進階軟體工具中獲得好處。可提升可攜性以促進系統之間的轉換。支援多國語言的重新設計方式，能夠促進全球化的發展。

全球資訊網資源

http://www.aw.com/DTUI

可以在網路上取得有關功能表選單、填空式表單、和對話窗設計的資訊（包括系統的實證研究和實例）。瀏覽全球資訊網，了解設計者如何規劃出同步、或大型的功能表選單，或在註冊和搜尋介面中填寫表單。

參考資料

Ahlberg, C. and Shneiderman, B., AlphaSlider: Acompact and rapid selector, *Proc. CHI '94 Conference: Human Factors in Computing Systems*, ACM Press, New York (1994), 365–371.

Balentine, Bruce, *It's Better to Be a Good Machine Than a Bad Person: Speech Recognition and Other Exotic User Interfaces at the Twilight of the Jetsonian Age*, International Customer Management Institute, New York (2007).

Bergman, E., *Information Appliances and Beyond*, Morgan Kaufmann, San Francisco, CA (2000).

Bier, E., Stone, M., Fishkin, K., Buxton, W., and Baudel, T., Ataxonomy of see-through tools, *Proc. CHI '94 Conference: Human Factors in Computing Systems*, ACM Press, New York (1994), 358–364.

Brandt, J., Interactive voice response interfaces, in Kortum, P. (Editor), *HCI Beyond the GUI: Design for Haptic, Speech, Olfactory and Other Nontraditional Interfaces*, Morgan Kaufmann, Amsterdam (2008).

Brown, C. M., *Human-Computer Interface Design Guidelines*, Ablex, Norwood, NJ (1988).

Callahan, J., Hopkins, D., Weiser, M., and Shneiderman, B., An empirical comparison of pie versus linear menus, *Proc. CHI '88 Conference: Human Factors in Computing Systems*, ACM Press, New York (1988), 95–100.

Ceaparu, I. and Shneiderman, B., Finding governmental statistical data on the web: A study of categorically-organized links for the FedStats topics page, *Journal of the American Society for Information Science and Technology* 55, 11 (2004), 1008–1015.

Fano, A. and Gershman, A., The future of business services in the age of ubiquitous computing, *Communications of the ACM* 45, 12 (2002), 83–87.

Fitzmaurice, G., Matejka, J., Khan, A., Glueck, M., Kurtenbach, G., PieCursor: Merging pointing and command selection for rapid in-place tool switching, *Proc. CHI 2008 Conference: Human Factors in Computing Systems*, ACM Press, New York (2008), 1361–1370.

Galitz, Wilbert O., *The Essential Guide to User Interface Design: An Introduction to GUI Design Principles and Techniques, Third Edition*, John Wiley & Sons, New York (2007).

Greenberg, S. and Witten, I. H., Adaptive personalized interfaces: A question of viability, *Behaviour & Information Technology* 4, 1 (1985), 31–45.

Grossman, T., Dragicevic, P., and Balakrishnan, R., Strategies for accelerating on-line learning of hotkeys, *Proc. CHI 2007 Conference: Human Factors in Computing Systems*, ACM Press, New York (2007), 1591–1600.

Guimbretière, F. and Winograd, T., FlowMenu: Combining command, text, and parameter entry, *Proc. ACM Symposium on User Interface Software and Technology*, ACM Press, New York (2000), 213–216.

Guimbretière, F., Martin, A. and Winograd, T., Benefits of mergings commands and direct manipulation, *ACM Transactions on Computer-Human Interaction* 12, 3 (2005) 460–476.

Hearst, Marti, Clustering versus faceted categories for information exploration, *Communications of the ACM* 49, 4 (2006), 59–61.

Hochheiser, Harry and Shneiderman, Ben, Performance benefits of simultaneous over sequential menus as task complexity increases, *International Journal of Human-Computer Interaction* 12, 2 (1999), 173–192.

Hopkins, Don, The design and implementation of pie menus, *Dr. Dobb's Journal* 16, 12 (1991), 16–26.

Hornbæk, K. and Hertzum, M., Untangling the usability of fisheye menus, *ACM Transactions on Computer-Human Interaction* 14, 2 (2007), #6.

Hutchings, D. R. and Stasko, J., Consistency, multiple monitors, and multiple windows, *Proc. CHI 2007 Conference: Human Factors in Computing Systems*, ACM Press, New York (2007), 211–214.

Jacko, J. and Salvendy, G., Hierarchical menu design: Breadth, depth, and task complexity, *Perceptual and Motor Skills* 82 (1996), 1187–1201.

Koved, L. and Shneiderman, B., Embedded menus: Menu selection in context, *Communications of the ACM* 29 (1986), 312–318.

Larson, K. and Czerwinski, M., Page design: Implications of memory, structure and scent for information retrieval, *Proc. CHI '98 Conference: Human Factors in Computing Systems*, ACM Press, New York (1998), 25–32.

Laverson, A., Norman, K., and Shneiderman, B., An evaluation of jump-ahead techniques for frequent menu users, *Behaviour & Information Technology* 6, 2 (1987), 97–108.

Li, K., Baudisch, P., and Hinckley, K., Blindsight: Eyes-free access to mobile phones, *Proc. CHI 2008 Conference: Human Factors in Computing Systems*, ACM Press, New York (2008), 1389–1398.

Liebelt, L. S., McDonald, J. E., Stone, J. D., and Karat, J., The effect of organization on learning menu access, *Proc. Human Factors Society, Twenty-Sixth Annual Meeting*, Santa Monica, CA (1982), 546–550.

Lindholm, C. and Keinonen, T., *Mobile Usability: How Nokia Changed the Face of the Mobile Phone*, McGraw-Hill, New York (2003).

Marics, M. A. and Engelbeck, G., Designing voice menu applications for telephones, in Helander, M., Landauer, T., and Prabhu P., (Editors), *Handbook of Human-Computer Interaction*, North-Holland, Amsterdam, The Netherlands (1997), 1085–1102.

McDonald, J. E., Stone, J. D., and Liebelt, L. S., Searching for items in menus: The effects of organization and type of target, *Proc. Human Factors Society, Twenty-Seventh Annual Meeting*, Santa Monica, CA (1983), 834–837.

McGrenere, Joanna, Baecker, Ronald M., and Booth, Kellogg S., Afield evaluation of an adaptable two-interface design for feature-rich software, *ACM Transactions on Computer-Human Interaction* 14, 1 (2007), #3.

Mitchell, J. and Shneiderman, B., Dynamic versus static menus: An experimental comparison, *ACM SIGCHI Bulletin* 20, 4 (1989), 33–36.

Norman, Kent, *The Psychology of Menu Selection: Designing Cognitive Control at the Human/Computer Interface*, Ablex, Norwood, NJ (1991).

Perugini, S., Anderson, T., and Moroney, W., Astudy of out-of-turn interaction in menubased, IVR, voicemail systems, *Proc. CHI 2007 Conference: Human Factors in Computing Systems*, ACM Press, New York (2007), 961–970.

Pook, S., Lecolinet, E., Vaysseix, G., and Barillot, E., Control menus: Execution and control in a single interactor, *CHI 2000 Extended Abstracts*, ACM Press, New York (2000), 263–264.

Sears, Andrew and Shneiderman, Ben, Split menus: Effectively using selection frequency to organize menus, *ACM Transactions on Computer-Human Interaction* 1, 1 (1994), 27–51.

Shneiderman, B. (Editor), *Hypertext on Hypertext*, Hyperties disk with 1 MB of data and graphics incorporating the full issue of *Communications of the ACM*, ACM Press, New York (July 1988).

Somberg, B. and Picardi, M. C., Locus of information familiarity effect in the search of computer menus, *Proc. Human Factors Society, Twenty-Seventh Annual Meeting*, Santa Monica, CA (1983), 826–830.

Suhm, B., Bers, J., McCarthy, D., Freeman, B., Getty, D., Godfrey, K., and Peterson, P., Acomparative study of speech in the call center: Natural language call routing vs. touch-tone menus, *Proc. CHI 2002 Conference: Human Factors in Computing Systems*, ACM Press, New York (2002), 283–290

Tapia, M. A. and Kurtenbach, G., Some design refinements and principles on the appearance and behavior of marking menus, *Proc. ACM Symposium on User Interface Software and Technology '95*, ACM Press, New York (1995), 189–195.

Teitelbaum, R. C. and Granda, R., The effects of positional constancy on searching menus for information, *Proc. CHI '83 Conference: Human Factors in Computing Systems*, ACM Press, New York (1983), 150–153.

Wigdor, D., Forlines, C., Baudisch, P., Barnwell, J., and Shen, C., LucidTouch: ASee-Through Mobile Device, in *Proc. ACM Symposium on User Interface Software and Technology*, ACM Press, New York (2007), 269–278.

Yee, K.-P., Peephole displays: Pen interaction on spatially aware handheld computers, *Proc. CHI 2003 Conference: Human Factors in Computing Systems*, ACM Press, New York (2003), 1–8.

Yin, M. and Zhai, S., The benefits of augmenting telephone voice menu navigation with visual browsing and search, *Proc. CHI 2006 Conference: Human Factors in Computing Systems*, ACM Press, New York (2006), 319–328.

Zaphiris, P., Shneiderman, B., and Norman, K. L., Expandable indexes versus sequential menus for searching hierarchies on the World Wide Web, *Behaviour & Information Technology* 21, 3 (2002), 201–207.

CHAPTER 7

命令和自然語言

Steven M. Jacobs合著

7.1 簡介

書寫語言有豐富且多變的歷史。早期洞穴岩壁上的標記符號和石壁畫，在精準的數字和其它的概念出現之前，已使用了數千年。5,000年前的埃及象形文字非常先進，標準的標記法，促進了跨越空間和時間的溝通。最後，由少量字母和規則組成的字和句子，因其容易學習、書寫和閱讀，所以變成了語言的主流。除了這些自然語言外，也出現了數學、音樂和化學的特殊語言，這是因為這些語言能夠幫助溝通和解題。在二十世紀，新的標記法也出現在像舞蹈、編織、高等形式的數學、邏輯和DNA模組等多樣的領域中。

語言設計的基本目標是：

- 精準
- 簡潔
- 容易書寫和閱讀
- 完整
- 學習速度快
- 容易減少錯誤
- 容易記憶

高階的目標包括：

- 事實和標記法有密切的對應關係
- 完成與使用者的工作有關的操作的方便性
- 與現有的標記法之相容性
- 具有彈性，能適應初學者和專家使用者
- 能激發創意的豐富表達方式
- 視覺上能引人注意

語言的限制包括：

- 人類記住標記法的能力
- 記錄與顯示的媒體之間的搭配（例如，土刻版、紙張、印刷機）
- 說話（發音）的方便性

成功的語言是在限制條件之下，以達到上述目標而逐漸發展。

印刷機對語言的發展是個值得注意的刺激，因為它使書寫的作品能夠廣為流傳。電腦對語言的發展是另一個值得注意的刺激，不只是因為電腦可以透過網路大量傳播書寫作品，也因為電腦是操作語言的工具，而語言也是用來操作電腦的工具。

電腦刺激了許多新的正規書寫語言的發展；和這個深遠的影響比較起來，電腦對口語自然語言的影響並不大。早期的電腦是為了進行數學運算而發明，因而第一個程式語言具有強烈的數學內涵；但很快地，電腦就被用來處理邏輯式、商業資料、圖形、聲音和文字。漸漸地，電腦開始應用在現實世界的運作中：以櫃員機發給現金、控制製造和引導飛行器。這些新的應用，激勵語言的設計者尋找便利的標記法，而這些標記法能夠指揮電腦，同時也能滿足人們使用語言溝通和解決問題的需求。

因此，有效的電腦語言，一定不只是要能用來表示使用者的工作、和滿足人類溝通的需要，而且要與記錄、操作和把語言顯示在電腦上的機制一致。

如 FORTRAN、COBOL、ALGOL、PL/I、和 Pascal 等電腦程式語言，都是在 1960 年代和 1970 年代早期開發的，它們在非互動式的電腦環境中使用。程式設計師撰寫數百或數千行程式碼，仔細地檢查程式碼，然後以電腦編譯或直譯的方式產生預期的結果。遞增式的程式寫作，是在 BASIC 和進階的程式語言（如 LISP、APL 和 PROLOG）的設計考量之一。使用這些語言撰寫程式的人，利用電腦建立小部份的程式碼，並以互動方式測試此程式碼；而且，他們的共

同目標，是建立一個能被保存、研究、延伸和修改的大型程式。快速編譯和執行的吸引力，產生了簡潔、但有時候不容易理解的 C 語言。團隊合作撰寫程式的壓力、共享的組織標準規範、和重複使用性需求的增加，促成了像 ADA 和 C++ 語言中的物件導向概念。網路環境和跨平台工具的需要，促成 Java 和 C# 語言的出現。

強調畫面的呈現、和滑鼠控制的描述語言（scripting language），在1980年代末期隨著HyperCard™、SuperCard™、ToolBook™的出現，而逐漸受到歡迎。這些語言含有新的運算子，如ON MOUSEDOWN（當滑鼠按下）、BLINK（閃爍）、IF FIRST CHARACTER OF THE MESSAGE BOX IS 'A'（如果文字框的訊息的第一個字母是 'A'）。Java拓展了網頁導向畫面管理、安全網路運作、和可攜性的可能。Perl™和Python®之類的描述語言，讓web環境下的互動服務更為豐富。

關聯式資料庫的資料庫查詢語言，發展於1970年代中、後期；它們讓強調程式碼簡短（3到20行）的結構化查詢語言（或稱SQL™）被廣泛使用，這些語言可以在終端機上撰寫，並且馬上執行。使用者的目標是產生結果，而不是程式。資料庫查詢語言和資訊擷取語言的核心，是布林運算：AND（且）、OR（或）、和NOT（非）。

對於資深的網路搜尋者，利用布林表示式可在執行搜尋時更容易存取更多特定的網站。

源自於作業系統命令的命令語言（部份作者會使用命令和控制語言來代表這個名詞），是根據它們的立即性、和對裝置或資訊的影響進行區別。使用者下達一個命令，並觀察會發生什麼：如果結果是正確的，則發出下一個命令；若否，則採取其它的策略。命令的形式很簡潔，而且它們出現的時間很短。有時候，會記錄歷史命令，並以某種命令語言建立巨集，但命令語言的本質是它們的時間短暫，而且會馬上把結果顯示在物件上。

一個簡單的例子是全球資訊網的網址，它可以視為命令語言的一種形式。雖然一般的使用方式是從網頁或我的最愛點選一個位址連結，但最原始使用方式是由使用者記住網址的結構、與常用的網站網址，並將其打出來。Web的網址是以協定的名稱開始（http、ftp、gopher等），再加上一個冒號和兩個斜線，之後再接著伺服器的網址（可能包含國碼或網域名稱，如gov、edu、mil、或org），而且可能有目錄路徑和檔案名稱。例如：

```
http://www.whitehouse.gov/WH/glimpse/top.html
```

有經驗的網路使用者會以觀察的方式來分析複雜的URLs的「命令列」，以取得檔案、找到伺服器名稱和位址、並尋找特定的資訊。

命令語言和功能表選單選擇系統的不同之處，在於它們的使用者必須要記住標記法、和觸發的動作。功能表選單選擇的使用者，看到或聽到有限的功能表選單選項；他們所做的，不只是觸發命令而已。命令語言的使用者，經常仰賴於極佳的記憶力和鍵盤輸入技巧。例如，用來刪除檔案中的空白列的UNIX命令，並不是很直覺：

```
grep -v ^$ filea > fileb
```

更糟的是，要以高容量的雷射印表機列印時，使用者要輸入

```
CP TAG DEV E VTSO LOCAL 2 OPTCD=J F=3871 X=GB12
```

當詢問有關命令的問題時，感到困惑的使用者偶爾會聳聳肩，並下結論說「有時候命令的內容並沒有什麼邏輯，只是讓工作完成罷了」。這個方式在過去可能會被接受，雖然現在仍有數百萬的命令語言使用者，但隨著使用群和他

們的期望不斷地改變，以及直接操作與功能表選單選擇介面的出現，新的命令語言的開發速度已經減緩許多。

由於有越來越多的使用者自訂內容，因而使得web和其它UI應用程式需要更有效率、設計得更好的命令語言工具。命令語言的設計應該符合使用者的需求，讓使用者能使用它們來完成工作（7.2節）。它們的語法可能簡單或可能複雜，可能只有數個、或有上千個操作。命令可能會有階層式結構，或允許組合數個命令，以產生各種不同的命令。一個典型的形式，是一個動詞或名詞接著一個名詞物件，其中名詞物件含有動詞或名詞的修飾元、或參數 — 例如，PRINT MYFILE 3 COPIES。在命令語言中，使用有意義的結構會很有幫助（7.3節）。我們可以讓可接受的命令產生回應，而無法接受的形式或打字錯誤，也會產生錯誤訊息（11.2 節）。命令語言系統可以提供使用者簡潔的提示，或者它們會以近似功能表選單系統出現。如7.6節所討論，自然語言的互動方式，可以視為一種複雜形式的命令語言。

7.2 命令組織功能、策略和結構

人們使用電腦和命令語言系統來完成許多工作，如文字編輯、作業系統控制、書目擷取、資料庫操作、電子郵件、金融管理、機票或飯店訂位、存貨監控、製造流程控制、和冒險遊戲。

如果電腦系統具有其它地方無法取得的能力，那麼人們就會使用電腦系統。如果電腦系統夠吸引人，儘管使用者介面設計不佳，人們也會使用電腦系統；因此，設計者的第一步，就是要研究使用者的工作領域，決定電腦系統的功能。研究的結果，會得到工作運作和物件清單，然後再把清單變成一組抽象的介面運作和物件，並將這些項目依序以低階的介面語法表示。

常見的設計錯誤，是提供多到會讓使用者受不了的物件和運作。過多的物件和運作需要撰寫較多的程式，因此可能產生更多的錯誤、和較慢的執行速

度，且需要更多的說明畫面、錯誤訊息和使用手冊（見11和12章）。對使用者而言，過多的功能會降低學習速度、增加出錯的機會，而較冗長的使用手冊會造成使用者的困擾，因此必須借助於更多的說明畫面，因而出現更多不明確的錯誤訊息。另一方面，若物件或運作不足，因為沒有使用者想要的功能，可能會讓使用者感到沮喪。例如，因為沒有提供簡單的列印命令，使用者必須以筆和紙抄寫想要列印的內容；或因為沒有排序命令，使用者必須自行排列清單。

仔細地進行工作分析，會產生一個由使用群和工作所組成的表格；每個欄位的內容，代表工作發生的頻率。設計者必須要讓工作量大的工作容易完成，並要決定哪個使用群是系統的主要使用者。其中，使用者可能會有不同的組織階級、具備不同的電腦知識，或者使用系統的頻率也不一樣。

在早期，毀滅性的運作（如刪除物件、或改變格式）應經過仔細評估，以確保這些運作可以還原，或至少避免在意外的情況下被執行。設計者也應該訂出錯誤條件，並準備好錯誤訊息。轉換圖（transition diagram）可以表示命令是如何把使用者帶入另一個狀態，這對設計和最後的使用者訓練非常有幫助（圖7.1）。轉換圖如果太複雜，表示系統可能需要重新設計。轉換圖的另一個主要的特色，是記錄歷史運作、檢查、儲存、傳送、搜尋、編輯、和加入註解的能力。最後，設計者應該提供使用說明和教學。

針對專家級使用者設計時的主要考量，包括容許自訂語言以符合個人工作型態，以及允許建立巨集，可以用一個命令完成多個操作。巨集工具可以提供設計者非預期的工作、或對某部份的使用者很有幫助的工作。巨集工具可以完全由程式語言撰寫，其可能包括參數設定、條件語法、迴圈、整數、字串和畫面操作功能，以及函式庫和編輯工具。完整開發的巨集工具，是命令語言非常吸引人的地方之一。

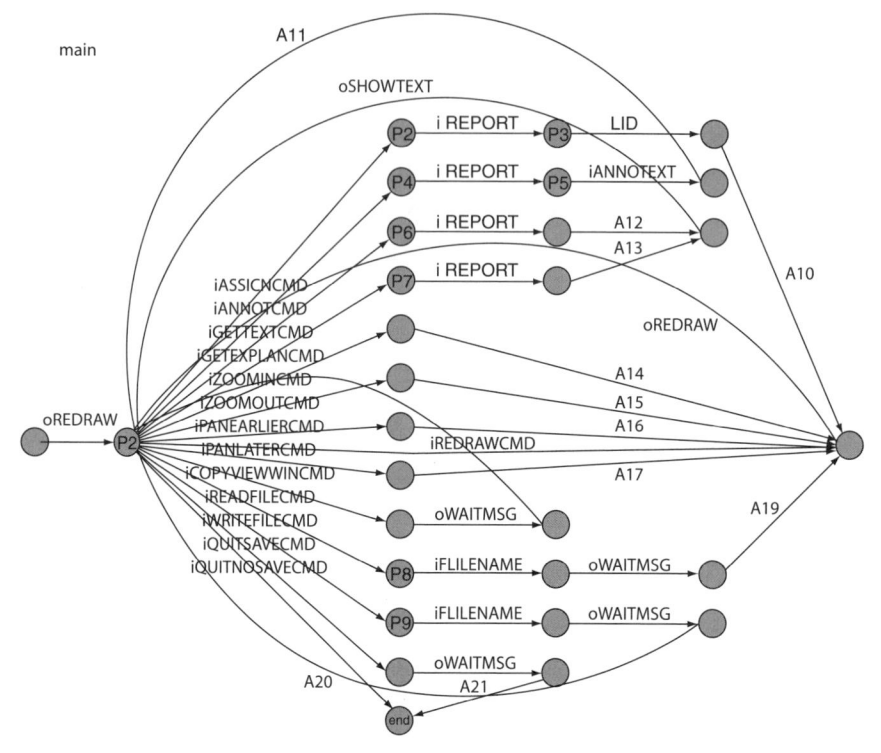

圖7.1
表示使用者輸入"i"，電腦會輸出"o"的轉換圖。這個簡單的轉換圖只顯示部份的系統。完整轉換圖會有許多頁（Courtesy of Robuert J. K. Jacob, Naval Research Laboratory, Washington, D. C.）

7.2.1 策略

　　目前已有許多把命令組織起來的策略。一致的介面概念或象徵意義，有助於學習、解決問題和記憶。有群熱衷於電子郵件的人熱烈地討論與工作相關物件的象徵物，例如，檔案櫃、資料夾、文件、備忘錄、便條、信或訊息等。他們討論適當的介面運作（建立、編輯、複製、移動、刪除）和運作的搭配，如載入／儲存（在電腦領域中出現的機率很大）、讀／寫（用在信件上可以接受，但對檔案櫃就有點笨拙）、或開啟／關閉（對資料夾是可以接受，但用於便條就太笨拙）。

設計者常常選擇比較接近電腦領域的象徵物，而不是選擇使用者工作領域中的象徵物，因此容易造成錯誤。當然，象徵物會誤導使用者，但經過仔細的設計是會有幫助的，而且可以降低負面的影響。選擇介面概念或運作、和物件的象徵物之後，設計者必須選擇決定命令語法的策略。使用者可以用混合的策略，但要限制語法複雜度，才可幫助使用者學習、問題解決和記憶。本節將介紹三種可供選擇的命令組織方式。

第一個最簡單的方式，是每個命令都用來完成單一工作，而且有多少的工作，就有多少的命令。當只有少量工作時，這個方法可以產生容易學習的系統。MUD（Multi-User Dungeon）是一個多人的電腦遊戲，其結合角色扮演、打鬥類型（"hack and slash-style"）電腦遊戲和社群聊天室等元素。某些MUD的命令很簡單，如look、go、who、rooms、和quit；然而，當有大量的命令時，就可能會有混淆的危機。

第二個方式，是在每個命令（COPY、DELETE、PRINT）之後加上一個或多個參數（FILEA、FILEB、FILEC），來表示要被操作的物件：

```
COPY FILEA,FILEB
DELETE FILEA
PRINT FILEA,FILEB,FILEC
```

可以用空白或其它分隔符號把命令和參數分開，而參數之間也可以有空白或分隔符號（Schneider et al., 1984）。以關鍵字來標示參數可能對某些使用者有幫助；例如，

```
COPY FROM=FILEA TO=FILEB
```

關鍵字標示需要額外的鍵盤輸入，因此會增加打字錯誤的機會，但相對的提升了易讀性，並可以避免參數的順序相依關係。

命令也可以有選項（3, HQ等），用來表示特殊的情況。例如，這個序列會從總部的印表機印出三份FILEA的內容。

```
PRINT/3,HQ FILEA
PRINT (3,HQ) FILEA
PRINT FILEA -3,HQ
```

參數也可能會有選項，如版本數字、秘密金鑰或磁碟位址。隨著選項數目的增加，複雜度也會變得讓人不知所措，而且錯誤訊息一定會比較不明確。

參數、選項和可用的語法形式可以快速地增加。某家航空公司的訂位系統使用以下的命令，檢查在8月21日下午3點左右，從華盛頓雷根（DCA）機場飛到紐約拉瓜迪亞（LGA）機場的剩餘機位：

```
A0821DCALGA0300P
```

以這樣的方式，就算有充分的訓練，錯誤率仍會很高，但是，經常使用的人似乎能夠駕馭，甚至欣賞這種命令的簡潔形式。員工使用更新的班機訂位系統仍需要經過訂位操作之語法訓練，但是使用快捷鍵（在7.3節中討論）、功能鍵和以web為基礎之使用者介面設計，則有助於工作效率的改善。

若未提及Unix或DOS的命令列，命令列介面的討論就不完整。DOS的命令通常是由維護系統的系統管理員或是網路連結功能來觸發，儘管Unix命令語言系統的命令格式複雜，但是仍被廣泛地使用。再次的強調，使用者會掌控複雜度，以獲得豐富的功能的好處。Unix命令的錯誤率，約為3到53%（Hanson et al., 1984）；甚至常用命令的錯誤率都很高：mv為18%、cp為30%；然而這個複雜度對部份的潛在使用群具有一定的吸引力。使用者會在克服困難後，獲得成就感，而且會變成很了解系統 — 變成命令語言操作的圈內人（專家或高手）。

在第三個方式中，命令被組織成樹狀結構，像功能表選單樹一樣。第一層可能是命令運作，第二層可能是物件參數，而第三層可能是目標參數：

運作	物件	目標
CREATE	File	File
DISPLAY	Process	Local printer
REMOVE	Directory	Screen
COPY	Networked	printer
MOVE		

若一組工作可以找出相對的階層式結構，則許多命令都會有一個有意義的結構。在上個例子中，5 × 3 × 4 = 60個工作可以只用5個命令名稱和1條組成的規則來完成。另一個好處是，這個結構可以產生命令功能表選單，輔助初學者或中階使用者，就像在VisiCalc、和之後的Lotus 1-2-3和Excel中所做的一樣。

7.2.2 結構

透過有意義的結構大幅改善人類的學習、問題解決和記憶。如果精心地設計命令語言，則使用者可以輕易地辨識出結構，並能很容易地記憶。例如，若使用者以一致的方式編輯像字元、文字、句子、段落、章節和文件的物件，則這個有意義的模式就容易學習、應用並回想。另一方面，不論語法有多簡單，如果他們一定要覆蓋一個字元、改變一個字、修改一個句子、取代一個段落、置換一個章節、或改變一個文件，挑戰性和出錯的機會都會大幅提高（Scapin, 1982）。

有意義的結構，對工作概念、電腦概念、和命令語言的語法都很有幫助。然而許多系統並無法提供有意義的結構。某個作業系統的使用者利用LIST、QUERY、HELP、和TYPE命令顯示資訊，並使用PRINT、TYPE、SPOOL、SEND、COPY、或MOVE命令來移動物件。系統命令的預設值不一致、PRINT

和LINECOUNT有四種不同的縮寫方式、二元選擇有時候用YES/NO,而有時候用ON/OFF,而且功能鍵的使用也不一致。造成這些缺失的原因,是因為多個設計團隊之間未經協調,特別是在加入新功能的時候,這些缺點會反映出管理者並未投入足夠的注意力。

在指導方針文件(第2章)中所列出的設計慣例,可以協助設計者和管理者 — 雖然可以允許例外,但只有在討論之後才能實行。使用者可以發覺系統有不一致的地方,但通常他們發現速度很慢,而且有很大的可能會造成錯誤。

許多研究顯示,利用一致的參數順序會有好處。例如,當命令同時使用不一致、和一致的參數順序時,使用一致的參數順序的使用者,執行速度明顯會快很多(Barnard et al., 1981):

不一致的參數順序
```
SEARCH file no,message id
TRIM message id,segment size
REPLACE message id,code no
INVERT group size,message id
```

一致的參數順序
```
SEARCH message id,file no
TRIM message id,segment size
REPLACE message id,code no
INVERT message id,group size
```

把商業上使用的符號導向文書編輯器中的15個命令,與修改後的命令(具有關鍵字導向的型態)進行比較,我們可以得到命令結構影響效能的證據(Ledgard等人,1980)。以下是三個範例:

符號編輯器
```
FIND:/TOOTH/;-1
LIST;10 LIST 10
RS:/KO/,/OK/;*
```

關鍵字編輯器
```
BACKWARD TO "TOOTH"
LINES
CHANGE ALL "KO" TO "OK"
```

第 7 章 ● 命令和自然語言

兩個編輯器都允許單一字母的縮寫（L; 10或L 10 L），所以鍵盤敲入的次數大約相同。混合使用具有意義性、記憶法和獨特性的命令是有用的，下一節會有相關討論。

7.3 命名和縮寫

在討論命令語言的名稱時，Schneider等人（1984）引用了莎士比亞的羅密歐與茱麗葉劇中的一句名言：「用另一個名字來取代玫瑰，它聞起來依舊芳香」。如同這些作者指出的，在設計圈中熱烈的爭論，表示這句話套用在命令語言的名稱上時，並不能成立。的確，命令的名稱是系統最可見的部份，而且最有可能激起不悅的使用者的抱怨。

如Norman（1981）等批判者將注意力集中在Unix的怪異名稱上，如mkdir（make directory，建立目錄）、cd（change directory，更換目錄）、ls（list directory，列出目錄）、和pwd（print working directory，顯示工作目錄）。他們關注的部份原因是在不一致的縮寫方式，這種縮寫命名方式，可能是使用前幾個字母、前幾個子音字母、開始和最後的字母、或詞彙中每個字的起始字母。更嚴重的是讓使用看不出任何縮寫規則。

縮寫、捷徑和功能鍵、特殊字元等是依知識的連續字彙，來滿足專家級使用者。進階搜尋方法（在第13章中討論）是依據特殊字元的命令陣列和布林運算元，以建立不會過度複雜的搜尋。

此外，文字訊息的出現，對追求快速、和熟練的文字訊息產生者，已經造成新的、特殊的首字母縮略字、和縮寫的使用方式大量的產生，這些方式在行動電話的文字溝通、聊天室和電子郵件上已經變得很普遍。甚至目前工作場所中的溝通也會使用縮寫，這些縮寫列於表7.1中。

LOL	Laugh out loud
2G2BT	Too good to be true
BBFN	Bye bye for now
CUL8R	See you later
HAGD	Have a great day
IMHO	In my humble opinion
J/K	Just kidding
AATK	Always at the keyboard
OOTO	Out of the office
POV	Point of view
ROTGL	Rolling on the ground laughing
RTSM	Read the silly manual
SWIM	See what I mean?

表7.1
用於線上聊天、即時訊息、電子郵件、部落格、或新聞群組張貼資訊（可同時用於工作或家中）的縮寫範例

7.3.1 明確性與一般性

　　名稱對學習、問題解決、和記憶維持很重要。當系統只有幾個命令名稱時，使用者會很容易熟練命令集，但當有數百個名稱時，選擇有意義的、有系統的命令名稱就變得更重要。同樣地，在程式撰寫工作上，只有10到20個變數名稱的小模組，其變數名稱的選擇較不重要，但在有數十或數百個變數名稱的較大模組中，變數名稱的選擇就重要得多。

　　在較大的命令集中，命令名稱的確會造成差異，特別是當命令集提供對等或其它有意義的結構時。命名規則的爭議，有一部分是圍繞在明確性與一般性的問題上（Rosenberg, 1982）。明確的用語會比一般的用語更具描述性，同時如

果它們更獨特,則可能會更容易記憶。一般的用語可能比較熟悉,因比較容易被接受。受測者經過兩週的訓練,學習使用12個命令後,會比較容易記住和了解明確的命令(Barnard等人,1981)。

在紙上測試中,受測者學習七組命令集的其中一組(Black and Moran, 1982)。在所有七種命令集中的兩種命令 ── 用來插入和刪除文字的命令,如下所示:

罕見、能區別的文字	insert	delete
常見、能區別的文字	add	remove
罕見、無法區別的文字	amble	perceive
常見、無法區別的文字	walk	view
一般的文字(常見、無法區別的)	alter	correct
無法理解的非文字(無意義)	GAC	MIK
能理解的非文字(圖示)	abc-adbc	abc-ac

「罕見、能區別的」命令集會產生較快的學習效果,而且要回想這些命令也會比其它命令集容易。一般文字的命令集的效能最差。令人感到訝異的,是不具意義的文字的效能不錯,可能的原因,是在小的命令集中,即使命令名稱不具意義,但獨特的名稱仍很有幫助。

7.3.2 縮寫策略

命令的名稱應該能夠幫助使用者學習、解決問題、和維持記憶,而且一定要滿足另一個重要的條件:它們必須要和把命令傳達給電腦的機制一致。傳統和最廣為使用的命令輸入機制是鍵盤,所以命令應該以簡潔且操作容易的代碼組成。若要使用 Shift 或 Ctrl 鍵、特殊字元、或不容易輸入字串的命令,可能會造成較高的錯誤率。針對文書編輯器,當要使用多個命令、且速度是考量的重點時,單一字母的命令輸入會較有吸引力。整體而言,簡潔是一個值得追求的

目標，因為它可以加快輸入速度並降低錯誤率。早期的文書處理器設計者就是採用這個方式，甚至犧牲了記憶性，因而增加了初學者和偶爾使用者使用上的困難。

在要求較少的應用系統中，設計者利用較長的命令縮寫，希望藉著增加識別性，來減少鍵盤敲擊的次數。實際上，初學者會偏好輸入完整的命令名稱，而不會想採取捷徑，因為這樣他們較有自信會成功（Landauer et al., 1983）。

偏好使用完整的命令名稱現象，也出現在國會圖書館的SCORPIO系統的文獻搜尋研究中：初學者偏好輸入完整的名稱，如BROWSE或SELECT，而不是傳統四個字母的縮寫（BRWS或SLCT）、或單一字母的縮寫（B或S）。在使用同一個命令五到七次之後，初學者的信心增加，而且會想嘗試使用單一字母的縮寫。文字類冒險遊戲的設計者了解這個原理；新的使用者一開始被教導利用輸入EAST、WEST、NORTH、或SOUTH開始瀏覽，然後，在輸入五個完整的命令後，系統就告訴使用者單一字母的縮寫。對資深且經常使用的使用者而言，縮寫是滿足高手的必要做法。

已經有許多工作致力於找尋可供選擇的縮寫策略，有許多研究都支持縮寫應該以一致的策略發展概念（Ehrenreich and Porcu, 1982; Benbasat and Wand, 1984）。以下是六個可能的策略：

1. **簡單的斷字**。用每個命令的第一個、第二個、第三個...字母。這個策略要求每個命令的前幾個字元不能完全相同，如此才能分辨不同的命令。縮寫的長度不一定要完全相同。

2. **省略母音並用簡單的斷字**。刪去單字中的母音，並使用剩下的字母。但若第一個字母是母音，則可以被留下來、也可以不要。因此，H、Y、和W可以視為母音，也可以不被視為母音。

3. **第一個和最後一個字母**。因為第一個和最後一個字母的能見度很高，所以使用它們；例如，利用ST代表SORT。

4. **片語中每個字的第一個字母**。利用這個常用的縮寫技巧，例如，伴隨著一個階層式設計規劃。

5. **來自其它背景的標準縮寫**。如代表QUANTITY的QTY、代表CROSS-TALK（一個套裝軟體）的XTALK、代表PRINT的PRT、或代表BACK-UP的BAK等，使用熟悉的縮寫。

6. **自然發音**。把注意力集中在於發聲；例如，利用XQT代表execute（執行）。

7.3.3 使用縮寫的指導方針

Ehrenreich和Porcu（1982）提出了一組指導方針：

1. 應該用簡單的主要規則來產生大部份用語的縮寫；如果縮寫之間有衝突，則應該用簡單的次要規則解決。

2. 以次要規則產生的縮寫，應該包含記號（例如，星號）。

3. 由次要規則簡化的縮寫字的個數，應該保持在最少。

4. 使用者應該熟悉產生縮寫的規則。

5. 使用斷字，因爲斷字是使用者容易理解、和記憶的規則。但當不同的字卻產生許多相同的縮寫時，就一定要做調整。

6. 應該優先選擇固定長度的縮寫，其次才是長度不固定的縮寫。

7. 縮寫不應該含有字尾（INT、ED、S）。

8. 除非有嚴重的空間問題，否則縮寫應該不可以出現在電腦所產生、和使用者閱讀的訊息中。

縮寫是系統設計的一個重要的部份，而且許多使用者都支持這麼做。如果使用者具備縮寫的知識且使用縮寫可節省一個到兩個字元以上的輸入，則使用者比較可能使用縮寫（Benbasat and Wand, 1984）。

7.3.4 命令功能表和鍵盤快捷鍵

為了減輕記憶命令的負擔,某些設計者利用稱為命令功能表的形式,提供使用者可用命令的簡潔提示。例如,以下為Lynx™的純文字web瀏覽器所顯示的提示:

```
H)elp O)ptions P)rint G)o M)ain screen Q)uit
    /=search [delete]=history list
```

資深的使用者會知道這些命令,而且不需要閱讀提示或說明畫面。偶爾使用的使用者知道概念,但可能需要根據提示喚起記憶,並藉由閱讀說明來記住以後會用到的語法。初學者不會從提示得到多少好處,而且還可能需要上訓練課程、或查閱線上說明。

在大部份的圖形使用者介面中,鍵盤快捷鍵變成熟練使用者的一種命令功能表。Windows XP在功能表中顯示加上底線的字母,用以代表單一字母的命令快捷鍵,使用者可以透過鍵盤輸入進行所有的操作。使用快速的顯示器,命令功能表選單會使命令和功能表選單之間的界線變得模糊。

人機介面中的命令語言雖然很不具「吸引力」,但仍舊是成功的電腦運算中最重要的部分。執行「Windows批次檔命令」的搜尋,可以很容易地找到以字母為索引的Windows命令列。這裡是Windows批次檔的一個範例:

```
@ECHO OFF
:BEGIN
CLS
CHOICE /N /C:123 PICK A NUMBER (1, 2, or 3)%1
IF ERRORLEVEL ==1 GOTO ONE
IF ERRORLEVEL ==2 GOTO TWO
IF ERRORLEVEL ==3 GOTO THREE
GOTO END
:ONE
ECHO YOU HAVE PRESSED ONE
GOTO END
```

```
:TWO
ECHO YOU HAVE PRESSED TWO
GOTO END
:THREE
ECHO YOU HAVE PRESSED THREE
:END
```

當使用者使用命令語法、快捷鍵和縮寫,以快速地傳送文字訊息時,行動裝置在現今已經引起對於命令列的抱怨。當命令列仍是許多行動裝置上基本的介面時,命令列介面將會是下一個使用者介面的突破性發展(Norman, 2007)。7.1節提到在web程式設計和應用上,描述語言會是一個重要的溝通工具。這裡有一個從資料庫擷取文件的Perl描述語言範列。

```perl
#!/usr/local/bin/perl

open(C, "$ARGV[0]") || die "can't open candidate doc id list file:$ARGV[0]\n";

while (<C>) {
    /([^\s]+)/;
    $dict{$1}=1;
}
close(C);

while (<stdin>) {
    if (/<DOC\s+([^\s>]+)/) {
       $docID = $1;
    } elsif (/<\/DOC>/) {
       if (defined $dict{$docID}) {
          print "<DOC $docID>\n";
          print "$docText\n";
          print "<\/DOC>\n";
       }
       $docText ="";
       $docID ="";
    } else {
       $docText .= $_;
    }
}
```

7.4 電腦上的自然語言

在電腦出現之前,人們就夢想創造出能夠處理自然語言(natural language)的機器。這是個很棒的夢想,而且,文書處理器的文書處理裝置、語音錄音機、和電話的成功,也鼓勵了某些人。然而語言非常精妙,有許多特例、內容複雜,而且情感上的關係,也對人與人之間的溝通有強烈的影響。

透過機器翻譯,將某一種自然語言翻譯成另一種語言,已經有了長足的進展(例如,日文到英文),但大部份有效的系統,都要求利用有限制或經過前置處理的輸入、或經過後置處理的輸出。毫無疑問的,這方面仍會有持續的進步,且限制也會減少,但高品質的、可靠的、不需人為介入的整篇文件之翻譯,似乎仍很難達成。像氣象報告一樣的結構化的文字,是可以翻譯的;技術文件很少是可以翻譯的;小說或詩也不容易翻譯。雖然如此,機械翻譯軟體仍很有用,例如,其可以快速地翻譯網頁的內容,以取得其中的資訊,並判斷這些網頁內容是否重要到需要請求人類翻譯者的協助。而即使只是大略的翻譯,對語言學習者、和旅客而言,也可能會有幫助。多國語言的搜尋引擎 ─ 使用者可以用某種語言輸入要查詢的關鍵字,並取得多種語言的搜尋結果 ─ 是另一個有趣的例子。

雖然要讓電腦完全理解,並產生一個語言似乎是無法達成的目標,但仍有許多可以用電腦來處理自然語言的情況,如為了互動、查詢、資料庫搜尋、文字產生、和冒險遊戲(Allen, 1995)。已有非常多的研究者投入到自然語言系統的研究中,目前已有一些成果,但或許是因為其替代方式更吸引人,因此並未被廣泛使用。當探討自然語言應用對哪些使用者、工作、和介面設計最有幫助時,相關的實驗被設計出來,這個領域會有更快速的進展(King, 1996; Oviatt, 2000)。

自然語言處理(Natural Language Processing, NLP)已經有些進展,而且是一本新的線上書籍的重點(Bird et al., 2008)。這本書說明用於自然語言處理的

研究和開發所使用的自然語言工具集（Natural Language Toolkit, NLTK）、開放原始碼Python®模組、資料和文件。NLTK包含的原始碼可以支援幾十個NLP工作。NLTK也已經被證實是一個多學科的教學工具（Bird et al., 2008）。

7.4.1 自然語言互動

研究者希望實現像電影【星際爭霸戰】中的情節，在這部影片中，電腦會回應使用者以自然語言所發出的口語（或打字）命令。自然語言互動（natural-language interaction, NLI）可以定義為：人們使用熟悉的語言（如英語）發出指令，並得到回應的電腦操作。利用NLI，使用者不需要學習命令語法，或從功能表中做選擇。

NLI的問題不僅在於要在電腦上開發，也在於它想要讓許多使用者能夠進行各種不同的工作。和一般的信念相反，人與人互動對電腦的人為操作而言，未必是合適的模型。因為電腦的顯示速度比人們輸入命令的速度快上1000倍，用電腦顯示大量的資訊，只要讓初學者和偶爾使用者在幾個選項中做選擇，這樣的方式似乎比較有好處。藉著清楚地顯示哪些物件和運作可用，提供的選擇也可引導使用者進行工作。資深和經常性的使用者知道所有可用的功能，他們通常偏好精準的、簡潔的命令語言。

人工智慧（聰明機器、智慧代理人、和專家系統）方案逐漸被證明會限制人心，讓設計者無法建立更強大的工具。我們相信支援協同工作、視覺化、模擬、和遠距操作裝置的下一代成功的商業介面，會來自以使用者為中心的方案，而不是以機器為中心的人工智慧方案。

NLI 的關鍵障礙，是使用者介面的適居性（habitability）— 意即，使用者如何很容易知道哪些物件和運作是適合的。視覺的介面能提供互動的語意線索，但NLI介面通常仰賴於假設的使用者模型。具備工作知識的使用者 — 例如，股票交易員會知道物件、和買／賣的運作 — 可能可以利用語音或自然語言鍵入的方式來下單。然而這些使用者之所以偏愛簡潔的命令語言，是因為這樣的方式

比較快且可靠。NLI的設計，通常也不會傳達有關介面物件和運作的資訊（例如，資訊的樹狀結構、刪除操作的影響、布林運算或查詢方式）。此外，NLI的設計應該要減輕使用者學習新語法規則的負擔，對於了解特定工作和介面但卻記不太住介面語法的偶爾使用者，使用使用者較熟悉的語言會很有幫助。

根據以上的分析，將NLI應用到某些工作領域（如支票簿維護），應該會有不錯的效果（Shneiderman, 1980）。在這個情況中，使用者知道支票號碼是遞增的整數，而且每張支票都有單一的收款人欄位、單一的金額、單一的日期、和一個或多個簽名。支票可以被發出、作廢、搜尋和列印。延續這樣的想法並為了這個目的，Ford（1981）建立並測試一個文字的NLI系統。受測者受聘來維護他們的支票簿冊，他們藉著電腦，利用不斷改良的程式，來負責非預期的資料輸入，最後的系統能成功地處理91%的使用者要求：

```
Pay to Safeway on 3/24 $29.75.
June 10 $33.00 to Madonna.
Show me all the checks paid to George Bush.
Which checks were written on October 29?
```

使用者都很滿意這個系統，而且在數個月的實驗後，他們還想要繼續使用它。這個研究可以視為一個成功的NLI，但是25年後，這樣的系統在市場上仍然沒有成功。反而是直接操作的替代方案（例如，Intui的Quicken或是Microsoft Money®）已經被證實更具吸引力。利用這些程式，顯示整個畫面的支票簿帳目，並用空白列代表新的帳目，能讓使用者不需使用任何命令，可以最少的鍵盤輸入完成更多的工作。使用者可以藉著輸入部分的資訊（例如，透過收款人的名字），然後按下搜尋鍵，進行搜尋。直接操作的設計，能引導使用者，因此針對適居性的問題，能提供比NLI更有效的解決方案。

NLI系統已經有許多非正式的檢驗測試，但最著名且爭議最多的是自1991年起每年舉辦的Loebner 獎，該競賽選出最能滿足Turing Test的系統。主辦單位把目標描述為「能夠交談的電腦程式，它的交談和人類的交談沒有什麼不同」

（http://www.loebner.net/Prizef/loebner-prize.html），而且裁判根據「人性」來評價程式的效能。除了媒體上熱烈的反應外，批評者也抱怨，這個競賽「沒有明確的目標，它的設計阻礙了任何有用的結果的出現」。

這些爭議透露出，在自然語言互動上的考量和研究的演進。早期好萊塢電影中的人物，如在電影【2001太空漫遊】中的HAL以及研究專案Weizenbaum（1996）的ELIZA，強調的是透過鍵盤和顯示器進行像交談般的互動。這些1960年代的目標目前一些影片中仍有描繪，但實際的研究和結果並沒有很大的進展。致力於語言學導向的電腦科學家仍繼續進行自然語言的開發工作，但工作的成果卻很少用在對話式的互動中。在某種程度上，因為正面地朝向嚴格評估的轉變（如，由U.S. National Institute for Standards and Technology（美國國家標準與技術研究中心），從1992年開始舉辦的Text Retrieval Conference（文字擷取研討會，TREC）），使得電腦科學家們的成果更加成熟。評估的研討會和科學期刊（如Natural Language Engineering），也促進了針對適當的使用群，所進行的焦點評估工作。

隨著早期的研究開始透露出，使用像人類自然語言進行互動的困難度和不適當性，因而研究方向就轉移到更特定的目標。找出文件中的特徵（如個人資料、位置、或公司名稱），甚至當尋找的正確性並不完美時，仍是個可以理解且有好處的目標。其它的目標包括：判斷網頁是否含有某個問題的答案之語言分析、和擷取出最能夠代表一個網頁內容的關鍵句或詞的文字摘要。

試算表和班機訂位的自然語言互動的實證研究顯示，簡潔的視覺介面操作速度會比較快，而且使用者也比較喜歡。利用填空式表單和核對鈕，讓Web服務快速地成長，而行動裝置則是大量地使用實體按鈕，並能快速地捲動瀏覽有意義的功能表選項。一個虛構的互動方式是Ask Jeeves™網站（現在是Ask.com™），它邀請使用者利用自然語言輸入問題，而它接著擷取關鍵字，來產生標準的網頁答案集。Chatterbots能改善自然語言互動研究，chatterbot是一種能模擬典型對話的程式，其主要目的是娛樂人們，並想像他們正在與其它人說話。

START自然語言系統是一個互動式軟體系統,能以自然語言的方式來回答問題(Katz. 2006)。START能分析進入系統的問題,並將語法分析樹所建立的查詢,與系統的知識庫進行比對,再以適合的資訊呈現給使用者。在這個方式中,START能讓未受過訓練的使用者快速地存取知識,而在許多的情況下,專家也可能需要花費一些時間去搜尋這些知識。同樣的研究團隊也表示,能處理語言議題的研究,會與行動電話以及其它使用他們的StartMobile系統之行動裝置有關,而StartMobile系統的設計,是根據以自然語言所寫下的需求來處理資訊(Katz, 2007)。

　　某些NLI的研究,已經轉移為自動語音辨識和語音產生,以降低接受度的障礙(參閱8.4節)。某些使用者會從NLI得到好處,但並不像是許多提倡者相信的那樣。電腦的使用者通常會尋求可預期的回應,但若要忙於理解對話的內容,使用者會覺得很灰心。相反的,視覺導向的互動是利用直接操作的概念(見第5章),更有效地利用電腦的能力進行快速顯示,並利用人類的能力進行快速的視覺辨識。總之,點選內容通常會比鍵入、或甚至是說一句英文來得吸引人。

7.4.2 自然語言查詢和回答問題

　　因為一般性的互動很難達到,所以對於關聯式資料庫,某些設計者便追求有限的自然語言查詢(natural - language queries, NLQ)的目標。關聯式綱要(relational schema)包含屬性的名稱,並且資料庫含有許多屬性的數值,兩者對消除模糊的查詢都有幫助。相信NLQ的人,可能會要求在這個方式被排除之前,要做更多的研究和系統開發,但似乎也很有可能在功能表選單、命令語言、和直接操作上出現一些具體的改善。

　　NLQ的支持者自豪於還算成功的INTELLECTTM系統。在1980年代,它被安裝在大約400台大型主機上。商業經理人、銷售代表、和其它的人都定期利用INTELLECT搜尋資料庫。許多創新的開發概念,使得INTELLECT更加吸引人。

第一，語法分析器利用資料庫進行內容的查詢分析。例如，語法分析器可以判斷在查詢中的"Cleveland"是代表城市，因為Cleveland是資料庫中的一筆記錄。第二，系統管理者，藉著指出與who、what、where、when、why、和how有關的欄位，可以方便地加入用來處理特定要求的引導資訊。第三，INTELLECT改變使用者的查詢、和回應的措辭，如PRINT THE CHECK NUMBERS WITH PAYEE = BRITNEY SPEARS。這個結構化的回應不僅有助於教學，而且使用者會傾向模仿這個樣式的措辭。到了最後，因為使用者變得更有知識，他們常會使用簡潔、像命令般的表示式，他們相信這樣的表示方式能夠成功被解析。雖然INTELLECT的支持者知道，不熟悉工作領域的初學者會有一段艱苦的時期，而且理想的使用者可能是資深的偶爾使用者。而當使用者轉換使用其它的方式時，這個系統的吸引力便會消失。

第一個用於一般目的、在Web上用來回答問題的自動問答系統，已經徹底地超過搜尋引擎所能提供的內容，這個問答系統是以名為MULDER工具為基礎（Kwok et al., 2001）。之後，AskMSR的工作是修正這個研究，而Microsoft的團隊分析它的效能（Brill et al., 2002）。在這個主題上的最新研究顯示，使用自然語言處理器可以產生更好的搜尋結果。

一個更成功的產品是Symantec™的Q&A™，它提供快速、有效的查詢解譯，並可在IBM PC上執行。這個軟體在1980年代末期有很正面的形象，但實際使用的資料並不多。之後，Q&A被加到Sesame Database Manager™產品（商業用資料庫）中，一直用到今天。這個系統的設計者舉出許多NLQ的愉快使用經驗，但這個軟體受歡迎的程度似乎和本身的文書處理器、資料庫、和填空式表單工具更有關係（Church and Rau, 1995）。Microsoft在1999年的SQL Server®產品，稱為English Query，可以執行自然語言資料庫查詢，提供restatement（重申）來幫助使用者了解結果，並以表格方式呈現輸出。

除了還算成功例子之外，INTELLECT、Q&A、English Query、和大部份其它的NLQ軟體，都已經在市場上消失了。NLQ的理想，還存在於某些方面的應

用上，但是商業應用卻很罕見。有一個具備問題處理器的擷取系統，這個系統並不是真正的問與答系統。在擷取系統中查詢關係（例如，「誰發明...?」）或是適合的名詞（例如，你的名字），讓設計者理解這些系統的知識庫。

一個稱為Powerset™的商業產品，宣傳它是「第一個將它的自然語言處理應用於搜尋，藉由開啓一般人類語言中編碼的含意，用以改善我們搜尋資訊的方式。Powerset的第一個產品發表於2008年5月，是用來搜尋和發掘Wikipedia。」

具有最好效能之問答系統有兩種類型：一致的、穩固的、建立完整、和多個小平面之系統，其每一年都能有良好的運作，而任何地方都會出現的系統，使用完全創新的方法，而且其系統效能幾乎能勝過其它系統（Prager, 2006）。在Prager的論文中，他建立了「典型的」問答系統看起來像什麼，以幫助設計者建立他們自己的問答系統。

自然語言問題解答（natural language question answering, NLQA）是一個轉化的概念，使用者提出實際的問題，如「尙比亞的首都是哪個城市？」、或「誰是歐盟第一個首相？」系統一開始的挑戰是提供簡潔且精確的答案，但系統之後只提供一組網頁，在這些網頁中，使用者可以自行找到答案。自然語言問題解答的主要困難，是使用者的問題往往會造成錯誤的假設（也許歐盟有總統，或可能應該是「歐洲委員會」），而且，有些顯然是很簡單的問題，但卻需要更多的說明。甚至像「年」這樣簡單的字，也會有很多的解釋（日曆、會計年度、學年、火星年），而在不同的情況下也可能會用到類似的用語（薪水、收入、工資、所得、報酬、實得薪水、薪津）。雖然一般常用適當的問題形式進行評估（Voorhees, 2002），但使用者經常輸入不適當的問題形式，而這些問題非常難以預期。適居性仍是個問題，因此，能夠產生網頁輸出結果的簡單關鍵詞查詢，是一個有效、且更有幫助的解決方式。

針對問答系統，所謂「以重複為基礎」（redundancy-based）的方法是一種成功的策略，可使用於全球資訊網上探勘出陳述問題的答案，例如「誰刺殺了林肯？」。透過Aranea™進行對比實驗，這個系統在幾個TREC問答評估中運作

的很好，有一位研究者還成功地檢查以重複為基礎之技術背後的基本假設和原則（Lin, 2007）。

7.4.3 文字資料庫搜尋

文字資料庫搜尋（text-database searching）是熱衷自然語言的人的應用，他們已經開發出用自然語言表示的查詢的過濾器（filter）、和語法分析器（parser）（Lewis and Jones, 1996）。在這些應用中，有部分的應用可以完全理解查詢的意義，並且能滿足使用者對資訊的需要（Lin, 2007）。例如，在法律的應用上（「尋找房客控告房東缺少冷氣的失敗案例」），系統利用文法分析這個句子，並從辭典提供同義字（「承租人」代表「房客」）、處理單數和複數、並處理其它像拼字錯誤或外來語的問題。接著，分析器把查詢分解成標準的單元—如原告、被告、和原因，並找出在意義上相關的法律文獻。

更實際且典型的例子，是用語法分析器來去除干擾字（例如，the、of、或in）、提供詞幹（複數或替代的字尾）、以及根據用語的頻率，列出根據相關度排列的文件清單。這些系統不處理否定、較廣或較狹隘的用語、以及關係（例如原告控告被告），但對於熟練的使用者而言，它們會很有效。資訊擷取程式競賽能夠持續地促進快速的進步（Voorhees, 2002）。許多在全球資訊網上受歡迎的搜尋工具（例如，Google）都使用自然語言技術，例如詞幹、根據文字頻率分析的相關度順序、潛在語意索引、和過濾常見的文字。

另一個文字資料庫的應用是擷取（extraction），在這個應用中，自然語言的語法分析器會分析資料庫中儲存的文字，並產生更結構化的格式，如一個關聯式資料庫。這個好處是語法分析可以事先把整個資料庫結構化，當使用者下關聯式查詢命令時，就能夠加快速度處理。法律的（最高法院裁決、或州法）、醫學的（科學期刊文章或病史）、和新聞業的（美聯社新聞或華爾街日報報導）文字，都已經分析過。因為只要適度的增加使用者想要的擷取結果，使用者就會覺得感謝，同時人們對於錯誤擷取的容忍度，也比容忍自然語言互動中的錯誤來得高，所以這個應用是很有前景的。比起從長篇的文件中整理出

自然語言摘要，擷取的工作要容易一些，這是因為摘要必須擷取內容的精髓，並以簡潔的方式準確地表達。

一項轉化的工作，是根據文件的內容，進行文件的分類。例如，自動分析商業新聞並從中找出電子業、醫藥、或石油產業中，公司的合併、破產、和首次公開發行的事件。因為在這些應用中，稍微的錯誤是可以容忍的，所以這樣的分類工作會很吸引人（Church and Rau, 1995）。

7.4.4 自然語言文字產生

自然語言文字產生（natural-language text generation, NLTG）包括了些簡單的工作，如為結構化的氣象報告（「週日午後北部郊區有80%的機率會有小雨」）做準備，以及產生複雜的、含有豐富文字的整篇報導（Church and Rau, 1995）。從結構化資料庫所產生的報導可以自動寄送，而透過電話，可以提供多國語言的即時口語報導。

精心設計的NLTG應用，包括醫學實驗室或心理測試的報告準備工作。電腦不僅產生可讀的報告（「白血球數目是12,000」），也產生警告（「這個數值超出3,000到8,000正常範圍的50%」）或建議（「建議進行組織感染的進一步檢驗」）。此外，NLTG還有更多的應用實例，包括建立法律合約、遺囑、或商業提案。

在透過電腦產生的天氣預測中，NLTG已被證明能成功地選擇用字（Reiter et al., 2005）。因為人類所產生的回應會有差異，工具的使用者評估（被稱為SUMTIME-MOUSAM氣象預測產生器）偏好使用電腦產生的氣象預測，而不是人類所產生的文字。同一批作者群的部分人員也發展了產生大型、時間序列（數值的）資料集的文字摘要的NLTG系統（Yu et al., 2007），系統也能產生大型資料集的短摘要（幾個句子）。此外，也可以從氣體渦輪機中的感應器資料，研究文字摘要。

在藝術方面，電腦產生的詩，甚至是小說，都是文藝圈常討論的話題。雖然電腦產生的隨機詞句的組合很有趣，但有些人認為它們仍是某人的創作，這個人選擇一組可能的字，並且決定要產生哪個可能的輸出。這個立場類似於把功勞歸功於攝影師，而不是相機或相片主題。

7.4.5 冒險遊戲和教學系統

在各種不同的電腦冒險遊戲中，可見到自然語言互動技術的成功應用。例如，使用者可以指定移動的方向，或輸入像TAKE ALL OF THE KEYS（拿所有的鑰匙）、OPEN THE GATE（開門）等命令。在這個情況下，利用自然語言進行互動的吸引人之處是系統有一部分是無法預期的，而且必須要做一些探索才能尋找到適當的魔法。然而這樣的遊戲多已經從市場上消失了。

用在教學課程上的自然語言（特別是當教材和教學方法已經被仔細地測試和改良過後），已證明能夠成功地用在某些學生身上。用自然語言、甚至是用口語的形式提供回饋和引導，可以幫助學生繼續努力地學習（Di Eugenio et al., 2002）。目前在高中和大學程度的教學中已經使用部份先進的教學系統，如代數、物理、電子學、程式設計、和電腦閱讀（圖7.2）。這些系統常以豐富的教學理論為基礎，藉著提供挑戰和交談式的自然語言回饋，在學習過程中引導學生學習。仔細的設計和全面的測試，能夠產生成功的工具，這些工具已經被證明能夠增進學習，而且其成效超越在教室中的體驗。部份這類系統已有成千上百位的學生使用過，例如，電腦閱讀課程中，虛擬人物和一位使用AutoTutor系統的大學生之間的教學對話記錄如下（Graesser et al., 2001）：

教師-1：	好極了，讓我們繼續下去。如果你想要拍照並以Internet傳送照片。想想以下的問題：你需要用什麼硬體才能拍照並能用Internet傳送照片？
學生-1：	首先，你需要能連上Internet。
教師-2：	還有什麼？
學生-2：	一台相機。
教師-3：	是的。哪一種連線你需要一張網路卡？
學生-3：	一張網路卡？

> 教師-4： 好的。現在，如果你有一個透過網路卡的Internet連線，則你的連線是...
> 學生-4： 我不知道。
> 教師-5： 是直接連線。好的。如果你有一個Internet的直接連線，則需要一張網路卡。好的。使用者如何連上Internet呢？
> 學生-5： 用一個插頭。
> 教師-6： 再來一次，如果你有Internet的直接連線，則需要一張網路卡。好的，數據機用來做什麼？
> 學生-6： 連接網路卡和Internet。
> 教師-7： 好的。試著回答這個問題。需要一台數據機是當有...
> 學生-5： 一個連線。
> 教師-6： 一個撥接連線。
> ...
> 教師-30： 讓我們複習一遍。為了要把你的相片送到Internet，你需要一台數位相機或一台一般相機來照相。如果你用...

在教育的領域中，已經有3個很棒的自然語言處理研討會，其部份是由計算機語言學會（Association of Computational Linguistics, ACL）的會議所贊助。以NLP為基礎的應用已經影響教育的評估（測試）和教學領域。早期的應用著重於論說文寫作的自動評分、在評估中對於短的答案回應之評分、和校稿的文法錯誤偵測。近來，NLP已經被用於其它的教育情境中，包含說話的自動評分，和以文字為基礎之課程發展，用以增進閱讀能力（Tetreault et al., 2008）。

針對使用者設計的NLI也可以應用在如家庭設備等的複雜產品上（Vanderheiden et al., 2005），可引導設計者協助有特殊需求的使用者，並能藉此改善一般的使用性。另有一群人發展出閱讀圖形和圖形資料的工具，可用以協助有閱讀問題的人（Ferres, 2008）。

另一個團隊提出一個在互動虛擬環境中適合學習自然語言介面的平台，人類使用者和電腦代理人可在此進行互動。在獨立設計的互動應用中，初步的實驗方法 — 即，任務演練活動（Mission Rehearsal Exercise, MRE）— 顯示合適的自然語言介面勝過最先進的自然語言介面（Fleischman and Hovey, 2006）。

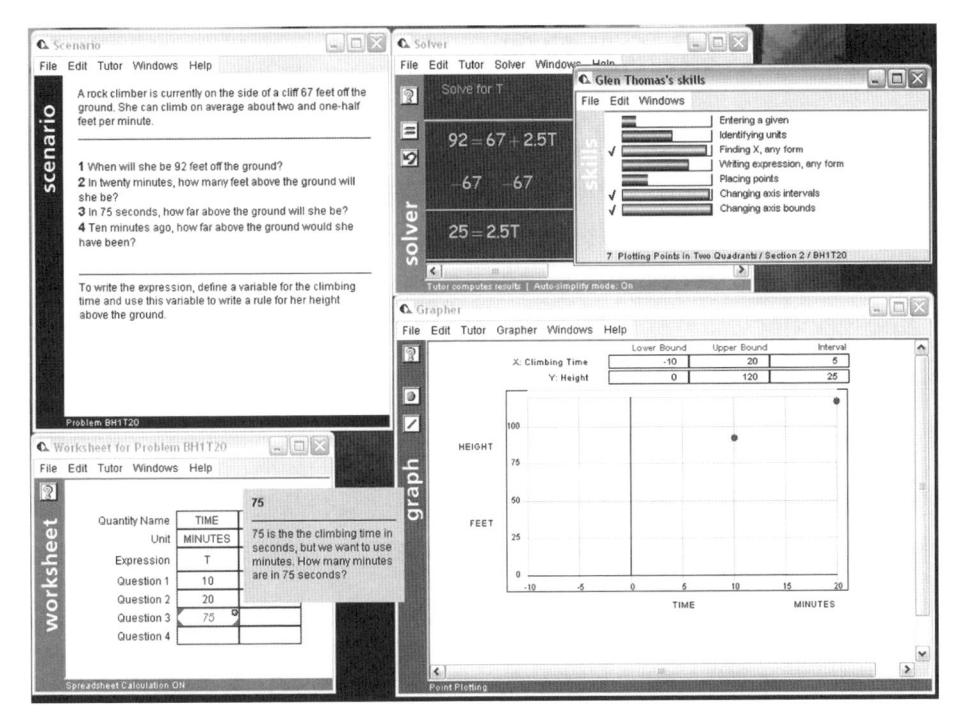

圖7.2

Carnegie Learning, Inc.的CognitiveTutor®軟體（http://www.carnegielearning.com/product_information.chm）已經開發出代數、幾何、和數學相關領域的課程。它追蹤學生學習技巧和概念時的進度，然後再根據個別情況指定問題。畫面顯示的分別為Scenario、Worksheet、Graph、Solver、和Skills視窗。

　　NLI已經被證明是智慧型教學和教學經驗操作等相關跨領域研究中的一部份（Lane and Johnson, 2008）。結合自然語言處理原則、情緒建模、手勢建模和文化建模等（Swartout et al., 2006），將有助於智慧型教學系統的開發，並能強化這類系統的效能。

　　自然語言能力是機械式機器人和科幻機器人的主要技術元件（Coradeschi et al., 2006）。這些機器人的設計者相信，這些NLI的應用可以提升我們的生活品質。

從業人員的重點整理

當預期使用者會經常使用系統、使用者具備工作和介面概念的知識、螢幕畫面空間有限、回應時間和顯示速率很慢、而且許多功能可以組合在簡潔的式子內表達時，命令語言會很具吸引力。使用者必須學習語意和語法，但是他們可以**觸發**、而不是回應，並能夠快速地具體指定牽涉到數個物件和選項的運作。最後，使用者可以輕易地指定複雜的命令序列，並且將其存成巨集，以供日後使用。

設計者應該從仔細的工作分析開始，決定應提供的功能。在一張紙上畫出完整的命令集，可幫助設計者和學習者了解架構。具有意義的明確名稱能夠幫助學習和記憶維持。對於經常性的使用者，根據一致性的規則所建立的簡潔縮寫，將有助於記憶的維持和加快執行效率。

若能提供畫面運作的快速回應，使用命令功能表會很有效。目前已開發出自然語言互動和英語查詢，但由於適居性的問題，它們的效能和優點仍有限。在文字搜尋、文字產生、擷取、和教學系統上，自然語言的應用更為成功。

研究者的議題

基於階層式結構、對等、一致性、和記憶法的結構命令語言的好處，已經在許多特定的例子展現出來，但在各種不同的狀況下，應該產生命令語言學習和使用的可理解的認知模型（Box 7.1）。新的輸入裝置和高速、高解析度顯示器，帶來了新的契機 — 例如命令和彈出式功能表選單 — 可從傳統的命令語言語法中跳脫出來。

自然語言互動的成功故事仍然難以理解，但自然語言技術已經在文字資料庫搜尋（第13章）的成功經驗中佔有一席之地。自然語言的文字產生已經展現

其價值，所以會有進一步研究的價值。對於希望針對特定應用繼續探索NLI的人而言，實證測試和長期的個案研究可提供找出適當利基和設計的成功策略。以說話方式為基礎之方法（第8章），是透過電話引導互動，這也逐漸地被證實是有幫助的。

■ Box 7.1 命令語言指導方針

- 建立明確的物件和運作模型。
- 選擇有意義的、明確的、獨特的名稱。
- 試著建立階層式結構。
- 提供一致性的結構（階層式、參數順序、運作－物件）。
- 支援一致性的縮寫規則（喜愛斷字勝過單一字母）。
- 提供經常性使用者建立巨集的能力。
- 考慮在高速顯示器上使用命令功能表選單。
- 限制命令的數目和完成工作的方式。

全球資訊網資源

http://www.aw.com/DTUI

設計者可以找到一些命令語言的資訊，以及自然語言翻譯、互動、查詢、和擷取的活動。有許多網站可試用自然語言服務。

自然語言科技團體（Natural Language Technology Group, NLTG）的網站位於http://www.nltg.brighton.ac.uk/nltg/，網站中探索電腦科技能應用在工作上的方式，其中包含自然（人類）語言的使用。NLTG對於統計方法、語彙的表示、多語言學（multilingualism）、文字中的情緒內容、和自然語言系統與結構特別感興趣。

參考資料

Allen, James, *Natural Language Understanding, Second Edition*, Addison-Wesley, Reading, MA(1995).

Banko, Michelle and Etzioni, Oren, The tradeoffs between open and traditional relation extraction, *Proc. Association of Computational Linguistics*, ACL, East Stroudsburg, PA (June 2008), 28–36.

Barnard, P. J., Hammond, N. V., Morton, J., Long, J. B., and Clark, I. A., Consistency and compatibility in human-computer dialogue, *International Journal of Man-Machine Studies* 15 (1981), 87–134.

Benbasat, Izak and Wand, Yair, Command abbreviation behavior in human-computer interaction, *Communications of the ACM* 27, 4 (April 1984), 376–383.

Bird, Steven, Klein, Ewan, and Loper, Edward, *Natural Language Toolkit* (2008). Available at http://nltk.org/index.php/Book/.

Bird, Steven, Klein, Ewan, Loper, Edward, and Baldridge, Jason, Multidisciplinary instruction with the Natural Language Toolkit, *Proc. Third Workshop on Issues in Teaching Computational Linguistics*, Columbus, OH (June 2008), 62–70.

Black, J. and Moran, T., Learning and remembering command names, *Proc. CHI'82 Conference: Human Factors in Computing Systems*, ACM Press, New York (1982), 8–11.

Brill, Eric, Dumais, Susan, and Banko, Michelle, An analysis of the AskMSR questionanswering system, *Proc. Association of Computational Linguistics*, ACL, East Stroudsburg, PA(2002), 257–264.

Church, Kenneth W. and Rau, Lisa F., Commercial applications of natural language processing, *Communications of the ACM* 38, 11 (November 1995), 71–79.

Coradeshi, Silvia, Ishiguro, Hiroshi, Asada, Minoni, Shapiro, Stuart, Theilscher, Michael, Breazeal, Cynthia, Mataric, Maja, and Ishida, Hiroshi, Human-inspired robots, *IEEE Intelligent Systems* 21, 4 (2006), 74–85.

Di Eugenio, Barbara, Glass, Michael, and Trolio, Michael J., The DIAG experiments: Natural language generation for intelligent tutoring systems, *Proc. International Conference on Natural Language Generation*, ACM Press, New York (2002), 50–57. Available at http://www.cs.uic.edu/bdieugen/PS-papers/AIED05.pdf.

Ehrenreich, S. L. and Porcu, Theodora, Abbreviations for automated systems: Teaching operators and rules, in Badre, Al and Shneiderman, Ben (Editors), *Directions in Human-Computer Interaction*, Ablex, Norwood, NJ (1982), 111–136.

Fleischman, Michael and Hovey, Eduard, Taking advantage of the situation: Non-linguistic context for natural language interfaces to interactive virtual environments, *Proc. 11th International Conference on Intelligent User Interfaces (IUI)*, ACM Press, New York (2006), 47–54.

Ferres, Leo, Asyntactic analysis of accessibility to a corpus of statistical graphs, *Proc. International Cross-Disciplinary Conference on Web Accessibility (W4A) 2008*, ACM Press, New York (2008), 37–44.

Ford, W. Randolph, *Natural Language Processing by Computer—A New Approach*, Ph.D. Dissertation, Department of Psychology, Johns Hopkins University, Baltimore, MD (1981).

Graesser, Arthur C., VanLehn, Kurt, Rose, Carolyn P., Jordan, Pamela W., and Harter, Derek, Intelligent tutoring systems with conversational dialogue, *AI Magazine* 22, 4 (Winter 2001), 39–52.

Hanson, Stephen J., Kraut, Robert E., and Farber, James M., Interface design and multivariate analysis of Unix command use, *ACM Transactions on Office Information Systems* 2, 1 (1984), 42–57.

Hauptmann, Alexander G. and Green, Bert F., Acomparison of command, menu-selection and natural language computer programs, *Behaviour & Information Technology* 2, 2 (1983), 163–178.

Katz, Boris, Borchardt, Gary, and Felshin, Sue, Natural language annotations for question answering, *Proc. 19th International FLAIRS Conference*, AAAI Press, Menlo Park, CA (2006), 303–306.

Katz, Boris, Borchardt, Gary, Felshin, Sue, and Mora, Federico, Harnessing language in mobile environments, *Proc. First IEEE International Conference on Semantic Computing (ICSC 2007)*, IEEE Press, Los Alamitos, CA (2007), 421–428.

King, Margaret, Evaluating natural language processing systems, *Communications of the ACM* 39, 1 (January 1996), 73–79.

Kwok, Cody, Etzioni, Oren, and Weld, Daniel S., Scaling question answering to the Web, *Proc. 10th International Conference on the World Wide Web (WWW '01)*, ACM Press, New York (2001), 150–161.

Landauer, T. K., Calotti, K. M., and Hartwell, S., Natural command names and initial learning, *Communications of the ACM* 26, 7 (July 1983), 495–503.

Lane, H. C. and Johnson, W. L., Intelligent tutoring and pedagogical experience manipulation in virtual learning environments, in Schmorrow, D. (Editor), *Intelligent Tutoring in Virtual Environments* (2008), http://www.alelo.com/files/Lane-Johnson ITS Chapter 49.pdf, Chapter 49.

Ledgard, H., Whiteside, J. A., Singer, A., and Seymour, W., The natural language of interactive systems, *Communications of the ACM* 23, 10 (1980), 556–563.

Lewis, David and Jones, Karen Sparck, Natural language processing for information retrieval, *Communications of the ACM* 39, 1 (January 1996), 92–101.

Lin, Jimmy, An exploration of the principles underlying redundancy-based factoid question answering, *ACM Transactions on Information Systems* 27, 2 (2007), 1–55.

Napier, H. Albert, Lane, David, Batsell, Richard R., and Guadango, Norman S., Impact of a restricted natural language interface on ease of learning and productivity, *Communications of the ACM* 32, 10 (October 1989), 1190–1198.

Norman, Donald, The trouble with Unix, *Datamation* 27 (November 1981), 139–150.

Norman, Donald, The next UI breakthrough: Command lines, *ACM interactions* 14, 3 (May/June 2007), 44–45.

Oviatt, Sharon L., Taming speech recognition errors within a multimodal interface, *Communications of the ACM* 43, 9 (September 2000), 45–51.

Prager, John, Open-domain question answering, *Foundations and Trends in Information Retrieval* 1, 2 (January 2006), 91–231.

Reiter, Ehud, Sripada, Somayajulu, Hunter, Jim, Yu, Jin, and Davy, Ian, Choosing words in computer-generated weather forecasts, *Artificial Intelligence* 167, 1–2 (September 2005), 137–169.

Rosenberg, Jarrett, Evaluating the suggestiveness of command names, *Behaviour & Information Technology* 1, 4 (1982), 371–400.

Scapin, Dominique L., Computer commands labeled by users versus imposed commands and the effect of structuring rules on recall, *Proc. CHI '82 Conference: Human Factors in Computing Systems*, ACM Press, New York (1982), 17–19.

Schneider, M. L., Hirsh-Pasek, K., and Nudelman, S., An experimental evaluation of delimiters in a command language syntax, *International Journal of Man-Machine Studies* 20, 6 (June 1984), 521–536.

Shneiderman, Ben, *Software Psychology: Human Factors in Computer and Information Systems*, Little, Brown, Boston, MA (1980).

Swartout, W., Gratch, J., Hill, R., Hovy, E., Marsella, S., and Rickel, J., Toward virtual humans, *AI Magazine* 27, 2 (July 2006), 96–108.

Tetreault, Joel, Burstein, Jill, and De Felice, Rachele (Conference Co-Chairs), *Proc. Third Workshop on Innovative Use of NLP for Building Educational Applications*, Association for

Computational Linguistics, Stroudsburg, PA(2008). Available at http://www.cs.rochester.edu/tetreaul/acl-bea.html#program.

Vanderheiden, Gregg, Zimmerman, Gottfried, Blaedow, Karen, and Trewin, Shari, Hello, what do you do? Natural language interaction with intelligent environments, *Proc. 11th International Conference on Human-Computer Interaction (HCII 2005)*, Lawrence Erlbaum Associates, Mahwah, NJ (2005).

Voorhees, Ellen M., Overview of TREC 2002, *National Institute of Standards and Technology Special Publication SP 500-251: The Eleventh Text Retrieval Conference*, NIST, Gaithersburg, MD (2002). Available at http://trec.nist.gov/pubs/trec11/papers/OVERVIEW.11.pdf.

Weizenbaum, Joseph, ELIZA: Acomputer program for the study of natural language communication between man and machine, *Communications of the ACM* 9, 1 (January, 1966), 36–45.

Yu, Jim, Reiter, Ehud, Hunter, Jim, and Mellish, Chris, Choosing the content of textual summaries of large time-series data sets, *Natural Language Engineering* 13, 1 (March 2007), 25–49.

CHAPTER 8

互動裝置

人機介面設計

8.1 支援使用

自1960年起,除了電腦處理速度和儲存能力有顯著的成長外,輸入/輸出裝置也跟著有明顯的改進。每秒十個字元的電傳打字機,已經被高速的百萬像素圖形顯示器取代。Sholes或QWERTY鍵盤仍是常見的輸入設備,但也出現了許多滿足行動裝置(mobile device)使用者需求的新輸入方式。指示裝置,特別是滑鼠和觸控螢幕,讓使用者不需使用鍵盤即可進行許多工作。未來的電腦使用可能會包括手勢輸入、雙手輸入、三度空間指示、語音輸入/輸出、可穿戴裝置,和利用全身來進行某些輸入和輸出工作。

為了適應不同的使用者,也為了提昇效能,指示裝置已經進行過數百次的改良。如眼球追蹤器、DataGlove(資料手套)、和觸覺回饋或力回饋等較不常見的裝置,都已經應用在遠距醫療等特定應用上。目前已有一些實驗,可讓殘障使用者利用腦力控制滑鼠的移動,有些夢想家更提出了植入式的裝置。新型的輸入裝置、感應器、和反應器,能和電腦整合到物理的環境中,使醫師能夠使用各式各樣的系統(Hinckley, 2008; Abowd and Mynatt, 2000; Jacob et al., 1994)。

利用更通俗但應用範圍更廣泛的語音儲存轉發技術(speech store-and-forward technology),能把正在持續改良的語音辨識器(speech recognizer),和強調電話應用、和非語音的聽覺介面結合在一起。

大型和小型的顯示器卻需要採用其他特殊方式。具有小型液晶顯示器(LCDs)的數位相機,和具備觸控式螢幕的行動電話,已經是成功的案例。大尺寸的高解析度顯示器,則帶來了許多新的可能性。由於低成本彩色印表機被廣泛地使用,使得無紙化辦公室的概念令人存疑。Braille(盲人點字)印表機,為更多的使用者開啟了一扇新門;三度空間印表機,可以產生量身打造的裝置,給實體介面使用。

除了個人輸入和輸出裝置的改良外，也投入許多心力在多型態的介面（合併許多種輸入和輸出的模式）研究上。起初，研究人員相信，同時使用多個模式可以改善效能，但這些方法的應用有限。有些成功的多型態介面的應用，如將指示裝置和語音命令結合，可用以指示物件進行某些運作。然而，能讓使用者依據他們的需求切換不同模式的能力，才是對使用者有用的功能——例如，讓駕駛透過觸碰或語音輸入來操作導航系統，並根據他們是否在停車、或忙於注意交通的情況下，觸發視覺或語音的輸出（Oviatt et al., 2004）。多模式介面的開發，對可能需要視訊字幕、語音錄製、或影像描述的殘障者也有好處。多模式介面上的進步，有助於達成普遍可用性的目標。

另一個活躍的研究方向，是因行動裝置的普及而助長的情境感知運算（context-aware computing）。行動裝置可以從全球定位系統（Global Positioning System, GPS）、衛星、行動電話來源、無線網路連線、或其它感應器取得位置資訊。這些資訊可以讓使用者接收鄰近餐廳或加油站的相關訊息；讓博物館參觀者和旅客取得週遭環境的詳細資訊；或幫助平板電腦的使用者連線到所在房間中的印表機。與情境感知運算相關的電腦應用雖然必須解決有關隱私的問題，但它們可能能開啟廣大的市場。

本章先回顧鍵盤和小型鍵盤的使用，並討論行動裝置的資料輸入技術（8.2節）。8.3節介紹指示裝置，並說明Fitt氏定律。8.4節則探討語音和聽覺介面的展望和挑戰。8.5節回顧傳統和新穎的顯示器技術，以及大型與小型顯示器的設計特性。最後，在8.6節討論印表機。提供給殘障者的可能應用，散見於本章各節。

8.2 鍵盤和小型鍵盤

文字資料的主要輸入方式仍是透過鍵盤（keyboard）達成（圖8.1）。這個有著諸多批評的裝置，讓人對於其成功印象深刻。很多人都使用鍵盤。雖然初學者的輸入速度大約是每秒按1次按鍵；而辦公室的使用者平均速度為每秒按5

次按鍵（大約每分鐘50個英文字）；某些使用者的速度可達到每秒按15次按鍵（大約每分鐘150個英文字）。雖然可以利用組合鍵來產生大寫（SHIFT加上字母）或特殊功能（CTRL或ALT加上一個字母），但目前的鍵盤通常只允許每次按下一個按鍵。修改目前的使用方式或許可以讓資料輸入的速度更快些。鋼琴鍵盤可能是一個新的概念，它可以讓多隻手指同時按下按鍵，並能針對不同的壓力和按住的時間，做出適當的回應。

若同時可以按下多個按鍵（即，和絃），則可以更快速度輸入資料。使用和弦的概念來表示一些字元或整個字，法庭上的記錄人員可以更快速地輸入整篇的口述論證，速度可達每分鐘300個字。然而，這樣的效果，需要長達數月的訓練，並要經常使用，才可能記住一些複雜的和絃按鍵組合。利用和弦也可以讓行動電話使用者快速地輸入資料。

鍵盤大小和包裝也會影響使用者的滿意度和可用性。有許多按鍵的大型鍵盤，會給人專業和複雜的感覺，但也可能嚇跑初學者。對於某些使用者，小型鍵盤的功能似乎不夠，但它們小巧的尺寸，卻對行動裝置頗具吸引力。當使用者的工作是需要同時輸入資料及操作實體物件時，單手用鍵盤會很有用。進行少量的文字輸入時，行動裝置上的小型鍵盤和觸控螢幕是可被接受的。

8.2.1 鍵盤配置

屬於Smithsonian組織的美國歷史國家博物館，在Washington DC舉辦打字機的展覽。在十九世紀中期，許多人想創造出各種不同的打字機，這些打字機能配合不同的紙張位置，態產生許多字元的機制，和不同的按鍵架構。在1870年代，Chrisopher Latham Sholes的設計相當成功 — 它有良好的機械設計、以及聰明的字母配置，能適當減緩使用者的速度，讓人爲出錯的機率降至最低。這種QWERTY配置，會將常用的字母組分隔較遠的位置，因而增加了手指移動的距離。

Sholes的成功讓此成爲廣泛應用的標準，在歷經一個世紀後，幾乎所有的鍵盤都使用QWERTY配置，或是配合其它語言所發展出來的變型（圖8.1和8.2）。

圖 8.1

桌上型電腦的QWERTY鍵盤，在右下角有倒T字形的方向鍵，功能鍵位於鍵盤的上方。使用者可以選擇使用兩種指示裝置的其中一種：在G和H鍵之間的軌跡球或鍵盤下方的觸碰板，這兩種方式都搭配一對按鈕（http://www.ibm.com）

圖 8.2

顯示在左邊的是熱門的RIM Blackberry（http://www.blackberry.com），很多人通常會使用縮小的鍵盤；使用者基本上是用一隻手指、或同時使用手指和拇指來打字。中間是Nokia的裝置，其顯示非英語國家可能使用不同的鍵盤配置（這裡是一個法國AZERTY的鍵盤）。在右邊，較大的鍵盤使用的裝置總長較長，當不需要時可以滑入裝置的後面（http://www.nokia.com）

人機介面設計

　　電子鍵盤的出現消除了打字機的機械問題，並讓21世紀的許多發明者提出其它的鍵盤配置，以減少手指移動的距離。Dvorak鍵盤的配置方式，讓專業打字人員從每分鐘輸入150個字，加快到每分鐘輸入200個字，並能降低錯誤率。然而，它卻因接受度低而告終，這是一個有趣的例子，即使已經做了改良，但是這些改良是不可能被散播的，因為改變所得到的好處，遠比不上學習新的非標準介面所花費的精力，所以，就算是做了改良，也很難讓人採用。

　　第三種鍵盤配置是ABCDE樣式，其根據26個英文字母的順序排列。基本的想法，是這樣的配置比較容易找到按鍵的位置。雖然已經證明這樣的鍵盤配置不具有優勢，但仍有少數的數值和字母碼的資料輸入終端機使用這種樣式。有一些使用過QWERTY鍵盤的使用者會比較想用QWERTY鍵盤，並且抱怨ABCDE鍵盤的配置方式。

　　數字鍵盤是另一個具有爭議的話題 — 電話的1-2-3鍵是放在第一列，而電子計算機是把7-8-9鍵放在第一列。有些研究指出，電話鍵盤的配置是有些許的優點，但是大部份的電腦鍵盤都採用計算機的配置方式。

　　部份研究人員已經注意到，將手腕和手擺放在標準鍵盤上很不方便，於是便開發出許多人體工學鍵盤。目前已嘗試將許多不同的幾何結構運用在分離和傾斜的鍵盤上，但是對於打字速度、正確性、或減少因重複動作所造成的肌肉疲勞等方面的經驗驗證，仍然無法證明。

　　為了解決殘疾者的需求，設計者須重新考慮整體的打字程序。例如，KeyBowl的orbiTouch無按鍵鍵盤，是以兩個倒著的碗取代按鍵，使用者可以把他們的手，自在地放在碗上。可以透過在兩個碗上的手的移動以及手指的按壓組合，來選擇字母或控制游標。不需要用到手指或移動手腕的方式，對患有滑鼠手或關節炎的使用者是一大福音。另一個方式，是使用滑鼠、觸控板、或眼球追蹤器來做資料的輸入。早期的解決方式是使用固定選項的大型功能表選單，但目前也正在開發新的技術，Dasher（圖8.3）即為一例。Dasher輸入法是

當使用者在一個連續的二度空間選擇串流中進行選擇時，可用以預測可能的字元和單字（Ward et al., 2000）。

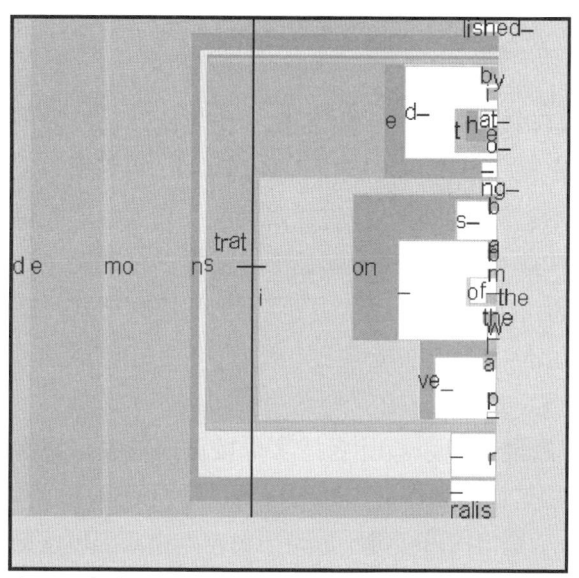

圖 8.3
使用者用Dasher寫出"demonstration"。Dasher預測可能的字元或單字，並可以讓使用者在連續的二度空間中，藉著使用滑鼠、觸控板、或眼球追蹤器作指示，在候選群中做出選擇。在選擇第一個字母後，可能的單字選擇就會出現："demolished"、"demonstration"、"demonstrative"、或"demoralise"。畫面繼續地向右移動，當游標的位置在選擇的字元或單字上時，就會顯示更多的選擇（Ward et al., 2000）

8.2.2 按鍵

　　鍵盤的按鍵大小，是經由實驗室和市場不斷的測試和改良而來。按鍵的表面有些許的凹陷，可提供較好的觸感，而有一點粗糙的表面，可減少反光和手指滑動的機會。按下按鍵需要40到125克的力量，其壓下的距離大約1到4毫米；這樣的力道和距離值，已經證明可以讓使用者在低錯誤率的情況下快速打字，並能提供使用者適當的回饋力道。按鍵設計的一個重要因素是力與距離值的概

況。當放開按鍵後,送出一個訊號,按鍵發出一個很輕的喀嚓聲。這個有觸感、且聽得到的回饋,對觸碰打字非常重要。因此,無法明顯感受到下壓與回饋力道的薄膜式鍵盤,不適合用來做大量的觸碰打字;然而,這樣的鍵盤比較耐用,適用於像速食店、工廠、或公園之類充滿各種狀況的環境。

特定的按鍵,如空白鍵、ENTER、SHIFT、或CTRL,應該比其它按鍵更大,使用狀態更穩定。其它的按鍵,如CAPSLOCK和NUM LOCK,可利用鎖定機制、或內嵌的燈光,清楚的顯示它們的狀態。按鍵標籤應該要夠大,即使視覺障礙者也可容易閱讀。為了能快速且達到使用上零錯誤,游標－移動鍵（向上、向下、向左和向右）的位置相當重要。一般常用倒T字型的排列方式（圖8.1）,讓使用者能把食指、中指和無名指放在按鍵上,減少手和手指的移動。對初學者而言,交叉排列是一種很好的方式。在某些應用中（例如,遊戲）,因為使用者會花上數小時使用移動鍵,所以設計者把字母按鍵重新設定為游標－移動鍵,使手指在移動鍵、和其它的動作鍵之間的移動量降至最低。而自動－重複特性（auto-repeat feature）是當按著按鍵不放時,會自動重複出現按鍵所代表的字元,使用者可以根據喜好控制重複的頻率,更可藉此增進使用效率（這對很年輕的使用者、年長使用者、或殘障者很重要）。

8.2.3 小型裝置的鍵盤和小型鍵盤

在筆記型電腦上,鍵盤通常都是完整大小的,但是在許多行動裝置卻是使用縮小版的鍵盤。一開始,可摺疊鍵盤或虛擬鍵盤似乎是有希望的（例如,把鍵盤影像投影到桌面上）,然而因為缺乏適當的觸覺回饋而降低廣泛接受的程度。行動裝置的功能一直在增加,需要輸入電子郵件或輸入文字的使用者,通常會選擇具有小的、傳統的QWERTY鍵盤（例如,圖8.2所示的RIMR Blackberry）。當使用姆指操作這些機械式鍵盤時,使用者經由反覆的練習,每分鐘輸入可以達到60字,或裝置自動更正「按一鍵就離開」（off-by-one）錯誤,這樣的錯誤是因為使用者不小心按下目標按鍵旁的按鍵（Clawson et al., 2008）,使用者也能在每分鐘輸入更多的字。

第 8 章 互動裝置

　　大部份的裝置只提供數字的按鍵。動態標示的軟按鍵（softkeys）是很有幫助的，其按鍵是根據狀態和內容而定。軟按鍵通常位於畫面的正下方（見圖6.21中Select 或Exit鍵的例子）。使用者介面的發明，主要針對輸入文字的技術。Multi-Tap系統要求使用者多次敲擊某個數字鍵，以指定一個字母，並用相同的按鍵，產生字母之間的間隔。像Tegic Communications的T9®的預測技術，利用字典預測字句的意義，使得人們在撰寫文字訊息時特別喜歡使用它。其它的方式包括LetterWise，它利用字首出現的機率，加速非字典單字，如專有名詞、縮寫、或俚語的輸入。在受過訓練後，使用LetterWise時，使用者每分鐘可以輸入20個字，而用Multi-Tap時，使用者每分鐘只能輸入15個字（MacKenzie et al., 2001）。新的技術會繼續改善小鍵盤上的資料輸入。

　　許多行動裝置，包括Apple的iPhone，已經完全放棄機械式鍵盤，而所有的互動方式都依賴觸控螢幕上的指示、繪圖和手勢裝置（Dunlop and Masters, 2008; MacKenzie and Soukoreff, 2002）。如果螢幕大到能顯示一個鍵盤（圖8.4），則使用者可以輕敲虛擬鍵盤。在我們對7和25公分寬的觸控畫面鍵盤的研究中發現，經過一些練習後，使用者每分鐘可以輸入20到30個字，對有限的文字輸入量而言，這個速度是可接受的（Sears et al., 1993）。近來的研究顯示，使用電話的觸覺促動器來提供觸覺回饋，可以改善打字速度。

　　另一個方法是在接觸－感應的表面上寫字。一般是利用一支尖筆，但是文字辨識比較容易發生錯誤。與前後文有關的線索、筆劃速度、和方向，都可以提升辨識率，但是，最成功的手勢資料輸入方法，需要使用簡化且更容易辨識的字元集，例如，在Palm中，Graffiti所使用的單筆劃字

圖 8.4
Apple iPhone的虛擬鍵盤允許手指重新定位，然後用手指離開介面來驅動，以獲得正確性（http://www.apple.com）

345

集（圖8.5），它的辨識效果相當好，而且大部份的使用者能夠快速地學習，但對於新手和偶爾使用者，訓練卻可能會是一個障礙。另一種方式是在鍵盤上使用速記手勢，而不是輕敲觸控螢幕上的鍵盤，所使用的手勢會與敲擊模式比對。長期的研究證實，利用這樣的技術來達到文字輸入的良好效能是有可能的（Kristensson and Denby, 2009）。

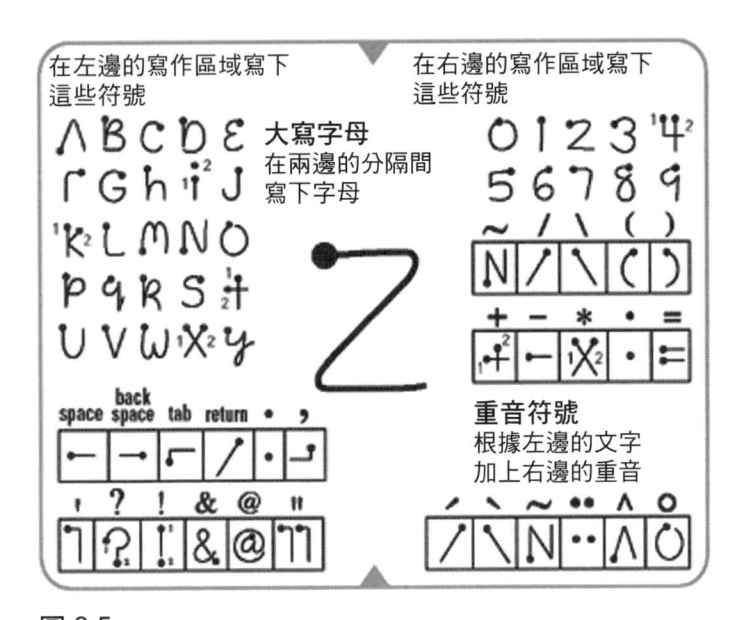

圖 8.5

Palm Graffiti 2的角色（http://www.polatheschools.com/palm/documents/grafitti2_alphabet.pdf）

對某些語言（如日文、或中文），手寫辨識可能大幅地增加潛在的使用人數。另一方面，殘障使用者、年長者、和年紀小的兒童，使用具備小型接觸－感應表面的介面時，卻未必會有控制能力。對他們而言，像EdgeWrite（Wobbrock et al., 2003）的發明，可能較有幫助。EdgeWrite利用一個實體邊界來限制繪圖的區域，並利用一個修改過的字元集（這個字元集中的字，是利用一連串角落被點擊的順序來做判斷，而不是用筆劃辨識）。和Graffiti比較起來，這個技術能增加所有使用者的正確性。EdgeWrite角色集已經成功地用於軌跡球或眼球追蹤，藉此來滿足殘障使用者的需求（Wobbrock et al., 2008）。

8.3 指示裝置

若要在那些電腦輔助設計工具、繪圖工具、或空中交通管制系統所看到的複雜畫面中,使用上面的顯示資訊,比較方便的方式是 — 指到、並選擇這些項目。這樣的直接操作方式很吸引人,因為使用者可以避免學習命令,減少鍵盤輸入錯誤,而且可以把注意力集中在畫面上。這個方式會有較好的效能、較少的錯誤、較容易學習、而且有更高的滿意度。對小型裝置和大型顯示器而言,使用鍵盤互動是不實際的,所以指示裝置(pointing device)在此很重要。

工作的多樣性、裝置的多變性、和使用指示裝置的方式,打開了豐富的設計空間(Hinckley, 2008)。實體裝置的屬性(旋轉或線性移動)、移動空間範圍(1,2,3...)、和定位方式(相對或絕對),是幾個有用的裝置分類方式,但是,在此我們把焦點放在工作和直接度。

8.3.1 指示工作

指示裝置適合用在七種互動工作中(延伸自Foley等人,1984的六個工作):

1. **選擇**。使用者從一群項目中選擇一個。這個技術用在傳統的功能表選單選擇、識別感興趣的物件、或標示部份的物件(例如,在汽車的設計中)。

2. **定位**。使用者在一維、二維、三維、或更高維度的空間中,選擇一個點。定位可以用來建立繪圖、擺放新的視窗、或從圖中拖曳一個文字區塊。

3. **定方向**。使用者在二維、三維、或更高維度空間中,選擇一個方向。這個方向可能只是旋轉畫面上的一個符號、指出移動的方向、或控制像是機械手臂的操作。

4. **路徑**。使用者快速地進行一連串定位和定方向的操作。路徑可以被視為在繪圖程式中的弧線、要被辨識的文字、或布料剪裁或其它機器的指令。

5. **量化**。使用者指定一個數值。量化的工作通常是選擇整數或實數的一個維度選擇，用在設定參數上，例如，文件中的頁碼、交通工具的速度、或音樂的聲音大小。

6. **手勢**。使用者藉由一個簡單的手勢來指示並執行一個運作，例如一個向左（或向右）的揮動動作，可以向前（向後）翻動一個頁面，或是一個快速向後或向前的動作來做消除。

7. **文字**。使用者在二度空間中，輸入、移動、和編輯文字。指示裝置指出插入、刪除、或修改的位置。除了這簡單的文字操作外，還有更多複雜的工作，例如，置中、設定邊界和字型大小、強調（粗體或底線）、和版面配置。

以上描述的所有工作，都可以用鍵盤完成。用鍵盤輸入數字或字母來做選擇；輸入整數座標來做定位；輸入代表角度的數值來做點選；輸入一個數字作量化；利用功能表選單來選擇執行動作；利用游標控制命令，以便能在文字中移動。在過去，鍵盤可以用來進行這些工作，但是現在，大部份的使用者是利用指示裝置進行，而且速度更快、錯誤更少。對專家而言，經常進行的工作，可以使用鍵盤的特殊按鍵（例如，用Ctrl-C和Ctrl-V做複製和貼上）。

指示裝置可以被分成兩類，螢幕表面的直接控制（direct control），如觸控螢幕或尖筆；和遠離螢幕表面的間接控制（indirect control），如滑鼠、軌跡球、搖桿、圖形板、或觸控板。在每個類別底下，都有許多不同的變化，而且新的設計也經常出現（Box 8.1）。

8.3.2 直接控制指示裝置

光學筆（lightpen）是一個早期的裝置，能讓使用者用筆尖指到螢幕上，並按下筆上的按鈕以進行選取物件、或在螢幕上拖曳。光學筆很容易損壞，而且使用者需要拿起設備，因此光學筆很快地被觸控螢幕所取代，觸控螢幕能讓使用者使用手指觸碰，直接與螢幕上的資料做互動。

● 第 8 章 ● 互動裝置

■ Box 8.1 指示裝置

直接控制裝置（容易學習和使用，但是手會遮住畫面）
- 光學筆
- 針筆（Stylus）
- 觸控螢幕

間接控制裝置（花時間學習）
- 滑鼠
- 搖桿
- 觸控面板
- 軌跡球
- 軌跡點（Trackpoint）
- 繪圖板

非標準裝置和策略（特殊目的）
- 多點觸控輸入板和顯示器
- 眼球追蹤
- 3D 追蹤器
- Boom Chameleon
- 腳控制
- 數位紙
- 用雙手輸入
- 感應器
- 資料手套（DataGloves）
- 觸覺回饋
- 實體使用者介面

成功的標準
- 速度和準確性
- 學習時間
- 大小和重量
- 工作的功效
- 成本和可靠度

由於觸控螢幕的耐用性，很適合用在公眾使用的涼亭和行動應用。觸控螢幕常直接整合到初學者的應用中，這些應用可以不用鍵盤，觸碰是主要的介面機制。公眾系統的設計者比較重視觸控螢幕，這是因為設備是不能搬動的，在高度使用的環境下比較耐用（在迪士尼世界主題樂園內，觸控螢幕是唯一使用的輸入裝置）。像是資訊亭或投票系統，已經有一些方法提出使用觸控螢幕系統，能讓視覺障礙或盲人、聽力不佳或聾人、有閱讀困難或無法閱讀的人、或殘障的人使用這些系統（Vanderheiden et al., 2004; Vanderheiden, 1997）。針對涼亭的設計，手臂疲勞是一個問題，這個問題可以利用傾斜的螢幕、並配合一個可以支撐手臂的工具來克服。

早期開發的觸控螢幕,有位置不精確的問題,這是因為軟體會立即接受觸碰位置(land-on方式),不讓使用者有機會來驗證所選擇的點。這些早期的設計,都是基於物理壓力、衝擊、或紅外線網點的阻斷。高準確性的設計(Sears and Shneiderman, 1991)大大地改善觸控螢幕。具有反作用力、電容式觸控屏、或表面聲波的硬體,能夠提供高達1600×1600解析度,而lift-off方式能讓使用者能指定單一像素。Lift-off方式有三個步驟:使用者碰觸表面;看到他們可以拖曳調整位置的游標;當他們感到滿意時,手指離開螢幕,以觸發運作。高精密度觸控螢幕的出現,開啟了許多應用的大門,例如,大樓管理、銀行業務、醫學、和軍事系統;最近觸控螢幕已轉換到行動應用上,而且多點觸控螢幕已變成是可行的(8.3.6節)。

由於平板電腦和行動裝置,在LCD面板做點選的動作是很自然的;它們可以被捧著或拿著、放在桌上、或腿上。針筆(Stylus)是一個很吸引人的裝置,因為對使用者而言,它很熟悉、拿起來也很方便,而且使用者可以將針筆的筆尖引導至想要的位置,同時能看到整個畫面。然而,這些優點必定會和拿起與放下stylus的要求相抵。大部份的針筆介面(也稱為「筆式介面」),如Palm Pilot,都是利用觸控螢幕技術。使用者可以用針筆,做更自然的書寫動作,並強化移動的控制,也可以用手指做快速選擇(Vogel and Baudisch, 2007)。如同一般的觸控螢幕,當使用者同時碰觸螢幕上的兩個、或更多個位置時,針筆介面就會錯亂。為了避免這個問題,具有較大的可觸控面積的裝置(如平板電腦),可能需要一支有效的針筆,讓觸控-感應介面做識別。然而,使用這種方式的使用者必須擔心針筆放錯位置或遺失。

常見的行動裝置,如早期的Palm Pilot和iPhone,利用精心設計、只用觸控的服務,如通訊錄、日曆、地圖或相簿,開啟了龐大的市場。當設計者努力為這個正在成長的市場開發新的且吸引人的介面時,用手勢和手寫辨識的新穎的功能表選單選擇方式,可以比得上利用下拉式功能表選單、和直接操作的介面(見8.5.4節)。

8.3.3 間接控制指示裝置

　　間接控制裝置能夠避免手的疲勞、和手遮住畫面的問題，但是，在使用間接控制時，手要能夠找到裝置的位置，並需要更多的認知操作，以及手／眼的協調，才能夠讓游標移動到想要的位置。

　　滑鼠很吸引人，因為它成本低，而且很普遍。手可以放在舒適的位置、滑鼠上的按鈕很容易按、可以用手臂快速地做長距離的移動、而且，透過手指的移動可以做游標的精確定位。然而，使用者必須抓住滑鼠才能開始工作，它佔據部分桌面的空間，同時滑鼠的線也很煩人。其它的問題包括：長距離移動時，可能會需要拿起和放下的動作，而且某些動作需要建立特殊的技巧（通常需要 5 到 50 分鐘，但年長者或殘障者的時間會更長）。目前仍有不同的滑鼠技術（物理、光學、或聽覺）、按鍵數目、感應器的位置、重量、和大小，這表示設計者還沒有找出一個大家都喜愛的設計。個人的偏好、和多樣化的工作，為滑鼠的設計帶來了激烈的競爭空間。滑鼠可能很簡單，可能有一個輪子、和用來協助捲動或 web 瀏覽的操作的額外按鈕（圖 8.6）；有時候可以規劃額外的功能，來進行常用的特殊目的應用，例如，調整顯微鏡的焦距、和切換放大的級數。

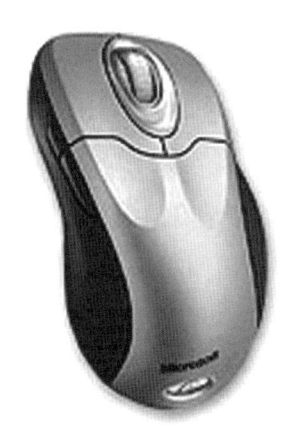

圖8.6
Apple的無線滑鼠，在左邊只有一個按鈕，可以利用按壓整隻滑鼠觸發。Microsoft的無線IntelliMouse®（顯示在右邊），在兩個按鈕之間有一個旋轉輪，可以用來捲動文件，而且，有兩個小按鈕，可用來做上一頁或下一頁的網際網路瀏覽

人機介面設計

　　軌跡球（trackball）有時候被形容為顛倒的滑鼠，它通常有一個旋轉球，直徑從1 到15公分，當球移動時，螢幕上的游標就會移動（圖8.7）。軌跡球抗磨損，而且可以固定在桌上，讓使用者經常拍打並旋轉它。軌跡球已經被內嵌到空中交通管制、或博物館資訊系統的控制台，而且，也常用在電動遊戲的控制器上。

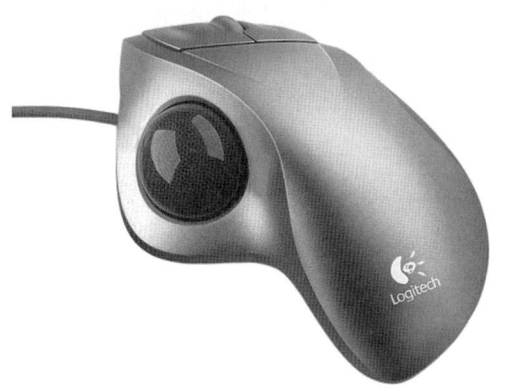

圖8.7
Logitech的Trackman Wheel是一個軌跡球
（www.logitech.com）

　　搖桿（joystick）的歷史，是從飛行控制裝置和早期的電腦遊戲開始，它有各式各樣的變形，包括不同長度和粗細的搖桿、移動的力量和距離、基座固定的方式、和與鍵盤和螢幕的相對位置。搖桿對追蹤目標（跟隨或引導螢幕上的物件）很有用，部份是因為用搖桿來移動游標時，所需要的位移很小，容易改變方向，而且可以將搖桿和額外的按鍵、滾輪、和扳機結合（圖8.8）。

　　方向性面板（directional pad, D-pad）是源自於遊戲控制台，並且包含4個方向的箭頭，其被交叉安排於中間觸發鈕旁邊，例如Wii的遙控（圖1.9和8.9），這個系統也使用於行動裝置上來瀏覽功能表選單。

　　軌跡點（Trackpoint）是一個小型的搖桿，嵌入在鍵盤上G和H字母之間（圖8.1）。它對壓力敏感，而且不會移動。它有一個幫助手指接觸摩擦的橡皮套，使用者經過相當的練習，可以快速並準確地使用它來控制游標，同時能夠把他們的手指放在鍵盤定位的位置。對於需要在鍵盤和指示裝置間經常切換的文書

352

● 第 8 章 ● 互動裝置

處理應用，軌跡點特別有用。因為軌跡點很小，可以輕易地和其它裝置結合，甚至和滑鼠結合，用以協助二度空間上的捲動。

圖8.8
一個Saiteck™ X45飛行系統，用來控制X-Plane™戰鬥機模擬器。其結合操縱節流閥的踏板和可使用雙手操作的搖桿（http://www.saitek.com, http: //www.xplane.com）

圖8.9
任天堂Wii的遙控器包含一個三個軸的加速器，其能偵測三個移動維度。使用者可以使用小手勢和大手勢來控制電動遊戲；例如，扭轉手臂和手腕來駕駛汽車

觸控板（touchpad）（是一個大約5×8平方公分的可觸控表面）能提供方便性，且準確度和觸控螢幕一樣高，同時不會讓使用者的手遮住畫面。利用觸控板，使用者可以快速地做長距離的移動，而且，在把手指舉起前，使用者可以緩緩地移動他們的手指，以準確地定位。觸控板常配置在鍵盤下方（圖8.1），可以用拇指操作，而讓其它的手指能就打字的位置。觸控板不能移動，而且外型扁平，對於可攜帶型電腦特別具有吸引力。

繪圖板（graphics tablet）是一個和螢幕分離的觸感表面，通常平放在桌上或在使用者的腿上。它和螢幕分離，使得手可以放在舒適的位置，而且不會遮住畫面。當使用者的手要停留在繪圖板上工作一陣子，而不需要交替使用鍵盤時，這個裝置就很有吸引力。甚至，繪圖板的表面面積，可以比螢幕還要大，並可事先印上可選擇的選項，因此能引導初學者，並能保留珍貴的畫面空間。用繪圖板可以做有限的資料輸入。繪圖板可以使用聲音、電子的、或感應接觸位置的手指、鉛筆、橡皮圓盤、或針筆來進行操作。無線筆有更高的自由度，藝術家喜歡用它來操作繪圖程式（圖8.10）。

圖8.10
Larry Ravitz用Adobe PhotoShop和Wacom® 繪圖板創作數位繪畫。利用Wacom所推出的壓力感應針筆、和繪圖板，能進行藝術家所需要的精確指示和控制

在這些間接指示裝置中，滑鼠是最成功的。由於它有精確度高的快速指示能力，手可以舒適地擺放，而唯一的小阻礙是需要適度的訓練時間。大部份的桌上型電腦系統都使用滑鼠，但許多廠商會在一台電腦上提供多個指示裝置。在筆記型電腦上，指示裝置之間的競爭仍持續地進行。

8.3.4 指示裝置的比較

早期的研究發現，直接指示裝置（像光學筆或觸控螢幕）往往都是速度最快，但卻最不準確的裝置。歷經數十年的多項研究也顯示，滑鼠在速度和準確度上，都優於其它的裝置。由於手指的細微移動會造成震動，所以軌跡點的速度會比滑鼠慢（Mithal and Douglas, 1996）。軌跡球和觸控板的速度，和其它裝置比較起來算是中等。當在比較裝置時，使用者的工作內容也是影響的因素。例如，在瀏覽全球資訊網時，使用者持續地做捲動和指示的動作 — 一項研究顯示，只有一個滾輪的滑鼠，並不能改善標準滑鼠的效能。然而，當有一個搖桿架在滑鼠上時，效能會增加（Zhai et al., 1997）。用來評估指示精確度的新方法（MacKenzie et al., 2001），是在指示工作進行的過程中，會記下移動中較細微部份，以幫助理解每個裝置的優點和限制。

一般相信，用來選擇物件的指示裝置，其移動的速度比游標移動鍵快。然而，這種說法的正確性是需要依據工作而定。當螢幕只有少量（2到10個）的目標，而且游標可以從一個目標快速地跳到下一個目標時，利用游標跳躍按鍵，會比用指示裝置快。對於短距離、和混合打字和指示的工作，也已經證明游標移動鍵的速度會比滑鼠快。許多使用者從來沒有學過鍵盤的捷徑（例如，Ctrl-Z是回復），雖然執行功能表選單的選擇會比使用這些捷徑、和使用指示裝置都要來得快。

行動不便的使用者，往往偏好搖桿和軌跡球勝過滑鼠，因為搖桿和軌跡球的位置固定，佔的面積又小（它們可以固定在輪椅上），而且只需少量的移動就可以操作它們。當使力有問題時，利用觸覺的裝置會比較有用 — 例如，行動

不便的使用者，設計者應該嘗試偵測不經意或未控制的移動、和平滑的軌跡。使用比按鈕或圖示還要大的目標，可以有效地縮短選擇時間，並減少使用者的挫折感。而且，在某些情況下，所要做的是提出一個可以讓更多使用者使用的應用。

指示裝置對視覺障礙使用者的挑戰特別大。在使用這些裝置時，若能調整游標的大小和形狀，對視覺障礙使用者會很有幫助。雖然間接控制裝置是簡單的，例如滑鼠，但是對於必須依賴鍵盤的嚴重視覺障礙使用者而言，是不實際的。無論什麼時候，都應該提供替代鍵盤或是小鍵盤的導覽選項。當可以利用語音合成來描述畫面內容、閱讀功能表選單選項、和確認選擇時，利用觸控螢幕的介面，會更容易使用和記憶。例如，在觸控螢幕投票亭中，使用者可以使用方向鍵來瀏覽候選人清單，可以透過頭戴式耳機聽到念出的候選人名字（圖8.11）。在成功的例子中顯示，設計一個功能強大的系統給一般的民眾（包括不同的殘疾的人）使用，是可能實現的（Vanderheiden et al., 2004）。最後，使用感熱紙擴展機制可以產生觸覺式圖形（tactile graphics），將其放置在觸控螢幕的上方給盲人使用者使用（圖8.12）。

總之，在選擇一個指示裝置時，個別差異和使用者的工作是關鍵。在公眾區域、商店、和實驗室的應用中，觸控螢幕和軌跡球都很耐用。滑鼠、軌跡球、軌跡點、繪圖板、和觸控板，對像素層面的指示很有效。筆適合用於繪圖和寫字，而簡單的手勢可以用在指示運作和量化參數。當使用者之間的合作是很重要時，桌上型裝置是很吸引人的。當只有少量的目標時，游標跳躍鍵，仍具有吸引力。搖桿對遊戲或特殊的導覽應用，很有吸引力。

8.3.5 Fitts氏定理

如果有一個模型能用來預測指示物件所花費的時間，可以幫助介面和指示裝置的設計者。這樣的預測模型，用於設計畫面版面時，能幫助設計者決定按鈕和其它元件的位置和大小，並能找出哪個指示裝置最適合用於一般的工作。

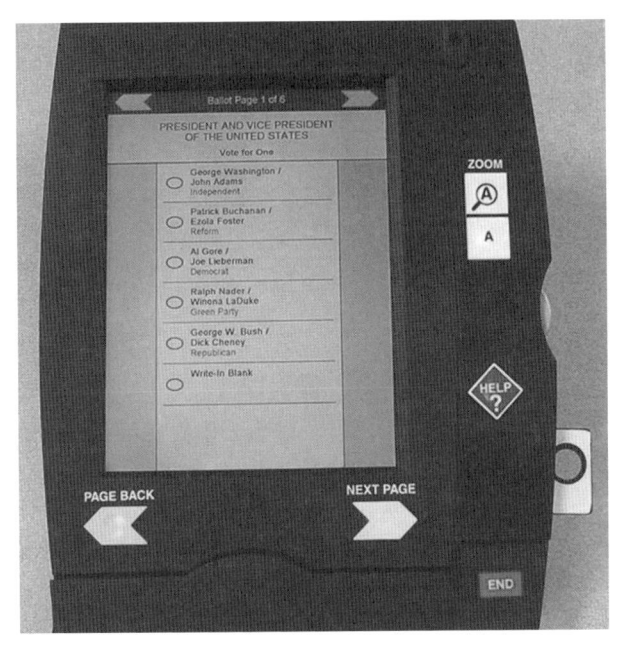

圖8.11
觸控螢幕投票平板的使用者，只需要觸碰螢幕上的任何文字，則文字就會被大聲地讀出來，並透過頭戴式耳機來將聲音傳達給使用者。觸碰核對盒來標示投票的結果，若有使用耳機則會做口頭的確認。全盲或是有嚴重身體殘疾的使用者，會避免使用觸控螢幕（即使只有語音），而使用有聲音或無聲音的可分開的小鍵盤（keypad）。小鍵盤也能連接投票者所攜帶個人化切換器（http://www.trace.wisc.edu/）

　　幸運地，Paul Fitts（1954）所建立的手的移動模型，非常適合用在使用者介面上。Fitts發現，移動手所需的時間、和使用者必須移動的距離D，會與目標大小W彼此相關。將距離變成兩倍（如從10 cm變成20 cm），會花比較長的完成時間，但不是兩倍的時間。增加目標的大小（如從1 cm^2增加到2 cm^2），會讓使用者更快地指到目標。

　　因為開始和停止移動的時間固定不變，所以對特定裝置（如滑鼠）的移動時間（MT）的方程式會是：

$$MT = a + b \log_2(D / W + 1)$$

圖8.12
一位盲人學生使用在觸控螢幕上Touch Graphics的觸控地圖，利用聲音描述來提供有關地圖上區域的資訊（http://www.touchgraphics.com/）

其中a估計某個裝置開始／結束的時間，以秒為單位，而b是代表裝置固有的速度。每個裝置的a和b都需要用實驗決定。例如，若a是300毫秒、b是200 msec/bit、D是14 cm、W是2 cm，則移動時間MT為300 + 200 $\log_2(14/2 + 1)$，相當於900毫秒。

Fitts氏定理有許多不同的版本，但這個方程式已經被證明，能對許多不同的情況提供好的預測。不同的運動方向（水平或垂直）、裝置重量（較重的裝置較難移動）、裝置支配力、目標的形狀、和手臂的位置（在桌上或懸在空中），會造成預測上的差異。MacKenzie（1992）清楚地描述什麼是Fitts氏定理、如何應用它、以及如何修改，使其能夠應用在像二維空間上。我們在高精確度觸控螢幕的研究中（Sears and Shneiderman, 1991）發現，除了Fitts氏定理所預測的整體手臂移動之外，也可以預測手指的細微移動，將指示裝置移動到小的目標上，如單一像素。因此，含有三個部份的方程式，會更適合用來評估精確指示移動時間（precision pointing movement time, PPMT）：

$$PPMT = a + b \log_2(D/W + 1) + c \log_2(d/W)$$

方程式中的第三項,是微調所花費的時間,會隨著目標寬度W的減少而增加,這是從Fitts氏定理所延伸出的定理。這個定理表示精確指示移動時間,包括開始／停止時間(a)、整體移動時間、和微調的時間。其它的研究會討論三度空間中大範圍的手臂移動、或是2個姆指的文字輸入。

Fitts定理對成人使用者的預估很正確,但對特殊的使用群,如幼童或年長者,可能需要做一些修正。在近期的一項研究中,讓13位4歲、13位5歲、和13位年輕的成年人進行指示和點選的選擇工作(Hourcade et al., 2001)。正如我們所預期,年齡對速度和正確性有很大的影響(當然也包括軌跡,如圖8.13)。在更深入的分析中顯示,從孩童一開始進入目標區的時間,Fitts氏定理的預測相當準確,但是,最後點選的時間,Fitts氏定理的表現就不太好。

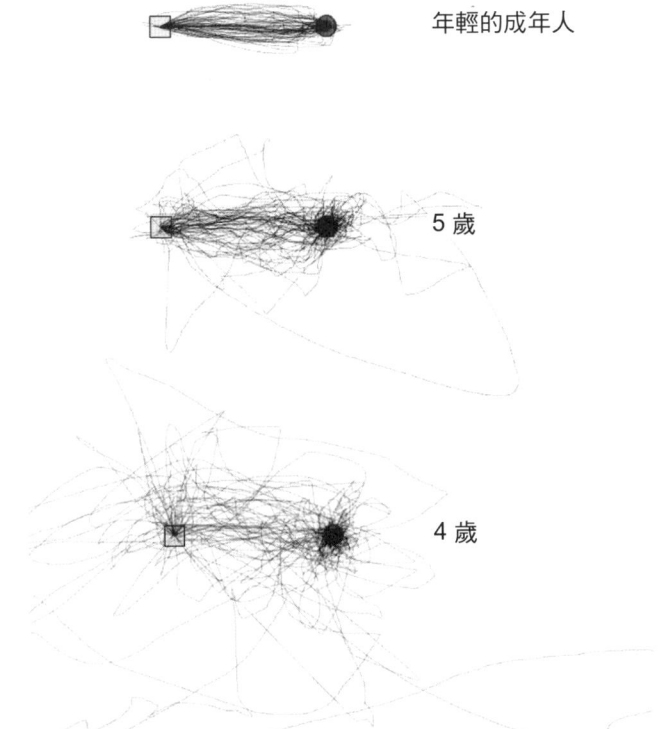

圖8.13
在重複進行的目標選擇工作中,可藉由追蹤滑鼠游標移動的軌跡,發現兒童和年輕成年人之間在使用滑鼠時有很大的差異(Hourcade et al., 2004)

仍有一些尚未解決的問題：我們如何設計裝置，使預測方程式中的常數較小？一項研究證明，對含有縮放的多重尺度指示運作，利用雙手輸入和固定的縮放速度（Guiard et al., 2001），會有最佳的效果。另一項研究把焦點放在交錯介面上，在這種介面中，游標只需和目標交錯，就可以將目標選取，而不需要指到它。在相同困難度的情況下，研究發現，目標－交錯（target-crossing）的完成時間，會比指示的時間短，或兩者相同（Accot and Zhai, 2002）。人們仍持續追求更快的選擇時間。

8.3.6 非標準互動和裝置

指示裝置的普及化，能讓更多使用者從事各式各樣工作的目標，產生出許多令人振奮的發明。常見的發明改良包括：改善工作與裝置間的搭配、和改良輸入與回饋的方式（Kortum, 2008; Jacob et al., 1994）。

多點觸控螢幕（Multiple-touch touchscreens）讓使用者一次同時使用手或多隻手指（Han, 2005），或是讓多個使用者在一個共享的平面上一起工作（Hinrichs et al., 2006），這種多點觸控螢幕很慢才出現，但是現在已變成是可行的（例子包括Microsoft Surface和TouchTable）。使用二隻手指可以更精確地達成項目的選擇：游標出現在兩隻手指之間，而它的位置可以分別用手指來做調整（Benko et al., 2006）。Circle Twelve的DiamondTouch™顯示器讓應用程式可以說出哪個使用者觸碰螢幕，在個人與合作互動上能有較好的辨識。在水平的桌上型顯示器上，使用者可以在桌面上的任何位置做定位，所以這樣的應用程式可以用於所需的方向（圖8.14）。在設計期間，實體物件可以用來標示位置。使用有立體感的顯示器、有體積的顯示器、或是頭戴式顯示器，可以用來設計有效的3D桌上型互動（Grossman and Wigdor, 2007）。在較小的裝置上，iPhone在行動裝置上使用多點觸控螢幕，成功地使用簡單手勢來做指示（例如，使用者可以使用分開的2隻手指來放大一個影像）。

圖8.14

在一個6百萬像素的SMART桌上型顯示器上，使用者一起整理相片。緩慢移動的光線（稱為Current）在顯示器的邊緣上顯示，並讓物件靠近使用者。儲存格分離個人空間和共享的空間（Hinrichs et al., 2006）

　　雙手輸入（Bimanual input）能同時執行多個工作或是複雜的工作。雙手輸入的理論（Guiard, 1987），是利用非慣用的手來設定一個參考架構，在此架構中表示慣用的手能以較精確的方式操作。雙手操作是針對桌上型應用，非慣用的手選擇運作（例如，在繪圖程式中的填滿（Fill）命令），而慣用的手能精確地選擇操作中的物件（在6.7.4節中有更多內容是關於功能表選單與直接操作設計的結合）。

　　由於使用者的手可能會忙著使用鍵盤，所以設計者尋找其它替代方法來進行點選和指示。搖滾樂手、風琴手、牙醫、和汽車駕駛常用腳控制（foot controls）的方式，所以電腦使用者可能可以使用這種方式。測試後發現，用腳控制的滑鼠所花費的時間，是用手控制滑鼠的兩倍，但在特殊的應用中，它仍然很有幫助 — 例如，用腳控制的開關、和踏板，可以有效地用來指定模式。

眼球追蹤（eye-tracking）是偵測凝視的控制器，其利用視訊攝影機辨識瞳孔的位置，所得到的精確度為1或2度（圖4.3）。使用者可以藉由眼球固定不動200到600毫秒的時間來做選擇。不幸地，它會造成「點石成金的問題」（Midas touch problem），因為每個注視，都有可能引發非預期的命令。結合眼球追蹤和手動輸入，是解決這個問題的一種方式，但就目前來看，眼球追蹤大多仍屬於研究和評估工具（4.3.1節），並且用來幫助行動不便的使用者（Wobbrock et al., 2008）。

多自由度裝置（multiple-degree-of-freedom devices）可以感應多個維度中空間位置和方向。控制三度空間的物件，似乎是一個很自然的應用，但和其它的方式比較起來，它的準確度和速度都不好（Zhai, 1998）。支援虛擬實境（見第5章）是另一個應用動機，但許多設計、醫學、和其它的工作，可能需要三度間的輸入，或甚至是以六個自由度，來表示一個位置和方向。商業的追蹤裝置有Logitech公司的3Dconnexion®、Ascension®、和Polhemus™。

普及計算（ubiquitous computing）和實體使用者介面（tangible user interfaces）（Abowd and Mynatt, 2000; Ullmer and Ishii, 2000），將感應技術嵌入環境中。例如，active badges可以利用無線射頻辨識系統（Radio Frequency Identification, RFID）標籤，來感應有使用者進入房間，並觸發將個人檔案載入房內電腦的動作。將實體物件放到適當的位置，可以指定模式或觸發動作（圖5.11和圖5.12）。週遭的燈光、聲音、或氣流，都可以被修改，用以提供少量的資訊給使用者。娛樂或藝術的應用，可以利用視訊攝影機或身體感應器，來追蹤人體的位置，並產生迷人的使用者感受。在早期，表演藝術家Vincent John Vincent，在Mandala的劇場中嘗試創造出三度空間的環境。在這個環境中，演出者或業餘使用者碰觸豎琴、鍾、鼓、或鐃鈸的影像，而這些樂器就會回應。Myron Krueger的人造實境，有一個友善的視訊投影的卡通人物，他會好玩地爬上你的手臂、或接近你伸出的手。這樣的環境讓人很願意參與，而且研究中嚴肅的一面，會隨著歡樂而消失，並讓你進入電腦的世界（見5.6節）。

第 8 章 互動裝置

StoryRoom是另一個應用，它讓兒童積極地建立互動環境，利用道具和魔法棒創作故事，並邀請其它的兒童參與（Montemayor et al., 2004）。

甚至是紙也可以做為輸入裝置。早期的應用顯示，利用視訊攝影機擷取大型文件（像藍圖或實驗室筆記）中註解的好處（Mackay et al., 2002）。像Livescribe™ Pulse™ Smartpen（圖8.15）、或是Logitech的io2™具有Anoto功能的數位筆，特別是在行動的狀態下，也可以進行互動。這種筆的筆尖有個小攝影機，它會記錄寫在特殊的紙上的筆劃，這種特殊的紙，印有特定的圖案，可以判斷出每個筆劃的位置。因此，手寫的內容就可以轉換到電腦、或行動電話。由於具備容易學習的特性，有助於初學者的使用：紙張加上了數位文件（Paper Augmented Digital Documents, PADDs），就可以同時利用數位和紙的形式編輯（Liao et al., 2008），或是透過寫在紙上的文字來要求做轉換。我們已經在研究中使用數位筆，讓祖父母和遠方的家人分享記事和日曆資訊。

圖8.15
使用Anoto技術的Livescribe Pulse Smartpen可以用來記錄數位紙上墨水書寫的筆劃，並將資料以無線方式傳送給電腦。96×18的OLED顯示器提供回饋給使用者（這裡是西班牙語翻譯）。麥克風可讓使用者在做說明時記錄語音，之後再透過嵌入式擴音器，重複播放記錄的語音（http://www.livescribe.com/）

人機介面設計

　　行動裝置（Mobile devices）也可以被當成輸入裝置。例如，卡內基美隆大學的Pebbles計畫，正在嘗試如何使用行動裝置做輸入，使行動裝置和個人電腦、其它的行動裝置、或家電、汽車、或工廠設備溝通（Myers, 2005）。行動裝置也可以當作是智慧型通用遙控器，在需要時，行動裝置可以大聲唸出產品資訊、功能表選單選項、翻譯外語所寫的指令、或進行語音辨識，以增進使用者的能力。最後，利用行動電話的相機所拍到的影像，可以應用在擴增實境應用的輸入（Rohs and Oulasvirta, 2008）。

　　加入手持裝置的感應器，可以豐富裝置本身的互動 — 例如，加速器能讓Apple iPhone偵測到裝置的方向，讓顯示器動態地切換直式或橫式的顯示方向。當使用者變得越熟悉手勢互動時，設計者可能找到更多自然的使用方式來移動資訊。使用者可以調整他們面前的行動裝置位置；放大和移動地圖；將裝置傾斜來捲動清單；而且將裝置放在耳邊，可以接聽來電（Hinckley et al., 2000）。任天堂Wii的電動遊戲控制台的遙控，包含3個軸的加速器，並能以三個維度方向來偵測移動，利用手勢來做回應。例如，打網球，使用者利用實際的手臂動作來揮動像球拍的控制器。Wii已經讓很多應用得到靈感，並要求使用者主動積極，這樣的電動遊戲已經成功地吸引更多女性和老年的使用者（圖8.9）。

　　另一個創新的裝置是Measurand的ShapeTape，它可以在一公尺長的帶子上面，提供彎曲和捲曲的資訊，讓帶子可以在三度空間重建，用以建立或操作曲線，或在運動記錄的應用中，追蹤手臂和腳的角度（Grossman et al., 2002）。

　　將特定目的而設計的裝置，應用在其它的領域，也會意外的成功。Intel設計給兒童的玩具光學顯微鏡，因為可以幫助集郵者製作他們收藏的文件，並幫助畫家收集抽象的圖案，所以變得非常成功（圖8.16）。同樣地，像Logitech WingMan RumblePad™ 的遊戲控制器，可以重新設定，以提供關於跨越邊界的觸覺回饋或色彩亮度，給那些無法看到它們的人。

● 第 8 章 ● 互動裝置

圖8.16
Digital Blue™的QX5+™電腦顯微鏡，提供從10x到200x的放大功能，並可以拍照。它讓兒童探索週遭的世界，也讓集郵者、古生物學者、和手錶修理人員可以利用這個廉價的輸入裝置（www.digiblue.com）

出現在1987年的VPL資料手套（DataGlove），吸引研究學者、遊戲開發者、網際空間的冒險家和虛擬實境的支持者（5.6節）。原始DataGlove的後代，通常仍使用柔軟黑色的彈性人造纖維，並裝上光纖感應器來製作，用來衡量手指關節的角度（圖5.18）。所顯示的回饋代表每個手指的相對定位；因此，像是緊閉的拳頭、放開手、食指的指向和翹姆指的手勢，這些指令可以被重新組織。結合手部追蹤器（handtracker），可以完整地紀錄三維度的定位和方向。支持者宣稱手勢的自然狀態，能讓許多反對鍵盤或恐懼滑鼠的使用者來使用。但是當任天堂Wii遊戲的簡單手勢很容易被學習時，因為手勢的數量很少，他們模仿的運作可以被模擬（例如，揮動高爾夫球桿或旋轉一個輪子），使用者要求基本的訓練，以掌握超過半數以上的手勢，尤其是當使用者無法自然地反應出現的手勢時。儘管如此，利用手套來做手勢輸入還能做出其他特殊的應用，例如識別美國手語（American Sign Language）或虛擬音樂演奏。

眼鏡－和－手套（goggles-and-gloves）的一個替代的方式，是讓使用者控制一個有把手的觀看器，這個觀看器可以在機械手臂允許的範圍內，移動到有利觀看的位置。畫面會不斷地更新，讓使用者感覺好像在三度空間中移動，而且，使用者會有身歷其境的感受，卻不需要戴上笨重的頭戴式眼鏡。Boom

Chameleon計畫將機械手臂和觸控螢幕結合,並可以用語音和手勢做互動,以提供逼真的3D環境(Tsang et al., 2002)。此外,目前也正在改良手套裝置和鏈球,而且還有其它的使用者介面仍待探索(Fitzmaurice et al., 1995)。

具備觸覺回饋的指示裝置是一個讓人非常感興趣的研究方向(Kortum, 2008)。許多技術已經被使用,讓使用者可以推動一個滑鼠或其它裝置,並去感受阻力(例如,當這些裝置移動超過視窗範圍時)、或是一個硬牆(例如,當瀏覽一個迷宮時)。3維視覺,例如SensAble Technology的PHANTOM,仍引起熱烈的討論,但是商業應用很慢才出現。因為聲音和振動通常是觸覺回饋中好的替代方式,先進的觸覺裝置使用仍受限於特殊目的的應用(例如訓練外科醫生做心臟手術),而使用簡單的振動裝置已變成遊戲控制器的主流。

最後,利用許多各式各樣的感應器,可以創造出訂作的裝置。搭配有限行動能力的感應器,行動不便的使用者可以控制輪椅、家用裝置、或電腦應用;頭或肩膀稍稍的移動、向管子輕吹一口氣、眨眼、甚至是肌肉緊繃時產生的微弱肌肉電流,都可以用來開啟開關。

8.4 語音和音訊介面

對著電腦說話、和讓電腦說話的夢想,吸引了許多的研究者和夢想家。Arthur C. Clarke在2001: A Space Odyssey的電影和書中提到,HAL 9000電腦的夢想已經替未來的電腦訂出了執行效能的標準。現實比夢想更為複雜,而且有時候更令人驚訝。硬體設計者在語音辨識、產生、和處理上,已經造就了卓越的進步,但是,和科學小說的夢想比較起來,目前的成果仍差得很遠(Gardner-Bonneau and Blanchard, 2007; Balentine, 2007)。科幻小說的作者甚至改變了故事的情節,如在星際爭霸戰(Star Trek)的Voyager或關鍵報告(Minority Report)中所看到的,它們傾向使用較大的畫面進行互動,而捨棄語音。

電腦與使用者輕鬆地交談的夢想，現在似乎只是一個不切實際的幻想；反倒是如果語音互動能有較少的認知負擔、和較少的錯誤率，滿足使用者快速工作的需求時，語音互動的實際應用才會成功。甚至當技術問題被解決，而辨識演算法也在不斷改進時，設計者卻發現，語音控制比手／眼協調需要使用者的工作記憶，因此，可能更容易干擾使用者正在進行的工作。語音需要使用有限的資源，但手／眼協調在大腦的另一處處理，所以會有更高的平行處理度。規劃和問題解決，可以用手／眼協調平行進行，但是在說話時，它們會比較難以完成（Ashcraft, 2005）。

不幸地，由於背景噪音和使用者說話的變化，語音辨識（speech recognition）仍是一大挑戰。相反地，因為電話的普及和小巧的語音晶片，使得語音儲存和轉發（speech store and forward）和語音產生技術（speech generation），能產生令人滿意、低系統成本、高普及率的效果。然而，每個設計者必須解決語音輸出的三個障礙：和可見的畫面比較起來，語音輸出的步調慢、語音很短暫、瀏覽／搜尋語音很困難（Box 8.2）。因為在語音傳訊、博物館導覽、和教學中，人類語音中的情緒和語調能引人注意，所以語音儲存和轉發（forward）很成功。

對身體有某種程度殘疾的人而言，語音的好處，是他們可以透過語音了解內容。但辦公室或個人電腦的一般使用者，並不急著開發語音的輸入和輸出裝置。語音可以比喻為使用者介面設計的腳踏車：在介面中使用語音很有趣，而且，語音有相當的重要性，但它卻只能用在較輕鬆的工作上。謹慎的語音支持者知道，要取代汽車（圖形使用者介面）是很困難的事。

熱衷語音的人，會宣揚語音在電話應用上的成功，特別是數位線路增加了網路的能力，也改善了語音的品質。手機在已開發國家已經非常成功，而且常把電話服務帶給開發中國家。網際網路電話常被稱為Voice over IP（網際網路協定），現正快速崛起中，雖然聲音品質較差，但是可讓許多使用者使用低成本的長途電話服務。電話交談的立即性和情緒影響，在人與人溝通中是值得注意的部份。

■ Box 8.2 語音系統

> **使用時機**
> - 當使用者視覺受損時
> - 當說話者的手忙碌時
> - 當需要機動性時
> - 當說話者的眼睛忙碌時
> - 當在惡劣或困難的條件下，無法使用鍵盤時
>
> **技術**
> - 語音儲存和轉發
> - 分離字的辨識
> - 連續的語音辨識
> - 語音資訊系統
> - 語音產生
>
> **語音辨識的障礙**
> - 相較於指示，會增加認知負擔
> - 受到吵雜環境的干擾
> - 使用者、環境、時間的改變，都會造成不穩定的辨識結果
>
> **語音輸出的障礙**
> - 和可見畫面比較起來，語音輸出的步調慢
> - 語音短暫的本質
> - 瀏覽／搜尋困難

對於人機互動系統的設計者，語音和聽覺技術至少有五種變化：分離字的辨識、連續語音辨識、語音資訊系統、語音產生、和非語音音訊介面。這些單元可以用創意的方式組合起來：從只撥放或產生訊息的簡單系統，到接受語音命令、產生語音回饋、提供重要的科學資料的聲音刺激、和可以註解和編輯儲存語音的複雜系統。

這個領域的設計者，應該了解聲音的神經學運作。為什麼聽到Mozart的交響樂會激發創意的作品，而收聽廣播電台的新聞卻會讓創意消失呢？透過語言處理可以減少廣播新聞的干擾，而以Mozart的音樂當背景音樂，某種程度上仍能激發創意嗎？當然，聆聽有音樂家強烈意向的Mozart音樂時，內心會完全被吸引。使用聲音或語音、以及各種能引人注意的方式時，破壞創意的程度會降低嗎？或甚至能夠幫助符號處理、分析推理、或圖形設計？聲音用在繪圖軟體中，會比用在文書處理器好？

8.4.1 分離字辨識

分離字辨識（discrete-word-recognition）裝置，可辨識特定的人所說的每一個字 — 這種裝置對於100到1000個字、或更大的字彙庫，其辨識率可達到90到98%。對說話者的訓練（speaker-dependent training）是系統的一部分。在訓練中，使用者重覆一個字彙一次或兩次，與說話者無關（speaker-independent）、而且不需要訓練說話者的系統比較下，這樣的訓練所產生的準確度會更高，因此可以擴展商業應用的範圍。在與說話者有關、和與說話者無關的情況下，安靜的環境、頭戴式麥克風、和仔細地選擇字彙等方式可以改善辨識率。

提供給殘障使用者的應用，可以讓癱瘓、久病的、或受傷的人，擴展他們的生活範圍 — 這些使用者可以控制輪椅、操作裝置、或利用個人電腦，進行各式各樣的工作。同樣地，針對年長者、認知上或情緒上有障礙的人，所提供的應用，也可以讓他們有比較高的獨立性，恢復喪失的技能，並重新獲得能力上的自信。但是不幸地，語言上的障礙，往往會和其它的障礙有關，因而限制了這些好處。

以電話為基礎的資訊服務，近年來變得非常多，這些服務提供氣象、體育、股市、和電影的資訊。電話公司提供語音撥號服務，甚至是針對手機，使用者只要說「打電話給媽媽」，就可以連線；然而，要訓練家用使用者使用這些服務是件困難的事。使用者不願意使用語音命令、以及無法讓人信賴的辨識

率，因此會明顯降低接受度，而在語音操作頗具優勢的車上環境中，這些問題也同樣會出現。

在電話系統上，電話號碼辨識、是／否的應答、和語音選單的選擇都相當成功，而且愈來愈普遍。然而，整句的命令，例如「在明天從紐約飛到華盛頓的第一班飛機上，保留兩個座位」，才剛從實驗室的研究轉變為商業的應用。有許多結構化語音的提案被提出，但就算是使用者曾學習簡單的文法，如<操作><物件><修飾語>（「保留兩個座位」「明天飛往紐約」），這樣的互動仍很困難。

在軍用飛機、手術室、訓練實驗室、和辦公室的環境中，已經進行許多先進的開發工作，並且試驗過語音辨識。而結果顯示，就算是與說話者有關的系統，當背景聲音改變、當使用者生病或在壓力下、以及當字彙中的字類似時（dime/time或Houston/Austin），語音的辨識率都會發生問題。

若存在以下其中一個條件時，語音的應用就會相當成功：

- 說話者的手正在忙。
- 需具備移動性。
- 說話者的眼睛正在忙。
- 惡劣或艱難的情況下，無法使用鍵盤（例如，在水中或救援操作）。

飛機引擎檢查者所使用的系統，是一個實際應用的例子。檢查者走在引擎開啓的覆蓋板邊，或進行零件調整時，他們戴上無線麥克風就可以發出命令；唸出序號；或利用35個字的字彙，調出之前的維修記錄。開發具有挑戰性應用的人，應該要在工作環境中，進行與說話者有關的訓練。

針對一般的電腦應用，在使用螢幕時，語音輸入就不太有用。利用語音控制游標移動的研究證實，在做按鈕點選和網頁瀏覽工作時，會降低語音的效能（Sears, 2002）。

另一方面，研究繪圖程式使用者的過程中發現，若不要讓使用者在工具板面中點選，而是利用語音，從19個命令中選擇一個，效率平均可提高21%（Pausch and Leatherby, 1991）。這種方式的好處似乎可以避免在圖片和工具板面之間不斷地做往返的動作，這些動作不但耗時，而且會讓人分心。雖然主要的原因在於抓取滑鼠所花費的時間較長，所以利用語音會比滑鼠指示快，但是使用者進行有短期記憶負擔的工作時，語音的錯誤率會比較高。心理學家利用短期記憶（有時候稱為「聽覺記憶」）來解釋這個意外的結果。說出命令會比用手／眼協調更耗費記憶，因為後者可以在腦中以平行的方式進行，所以錯誤率比較低（Ashcraft, 2005）。

這個現象也許可以解釋「與圖形使用者介面比較起來，為何語音介面被大眾接受的速度較慢」。語音命令或語音聆聽，比起用滑鼠從功能表選單點選，更會妨礙問題規劃和問題解決的工作。某位IBM聽寫軟體的產品分析師也注意到這個事實，他寫道「思考，對許多人而言，會和語言緊密地連結。在使用鍵盤時，使用者可以持續思考他們的辭彙，而可以藉由手指打出之前所想的辭彙。在聽寫時，使用者可能會感到，他們在仔細思考時，會有較大的干擾」（Danis et al., 1994）。

語音辨識的重要成功案例，是應用在玩具上：玩偶和小機器人可以說話，並回應人的語音命令。低成本的語音晶片、小型麥克風與擴音機，讓設計者可以把有趣的系統加入大量生產的產品中。在這類玩具中錯誤有時會增加樂趣以及吸引力。已經有語音控制的消費性家電設備的計畫提出，但是尚未出現成功的案例。

目前的研究計畫致力於，在困難的條件下改善語音的辨識率，以免去與使用者有關的訓練需求，而且可以處理多達到10萬個（或更多）的字彙量。在行

動裝置上的語音文字也可以被修正（Price and Sears, 2005），但是使用語音做文字輸入會比使用小鍵盤做輸入要來得慢，這樣的小鍵盤會像是在Blackberry裝置上的鍵盤。在iPhone上使用Google搜尋的新應用，或許是在行動裝置上使用語音輸入重要的一步。使用者可以說出搜尋詞，例如 "movie theater college park"，並在多個搜尋結果中做選擇，或是利用螢幕上的鍵盤來更正部份的錯誤，而不是輸入所有的搜尋詞。使用大量的搜尋歷史記錄和位置資訊，可以改善搜尋結果，然而方言和吵雜環境仍會是問題。

分離字語音辨識，有助於特殊目的的應用，但它並不能當作是一般的互動媒介。利用直接操作的鍵盤、功能鍵、和指示裝置，其運作或命令都是可見的，往往會比語音辨識還快，而且操作會更容易。同時，語音輸入的錯誤處理、以及適當的回饋速度很慢且很困難。然而，Pausch和Leatherby的研究卻指出，將語音和直接操作結合起來會很有用。

8.4.2 連續語音辨識

在Stanley Kubrick的電影 "2001: A Space Odyssey" 中，HAL可以了解太空人所說的話，甚至了解太空人的唇語，這些都是很吸引人的夢想，但是，現實是殘酷的。許多研究計畫都在進行連續語音辨識（continuous-speech recognition），而且，在網路公司（dot-com）景氣大好的時候，許多人都期待商場上能出現成功的語音辨識產品。然而，消費者在購買強力促銷的產品時，卻因為誇大的廣告而感到失望。在語音聽寫的產品中，錯誤率和錯誤修正都是嚴重的問題（Feng et al., 2006）。除此之外，聽寫會干擾計畫和句子的產生，進而產生認知負擔，與打字比較起來，其文件的品質通常會比較差。

軟體設計者的主要困難在於，辨識說出的每個字之間的界線，在正常的說話方式下，這個界線很模糊。另一個問題是多變的口音、變動的說話速度、干擾的背景噪音、和各種的情緒語調。語音辨識程式所造成的錯誤，會成為報紙商業版中，產品介紹的娛樂話題。當然，最困難的問題在於，要把語意的解釋、和人們用來預測和釐清含糊字義的認知理解，搭配在一起。在IBM的技術

報告中，利用幽默的標語來巧妙地突顯這個問題：「如何去破壞海灘」（How to wreck a nice beach）（和「如何去辨識語音」（How to recognize speech）是同音的詼諧語）。

為了解決這些問題，IBM的語音聽寫系統ViaVoice®，藉由讓使用者花費15到30分鐘來朗誦標準文章（例如，節錄自金銀島）的方式，來調校系統。醫院員工、律師、和某些商業專家使用的特殊系統（例如，Dragon® NatruallySpeaking™ Medical system），在商業上已經相當成功，而Philips／Nuance PSRS公司產生的系統至少具備25種語言。相反地，有許多行話的技術領域，很適合使用語音辨識系統，因為這些用語都具有獨特的性質。

連續語音辨識系統，可以讓使用者以口語的方式做自動謄寫，通常會利用鍵盤和螢幕進行檢查、校正、和修改。使用者在口述之前需要一些練習，而且幾乎是在準備標準的報告時，語音的輸入才會有最佳的效果。進行創意寫作和撰寫有深度的文章時，需要用到人類工作記憶中罕見的認知資源；針對這類的工作，使用鍵盤會比較好，而且有些使用者仍偏好使用熟悉的筆和紙。作家可以透過練習，來改善他們的口述技巧，開發者可以藉此來改良系統的正確性、錯誤校正方式、和語音編輯方法。

在廣播或電視節目、法庭錄音、演講、或電話中，連續語音辨識系統也能做自動瀏覽、並搜尋特定的字或主題（Olsson and Oard, 2007），甚至可以產生語音對話的摘要（Basu et al., 2008）。就算是有錯誤出現，這些應用仍很成功、很有幫助；為電視節目產生字幕，也是非常具有經濟效益。錯誤可能會很惱人，但大部份觀看電視的人都可以接受。連續語音辨識也可以協助影音資料庫的檢索，而且不需要即時的效能。

利用聲音辨識來識別身分，可以應用在保全系統中。使用者被要求說出新的辭彙，然後，由系統確認哪位使用者正在說話。然而，為了確保有不錯的效能，對於設計者而言，如何應付感冒的使用者、和處理環境中的噪音仍是一大挑戰。聲紋在法庭上是可被接受的證據，而且在保全系統中的重要性也越來越高。

雖然許多公司和研究團隊都盡力在改善語音辨識，但是，以下的評語（Peacocke和Graf，1990）仍是正確的說法：「要在一般的情況下（不限制你可以說什麼、和怎麼說）進行舒適和自然的溝通，對我們來說還是很遙遠，這個問題太困難，一時無法解決」。

8.4.3 語音資訊系統

利用人類的聲音作為資訊來源，並作為溝通的基礎，是很具有吸引力的。錄製好的語音，常會應用在電話系統中，提供有關旅遊景點和政府服務的資訊，或是告知公司營業時間外的訊息。這些語音資訊系統（voice information system），通常稱為互動式語音回應（Interactive Voice Response, IVR）。如果使用適當的開發方法和規格，就可以用低廉的成本，來提供好的客戶服務（Suhm and Peterson, 2002）。發出的聲音能引導使用者，讓他們按下按鍵，來查看飛機航班的起飛／降落時間、要求重配處方、或預訂電影票。當使用者知道他們要找的名稱是什麼時（如城市、人、或股票的名稱），使用語音辨識，可以在功能表選單樹中使用捷徑，減少搜尋的時間。然而，當功能表選單結構變得很複雜時、或當冗長的聲音資訊片段含有不相關的資訊時，使用者就會感到很灰心（見6.8節）。緩慢的聲音輸出、語音的短暫性特質、和瀏覽／搜尋的困難度，對設計者而言仍然是很大的挑戰，但是因為聲音資訊系統能夠避免昂貴的成本，所以它們被廣泛地使用。讓受過良好訓練的客服人員一天24小時待命，對許多公司而言是不切實際的事。

聲音資訊技術也被用在受歡迎的個人語音信箱系統中。這些電話語音系統，利用小鍵盤輸入使用者的命令，並可以儲存與轉發語音。使用者可以接收訊息、回覆訊息、回覆給發話者、轉發訊息給其他人、刪除訊息、或保存訊息。自動刪除無聲的訊息、和加速重播的速度，用頻率轉換來保持原來的頻率範圍，可以把收聽的時間縮短為原來的一半。語音信箱技術很可靠、成本低廉、而且普遍為大眾所喜愛。但是主要的問題在於，利用12個按鍵的電話鍵盤，輸入命令會很費事，而且需要撥入語音信箱檢查是否有留言。由於太容易

把訊息廣播給許多人，所以可能會有太多的垃圾留言。某些e-mail的開發者相信，辨識使用者的語音命令，可以讓使用者用電話來讀取他們的e-mail訊息。然而，設計者仍在努力尋找，在引導指令和使用者控制之間取得適當的平衡點（Walker et al., 1998）。甚至當他們找到輸入命令的好方法時，語音輸出的三個障礙（Box 8.2），仍會讓人對這個應用提出質疑。

錄音機已逐漸轉變為數位的方式，利用小型的手持語音錄音機，成功地開拓消費市場。語音錄音機的裝置的大小和信用卡的大小差不多，價格低於50美元，它可以儲存、並隨機存取一小時的錄音記事。更具野心的手持裝置，如Apple的iPod，讓使用者可以管理大型的語音資料庫，並可以檢索指定的音樂片段、或已錄製的演講段落。

博物館中的語音導覽和有聲書已經相當成功，這是因為它們能讓使用者控制步調，同時能傳達館方的熱情或作者的情感。教育心理學家推測，若多種感官（視覺、觸覺、聽覺）同時出現，則可以加速學習。在教學系統或線上說明系統中加入口頭的語音，可以改善學習過程。把語音註解加入文件中，可以讓老師容易地在學生的論文中加上評語，或讓企業經理留下詳細的回應或說明。但是，說話者認知的負擔、編輯語音註解的困難、和其它的障礙（Box 8.2），表示這些方式的應用可能會受到限制。

8.4.4 語音產生

語音產生（speech generation）是一個成功的技術，已經廣泛應用在消費性產品和電話應用上（Pitt and Edwards, 2003）。廉價、精巧、可靠的使用數位化語音系統（也稱為錄製語音），已經被用在汽車導航系統（「右轉上M1公路」）、網際網路服務（「你有新郵件」）、設備控制室（「危險，溫度升高」）、和兒童的遊戲中。

在某些情況下，新奇的感覺會逐漸消失，使得語音產生的功能被使用者移除。在超級市場的收銀機，會唸出購買的產品的名稱和價格，這麼做會違反購

物者的隱私，而且會太過吵雜。同樣地，相機惱人的警告訊息（「太暗：打開閃光燈」）、和汽車（「你的門沒關好」），分別被比較溫和的音調、和紅色的指示燈取代。在機艙和控制室中，仍使用語音警示，這是因為它們可以引發快速的反應。然而，在這樣的環境下，警示有時候還是會被忽略，或者會干擾人與人的溝通。

當使用演算法來產生聲音（合成）時，所產生出來的語調，聽起來會像機械音，而且會分散人的注意力。從數位化語音所得到的音素（phoneme）、字、和詞，流暢地組合成有意義的句子時，就可以改善聲音的品質。然而，某些應用會比較偏好像是電腦的聲音。例如，用在Atlanta機場的地下鐵中，用來指示方向的機械音，比事先錄製好的人聲更引人注意。

為盲人而發展的應用，是語音產生的重要成功案例。Text-to-speech（從文字轉為語音）工具，如內建的Microsoft Windows Narrator，可以朗讀網頁瀏覽器和文書處理器上的文章。在Freedom Scientific的JAWS的畫面朗誦器，能讓視覺障礙的使用者瀏覽視窗、選擇應用程式、瀏覽圖形介面、和閱讀文字。這樣的工具，依賴可見元件中所包含的文字敘述（圖示的標籤和圖形的描述）。朗讀的速度可以調整，當需要時，可以加速互動的速度。圖書館中也廣泛地使用書籍朗誦器，人們可以將書放在像影印機的裝置上，它會掃描書上的文字，並適當地朗誦內容。圖形使用者介面的語音產生裝置，和網頁應用的語音瀏覽器，為視覺障礙的使用者開創了多種途徑。文件、報紙、統計資料、和地圖的語音朗誦器，仍繼續不斷地改良中。

許多開發者都認為網頁的語音應用大有可為。在網頁加上語音標籤的標準（VoiceXML™和Speech Application Language Tags、或SALT）和改良的軟體，可以產生許多新的應用。例如，手機使用者可以透過顯示器和語音輸出讀取網頁資訊。

對於簡單且很短的訊息、即時處理事件、和需要馬上回應的時候，通常比較偏好語音合成和數位化語音（Michaelis and Wigins, 1982）。當使用者的視覺

負荷過大時、當他們必須要自由走動時、或當環境太亮／太暗、嚴重的震動、或不適合視覺化的顯示方式時，語音就很有幫助。

電話語音資訊系統，可能會混合數位化的語音片段和語音合成，以產生出適當的情緒音調，並呈現出目前的訊息。包括銀行業務（Fidelity Automated Service Telephone，或FAST）、電話簿（British Telecom）、和班機時刻表（American Airlines Dial-AA-Flight）等應用，都是利用鍵盤點選和少量的語音辨識。電話的普及，使得這些服務頗具吸引力，但是有愈來愈多的使用者偏好網頁查詢系統的速度。

總之，語音合成是個可行的技術。現在，聰明的設計者必須找到一些情況，是比較適合使用事先錄製的、和數位化的語音訊息。用來輔助螢幕畫面顯示、或嵌入在小型消費性產品中的新型電話應用，似乎都很吸引人。

8.4.5 非語音的聽覺介面

除了語音外，由個別的音調、聲音與音樂所組合而成的聽覺輸出，可以呈現更複雜的資訊。對於更複雜的資訊呈現方式之研究，往往會提到電腦模擬音效（sonification，即數據資料轉譯成聲音）、聲音化（audiolization）、或聽覺介面（auditory interfaces）（Hermann, 2008）。早期的電傳打字機是用鈴聲來提醒使用者有訊息傳送過來、或紙張用盡。後來的電腦系統，則加入了許多音調，來代表警告、或告知運作完成。鍵盤和行動裝置（如數位相機）都內建電子式的聲音回饋，以確認所進行的運作。對視覺障礙的使用者而言，這些聲音很重要。但從另一角度來看，在數小時後，特別是當房間裡有許多電腦和使用者的情況下，這些聲音可能會讓人分心，而沒有什麼幫助。

在新產品的開發過程中，特別是行動和嵌入裝置的開發過程中，會常見到聲音設計者的參與。一個有用的聲音區別方式，是把熟悉的聲音稱為聽覺圖示（auditory icon），而把必須要學習，才能了解意義的聲音，稱為earcons。像開門、潑水、或球彈跳的聽覺圖示，在圖形使用者介面中，能強化象徵物或玩具

的產品概念。一組用來吸引注意力的上升語調、或尖銳巨大聲響的earcon，在行動裝置或在控制室中很有用。其它聲音類別，還包括「卡通化的」聲音（它是被誇大的熟悉聲音）、或新用途的熟悉的聲音。遊戲設計者都知道，聲音可以增加真實感、提高緊張程度、並吸引使用者。

聰明的設計者已經設計出各式各樣的聽覺介面，例如，提供使用者運作回應的捲軸、提供聽覺資訊的地圖或圖表、和表格資料的sonification或統計資訊的圖示（Zhao, 2008）。除了呈現靜態資料外，聲音用於強調資料變化、和支援所呈現的動態變化，都非常有效。為了要在資訊視覺化中強調資料分佈，或吸引人們對圖案、偏離本體的部分、和群聚的注意，聽覺方法的研究仍持續不斷地進行中。

針對盲人使用者，目前已開發出能透過電話使用的聽覺網頁瀏覽器（Chen, 2006；1.4.5節）。使用者可以聽取文字和連結的標籤，然後利用按鍵輸入做選擇。聽覺檔案瀏覽器仍不斷地改良：每個檔案可能會有一個聲音，聲音的頻率與檔案的大小有關，而且可以指定樂器（小提琴、長笛、小號）。然後，當目錄開啟時，每個檔案都會同時或依序發出自己的聲音。或者，把聲音和檔案類型連結在一起，使用者可以聽得出來，檔案是試算表、圖形、還是其它的文字檔。

許多更好的聽覺介面也已經出現，在這些介面中，資料是用一連串的立體聲、或三度空間音效呈現，而不是用影像。產生適當的三度「空間聲音訊號」的技術問題，包括測定與聽眾頭部有關的轉換函數（head-related transfer function, HRTF），必須先測量每個人獨特的頭形和耳形、以及密度，使得演算法能夠產生聽起來像是從某個方向傳來的音效：左－右、上－下、前－後、和遠－近。這樣具有企圖心的目標，是為了讓盲人或僅有部份視力的使用者，得到足夠的聽覺回饋，讓他們可以沿著繁忙的街道行走，或可以自行操縱輪椅到達醫院。其它的方法包括：sonification的大量光譜輸出，讓操作者可以聽出標準和測試樣本之間的差異；或在具有平行處理器的電腦上，用吸引人的音樂表現出正在執行的演算法，以協助除錯的執行。

第 8 章 互動裝置

　　將傳統音樂加入使用者介面，用以增加戲劇性、讓使用者放鬆、吸引注意力、或產生某種情緒（愛國進行曲、羅曼蒂克的奏鳴曲、或柔和的華爾滋），似乎是個不錯的想法。這些方式已經被運用在電動遊戲和教學軟體中；它們也適合用在公共系統、家電控制應用、販賣亭、櫃員機、和其它的應用中。

　　新型的樂器似乎特別吸引人。使用觸感和觸覺裝置提供適當的回饋，可以讓音樂家在使用介面時，產生類似鋼琴鍵盤、鼓、或木管樂器或弦樂器的聲音感受。也有可能發明新的樂器，其頻率、震度、和效果，會根據接觸的位置、方向、速度、和加速來控制。隨著有越來越多可用的、價位合理的數位樂器介面（musical-instrument digital-interface, MIDI）之硬體和軟體，電腦編曲也愈來愈多。新的標準、速度較快的硬體、和新的使用者介面，都促使更多新虛擬樂器的出現。

8.5 小型和大型顯示器

　　顯示器是使用者得到電腦回饋的主要來源。它有許多重要的特色，包括：

- 尺寸（通常是對角線長度）
- 解析度（像素數目）
- 可顯示的色彩、色彩的準確度
- 亮度、對比、和眩光
- 用電量
- 更新頻率（足以顯示動畫和視訊）
- 價格
- 穩定度

也可根據使用特色來進行顯示裝置的分類。可攜性、隱密性、突出性（需要吸引人注意）、普遍性（可安裝和使用顯示器的可行性）、和同時發生性（同時觀看的使用者數目），都可用來描述顯示器（Raghunath and Narayanaswami, 2003）。到處存在的電視顯示器，可用來做為社會互動，例如，多個使用者控制電動遊戲中的人物；在購物中心或博物館中常看到的顯示器，可以將商店位置的資訊提供給使用者；或將戲劇性的感受提供給數十位參觀者；白板顯示器可以讓合作者分享資訊、腦力激盪、並做決策（圖9.13）；浸入式顯示器可以把使用者帶入虛構世界，並學習新的技能（圖5.19）。

8.5.1 顯示器技術

　　光柵掃描技術陰極射線管（raster-scan cathode-ray tubes, CRTs）已經幾乎消失了，取而代之的是具有薄外型、重量輕、低耗電量的液晶顯示器（liquid-crystal displays, LCDs）。和LCDs類似，電漿顯示器（plasma display）是平面的，但它們的耗電量較大。它們非常亮，甚至從旁邊觀看，都可以看得到，這使得它們常被當做控制室的牆面、公共區域、或會議室的顯示器。發光二級體（light-emitting diodes, LEDs）現在已經有許多顏色，而且用在大型的公用顯示器上。在紐約時代廣場中，彎曲式顯示器（curved display）使用一千九百萬個LEDs來顯示股價、氣象資訊、或新聞。在某些頭戴式顯示器上會使用小型LEDs矩陣。製造商正積極開發有機發光二極體（organic light emitting diodes, OLED）的新型顯示器，這些有機顯示器很省電、很耐用，而且可以裝在易彎曲的塑膠或金屬片上，為可穿戴或可捲縮顯示器帶來新的契機。

　　新產品造就了使用電子墨水（electronic ink）技術的紙張。在電子油墨技術所使用的微小囊膜中，包含負電的黑色粒子和正電的白色粒子，它們可以選擇性地做設定。當顯示器內容改變時，因為電子墨水顯示器只使用電源，這種顯示器相較於其它類型的顯示器，可以延長電池的壽命，而且很適合用在電子書（例如，Amazon的Kindle™，如圖8.17；Sony的Reader，或Bookeen的Cybook）。較慢的顯示速率可以顯示一些動畫，但不適合用在影片的顯示上。

圖8.17

Amazon Kindle™書籍閱讀器（http://www.amazon.com/）是一個6英吋的灰階顯示器，其能顯示800×600像素，而每一英吋有160像素。這種顯示器是使用E-Ink®技術（http://www.eink.com/），當顯示器改變時會提供只使用電力的明亮顯示器，並且可以直接在陽光下使用各種角度來閱讀，這種技術可以改善閱讀的舒適度（見12.3節，在紙張上與在顯示器上閱讀之討論）

微型投影機，例如Microvision Pico投影機已經有人在使用；這些投影機很快就可以透過行動裝置，將彩色影像投影到牆面上，而使用這些裝置來進行合作也是很實際的。給盲人用的點字顯示器（braille displays），最多提供80個格點（cell），每個格點顯示一個字元。一些格點可以鑲嵌在滑鼠上，同時，小螢幕可以附在鍵盤上。目前正在開發有數千個針腳、給盲人使用的可刷新之圖形顯示器雛型。製造商和政府單位因為健康的考量，如視覺疲勞、壓力、和暴露在輻射下，而提出不同類型的顯示器。有害的影響，大多歸因於整體的工作環境，而不是顯示器本身。

以下內容著重於大型顯示器、頭戴式顯示器以及行動裝置顯示器的設計議題。

8.5.2 大型顯示器

從桌上型電腦到行動裝置、投影機、和大型電視，電腦顯示器無所不在，讓我們想像如何整合這些顯示器，來提供更有生產力的工作環境和娛樂環境（Ni et al., 2006）。在未來，螢幕之間的差異會逐漸消失，但目前大型的顯示器可以分爲三種：資訊牆顯示器（informational wall displays），使用者即使離顯示器有一段距離，仍可共同觀看螢幕的畫面；而互動式牆壁顯示器（interactive wall displays）可讓使用者走向顯示器，和其他參與者進行交叉交談與討論。最後，坐在椅子上的使用者，可以把多桌面顯示器（multiple desktop displays）連接到電腦，讓多個視窗和文件可以同時顯示，而且每個視窗和文件都可以被滑鼠點選。當然，也可對顯示器進行混合組合（例如，Guimbretiereh et al., 2001）。

大型資訊牆顯示器在控制室很有用，可以提供監控系統的概觀（圖8.18）— 詳細的資訊，可以從個人終端機上讀取。因爲大型顯示器可以監控目前的狀況，以方便地進行指揮協調工作，所以這種顯示器常見於軍事命令和控制操作、設備管理、和緊急事件回應上；牆壁顯示器也可以讓合作的科學家、或制定決策的團隊，能在單一的顯示器上，看到在不同電腦上、近端或遠端執行的應用。

原先以CRTs組成的矩陣，在商業或娛樂環境中非常受歡迎，現在的牆壁顯示器，經常使用背面投影的技巧。改良的校正和排列技術，使得顯示器能夠無縫隙地排列在一起（圖8.19）。若要從遠端觀看，資訊牆顯示器需要使用亮度較高的投影機，但是，解析度並不需要很高 — 每英吋35點就夠了。當使用者需要利用數位白板進行近距離的互動時，則需要較高的解析度（接近桌上型電腦顯示器）。

● 第 8 章 ● 互動裝置

圖8.18
將多個高解析度的電漿顯示器和CRT排列在一起,並提供氣象、交通、交通號誌狀態、和道路狀況資訊,給位於Maryland公路管理控制室中的操作者觀看(http://www.chart.state.md.us)

圖8.19
使用者在Princeton University牆面顯示器附近討論,並用手指到NASA太空站中的一部分。將二十四個投影機排列在一起,而產生6000×3000像素的無接縫影像(Wallace et al., 2005)
(http://www.cs.princeton.edu/omnimedia/)

對互動式牆壁顯示器而言（圖8.20），傳統的桌上型互動技巧，例如，間接控制指示裝置、和下拉式功能表選單，都變得不可行。目前正在開發新的技術，是利用雙手、或新的功能表選單技術（見7.7節）來進行流暢的互動。即使是在大型的群組顯示器上，顯示畫面的空間仍然有限，設計者目前正在嘗試新的方法，動態地縮放、總結、和管理顯示的資訊。

圖8.20
用來做數位腦力激盪的Stanford Interactive Mural，具備6×3.5呎的高解析度（64 dpi）畫面，使用者可以利用無線筆與其進行互動。文件可以從不同的電腦或掃描器輸入，並顯示在顯示器上。當移動到畫面的頂端時，文件便會等比例縮小，以釋放出一些畫面空間（Guimbretiere et al., 2001）

SMART®科技公司SMART Board®的簡單白板系統（圖9.13），有一個大型的觸控螢幕，會將電腦的影像投影上面。它們的功能和桌上型電腦的顯示器相同，並以使用者的手指做為指示裝置。彩色筆和數位橡皮擦能模擬傳統的白板功能，進而增加了註解紀錄和軟體鍵盤。

互動式牆壁顯示器的挑戰和機會包括：促進近端或遠端使用者的合作（第9章）；管理腦力激盪的資訊記錄和資訊的重複使用；提供創新的工具給藝術家和表演者；利用行動裝置設計新的互動方法。

多重桌面顯示器通常會利用傳統的面板顯示器，在顯示器表面會有一些不連續的地方（圖8.21）。由於這些顯示器有不同的大小和解析度，會增加畫面對不齊的機會。另一方面，把視窗展開至多個顯示器上時，使用者仍可以用熟悉的方式和應用程式做互動，減少使用者訓練的問題。還有一個考量是，多重桌面顯示器可能會要求使用者站立、轉頭、或移動身體，來看到所有的顯示器，而且細心的使用者可能不會注意到距離很遠的警告或警報。使用者可能會有系統地讓顯示器執行特定的功能（例如，左手邊的顯示器，只顯示e-mail和日曆的應用程式；而面前的顯示器，只顯示文書編輯器），但是某些工作如果使用全部的顯示畫面空間時，這樣的分配方式就不恰當了。

圖8.21
由8個面板顯示器所組成的多重桌面顯示器。使用者在討論視覺分析問題時，需要觀看多個文件和影像、收集證據、做筆記、並用e-mail和同事通信（由Chris North、Virginia Tech提供）

多重桌面顯示器特別有助於個人創意的應用。例如，建立一個Flash應用程式，會需要用到時間軸、舞台、圖形元件編輯器、描述語言編輯器、目錄瀏覽器和預覽視窗，而且全部都是在同一時間開啓。多重桌面顯示器也可以比較文件、軟體除錯，並根據大量的資訊來源來做推論。因為證明顯示器好處的案例一直出現，使用者通常會非常感激這樣的顯示器（Yost et al., 2007）。當然，使用凌亂的畫面，會有更多的風險，所以需要新的管理方式。同時，因為物件

之間的距離,所以在大型螢幕上做直接操作會變成一項挑戰。因此,應該要做一些改良,使得在數個顯示器之間能容易地找到滑鼠游標,並做追蹤。可以在顯示器的重要位置上放置一個小的概觀視窗,只要點選它就可以快速地切換視窗。視窗自動排列和定位的技術,會變得很重要,但是,隨著顯示器的成本持續地降低,會讓多重桌面顯示器和大型顯示器,變得愈來愈流行。

8.5.3 操控面板和頭盔顯示器

個人顯示器技術包括小型的可攜式監視器,它們常用單色或彩色的LCD組成。操控面板(heads-up display)會將資訊投影到飛機或汽車的半鍍銀擋風玻璃上,使駕駛員能對周遭環境集中注意力,同時能接收電腦所產生的資訊。

另一個方式,是應用虛擬實境與擴增實境中的頭盔或頭戴式顯示器(head- or head-mounted display, HMD)(見5.6節和圖5.18),這種顯示器可以讓使用者即使是在轉頭時,都能夠看到資訊。事實上,如果顯示器含有追蹤感應器,使用者所看到的資訊,會隨著他們的方向變動而改變。不同型號的顯示器,有不同等級的視野、語音功能和解析度(例如,iReality.com的CyberEye™有一個800x600的顯示器,它會完全遮蓋視線)。早期的可穿戴式電腦,是把焦點放在人們的移動或所進行的工作上(例如,噴射引擎修護或庫存控制),仍可以使用可攜式裝置,但目前的技術仍需把硬體放在登山背包中,或是使用者不可遠離主電腦。

3D顯示器的實驗產品,包括震動面板、全息圖(hologram)、極化眼鏡、紅/藍眼鏡和同步化快門眼鏡(像StereoGraphics®、eDimensional™等公司),這些都能提供使用者真實的3D立體視覺感。

8.5.4 行動裝置顯示器

在個人和商業應用中,行動裝置的使用變得愈來愈普遍,而且可用來改善醫療、促進學校學習、提供更令人滿足的觀光體驗。當病人的生命訊號達到危

第 8 章 互動裝置

險的範圍時，醫療監視器會通知醫師；利用手持裝置，學校兒童可以收集資料或合作解決問題；裝設在警急救難人員衣服上的固定小型裝置，警急救難人員可以評估他們在危險環境中的情況。利用可設定式相框和其它裝置，小型顯示器也會出現在我們的家中；甚至在我們的身上也可以佩戴具有GPS功能的手錶，在需要的時機利用自訂功能，來滿足使用者需求（圖8.22）。

從行動裝置的使用經驗中，所獲得的指導方針陸續出現（Ballard, 2007; Jones and Marsden; 2006）。藉由有效的設計案例研究（Lindholm et al., 2003），以及為Palm裝置或iPhone而建立的詳細指導方針，來協助業界主導行動裝置指導方針的撰寫。

圖8.22
針對女性的Seiko™腕錶，使用E-Ink技術，讓穿戴者能自訂顯示畫面，並在多種不同運作方式中做選擇，使得時間能容易讀取，或是以更有創造力的方式來表示空閒時間，以反應出現在的心情（http://www.seikowatches.com）。

Barbara Ballard（2007）發現還在發展中的行動裝置，根據使用的目的可分為4個等級：（1）一般工作目的（像是RIM Blackberry或Pocket PC）；（2）一般娛樂目的（其著重於多媒體特色，像是Apple iPod）；（3）一般通訊與控制目的（現今電話的延伸發展）；（4）只用於少數工作的目標裝置（例如聯邦包裹服務的駕駛所使用的DIAD IV）。行動裝置通常用於簡潔且固定執行的工作中，因此要為這些重覆性的工作做最佳的設計，同時，隱藏或拿掉較不重要的功能，都是很重要的（見6.8和圖6.20）。若可能的話，資料輸入操作應該減少，而且複雜的工作應該交給桌上型電腦處理。

雖然研發工作仍持續地拓展行動裝置的應用範圍，若能將行動裝置的運作範圍與架構納入考量，可能有助於拓展應用範圍。不論應用是否與金融、醫學、或旅遊有關，都應該考量以下五個運作：（1）監視動態的資訊源，並適時

發出警戒；（2）從許多來源收集資訊，並把資訊傳播給許多目標；（3）參與一個團隊，並與個人聯繫；（4）找出看不見的服務或項目（例如，最近的加油站），並識別所看到的物件（例如，人或花的名字）；（5）從近端取得資訊，並將你的資訊與未來的使用者分享。

大部分手持裝置的應用程式都是訂製的，使得程式可以控制特殊平台上的每一個像素。也可以利用放大縮小的設計，來產生活潑的畫面。DateLens的日曆應用（圖8.23），提供可開會時間的概略資訊；當約會發生衝突時會發出訊息；在任意的小型顯示器上快速地放大特定的工作或日期資訊。由於使用者熟悉週或月的概觀版面配置，而且可以利用色彩或縮寫辨識來快速學習，所以DateLens是很有幫助的（Bederson et al., 2004）。

在光線微弱或使用者視力不佳的情況下，顯示器的可閱讀性不佳會是一個問題，同時，使用者也會希望能自行調整字型大小。使用小螢幕閱讀的效果，可利用快速連續視覺呈現（rapid serial visual presentation, RSVP）來進行改善，RSVP可以固定速度、或以適合內容的速度，動態地呈現出文字。利用RSVP，對短篇文字的閱讀速度，可以改善33%，但對於長篇文字，使用RSVP並沒有很大的差異（Oquist and Goldstein, 2003）。

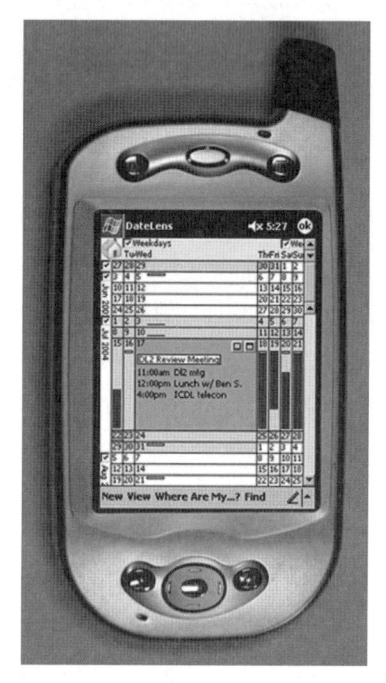

圖8.23
DateLens是一個使用在行動裝置上的日曆介面。它利用魚眼功能表選單呈現日期，其包含簡潔的概觀，使用者可以控制顯示的時間範圍，並整合搜尋功能（Bederson et al., 2004）

在小型顯示器上，某些應用（像網頁搜尋和瀏覽）仍然非常沒有效率（Jones et al., 2003）。使用訂做的顯示器，其效果會更好，但是不一定可行。

● 第8章 ● 互動裝置

　　有一些方法是可以將資訊從大型顯示器移植到小型顯示器上（Lin and Landy, 2008）。若閱讀的方式是按照順序的線性閱讀，將資料直接顯示在可捲動的冗長畫面上的方式，可能可以接受，但是卻會讓文件的交叉比對工作變得很困難。若採用修改資料的方式，使資料能夠顯示在小型顯示器上，則修改資料的運作會涉及產生文字摘要或產生較小圖片的工作。提供快速的存取，讓使用者可以快速地讀取全部的文件，並讓使用者可以得到更多的資訊，這麼做會很有效。可以刪除文件的部份小節或選擇抽樣文字，來減少資料。最後，利用視覺化技術（14章）的精巧概觀，可以讀取到原來的資訊。

　　行動裝置的使用者通常只會有一隻手可運用，並且依賴他們的姆指來與裝置互動。行動介面的指導方針可以支援單手互動，包括：將目標靠近放置於另一個目標，以減少手握裝置的調整；允許使用者利用左手或右手操作來分配工作；將目標放在裝置的中間（Karlson et al., 2008）。行動裝置應用的設計師所面臨的另一個挑戰是：各種不同的裝置一直持續發展中，而這些裝置需要尋找適合多個螢幕大小的互動方式，並且以多種輸入機制來驅動（QWERTY鍵盤和觸控螢幕、小鍵盤或方向按鍵）。

　　行動裝置變成資訊設備，且有助於連結數位內容的目的。因為行動裝置比桌上型電腦更容易學習，而且價格便宜，所以能使更多人獲得資訊和通訊技術的好處。開發中國家正在尋求能快速普及的行動技術，因為相較於需要有穩定電力的技術，這樣的技術只需要很少的區域式基礎建設。對於殘障使用者，行動電信裝置為形式轉換服務（modality translation services）的設計帶來了絕佳的機會，正如在威斯康辛的貿易中心計畫中所描述：透過行動裝置，遠端服務可以在任何地點和任何時間，立即從一個呈現模式轉換到另一個模式。這使文字轉語音（text-to-speech）、手語、國際語言、語言層次翻譯，以及指紋辨識、影像／視訊描述服務，變成可行的。形式翻譯可以幫助殘障者、和沒有殘疾但卻遭遇過功能障礙體驗的人（如：在駕駛汽車、在國外旅遊、或在沒有提供閱讀用放大鏡的博物館參觀）。

人機介面設計

從業人員的重點整理

在選擇硬體時，總是要在理想和現實之間做出妥協。設計者認為輸入或輸出裝置應該具有什麼特性，一定要考量到計畫的預算。裝置應該在應用的範圍內進行測試，以驗證製造商的說明和證書，或者應該得到使用者的建議。

新裝置和改良的舊裝置經常出現。這類與裝置無關的結構和軟體，可以很容易地整合到新設備中。因為硬體常是系統中最不穩定的部分，所以要避免受限於某個裝置。同時，若軟體能容易地重新開發應用於其他的裝置上，而且，若多模式的軟體讓殘障使用者也能夠使用此系統，則這樣的軟體會更加成功。要記住Fitts氏定理，運用它來做效能速度的最佳化，以及考量雙手操作。

鍵盤輸入是目前普遍的輸入方式，但是當文字輸入量少時，需要考慮其他的輸入方式。對於初學者和經常使用的人，使用點選的方式會有許多好處。對初學者而言，直接指示裝置比間接指示裝置快且方便，同時也可以做到準確的指示。然而，要記住的是，忙碌的使用者喜歡使用單手來操作裝置。簡單的手勢可以觸發一些運作，並顯示相關應用。提供更多可攜裝置上的功能，並放棄很少使用的功能和大部份在桌上型電腦上的資料輸入。

語音輸入和輸出裝置都已經有商品推出，應該應用於適當的地方，但是要確保效能的確比其他互動方式好。顯示技術正快速地轉變，同時，使用者的期望也愈來愈高。較高解析度和較大尺寸的顯示器日漸普及。要避免在可攜式裝置上提供太多功能，把較少使用的功能和大量資料輸入的工作交給桌上型電腦，而且要提供高品質的拷貝輸出。

研究者的議程

為了加快輸入和降低錯誤率所設計的新文字輸入鍵盤，必須提供明顯的好處，才有辦法取代根深蒂固的QWERTY鍵盤設計。對於許多需要大量文字輸

入的應用或行動裝置而言，仍有許多機會來建立特殊目的裝置或重新設計，使其可以用直接操作點選，而不是鍵盤敲擊。漸漸地，輸入可以藉著轉換或擷取線上資料來完成。另一個輸入的來源，是在列印的文字和條碼（例如，印在雜誌、銀行結單上）上進行光學字元辨識，或是附加在物件、衣服或甚至是個人玩偶上的RFID標籤。

語音系統的研究，可以引導應用的重新設計，以便能更有效地利用語音輸入和輸出技術。完全和準確的連續語音辨識似乎達不到，但若使用者在特定的應用中，可以修改他們說話的方式，則會有更多的進展。另一個值得研究的方向是改善連續語音辨識，它可以用在從大量語音中尋找特定的辭彙；或為了幫視訊加上字幕和敘述，而進行的語音和影像辨識工作。

顯示器尺寸已經變得很大，而且，使用者需要可以運作在行動裝置、桌上型電腦、或大型牆壁和桌面顯示器上的應用。我們需要了解如何設計出可塑的、或多模型介面，能讓使用者根據環境、偏好、和能力調整他們的介面。使用多重顯示器時，可以增加生產力的方式為何？嵌入在環境中、和許多行動裝置上的感應器，可以提供使用者位置或活動的資訊，以開發出與環境有關的應用。這個應用的效益可能很大，但在普遍採用之前，必須先解決行為不一致和隱私的問題。

全球資訊網資源

http://www.aw.com/DTUI

提供商業輸入裝置，特別是指示和手寫輸入裝置的豐富資源。提供語音產生和辨識的商業套件、軟體工具、和展示。MIDI工具和虛擬實境裝置，帶給認真的愛好者和研究者全新的感受。大型顯示器的新方法和用途，會經常出現在研究和產品群中。

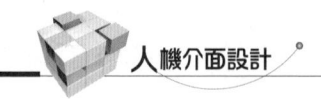

參考資料

Abowd, G. and Mynatt, E., Charting past, present, and future research in ubiquitous computing, *ACM Transactions on Computer-Human Interaction* 7, 1 (2000), 29–58.

Accot, J. and Zhai, S., More than dotting the i's: Foundations for crossing-based interfaces, *Proc. CHI '02 Conference: Human Factors in Computing Systems*, ACM Press, New York (2002), 73–80.

Ashcraft, Mark H., *Cognition, Third Edition*, Prentice-Hall, Englewood Cliffs, NJ (2005).

Balentine, Bruce, *It's Better to Be a Good Machine Than a Bad Person: Speech Recognition and Other Exotic User Interfaces at the Twilight of the Jetsonian Age*, ICMI Press, Annapolis, MD (2007).

Ballard, Barbara, *Designing the Mobile User Experience*, John Wiley & Sons, New York (2007).

Basu, Sumit, Gupta, Surabhi, Mahajan, Milind, Nguyen, Patrick, and Platt, John C., Scalable summaries of spoken conversations, *Proc. International Conference on Intelligent User Interfaces*, ACM Press, New York (2008), 267–275.

Bederson, B. B., Clamage, A., Czerwinski, M. P., and Robertson, G. G., DateLens: A fisheye calendar interface for PDAs, *ACM Transactions on Computer-Human Interaction* 11, 1 (2004), 90–119.`

Benko, H., Wilson, A., and Baudisch, P., Precise selection techniques for multi-touch screens, *Proc. CHI 2006 Conference: Human Factors in Computing Systems*, ACM Press, New York (2006), 1263–1272.

Chen, Xiaoyu, Tremaine, Marilyn, Lutz, Robert, Chung, Jae-woo, and Lacsina, Patrick, AudioBrowser: A mobile browsable information access for the visually impaired, *Universal Access in the Information Society* 5, 1 (2006), 4–22.

Clawson, James, Lyons, Kent, Rudnicky, Alex, Iannucci, Jr., Robert A., and Starner, Thad, Automatic whiteout++: Correcting mini-QWERTY typing errors using keypress timing, *Proc. CHI 2008 Conference: Human Factors in Computing Systems*, ACM Press, New York (2008), 573–582.

Danis, C., Comerford, L., Janke, E., Davies, K., DeVries, J., and Bertran, A., StoryWriter: A speech oriented editor, Proc. CHI '94 Conference: *Human Factors in Computing Systems: Conference Companion*, ACM Press, New York (1994), 277–278.

Dunlop, Mark and Masters, Michelle, Pickup usability dominates: A brief history of mobile text entry research and adoption, *International Journal of Mobile Human Computer Interaction* 1, 1 (2008) 42–59.

Feng, Jinjuan, Sears, Andrew, and Karat, Clare-Marie, Alongitudinal evaluation of hands-free speech-based navigation during dictation, *International Journal of Human-Computer Studies* 64, 6 (2006), 553–569.

Fitts, P. M., The information capacity of the human motor system in controlling amplitude of movement, *Journal of Experimental Psychology* 47 (1954), 381–391.

Fitzmaurice, G., Ishii, H., and Buxton, W., Laying the foundation for graspable user interfaces, *Proc. CHI '95 Conference: Human Factors in Computing Systems*, ACM Press, New York (1995), 442–449.

Foley, J. D., Wallace, V. L., and Chan, P., The human factors of computer graphics interaction techniques, *IEEE Computer Graphics and Applications* 4, 11 (November 1984), 13–48.

Gardner-Bonneau, Daryle and Blanchard, Harry E. (Editors), *Human Factors and Voice Interactive Systems*, Springer-Verlag, London, U.K. (2007).

Grossman, T., Balakrishnan, R., Kurtenbach, G., Fitzmaurice, G. W., Khan, A., and Buxton, W., Creating principal 3D curves with digital tape drawing, *Proc. CHI 2002 Conference: Human Factors in Computing Systems*, ACM Press, New York (2002), 121–128.

Grossman, Tovi and Wigdor, Daniel, Going deeper: Ataxonomy of 3D on the tabletop, *Proc. TableTop 2007: IEEE International Workshop on Horizontal Interactive Human-Computer Systems*, IEEE Press, Los Alamitos, CA (2007), 137–144.

Guiard, Y., Asymmetric division of labor in human skilled bimanual action: The kinematic chain as a model, *Journal of Motor Behavior* 19, 4 (1987), 486–517.

Guiard, Y., Bourgeois, F., Mottet, D., and Beaudouin-Lafon, M., Beyond the 10-bit barrier: Fitts' law in multi-scale electronic worlds, in *People and Computers XV—Interaction Without Frontiers (Joint Proceedings of HCI 2001 and IHM 2001)*, Springer-Verlag, London, U.K. (2001), 573–587.

Guimbretière, F., Stone, M., and Winograd, T., Fluid interaction with high-resolution wall-size displays, *Proc. UIST 2001 Symposium on User Interface Software & Technology*, ACM Press, New York (2001), 21–30.

Han, Jefferson Y., Low-cost multi-touch sensing through frustrated total internal reflection, *Proc. ACM Symposium on User Interface Software and Technology*, ACM Press, New York (2005), 115–118.

Hermann, Thomas, Taxonomy and definitions for sonification and auditory display, *Proc. 14th International Conference on Auditory Display*, ICAD, Paris, France (2008).

Hinckley, K., Input technologies and techniques, in Jacko, Julie and Sears, Andrews (Editors), *The Human-Computer Interaction Handbook*, Laurence Erlbaum Associates, Mahwah, NJ (2008), 161–176.

Hinckley, K., Pierce, J., Sinclair, M., and Horvitz, E., Sensing techniques for mobile interaction, *Proc. ACM Symposium on User Interface Software and Technology*, ACM Press, New York (2000), 91–100.

Hinrichs, Uta, Carpendale, Sheelagh, and Scott, Stacey D., Evaluating the effects of fluid interface components on tabletop collaboration, *Proc. International Working Conference on Advanced Visual Interfaces*, ACM Press, New York (2006), 27–34.

Hoggan, Eve, Brewster, Stephen A., and Johnston, Jody, Investigating the effectiveness of tactile feedback for mobile touchscreens, *Proc. CHI 2008 Conference: Human Factors in Computing Systems*, ACM Press, New York (2008), 1573–1582.

Hourcade, J.-P., Bederson, B., Druin, A., and Guimbretière, F., Differences in pointing task performance between preschool children and adults using mice, *ACM Transactions on Computer-Human Interaction* 11, 4 (December 2004), 357–386.

Jacob, R. J. K., Sibert, L. E., McFarlane, D. C., and Mullen, Jr., M. P., Integrality and separability of input devices, *ACM Transactions on Computer-Human Interaction* 1, 1 (March 1994), 3–26.

Jones, M., Buchanan, G., and Thimbelby, H., Improving web search on small screen devices, *Interacting with Computers (special issue on HCI with Mobile Devices)* 15, 4 (2003), 479–496.

Jones, Matt and Marsden, Gary, *Mobile Interaction Design*, John Wiley & Sons, New York (2006).

Karlson, A., Bederson, B. B., and Contreras-Vidal, J. L., Understanding one handed use of mobile devices, in Lumsden, Johanna (Editor), *Handbook of Research on User Interface Design and Evaluation for Mobile Technology*, Information Science Reference/IGI Global, Hershey, PA(2008), 86–101.

Kortum, Philip (Editor), *HCI Beyond the GUI: Design for Haptic, Speech, Olfactory and Other Nontraditional Interfaces*, Elsevier/Morgan Kaufmann, Amsterdam, The Netherlands (2008).

Kristensson, P.O. and Denby, L., Text entry performance of state of the art unconstrained handwriting recognition: a longitudinal user study. In *Proc. CHI 2009 Conference: Human Factors in Computing Systems*. ACM Press, New York (2009).

Liao, Chunyuan, Guimbretière, François, Hinckley, Ken, and Hollan, Jim, PapierCraft: Agesture-based command system for interactive paper, *ACM Transactions on Computer-Human Interaction* 14, 4 (2008), #14.

Lin, James and Landay, James, Employing patterns and layers for early-stage design and prototyping of cross-device user interfaces, *Proc. CHI 2008 Conference: Human Factors in Computing Systems*, ACM Press, New York (2008), 1313–1322.

Lindholm, C., Keinonen, T., and Kiljander, H., *Mobile Usability: How Nokia Changed the Face of the Mobile Phone*, McGraw-Hill, New York (2003).

Mackay, W. E., Pothier, G., Letondal, C., Bøegh, K., and Sørensen, H.E., The missing link: Augmenting biology laboratory notebooks, *Proc. ACM Symposium on User Interface Software and Technology*, ACM Press, New York (2002), 41–50.

MacKenzie, S., Fitts' law as a research and design tool in human-computer interaction, *Human-Computer Interaction* 7 (1992), 91–139.

MacKenzie, S., Kober, H., Smith, D., Jones, T., and Skepner, E., LetterWise: Prefix-based disambiguation for mobile text input, *Proc. ACM Symposium on User Interface Software and Technology*, ACM Press, New York (2001), 111–120.

MacKenzie, S. and Soukoreff, R. W., Text entry for mobile computing: Models and methods, theory and practice, *Human-Computer Interaction* 17, 2 (2002), 147–198.

MacKenzie, S., Tauppinen, T., and Silfverberg, M., Accuracy measures for evaluating computer pointing devices, *Proc. CHI '01 Conference: Human Factors in Computing Systems*, ACM Press, New York (2001), 9–16.

Michaelis, P. R. and Wiggins, R. H., A human factors engineer's introduction to speech synthesizers, in Badre, A. and Shneiderman, B. (Editors), *Directions in Human-Computer Interaction*, Ablex, Norwood, NJ (1982), 149–178.

Mithal, A. K. and Douglas, S. A., Differences in movement microstructure of the mouse and the finger-controlled isometric joystick, *Proc. CHI '96 Conference: Human Factors in Computing Systems*, ACM Press, New York (1996), 300–307.

Montemayor, M., Druin, A., Guha, M. L., Farber, A., Chipman, G., Tools for children to create physical interactive storyrooms, *ACM Computers in Entertainment* 1, 2 (2004), 12.

Myers, Brad, Using handhelds for wireless remote control of PCs and appliances, *Interacting with Computers* 17, 3 (2005), 251–264.

Myers, Brad, Using hand-held devices and PCs together, *Communications of the ACM* 44, 11 (November 2001), 34–41.

Ni, T., Schmidt, G., Staadt, O., Livingston, M., Ball, R., and May, R., A survey of large high-resolution display technologies, techniques, and applications, *Proc. IEEE Virtual Reality Conference (VR 2006)*, IEEE Press, Los Alamitos, CA (2006), 223–236.

Olsson, J. Scott and Oard, Douglas W., Improving text classification for oral history archives with temporal domain knowledge, *Proc. ACM SIGIR Conference: Research and Development in Information Retrieval*, ACM Press, New York (2007), 623–630.

Oquist, G. and Goldstein, M., Towards an improved readability on mobile devices: Evaluating adaptive rapid serial visual presentation, *Interacting with Computers* 15, 4 (2003), 539–558.

Oviatt, Sharon, Darrell, Trevor, and Flickner, Myron, Multimodal interfaces that flex, persist, and adapt, *Communications of the ACM* 47, 1 (2004), 30–33.

Pausch, R. and Leatherby, J. H., An empirical study: Adding voice input to a graphical editor, *Journal of the American Voice Input/Output Society* 9, 2 (1991), 55–66.

Peacocke, R. D. and Graf, D. H., An introduction to speech and speaker recognition, *IEEE Computer* 23, 8 (August 1990), 26–33.

Peres, S. C., Best, V., Brock, D., Frauenberger, C., Hermann, T., Neuhof, J. G., Valgerdaeur, V., Shinn-Cunningham, B. G., and Stockman, T., Auditory interfaces, in Kortum, Philip (Editor), *HCI Beyond the GUI*, Morgan Kaufmann, Elsevier/Morgan Kaufmann, Amsterdam, The Netherlands (2008), 147–196.

Pitt, I. and Edwards, A., *Design of Speech-Based Devices: A Practical Guide*, Springer-Verlag, London, U.K. (2003).

Price, Katheen and Sears, Andrews, Speech-based text entry for mobile handheld devices: An analysis of efficacy and error correction techniques for server-based solutions, *International Journal of Human-Computer Interaction* 19, 3 (2005), 279–304.

Raghunath, M. and Narayanaswami, C., Fostering a symbiotic handheld environment, *IEEE Computer* 36, 9 (2003), 57–65.

Rohs, Michael and Oulasvirta, Antti, Target acquisition with camera phones when used as magic lenses, *Proc. CHI 2008 Conference: Human Factors in Computing Systems*, ACM Press, New York (2008), 1409–1418.

Sears, A., Lin, M., and Karimullah, A. S., Speech-based cursor control: Understanding the effects of target size, cursor speed, and command selection, *Universal Access in the Information Society* 2, 1 (November 2002), 30–43.

Sears, A., Revis, D., Swatski, J., Crittenden, R., and Shneiderman, B., Investigating touchscreen typing: The effect of keyboard size on typing speed, *Behaviour & Information Technology* 12, 1 (January/February 1993), 17–22.

Sears, A. and Shneiderman, B., High precision touchscreens: Design strategies and comparison with a mouse, *International Journal of Man-Machine Studies* 34, 4 (April 1991), 593–613.

Suhm, B. and Peterson, P., Adata-driven methodology for evaluating and optimizing call center IVRs, *International Journal of Speech Technology* 5, 1 (2002), 23–38.

Tsang, M., Fitzmaurice, G. W., Kurtenbach, G., Khan, A., and Buxton, W. A. S., Boom Chameleon: Simultaneous capture of 3D viewpoint, voice and gesture annotations on a spatially-aware display, *Proc. ACM Symposium on User Interface Software and Technology*, ACM Press, New York (2002), 111–120.

Ullmer, B. and Ishii, H., Emerging frameworks for tangible user interfaces, *IBM Systems Journal* 39, 3–4 (2000), 915–931.

Vanderheiden, G., Cross-disability access to touch screen kiosks and ATMs, *Advances in Human Factors/Ergonomics, 21A, International Conference on Human-Computer Interaction*, Elsevier, Amsterdam, The Netherlands (1997), 417–420.

Vanderheiden, G., Kelso, D., and Krueger, M., Extended usability versus accessibility in voting systems, *Proc. RESNA 27th Annual Conference*, RESNA Press, Arlington, VA (2004).

Vogel, Daniel and Baudisch, Patrick, Shift: Atechnique for operating pen-based interfaces using touch, *Proc. CHI 2007 Conference: Human Factors in Computing Systems*, ACM Press, New York (2007), 657–666.

Walker, M. A., Fromer, J., Di Fabbrizio, G., Mestel, C., and Hindle, D., What can I say? Evaluating a spoken language interface to email, *Proc. CHI '98 Conference: Human Factors in Computing Systems*, ACM Press, New York (1998), 582–589.

Wallace, Grant, Anshus, Otto J., Bi, Peng, Chen, Han, Chen, Yuqun, Clark, Douglas Cook, Perry, Finkelstein, Adam, Funkhouser, Thomas, Gupta, Anoop, Hibbs, Matthew, Li, Kai, Liu, Zhiyan, Samanta, Rudrajit, Sukthankar, Rahul and Troyanskaya, Olga, Tools and Applications for Large-Scale Display Walls, *IEEE Computer Graphics and Applications* 25, 4 (2005), 24–33.

Ward, D., Blackwell, A., and MacKay, D., Dasher: Adata entry interface using continuous gestures and language models, *Proc. ACM Symposium on User Interface Software and Technology*, ACM Press, New York (2000), 129–137.

Wobbrock, J., Myers, B., and Kembel, J., EdgeWrite: Astylus-based text entry method designed for high accuracy and stability of motion, *Proc. ACM Symposium on User Interface Software and Technology*, ACM Press, New York (2003), 61–70.

Wobbrock, J. O., Rubinstein, J., Sawyer, M. W., and Duchowski, A. T., Longitudinal evaluation of discrete consecutive gaze gestures for text entry, *Proc. ACM Symposium on Eye Tracking Research and Applications (ETRA '08)*, ACM Press, New York (2008), 11–18.

Yost, B., Haciahmetoglu, Y., and North, C., Beyond visual acuity: The perceptual scalability of information visualizations for large displays, *Proc. CHI 2007 Conference: Human Factors in Computing Systems*, ACM Press, New York (2007), 101–110.

Zhai, S., User performance in relation to 3D input device design, *Computer Graphics* 32, 4 (November 1998), 50–54.

Zhai, S., Smith, B., and Selker, T., Improving browsing performance: Astudy of four input devices for scrolling and pointing tasks, *Proc. INTERACT '97*, Elsevier, Amsterdam, The Netherlands (1997), 286–292.

Zhao, Haixia, Shneiderman, Ben, Plaisant, Catherine and Lazar, Jonathan, Data sonification for users with visual impairments: Acase study with geo-referenced data, *ACM Transactions on Computer-Human Interaction* 15, 1 (2008), #4.

CHAPTER 9

協同工作與社群媒體

Maxine S. Cohen 合著

9.1 導論

早期電腦使用者的內向和孤立性已經漸漸消失，轉變為熱絡的線上社群，並跨越不同年齡層、電腦使用經驗和地理位置等，與其它團體互動，並和不同的使用群聊天。由於人與人之間彼此聯繫的需求，使得許多使用者加入電子論壇、拜訪聊天室，因此在線上社群中，會有提供協助的資訊和回應。但是，就像大部分真實的社群一樣，在電腦網路社群中，也有爭議、憤怒、毀謗、和色情發生。網際網路戲劇性地以色彩豐富的圖片，以及令人目眩的Java或Flash動畫，讓原來的純文字通訊更為豐富。有時Web被嘲笑是遊樂場，然而它所提供的簡單資訊流，卻大大地促成了嚴肅的工作和創造力。手機和行動裝置透過聲音、文字簡訊、數位相片、影片和其它使用者自訂格式內容，來進行通訊的可能性。

協同工作方式和社群媒體的應用不斷地增加，對每個人都有許多好處。目標導向的人，很快地發現電子協同工作的好處，以及在網路地球村中的商業潛力。愛玩和喜愛社交的人，喜歡在世界各地和他們的兄弟姊妹一起歡笑，並將驚喜帶給他的朋友們。與同事的距離已不再是以哩或公里為單位，而是以知識的協調性和熱誠；親密的朋友可能是在海洋的另一邊的人，他們在凌晨三點，在三分鐘內傳送給你一份長久以來一直渴望聽到的音樂檔案。

好消息是，電腦的使用一度被認為會令人感到疏離和違背人性，現在正逐漸成為社會尊重和人與人之間交流的正面力量。熱衷的人為協同工作介面喝采，例如講求團隊運作的群組軟體（groupware）、健康支援群。他們也為虛擬環境的成功而歡呼，例如Second Life；像Wikipedia的共同創造；和Facebook的社群網路網站。甚至是使用社群媒體，例如在Flickr中為照片加上標籤、在Netflix中評價一部電影、或是在Digg™中標註新聞報導，透過幾百萬人所累積的努力，就會產生革命性的影響。

然而，這些協同工作方式和社群媒體的介面有其限制，而且可能有黑暗面。加速工作效率會降低品質、喪失興趣、或損害忠誠度嗎？協同工作介面會

變成不公平的工具、或對抗的環境嗎？當參與者彼此不在同一個時間和地點時，還會有親密感嗎？對電子交談的夥伴而言，微笑、擁抱、和流淚所表達的意義，會和面對面交談的夥伴一樣嗎？對於沈浸在線上連結世界的參與者而言，行動電話號碼、電子郵件位址、或其它電子手持裝置，都是社會關係基礎結構的一部份。提供個人的電子聯繫資訊或接受某人的邀請（例如，在Facebook或LinkedIn），是表現親密和商業信任的步驟之一。

了解協同工作與社群媒體之社會層面的第一步，是要先了解它的術語和範圍。雖然在電腦支援群體工作（computer-supported cooperative work, CSCW）的研討會上，已經把CSCW當作一個新的縮寫，但參與會議的人們，對於這個縮寫是否包含cooperative（合作的）、collaborative（協同工作的）、competitive（競爭性的）工作，以及是否包括遊戲、家庭活動、和教育經驗，仍然有些爭議。CSCW的研究者，把焦點集中在設計和評估新的技術上，來支援工作程序，但某些研究者也研究社會交流、學習、遊戲、和娛樂。在2006年，CSCW慶祝它的20週年慶。引用圖形方法學（citation graph methodology）被用於自動分析會議的核心結構和群組（Jacovi et al., 2006）。在2002出現許多新群組，而到2004年仍持續成長（分析的最後一年）。這些群組包含社群媒體活動，例如會議、媒體空間、和會議技術；即時訊息（instant messaging, IM）；視訊通訊、分享的虛擬空間、以及出現於2004年的工作空間體認。新群組的快速發展會對CSCW中社群媒體造成影響。

重要的是要區分的協同工作和社群媒體（表9.1）。協同工作是由2至20人的團隊或者更多人所實行的活動，就像是在協同工作實驗室中（Bos et al., 2007）。協同工作強調與工作有關的計畫，這些計畫會在CSCW和SIGGROUP的會議中提出。這樣的工作通常是目標導向和有完成時限。協同工作是有目的，而且通常會與商業相關（相對於社群媒體，是更隨意的並以歡樂為導向）。與會者知道他們正在協同作業，有目的的關係可能會持續數天或數年。進行協同工作時，主要會使用E-mail、電子論壇、Skype（及其它語音IP系統）、電話會議和視訊會議等工具。

協同工作	交叉	社群媒體
E-mail、手機、語音會議和視訊會議、分享文件、合作實驗室	Wikis、部落格、聊天室、即時訊息、短訊息、電子論壇、Yahoo!/Google群組	聊天室、部落格、使用者自訂內容之網站、貼標籤、評比、評論
GoToMeeting®、LiveMeeting®、WebEx®、Skype®、Google Docs™、GeneBank™	Wikipedia、wikiaTM、LinkedIn、Second Life、Blogger®	YouTube、Flickr、Picasa、Netflix、Technorati ™、MySpace、Facebook、Digg、del.icio.us ™
需要對貢獻者肯定 可能渴望當領導者		
基本上是2至2,000人 工作相關、目標導向 有限時間、里程碑 選擇可識別的夥伴 指定工作和評論其它工作	基本上是20至2000,000,000人 有趣的、流程導向 無限制的 開放給不認識的夥伴 獨立運作	

表9.1

合作和社群媒體的特徵和範例,包含交叉特徵

　　社群媒體可以在聊天室包含10人或在一個環境包含數億個使用者,像是Facebook或MySpace。參與者可以維持現有的關係,或幫助使用者建立新關係,但是這些關係往往只會存在於網路世界。有時候沒有個人關係,但只有輕量的交集,像是有人在Flickr上對別人的照片加上標籤、或在YouTube上評分別人的影片。Amazon.com的評論、Netflix的評比/推薦、餐廳的評論、Craigslist、Angie的清單和eBay,都是社群媒體,而且參與者之間可能很少有直接接觸。許多偶爾使用的人或是經常使用的潛水者(lurker),仍然維持少量的連繫。然而,一些使用者會一再做出小貢獻,而發展出更緊密的關係,然後變成更主動的和更重要的貢獻者。最後,這些使用者會參加管理活動,以及越來越多的領導職務(Li and Bernoff, 2008)。

● 第 9 章 ● 協同工作與社群媒體

可透過某些工具（如部落格和維基）參與社群媒體與進行團隊的協同運作。例如，維基百科（Wikipedia）是由一個組織良好的團隊所管理，其中的成員彼此熟悉；此外也有成千上萬的小貢獻者，這些人很少與其他人接觸；另外還有數以百萬計沒有任何貢獻只是使用 wiki 的使用者。而如醫療保健討論群組之類的社群媒體，則是由許多身份不明的參與者和潛水者（只閱讀網路新聞，但從不發表意見者）所組成，這類工具為了協同運作這樣的目的發揮了很大的功用。

一些領導的設計者已經可以滿足使用者的需求，這些需求包括：從同事身上學習、向夥伴諮詢、把同事傳送過來的文件加上註解、提供結果給管理者。這些設計者也開始設計能避免同事打擾的軟體，這個軟體也能處理隱私的問題，並建立責任義務，而且可被大量的使用者使用。把協同工作和社群媒體視為是使用電腦的驅動力，可能會有所助益。這也是本書第2單元中會討論到協同工作和社群媒體（這是大部分介面的設計需求）的原因，就是為了幫助互動設計者拓展視野。

本章一開始先分析人們為何需要協同工作，然後再介紹滿足人們需要的傳統2x2協同工作介面矩陣。接下來三個小節的內容涵蓋非同步分散式、同步分散式、和面對面的介面。9.3節把焦點集中在電子郵件；電子論壇、Yohoo! Groups 和Google Groups的協同工作介面，以及線上和網路社群。9.4節包括同步分散式工具，如交談、即時傳訊、和視訊會議。9.5節介紹電子會議和分享畫面，以及不斷增加的面對面軟體。

9.2 協同工作和參與的目的

人們之所以協同工作，是因為這麼做能夠令人滿足或有生產力。協同工作具有單純的感情回饋之目的，或有特定的目標，以及與工作相關的目標。它可以由個人或由管理人員引發。它可以是暫時的，也可以是持久的協同工作關係。藉由了解參與者的過程和策略，有助於分析這些多變的協同工作介面：

- **聚焦的夥伴關係**（focused partnerships）是兩個或三個人彼此協同工作，他們需要彼此來完成一項工作，例如：技術文件的共同作者、兩位病理學家一起討論癌症病患的切片、程式設計師一起為程式除錯、太空人和地面控制者一起修復故障的衛星。而更多的夥伴關係則包括：和旅行業者議價的顧客、股票券商或客服人員。通常，他們都以電子文件或影像來進行會議。夥伴之間可以利用電子郵件、交談、即時傳訊（IM）、電話、語音信件、視訊會議、或這些技術的組合。更新穎的方法是讓彼此能夠透過行動裝置協同工作，例如用手機做文字傳訊（簡訊）、相片交換、或是透過分享的電子桌面來進行討論。

- **教學或展示**的形式，是一個人將資訊分享給許多的遠端使用者。所有的人開始時間和持續協同工作的時間都相同，接收者可以提出問題，在此並不需要歷史紀錄，但對於之後的複習和之前無法參加的人，重播的功能會很有幫助。

- **會議**能讓群組中散佈各處的參與者，在同一時間（同步）、或分散在一段時間內（非同步）進行會議。可以使用多對多的訊息傳送，但通常需要記錄交談的內容。這類的例子包括，會議議程委員會為即將來臨的事件規劃議程，或一群學生討論家庭作業的題目。在更具有指導性的會議中，帶領者或主席管理線上的討論，以期能在期限內達到目標。像blogs（邀請其他人給予評語的記錄）和wikis（群組編輯空間）之類的新方式，通常可以用於會議上。

- **結構化工作流程**讓扮演不同組織角色的人們，能夠在一些工作上協同工作：科學期刊的編輯，安排線上投稿、審查、修改、和發表的工作；保險人員接收、審查、理賠或退件；或大學的招生委員處理註冊、審查、和通知申請者。

- **會議與決策支援**可以在面對面的會議中完成，會議中每位使用者使用一台電腦，並做出立即的貢獻。共同分享的、和私人的視窗，以及大尺寸的投影機，使參與者可以提出即時且可能是匿名的意見。匿名不僅能鼓

勵害羞的參與者發言，也能讓較強勢的帶領者接受新的建議，而不會有自尊心上的衝突。投票也扮演非常重要的角色。

- **電子商務**包括顧客在線上瀏覽和比價，接著可能讓短期的協同工作者查詢某個產品的價格，然後再下訂單。許多電子商務網站提供即時協助連結，以允許同步通訊。電子商務也包括公司與公司之間的協商，以達成大買賣或合約。電子協商可以在不同的時間與地點進行，並同時產生正確的紀錄，與快速的散播結果。

- **遠距民主**（Teledemocracy）讓小組織、專業群、和城市、州、或政府進行線上市民大會，讓官員聽取選舉人的意見，或透過線上會議、討論、和投票達成共識。

- **線上社群**是散佈在不同的地理位置和時區的一群人。這些人到線上討論、分享或提供資訊、參與社交、或玩遊戲。分享共同關注的事物（如健康或嗜好）的社群，常被稱為興趣社群（communities of interest, CoIs）。把焦點集中在專業上的社群，稱為實踐社群（communities of practice, CoPs）。成員在相同的地理區域的社群，稱為聯網社群（networked communities），這些成員通常會見面，也在網路上接觸。

- **協同工作實驗室**（Collaboratories）是科學家或其他的專家群的一種新的組織模式，他們跨越時間和空間一起工作，可能一起分享昂貴的裝置，如望遠鏡或軌道感應平台。這群人分享共同關心的事物，但是可能會競爭資源。有足夠多樣的協同工作類型，其中已發展出七種協同工作分類法（分散式研究中心、分享工具、社群資料系統、開放式社群貢獻系統、虛擬實踐社群、虛擬學習社群、和社群基礎建設計畫）（Bos et al., 2007）。

- **遠距臨場**（telepresence）使遠端的參與者能夠擁有像實際參與一樣的感受。遠距臨場是由浸入式3D虛擬環境來達成，在此環境中，使用者常要戴上電子裝置（DataGloves、護目鏡）、穿上特殊的衣服、或進入有電子感應器的環境，使他們可以在3D空間中，操作物件和彼此溝通（5.6節）。這些虛擬環境也包含遊戲和虛擬世界，如Second Life。

這個清單只是一個起始點 — 毫無疑問地，仍有許多其它的協同工作程序和策略，如娛樂、多人遊戲、競賽、劇場感受、或有趣的社交活動。在這之中，新的軟體工具有很大的潛在市場。然而，為協同工作而做的設計，是一大挑戰，這是因為有許多規矩、信賴、和責任的微妙問題。對於焦慮、欺騙、渴望支配、和濫用的行為，使這個挑戰更大。

在當今全球化的產業和市場中，協同工作是重要的關鍵。人們常常在成員分散各地的開發團隊中工作，在從事相同產品的開發時，團隊的協同工作者可能在大廳、或在全國各地（或甚至是在家裡或電子通勤）工作。這些協同工作者被迫有效地利用各種社群互動工具（如電話會議、行事曆、電子郵件、聊天室、部落格、wiki和IM）協同作業。此外，他們被迫使用開發環境和工具，以執行版本控制的應用和其他重要的開發程序／標準。通常會建立和測試多個相同的設定、網路建置與測試環境，以確保所有產品都以相同的方式安裝且能運作。然後再次使用社群互動工具，以確保每個人都明白他們所應做的事。協同工作有助於產業的運作。

許多各式各樣的協同工作程序和策略，所產生的問題是「我們如何使這樣的結合有意義？」。傳統的方式，是利用時間／空間矩陣來分解協同工作介面，並產生四個象限：同一時間、同一地點；同一時間、不同地點；不同時間、相同地點；不同時間、不同地點。在每一欄中最常執行的活動都列在圖9.1中。這個描述性的模型，著重在兩個重要的層面，並能引導設計者和使用者。然而，隨著協同工作和參與策略變得更複雜時，許多設計者會把這個矩陣中的兩個、或多個欄位的介面組合起來使用。例如，許多社群網路環境，提供個人簡介、公眾記錄、個人e-mail和聊天的組合，使討論更具有彈性。某些環境也有投票和群組決策支援工具，來協助結構性決策的制定。選擇要使用哪一個軟體，則是根據使用者的需求和預算。

第 9 章 協同工作與社群媒體

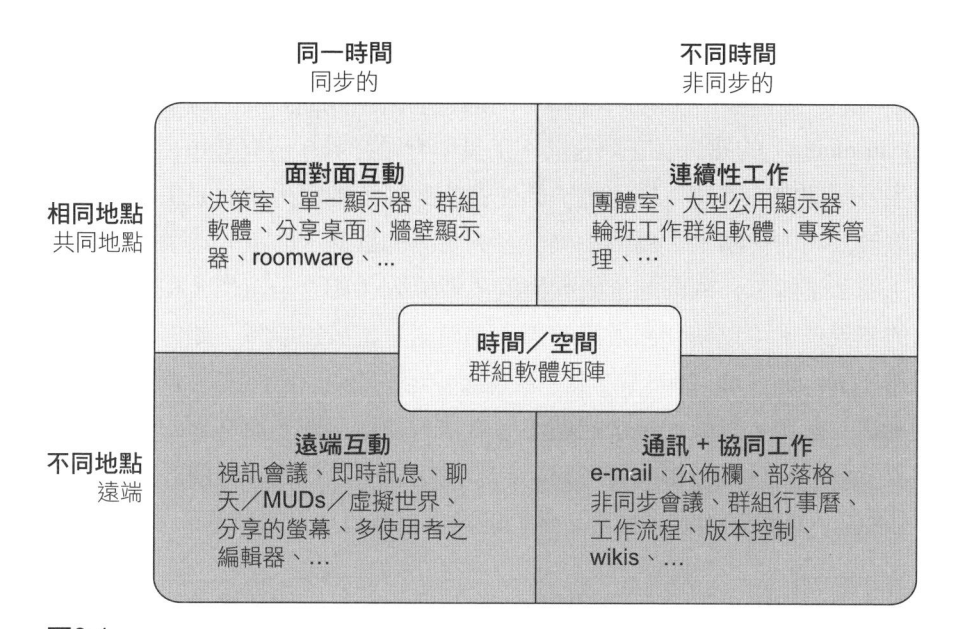

	同一時間 同步的	不同時間 非同步的
相同地點 共同地點	**面對面互動** 決策室、單一顯示器、群組軟體、分享桌面、牆壁顯示器、roomware、…	**連續性工作** 團體室、大型公用顯示器、輪班工作群組軟體、專案管理、…
不同地點 遠端	**遠端互動** 視訊會議、即時訊息、聊天／MUDs／虛擬世界、分享的螢幕、多使用者之編輯器、…	**通訊 + 協同工作** e-mail、公佈欄、部落格、非同步會議、群組行事曆、工作流程、版本控制、wikis、…

中央：**時間／空間 群組軟體矩陣**

圖9.1
用來支援群組工作的時間／空間之四個象限矩陣模型

　　協同工作介面的研究往往比單一的使用者介面更複雜，因為使用者的多樣性，使得受控實驗不容易進行，而且，來自多個使用者的大量資料會使得有條理的分析不容易進行。小型團隊的心理學研究、工業和組織行為、社會學和人類學，都能提供有用的研究典範，但許多研究者必須發明自己的方法。設計者需要了解線上社群，這個方向的一個步驟是發展以理論為基礎之線上社群架構（de Souza and Preece, 2004）。參與者的報告和人種誌的觀察很吸引人，這是因為他們著重於從人與人的交談中得到豐富原始資料。對於群組軟體工具的案例研究，能提供仔細的推理分析，可以用來引導軟體的改進和採用，但對許多組織而言，最引人注意的成功指標，是使用者願意繼續使用某個軟體工具的意願。社群網路分析已變成是一個成長的產業，不斷增加有效視覺化工具來顯示社群的演變、或是社群的衰退，以及更了解使用者在溝通時所扮演的社會角色（Balakrishnan et al., 2008; Welser et al., 2007）。

協同工作介面和社群媒體網站逐漸成熟，但造成它成功或失敗的決定因素至今仍不明朗。豐富媒體（rich media）的擁護者渴望能面對面的會晤，而精簡媒體（lean media）的擁護者在只有文字工具中看見好處。研究者和企業家正嘗試尋找很多問題中的答案：為何電子郵件會如此廣泛地使用，而視訊會議大部分仍侷限於公司的會議上？為何手機會受到全球的歡迎，而浸入式環境仍只是個研究主題？了解工作導向的群組軟體的失敗原因（如：誰工作、和誰得到好處之間的差異），可以使介面獲得改善。當群組是位於遠端時，如何進行非正式的溝通（Gutwin et al., 2008）？其它必須要克服的潛在問題包括：面對現有政治權利結構的威脅，以及大多數的使用者無法方便地存取。而其他的問題還包括：違反社會的紀律和抗拒改變。成功的設計者，可以找到一些使設計能夠適應社群強烈認同的價值方式，而且，他們能建立社會可接受的標準。

對於成功的協同工作介面要用什麼來衡量眾說紛紜，因此評估的工作相當複雜。雖然某些人把使用度高的電子郵件當作實證，但其他人仍懷疑，電子郵件究竟有助益，還是會妨礙工作生產力（Jackson et al., 2003）。在討論板上註冊的人數、張貼的訊息數和定期觀看的次數，這些自動計算的度量都可以當做成功的指標。從問卷調查、和人種誌的觀察，可以得到主觀的評估。這些調查包括：參與者對討論內容的滿意度，以及他們是否感受到是社群的一份子。

需要用氣氛（和諧或敵意）、討論串深度、和目標達成率等一些社群評估，來補充上述的個別評估的不足（Smith, 2002）。對商業管理者而言，成本／效益分析也很重要（Millen et al., 2002）。視訊會議可能一開始只是減少了旅行的開銷，但它可以鼓勵同事之間的協同工作，並能更熟悉遠方的夥伴；然而最後，隨著面對面會議的渴望逐漸增加，這些關係可能會導致成本增加，以及更多的旅行花費。在教育環境中，可以利用期末考的分數來評量介面改善的效果，但當學生在網路環境下一起工作時，他們常可學到新的技巧，而這些技巧卻無法定量分析。許多教育者都忽略團隊協同工作和有效溝通，在這些工作場合中是必要的協同工作技巧。

關於通訊技術如何帶來「地球零距離」的所有討論中，對許多活動和關係而言，距離的確不重要（Olson and Olson, 2000）。對於非正式的交流，實際距離接近的夥伴，有不期而遇並輕鬆地交談的好處，而且，也容易利用文件、地圖、圖片、或物件進行協調。處於相同的地理位置，也容易感受到夥伴的注視、肢體語言、和建立信任的眼神接觸。對更多的個人交往而言，電子擁抱仍比不上現實生活的事物。廣角、高解析度和低延遲的視訊技術，仍比不上親身在現場的感受。另一個經常被忽略的因素，是面對面接觸的參與者彼此共同分享相當程度的危險性。自己自願與熟悉的環境分離，甚至是將自己暴露在傷害之下，特別是要做艱鉅的旅行時，會提高與所有夥伴會面的重要性，並且可以保證產生建設性的結果。

協同工作和社群媒體是需要花費時間、精力和動機。研究人員正開始了解人們參與這些活動的理由，以及如何刺激更高層級的參與。一個方法是將動機分為四個類別：利己主義（將會從活動中得到個人利益）、利他主義（真誠地想要幫助別人）、集體主義（相信支持社群所帶來的益處）、和原則（已經被教導一些原則，例如「己所不欲，勿施于人」）（Batson et al., 2002）。另外相似的四種分類法是依照價值來做區分：對自我的價值、對於使用者所參與之小群組的價值、對於非真正關聯之小群組的價值、以及對整個使用者社群的價值（Rashid et al., 2006）。指出重點和狀態層級也是另一種方式，這讓使用者能加入和參與（Farzan et al., 2008）。設計者要了解：必須讓他們所做的貢獻能看得見、讓參與者能得到賞識或建立他們的聲望、以及獎賞特別的貢獻（Preece and Shneiderman, 2009）。

9.3 非同步分散式介面：不同位置、不同時間介

能夠跨越時間和位置進行密切的協同工作，是科技所帶來的一件禮物。訊息可以用電子的方式傳遞，以促進協同工作。對許多使用者而言，各種型式的電子通訊方式已經成為生活方式之一，就像電話一樣。這種通訊方式可包含的

範圍可從分散式、鬆散結構的線上社群,到正式的e-mail。因為電子郵件本身很簡單,而且具有個人化和快速服務的特性,能讓商業夥伴或家庭成員、在對街和全世界的朋友聯絡,所以它的接受度高。電子郵件可以清楚地表達事實(因為有通訊記錄),且因為從電子文件上進行剪貼很方便,因此電子郵件相當便利。另一方面,對於複雜的協議或長久的討論,電子郵件的結構就會顯得太過鬆散(缺乏帶領者的無止盡交談,以及無法產生決議的凌亂程序),會讓人受不了(每天數百封信件很難消化),而且當要尋找相關訊息時,會變得很惱人。除此之外,後來才加入e-mail討論的人,會覺得很難跟上之前的討論。為了彌補這些缺點,目前已出現許多電子會議的結構化方法和討論群的方式(Olson and Olson, 2008)。

9.3.1 電子郵件

電子郵件使用者彼此協同工作的最小單位是「訊息」;FROM(寄件)方傳送一個訊息給TO(接收)方。電子郵件系統(圖9.2)是利用某個人可以傳送訊息給另一個人或許多人的概念。訊息通常在數秒、或數分鐘內傳送完成。回覆很簡單、且快速,但接收端可以藉著決定要等多久才回應的方式,來控制互動的步調。

電子郵件系統基本上包含文字,但是已經格式化的文件、照片、音樂或影片檔案可以被附加在訊息中。對行動裝置而言,下載一篇很長的訊息和很大附件檔可能是個問題,但是因為重要資訊包含在一些圖片中(如圖解或地圖),所以使用者會願意花時間等待,並為此付出代價。

大部分的電子郵件系統都有FROM(傳送者)、TO(接收者清單)、CC(複本接收者清單)、DATE(日期)、和SUBJECT(主題)的欄位。使用者可以指定特定的訊息,將它們傳送給同事或助理,且透過過濾程式可避免接收到特定的傳送者或主題的訊息。在商業電子郵件軟體(例如,Microsoft Outlook®、Lotus Notes® 和Eudora®)中,用來過濾、搜尋、和保存的附加工具,

第9章 協同工作與社群媒體

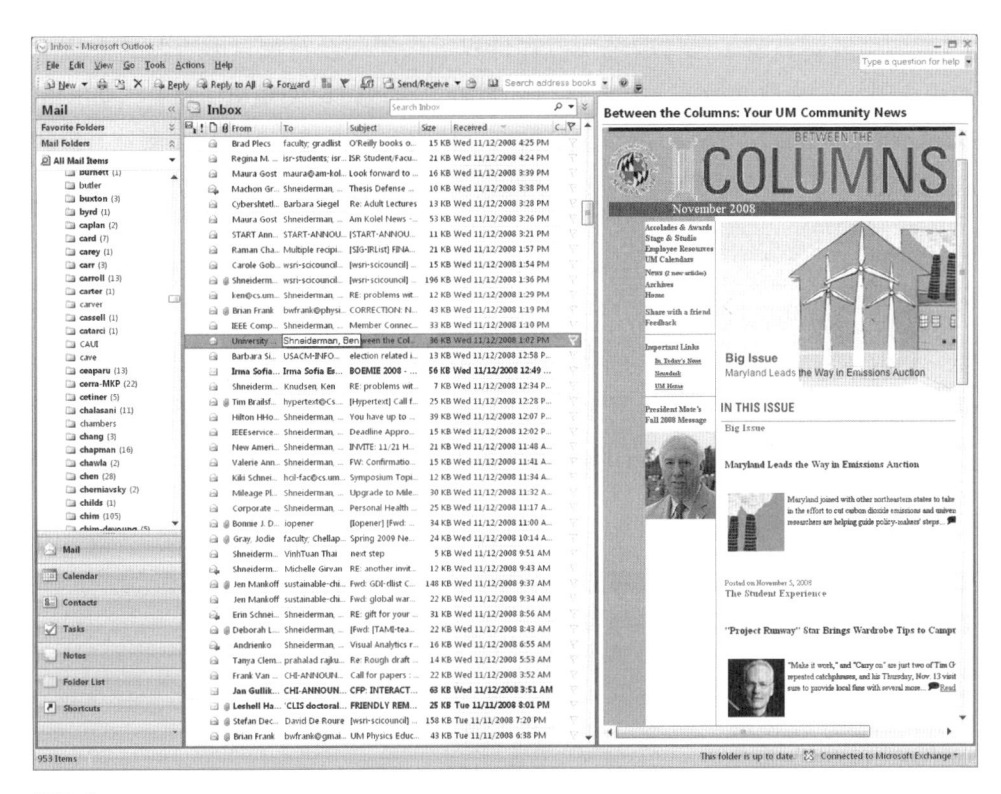

圖9.2
Microsoft Outlook 2007的電子郵件介面，在階層式信件匣中的一個信件匣被打開，顯示出該信件匣的內容，並顯示出一封信件的內容。這個圖片也是並排式視窗、和有效使用畫面空間的好範例

讓使用者可以管理傳來的與之前接收的電子郵件。然而對於每天接收上百封信件的使用者，仍需要更好的工具。垃圾郵件（Spam）（無用的、未經許可的廣告、個人濫發的、和色情的邀請）嚴重困擾著許多使用者。大部份的網際網路服務商不斷提供改良的過濾工具，但垃圾信件仍相當程度的影響了大多數人使用e-mail的滿意度，並影響生產力。

許多web服務都提供自己的e-mail程式，有時候是免費的，如Microsoft的Hotmail®（現在是Windows Live Hotmail®）、Yahoo! Mail® 和Google Gmail™（圖

411

9.3）。由於網頁電子郵件服務可以在世界上任何一台有網頁瀏覽器的電腦上使用，所以愈來愈受歡迎。在某些行動裝置上，也可以使用電子郵件，如RIM Blackberry或iPhone（圖9.4），而且，許多手機服務供應商也提供這項服務。這些服務的範圍，可能會更廣，現在許多人能透過行動裝置和傳統電腦來使用e-mail。

在美國，有超過四分之三的人口是在辦公室、家中或在公用的終端機上使用e-amil。網路咖啡店在全球陸續地出現，有時候甚至是在最不可能的地方出現。最近，一位從西藏回來的旅客提到，在那裡，使用e-mail比洗澡還要容易且便宜，她花美金0.50元就可以上網一小時，而洗幾分鐘的澡就要1美金。在機場裡、Wi-Fi熱點、公共區域（如Starbucks和旅館大廳），通常會有免費的e-mail服務。

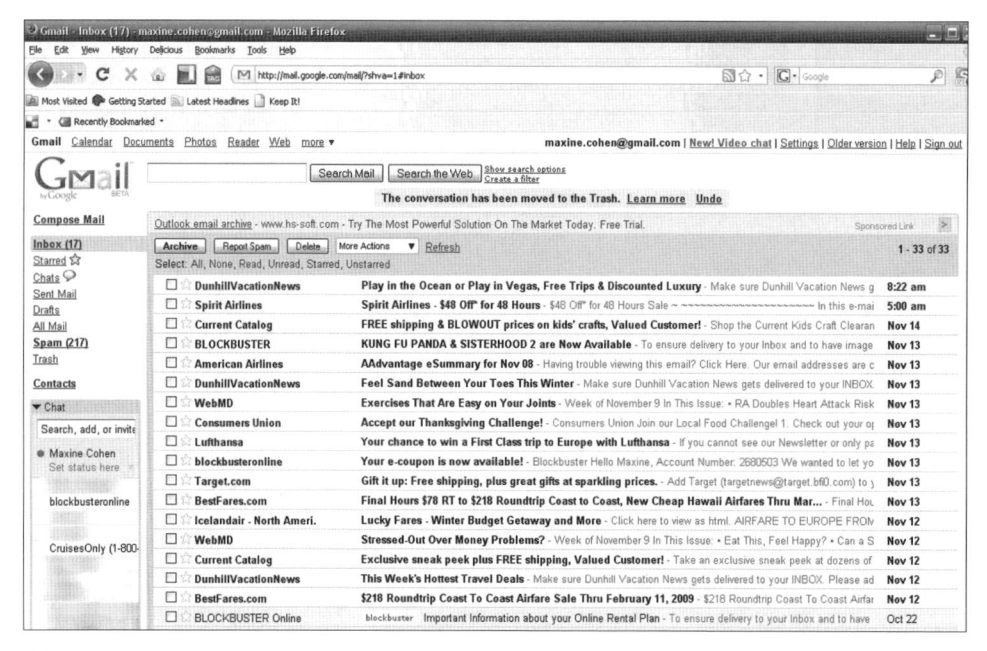

圖9.3
這是Web上的e-mail，並透過Gmail來顯示使用者收件匣（http://www.gmail.com）

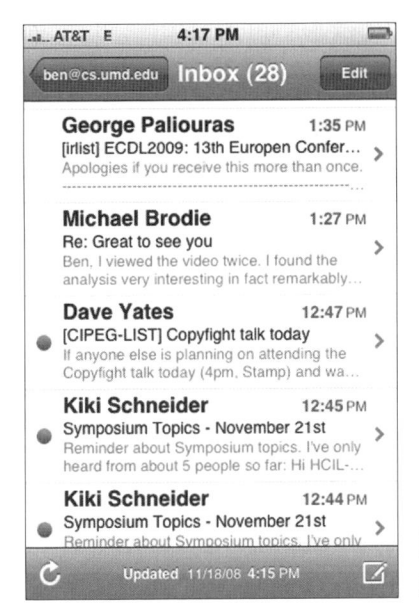

圖9.4
iPhone上的e-mail訊息

因為在傳送訊息之前,需要知道對方的電子郵件地址,所以線上通訊錄、以及利用Web找到e-mail地址的方便性,能促進電子郵件的利用。這樣的線上通訊錄通常具有建立群組郵件清單的能力,可以容易地發信給一群人。雖然如此,垃圾郵件的危險和困擾仍然存在,而且不懂得禮貌的人、一直打斷他人的人、不尊重隱私的電子竊聽者、或濫用權利的投機者,也會危害協同工作的崇高概念。E-mail仍然勢不可擋(Bellotti et al., 2005)。

9.3.2 電子論壇、和Yahoo!／Google群組

電子郵件是開始進行電子通訊的一個很棒的方式,但是它的基本功能需要擴充,才能滿足群組的需要。當群組中的人需要更具結構化的討論時,他們會需要用來組織、儲存、和搜尋討論歷史記錄的工具。一個熱門的社群結構是電子論壇(listserver),個人必須要訂閱才可以透過e-mail通知來接收新訊息。LISTSERV®是使用推送技術(push technology)的熱門電子論壇軟體之範例:使用者可以訂閱清單,而新訊息會被推送至使用者的e-mail信箱中。電子論壇可以

由一個領導者管理，他可以刪除不相關的訊息。或者也可以不用管理，只是當作一個郵件轉發器，把所接收到的電子郵件訊息，發送給所有的訂閱者。使用者可以選擇，一個接一個地接收這些訊息、或將它們集合成一個很長的訊息，稱為文摘（digests）。個別地接收訊息，並可以直接地回應單一使用者。然而，從含有數十個訊息的文摘中抽取出一個訊息，就會很麻煩。另外，特別是當訊息和一般的e-mail混在一起時，要紀錄訊息彼此之間的關係會是一個問題。許多大量使用電子郵件的使用者為避免這類問題，嘗試利用過濾工具攔截從不同來源傳來的訊息。一下子從電子論壇上收到太多的電子郵件訊息會是一個負擔，所以，做出訂閱的決定，有時候是個嚴肅的承諾。電子論壇會保存訂閱者可搜尋的訊息清單。L-Soft™是免費和專業電子論壇軟體的主要供應商，其宣稱這個軟體每天可以處理超過3億個訊息，以及13億位訂閱者。

　　第二個常見的社群結構是以web為基礎的Yahoo!或Google群組，它是從早期的佈告欄所發展出來的。每個訊息有一行短的標題，以及任意長度的內文。訊息可能含有問題或解答、買或賣的提議、支援的提議、有趣的新聞、笑話、或「攻擊」（辱罵的批評）。主題串列（topic threads）是從個別的問題展開，並會列出所有的回應，這樣比較容易了解討論的進展（圖12.14）。群組可以傳送兩種基本的訊息：提出一個新的討論主題的訊息；和回應之前討論的訊息。要送出回應時，使用者只要在現有的訊息上，點選回覆的按鈕，並填寫所提供的範本。要發表一個新主題時，使用者指定一個可以清楚描述訊息內容的主題，而且通常會同時顯示張貼的日期與使用者的名字。

　　今日，許多以web為基礎的討論群組都支援附加圖形、連結到網站、私人討論區、儲存和搜尋訊息、透過e-mail告知新訊息。美感能夠強化使用時的感受，色彩豐富的背景可以和網站的圖形設計搭配，感情圖示可以表現心情，主題圖示可以代表主題的種類，也可以加入個人照片。在功能強大的伺服器上的軟體，可以服務大量的參與者，提供檔案備份，並能確保安全性、隱私、防止病毒和避免駭客入侵。

讓使用者根據主題、日期、和發表者來搜尋訊息檔案,以及讓使用者以不同的方式觀看資料(以日期排列、日期反向排列、根據傳送者),擴展了討論群組的可用性。讓使用者能使用照片和圖示、或連結到他們的首頁,以增加臨場感(真正和某個人交談的感受),並幫助使用者認出彼此。表情符號,像是微笑(例如,☺ 和 ☹),可以在缺乏微笑、歡樂、和其它肢體語言的文字環境中,藉著表達傳送者的情緒狀態,化解緊張的狀態。

討論群組可以開放或限制成員的使用,成員必須要註冊和認證之後才能使用。限制只有會員才能夠使用,可以避免對主題不感興趣的人、以及會製造麻煩的人使用討論版。群組的限制也可以確保討論不會偏離主題。例如,為了參加一個線上麻醉師的討論群組,參加的成員必須出示證明文件,這樣才能避免不夠資格的人參加這個討論。只有會員才能使用的討論群組,可能只有數十或數百位參與者,而開放的討論版,每天可能有上千人造訪。

在大型的討論群組中,大多數的使用者只是閱讀而不會張貼訊息;他們是被稱為潛水者(lurker)的沉默會員。某些研究者估計,潛水者和會張貼文章的人數比例,約為 100 比 1,但是,在某些討論版上 — 特別是病友支援社群,這個比例會低得多(Nonnecke and Preece, 2000)。潛水者是否會造成問題,要根據討論的目標和參與的人數而定。在小型的討論版中,大部分的會員都是潛伏的,活潑討論的感受就會消失。在大型討論版中,許多潛水者會被希望引人注意和影響群組的人所吸引。某些參與者和帶領者,喜歡藉著問刺激性的話題或斷下主張,來刺激討論的花火。在其它時候,他們會要求張貼者私下討論,或在另一個群組討論,這可讓訊息的數目不會過多,而且是大家都有興趣的主題。

全球有上千個透過專門的帶領者所管理的Yahoo!/Google和電子論壇群組。這些電子交誼廳的Gertrude Steins,使討論能持續進行且不會離題,同時可過濾出惡意與不良的訊息。的確,群組若缺乏像Gertrude Steins這麼投入的帶領者,通常是無法生存的;在群組成長的每一個階段,提供有用的訊息和管理,通常是成功的必要條件。這些參與者的社會角色(Welser et al., 2007)一直在發

展中，視覺化方法可以清楚地呈現溝通模式，一個「回答者」的模式會相當不同於一個「討論者」的模式（圖9.5）。

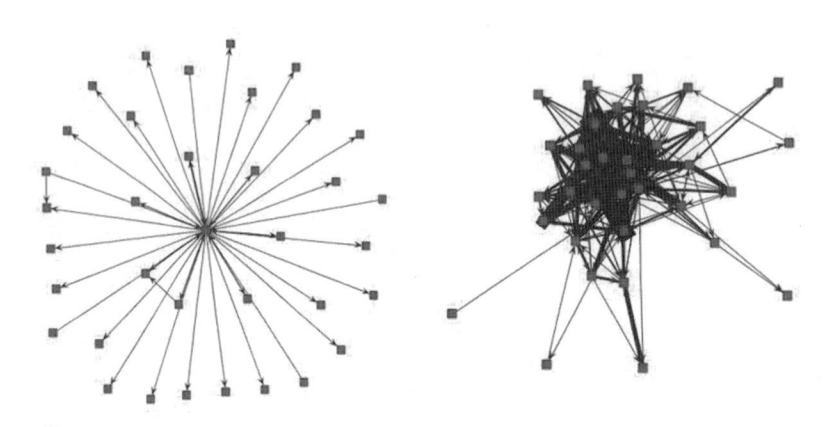

圖9.5

左邊是「回答者」的視覺化溝通模式，而右邊是「討論者」的溝通模式（Welser et al., 2007）

典型商業上所使用的討論群組是線上會議，其有助於產品規劃小組的工作。在會議中，小組成員提出每年工業展前可能會開發的產品，然後，再投票決定選擇哪一個產品。因為非同步通訊系統能讓會議的參與者，花時間仔細地考量它們的立場、參考其它的資料（如市場調查）、與同事討論問題、並審查競爭對手的產品，所以在會議中可以做詳細討論。之後，參與者便可以仔細地貢獻出他們的意見，而不會有在電話、面對面的會談或使用同步溝通軟體（9.4節）時馬上下評論的壓力。線上會議有一個好處，就是24小時都可使用，所以使用者可以在個人方便的時間參與。懷疑即時性和高頻寬視訊會議的人，應該針對許多不同個性的人、以及不太能夠寫出優美句子的人，考慮到放慢互動步調的好處。對於分散在世界各地的團隊，這個方法也可以帶來好處；而尋找一個方便的同步時間幾乎是不可能的情況下，這個方法也能帶來好處。

9.3.3 部落格和wikis

　　Web-logs或部落格（blog）和wikis，都是新型的社交軟體，大約在2001年才開始普及。這幾種軟體都支援能夠強化Web的民主哲學 ─ 意即，任何人都應該可以讓大眾知道他們的意見，而不需要跨越編輯群和管理傳統媒體（如：出版、電視、和收音機）之審查者的障礙。Blogs是公開的電子文件，或是建立者所擁有的日記，但是，其他讀者可以提供意見。Blogs可以把焦點集中在任何主題；常見的主題包括：政治、音樂、通俗文學、旅遊、影評和個人日記。由Blogger.com和其它公司所提供的blog軟體，能讓blog的擁有者很容易地訴說他們的故事，並讓讀者加入意見（圖9.6）。這個軟體提供範本給讀者，讓他們加上圖片和連結。某人的blog的成功與否，是根據有多少人拜訪、連結到它和討論它而論 ─ 換句話說，是根據其它blog使用者的注意程度而定。有些公司會付錢給人們寫blog，以表達他們的專業意見和看法。寫blog的一些理由包括：記錄某個人的生活、提供意見和看法、表達情緒、透過寫作表達清楚有力的想法、形成和維持社群論壇（Nardi et al., 2004）。

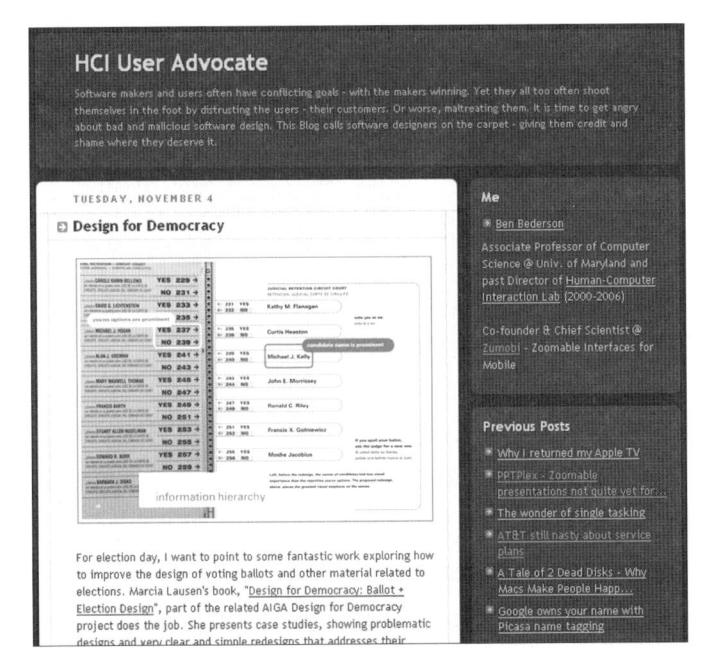

圖9.6
Blogger的網頁範本，圖片和文字在blog網頁上出現，而最新的項目會被列在最上面（Ben Bederson提供）

Wikis是協同工作式的網頁，除非它們只限於會員，否則任何人都可以加入或修改它的內容。Wikis是夏威夷語，代表快速之意。Wikis可用來討論各式各樣的主題，但它們特別受到計畫團隊的歡迎，這些團隊喜歡討論並紀錄新的想法、規劃會議和建立議程。Wikipedia是個協同工作式的百科全書，由超過40個國家的人所建立，並包含超過250種不同的語言（圖9.7）；這個令人訝異的冒險，展現出協同工作的強大能力。任何人都可以加入現有的主題、或另闢一個新的主題，當投稿人在編輯或加入他們的作品時，會被要求要尊重其他人。庫存網頁也可以協助重新取得有價值的成果。

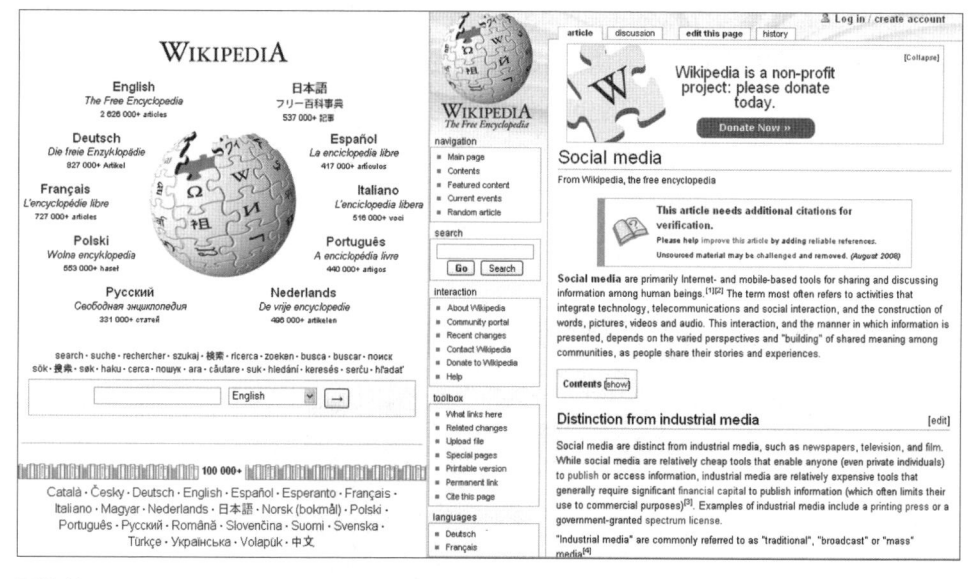

圖9.7

維基百科（Wikipedia）的首頁，以及一個有關社群媒體的網頁範本

儘管有高層次的爭議和破壞行為，維基百科（Wikipedia）的愛好者可以很快地解決差異性並修補攻擊。Wikipedia（和其他類型的社群媒體）通常被認為是只有少數規則且猖獗的「西部荒原」（wild west），但是，在Wikipedia官方政策中有44個wiki網頁的行為指引（Butler et al., 2008），也有一個包含管理人、官方人員和幹事的完整架構，以及解決差異和規定政策的積極董事會。有

趣的是，Wikipedia提供支援各種不同活動、投稿人和結構的範例，並產生一個很棒的協同工作軟體。其為「群體智慧」（wisdom of the crowds）現象如何運作的主要範例（Kittur et al., 2007; Surowiecki, 2004）。

起初，學者嘲笑維基百科是一個不可靠的資訊來源。這種看法正在改變，一些研究證明維基百科可以適當地被研究，並且可以被撰寫得很好，而不正確的資訊看來是會被監控和刪除的。維基百科每天可以被數百萬人更新，而且是最新的。當一位著名的記者（Tim Russert）去世時，他的維基百科網站會報導他的死亡消息，並在幾分鐘之內做更新。維基百科有趣的一點是，從新手到專家，它都自然地支援廣泛的使用者。新手發現維基百科易於使用，並把它看作是一個資訊收集工具，而且甚至可能會認為他們只具備有限的專業知識，僅能參與編輯維基百科的一部分。專家會以更多社群的觀點來看維基百科，當他們轉變成「維基人」（Wikipedians）時，會變得更喜歡同儕審閱者（Bryant et al., 2005）。

維基百科的現象是比較意外的：這是一個基層的努力，已經改變了我們尋找和使用資訊的方式。這種形式的社群媒體已創造了一個稱為維基經濟學（Wikinomics）的全新領域（Tapscott and Williams, 2006）。有三個條件投入於這樣的發展中：首先，貢獻的成本低，編輯wiki是相當簡單的；第二，工作很容易地分解成易於管理的元件，對wiki來說，在小的稿件上可以很容易地做小範圍的編輯；最後，當wiki是以自願的投稿者為基礎時，整合和品質控制的成本低。維基百科的使用者的數量很大，而且不斷地增加，然而投稿者只佔使用者的一小部份（Rafaeli and Ariel, 2008）。

Microblogging或mini-blogging是另一種新的社群媒體之協同工作類型。當生活上的事件是在短時間內發生時（通常少於200個字元），人們會使用這種方法來談論他們的生活。這些生活事件可以透過文字訊息、即時訊息、電子郵件或網頁來共同分享。目前的服務包含Twitter™、Jaiku™、Tumblr和Pownce™。由於人們的時間寶貴，因而使得這些溝通方式變得更普遍。在2006年推出的

Twitter，是目前最受歡迎的microblogging服務（圖9.8）。僅限於140字的溝通方式被稱為tweets。使用者可以「追隨」其他被加為「朋友」的使用者，而不是朋友的使用者仍可以監視這種通訊方式，並且成為「追隨者」。也就是說，友誼可以是單向（追隨者）或雙向（朋友）。這個模式可以漂亮地對應成有向圖（Java et al., 2007）。一個軟體的開發者創建了一個網站，重疊放置一個公眾的時間表到Google地圖（http://twittervision.com/），並可以在世界各地追蹤twitters。

所有使用者自訂內容的建立，已經產生一個能夠搜尋這種材料的需求。像Technorati的網站提供即時搜尋引擎，可查看部落格和其他使用者的自訂內容。其他網站，如del.icio.us和Digg，可提供共享書籤和其他共享內容的工具。Digg的功能，是由使用者對新聞報導進行投票和評論；

圖9.8
在iPhone上Twitter的範例（http://daringfireball.net/2008/04）

這些活動既可以將一則新聞報導提升至Digg網頁的上方，或是讓它隱匿在其他新聞中。為了能更好地管理社會標記活動，使用者可以建立自己的分類。例如，一個自下而上的（bottom-up）分類系統已經出現且被稱為大眾分類法（folksonomy）。

9.3.4 線上和網路社群

線上和網路社群已經變成脫口秀的主題之一，社會評論者也讚美或警告它們的轉化能力。線上社群（online community）是主題集中、且地理位置分

散的，可能會因AIDS患者、考古學家和農學家而存在（Maloney-Krichmar and Preece, 2005; Kim, 2000）。網路社群（networked community）則受限於地理環境，例如，在華盛頓州西雅圖、維吉尼亞州黑堡、義大利米蘭和新加坡等地的網路社群（Cohill and Kavanaugh, 2000; Schuler, 1996）。連絡頻率可能從經常連絡到偶爾連絡。有些社群甚至可以顯示混合不同連絡頻率的能力，並有一個面對面的實體元件。例如，在每年的汽車展上聚會。線上和網路社群的成員可以利用本章討論過的所有軟體，並在這些軟體上加入其它的特色，如資訊資源、社群歷史、文獻、和相簿。

Howard Rheingold（1993）的暢銷書敘述一個發生在舊金山的WELL線上社群的感人協同工作支援故事。網路社群的光明面是能幫助興趣相近的人，彼此分享共同的興趣。病友支援社群對於凝聚有類似醫療問題的人特別成功，患有罕見疾病、足不出戶、或住在孤立的農村地區的人，都樂於分享他們的故事，並會得到他人的支持。類似地，線上社群把世界各地、使用有限高頻寬通訊的人聚集在一起。隨著低成本的行動裝置愈來愈普及，這個風潮會持續下去。黑暗面是，比起參與社團、鄰居團體、和雙親／教師協會的面對面交談的人，線上社群的參與者所承擔的責任和義務較少。此外，會有假身份、惡意的使用者、騙人的邀請等問題（Donath, 2007）。一些早期的研究指出，積極地參與網際網路，會使個人在其它方面的社交接觸降低，並且會感覺更為疏離，但是，後續的研究已經證明，參與網路社群有更多正面的效果（Kraut et al., 2002; Robinson and Nie, 2002）。

社群成員基本上會有共同的目標、個性、或共同的興趣，並在一個持續的基礎上，利用電子化的方式參與社群。某些社群對成員有嚴格的規定，而有些成員則非常投入線上社群。有時候，這樣的情況會產生相當大的信任感，同時也會協助其他的社群成員，因而形成了社會學家所說的「交互作用」— 基於相信有一天他人也會幫助你的信念下，而幫助其他人。在醫療支持的社群中，這樣的協助經常會以醫療或醫師資訊的形式出現，但對參與討論的讀者而言，令人注意的層面是病患彼此之間所傳達的高度移情作用之支持（Preece, 1999）。

張貼的文章，會反映出個人對開刀的恐懼感，並會產生支持的回應，如「別怕，我已經經歷過了，你會沒事的」、或「支持下去！你並不孤單」，並要求「讓大家知道你開刀的結果如何。我們會為你喝采」。

開發成功的線上和網路社群並不簡單，這可從上千個沒有任何參與者的電子鬼城看得出來。好的介面只是決定成功與否的一個因素，當社群成長時，把注意力集中在社交互動和協助互動上是一樣重要。社群領導者和管理者的技巧、活力、和豐富的注意力，往往是社群茁壯的決定因子。這些社群領導者會在這些真實的社群中扮演各種不同的社群角色，如：社群搜尋者、社群建立者、福音傳播者、發表者或小團體的領導者（Thom-Santelli et al., 2008）。成功的社群會有比較清楚的目的、定義完整的成員規則和策略，用以管理成員的行為（Maloney-Krichmar and Preece, 2000）。例如，Bob 的 ACL Kneeboard（圖 9.9）是一個為膝蓋的前十字韌帶撕裂、且正面臨決定手術方式的人所組成的社群。這個線上社群是由 Bob 在 1996 年發起的，他的病史與清楚的兩膝手術照片訴說著他的故事。參與社群的成員，每年都會回來幫助最近正苦於做抉擇的患者，提供新的手術方法資訊，並為患者痛苦和困難的抉擇，提供情感上的支援。

社群政策必須包含處理粗暴的行為、離題的評論和商業廣告。某些社群有明文的政策文件，由管理者負責執行，而其它的社群則有成員共同支持的行為準則。自由發表言論的原則，應該要延伸到線上社群中，但是，破壞性行為、非法活動、和侵害隱私權的新危機，也會出現在社群中。某些線上社群已經被批評含有散佈種族主義或有害的內容，所以線上社群的挑戰是要保持寶貴的自由和權利，同時要把危害降低到最低。每個線上社群必須決定如何詮釋這些政策，就像每個城市和州，必須要制定當地的法規一樣。

線上社群傾向使用簡單的使用者介面，使其能夠適應大量的使用者、和許多利用慢速撥接線路的使用者。線上社群的簡化策略，在於交談的複雜度，特別是在熱烈的回應和辯論中的複雜度。當使用量增加時，管理者必須決定，是否要把社群分為幾個焦點群，以避免過多的參與者和避免出現上千個新訊息。

讓社群一直維持在很有趣的狀態並具有一致性，是一項挑戰。若一群討論最新理論的物理學家遇到一個問基礎問題的學生，專家們會希望管理者能把這個學生引導到其它的版或社群。研究者的另一個選擇，是把他們的討論移到新的線上社群網站。

圖9.9

Bob的ACL Kneeboard，膝蓋前十字韌帶撕裂的人們所使用的一連串討論版

在公司、大學、或政府單位中，可以建立含有如公司方向、新科技、或產品開發等主題的社群。這些特別的群組，常被稱為實踐社群（Communities of Practice, CoPs），以表現出它們的專業目標（Wenger, 1998）。了解如何讓Cops變成討論的園地，是一項挑戰。管理階層如何在員工彼此競爭升遷的時候，誘

導出員工願意花時間幫助同儕的動機？一個辦法是使用自動化工具，從舊的討論內容中，找尋與目前的問題相關的珍貴知識 — 在知識管理專家中，這是個熱門的話題，然而，批評者卻指出，指派專人並開發用來收集、概述和分類組織知識的程序，能夠更有效地加速日後的搜尋工作。教育圈提倡以詢問社群和網頁會議的方式，並利用（1）詢問；（2）調查；（3）建立；（4）討論；和（5）反映等運作階段，促進成員之間的討論（Bruce and Easley, 2000）。

由於線上社群可以模擬生動的教學感受，所以常會出現在遠距教學課程中，用以補充面對面的課程內容。目前像Blackboard®、Moodle™、Sakai™和FirstClass®的教育環境被廣泛地採用，這顯示含有作業、專題、測驗和期末考等線上大學課程的功效。教學者發現，持續不斷出現的訊息流，會是一項具有報酬的挑戰，而且，一般而言，學生會滿意這種經驗。虛擬教室是一個能夠促進協同工作學習的環境，通常出現在團隊專題中（圖9.10）。對於遠距教學的學生而言，最明顯的好處是能增加與其他學習者不斷交流的機會。甚至是在大學的課程中，科技可以在豐富的協同工作學習環境中提供許多工具，使得這個環境在連結學生與教材隨時可用的能力上，超越傳統的教室（Hiltz and Goldman, 2005; Hazemi and Hailes, 2001）。鳳凰城大學和英國開放大學都是使用互動技術來滿足教學需要的好範例。

某些線上社群可以提供數千個參與者，投入像Linux作業系統之類的重要計畫。從開放原始碼運動的驚人成長和強烈影響之下，顯示出地理位置上分散的線上社群是多麼有效。成百上千的程式設計師也想投入這個Slashdot社群，在這個社群中，有關技術性的主題都會有熱烈的討論，每小時可以收到上百個意見。在eBay中，有上百萬人想要買賣產品，並產生社群品質保證的共同感受。賣家和同儕一視同仁，並合作催促eBay的管理階層提出新的政策。信用評價管理員（回饋論壇）讓買家可以加上對賣家的評語，例如以下表示恭維的短評：「每件東西都很實用」、「快速交貨」、「謝謝」、「A+級賣家」、「A++++++++++」、「我非常滿意A++++」，而且這些只是第一步。有創意的

企業家和有遠見的政策組織者，仍不斷地嘗試新的網路方式，來拓展業務和尋求共識。

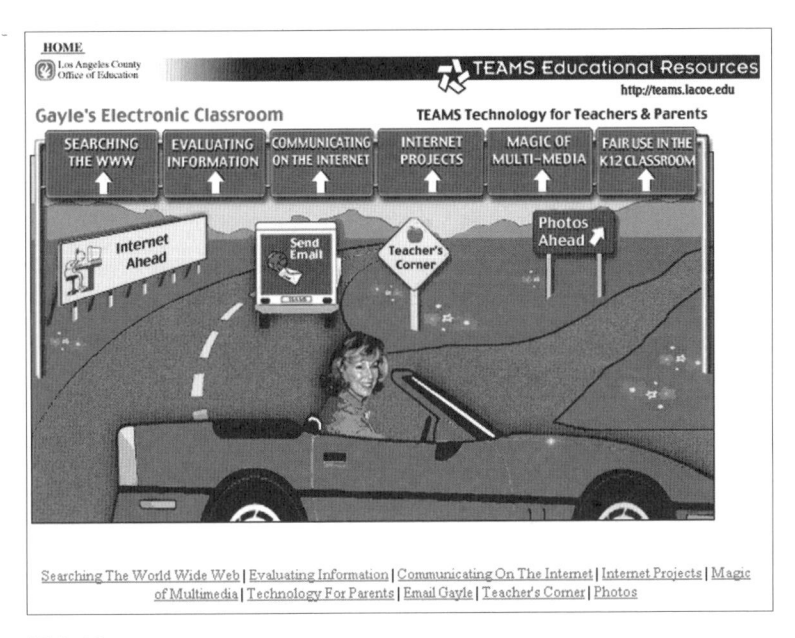

圖9.10
來自洛杉磯郡縣教育辦公室的一個虛擬教室的開始畫面。有許多可點選的連結，其會開啟各種視窗和應用，包含直接傳送e-mail到老師的連結。Gayle（老師）的照片可以用來做個人化網站（http://teams.lacoe.edu/documentation/classrooms/classrooms.html）

對需要在遠端協同工作、討論想法、觀看物件、並分享資料和其它資源的科學家，協同工作實驗室（collaboratories）─ 沒有牆壁的實驗室 ─ 帶來了新的機會（Bos et al., 2007）。例如，地理位置上分散的團隊，為了太空或環境研究，可以從共享資源、與使用遠端的儀器獲益。協同工作實驗室可以使用各種形式的協同工作介面，但是，非同步技術似乎是最有價值的。協同工作實驗室也是一種社會結構，這個結構能促進彼此技術團隊之間的協同工作，加速新結果的散播，並能夠幫助學生或新的研究人員學習。標準的資料格式能夠促進分享，進而產生許多分析和妥善維護的資料庫，因而能夠減少多餘實驗的進行。

社群媒體網站設計者也試圖為他們的使用者建立社群。例如，Flickr使用者可以邀請朋友觀看照片、標記及評論照片，當有新照片張貼出來時，也可以接受有新照片的通知。家人可以登入觀看婚禮照片或與正在旅遊的親戚保持聯繫，進而鞏固家人間的關係。同樣地，圖書、餐廳或電影評論網站鼓勵評論者彼此討論。政治、體育、宗教或金融部落格很容易引發數百篇張貼文章，以討論有爭議的立場。在這裡，愉快地討論是看得見的，但大部分的邀請參加無法產生任何意見，所以還需要進一步研究，以了解的成功的決定因素（Preece and Shneiderman, 2009）。

9.4 同步分散式介面：不同地點、相同時間

現代的協同工作介面愈來愈具有彈性，使得分散在不同地方的群組，能在同一時間，利用交談、即時傳訊（instant messaging, IM）、或透過手機傳送文字簡訊，一起協同工作。分享的畫面可以讓教師和訓練者在家裡透過附加語音的視訊視窗，進行網路研討會（webinars或webcasts），數千人可以看著他們的投影片，並在任何可以找到網路連線的地方播放投影片。在相隔數百哩遠的醫師，可以看到相同的X光片、MRIs和全身掃描的電子版本，因此他們可以一起討論罕見癌症和其它疾病的治療方式。網路語音（voice over Internet, VoIP）服務，包括如Skype、提供免費或低成本的電話、語音會議和視訊會議。

社群媒體也可以透過與朋友之間的連結、與新朋友會面或玩遊戲，而進行隨意和有趣的協同工作。透過文字傳訊的主動投票，以及打電話給American Idol的表演者都已變成一種社會現象。像Twitter這種輕量級的技術，可以一整天都能跟得上朋友的腳步，而讓數千個參與Second Life的參與者體驗豐富、逼真的3D經驗。最新的商業發明是互動遊戲，其允許兩個或更多人同時玩撲克牌、西洋棋或複雜的幻想遊戲，如EverQuest或World of Warcraft。這些遊戲都提供3D圖形和動畫，讓使用者想要戰勝對手。熱衷的使用者，會想要獲得高速的網際網路連線、功能強大的遊戲機和特殊的輸入裝置（如有許多按鈕的拍子）。

9.4.1 交談、即時傳訊、和文字簡訊

即使只是在2到20位參與者之間，進行簡單文字訊息的同步交流，也能令人感到興奮。Internet Relay Chat（網路聊天室，IRC）的程式、以及像Second Life和Microsoft的LiveMeeting® 的軟體，都有談話視窗和圖形介面。簡單的問候和簡短的話語，是快速進行交談的象徵。在這樣的環境中，參與者必須快速地打字，而且希望他們意見在畫面中出現的位置，能夠很接近他們所回應的問題，而且反應的時間很短。

在Second Life中，使用者利用觸控板、方向鍵或搖桿來移動他們的化身（利用圖形化角色來代表使用者，而不只有登入的名稱），並探索3D的世界。他們可以移動到其他人物的旁邊，進行交談或只是在環境中遊走。檢視選項的功能選單，也能讓使用者往上或往下看、轉身、跳躍或揮手，以表達他們的情緒。Second Life的參與者變化很大，從玩遊戲的年輕人到更沈穩的公司都有：有一些公司和教育單位都已經在Second Life中建立自己的世界。

然而，使用者會厭倦瀏覽圖形化的世界，所以他們常花比較多的時間在文字交談上。因此，會出現以下的問題：對於這樣的環境，化身和3D圖形提供了什麼附加價值？如果化身在週遭活動，因為使用者能知道還有誰在參與，所以社交的鄰近性可以促進彼此的討論。對許多遊戲，化身是必須具備的特色，但對於其它有穩定參與者的主題或群組，可能比較不重要。一旦經歷過問候時的快速交談，將有助於文字使用者進行商務會議、參與活潑的社交俱樂部、並提供真誠的關心給需要的人。

另一種交談環境，允許參與者利用強調像Gypsy、Larry Lightning或Really Rosie 的虛構的名稱，呈現出他們的新個性。這個社交對談，可以是輕鬆的、刺激的、或令人畏懼的。不幸地，某些交談的參與者，變成了愛開玩笑的flamer，他們比較想要譏諷他人，而非與他人交談，而且，他們具有暴力和說髒話的傾向。更糟的是，就像現實世界一樣，聊天室會成為詐欺、非法拐騙和各種形式的圈套。兒童和父母、以及單純的商人，都需要採取預防的措施。

即時傳訊（instant messaging）是除了開放的聊天室之外，另一個受到歡迎的方式，它受到歡迎的部分原因，是可以嚴密地控制成員的身分。IM是親密朋友、家人、或一小群人們之間，進行快速交流的理想工具。Facebook、Microsoft、和Yahoo! 都有IM系統，這些系統都有數百萬的使用者。

在一些系統上，使用者點選在桌面上、工具列或程式集中的一個小圖示，來啟動IM程式。其它系統在使用者登入系統時，也會自動顯示登入至此系統的朋友。總之，會有一個視窗顯示使用者已經建立的好友或朋友清單，每個好友清單，含有參與這個社群的人的名字。類似交談系統中所看到的交談視窗，會顯示出彼此交談的內容，而且，新的訊息可以輸入在下方的方格中。可以有兩個、或多人參與交談。典型的IM社群的人數，不會超過20個人，但它們也可以大一些。成員的身分，通常侷限於彼此認識，並且希望能定期接觸的成員。例如，在美國讀書的泰國留學生、有泰國朋友的人、和回到泰國的朋友，可能分享同一個IM社群。大部分的使用動機，是讓使用者追蹤其他人的動態，並可以聊天。當朋友出現在線上、知道他們的工作有進展、身體健康時，總是令人感到欣慰。IM的使用方式，與文字簡訊類似，而且能知道朋友什麼時候、在哪裡等人，也是一種廉價的遠距離交談的方式。

大部分的IM系統，都有情緒圖示和各種不同的聲音和背景，以及傳送相片／其它檔案的能力。針對讓使用者能夠辨別彼此的研究指出，聲音可能有一些作用（Isacs et al., 2002）。辦公室的管理者，可能會使用高音的"ping"（砰）的聲音，同事們用"doh, rei, me"音階的聲音，而夥伴或配偶則用他們最喜歡的音樂的前三小節。像一般的交談一樣，在IM中發表的意見，不但短而且簡要。彼此認識的成員之間，喜歡使用自行開發的詞彙交談〔見表7.1，例如：LOL代表"laughing out loud"（大聲地笑）、或IMHO代表"in my humble opinion"（依個人淺見）〕，也喜歡利用符號和字元做快速地溝通（例如，"me4u"、"cu@1"、"☺2cu"）。特別是當青少年用手機傳送訊息時，特別擅長創造這些速寫法。研究人員發現，青少年（Grinter and Palen, 2002）和辦公室人員

（George, 2002; Herbsleb et al., 2002）是IM的最大使用群。這樣的發現會讓想要監視小孩線上活動的父母們，產生擔憂（圖9.11）。

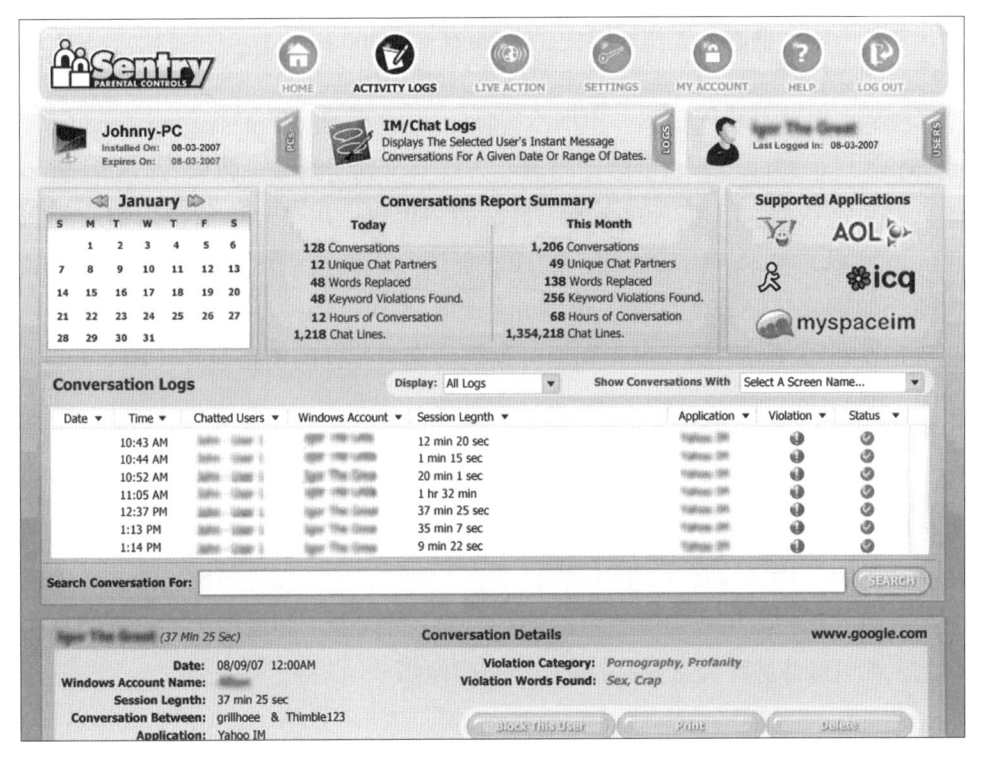

圖9.11
父母控制系統來監督孩子的線上活動（http://www.sentryparentalcontrols.com/），這是一個活動日誌的範例：它顯示線上活動的歷史、違規行為和在各種活動所花費的時間

雖然需求可能不同，但安全和隱私是所有IM使用者最重要的問題。例如，辦公室人員可能不想讓同事和老闆讀到他們的談話。然而，在工作環境中，只有沒事做的人才會使用即時通訊的看法，已經被證明是錯誤的。根據研究顯示（Isaacs et al., 2002），高生產力的工作，是由經常使用IM的人所完成的。這些使用者使用IM來和同事討論許多問題，進行快步調的互動。當交談變得複雜時，使用者很少從IM轉換到使用其它的媒介。只有28%的交談是簡單的互動，

而且只有31%是討論有關計畫時程或溝通協調。儘管如此，透過這樣互動的方式，仍可以完成嚴肅的工作，IM的非正式和彈性的型態，能夠支援輕鬆的交談，讓人們知道他們的同事、家人、或朋友正在做什麼和他們在哪裡。這個能力，並不會因為嚴肅的工作而消失（Nardi et al., 2000）。

透過行動電話發送簡訊（也稱為行動簡訊服務，short messaging services，或SMS），已經成為非常受歡迎的溝通方式。行動電話發送簡訊的行動特質，使人們可進行愉快且私下的交流，但是簡訊也可以用來發送稍後再讀取的訊息、或簡單的警示。由於傳簡訊的成本很低，因而接受度很高。有一些組織會使用傳送文字簡單的功能，來通知他們的客戶有哪些活動。印度的漁夫，在決定要在哪裡上岸前，會先利用行動電話查看哪裡的價格最好（Rheingold, 2002）。

現在，人們可以容易地告知彼此所在的位置、所做的事情、以及之後想要做什麼。在D.C. Metro的一個典型訊息如下：I'm at VanNess, eta 10 min（表示預計到達時間在10分鐘後）。因為能容易且快速的溝通，政治團體的示威活動或分道揚鑣的年輕人可以很順利組織起來，並進行協調。同樣地，不論人們身在何處，都可以傳送有緊急資訊的文字訊息給他們。

年輕人是這種溝通類型最大的使用者，文字訊息和IM皆可用在各種不同類型的活動上。當要建立一個聚會計畫時，IM是最好的方式，許多年輕人都可以一次與多個人交談。父母也可以利用在家的方便性來安排交通，並讓他們知道計畫中的活動。此外，在線上可以提供檢查網站的機會（Grinter et al., 2006）。另一方面，文字訊息會適合用在簡短的確認溝通上。雖然這樣的區別就跟網站一樣模糊不清，但是在電話上進行會議已經變得越來越廣泛。

9.4.2 音訊和視訊會議

為了安排特殊事件、處理緊張的協商、或建立互信而需要做同步溝通時，音訊和視訊會議持續地創造出許多商業上的成功案例。全世界任何角落都有標

準的電話或手機,可以透過它們參與音訊會議系統。建築師可以在辦公室或在家裡使用桌上型視訊會議(desktop videoconferencing)展示他們的模型;祖父母與孫子能夠透過這種方式連絡。相反地,有多個高解析度攝影機的特殊視訊會議室則必須要事先預約,並給予這些會議較高的重要等級。支援同步視訊會議的硬體、網路、軟體架構和多媒體,都已經有顯著的進步。然而,使用者仍必須應付延遲、分享、同步運作、較狹小的可視範圍和傳達不良的社交訊息(如注視和肢體動作的改變),這些對有效輪流發話、和理解遠端參與者的心情是很重要的(Olson and Olson, 2008)。

現今Microsoft的會議軟體已經改善了視訊會議的品質,會有多個會議視窗,可得到更多資訊,也使得會議變得更逼真。例如,一個視窗可以顯示正在討論的裝置,另一個視窗可以顯示影像,而還有一個視窗可以補捉參與者的臉部表情。當視訊功能變得更健全,表情和影像變得更清楚,將使得會議更具真實性。目前Yahoo!、Cisco®、Citrix®、WebEx也提供類似的服務。

Polycom®、Sony、TANDBERG®、和HP Halo視訊會議平台,提供愈來愈多的高品質服務。某些會議是取代面對面交談的簡單討論,優於電話之處是可以看到臉部表情和肢體動作,可用以判斷對方是熱情、冷漠或憤怒。許多專業的會議會使用到共同的物件,如文件、地圖或相片。視訊會議的開發者,利用像平順、輕量或完美整合等詞彙,強調輪流發言的方便性與分享文件的能力。不斷成長的家庭市場,也有相同的需求。祖父母喜歡透過視訊會議和孫子互動 ── 他們用熱情的語彙表達他們的感受,並安排定期的聚會。同樣地,某些必須要遠行的父母,利用晚餐後或床邊視訊會議,來和他們的孩子保持聯繫。在醫院的環境中,視訊會議可以讓病人和家人會面,並減輕因醫院限制雙方會面所引起的一些壓力。

使用不同媒體效能的受控實驗,強調當使用者注視共同關注的物件時,有清楚的音訊來進行協調的重要性,而在人們說話時加入影像,會讓參與者分散對目前關注且感興趣物件的注意力。除了排定的視訊會議,某些研究人員相

信，持續可用的視訊視窗、管道或空間，會產生一種更豐富的溝通形式，其可以支援投機協同工作和非正式的意識。這些從公共空間（如廚房或走廊）傳送過來的連續視訊連線，可以讓同事看到誰正在工作，並詢問可以讓關係更好的輕鬆問題。某些測試者很喜歡這些機會，但是，其他人可能覺得這些連續的視訊會侵犯、令人分心、或破壞他們的隱私（Jancke et al., 2001）。從個人辦公室傳來的視訊連線，可以讓參與者取得辦公室的資源，同時能夠有溝通、和交流情感的機會，但這種系統的侵入性往往被視為令人厭煩的東西（Olson and Olson, 2000）。

圖9.12
來自HP Halo的高品質視訊會議範例，有一些參與者是在本地，而其它人則是在遠端（http://www.hp.com/）

　　研究者仍試著想知道哪一種音訊或視訊會議媒體較有效，且比其它媒體（如聊天、IM、和文字訊息）更吸引人。同樣地，有些部分是這些同步媒體比較沒效的，但仍比非同步文字討論更吸引人。如果不可能面對面會談，可利用視訊會議改善第一次會議的效果，但思考性的討論，若透過電子論壇、wiki、或e-mail則會更好。

電子教室是在導入新科技、嘗試新的教學與學習方式之間取得平衡。在多倫多大學的ePresence計畫中，提供遠距學習者上課學習與課後複習的機會。遠端的觀看者可以透過Webcasting看、並聽到講師上課情況，而且學生可以在授課過程或結束後，與他人進行私下對談（Baecker et al., 2007）。Georgia Tech的eClass計畫，強調錄製講師上課的視訊，若學生可以複習或補課（Pimental, 2001）。諾瓦東南大學是早期遠程教學和電子教室先驅。早期的電子教室，是從1980年代開始，以撥號連接的方式在Unix平台上執行。所有的通訊是以文字為基礎，但它允許學生和教師進行線上課程。更高階版本還提供麥克風和更快的連線。今天，這個技術已經被更現代的課程管理系統（CMSs）所取代，像Blackborad（之前是WebCT®）、Sakai和Moodle，這些系統提供的電子教室除了討論張貼功能外，還有電子評分與評分表、電子考試和建立教學大綱的功能。

9.5 面對面介面：同一地點、同一時間

團隊中的人，通常在同一個房間一起工作，並使用複雜的共享技術。飛機的正駕駛和副駕駛間的協同工作，是經過詳細的規劃，所以能夠共用儀器、顯示器，並與空中交通管制員之間進行協調，這樣的方式已經有很長久的歷史，而且也經過徹底的研究（Wiener and Nagel, 1988）。股市交割員、和商場的經紀人是透過觀看複雜的顯示畫面、接受來自客戶的訂單、並參與快速的面對面協同工作或協商，以達成一筆交易。集體研討和設計團隊則是因為需要快速交流、頻繁的更新、以及準確紀錄事件與結果，所以經常密切地協同工作。今日甚至是我們熟悉的教室教學也已經改變，教授可以拋棄粉筆，並使用投影機顯示投影片。每個學生的位置上配置電子投票裝置，並將學生的桌面做投影的功能，因而每個學生都可以看得到授課內容，課堂的教學也可以變得更具互動性。

9.5.1 電子會議室、控制室、和公共空間

因為眾多會議參與者的手提電腦或網路上已有許多會議相關的資訊，所以商務會議必須迅速地整合電腦科技。然而，在商務會議中，用電腦呈現資訊會危害到溝通，這是因為使用電腦會使眼神的接觸機會降低，並會把熱絡的對話變成在黑暗房間中的個人獨角戲。整合電腦科技的第一項挑戰，是要了解科技在支援資訊轉換上所扮演的角色，並同時要保持面對面接觸時建立信任和刺激動機的層面。第二項挑戰是找出共同控制電腦和呈現工具的適當方式，使得參與者可以更積極主動，同時能夠保持會議管理者的領導角色。

在商務會議中，集體研討、投票、和排序的社交程序，可以有高生產力的結果。亞利桑那大學曾是開發社交程序的先驅，它的物理環境和軟體工具仍由 GroupSystems® 在市場上持續銷售。這些環境承諾能夠「降低或去除團隊互動的官能障礙，使得團隊能達到或超越它的工作潛能」（Valacich et al., 1991）。藉著允許提出匿名的建議和排列提案的順序，作者導入了更多的可能性。這樣的方式能確保是依據構想的優點來評判其重要性，而與構想的「提出者」無關。因為自我意識和衝突降低了，團隊似乎更能開放地接受新穎的建議。用這個方式，具有社交動力學背景、且受過良好訓練的促進者，與團隊的領導者交換意見，以規劃決策會議並撰寫問題報告書。在一般的工作中，由15到20個人在45分鐘內進行的集體研討，可以針對像是「我們如何增加銷售？」、或「在團隊工作的技術支援中，什麼是關鍵問題？」等問題，產生數百行的建議。接著，可以過濾每一項建議，把類似的建議集合起來，提交給參與者做進一步的修改，並列出重要順序。之後，便可以馬上列印出會議記錄，或以電子檔的形式呈現。

利用共享工作空間，參與者可以將他們的電腦畫面投影給團隊看，或可以將剪貼的資料放在群組的畫面上，甚至是非正式的程序，也都能夠因為共享工作空間而受惠。例如，三個建築師的提案或三個商業計畫，可以顯示在共同的顯示器上，以方便進行比較。另一個方法是管理者於會議中將投影片的影本發送給參與者，讓大家能在上面加上註解並帶回家看。

第 9 章 協同工作與社群媒體

　　一些共享工作空間的設計已有越來越多的愛好者。較新的裝置，如Mimio的簡單、便宜、裝設在特殊筆架上的感應器，可以讓參與者得到寫在白板上內容的電子副本。SMART Technologies Inc. 的SMART Board，讓近端或遠端的互動，都可以用手指或筆來進行（圖9.13）；它也提供與Microsoft Surface有相似服務的SMART Table™。另一個在互動白板技術上的領先者是Numonics。

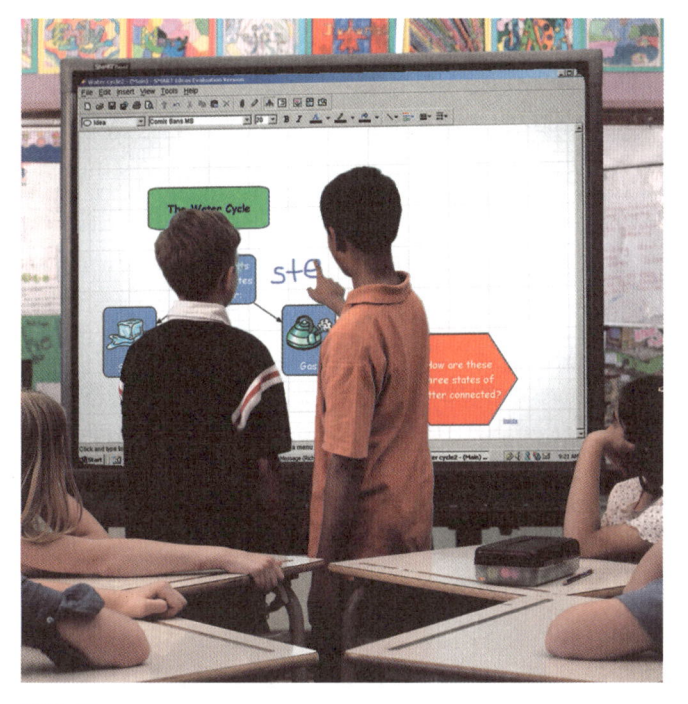

圖9.13
使用Smart Technologies Inc. 的SMART Board電子白板的兒童，在圖畫加上註解（左方），把來自於不同位置的圖畫，編成一個故事（右方）（www.smarttech.com）

　　電子設備、化學工廠、和交通網的昂貴控制室，往往都有大尺寸的顯示器，因此所有的參與者都能知道目前的狀況。類似的情況，在軍事戰爭室和NASA宇宙飛行操控中心，參與者常常是在有壓力的環境下彼此快速地協同工作。研究人員正在開發高解析度的互動顯示牆，讓人數少的小團隊，能進行集體討論、或設計會議（Guimbretiere et al., 2001; 8.5節）。

435

在有顯示牆的公共空間進行的互動，可能會透過個人電腦、行動裝置、或特殊輸入裝置來進行（Vogel and Balakrishnan, 2004; Streitz et al., 2007）。共享公共空間的好處是，每個人都可以看同一個畫面，且可以一起工作以產生共同的產品，但是隱私的考量和分心會困擾一些使用者。某些技術對目標導向的活動支援較少，例如，讓同儕知道你在哪、或計畫的進度、或只是在商店或辦公室中通知大家。

分享相片是協同工作介面領域正在發展的主題。最常見的方式，是把個人的收藏公佈在Web上，並用e-mail的附件傳送。但也有一些較創新的分享方式出現。傳統家庭會將相片的幻燈片投影在客廳的牆壁上，而較新的方法，包括把相片投影在能夠共同處理相片版面配置的桌面上。其他的方法包括把電腦顯示器內嵌在典雅的相框中，再連接到網際網路，接著父母可以上傳一組小孩的相片，並以輪流顯示的方式，將照片呈現在祖父母面前。

通知或感知（ambient awareness）的其它形式包括：天氣、股票價格、生產程序、或設備狀態的報告和警報。這些資訊可以出現在顯示目前資訊的小電腦視窗中，或利用能引起人們注意到改變的音調播放出來。Ambient Devices, Inc. 的新產品利用色彩柔和鮮明的燈光，溫和地告知有改變發生。雕塑、活動物件、燈光顯示、或甚至是改變香味的許多形式，都被建議用來提供最不會讓公共空間使用者感到被打擾的資訊。公共空間也逐漸成為創意探索的目標。建築的玄關、旅館的大廳和博物館迴廊，開始洋溢比廣告招牌和壁畫更為奪目的內容。投影的影像、大型顯示器和立體音效裝置，可以表現工作節奏、或天氣改變。這麼做的目的，可能是為了讓使用者平靜、或讓他們了解外界的狀況。大廳可能提供與大樓平面相關的多媒體展示、或用聲音和光線做藝術的呈現。設計者會努力創造出使人安定或興奮、迷惑或不舒服的情緒反應 ─ 公共藝術作品很難加以分類，但它們可以視為科技的新應用，或對現代生活的刺激性評論（Halkia and Local, 2003；見圖9.14）。

圖9.14
Modulor II是一個與時間相關的建築藝術作品，作品的參與者每天一起利用光桿的交互曲折，編織彩色的線條（Halkia and Local, 2003）

9.5.2 電子教室

群組軟體應用在教育上的潛力，喚起了愛好者的熱情，但是卻也有足夠的理由加以懷疑和拒絕。藉由給予每位學生一個鍵盤和簡單的軟體，就有可能建立一個能夠進行交談、比較、或集體討論的吸引人的環境。例如，每個學生可以打出一行字來回應教授的問題。這行字會馬上顯示在每個學生的螢幕上，並標示出作者的姓名。若有10到50個人同時打字，每秒可能會出現好幾個意見，因此可以保持熱烈的（有時候令人疑惑的）交談情形。教學開發者提到：

> 這似乎有點諷刺，二十五年來，電腦一直都被認為是違反人性，是一種控制和壓抑人類天性和直覺的工具，現在卻真的讓我的工作更加人性化...不必成為站在教室前面的刻板印象，我再次成為一個人，有缺點、感情和夢想的人。就像一個團體，我們比我以前所教的寫作課，更為民主，且對彼此開放（Bruce et al., 1992）。

人機介面設計

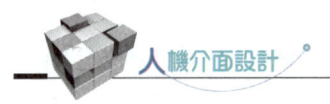

　　在馬里蘭大學，劇場教室有40個座位和20台個人電腦，是用以研究面對面的協同工作方法。上百位教師利用電子教室進行為期一學期的課程，並利用新的教學方式帶給學生更迷人的感受。雖然有、或沒有討論的傳統教學仍很常見，但電子教室技術可以使教學更有生氣，同時，還能促進積極的個人學習、小組協同工作學習、和全班的協同工作學習。大部分的教師都承認，使用電子教室會花比較多的時間，特別在他們的第一次使用電子教室時，但是，有某位教師寫道「就較好的學習效率而言，花費一些時間是值得的」（Shneiderman et al., 1998）。

　　當有更多的教師使用劇場教室時，改善教學的主要目標將因此而改變。使用過紙上協同工作的教師，會欣賞能流暢地展示學生作業（文章中的段落、詩詞、電腦程式、統計結果、網頁）給全班的方式。尚未使用這些方法的教師，仍欣賞匿名電子集體研討會議的方便性和活潑性。這個突破性的轉變，在於利用快速地展示學生的作業給全班看的方式，開啟了學習的程序。這麼做，一開始會造成學生和教師的焦慮，但是很快地，就轉變為正常。觀看示範和學生的作品並加以評論，可以啟發出更好的作品。隨著技術變得越來越普遍，而且更容易使用，有更多技術的使用者變成技術的愛好者。儘管如此，仍有改進的餘地。儘管課堂教學方式已有一個多世紀的歷史，但仍無法完全了解教學方法。當教師在管理的課程和執行的技術之間分離出已認知的資源，這種方式很難注意到每一種資源，但卻是有效的。「課堂脈動」（pulse of the classroom）將有助於有更好的理解（Chen, 2003；圖 9.15）。

　　小組協同工作的學習體驗包括：讓學生兩人一組共同使用一台機器，進行有時間限制的工作。兩人一組的學習方式，學習效果通常會比單獨學習好，這是因為他們可以討論問題、相互學習，並且把他們的角色分成問題解決者和電腦操作者。兩人小組和單一個學生比較起來，兩人小組的方式可縮減不同工作的完成時間，在完成工作的過程中較少學生會出現學習停滯的狀況。此外，語言表達已被證實有助於學習，且對於現代的團隊導向的組織或公司，這是一項重要的工作技能。年輕的學生也可以利用科技來表現並分享學習經驗（圖 9.16）。

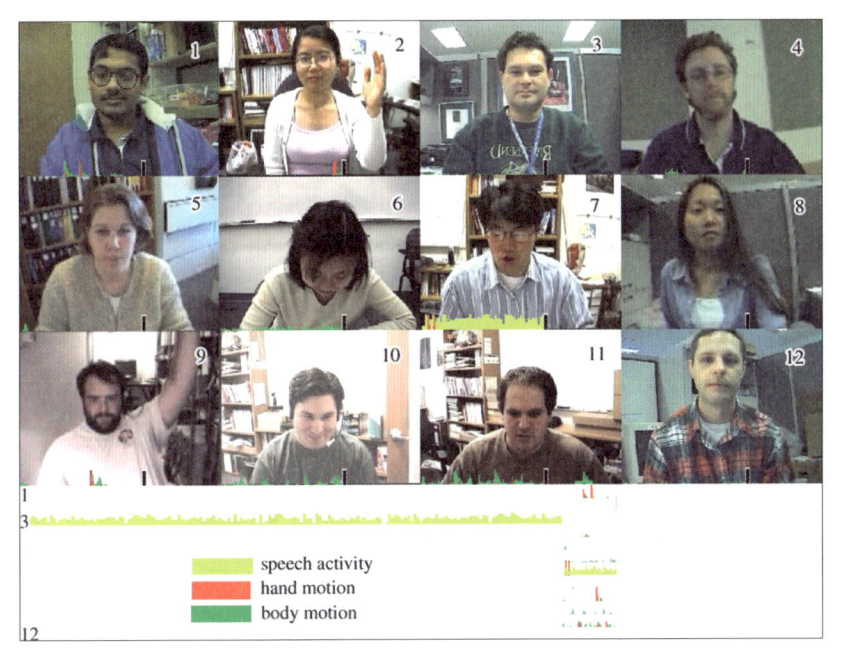

圖9.15

在線上教室的學生利用顏色來監視活動:說話是黃色的、手的動作是紅色的、身體的動作是綠色的。在每個學生下面有一個代表個人活動的時間線,而在最下面是一個課程活動圖(使用顏色)(Chen, 2003)

較大型的小組所使用的新方法包括:在衝突解決課程中,模擬與劫機的恐怖份子進行人質談判的情形;在商用西班牙文課程中,以聯合國的形式,進行貿易協商。團隊成員們一起工作、分析狀況、並在線上建立立場聲明,透過網路把他們的立場告訴對手。在程式設計簡介的課程中,有10個小組撰寫元件,並透過網路把寫好的元件傳給領導小組,再由小組領導人把元件組合成一個173行的程式,所有的工作在25分鐘內完成。再利用大尺寸顯示器顯示程式,進行逐行檢查,並快速找到錯誤。

某些教師發現,使用電子教室環境對於教學風格改變如此之大,因此即使在傳統教室中,他們也會用不同的方式教學。另外一位教師發誓,他絕不會再使用傳統教室上課。大部份的教師想要繼續在電子教室教學,並且發現其改變

的不只是他們的教學風格 — 教學目標和對課程內容的態度也經常改變。許多教師對學生的專題有了更高的期待。某些教師變成了團隊協同工作和溝通技巧重要性的傳播者。

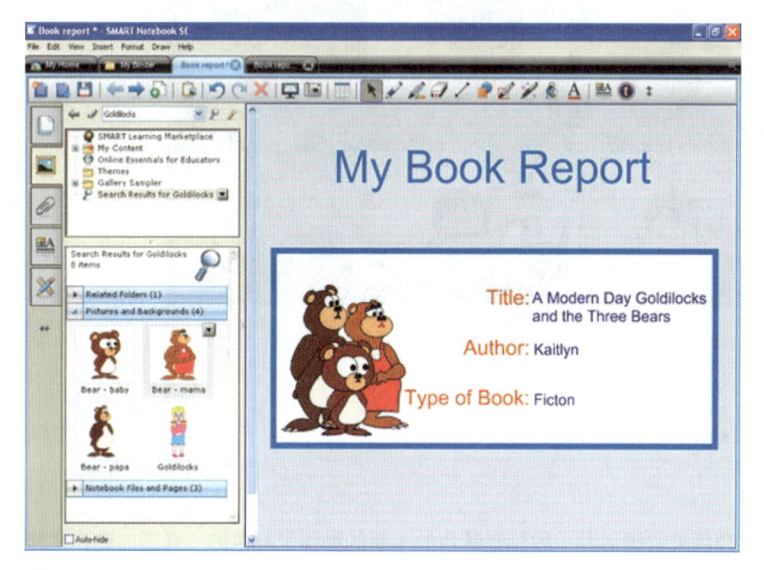

圖9.16
由SMART Technologies, Inc. 的SMART Board電子白板所建立的一個應用範例（http://www.smarttech.com/）

在負面的部份，偶爾使用電腦做展示的數學教授，會選擇回到傳統的教室，因為在那裡，他會有比較多的黑板空間。而某些認為必須花費相當的時間才能使用電子教室的教師，也會抗拒改變教學方式。然而，學生通常很正面，而且往往很熱情：「每一個人至少應該要有一次機會能待在那裡 ... 很棒的科技，很棒的教學科技 ... 雖然一開始有一點困擾，但是花這點力氣（和金錢）是值得的」。

要產生富含科技的教室環境商業實例，比遠距教學的商業實例還要困難（Baecker et al., 2007）；然而，隨著電腦投影機在教室中變得像黑板一樣普遍後，教師的講義變成了簡報投影，而且大部份的學生開始帶著手提電腦和行動裝置上課，似乎教學會變得更互動和具協同工作性。

從業人員的重點整理

依據在何時和在何處工作，工作團隊已重新建構協同工作工具，以允許團隊有更高的自由度。電子郵件很容易聯絡到某人、或上千個某人。電子論壇、線上社群、即時通訊和簡訊，讓使用者的溝通更密切。可以簡單地交換文字、圖形、語音和視訊檔案，以增進計畫或組織之間的協調。用來進行電子會議的新工具、和劇場教室，甚至是面對面的會談，也正在改變中。以往的個人思考和孤立的電腦使用型態，已經被活潑的社交環境取代，在這個環境中，訓練內容必須包括電腦網路禮儀（netiquette；network etiquette），並要小心謾罵戰爭。社群媒體是值得注意的，對使用者和企業家而言，仍有新的機會出現。技術正在改變社會，讓使用者可以標記照片、評比電影、評論書籍、並查看使用者自訂內容；創新服務（如Wiki和blog）將新的資訊資源和表達形式帶給使用者。由於這些都是全新的技術，所以會出現失敗的狀況，和令人訝異的發現，而這些經驗都將會引導下一代的設計者（Box 9.1）。在全面推廣新應用之前，徹底的測試是有必要的。

■ Box 9.1

值得深思的問題。電腦支援群體工作的新穎性和多樣性，代表清楚易懂的指導方針尚未出現，而以下的重要問題應該可對設計者和管理者提供幫助

電腦支援群體工作的問題

- 促進溝通的方式將會如何改善或破壞團隊合作？
- 社群的使用者應該支持集中化或分散化？
- 一致性與個別性之間存在哪些壓力？
- 隱私會如何取捨或被保護？
- 參與者之間摩擦的來源是什麼？
- 對具有敵意、侵略的、或惡意的行為有保護措施嗎？
- 對所有的參與者，會有足夠的設備用來進行方便的存取嗎？
- 可能的和可容忍的網路延遲為何？
- 使用者的技術複雜度或阻力為何？

- 誰最有可能受到電腦支援群體工作的威脅？
- 高階管理階層會如何參與？
- 哪些工作可能必須重新定義？
- 誰的地位可能會提高或降低？
- 額外的成本或預期節省的開銷為何？
- 有搭配足夠的訓練的逐步引入計畫嗎？
- 在早期會有顧問或適當的協助嗎？
- 是否有足夠的彈性以處理例外狀況和特殊需要（殘障使用者）？
- 必須要考量國際的、國家的、和組織的標準為何？
- 要如何評估成功與否？

研究者的議題

　　了解協同工作和社群媒體參與的動機仍是一個主要的工作。在所有倍受爭議的成功案例中，預測新設計的軌跡是困難的。即使是電子郵件之類的基本產品，皆可藉由加入線上目錄、改進的過濾方式、和複雜的存檔工具等進階功能，容易地找到重要的文件。隨著國際間越來越多的使用者，將會需要普遍可用的特色，如改善教學、翻譯、並協助有特殊需求的使用者（包括殘障人士）等。

　　協同工作式的使用者介面設計和社群媒體介面的研究有許多新的機會，但是更困難的問題在於介面設計對組織和社會的影響。研究證據顯示，協同工作和社群媒體介面增加了參與的廣度，讓被排擠者有更大的影響。然而批評者抱怨說，建立和維持關係所花費的時間，會減少生產力或破壞組織忠誠度。家庭生活和工作將如何改變呢？網際網路技術可以儲存社群的社會資本，或是上網時間會增加鄰居和同事的距離嗎？信任和責任的增加是因為電子檔案，或是信任和責任的減少是因為電子溝通方式的無實體性質？病患、消費者和學生會得到更多的消息、更多的誤導、或更愛爭辯嗎？線上討論和Yahoo!/Google群組中，如何分類社群角色和作家類型？如何透過視覺化技術來了解社群角色？現

有的工具主要是針對資訊分享、合作和協調，但還需要更多的工作，才能了解協同工作並創造支援協同工作的工具（Denning and Yaholkovsky, 2008）。電腦支援群體工作（computer-supported collaborative work）對於研究人員的吸引力在於廣大未知的領域：理論缺乏驗證、受控研究難以安排，數據分析令人怯步、且預測模型是罕見的。總之，這對於研究人員而言，是一個能影響潛在的、仍未出現的技術的極大機會。

全球資訊網資源

http://www.aw.com/DTUI

電腦支援群體工作是全球資訊網的一部份，同時還有新的工具陸續出現在許多網站上。你可以嘗試各種不同的交談服務、下載特殊目的軟體、或購買（依視訊、音訊、或文字為基礎）會議工具。

參考資料

Anson, Rob and Munkvold, Bjorn Erik, Beyond face-to-face: A field study of electronic meetings in different time and place modes, *Journal of Organizational Computing and Electronic Commerce* 14, 2 (2004), 127–152.

Baecker, R. M., Birnholtz, J. M., Causey, R., and Laughton, S., Webcasting made interactive: Integrating real-time videoconferencing in distributed learning spaces, *Proc. HCI International 2007: Human Interface and the Management of Information – Part II*, Beijing, China, Springer (2007), 269–278.

Balakrishnan, Aruna, Fussell, Susan R., and Kiesler, Sara, Do visualizations improve synchronous remote collaboration? *Proc. CHI 2008 Conference: Human Factors in Computing Systems*, ACM Press, New York (2008), 1227–1236.

Batson, C. D., Ahmad, N., and Tsang, J., Four motives for community involvement, *Journal of Social Issues* 58 (2002), 429–445.

Bellotti, Victoria, Ducheneaut, Nicolas, Howard, Mark, Smith, Ian, and Grinter, Rebecca E., Quality versus quantity: E-mail-centric task management and its relation with overload, *Human-Computer Interaction* 20 (2005), 89–138.

Bos, N., Zimmerman, A., Olson, J., Yes, J., Yerkie, J., Dahl, E., and Olson, D., From shared databases to communities of practice: A taxonomy of collaboratories, *Journal of Computer-Mediated Communication* 12, 2 (2007), #16. Available at http://jcmc.indiana.edu/vol12/issue2/bos.html.

Bruce, B. C. and Easley, J. A., Jr., Emerging communities of practice: Collaboration and communication in action research, *Educational Action Research* 8 (2000), 243–259.

Bruce, Bertram, Peyton, Joy, and Batson, Trent, *Network-Based Classrooms*, Cambridge University Press, Cambridge, U.K. (1992).

Bruckman, Amy, The future of e-learning communities, *Communications of the ACM* 45, 4 (April 2002), 60–63.

Bryant, Susan, Forte, Andrea, and Bruckman, Amy, Becoming Wikipedian: Transformation of participation in a collaborative online encyclopedia, *Proc. ACM SIGGROUP International Conference on Supporting Group Work*, ACM Press, New York (2005), 1–10.

Butler, Brian, Joyce, Elisabeth, and Pike, Jacqueline, Don't look now, but we've created a bureaucracy: The nature and roles of policies and rules in Wikipedia, *Proc. CHI 2008 Conference: Human Factors in Computing Systems*, ACM Press, New York (2008), 1101–1110.

Chen, Milton, Visualizing the pulse of a classroom, *Proc. ACM Multimedia Conference (MM '03)*, ACM Press, New York (2003), 555–561.

Cohill, A. M. and Kavanaugh, A. L., *Community Networks: Lessons from Blacksburg, Virginia, Second Edition*, Artech House, Cambridge, MA (2000).

de Souza, Clarisse Sieckenius, and Preece, Jenny, A framework for analyzing and understanding online communities, *Interacting with Computers* 16, 3 (2004), 579–610.

Denning, Peter J. and Yaholkovsky, Peter, Getting to we, *Communications of the ACM* 51, 4 (April 2008), 19–24.

Donath, Judith, Signals in social supernets, *Journal of Computer-Mediated Communication* 13, 1 (2007), #12. Available at http://jcmc.indiana.edu/vol13/issue1/donath.html.

Farzan, Rosta, DiMicco, Joan M., Millen, David R., Brownholtz, Beth, Geyer, Werner, and Dugan, Casey, Results from deploying a participation incentive mechanism within the enterprise, *Proc. CHI 2008 Conference: Human Factors in Computing Systems*, ACM Press, New York (2008), 563–572.

George, T., Communication gap: Tech-savvy young people bring their own ways of communicating to the workplace, and employees old and young need to adapt, *Information Week* (21 October 2002), 81–82.

Grinter, R. and Palen, L., Instant messaging in teen life, *Proc. CSCW 2002 Conference: Computer-Supported Cooperative Work*, ACM Press, New York (2002), 21–30.

Grinter, Rebecca, Palen, Leysia, and Eldridge, Margery, Chatting with teenagers: Considering the place of chat technologies in teen life, *ACM Transactions on Computer-Human Interaction* 13, 4 (December 2006), 423–447.

Guimbretière, Francois, Stone, Maureen, and Winograd, Terry, Fluid interaction with high-resolution wall-size displays, *Proc. ACM Symposium on User Interface Software and Technology*, ACM Press, New York (2001), 21–30.

Gutwin, Carl, Greenberg, Saul, Blum, Roger, Dyck, Jeff, Tee, Kimberly, and McEwan, Gregor, Supporting informal collaboration in shared-workspace groupware, *Journal of Universal Computer Science* 14, 9 (2008), 1411–1434.

Halkia, Matina and Local, Gary, Building the brief: Action and audience in augmented reality, *Proc. Human-Computer Interaction International 2003: Volume 4, Universal Access in HCI*, Lawrence Erlbaum Associates, Mahwah, NJ (2003), 389–393.

Hazemi, Reza and Hailes, Stephen, *The Digital University: Building a Learning Community*, Springer-Verlag, London, U.K. (2001).

Herbsleb, J., Atkins, D., Boyer, D., Handel, M., and Finholt, T., Introducing instant messaging and chat in the workplace, *Proc. CHI 2002 Conference: Human Factors in Computing Systems*, ACM Press, New York (2002), 171–178.

Hiltz, Starr Roxanne and Goldman, Ricki (Editors), *Learning Together Online: Research on Asynchronous Learning Networks*, Lawrence Erlbaum Associates, Mahwah, NJ (2005).

Isaacs, E., Walendowski, A., Whittaker, S., Schiano, D. J., and Kamm, C., The character, functions, and styles of instant messaging in the workplace, *Proc. CSCW 2002 Conference: Computer-Supported Cooperative Work*, ACM Press, New York (2002), 11–20.

Isaacs, E., Walendowski, A., and Ranganathan, D., Hubbub: Asound-enhanced mobile instant messenger that supports awareness and opportunistic interactions, *Proc. CHI 2002 Conference: Human Factors in Computing Systems*, ACM Press, New York (2002), 179–186.

Jackson, W. J., Dawson, R., and Wilson, D., Understanding email interaction increases organizational productivity, *Communications of the ACM* 46, 8 (2003), 80–84.

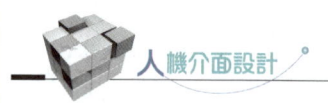

Jacovi, Michael, Soroka, Vladmir, Gilboa-Freedman, Gail, Ur, Sigalit, Shahar, Elad, and Marmasse, Natalia, The chasms of CSCW: Acitation graph analysis of the CSCW conference, *Proc. CSCW '06*, ACM Press, New York (2006), 289–298.

Jancke, G., Venolia, G., Grudin, J., Cadiz, J., and Gupta, A., Linking public spaces: Technical and social issues, *Proc. CHI 2001 Conference: Human Factors in Computing Systems*, ACM Press, New York (2001), 530–537.

Java, Akshay, Finin, Tim, Song, Xiaodan, and Tseng, Belle, Why we twitter: Understanding microblogging usage and communities, *Proc. Joint 9th WEBKDD and 1st SNA-KDD Workshop '07*, ACM Press, New York (2007), 56–65.

Kim, Amy Jo, *Community Building on the Web*, Peachpit Press, Berkeley, CA (2000).

Kittur, Aniket, Chi, Ed, Pendleton, Bryan A., Suh, Bongwon, and Mytkowica, Todd, Power of the few vs. wisdom of the crowd: Wikipedia and the rise of the bourgeoisie, *Proc. CHI 2007 Conference: Human Factors in Computing Systems*, ACM Press, New York (2007).

Kraut, R., Kiesler, S., Boneva, B., Cummings, J., Helgeson, V., and Crawford, A., Internet paradox revisited, *Journal of Social Issues* 58, 1 (2002), 49–74.

Li, Charlene and Bernoff, Josh, *Groundswell: Winning in a World Transformed by Social Technologies*, Harvard Business School Press, Cambridge, MA (2008).

Maloney-Krichmar, Diane and Preece, Jennifer, Amultilevel analysis of sociability, usability and community dynamics in an online health community, *ACM Transactions on Computer Human Interaction* 12, 2 (2005), 1–32.

Mantei, M., Capturing the capture lab concepts: Acase study in the design of computer supported meeting environments, *Proc. CSCW '88 Conference: Computer-Supported Cooperative Work*, ACM Press, New York (1988), 257–270.

Millen, D. R., Fontaine, M. A., and Muller, M. J., Understanding the benefit and costs of communities of practice, *Communications of the ACM* 45, 4 (April 2002), 69–75.

Nardi, B., Whittaker, S., and Bradner, E., Interaction and outeraction: Instant messaging in action, *Proc. CSCW 2000 Conference: Computer-Supported Cooperative Work*, ACM Press, New York (2000), 79–88.

Nardi, Bonnie A., Schiano, Diane J., Gumbrecht, Michelle, and Swartz, Luke, Why we blog, *Communications of the ACM* 47, 12 (December 2004), 41–46.

Nonnecke, B. and Preece, J., Lurker demographics: Counting the silent, *Proc. CHI 2000 Conference: Human Factors in Computing Systems*, ACM Press, New York (2000), 73–80.

Nunamaker, J. F., Dennis, Alan R., Valacich, Joseph S., Vogel, Douglas R., and George, Joey F., Electronic meeting systems to support group work, *Communications of the ACM* 34, 7 (July 1991), 40–61.

Olson, Gary M. and Olson, Judith S., Groupware and computer-supported cooperative work, in Jacko, J. and Sears, A. (Editors), *The Human-Computer Interaction Handbook, Second Edition*, Lawrence Erlbaum Associates, Mahwah, NJ (2008), 545–558.

Olson, J. S. and Olson, G. M., Distance matters, *Human-Computer Interaction* 15, 2/3 (2000), 139–178.

Pimentel, Maria Da Graca, Ishiguro, Yoshihide, Abowd, Gregory D., Kerimbaev, Bolot, and Guzdial, Mark, Supporting educational activities through dynamic web interfaces, *Interacting with Computers* 13, 3 (February 2001), 353–374.

Prante, Thorsten, Magerkurth, Carsten, and Streitz, Norbert, Developing CSCW tools for ideas finding: Empirical results and implications for design, *Proc. CSCW 2002 Conference: Computer-Supported Cooperative Work*, ACM Press, New York (2002), 106–115.

Preece, Jennifer and Shneiderman, Ben, The Reader-to-Leader Framework: Motivating technology-mediated social participation., *AIS Transactions on Human-Computer Interaction* 1, 1 (July 2009).

Preece, Jenny, Empathic communities: Balancing emotional and factual communications, *Interacting with Computers* 12, 1 (1999), 63–77.

Rafaeli, Sheizaf and Ariel, Yaron, Online motivational factors: Incentives for participation and contribution in Wikipedia, in Barak, A. (Editor), *Psychological Aspects of Cyberspace: Theory, Research, Applications*, Cambridge University Press, Cambridge, U.K. (2008), 243–267.

Rashid, A. M., Ling, K., Tassone, R. D., Resnick, P., Kraut, R., and Riedl, J., Motivating participation by displaying the value of contribution, *Proc. CHI 2006 Conference: Human Factors in Computing Systems*, ACM Press, New York (2006), 955–958.

Rheingold, Howard, *The Virtual Community: Homesteading on the Electronic Frontier*, Addison-Wesley, Reading, MA (1993).

Rheingold, Howard, *Smart Mobs: The Next Social Revolution*, Perseus Publishing, New York (2002).

Robinson, John and Nie, Norman, Introduction to IT & Society, Issue 1: Sociability, *IT & Society: AWeb Journal Studying How Technology Affects Society* 1, 1 (Summer 2002), i–xi. Available at http://www.stanford.edu/group/siqss/itandsociety/v01i01.html.

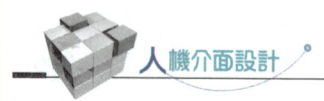

Schuler, Doug, *New Community Networks: Wired for Change*, Addison-Wesley, Reading, MA(1996).

Shneiderman, B., Borkowski, E., Alavi, M., and Norman, K., Emergent patterns of teaching/learning in electronic classrooms, *Educational Technology Research & Development* 46, 4 (1998), 23–42.

Smith, M., Tools for navigating large social cyberspaces, *Communications of the ACM* 45, 4 (April 2002), 51–55.

Streitz, Norbert, Kameas, Achilles, and Mavrommati, Irene (Editors), *The Disappearing Computer: Interaction Design, System Infrastructures and Applications for Smart Environments*, Lecture Notes in Computer Science 4500, Springer, Heidelberg, Germany (2007).

Surowiecki, James, *The Wisdom of Crowds*, Doubleday, New York (2004).

Tapscott, Don and Williams, Anthony, *Wikinomics: How Mass Collaboration Changes Everything*, Portfolio, New York (2006).

Thom-Santelli, Jennifer, Muller, Michael J., and Millen, David R., Social tagging roles: Publishers, evangelists, leaders, *Proc. CHI 2008 Conference: Human Factors in Computing Systems*, ACM Press, New York (2008), 1041–1044.

Valacich, J. S., Dennis, A. R., and Nunamaker, Jr., J. F., Electronic meeting support: The GroupSystems concept, *International Journal of Man-Machine Studies* 34, 2 (1991), 261–282.

Vogel, Daniel and Balakrishnan, Ravin, Interactive public ambient displays: Transitioning from implicit to explicit, public to personal, interaction with multiple users, *Proc. ACM Symposium on User Interface Software and Technology*, ACM Press, New York (2004), 137–146.

Welser, H. T., Gleave, E., Fisher, D., and Smith, M. A., Visualizing the signatures of social roles in online discussion groups, *Journal of Social Structure* 8, 2 (2007). Available at http://www.cmu.edu/joss/content/articles/volume8/Welser/.

Wenger, E., *Communities of Practice: Learning, Meaning and Identity*, Cambridge University Press, Cambridge, U.K. (1998).

Wiener, Earl L. and Nagel, David C. (Editors), *Human Factors in Aviation*, Academic Press, New York (1988).

第**4**單元

設計議題

CHAPTER **10**

服務品質

Steven M. Jacobs合著

10.1 簡介

在1960年代，使用者對於電腦速度的感受，是根據數學計算、編譯程式、或資料庫搜尋的回應時間而定。之後，隨著分時系統的出現，使得有限的計算資源的競爭造成了更多且複雜的延遲原因。隨著全球資訊網的出現，使用者對服務的期待增加了，但複雜的延遲因素仍然存在。現在，使用者必須要了解文字和圖形網頁在大小上的差異，才能理解在伺服器負載上的顯著差異，也才能夠容忍網路壅塞。他們也必須了解斷線、網站無法使用、和斷網的許多原因。這些複雜的考量，通常根據服務品質（Quality of Service）這個術語來進行討論。這個術語最初源自於電信產業，服務品質可以根據電話品質、斷線、客戶滿意度、連線時間、成本和其它因素來評估。

服務品質的考量，源自於人性的基本價值：時間是寶貴的。當外界的干擾阻礙工作的進行時，許多人會感到挫折、受到打擾，而且，最後會生氣。冗長或無法預期的系統回應會造成需要長時間顯示畫面或更新畫面，並在電腦的使用者身上造成上述的負面反應、錯誤率增加和滿意度降低。某些使用者會聳聳肩然後接受這個情況，但大部分的使用者希望工作的速度可以比電腦所能達成的還要快。

討論服務品質時，必須考慮到第二個基本的人性價值：應該避免有害的錯誤。然而，要在低錯誤率和快速的效能之間取得平衡，有時候表示工作的步調一定要變慢。如果使用者做得太快，他們會學得較少、對於閱讀的理解度低、造成更多的資料輸入錯誤、和做出更多錯誤的決定。特別是在錯誤很難補救，錯誤會破壞資料、損壞裝置、或危及生命的時候（例如，在空中交通控制系統或醫療系統），壓力就會在這些情況下產生（Kohlisch and Kuhmann, 1997）。

第三個服務品質的標準，是降低使用者的挫折。在冗長的系統延遲的情況下，使用者會感到挫折，甚至會犯錯或放棄工作。延遲往往是挫折的因素之一，但是，仍有其他因素，如當機造成的資料破壞、軟體錯誤造成的結果錯

誤,以及讓使用者困惑的不良設計。網路環境會產生更多的挫折:不可靠的服務提供者、斷線、垃圾郵件和惡意的病毒。

服務品質的討論,通常把焦點集中在網路設計者和操作者所要做的決定,因為他們的決定對許多使用者有很深遠的影響。他們也以此協助使用者的工具和知識,而且,他們愈來愈需要遵守法律和管理控制。對於介面的設計者和建立者而言,他們的許多設計決策也會深深影響使用者的感受。例如,他們可以把網頁做最佳化,減少位元數和檔案個數;或在數位圖書館或資料庫中提供資料預覽,以減少查詢和網路存取的次數(見圖10.1和13.2節)。除此之外,使用者可以有機會選擇快速或慢速服務,以及選擇觀看低解析度或高解析度影像。使用者需要引導,才能了解他們的選擇所造成的影響,並且要幫助他們適應服務品質的變化。對使用者而言,對於服務品質的主要感受,來自電腦系統的回應時間,所以我們在討論應用程式當掉、不可靠的網路服務和惡意的威脅之前,將先探討這些問題。

10.2節將討論回應時間影響模型,接著再考慮回應時間的議題、回顧之前提過的使用者短期記憶、並找出人們發生錯誤的來源。10.3節把焦點集中在使用者的期待和態度,對服務品質的主觀反應所造成的影響。10.4節討論以回應時間為函數的生產力,10.5節會回顧一些關於回應時間所造成影響的研究。10.6節檢視包括垃圾郵件和病毒所造成的挫折經驗與嚴重性。

10.2 回應時間影響模型

回應時間的定義,是從使用者觸發一個運作開始(通常是利用按下ENTER鍵、或滑鼠按鈕),到電腦開始顯示結果(從顯示器、透過印表機、喇叭或行動裝置)所需花費的秒數。當回應完成,使用者便可以開始準備進行下一個運作。使用者思考時間(user think time)是電腦回應到使用者開始下一個運作之間所花費的秒數。在這個簡單的階段運作模型中,包括使用者(1)觸發、

（2）等待電腦回應、（3）當結果出現時，進行查看、（4）考慮一下，並再次觸發運作（圖10.2）。

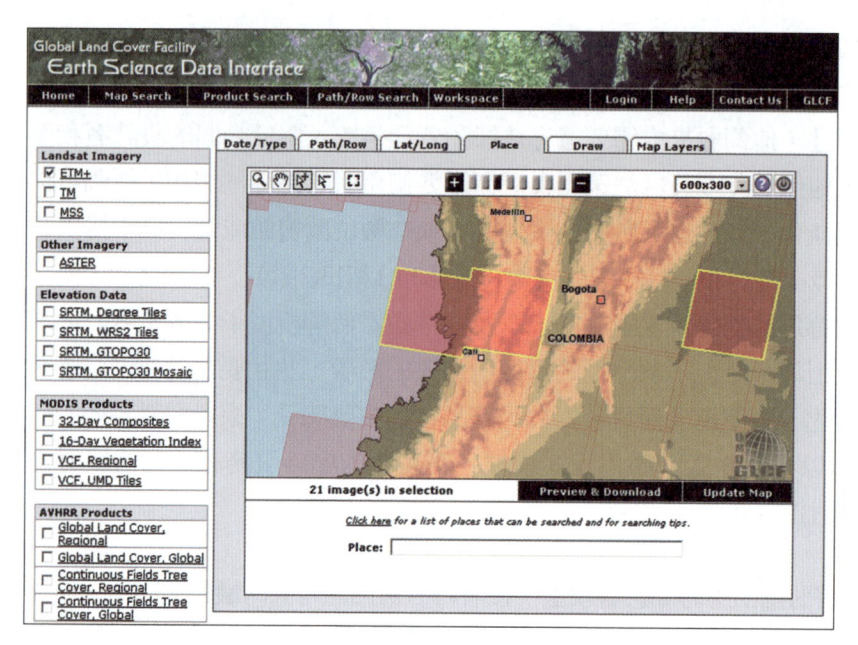

圖10.1

馬里蘭大學Global Land Cover Facility的線上搜尋網頁（http:// glcf.umiacs.umd.edu），地圖上標示為紅色的資料是可以放大縮小。因此，尋找有關非洲資料的使用者，可以判斷出他們是要針對哪個區域進行搜尋，這麼做可讓他們利用較少的查詢和網路存取，即可得到答案

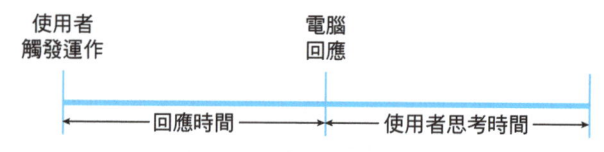

圖10.2

系統回應時間和使用者思考時間的運作模型有幾個簡單階段

在更真實的模型中（圖10.3），當使用者正在了解結果、正在進行打字／點選，或正從電腦產生結果、從網路取得資訊時，使用者也會在同一時間做規

劃。大部分的人會事先利用時間進行規劃，因此，準確地評估使用者思考的時間是很困難的。電腦回應通常是可以比較精確地定義，而且可以計算，但也會有一些問題。某些介面會以令人分心的訊息、或資訊性的回饋做回應，或者在運作觸發後馬上顯示一個訊息。但是，實際的結果並不會在數秒內出現。例如，使用者可能會利用直接操作，把一個檔案拖曳到網路印表機的圖示，但接著可能會花很多的時間去確認印表機已經開啟，或等待很久的時間才出現一個告知印表機離線的對話窗。拖曳圖示後，若延遲時間超過160毫秒，就會令人覺得厭煩但使用者已經習慣接受網路裝置的延遲。

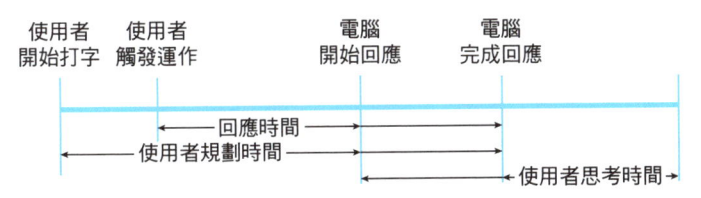

圖10.3

系統回應時間、使用者規劃時間、和使用者思考時間的模型。這個模型比圖10.2的模型更真實

詳細說明回應時間的設計者，以及想要提供高服務品質的管理者，必須考量技術可行性、成本、工作複雜度、使用者的期望、工作效能速度、錯誤率、和錯誤處理程序之間複雜的交互影響。由於使用者的個性差異、疲勞、對電腦的熟悉度、工作經驗、和動機，會使得這些可變因素的判定更加複雜（King, 2008; Guastello, 2006; Wickens et al., 2004; Bouch et al., 2000）。

雖然某些人對於較慢的工作回應仍會感到滿意，但絕大部份的人，都比較喜歡快速的互動。整體的生產力，不僅取決於介面的速度，也和人們的錯誤發生率、與從這些錯誤中修復的容易度有關。冗長（超過15秒）的回應時間，通常會對生產力有害、造成錯誤率的增加和滿意度的降低。使用者一般比較喜歡較快速的（少於1秒）互動，它可以增加生產力，但也可能會增加複雜工作的錯誤率。在選擇最佳的互動步調時，提供快速回應時間所產生的高成本，以及因為錯誤所造成的損失，皆必須要加以評估。

網站的研究中發現，效能是藉由評估延遲加上兩個網站設計變數（網站廣度和內容熟悉度），來檢視關於使用者效能、態度、壓力和行為意圖所產生的交互影響。這三個實驗因子（延遲、熟悉度和廣度）已證明會同時影響認知成本，而且當使用者對所搜尋的目標資訊做選擇時，也會有不利結果（Galletta, 2006; Galletta et al., 2006）。實驗室的實驗（雖然不是所有的結果都有被發表）也可用來驗證「可接受」的認知延遲，不論這種認知是可被兩種文化（美國和墨西哥）所接受，以及是結合多個變數（包括可接受的認知延遲、資訊傳送（以正確的方向）、網站深度、回饋、壓力和時間限制）。初步結論是，使用者性急的機率較高（尤其是以美國與墨西哥比較時），而且延遲的影響和不良訊息的傳送可以解釋在一些結果中的顯著差異，特別是考慮到其它互動先例。

以web為基礎之應用和行動通訊（文字訊息、透過具有web功能的行動裝置來使用網際網路），其螢幕更新速率緩慢到令人沮喪。在桌上型電腦執行要求較高的web應用時，螢幕更新速率通常會受限於網路的傳輸速率或伺服器的效能，因此部分的影像或片段的網頁，會以數秒鐘延遲零散地顯示。

使用每秒只有56千位元（kilobits-per-second, Kbps）輸出量之數據機的家庭用戶，可能會發現顯示一頁的文字或一個小的圖片需要30秒或更長的時間。具有數位用戶迴路（digital subscriber lines, DSL）連線、光纖服務（FiOS™）、或纜線數據機（cable modem）的家庭或企業使用者，能以更高的傳輸率（幾千或甚至幾百萬bps）來執行任務；但是，這些傳輸速率因地點、服務提供商和訂閱選擇而異。

寬頻服務供應商通常不會提供同樣的上傳和下載速度：因為相較於上傳資料，大多數的使用者多是下載很多資訊到他們的電腦（文字、圖片、聲音、影片、軟體等），大多數服務供應商都選擇了更高的下載速度，而犧牲快速上傳功能。需要更快的上傳時間的人（例如網站管理員、在合作專案中軟體開發者、定期地轉移大檔案的使用者），可能會發現寬頻服務供應商還有很多機會

可以改進上傳次數。在一個使用者自訂內容的時代，上傳速度可以跟上下載能力是非常重要的。

網路工具可以允許電腦使用者評估其下載和上傳速度（在搜尋網站執行「測試連線速率」的搜尋，就可以找到評估工具）。執行該測試可讓使用者更了解服務品質，使用者可以將這些測試工具提供的資料交給寬頻服務供應商，以要求提供更好的服務或升級以滿足網路回應時間的需求。

在公司工作的使用者，或在防火牆保護的大學內部網路中工作的使用者，通常會根據流量、基礎建設的工具、網路上所運行的服務、不定期地威脅網路基礎建設的病毒攻擊或其它攻擊方式，來通知網路效能的變化。這些人受益於先進的通訊能力、直接網路連線（如非同步傳輸模式，或ATM）；T1線路或衛星連線還可以減少傳輸延遲，並提供更快的畫面更新速率。無線網路裝置並非一定可以使用，通常會追不上有線裝置的速度；然而改善這幾個問題將有助於讓整個社群擁抱無線網絡（有助於普遍可用性）。

雖然電腦對電腦的通訊技術正在改進中，但使用者的工作執行時間並不會自動的以同樣的速度改善。正如本節將說明的，改善生產量並不一定意味著提高了生產率。運算系統仍然需要以使用者為中心，並促進普遍可用性（Shneiderman, 2003; Raskin, 2000）。

從螢幕上閱讀文字資訊，比從書本上還要困難（12.3節）。若顯示速率可以快到一下子就把畫面填滿（比起人們覺得不得不跟上的速度還快），使用者似乎會比較放鬆、會調整他們的步調、並且有效率地工作。這是因為使用者經常瀏覽網頁來尋找明顯的標示或連結，而不是閱讀整篇的文字，所以，先顯示文字，把空間空出來留給顯示較慢的圖片，這樣的做法是有幫助的。因為圖形檔案的大小，可能會超過一百萬個位元組，所以應該讓使用者可以控制影像的品質和大小。

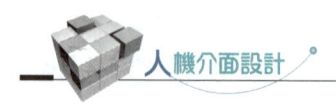

線上閱讀與印刷品的相對優點一直受到熱烈的討論，但不可否認的是大部分的爭論是根據個人喜好和經驗。由於電腦顯示技術的改進，使得無紙化的「綠色」環境的論點再度被提出，且由於可用性、以及線上書籍和報紙深度的提升，我們正朝向需要文字和圖形資料快速顯示的方向前進。高階效能的需求，如結合照片、電影、模擬和遊戲應用，可增加使用者期望和需求。

消費者的需求，是提升效能的關鍵因素。許多桌上型和手提電腦的開機仍然很慢，但是手機、行動裝置和遊戲產品只需數秒即可開機。如果市場競爭仍不足以使產品改進，則需要消費者對軟體和硬體製造商施加壓力，讓電腦開機速度能加快。網站經常透過快速的效能表現來突顯自己的特色，這得歸功於逛網站的人對Google或Yahoo! 的期待，以及Amazon.com或eBay的買家的需求（King, 2008; Morris and Turner, 2001）— 製造商可能很快就會開始提供類似產品以吸引顧客。

人類表現的認知模型是用來說明回應時間的實驗結果，對於進行預測、設計介面和管理策略的產生會很有幫助。能夠說明所有變因的完整預測模型可能永遠不會出現，但即使是完整模型的一部分，對設計者而言就已經很有用了。

Robert B. Miller 的評論（1968）清楚地分析了回應時間的議題，並列出17種有不同回應時間偏好的情況。在他的論文發表後，很多事情都改變了，但是，終止原則（closure）、短期記憶（short-term memory）的限制、和組塊（chunking）仍然適用。任何一個認知模型，都必須從了解人類的問題解決能力及資訊處理能力的過程中產生。就如 George Miller（1956）經典的論文 "The magical number seven, plus or minus two." 中提到的，核心問題是短期記憶能力的限制。Miller 發現人們在吸收資訊能力上的限制。人們可以快速地一次認出七個（之後的研究者對這個數值有些爭議，但它可以當做一個好的評估值）組塊的資訊，而且可以將這麼多的資訊保存在短期記憶中 15 到 30 秒。一個組塊的資訊量，會與個人對資料的熟悉度有關。

例如，大部分的人，可以看著七個二元數字數秒，然後在15秒內，正確地回想這些數字；然而，若在這15秒內進行讓人分心的工作（如朗誦一首詩），則會把記憶中的數字抹去。當然，如果人們專心記住二元數字，並接著把它們轉為長期記憶，則他們把二元數字保留在腦海中的時間可以更久。大部分的美國人也可能會記憶七個十位數字、七個字母字元、七個英文單字、或甚至七個熟悉的廣告標語。雖然以上這些資訊的複雜度愈來愈高，但它們仍被視為單一的組塊。然而，美國人無法記住七個俄文字母、中文的象形文字、或波蘭格言。知識和經驗，決定了每個人記憶的組塊的大小和記憶的容易度。

人們利用短期記憶與工作記憶（working memory）來處理資訊和解決問題。短期記憶用來處理視覺的輸入，而工作記憶用以產生和執行解決問題的方法。如果解決某個問題必須要依賴許多事實和決策，則短期和工作記憶的負荷可能就會變得過多。人們藉著開發出較高階的概念，把許多較低階的概念放入單一的組塊，以學習處理複雜的問題。任何工作的初學者都傾向使用比較小的組塊工作，直到他們可以把概念集中，變成較大的組塊為止。專家能迅速地把複雜的工作，分解成許多他們有自信完成的較小工作。

短期和工作記憶非常容易消失，干擾會造成資訊流失，同時，延遲會造成需要重新恢復記憶。會分散注意力的事物或吵雜的環境，也會危害認知處理。甚至，焦慮會明顯地降低可用記憶的大小，這是因為個人的注意力會被所關心的事情吸引，而這些事情超出了問題解決的工作範圍。

在不考慮干擾的情況下，如果人們可以想到一個問題的解決方法，則他們仍必須要記錄、或開發解決方法。如果他們可以馬上開發解決方法，則可以快速地進行工作。另一方面，如果他們必須把解決方法記錄在長期記憶、紙張或複雜的裝置上，這會使發生錯誤的機率提高，減緩工作的步調。

以心算方式計算兩個四位數相乘很困難，這是因為中間的運算結果無法保留在工作記憶中，而且還必須要轉換成長期記憶。控制核子反應或空中交通，

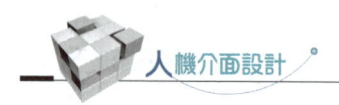

在某種程度上是一項挑戰，因為這些工作經常需要整合（在短期和工作記憶中）許多來源的資訊，以及要保持對全面狀況的了解。在接收新資訊時，操作者可能會分心，因而喪失他們短期或工作記憶中的內容。

在使用互動式電腦系統時，使用者可能會進行規劃，同時在執行規劃的每個步驟時還必須等待。如果某個步驟產生了預料之外的結果、或延遲很久，會造成使用者可能忘記某部分的規劃、或必須要不停地回想規劃的內容。這種模型產生了以下的猜測：對某位使用者和工作而言，會有一個比較偏好的回應時間。回應時間長，會造成精力浪費和更多錯誤的情況發生，這是因為要不斷地回想解決方案。另一方面，若回應時間短，可能會產生較快的步調，在這個情況下，解決方案的產生很匆促、且不完整。利用來自各種不同的狀況和使用者所得到的資料，可以證實上述的假設。

隨著回應時間變長，因為錯誤的懲罰增加，使用者可能會更焦慮。而隨著處理錯誤的困難度增加，使用者焦慮的程度也會增加，甚至會降低效能並增加錯誤發生的機會。然而若回應時間變短與畫面更新變快，則使用者會為了趕上介面的步調，而無法完全了解螢幕呈現的資料、或建立不正確的解決方案，並造成更多的執行錯誤。此處的術語「畫面更新」，可以同時適用於更新顯示的資料（例如，動態的天氣圖），以及在螢幕上最初顯示的資料（例如，當第一次載入包含一些圖形或動畫的網頁時，可能會觸發外掛程式，並在螢幕上顯示其內容）。

在許多領域中，速度／正確性的取捨是個殘酷的現實，在介面的使用上也是如此。一個相關的因素是，固定步調和沒有固定步調的工作之效能差異。在固定步調的工作中，電腦會強迫使用者在固定的時間內做決定，因此會增加壓力，並強迫做出決定。在生命攸關的狀況下、或在需要高生產力的製造業中，對於經過訓練的使用者而言，使用這樣具有高度壓力的介面可能是適當的。然而，錯誤、品質差的工作、和耗盡操作者的精力，都是嚴重的問題。在沒有固定步調的工作中，使用者可以決定什麼時候要回應，並且可以自在地以更放鬆的步調工作、或做出謹慎的決定。

可以利用開車的情況做個類比。對於駕駛人來說,較高的速限可以讓駕駛人較快到達目的地,因此較吸引駕駛人,但是相對的,也會造成較高的事故率。因為車輛發生事故的結果非常可怕,所以我們接受速度上的限制。當以不正確的方法使用電腦系統時,可能會危害生命、財產、或資料,所以不應該提供速度限制嗎?

對於分心的汽車駕駛,則又提供了一個類似的服務品質問題。例如,邊開車邊講手機已經證實事故發生率會較高;同樣地,自豪自己可以同時進行多項工作的電腦使用者也很容易犯錯。有了電腦系統,就可以協助司機降低錯誤發生的機會,例如透過全球定位系統(GPS)可以協助司機找到目的地位置。在很久以後,當有代理人和導引精靈來指引電腦新手時,系統會是什麼樣子呢?

另一個從開車得到的教訓是進度指示器的重要性。看到路邊號誌上的英哩數逐漸地減少,駕駛人可以得到回饋,並會知道他們距離目的地多遠,以及正在往哪裡前進;同樣地,電腦使用者可能想要知道網頁需要多久時間載入、或完成檔案目錄掃描需要多久的時間(圖10.4)。提供動態的圖形進度指示器給使用者,而不是提供靜態(「請稍等」)、閃爍、或數值(剩下...秒)的訊息,會有

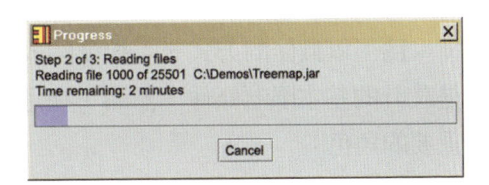

圖10.4

動態進度指示器能讓使用者確定程序正在進行。假設時間估算得很好,但是當進度資訊很難計算時,其它的進度指示器(如檔案的名稱或檔案數目)可以用固定的時間更新指示器

較高的使用者滿意度,並會感覺到至完成時所花費的時間會較短(Meyer et al., 1996)。但重要的是,所取得的進度指示器必須真實地陳述事情的狀態。電腦使用者多久會對「期望」感到越來越沮喪?例如,當看到網頁下載指示器顯示網頁正在載入中,但卻發現網際網路的連線已失敗、或者伺服器已關閉?

若可以滿足以下的條件，則使用者可能會提高工作效能、降低錯誤率和擁有高度的滿意度：

- 使用者對於問題解決工作（problem-solving task）所需要的物件和運作，具備足夠的知識。
- 解決方案可以在未被延遲的情況下完成。
- 會造成分心的事物都被消除。
- 使用者的焦慮感很低。
- 有解決進度的回饋。
- 錯誤可以避免，而如果它們發生，可以容易地處理。

為了以最佳的方式、可接受的成本和可行的技術來解決問題，以上的條件是設計的基本限制條件。然而，在選擇最佳的互動速度上，其它的推測會扮演重要的角色：

- 初學者對稍慢的回應時間，會表現得比較好。
- 初學者偏好以較慢的速度工作，而有經驗和經常使用的人，都不會選擇這樣的速度。
- 當錯誤所造成的損失很少時，使用者偏好以更快的速度工作。
- 當使用者很熟悉工作且工作很容易了解時，使用者會喜歡比較快速的運作。
- 若使用者之前感受過快速的效能，他們在未來也會希望並要求具有這樣的效能。

這些非正式的假設需要被驗證，因此，需要開發出更嚴謹的認知模型，以適應人類工作型態、和電腦使用狀況上的大量差異。從業人員可以進行田野調

查,在他們的應用領域中,利用回應時間當作函數,以評估生產力、錯誤率、和滿意度。

研究人員正在擴充生產力的模型,使模型能夠符合工作和家庭環境的實際狀況。現在,這些運作模型的設計會包含誘惑人分心、以及無法避免的打擾,例如傳送過來的email訊息、彈出的即時訊息、電話、和同事或家人的要求。可讓使用者輕易地限制或阻擋干擾的功能,目前變得愈來愈有需要。另一個有用的功能是將各種工作花費的時間、以及使用者如何處理干擾的歷史紀錄回饋給使用者。使用者在接受來自管理者或家人的干擾上,具有相當的差異。所以,模型必須符合個人、組織、和文化的差異。

本章之後內容所描述的研究和實驗,好比是幾片人類使用電腦的效能之拼圖,但是,在這些片段能夠組合成完整的影像之前,仍需要有更多片的拼圖。目前已經出現了一些提供給設計者和資訊系統管理者的指導方針,但區域測試、持續監控效能和滿意度,仍然是必須的。電腦使用者非凡的適應能力,代表著研究者和從事人員必須對新狀況保持警覺,而這些情況往往會需要修訂指導方針。

10.3 期望和態度

在使用者變得焦慮之前,會花多少時間在電腦前等待回應?這個簡單問題引發了許多討論和實驗。這個問題並沒有簡單的答案,而且更重要的,這可能是個錯誤的問題。有更多的問題把焦點集中在使用者的需求上:使用者會比較喜歡等待有價值的文件,勝過不想要的廣告嗎?

相關的設計議題,也許可以讓可接受的回應時間之類的問題更清楚。例如,使用者聽到電話撥號音、或看到電視的畫面之前,應該等待多久?若成本不高,經常提到的兩秒限制(Miller, 1968)似乎對很多工作都很適合。然而,在某些情況下,使用者會期望能在 0.1 秒內得到回應(例如:車輪的轉動;按下鍵盤、

琴鍵、或電話的按鍵；拖曳圖示；或捲動行動電話內的清單）。因為使用者的工作型態和期望，已經習慣在一秒內得到回應，在這些範例中，兩秒的延遲可能會令人不安。在其它的狀況下，使用者習慣較長的回應時間，如花 30 秒等交通號誌從紅燈變成綠燈、花兩天等待信件寄達、或以一個月時間等待花開。

第一個影響可接受的回應時間的因素，是人們會根據過去完成工作所需時間的經驗建立一些期望。如果工作可以比預期早完成，人們會很高興。但是，若比預期快太多，他們可能會覺得有問題。類似地，如果工作比預期慢很多，使用者可能會感到擔心和失望。雖然人們在二或四秒的回應時間中，有百分之八的改變可以感覺得出來（Miller, 1968），但是很明顯的，使用者只有在改變太大時才會開始擔心。

以下是兩位網路電腦系統安裝人員所回報的使用者對新系統的期望。對於第一次使用的人，因為電腦一開始的負載很小，回應時間很短，所以對新系統感到滿意。然而，隨著負載的增加，回應時間拉長，這些首次使用的人就變得不滿意。另一方面，後來才加入的使用者，可能會因為把目前的回應時間視為正常的回應時間，而感到滿意。為了反應這樣的問題，兩位安裝人員都設計了一個回應時間調節裝置（response-time choke），透過這個裝置，他們可以在系統負載輕時，把系統的速度調慢。這個令人驚訝的做法，使得回應時間不會隨著時間和使用者而改變，因而減少了抱怨。

當加入新的設備、開始或完成大型計畫時，網路管理者也會遇到回應時間變化的類似問題。對於某個程度的回應，已經產生了期待和工作型態的使用者，回應時間的差異可能會有破壞性。一天當中都會有一個時段會出現回應時間很短的情況，如在午餐時間；或回應時間很長的時段，如在上午中段或下午後段。這些極端的情況可能是有問題的：當回應時間短時，某些使用者急於完成工作，因此可能會犯下更多的錯誤。另一方面，在回應時間慢到無法滿足某些人所期望的時間時，就會拒絕工作。一個在 web 購物研究中的受測者提到：「你被寵壞了⋯一旦你習慣快速時，你就會很想要它」（Bouch et al., 2000）。

快速啟動是一個重要的設計議題。若使用者必須花上數分鐘等待手提電腦或數位相機待機，會造成使用者的困擾。因此，在消費性電子產品中，快速啟動是一項重要的功能。另一個相關議題則是，快速啟動和快速使用之間的取捨。例如，下載Java 或其它web 應用可能需花數分鐘，但在這之後，大部分的運作都會很快。另類的設計，可能會加速啟動的速度，付出的代價卻是在使用時偶爾會延遲。

第二個影響回應時間期望值的因素，是個人對延遲的容忍度。電腦的初學者，願意等待的時間比資深的使用者更久。總之，個人對於可以接受的等待時間上有很大的差異。這些差異被許多因素影響，如個性、成本、年紀、心情、文化背景、一天的時間、噪音、和完成工作的壓力。閒逛web的人，可能喜歡在網頁開啟時和朋友交談，但因截稿時間而感到焦慮的新聞工作者，可能會開始敲打桌子或按鍵，想要使電腦快一些。

其它影響回應時間期望的因素，是工作的複雜度與使用者對工作的熟悉度。對於簡單、較少需要解決問題的重複性工作，使用者會想要做得快一點，而且延遲超過數十分之一秒就會感到困擾。對於複雜的問題，使用者可以在等待較長回應的同時，事先做好規劃，因此即使回應時間變得更長，仍能有很好的效能。使用者的適應性很高，而且可以改變他們的工作型態，以適應不同的回應時間。對早期批次程式設計環境的研究、和最近對互動系統使用的研究中，都可以發現這個因素。如果延遲很長，若可能的話，使用者會找尋替代方案，以減少互動的次數。他們會藉著進行其它的工作、做白日夢、或事先規劃他們的工作，來填滿這段很長的延遲時間。但是，甚至是在可以進行替代工作的情況下，冗長的回應時間還是會讓使用者的不滿意度升高。

有愈來愈多的工作都非常需要快速的系統效能。這些例子包括：使用者控制的三度空間動畫、飛行模擬、圖形設計、資訊視覺化的動態查詢。在這些應用中，使用者不斷地調整輸入控制，而且，他們希望能在感覺不到延遲的情況下發生改變，並馬上呈現出來 — 也就是在100毫秒內。類似的，某些工作（例如，

視訊會議、Voice over IP電話、和多媒體串流）需要快速的效能以確保高服務品質，這是因為間歇的延遲，會造成跳動的影像和不連續的聲音，這些因素都會嚴重地困擾使用者。這些服務的提倡者會看到更快和更高容量的網路需求。

在全球資訊網上快速增加的讀者和新工作，使服務品質領域有了新的思考方向。因為電子商務的購物者很重視信用、口碑、和隱私，因此研究者已經開始研究時間延遲對互動的影響。隨著網站的不同，回應時間也有很大的差異（Huberman, 2001；見圖10.5），同時為了降低回應等待時間，網站的管理者也經常得決定消耗多少的資源是合理的。研究發現，隨著回應時間增加，使用者會覺得網頁的內容比較無趣（Ramsay et al., 1998），而且品質較差（Jacko et al., 2000）。甚至，冗長的回應時間會讓使用者對設立網站的公司產生負面的觀感（Bouch et al., 2000）。一項web購物研究的參與者相信，成功的公司會有足夠的資源建立出高效能網站，並提到「這是消費者看待公司的方式...它應該看起來很棒，它應該很快」。增加Ajax（Asynchronous JavaScript和XML）及動態技術的使用，會同時增加回應與使用者期望。

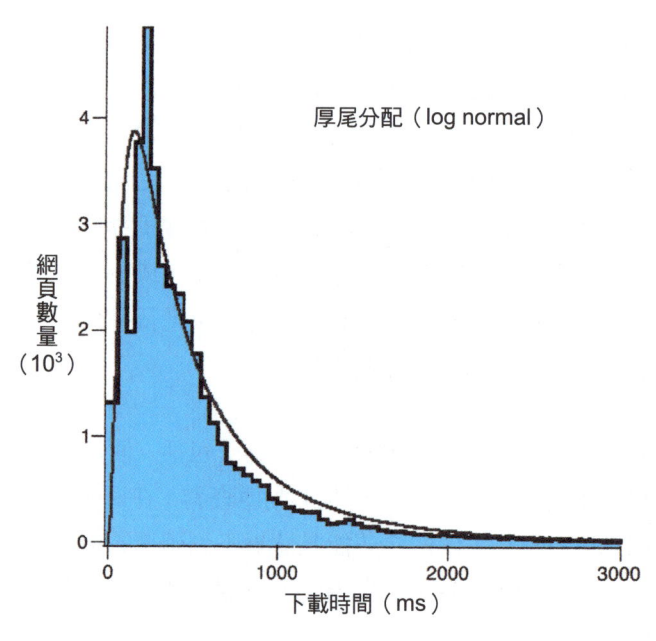

圖10.5

4萬個隨機選擇的網頁之回應時間分佈圖，呈現出對數常態分佈。有一半的網頁在半秒內就傳送完成，但是很長的尾巴顯示差異很大（Huberman, 2001）

總之，有三個因素影響使用者對回應時間的期望和態度：

1. 之前的經驗
2. 個人的個性差異
3. 工作差異

對於特定的背景、個人和工作，實驗結果顯示有趣的行為模式，但卻很難找出一組簡單的結論。許多實驗嘗試讓使用者在覺得等太久時按下一個按鍵，以找出可接受的等待時間。當參與者更有經驗時，他們可以利用這個特質，縮短在未來運作中的回應時間。他們努力使經常進行的運作之回應時間，降低到遠低於一秒。讓使用者可以選擇互動的步調，似乎是很吸引人的。電動遊戲設計者了解使用者控制步調裝置的作用，以及專家級使用者渴望獲得因快步調所帶來的挑戰。另一方面，年長者和殘障使用者會希望能降低互動的步調。不同的渴望，也開啓了要求支付額外的金錢以得到較快服務的機會；例如，許多全球資訊網的使用者，願意花額外的錢使用較快的網路。

總之，有三個假設出現：

1. 個別差異很大，而且使用者已有適應性。當他們比較有經驗後，可以做得較快，而且，當回應時間改變時，他們願意改變工作的方式。讓人們能夠設定自己的互動步調，這可能會很有用。
2. 對於重複的工作，使用者比較喜歡較短的回應時間，而且會做得更快。
3. 對於複雜的工作，使用者可以適應較慢的回應時間，而且不會降低生產力，但隨著時間變長，他們的不滿意度會增加。

10.4 使用者的生產力

較短的回應時間，通常會帶來較高的生產力，但是，在某些情況下，有較長回應時間的使用者，可以找到更聰明的捷徑或方式進行平行處理，以減少完成工作的時間和精力，做得太快反而會造成錯誤而降低生產力。

使用電腦，就像在開車，高速公路或行車速限較低的道路哪個較好，並沒有通盤的法則。設計者必須仔細調查每個狀況，以得到最佳的選擇。這個選擇，對偶爾發生的處理並不重要，但當發生的頻率很高時，它就變得很值得研究。當電腦大量應用在許多情況時，可以花更多的精力找出對特定的工作和使用者最適當的回應時間。當工作和使用者改變時，必須進行新的研究，就像每趟旅程需要評估新的路徑一樣。

另一種解決辦法是遮蔽延遲（masking delay），也就是當填入背景時首先顯示重要的和關鍵的資訊。設計良好的網站通常會先下載重要資訊；同樣地，網頁設計人員可以選擇下載第一個有趣的資訊，這樣使用者就會有動機，並鼓勵他們在下載延遲時等待，以看到最終結果。當其它文章被下載時，一些新聞網站會先下載文字標題，以激發新聞讀者保持耐心，然後，當等待其它的動畫、廣告下載時，使用者可以開始閱讀一篇文章，最後直到畫面完全被預定的資訊填滿為止。

回應時間的改變，是否會改變使用者的生產力，主要是根據工作的性質而定。有一項重覆性的控制工作是包括監控顯示器的畫面、觸發對顯示器畫面改變的回應。雖然操作者可能想要了解其內的過程，但基本的活動是回應顯示器畫面的改變、觸發命令、並繼續觀察命令是否產生預期的影響。當有許多運作可供選擇時，這個問題就變得更有趣，而且操作者會希望能在每一種情況下都選擇最佳的運作。在較短的系統回應時間下，操作者能跟得上系統的步調，並且做得更快，但操作者在運作的選擇上，則可能不是最佳的。另一方面，在較短的回應時間下，不良的選擇所付出的代價也許不高，這是因為可以容易地嘗

試其它的運作。事實上，操作者以較短的系統回應時間，可以更快地學習使用者介面，這是因為他們可以更容易地嘗試各種不同的替代方式。

在針對資料輸入工作的研究中，根據回應時間，使用者會採取以下三種策略中的其中一種（Teal and Rudnicky, 1992）。當回應時間在一秒鐘之內，使用者是在無意識的情況下工作，不會檢查系統是否已準備好接受下一個資料輸入。利用這個方式，使用者在系統可以接受資料前就鍵入資料，導致出現許多預料中的錯誤。當回應時間超過兩秒，使用者即會仔細地觀察，並在確定提示或游標出現後才開始打字。當回應時間在一秒到兩秒之間時，使用者會調整他們的速度，並在等一段適當的時間後才輸入資料。

當需要解決複雜的問題，且是在有許多可能之解決方式的情況下，則使用者會根據回應時間，調整他們的工作型態。儘管回應時間在0.1到5.0秒的範圍內變化，但解決統計問題工作的生產力仍然不變（Martin and Corl, 1986）。一項針對經常使用者進行的相同研究發現，簡單資料輸入工作的生產力，會有線性的成長。工作愈簡單和愈習以為常，會有較短的回應時間，對生產力的幫助就更大。

Barber和Lucas（1983）有一項針對專業的電話佈線人員的研究。這些佈線人員在有服務需求時，會進行電話裝置分配。對於這個複雜的工作，在回應時間為12秒時錯誤率最低（圖10.6）。較短的回應時間，工作人員會倉促做出決定；較長的回應時間，則會因等待所造成的挫折感而會增加短期記憶的負擔。隨著回應時間的降低，有成效的工作（全部的工作減掉發生錯誤的工作）的個數，幾乎是以線性的速度成長，且主觀偏好一致傾向較短的回應時間。

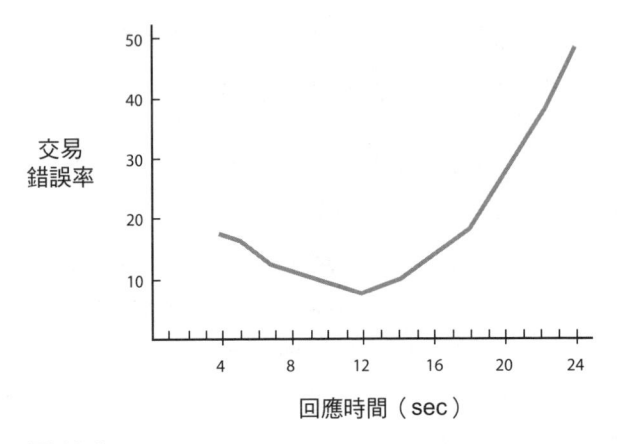

圖10.6
對於複雜的電話佈線工作，Barber和Lucas（1983）提出以回應時間為函數的錯誤率。雖然在長回應時間（12秒）下錯誤率最低，但因為系統可以偵測錯誤，因而使用者可以快速地改正錯誤。所以，較短的回應時間，可增加生產力

10.5 回應時間的變異性

人們很樂意花大筆的金錢來降低他們生活中產生的變化。保險業是以減少目前歡樂（支付保費）的方式，來降低未來可能損失的嚴重性。大部分的人都喜歡可以預期的行為，因為這樣可以減少因擔心意外所帶來的焦慮。

使用電腦時，使用者無法藉由看到電腦內部的方式，來確認他們的運作正適當地執行，但回應時間可以提供一些線索。若使用者預期某個常用運作的回應時間為3秒，當運作花費0.5或15秒的時間時，使用者就會感到憂慮。如此極端的變化，會令人心神不寧，因此應該避免這些變化；或對於不尋常的快速回應，藉由介面來提供某種指示；或對不尋常的慢速回應，提供進度報告，確認這些變化。

更困難的問題是，回應時間的差異所造成的影響。如之前所討論，Miller（1968）提出這個問題，並指出75%的參與者在2到4秒的回應時間區間內，可

以感受到8%的時間差異。這些結果，促使一些設計者為了回應時間的變異性，提出了一些限制法則。因為在技術上，可能無法使所有的運作都有固定且較短的回應時間（如1秒），所以許多研究者建議，某類的運作，應該有固定的回應時間。許多運作會有少於1秒的回應時間，其它的運作可能花4秒，甚至有些運作需花12秒。

實驗結果指出，回應時間的些許差異，並不會嚴重影響效能。雖然在進行某些工作時，某些使用者會變得沮喪，但很明顯的，使用者能夠適應有差異的狀況。Goodman和Spence（1982）評估在問題解決的情況下（在他們稍早的實驗中也利用類似的情況，請見10.4節），回應時間變化所造成的效能變化，他們發現，隨著回應時間的變異增加，效能並沒有顯著的變化。解決的時間和命令的使用狀況，並沒有改變。隨著變異性增加，參與者可以藉著馬上輸入後續的命令，利用快速回應所帶來的好處，平衡花在等待較慢的回應所花的時間。其它研究者也發現類似的結果。

回應時間的生理反應，對於具壓力的長期工作（如空中交通管制）是很重要的議題，對於辦公室的工作人員和銷售人員，同樣也是受到關注的事。雖然截至目前為止，尚未發現固定和變化的回應時間所產生的效能有顯著的差異，但對於較短的回應時間，卻不斷發現到較高的錯誤率、較高的心臟收縮壓、和明顯的疼痛症狀（Kohlisch and Kuhmann, 1997）。資料庫查詢的研究中也有類似的情況，把固定的8秒回應時間，拿來和在1到30秒（平均8秒）的範圍變化的回應時間做比較（Emurian, 1991）。雖然比起靜止不動的標準數值，心臟的舒張壓、和咬筋（下巴肌肉）緊張程度的確有增加，但在這些生理測量中，利用固定和變化的回應時間所得到的結果，並沒有顯著的差異。

總之，回應時間上的微幅變化（比平均時間增加或減少50%）似乎是可容忍的，而且對效能的影響很小。只有在延遲超乎尋常的長（至少是預期的兩倍）時，才會出現沮喪的情況。相同的，只有在回應時間超乎尋常的短時（例

如,預期的四分之一時),對錯誤命令的焦慮才會出現。但即使是非常極端的改變,使用者似乎仍有夠強的適應能力可完成工作。

放慢非預期的快速回應之速度,讓使用者不會感到訝異,這麼做可能很有幫助。這個提議頗具爭議,但它對使用者互動的影響非常小。的確,設計者應該非常努力避免太慢的回應,或者,如果回應必須這麼慢,設計者應該提供使用者目前進度的資訊。顯示一個倒數的大時鐘的圖形介面,只有當時鐘倒數到零時,才出現結果。同樣的,許多列印和下載程式會顯示頁數,以標示目前進度,並確認電腦正在處理文件。

10.6 使人沮喪的經驗

服務品質通常是根據網路效能來定義,但另一個角度是考量使用者經驗的品質。許多技術的提倡者主張,在過去的四十年,電腦的使用者經驗的品質正不斷地進步,其代表晶片、網路速度、和硬碟容量都穩定的成長。然而,批評者認為,介面複雜度、網路中斷、和惡意干擾所造成的沮喪會增加。最近的研究已經開始進行文件紀錄,並幫助我們了解造成使用者對於目前的使用者介面沮喪的來源。

當難以使用的電腦讓使用者變得沮喪時,會影響工作效率、使用者的情緒、以及與其他同事的互動(Lazar et al., 2006)。收集來自平均花費5.1小時在電腦上的50個使用者的修改工作日誌的時間,並進行分析。使用者描述,因為令人沮喪的經歷,他們平均會浪費掉42至43%的時間在電腦上。多數令人沮喪的經歷是發生在使用文書處理程式、電子郵件和Web瀏覽器。在這研究中也分析其發生的原因、損失的時間、對使用者的情緒影響,以及影響設計者、管理者、使用者、資訊技術人員、以及政策制定者的原因。

另一項對107個使用電腦的學生和50個使用電腦的工作者的研究中,證明會有較高的受挫程度,且會損失1/3至1/2的時間(Lazar et al., 2006)。這項研究報

告說明會造成沮喪的特定事件和特定使用者等因素，這些因素如何影響到使用者的沮喪感，並探討這些沮喪感如何影響使用者日常的互動。對於學生和工作場所的使用者而言，令人沮喪的程度會與損失時間／解決問題所需的時間、工作的重要性，密切相關。

中斷似乎會造成使用者的困擾，不論這些中斷是否來自於目前的工作，或來自無關的工作，但令人驚訝的是，已經證明，在更短的時間內完全中斷任務，或是未中斷的任務，兩者相較在品質上並無差異（Mark et al., 2008）。此項研究的研究人員推測，人們會藉由快速工作來補償中斷；然而，這樣的結果所付出的代價是更多的壓力、更深的沮喪、以及時間壓力和努力。為減少其負面影響，一個合適的介面設計變化會允許使用者限制中斷。

有一項研究是當使用如作業系統、網路瀏覽器、文字編輯器、電子郵件客戶端、行動裝置、數位影像錄影機（TiVo）等技術時，根據記憶做為沮喪發生的指標（Mentis, 2007）。大多數的使用者會記得令人沮喪的事件，如不正確的自動格式化、電腦錯誤或臭蟲、緩慢或中斷的網際網路連線、不想看到的彈出視窗。這些事件似乎都有兩個共同點：它們是使用者的外部認知過程、它們會中斷使用者的工作、並採取控制而遠離使用者。使用者回憶他們的經驗、可用性事件、以及情緒反應，藉由避免中斷使用者的認知流，而讓設計師創造一個更好的整體使用者經驗。這樣的原則也適用於桌上型電腦環境以外的介面上。

另一項研究是檢視使用者在使用行動裝置所產生的挫折，這個研究是在城市環境中利用位置敏感的行動服務（location-sensitive mobile services），來評估行動裝置使用者的經驗，透過日誌和使用者訪談來收集資料（Häkkilä and Isomursu, 2005）。使用者感知的問題，以及在使用時造成挫折的原因和困難，主要是因為在行動服務中，慢的或不可靠的資料連結、缺乏內容性所造成的。

在使用者問卷調查中發現，一般民眾有強烈的不滿意感受。一個主要的電腦製造商針對英國1255位辦公室人員進行研究，發現幾乎有一半的人會對電腦

解決問題的時間感到挫折或壓力。在一項針對6000位美國電腦使用者的調查中發現,平均浪費的時間約為每週5.1小時。

要以更可靠的資料取代這些誇大的印象,是一項困難的挑戰。從超過100位使用者、平均工作2.5小時的自我報告和觀察中發現,每個報告都顯示出惱人的結果:使用者有46%到53%的時間似乎被浪費掉了(Ceaparu et al., 2004)。經常發生的抱怨包括:網路斷線、應用程式當掉、冗長的系統回應時間、和令人困惑的錯誤訊息。但是,沒有一項抱怨會達到所有抱怨的9%。主要的問題來源是瀏覽網頁、e-mail、和文書處理的一般應用。用以減少使用者挫折感的建議做法包括:重新設計介面、改善軟體品質、增加網路可靠度。其它的建議集中在使用者可以做的事情上,例如:增加學習的機會、小心地使用服務、自我控制的態度。

針對伺服器能力、網路速度、和數據機可靠度等基礎建設的改善,可改變使用者的感受。但是,從另一方面來看,由於網際網路使用者持續的增加,這表示每年仍會有新問題出現。改進網路性能和可靠性,可以促進使用者之間的信任,減少他們的關注,最後提高工作效率和產出。因此,不良的服務品質仍是個需要面對的難題,對他們而言,基礎建設的可靠度仍是個問題。

因為透過使用者訓練,可減少使用者沮喪的感受,所以可藉由改進學校和工作環境教育的方式,改善使用者的感受。未受過適當訓練的使用者在使用網際網路服務時會遭遇到困難,因而使得提供電子學習、電子商務、和電子政府服務的努力大打折扣。因此,改善教學課程和改良的使用者介面,對使用者有很大的幫助。

網路服務,特別是e-mail,是最具價值的資訊和通訊技術。有無數的來源與「網路禮節」、適當地使用和生產力有關,用來指導使用者適當地使用電子郵件。許多公司發佈電子郵件準則,不僅是為了指導員工在工作場所要如何適當地使用電子郵件,而且也為減少電子郵件資訊過載提出最佳做法,進而提高工作效率。

電子郵件已經成為惱人的垃圾郵件（spam）之來源（spam是對於廣告、招攬客戶、和色情圖片等不想要的、未經請求的電子郵件輕蔑用語）。這些訊息有些是來自大公司，這些公司努力地把電子郵件傳送給現有的客戶，但是，有更多的垃圾郵件是來自小公司和個人，他們利用廉價的電子郵件，將無限制的訊息傳送給龐大的郵件清單上未經過濾的電子郵件地址。許多國家已經通過反垃圾郵件法案，但網際網路的國際界限、和開放的政策，限制了法律控制的成效。許多網路提供者會攔截來自已知的垃圾郵件來源所發出的電子郵件，這些郵件佔所有垃圾郵件的80%，但使用者還是會抱怨有太多的垃圾郵件。使用者可藉助自行控制的垃圾郵件過濾器，但安裝和使用者控制的複雜度，會降低使用這些工具的意願。甚至有愈來愈多聰明的垃圾郵件發信者會以快速的方式改變他們的訊息，以通過現有的過濾器。同樣地，跳出式廣告的散播者也會不斷改良他們的方法，以應付不斷改變的技術，並通過保護使用者的策略。消費者的抗議，可以迫使軟體開發者、網路提供者、和政府單位更直接地面對這些惱人的問題。某些垃圾郵件的發送者和廣告商宣稱他們有傳送垃圾信或廣告言論的自由，但大部分的使用者希望針對傳送大量的電子郵件、或不請自來的跳出式廣告之權利上，進行某種程度的限制。

另一個令人沮喪的問題，是惡意病毒的散佈，一旦病毒感染了電腦，就可以破壞資料、中斷使用，或者會像癌症的散播一樣，把病毒帶給每個電子郵件聯絡清單上的使用者。病毒是由惡意的程式設計師撰寫，他們通常透過電子郵件的附件散播浩劫。沒有想到會收到信件的收件者，可能會收到熟人寄來已受感染的電子郵件。缺乏有意義的主題或訊息內容，經常是判斷電子郵件是否帶有病毒的線索。在信件內容中提及之前電子郵件內容的詐騙訊息、或吸引人的邀請訊息，會讓使用者難以判斷，但有安全警覺的使用者通常不會隨意打開附件，除非他們正等待這個寄件人的文件或相片。在2000年，在防毒軟體偵測到病毒之前，著名的ILOVEYOU病毒就已經感染了全世界數百萬台個人電腦，這個病毒在信件標題設為"I Love You"，以欺騙使用者開啟電子郵件。修復代價估計約要花費102億美元。大部分的網路服務供應者會提供病毒過濾器，它會阻擋已知的病毒，但專業的程式設計師，必須每週、或甚至每天修改防毒軟體

（供應商包括McAfee™和Symantec™），以趕上愈來愈老練的病毒開發者。由於電子郵件是許多威脅的來源，因此電子郵件軟體的開發者必須採取更多的行動，以保護使用者。

普遍可用性針對使用者的沮喪感提出了挑戰。在一項研究計畫中，有100名盲人使用者利用時間日誌記錄他們在使用Web時產生的挫折（Lazar et al., 2007）。造成沮喪最重要的原因包括：（1）頁面的配置會混淆螢幕閱讀器的回饋；（2）螢幕閱讀器和應用程式之間的衝突；（3）設計不當／沒有標示的形式；（4）沒有任何可替代圖片的文字；和（5）在錯誤的連結、無法存取的PDF文件、和螢幕閱讀器當機之間的三向聯繫。在這項研究中，盲人使用者回報因這些令人沮喪的情況，會損失平均約30.4%的時間。考量到普遍可用性，網頁設計師會使用更合適的形式和圖形標誌、和避免混淆的頁面配置，以改善令人感到沮喪的情況。

因為沮喪、分心和中斷會阻礙進展，因而設計策略應當要能讓使用者保持專心。有三個初步的策略可以降低使用者的沮喪感：減少短期和工作記憶的負荷、提供豐富資訊的介面、並增加自動性（Shneiderman, 2005）。自動性在這個情境中是指以自動的和非自願，無意識控制下所發生的資訊處理（對刺激的反應）。其中的一個例子就是當使用者執行了一連串複雜的運作順序後，只有少數的認知負載，例如司機在熟悉路線後，工作上就不需要付出過多的努力。

從業人員的重點整理

對網路、電腦、和行動裝置的使用者和提供者而言，服務品質是愈來愈重要的議題。快速的系統回應時間、和快速的畫面更新速率是必須的，因為這些是使用者生產力、錯誤率、工作型態、和滿意度的決定因素（Box 10.1）。在大部分情況下，較短的回應時間（少於一秒）會有較高的生產力。對滑鼠運作、多媒體效能、和互動式動畫，必須有更快的效能（少於0.1秒）。滿意度通常會隨著回應時間的增加而降低，但是，快速的步調所帶來的壓力，也可能會帶來風險，這是因為使用者必須跟上系統的步調，時間的壓力會讓他們發生更多的錯誤。若這些錯誤都能被輕易地偵測和發現，一般來說，生產力會提高。然而，若錯誤很難找到，或花費的成本很大，則中庸的步調會是最有幫助的。

■ Box 10.1 回應時間指導方針

- 使用者偏好較短的回應時間。
- 較長的回應時間（大於15秒）會有負面影響。
- 使用者隨著回應時間的改變，而改變使用概況。
- 較短的回應時間，導致較短的使用者思考時間。
- 較快的步調會增加生產力，但是也可能增加錯誤率。
- 錯誤復原的容易度和時間，會影響最佳回應時間。
- 針對以下工作的適當回應時間：
  - 打字、游標移動、滑鼠點選：50-150毫秒
  - 簡單、頻繁的工作：1秒
  - 常見的工作：2-4秒
  - 複雜的工作：8-12秒
- 應該告知使用者會有很長的延遲時間。
- 努力做到快速啟動。
- 些許的回應時間差異，是可以接受的。
- 意料之外的延遲可能會有負面影響。
- 讓使用者能夠選擇互動的步調。
- 經驗測試能幫助設定適當的回應時間。

設計者藉著評估生產力、錯誤、和提供短回應時間的成本，可以決定對於特定的應用和使用群的最佳回應時間。當步調變快，工作型態改變時，管理者必須要提高警覺。生產力是根據正確完成的工作量進行評估，而不是根據每小時做多少互動而來。新手喜歡緩慢的互動步調。接近平均回應時間的回應時間值，是可接受的，但是，若與平均回應時間有較大的差異（少於平均的四分之一、或大於平均的兩倍），則應該要顯示有幫助的訊息給使用者。一個快速回應的替代方式，是使它們變慢，如此即不需要顯示解釋性的訊息。

不同的電腦使用群所感受到的受挫程度，一直是研究者關心的問題（Box 10.2）。在使用者自訂內容和社群媒體的時代，一個滿意的使用者體驗是由更好的、至少可接受的服務品質來決定。惡意散播垃圾郵件和病毒，對於使用者人數持續增加的網際網路社群而言，是一個嚴重的威脅。應用程式當機、令人困惑的錯誤訊息、和網路中斷，都是可以利用改良的介面和軟體設計來解決的問題。

■ Box 10.2 降低使用者的挫折感

- 增加伺服器的功能、網路速度、和網路連線的可靠度。
- 改良使用者訓練、線上說明、和線上課程。
- 重新設計學習指引和錯誤訊息。
- 提供能夠避免垃圾郵件、病毒、和跳出廣告的保護措施。
- 組織消費者保護團體。
- 增加對使用者挫折程度的研究。
- 催化公眾討論以增加對服務的認識。

研究者的議題

現在可利用新技術與應用的豐富性,來平衡對於服務品質的認識。對問題的分類,提供可供研究的架構,但是,對工作、認知型態差異和應用,也需要有細部分類。接著,若我們想要產生有用的設計假說,則必須改良問題的解決方式、和消費者行為理論。

對於複雜的工作,U形錯誤曲線在回應時間為12秒時,其結果有最低錯誤率(Barber and Lucas, 1983),因而引發了更進一步的研究。以回應時間為函數之錯誤率研究,會對許多工作和使用者有幫助。另一個目標是適應現實生活中,造成破壞規劃、干擾決策、和降低生產力的打擾。

錯誤率隨著回應時間的改變而改變是可以理解的,但使用者的工作型態、或消費者的期望,是如何被影響?現今員工在數個應用程式之間多工進行工作,再加上例行工作讓我們分心、增加壓力、並大幅降低生產率,這樣的結果最終會影響到企業的利潤嗎?我們可以訓練現代的使用者在各種應用和工作之間,能更加地管理好他們的時間,同時也提供用來改良通訊、協同工作、使用者自訂內容和網路的工具。若僅利用拉長時間和降低服務品質,這能讓使用者在做決定時更小心嗎?隨著回應時間的縮短,使用者使用的運作會比較少、且會比較熟悉運作嗎?

還有其他值得探討的問題。若無法藉由技術提供短的回應時間時,利用可轉移注意力的工作或進度報告,就足以讓使用者滿意嗎?針對冗長回應所發出的警告或道歉,是能減輕焦慮還是只會讓使用者更加沮喪?

評估使用者沮喪程度的方法目前都仍有爭議。時間日記可能比回溯問卷調查更可靠,但是要怎麼做才能使自動紀錄日誌和觀察技術更為有效呢?更重要的,軟體開發者和網路提供者如何建立可評估改善服務品質和降低使用者沮喪程度的月報呢?

全球資訊網資源

http://www.aw.com/DTUI

雖然冗長的網路延遲議題較常被提出討論，但網路上也有不少與回應時間相關的議題。使用者的沮喪感是個熱門的話題，許多網站列出有缺陷的介面、和令人沮喪的感受。New Computing movement的網站（http://www.cs.umd.edu/hcil/newcomputing/）提供了許多改變的建議方式。

參考資料

Barber, R. E. and Lucas, H. C., System response time, operator productivity and job satisfaction, *Communications of the ACM* 26, 11 (November 1983), 972–986.

Bouch, Anna, Kuchinsky, Allen, and Bhatti, Nina, Quality is in the eye of the beholder: Meeting user requirements for Internet quality of service, *Proc. CHI 2000 Conference: Human Factors in Computing Systems*, ACM Press, New York (2000), 297–304.

Ceaparu, I., Lazar, J., Bessiere, K., Robinson, J., and Shneiderman, B., Determining causes and severity of end-user frustration, *International Journal of Human-Computer Interaction* 17, 3 (September 2004), 333–356.

Galletta, Dennis F., Understanding the direct and interaction effects of web delay and related factors, in Galletta, Dennis F. and Zhang, Ping (Editors), *Human-Computer Interaction and Management Information Systems: Applications (Advances in Management Information Systems)*, M. E. Sharpe, Armonk, New York (2006), 29–69.

Galletta, Dennis F., Henry, Raymond, McCoy, Scott, and Polak, Peter, When the wait isn't so bad, *Information Systems Research* 17, 1 (March 2006), 20–37.

Goodman, Tom and Spence, Robert, The effects of potentiometer dimensionality, system response time, and time of day on interactive graphical problem solving, *Human Factors* 24, 4 (1982), 437–456.

Guastello, Stephen J., *Human Factors Engineering and Ergonomics: A Systems Approach*, Lawrence Erlbaum Associates, Mahwah, NJ (2006).

Häkkilä, Jonna and Isomursu, Minna, User experiences on location-aware mobile services, *Proc. OZCHI 2005*, ACM Press, New York (2005), 1–4.

Huberman, Bernardo A., *The Laws of the Web: Patterns in the Ecology of Information*, MIT Press, Cambridge, MA (2001).

Jacko, J., Sears, A., and Borella, M., The effect of network delay and media on user perceptions of web resources, *Behaviour & Information Technology* 19, 6 (2000), 427–439.

King, Andrew B., *Website Optimization: Speed, Search Engine & Conversion Rate Secrets*, O'Reilly Media, Sebastopol, CA (2008).

Kohlisch, Olaf and Kuhmann, Werner, System response time and readiness for task execution: The optimum duration of inter-task delays, *Ergonomics* 40, 3 (1997), 265–280.

Lazar, J., Allen, A., Kleinman, J., and Malarkey, C., What frustrates screen reader users on the Web: Astudy of 100 blind users, *International Journal of Human-Computer Interaction* 22, 3 (May 2007), 247–269.

Lazar, J., Jones, A., Hackley, M., and Shneiderman, B., Severity and impact of computer user frustration: Acomparison of student and workplace users, *Interacting with Computers* 18, 2 (2006), 187–207.

Lazar, J., Jones, A., and Shneiderman, B., Workplace user frustration with computers: An exploratory investigation of the causes and severity, *Behaviour & Information Technology* 25, 3 (May/June 2006), 239–251.

Mark, Gloria, Gudith, Daniela, and Klocke, Ulrich, The cost of interrupted work: More speed and stress—Don't interrupt me, *Proc. CHI 2008 Conference: Human Factors in Computing Systems*, ACM Press, New York (2008), 107–110.

Martin, G. L. and Corl, K. G., System response time effects on user productivity, *Behaviour & Information Technology* 5, 1 (1986), 3–13.

Mentis, Helena, Memory of frustrating experiences, in Nahl. D. and Bilal, D. (Editors), *Information and Emotion*, Information Today, Medford, NJ (2007).

Meyer, Joachim, Shinar, David, Bitan, Yuval, and Leiser, David, Duration estimates and users' preferences in human-computer interaction, *Ergonomics* 39, 1 (1996), 46–60.

Miller, George A., The magical number seven, plus or minus two: Some limits on our capacity for processing information, *Psychological Science* 63 (1956), 81–97.

Miller, Robert B., Response time in man-computer conversational transactions, *Proc. AFIPS Spring Joint Computer Conference* 33, AFIPS Press, Montvale, NJ (1968), 267–277.

Morris, Michael G. and Turner, Jason M., Assessing users' subjective quality of experience with the World Wide Web: An exploratory examination of temporal changes in technology acceptance, *International Journal of Human-Computer Studies* 54 (2001), 877–901.

Ramsay, Judith, Barbesi, Alessandro, and Preece, Jenny, A psychological investigation of long retrieval times on the World Wide Web, *Interacting with Computers* 10 (1998), 77–86.

Raskin, Jef, *The Humane Interface: New Directions for Desgining Interactive Systems*, Addison-Wesley, Reading, MA (2000).

Shneiderman, Ben, *Leonardo's Laptop: Human Needs and the New Computing Technologies*, MIT Press, Cambridge, MA (2003).

Shneiderman, Ben and Bederson, Ben, Maintaining concentration to achieve task completion, *Proc. Conference on Designing for User Experiences* 135, ACM Press, New York (November 2005), 2–7.

Teal, Steven L. and Rudnicky, Alexander I., A performance model of system delay and user strategy selection, *Proc. CHI '92 Conference: Human Factors in Computing Systems*, ACM Press, New York (1992), 295–305.

Wickens, Christopher D., Lee, John D., Liu, Yili, and Becker, Sallie E. Gordon, *An Introduction to Human Factors Engineering, Second Edition*, Pearson Prentice-Hall, Upper Saddle River, NJ (2004).

CHAPTER 11

平衡功能和風格

Steven M. Jacobs合著

人機介面設計

11.1 簡介

　　介面目前還無法和建築藝術或追求時尚的服裝設計相比。然而可以預期的是隨著電腦使用者的增加，在設計上的競爭也會增加。早期的汽車僅能運作而已，而且Henry Ford會取笑把車子漆成黑色以外顏色的客戶；但今日的汽車設計者已經學會在功能和時尚之間取得平衡。本章討論的六個設計主題，是與人因工程準則相關的功能性議題，但這也為需要保留一些空間，變化不同風格以滿足不同客戶的想法。這些主題包括：錯誤訊息、非擬人化的設計（nonanthropomorphic design）、畫面設計、網頁設計、視窗設計、和色彩。

　　使用者對電腦系統的訊息、說明、錯誤診斷、和警告的感受，在影響軟體系統的接受度上，扮演著重要的角色。在設計給初學者使用的系統中，訊息的用詞特別重要，而專家級使用者也可以從改良的訊息中得到幫助（11.2節）。有時候，使用者會希望訊息是對話式的，就像人與人之間的模式，但這個方法有其限制，因為人和電腦不同。這個事實可能很明顯，但是花一個小節來討論非擬人化的設計（11.3節），對於引導設計者設計出可理解、可預期、和可控制的介面，是有其必要性。

　　另一個設計改良的機會，是資訊在畫面中的配置（11.4節）。甚至，對有經驗的使用者而言，凌亂的畫面會令人不知所措，但只要花一些努力，我們就能建立出有組織、資訊豐富的配置，進而能減少搜尋時間、和增加主觀滿意度。本章也將針對普遍可用性、使用者自訂內容、網頁設計和發展技術之擴展的相關議題進行說明。改善網頁設計就像是改善標準一樣，而工具的出現，可用以解決網頁設計與開發、使用者自訂內容、以及普遍可用性。視窗管理的方式已被標準化，但了解多視窗協調作業的動機，可以對視窗系統做改進、並產生新的設計，例如個人角色管理員（11.6節）。

　　大型、快速、高解析度的彩色顯示器，為設計者帶來了許多可能性和挑戰。色彩設計的指導方針很有用，但是資深的設計者知道，指導方針需要重複測試，才能確保成功（11.7節）。

識別出平衡功能和風格的創造性挑戰，可能會進一步推動設計師把他們的名字和照片放到標題或信賴的網頁上，就像是作家寫一本書一樣。在遊戲、教育軟體中，這種確認是常見的，而且它似乎適用於所有的軟體。對於做得好的工作和負責任的人可以藉此當成其「信用」。揭露名字還可能鼓勵設計人員更加努力地工作，因為他們的身份是被公開的。

11.2 錯誤訊息

錯誤訊息是在整體介面設計策略中，用以引導使用者的一個重要組成部分。這個策略應該可以確保整合的、協調的錯誤訊息，並且在一個或多個應用程式中是一致的。

由多位作者撰寫的錯誤訊息，看起來會很明顯是由多位作者撰寫，這會造成系統和網站中出現設計上的災難。有許多"hall of shame"錯誤訊息的網站，其使用群和開發群會有分享奇怪的和誤導的錯誤訊息之經驗。有些訊息是批評的和幽默的，而另一些訊息是有益的、提供經驗教訓、並提出改善的建議；在Microsoft開發人員網路（Microsoft Developers Network）中，錯誤訊息討論是一個例子（Microsoft, 2008）。

避免錯誤訊息設計災難的解決方案，包括：在同一種引導風格下討論協助和錯誤訊息的處理，並讓所有設計者檢視和使用，且確保錯誤訊息是設計在電腦系統或網站中，而不是在設計的最後一步或設計之後才加入錯誤訊息。其中一個問題是，有時看到的錯誤訊息沒有提供清楚的說明，這個問題說明了從錯誤訊息到協助使用者執行運作之轉換過程中，有一個明顯的資訊落差。關於國際使用者介面，設計人員可能因第三方語言專家翻譯的錯誤訊息、說明文字、提示、以及其他指引內容而遇到困難。經驗豐富的設計師將錯誤信息和說明文字獨立放到單獨的文件中（不做硬體編碼），在發展階段和之後的維護更新階

段中易於翻譯。當系統是安裝在其它國家而不是最初建立軟體的國家時，還必須能允許選擇其它國家的當地語言。

針對使用者動作所提供的一般提示、建議訊息、和系統回應，會影響使用者的想法，但錯誤訊息和診斷警告的用詞非常重要。因為錯誤是在缺乏知識、誤解或不經意的疏忽之下出現的，因此使用者可能很困惑，感到不能勝任，而且會因為這些錯誤訊息而感到焦慮。以傲慢的語調指責使用者的錯誤訊息，會提高使用者的焦慮程度，使修正錯誤的工作更加困難，而且會增加造成更多錯誤的機會。太空泛的訊息，像是"WHAT?"、"SYNTAXERROR"，或如"FACRJCT 004004400400"等太模糊的訊息，並無法幫助大部分的使用者。

對初學者而言，這些考量特別重要，因他們缺乏知識和信心，而壓力會造成一連串令人感到挫折的失敗。即使有一些使用電腦的愉快經驗，也不容易克服使用電腦的不好經驗所帶來令人挫折的影響。在某些情況下，比較容易記在使用者腦海中的，是介面發生問題的狀況，而不是一切順利運作的情形。雖然這些問題大都發生在電腦初學者身上，但是，這些問題也同樣會發生在資深的使用者身上。對某個介面或介面的某部分，稱得上是專家的使用者，對許多其他的介面，或許仍算是初學者。

改善現有介面的方法中，改良錯誤訊息是一個最容易且最有效的方式。若軟體可以紀錄錯誤發生的頻率，則設計者可以把焦點集中在將最重要訊息最佳化上。錯誤發生的頻率，也可以讓介面設計者和維護者修改錯誤處理程序、改良文件和訓練手冊、改變線上說明、或甚至改變可進行的操作。全部的訊息應交由同事和管理者審查、做經驗性測試、並列在使用說明文件中。

建議使用明確的、有建設性的引導、正面的語氣、以使用者為中心的方式、和適當的物理格式，做為準備錯誤訊息的基礎（Box 11.1）。當使用者是初學者時，這些指導方針特別重要，但同樣的對專家也有幫助。錯誤訊息的用詞和內容，會嚴重地影響使用者的效能和滿意度。

Box 11.1

最終產品和開發流程的錯誤訊息指導方針。這些指導方針是從實際經驗和經驗資料衍生而來。

> **產品**
> - 盡量愈具體和愈明確。決定必要的、相關的錯誤訊息。
> - 要有建設性：說明使用者需要做什麼。
> - 使用正面的語氣：避免指責、要有禮貌。
> - 選擇以使用者為中心的用詞。描述問題、原因和解決方法。
> - 考慮多個訊息層次。描述簡潔的、充足的資訊以協助正確的運作。
> - 保持一致的文法形式、術語和縮寫。
> - 保持一致的視覺格式和位置。
>
> **程序**
> - 增加對訊息設計的注意。
> - 建立品質控制。
> - 開發指導方針。
> - 進行可用性測試。
> - 紀錄每個訊息出現的頻率。

11.2.1 明確性

太空泛的訊息，會讓初學者難以了解發生了什麼問題。簡單而帶有指責的訊息，因為不但缺乏發生了什麼問題的資訊，也沒有怎麼做才對的訊息，所以會讓人感到挫折。因此，含有足夠明確性的訊息是很重要的。這裡有一些例子：

不良：SYNTAX ERROR（語法錯誤）

較佳：Unmatched left parenthesis（左括號沒有對應的右括號）

不良：ILLEGAL ENTRY（錯誤的輸入）

較佳：Type first letter: Send, Read, or Drop（輸入下列文字的第一個字母：Send、Read、或Drop）

不良： INVALID DATA（錯誤的資料）

較佳： Days range from 1 to 31（日的範圍從1到31）

不良： BAD FILE NAME（錯誤的檔案名稱）

較佳： The file C:\deo=data.txt.txt was not found（檔案C:\deo=data.txt.txt不存在）

這裡有另一個會增加使用者挫折感的範例，特別是針對初學的使用者：

```
Task 'Microsoft Exchange Server' reported error (0x80040600) :
 'Unknown Error 0x80040600'
（'Microsoft Exchange Server' 工作所回報的錯誤（0x80040600）：未知的
錯誤0x80040600）
```

旅館用來登錄住房資料的某個介面，要求櫃檯人員輸入一個長達40到45個字元的字串，其中包含姓名、房間號碼、信用卡資訊等。若櫃檯人員發生輸入錯誤，而且 "INVALID INPUT. YOU MUST RETYPE THE ENTIRE RECORD."（錯誤的輸入。你必須重新輸入完整的紀錄）是唯一出現的訊息，則這種情況會讓使用者感到沮喪，而且會延誤顧客的時間。透過適當的表單填寫方式（見第6章）來設計互動式系統，可使得輸入錯誤的機率降至最低。當錯誤出現時，使用者應該只要修改錯誤的部分即可。

若提供錯誤碼的介面，會需要參考說明文件的一大段的解釋，這樣的介面也很惱人，這是因為手邊可能沒有說明文件，或者查閱說明文件會打斷工作、而且很花時間。在大部分的情況下，介面的開發者無法再以「列印有意義的訊息會耗費太多系統資源」做為藉口。

11.2.2 建設性的引導和正面的語氣

可能的話，訊息應該指出使用者要怎麼做才對，而不是指責他們做錯了什麼：

不良：Run-Time error '(2147469 (800405)': Method 'Private Profile String' of object 'System' failed.
（執行錯誤 '(2147469 (800405)'：物件 'System' 的方法 'Private Profile String' 失敗）

較佳：Virtual memory space consumed. Close some programs and retry.
（虛擬記憶體空間用盡。關閉某些程式並再試一次）

不良：Resource Conflict Bus: 00 Device: 03 Function: 01
（資源衝突 匯流排：00 裝置：03 功能：01）

較佳：Remove your compact flash card and restart.
（移除CF記憶卡並且重新開機）

不良：Network connection refused.
（網路無法連線）

較佳：Your password was not recognized. Please retype.
（你的密碼不正確。請再輸入一次）

不良：Bad date.
（錯誤的日期）

較佳：Drop-off date must come after pickup date.
（退件日期必須在收件日期之後）

使用激烈用詞、不必要且惡意的訊息，會擾亂非技術性使用者。某個互動式法律條文搜尋系統是使用以下的訊息：FATAL ERROR, RUN ABORTED（嚴重錯誤，執行中斷）。同樣的，早期的作業系統用 "CATASTROPHIC ERROR; LOGGED WITH OPERATOR."（災難性錯誤；操作者已記錄）的訊息威脅使用

者。沒有任何理由需使用這些惡意訊息,它們可以輕易地改寫,以提供更多有關發生了什麼、要做什麼才對的資訊。可能的話,要有建設性且正面。例如,ILLEGAL、ERROR、INVALID或BAD的負面用字,應該避免或少用。

軟體撰寫者要開發一個能夠正確判斷使用者意圖的程式,可能會很困難,所以,訊息「要有建設性」的建議往往很難被採用。某些設計者主張自動錯誤校正,但這個方法的缺點是會讓使用者無法學習適當的語法,且會依賴系統所提供的替代方案。想像小學語文教師試圖培養學童拼字時,學生繳交的文件是已經做拼寫檢查、文法檢查、甚至是在他們打字時文件會自動更正輸入的錯誤;而學生將不會有動機做自我更正,教師將無法看到他們所發生的錯誤。另一個方式,是告知使用者可能的替代方案,並讓他們做決定。一個比較好的方式是避免錯誤的發生(見2.3.5節)。

11.2.3 以使用者為中心的用詞

以使用者為中心(user-centered)這個詞,表示使用者控制介面 — 觸動出更多的回應。設計者藉著避免在訊息中出現負面、和指責的語氣,並藉著有禮貌的使用者對待方式,稍稍表達以使用者為中心的感受。

簡潔的訊息是有好處的,但應該讓使用者能控制需要提供哪一種資訊。例如,若標準的訊息只有一行,利用在命令語言介面中輸入一個"?"的方式,使用者能夠得到幾行解釋。"??"可能產生一些範例,而 "???" 可能產生範例的解釋、和完整的敘述。圖形使用者介面可以提供漸進的畫面小技巧(ScreenTips)以及特殊的說明(HELP)按鈕,以提供與內容有關的說明、和大量的線上使用手冊。

某些電話公司長久以來習慣於應付非技術使用者,因此提供以下有耐性的訊息:「很抱歉,您的電話無法接通,請掛斷電話後檢查電話號碼,再撥打一次或請求總機的協助」。它們接受指責,並針對使用者該做什麼提供建設性的引導。粗心的程式設計師,可能會製作粗糙的訊息:「錯誤的電話號碼。呼叫

中斷。錯誤號碼583-2R6.9。應用程式將被結束。查詢你的使用手冊，以取得更進一步的資訊」。

11.2.4 適當的物理格式

大部分的使用者覺得，混合著大小寫字母的訊息比較容易閱讀，他們也比較喜歡閱讀這樣的訊息。只有大寫字母的訊息，應該保留給簡短、嚴重的警告。訊息的一開始是冗長且包含難解的編碼，只會讓使用者覺得設計者對於使用者真正的需求並不敏感。如果編碼數字必須加入到訊息中，它們可以列在訊息的最後，並包含在括號中，或是當成是一個「提供更多細節」的功能。

針對畫面訊息擺放的最佳位置，目前有一些分歧的意見。第一種是認為訊息應出現在發生問題的地方；第二種認為訊息會擾亂畫面，應該要放在畫面的底部的一致的位置；第三種方式則是顯示一個對話窗，接近但不遮住相關的畫面。

某些應用在錯誤發生時會發出鈴聲或曲調，如果操作者有可能會忽略錯誤，則警鈴會很有用，但如果有其他人在旁邊時，這樣的做法可能會讓人感到不好意思，而且，甚至只有操作者一個人時，也會令人感到煩躁。

設計者必須游走於引起使用者對問題的注意、和避免造成使用者尷尬之間。考慮到使用者的使用經驗和個性的差異，也許最好的解決方法是讓使用者可以選擇可用的方式 — 這個方法符合以使用者為中心的原則。

經過改良的訊息對初學者最有幫助，但對經常使用的人和資深的專家也會有幫助；Google Chrome瀏覽器所呈現的錯誤訊息是一個好範例（圖4.7）。隨著優良介面實例的增加，複雜、模糊、和粗糙的介面會愈來愈少。考慮到使用者的介面設計，會逐漸取代過去粗糙的環境。這樣的做法，才能達成服務愈來愈多使用群的目標。

11.3 非擬人化的設計

人們有一股強烈的渴望,想要讓電腦像人一樣地「說話」。這是早期設計者所遵循的主張,也是兒童和許多成人不假思索就接受的期待。從不倒翁到嘟嘟火車,兒童會接受任何像人一樣的物件,而有些成人只對有特殊吸引力的擬人物件有興趣,如汽車、船、電腦、甚至是手機。

在使用者介面上的文字和圖形,會對人們的感知、情緒反應、和動機,產生很大的差異。電腦的智能、自治、自由意志、或知識的特質很吸引某些人,但是對其他人而言,這樣的描述會被認為很虛幻、令人困惑、或者是騙人的。電腦可以思考、認識、或理解的建議,可能會讓使用者對電腦如何工作、和電腦的能力有錯誤的認知。最後,這樣的欺騙會變得明顯,而且,使用者會感到很差的待遇。Martin(1995/96)仔細地追溯1946 ENIAC宣言對媒體的影響:「讀者被告知誇張的內容,以提高他們對使用新的電腦的期待....這麼做產生了不成熟的熱情,之後,當科技無法實現這些期望時,這些熱情導致夢想幻滅,並使部分的人不信任電腦」。

第二個使用非擬人化用詞的原因,是澄清人和電腦之間的差異。人與人之間的關係,和與電腦之間的關係是不一樣的。使用者操作和控制電腦,但是他們尊重每個獨立的個體和個人的自主性。甚至使用者和設計者必須為電腦的誤用負責,而不是責怪電腦發生錯誤。令人擔心的是,在一項針對29位電腦科學學生的研究中,其中24位相信,電腦可以有意圖、或可以是獨立的決策制訂者,而且有6位一致地認為,電腦的確要對錯誤負責(Friedman, 1995)。

第三個使用非擬人化的動機是,雖然擬人化的介面可能很吸引某些使用者,但是,它會讓其他人的分心或焦慮。某些人在使用電腦時,表現出焦慮,同時相信電腦會「讓你感覺自己很笨」。透過電腦所提供的明確功能來使用電腦,會比宣揚電腦是個朋友、父母或夥伴,更容易讓人接受。只要使用者變得忙於使用電腦,電腦就會透明化,讓使用者可以專注在他們的寫作、問題解決

或探索上。最後,他們會有成就感和熟練的感受,而不是感覺到某個魔術機器完成了他們的工作。擬人化的介面可能會讓使用者在工作時分心,並且會讓使用者思考如何取悅、或如何與畫面上的人物互動,因而浪費他們的時間。

消費性電子產品介面設計的專家們常說的話是使技術無形(making technology invisible)(Bergman, 2000)。設計師們已經在一些項目上設計介面,像是商場亭、郵資機、和擬人化的互動式語音應答(IVR)系統,這些項目給初學使用者一個印象,就是電腦系統做一些智能推理時,同時會帶給使用者壓力、並讓使用者失去能力。IVR系統因為非擬人的介面而聞名。以下是目前的一些例子:在你要求開始做國內訂位後,某家航空公司的訂位系統說:「好的,我可以協助...」;無人銀行說:「正在檢查您的帳戶餘額,請稍候...」。當然,許多系統的語音識別技術還沒有完全成熟,反而增加了使用者的沮喪程度。

追求內在控制傾向(internal locus of control)的個別差異非常重要,但對大部分的工作和使用者而言,清楚地區別人類和電腦的能力,可能會有幫助(Shneiderman, 1995)。另一方面,一直都有固定的一群人支持開發擬人化的介面,這些介面通常叫做虛擬人類、栩栩如生的自動代理人、具體的交談代理人(D'Mello et al., 2007; Gratch et al., 2002; Cassell et al., 2000)。

擬人化介面的支持者是假設人與人的溝通適合做為人類操作電腦的模型。這也許是個好的起點,但因設計者長久以來追求模仿人類的方式,因而出現了不良的結果。成熟的技術有辦法克服泛靈論的障礙(obstacle of animism),而這個障礙幾個世紀以來已經是技術人員的困境(Mumford, 1934);參觀在英國約克的自動化博物館(Museum of Automata)就可以發現,活生生的玩偶與機械人玩具的古老淵源與長久以來的夢想。

Tillie the Teller、Harvey Wallbanker、和BOB(Bank of Baltimore)就是歷史上失敗的擬人化銀行出納員的範例,其他例如許多被放棄的說話汽車和蘇打機,似乎並不會在某些設計者身上留下印象。網頁的新聞朗誦員Ananova,被視

為是未來的電腦使用方向，但最後卻落到棄而不用的結果。擬人化介面的擁護者指出，這些介面也許最適合當做教師、銷售員、治療師、或娛樂人物。

在先前對文字化的電腦輔助教學工作的研究中，當參與者和擬人介面互動時，他們感覺比較不需要對他們的表現負責。活生生的人物，從像卡通一樣的人物到寫實的人物，都曾被加入在許多介面中，但是，特別是對具有外在控制傾向的使用者，有愈來愈多的證據顯示，這類的介面會增加焦慮和降低效能。當某個人在觀察他們工作時，許多人會更加焦慮，所以電腦使用者對於監控他們工作的虛擬人物感到很不安，這是可理解的。以上的效應也出現在使用虛擬人物的研究中，這些虛擬人物看起來像是在紀錄使用者的工作和複製螢幕畫面，具有外在控制傾向的參與者的焦慮會加深，並且工作比較不正確（Reeves and Rickenberg, 2000）。

一項具體的設計爭議，是在介面中使用第一人稱代名詞。支持這麼做的人相信，它可以使互動更加親切，但因為這樣的介面可能會欺騙、誤導、和困擾使用者，所以會有不良後果。第一次接觸這種介面，收到「我是SOPHIE，我是一位資深的老師，我會教你正確的拼字」的歡迎詞時，似乎感覺很可愛；然而，在第二次接觸時，這個方式會讓很多人覺得很愚蠢；第三次接觸，就會覺得很惱人，而且讓人分心。這個介面設計的替代方式，是把焦點集中在使用者身上，並且利用第三人稱單數代名詞、或完全避免使用代名詞。改良的訊息也建議使用有較高的使用者控制程度。例如：

不良：當你按下RETURN，我會開始上課。
較佳：按下RETURN後，你就可以開始上課。
較佳：要開始上課了，請按RETURN。

你（you）的形式似乎比較適合用在說明的時候；然而，一旦互動開始進行後，減少代名詞和文字的數目可以避免分心狀況。學生參與者完成旅遊預約的工作，並使用我、你、或中性稱呼來模擬自然語言介面（開發者稱為擬人的、

流利的和電報的介面）（Brennan and Ohaeri, 1994）。使用者會模仿他們所接收到訊息的樣式來發出訊息。在使用擬人化的方式下，使用者的輸入會變長，而且完成工作的時間也變長。使用者並不認為擬人化的電腦有比較高的智能。

在電話語音答錄的介面中，特別是使用語音辨識時，代名詞使用的問題會再次出現。擁護者認為，擬人化總機的租車預約服務歡迎詞會比較吸引人，例如：「歡迎來到Thrifty租車公司。我是Emily，請讓我協助您預約車子。您需要在哪個城市用車？」。然而，大部分的使用者都不會在乎這個用語，反對者認為這個詭計的確很煩人，而且讓某些使用者感到很不安，甚至刪除饒舌第二句的權宜之計，可能會帶來較高的客戶滿意度。

某些兒童教育軟體的設計者相信，軟體中有幻想的人物，是適當且可以接受的，例如可以把泰迪熊或忙碌的海狸當作課程的嚮導。卡通人物可以顯示在畫面上，而且儘可能是動畫的，以增加視覺的吸引力，並且以鼓勵的方式對使用者說話，同時如可指示畫面上相關的功能項目。像Reader Rabbit®這類成功的教育軟體和某些實證研究（Mayer, 2009），都支援這種方式。

不幸的，Microsoft的家用電腦運算產品中，大力宣傳的卡通人物BOB卻嚐到失敗的命運。在這些產品中，使用者可以從不同的畫面人物中選擇一個，每個人物說的話，都框在卡通泡泡中，如：「我們真是個很棒的隊伍」、「幹得好，Ben！」、和「我們接下來要做什麼，Ben？」。在兒童遊戲和教學軟體中，這種方式是可以被接受的，但是在成人的工作環境中可能就無法接受。介面不應該恭維、也不應指責使用者，只要提供可以理解的回饋，讓使用者可以朝著他們的目標邁進即可。然而，擬人化人物在這方面，未必會成功。Microsoft的小幫手（一個活生生的像紙張的迴紋針卡通人物，如圖12.9），被設計用來提供有用的建議給使用者；它取悅了一些人，但是也惹惱了許多人，而且很快地就被降級成非必須的選項。擬人化介面的保護者想辦法找出許多用來解釋小幫手被拒絕的原因（主要是它干擾了使用者）。其他人相信，成功的擬人化介面需要適當的社交表情，以及良好的頭部移動、點頭、眨眼、和眼神接觸。

很多使用者都接受的一個教學設計替代方式，是將課程或軟體的作者呈現出來。作者以音訊或視訊對使用者說話，就像電視新聞的播報員對觀眾講話一樣；而不是把電腦塑造成一個人，設計者可以呈現出可以辨別和合適的人類嚮導。例如，聯合國秘書長可能會錄製一段視訊，歡迎到聯合國網站的參觀者，或比爾蓋茲對新的Windows使用者的歡迎詞。

一旦經過了這些開場簡介後，便有許多可使用的樣式。一個是延續嚮導的比喻，其中由受到敬重的名人介紹每個片段，但可讓使用者控制導覽的步調。可以重複介紹，並且可以決定他們什麼時候可以繼續。這個方法的一個變形，是開發出一個像訪問一樣的感受，使用者閱讀三個提示，並且發出口語命令，以取得名人事先所錄製的視訊片段（Harless et al., 2003）。這個方法，能用在博物館導覽、軟體的教學課程、和一些教學課程上。

另一個方法，是顯示使用者可以選擇之模組的總覽，用以幫助使用者進行控制。使用者決定要花多少時間參觀博物館的某個部分、瀏覽紀錄詳細事件的時間表、或在百科全書的文章間利用超連結跳著閱讀。這些總覽能讓使用者對於可取得的資訊量有個大略概念，並讓他們看到在某個主題下的進度。總覽也能提供使用者終止的需求，讓他們有完成瀏覽內容的滿足感，並且提供容易理解的、有產生控制舒適感的、可預期的運作環境。甚至，它們支援複製運作（重新拜訪吸引人的或令人困惑的片段，並顯示給同事看）、與可回復性（往回、或回到已知的標示）。雖然遊戲的使用者喜愛困惑、隱藏控制、和無法預測性的挑戰，但大部分的應用卻不是這麼一回事。反而設計者必須努力使他們的產品變成容易理解和可以預期。非擬人化指導方針列在Box 11.2中。

日本養老院已開始嘗試用機器人來協助照顧老人（Brooke, 2004）。在泰迪熊身上安裝可以與病人說話的感應器，以確定病人是否需要幫助。為了要以有限的人力資源來達成洗澡的任務，具備機器人功能的浴缸可以協助洗澡，並進行自動清洗和沖洗運轉的過程。日本機器人協會（Japan Robot Association）預計照顧老年人的機器人需求，到2025年時會讓個人機器人的產業增長至400億美元。

Box 11.2 避免擬人化和建立吸引人介面的指導方針

非擬人化的指導方針
- 在讓電腦表現得像人一樣時,不論是以合成或卡通人物的方式,都要十分小心。
- 設計容易理解的、可預期的、和使用者可掌控的介面。
- 利用適當的人做音訊或視訊簡介或引導。
- 在遊戲或兒童軟體中使用卡通人物,但不要在其他地方使用。
- 提供以使用者為中心的開始或結束總覽。
- 當以電腦回應人們的動作時,不要使用「我」。
- 使用「你」來引導使用者,或是只說明事實。

11.4 畫面設計

對大部分的互動式系統而言,畫面是設計成功與否的關鍵,而且也是許多爭議的來源。密集或雜亂的畫面會造成使用者的憤怒,而且不一致的格式會使效能降低。這個問題的複雜度,從Smith和Mosier(1986)所提出的162項資料顯示的指導方針即可了解。這個費盡心血的成果(見Box 11.3的例子),比稍早的模糊的指導方針進步。畫面設計必須具有藝術的元素,並且需要創造力,但感知的原則卻變得愈來愈清楚,而且也逐漸出現理論架構(Galitz, 2007; Tullis, 1997)。使用者介面上提供動態控制的創新資訊視覺化方法,是目前快速發展中的主題(第14章)。

研究建議:使用者的滿意度和意願,在電腦介面的視覺美學上有很大的決定性。然而目前仍缺乏適當的概念和評估美學的方式。一項研究使用探索性因素分析和驗證性因素分析來觀察網站的美學,以獲取使用者對「古典美學」和「表現美學」的認知(Lavie and Tractinsky, 2004)。

設計者應該不考慮畫面的大小、或可用的字型,而是從工作開始時徹底了解使用者。有效的畫面設計,必須以適當的順序提供完成所有工作所需的資

料。有意義的項目群組（含有適合使用者的標籤）、一致的群組順序、和有條理的格式，都有助於提升工作效能。群組會以空白、或方框圈起來。或者，相關的項目可以用強調設定、讓背景變暗、設定色彩、或特殊字型表示。在群組中，有條理的格式可以用靠左或靠右對齊、對齊小數點來達成，或用記號來分隔冗長的欄位。

■ **Box 11.3 Smith和Mosier的部分資料顯示指導方針（1986）**

- 確保任何一個使用者所需的資料，在交易過程中的任何一個步驟都會顯示。
- 在直接可用的表單中顯示資料。不要要求使用者轉換顯示的資料。
- 對任何一種資料顯示，從一個畫面到另一個，都要保持一致的格式。
- 使用簡短、簡單的句子。
- 利用肯定的表達方式，而不是否定的表達方法。
- 用一個具有邏輯的原則來排列清單。在沒有使用任何原則時，用字母順序排列。
- 確保標籤和它們的資料欄位夠接近，足以顯示出彼此的關係，但它們和資料欄位的距離至少要間隔一個空白。
- 字母資料以靠左方式對齊，以容許快速瀏覽。
- 多頁畫面則在每一頁加上標籤，以顯示它們彼此的關係。
- 從具有標題或標題的每個畫面開始，簡單地描述內容或畫面的目的。在標題和畫面的主體之間，至少留下一個空白列。
- 利用字體大小做判別，讓較大的符號的高度，至少是旁邊較小的符號的1.5倍。
- 在使用者必須快速地為資料進行分類的應用中（特別是當資料項目分散在畫面中時），考慮利用色彩來幫助判別資料的類別。
- 當以「閃爍」進行判別時，把閃爍的頻率設定在2到5Hz之間，而且功率週期（亮的時間長度）最少要佔50%。
- 超過一個畫面的大型表格，要確保使用者在觀看表格的各個部份時，可以看到每欄和每列的標題。
- 資料顯示的需求可能會改變（經常是如此），提供使用者（或系統管理者）可協助其對畫面功能做適當改變的工具。

　　圖形設計者已經有適用於列印格式的原則，而且他們現在正採用這些原則來做進行畫面設計。Mullet和Sano（1995）提出了一個周延的建議，並且在商業

系統中提供好的與壞的設計範例。他們提出六類的原則，顯示設計者的工作複雜度：

1. **簡潔和簡單性**（elegance and simplicity）：統一、精細、和適當。
2. **等級、對比、和比例**（scale, contrast, and proportion）：明晰、調和、生動、和限制。
3. **組織和可見結構**（organization and visual structure）：群組化、階層架構、關係、和平衡。
4. **模組和程式**（module and program）：焦點、靈活度、和一致的應用。
5. **影像和呈現**（image and representation）：立即性、一般性、聚合性、和特性描述。
6. **樣式**（style）：獨特性、完整性、可理解性、和適當性。

本節將探討部分的議題，並提供這些概念的實例支援。

11.4.1 欄位配置

探索各式各樣的配置方式會是個有用的策略。這些設計的替代方案應該直接開發在畫面上。以下為以未經修飾的方式顯示某位有配偶和小孩的員工紀錄：

不良： TAYLOR,SUSAN34787331WILLIAM TAYLOR
THOMAS10291974ANN08211977ALEXANDRA09081972

這筆紀錄可能包含工作所需的必要資訊，但當要擷取資訊時，速度會很慢、而且容易出錯。改善這個格式的第一步，就是用空白和分隔線區別欄位：

```
較佳： TAYLOR,    SUSAN 34787331    WILLIAM TAYLOR
       THOMAS             10291974
       ANN                08211977
       ALEXANDRA          09081972
```

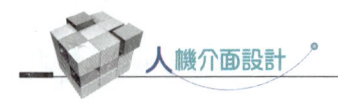

小孩的名字可以按照生日排序，並將日期欄位對齊。日期和員工的身分證字號的分隔線，也可以幫助欄位判別：

```
較佳：TAYLOR,    SUSAN 34787331    WILLIAM TAYLOR
     ALEXANDRA         09-08-1972
     THOMAS            10-29-1974
     ANN               08-21-1977
```

員工的「姓, 名」的順序顛倒（此處是以英文名為例），可能是想要強調在很長的檔案中，是先根據「姓」、再根據「名」來排列順序。然而配偶用「名, 姓」的順序，通常比較容易閱讀。一致性似乎很重要，所以可能要在這兩種方式之間做個取捨：

```
較佳：SUSAN    TAYLOR 34787331    WILLIAM TAYLOR
     ALEXANDRA        09-08-1972
     THOMAS           10-29-1974
     ANN              08-21-1977
```

這個格式對經常使用的人也許是可以接受的。雖然欄位標籤會使畫面看起來有點凌亂，然而對於大部分的使用者，加上標籤會較容易理解。小孩的資訊縮排也有助於將這些重複的欄位群聚在一起：

```
較佳：Employee:   SUSAN TAYLOR ID Number: 34787331
     Spouse:     WILLIAM TAYLOR
     Children:   Names         Birthdates
                 ALEXANDRA     09-08-1972
                 THOMAS        10-29-1974
                 ANN           08-21-1977
```

標籤使用混合的大小寫字母，以和紀錄資訊區別，但欄位的判別方式可以變換為：資訊內容用粗體、並混合大小寫。員工姓名和ID也可以被放在同一行，以縮減畫面：

較佳：
```
Employee:  Susan Taylor  ID Number: 34787331
Spouse:    William Taylor

Children:  Names         Birthdates
           Alexandra     09-08-1972
           Thomas        10-29-1974
           Ann           08-21-1977
```

最後，若可以使用格線做為區別順序的樣式排列，會較吸引人（雖然會佔用較多的畫面空間）：

較佳：
```
Employee:  Susan Taylor  ID Number: 034-78-7331
Spouse:    William Taylor
```

```
Children:  Names         Birthdates
           Alexandra     09-08-1972
           Thomas        10-29-1974
           Ann           08-21-1977
```

若有多個國家的讀者，則需要闡明日期的格式（月-日-年）。甚至在這個簡單的例子中，仍有許多可能的配置方式。在任何狀況下，都應該嘗試許多不同的設計。可以藉著其它的判別方式（如背景變暗、色彩、和圖形圖示）做更進一步的改良，在各種情況中都應該要探究各種不同的設計。對於設計團隊而言，資深的圖形設計者會帶來莫大的幫助。針對未來的可能使用者進行小規模的測試，可以產生主觀滿意度評分、完成工作的客觀時間、和各種不同格式的錯誤率的資訊。

11.4.2 經驗上的結果

因為在控制室和生命攸關的應用中，畫面的內容很重要，所以早期人機互動研究的主題即為畫面設計的指導方針（見2.3節）。隨著科技演進，出現了高解析度圖形彩色顯示器，因而必須要有經過驗證的新指導方針。接著，網頁標記語言、使用者自訂內容、符合年長使用者的需求和提供普遍可用性等議題，

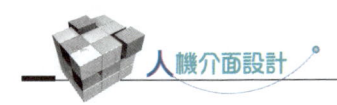

為設計帶來更大的挑戰。使用者可以控制字體大小、視窗大小和亮度,甚至當某些畫面元素改變後,設計者仍必須確保資訊的架構是可以被了解的。現在,因為小型、大型、和購物中心大小的顯示器的出現,開啟了更多的可能性,所以,畫面設計又再次令人關注。

早期對數字顯示器的研究,建立了設計指導方針和預測度量的基礎。這些研究清楚地呈現所帶來的好處,包括:刪除不必要的資訊、把相關資訊集合起來、並強調與必要工作有關的資訊。簡單的改變,幾乎可以把工作執行的時間,降低為原來的一半。

專家使用者可以應付密集的畫面內容,且會偏好這樣的畫面,這是因為他們熟悉格式,同時他們也必須要採取較少的運作。內容較少、但較密集的畫面,在執行時間上可能會比內容較多但鬆散的畫面短。如果所進行的工作,需要比較不同畫面上的資料,則資料密集的畫面會明顯呈現出比較好的效果。股市資料、空中交通控制、和班機預約系統都是成功系統的範例,這些系統有著密集的內容、多畫面、有限的說明標籤和大量被編碼的欄位。

在對護士所做的研究中,分別利用三個畫面、兩個畫面、和一個高密度的畫面來顯示驗血報告的資訊(Staggers, 1993)。五組新手和資深護士的搜尋時間減少了一半(幾乎),顯示出很好的學習效果。最令人注意的結果是(圖11.1),使用三個畫面的版本時,搜尋的時間最長(每件工作9.4秒),而使用高密度畫面的版本時,搜尋的時間最短(每件工作5.3秒)。切換視窗和重新適應新的資料所付出的高成本似乎會遠超過瀏覽高密度的畫面,而更容易造成分心。在這三個版本中,正確性和主觀滿意度並沒有明顯的差異。

眼球追蹤的研究,增加了對人類視覺瀏覽的了解,這使得人們對基本的感知和認知原則的了解也愈來愈多。一組web的指導方針,鼓勵設計者「透過利用空間、圖形邊界、亮度、色彩、或方向上的相似度,把相關的元素集合在一起,以確保畫面上的元素的圖形處理方式一致,並確保其可以預測」(Williams, 2000)。

低密度畫面

```
Patient Laboratory Inquiry     Large University Medical Center     Pg 1 of 3
Robinson, Christopher  #XXX-XX-4627  Unit: 5E, 5133D  M/13  Ph:301-XXX-5885
         <CBC>      Result      Normal    Range         Units
         ------------------------------------------------------------
11/20    Wbc        115.01      114.8  -  110.8         th/cumm
22:55    Rbc        114.78      114.7  -  116.1         m/cumm
         Hgb        112.81      114.0  -  118.0         g/dL
         Hct        137.91      142.0  -  152.0         %
         Plt        163.0       130.0  -  400.0         th/cumm
         Mcv        188.51      182.0  -  101.0         fL
         Mch        130.61      127.0  -  134.0         picogms
         Mchc       134.61      132.0  -  136.0         g/dL
         Rdw        114.51      111.5  -  114.5         %
         Mpv        119.31      117.4  -  110.4         fL
         Key:   * = abnormal
             PgDn for more


Patient Laboratory Inquiry     Large University Medical Center     Pg 2 of 3
Robinson, Christopher  #XXX-XX-4627  Unit: 5E, 5133D  M/13  Ph:301-XXX-5885
         <DIFF>     Result      Normal    Range         Unit
         ------------------------------------------------------------
11/20    Segs       35           34   -   75            %
22:55    Bands      5             0   -    9            %
         Lymphs     33           10   -   49            %
         Monos      33            2   -   14            %
         Eosino     5             0   -    8            %

         Baso       2             0   -    2            %
         Atyplymph  20            0   -    0            %
         Meta       0             0   -    0            %
         Myleo      0             0   -    0            %
         Platelets(estimated)                           adeq
         Key:   * = Abnormal
             PgDn for more


Patient Laboratory Inquiry     Large University Medical Center     Pg 3 of 3
Robinson, Christopher  #XXX-XX-4627  Unit: 5E, 5133D  M/13  Ph:301-XXX-5885
11/20    22:55

<MORPHOLOGY    Macrocytosis    1+    Basophilic Stippling 1+    Toxic Gran Occ
Hypochromia 1+  Polychromasia 1+   Target Cells           3+    Normocytic  No
Key: * = Abnormal       Priority: Routine            Acc#: 122045-015212
Ordered by: Holland, Daniel on 10/22/91, 10:00       Ord#: 900928-HH1131
    (PL  93-579)
    End of report
```

圖11.1

在對110位護士的研究結果顯示，使用低密度的畫面，平均的工作時間為9.4秒，使用高密度畫面的時間為5.3秒（Staggers, 1993）

人機介面設計

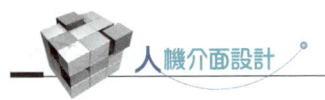

高密度畫面

```
Patient Laboratory Inquiry        Large University Medical Center        Pg 1 of 1
Robinson, Christopher    #XXX-XX-4627  Unit: 5E, 5133D  M/13  Ph:301-XXX-5885
       <CBC>     Result     Normal Range      Units       <DIFF>    Result  Norm Range   Unit
10/23  Wbc       15.0       114.8 - 110.8     th/cumm     Segs        40    34 - 74       %
0600   Rbc        4.78      114.7 - 116.1     m/cumm      Bands        5     0 -  9       %
       Hgb       15.1       114.0 - 118.0     g/dL        Lymphs      33    10 - 49       %
       Hct       47.9       142.0 - 152.0     %           Monos       10     2 - 14       %
       Plt      163.0       130.0 - 400.0     th/cumm     Eosino       5     0 -  8       %
       Mcv       88.5       182.0 - 101.0     fL          Baso         2     2 -  2       %
       Mch       30.6       127.0 - 134.0     picogms     Atyplymph    0     0 -  0       %
       Mchc      34.6       132.0 - 136.0     g/dL        Meta         0     0 -  0       %
       Rdw       14.5       111.5 - 114.5     %           Myelo        0     0 -  0       %
       Mpv        8.3       117.4 - 110.4     fL                      Plt   (estm)       adeq
<MORPHOLOGY     Macrocytosis  1+    Basophilic Stippling   1+    Toxic Gran Occ
Hypochromia 1+  Polychromasia 1+    Target Cells           3+    Normocytic No
Key: * = Abnormal  Priority:  Routine       Acc#: 122045-015212
  Ordered by:   Holland, Daniel on 10/22/91, 10:00    Ord#: 900928-HH1131
     (PL  93-579)
```

圖 11.1（續）

每份指導方針文件皆要求設計者在畫面之間保持一致的位置、結構、和用詞。關於畫面一致位置之實證，來自早期對不熟悉功能選單介面的使用者所進行的研究（Teitelbaum and Granda, 1983）。在研究中，有一半的參與者在每個畫面上所看到的標題、頁碼、頁首、說明列、和輸入區域的位置都不一樣；而另一半的參與者在每個畫面上看到的元件位置都一樣。在畫面元件位置會變化的這一組參與者中，對問題的平均反應時間為2.54秒，但是，固定位置的這一組參與者，平均只有1.47秒。有經驗的電腦使用者所參與的學生專題中，其也顯示在圖形使用者介面中，按鈕位置、大小、和色彩的一致，也會產生類似的好處。甚至，使用一致的按鈕標籤會更有好處。網頁內容的一致性和品質，也證實出對資訊收集的工作很有幫助（Ozok and Salvendy, 2003）。

在類似工作的一系列畫面中，應該整個系統都會很相似，但當然會有些例外。在一連串的畫面中，應該提供使用者已經看了多少、以及還剩下多少的資訊（圖11.2）。也應該要能夠回到之前的畫面，讓使用者能夠修改錯誤、回顧之前的決定、或嘗試替代方案。

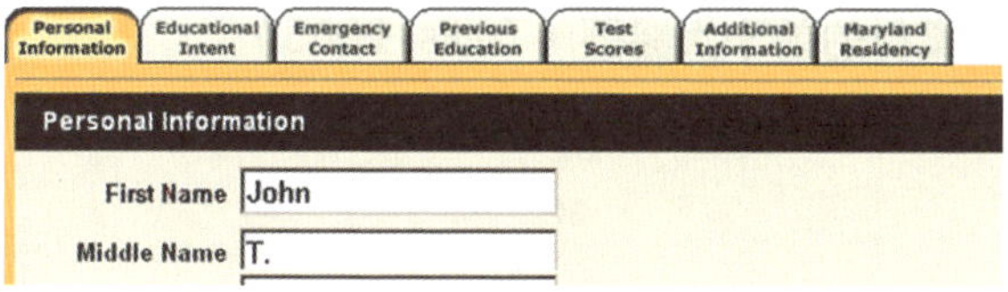

圖11.2
在一系列的畫面中,使用者應該要知道他們已經看了多少了,以及還剩下多少的資訊

11.5 網頁設計

網頁設計師在最近幾年已顯著地改善其產出。眾多的指導方針和網際網路資源在這個領域中變得更成熟。視覺設計對於(人)的表現有很大的影響,而且是網頁設計的一個關鍵因素。新的研究說明以更具體形式來表現網頁,可能反映網頁設計和傳統GUI介面設計之間的差異。

在一個以語言為比較基礎的研究中,針對網頁設計的四個視覺設計因素(連結品質、對齊、群組指示和密度)之間的交互影響進行研究(Parush, 2005)。實驗以兩種方式進行:一是使用希伯來文(Hebrew)的網頁,需要從右至左閱讀,而其他使用英文的網頁,則需要由左至右閱讀。結果顯示,語言之間的一些效能(根據搜尋時間和眼球移動來評估)是相似的。具有很多連結和可變密度的網頁,其效能特別差,但它的確可以用一致的密度來改善。對齊被證明是一個能提高效能的因素。

網頁設計者會很容易犯錯,這種錯誤可能不會很明顯,但可能會導致使用者分心或誤導使用者。根據人因文獻中說明的犯錯,Tullis(2005)已彙編了一個呈現網站資訊時,最常犯的前十項設計錯誤清單(Box 11.4)。

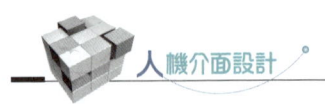

■ **BOX 11.4 以網路為基礎來呈現資料的前十大錯誤**（Tullis, 2005）

十大錯誤
1. 在網站中埋藏太多資訊
2. 網頁有太多資訊過載
3. 提供難以操作或令人困惑的瀏覽方式
4. 在網頁上將資訊放在意想不到的地方
5. 沒有明顯的和清楚的連結
6. 以不適當的表格來提供資訊
7. 文字太小使得許多使用者無法閱讀
8. 使用顏色組合的文字讓許多使用者無法閱讀
9. 使用不適合的形式
10. 隱藏（或不提供）可以幫助使用者的功能

　　網頁設計的普遍可用性是一個重要因素。針對弱視使用者使用網路的網路可用性研究，是藉由觀察財務網頁，以確定設計師是否可以建立一個用以明確地說明使用者需求、改善使用者效能和整體使用經驗的介面（Bergel et al., 2005）。這個解決方案包含視覺和語音的協助、增加文字大小的功能、以及以反向對比來瀏覽網站的功能。比起目前的網站，使用者能更正面地對新的（雛型）網站做評比，而且瀏覽雛型網站似乎變得更熟練。

　　網站內容的呈現問題可以分為網站層級問題（site-level issues）、網頁層級問題（page-level issues）、和「特殊」類別的資訊（Tullis, 2004）。很顯然的，網站層級問題在整個網站中是顯而易見的，而不是只對單一網頁；這些問題包括網站的深度與廣度、框架的使用、和瀏覽選項的呈現。頁面層級問題是在個別的頁面層級中觀察到的問題，其中包括網頁的元件，如表格、圖形、表單、和控制元件，以及如版面配置和連結呈現等問題。「特殊」的網頁內容可以包括：網站地圖、搜尋功能、使用者說明和回饋，這種特別的研究是用來說明網站和網頁設計方面相關的人因問題。

●第 11 章● 平衡功能和風格

　　網頁設計就完全不同，這是因為有更多以消費者為出發點的讀者，喜歡色彩豐富的圖形，也因為許多網站的設計者使用吸引目光的相片，創造出很酷的設計、受歡迎的影像，且吸引目光的網頁配置競賽仍持續地進行著。使用者的喜好變得非常重要，特別是當市場研究員發現在吸引人們目光的網站上，參觀者會待比較久、且買比較多產品的時候。圖片使用得越多，其缺點是下載的時間，特別是針對撥接的用戶，下載速度會慢很多。

　　在量化設計特徵對喜好度影響的實驗中，研究者用141種配置的度量，把得到Webby獎的網頁歸納在一起（Ivory and Hearst, 2002）。這個結果非常複雜，顯示出網頁種類和網頁大小之間會交互影響。一些很容易應用的結果是：如果大型網頁有欄的結構、動畫廣告有限、平均的超連結文字保持在二到三個字、使用sans-serif字型、使用不同的顏色來強調文字和標題，則這樣的網頁可能會有較高喜好度。這些結果，也可以用來推測並提供高喜好度的設計目標 — 例如，容易理解性、可預測性、熟悉度、視覺吸引力和內容相關性。

　　利用整合工作頻率、和順序的度量，可以做出更正確的使用者效能預測。Sears（1993）建立了一個與工作相關的度量，稱為配置適合度（layout appropriateness），用以評估空間配置是否與使用者的工作一致（圖11.3）。若使用者利用由上而下的畫面瀏覽方式來完成經常性的工作，則相較於使用者的目光需要在畫面中跳來跳去的畫面配置方式，可能會有較快的執行效果。配置適合度是一個視窗介面工具層次的度量，它能處理按鈕、框線、和清單等元件。設計者指定使用者進行選擇的序列，和每個序列的頻率，然後根據序列和工作的配合度，來評估目前的畫面配置。如此即可讓視覺瀏覽的工作量降到最低的最佳配置，但因為它可能會違反使用者對欄位位置的期待，設計者必須做出最後畫面配置的決定。

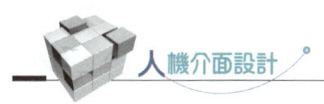

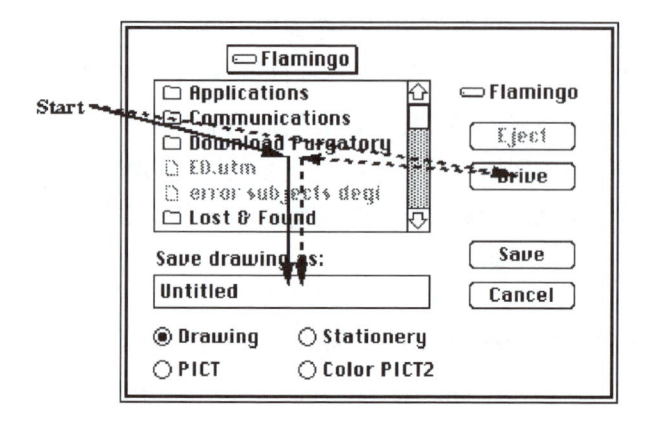

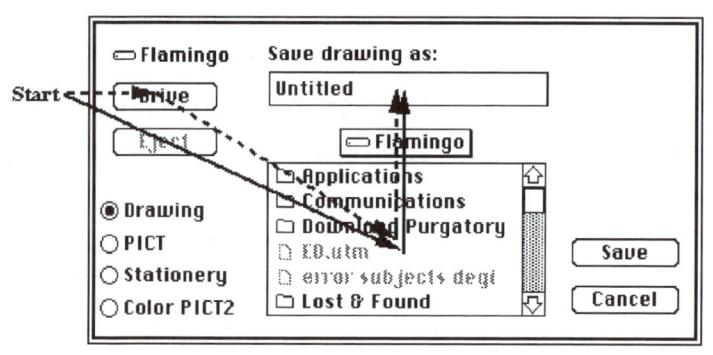

圖 11.3
配置適合度的度量方式可以幫助設計者分析並重新設計對話窗。在此，可根據運作順序的頻率（下圖），重新設計現有的對話窗（上圖）。實線代表最頻繁的運作順序；虛線表示次頻繁的運作順序（Sears, 1993）

在網路上可以找到許多給網站設計師的指導方針，這些指導方針可以整合至你的設計流程中，以確保一致性，並遵守新的標準。包含的範例如下（但不僅限於此）：

- Java的外觀設計指南（The Java Look and Feel Design Guidelines），第二版（Sun, 2001）

- Sun公司的網站設計指南（Web Design Guide）（Sun, 2008）

- 美國國家癌症學會（National Cancer Institute）以研究為基礎的網頁設計&可用性指導方針（Research-Based Web Design & Usability Guidelines）（NCI, 2008）
- 全球資訊網組織（World Wide Web Consortium's）的無障礙倡議（Web Accessibility Initiative）（WAI, 2008）
- 網站風格指南（The Web Style Guide）（Lynch and Horton, 2008）

有許多網站說明網頁設計，其中有些網站是因書籍而建立的相關網站：

- Web 2.0如何設計指南（Web 2.0 How-To Design Guide）（Hunt, 2008）
- Web Bloopers（Johnson, 2003）
- KillerSites.com（Siegel, 1997）

　　Mash-up是將兩個或多個來源的網頁或應用程式整合成為相輔相成的元素（例如，Craigslist和Google Maps™；見圖11.4），通常會把來自網路的資料和服務結合在一起。Mash-up的例子包括整合地圖和地理位置的照片、房地產或出租房地產的地圖、圖書網站和健行資訊資源等等。熱門的網站利用這類技術（包括Flash Earth），可對Google Maps和Microsoft的Virtual Earth™的mash-up進行放大和縮小。某些mash-up是持續變動的，且朝向更具有互動性和參與性的全球資訊網邁進，以提高創造力、協同工作和功能性。網站提供越來越多的使用者自訂內容和服務的選擇。

　　建立Mash-up通常是使用Ajax、以及用來建立互動式網路應用與豐富的網際網路應用所使用的一群相互關聯的網站發展技術。利用Ajax，Web應用程式可以利用背景運算，以非同步的方式從多個伺服器中取得資料，且不會干擾現有頁面的顯示和行為。

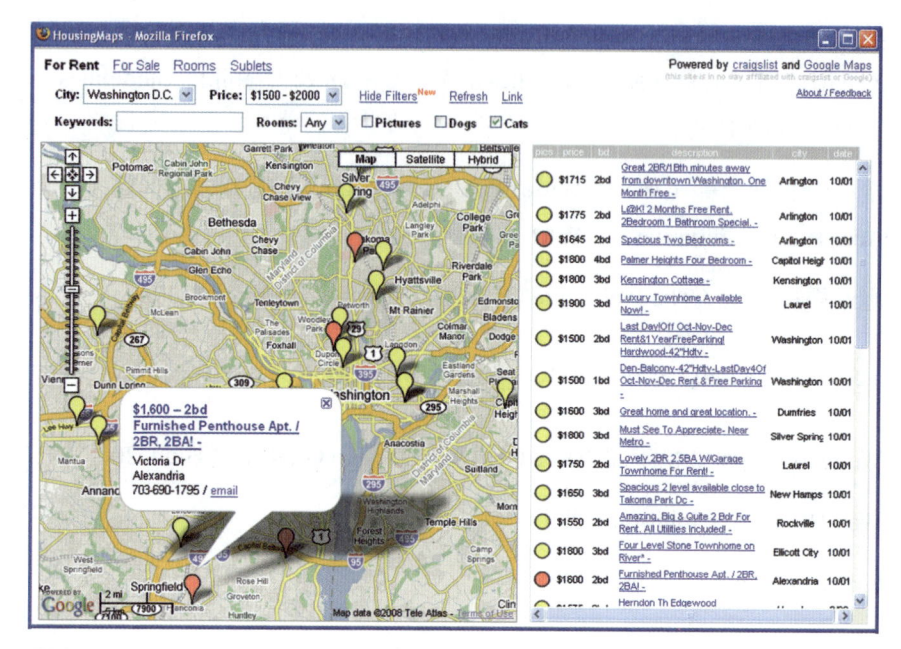

圖 11.4

一個Mash-up的範例（結合Craigslist和Google Maps）

　　最近出現的web mash-up和開放原始碼軟體，是推動軟體和系統發展的新開發方法（Jones et al., 2007）。在使用者自訂內容的區域中，透過結合先前開發的軟體元件，設計人員可以快速地建立網站應用程式。目前全球資訊網的技術可降低開發風險，並縮短新網站的上市時間，例如這些技術可以快速建立使用者介面雛型和應用開發。

11.6 視窗設計

　　電腦使用者必須經常查閱文件、表單、e-mails訊息、網頁，以完成他們的工作。例如，旅行業者從收到客戶的e-mail需求後，需要檢閱客戶所訂的行程、航班時刻、座位選擇和旅館。因此即使利用大型的桌上型螢幕，也很難同時顯示所有的文件。越來越多的使用者正在適應大的、多個顯示器畫面，而在這樣

的工作站上卻沒有足夠的視覺線索，因而讓使用者漏掉一些細節（Hoffman et al., 2008）。

設計者一直努力地找尋一些方法，以期減少視窗整理的運作，並把造成使用者分心的混亂降到最低，同時提供使用者足夠的資訊和彈性以幫助他們完成工作。如果使用者的工作很容易理解且規律，則開發有效的多視窗畫面（multiple-window display）方法的機會就很大。例如，旅行業者可以打開客戶行程視窗、從時間表視窗查看航班、並把所選擇的班機航段，拖曳到行程視窗中。標示著「日曆」、「座位選擇」、「食物喜好」和「旅館」的視窗，可以在需要的時候出現，之後，會出現信用卡資訊視窗，以完成整個交易。

如果可以減少視窗整理的運作，使用者就可以更快完成工作，且錯誤也可能較少。視窗的視覺化本質，使得許多設計者可以應用直接操作的方法（見第6章）來進行視窗的操作。若要拉長、移動、和捲動視窗，使用者可以將游標指到視窗上適當的圖示，再點選滑鼠按鍵並進行拖曳即可。這是因為視窗的操作方式對使用者的感知有很大的影響，必須小心設計會轉換的動態畫面（放大視窗、當視窗開啓或關閉時的視窗重繪、閃爍的輪廓）。

在1980年代視窗設計發展迅速；從Xerox PARC具有影響力的設計開始，到Apple的Macintosh創新設計（圖1.1），最後，到Microsoft精密改造，且非常成功的Windows系列（1.0、2.0、3.1、95、98、2000、NT、ME、XP和Vista；圖1.2）。重疊、可拖曳、可變換大小的視窗，已經是大部分使用者所用的標準。同時進行多項工作的進階使用者，可以在許多視窗間進行切換，這些視窗的集合，常稱為「工作區」（workspaces）、或「房間」（rooms）。每個工作區包含許多視窗，視窗的狀態會被儲存，以讓工作能夠容易地繼續進行。視窗設計上已有大幅的進步，但在減少視窗整理、和提供與工作有關的多視窗協調上，仍有許多改進的空間。

11.6.1 整合多個視窗

設計者可能會利用整合視窗（coordinated windows），做為下一代的視窗管理員。在整合視窗中，視窗的出現、內容改變和關閉，都是根據在工作領域中使用者操作的直接結果。例如，在醫療保險索賠的處理應用中，當辦事員取得客戶的資料（如客戶的住址、電話號碼、和會員編號）後，這些資料欄位都應該出現在畫面中。同時，不需要額外的命令，客戶的醫療紀錄就會出現在另一個視窗，而且之前索賠的紀錄，會顯示在第三個視窗。第四個視窗可能包含讓辦事員填寫的表單，用以指定支付的款項或拒絕支付。捲動醫療紀錄視窗時，可能也會同步捲動索賠紀錄的視窗，以顯示出相關的資訊。當索賠完成後，所有視窗的內容都應被儲存，並且所有的視窗應該以一個操作來關閉。設計者、或有程式設計工具的使用者可以開發這樣的運作序列。

相同的，透過網頁瀏覽來尋找工作的使用者應該可以選擇五個最感興趣職位的連結，並且只要用單一的滑鼠點選，就能把全部的連結開啟。接著，只要捲動其中一個視窗，就可以同時看到所有的內容，以比較工作的細節（描述、位置或薪水）。當某個職位被選擇後，它應該佔滿整個畫面，而且其它的四個視窗應該自動關閉。

整合是一個工作概念，它描述資訊物件，如何根據使用者的操作而改變。仔細研究使用者的工作，即可以根據運作序列，產生特定工作的協同開發。下節將介紹大型影像的處理，如地圖、電路圖、或雜誌版面。介面開發者可以提供的其它重要整合方式，包括：

- **同步捲動**（synchronized scrolling）。同步捲動是個簡單的整合方式，一個視窗的捲軸和另一個視窗的捲軸連結在一起，而且操作其中一個視窗捲軸，另一個視窗的內容也會同步地捲動。這個技術可用於比較兩種版本的程式和文件。同步可能以列為基礎、以比例為基礎、或調整到使兩個視窗上的記號能夠相稱。

- **階層式瀏覽**（hierarchical browsing）。整合視窗可以用來輔助瀏覽。例如，若視窗包含書的目錄，用指示裝置點選某一章的標題，會顯示出一個相鄰的視窗，其內容為所點選的該章的內容。階層式瀏覽可以和Windows Explorer整合在一起，讓使用者可以瀏覽階層式目錄，而在Outlook中可以瀏覽電子郵件的資料夾（圖9.2）、以及在許多其它的應用程式中（圖11.5）瀏覽階層式目錄。

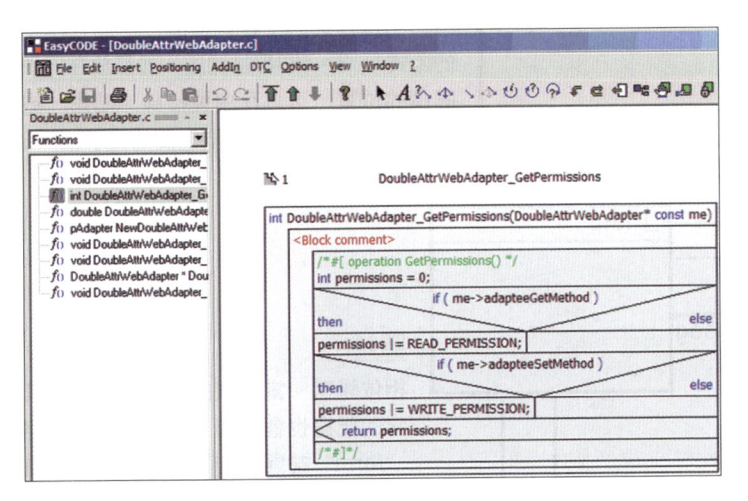

圖11.5
在XperCASE工具（現在被稱為EasyCASE with EasyCODE）。詳細的說明在左邊，當使用者點選元件（DoubleAttrWebAdapter），以Nassi-Shneiderman Chart表示的細節就會出現在右邊

- **相依視窗的開啟／關閉**。一種開啟視窗的方式，是在視窗附近且方便的位置開啟相依的視窗。例如，當使用者瀏覽一個程式時，若他們開啟主程式，則相依的一組函式也可以自動地打開（圖11.6）。同樣的，在填寫表單時，使用者也會看到喜好選項的對話窗，這個對話窗可能會引導使用者打開一個彈出、或錯誤訊息的視窗，它們會依序產生說明視窗。使用者在對話窗上進行選擇後，就會自動關閉所有的視窗（圖11.7）。

圖11.6

相依視窗。當這樣的視窗被開啟時,其它的許多視窗也會自動開啟。在這個例子中,一個程式的主程式被開啟,而且相依的函式1、2、和3都被開啟,並且放在方便閱讀的位置。可以藉由連接線、陰影、或視窗框邊的裝飾來表示視窗間的父子關係

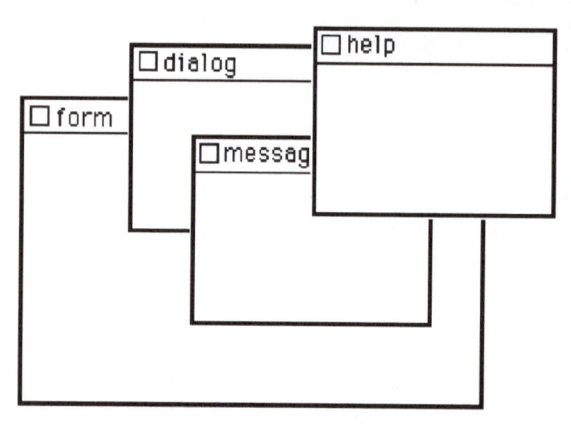

圖11.7

相依視窗。當這樣的視窗關閉時,其它的視窗也會關閉。在此,當父視窗 "form" 被關閉時,四個視窗都會自動關閉。可以藉由線條、陰影、或邊緣的裝飾來表示視窗家族,並以特殊記號代表視窗的父子關係

- **視窗狀態的儲存/開啟**。儲存文件或偏好設定的延伸,是儲存目前畫面(包括所有的視窗和其內容)的狀態。可以利用將「另存畫面...」的選單項目加入「檔案」功能選單的方式,來開發這個功能。這個運作會建立一個代表目前狀態的新圖示。點選圖示,會回復到所儲存的狀態。這是一種簡單的工作區方法(Henderson and Card, 1986)。

- **分頁瀏覽**(tabbed browsing)。瀏覽器的分頁可以讓你在同一個瀏覽器中同時瀏覽多個網頁,而不需要打開一個新的瀏覽器。

- **平鋪視窗**（titled windows）。可以自動調整視窗大小，並安排視窗位置，使它們不會互相重疊。重疊的視窗有時被稱為重疊或並排視窗（cascading windows）。
- **功能區介面**。Microsoft Office 2007的介面設計，是為了讓使用者能夠更方便地找到他們所需要的功能，並讓他們完成的工作（圖6.5）。Microsoft把這個介面稱為"Fluent"的使用者介面。

有許多介面設計方法，讓使用者能夠在聚焦的畫面和情境檢視的畫面之間工作和移動。研究這些介面方法，並根據用來分離與混合檢視之介面機制來做分類（Cockburn et al., 2009）。這四個方法是：空間分離、典型的預覽＋細節（overview＋detail）的介面；暫時分離、典型的可縮放介面；無縫聚焦＋情境（focus＋context）、典型的魚眼檢視；和以線索為基礎的技術，在資訊空間中選擇性地突顯或隱藏項目。

11.6.2 影像瀏覽

二維的階層式瀏覽是影像瀏覽，可協助使用者處理大型地圖、電路圖、雜誌版面、相片、或藝術品工作。使用者可在一個視窗中看到預覽，並在另一個視窗中看到細節。使用者可以在預覽中移動視野框，來調整細節視窗所顯示的內容。同樣的，若使用者移動細節視窗的內容，預覽中的視野框也會跟著移動。經過精心設計的整合視窗，其範圍檢視窗和細節檢視的內容有一定的對稱比例，而且，改變其中任何一個的形狀，另一個就會跟著改變。

把預覽視窗的內容放大到細節視窗中的倍率，稱為放大倍率（zoom factor）。當放大倍率在5到30之間時，搭配預覽和細節視窗會很有效。然而，若有更大的放大倍率，則需要另一個中間視窗。例如，如果預覽視窗所顯示的是法國地圖，則可以很清楚看到細節視窗顯示的巴黎地圖。但若預覽的是全世界，則會以中間視窗顯示歐洲，細節視窗顯示法國，以維持方向感（圖11.8）。

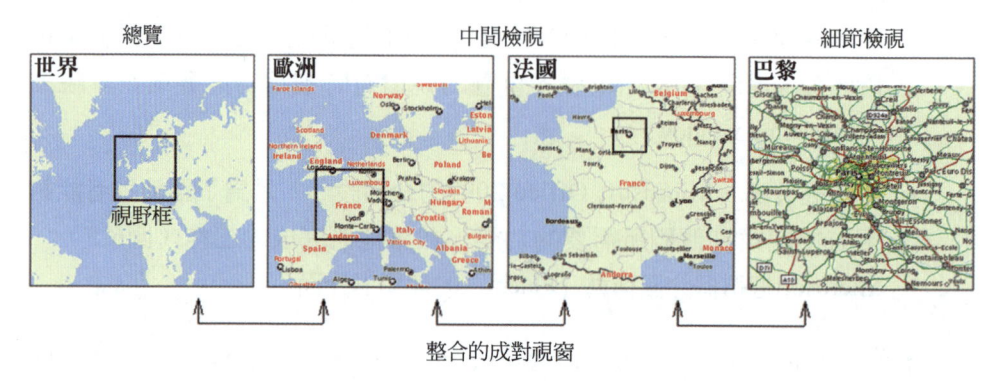

圖 11.8
總覽和中間檢視提供巴黎的細節檢視的概觀。細節檢視的內容會隨著視野框的移動而改變（Plaisant et al., 1995）

　　最常見的視窗配置方式，是將預覽視窗和細節視窗並排在一起，如此處裡的原因是能讓使用者同時看到大圖和細節。然而某些系統只提供一個視窗，透過逐漸放大的方式，慢慢移動到所選定的點（Bederson and Hollan, 1994），或是直接以細節的內容取代預覽。這個放大-並-取代（zoom-and-replace）的方式很容易開發，同時每個瀏覽模式（預覽和細節）的畫面空間都是最大的，但它無法讓使用者同時看到預覽和細節的視窗。一個變化的方式是讓細節視窗和預覽視窗重疊，這樣做可能會遮住重要的項目。語意縮放（semantic zooming）是讓物件根據放大的倍率改變它們呈現的方式，它可以讓使用者藉著快速的放大和縮小的方式，看到預覽視窗（Hornbaeck et al., 2002）。

　　既希望能同時提供細節視窗（焦點）和預覽視窗（背景），但又不希望遮住任何東西的構想，引發了設計者開發魚眼模式（fisheye views）的興趣（Baudisch et al., 2004; Bartram et al., 1995; Sarkar and Brown, 1994）。把焦點區域（或區域）放大顯示出細節，同時，背景內容保持不變；焦點和背景都顯示在單一的視窗畫面中（圖11.9）。這個扭曲變形的方式，在視覺上很吸引人，但不斷地改變放大的區域，最後可能會弄不清方向，而且在已公佈的範例中，放大倍率很少超過5。

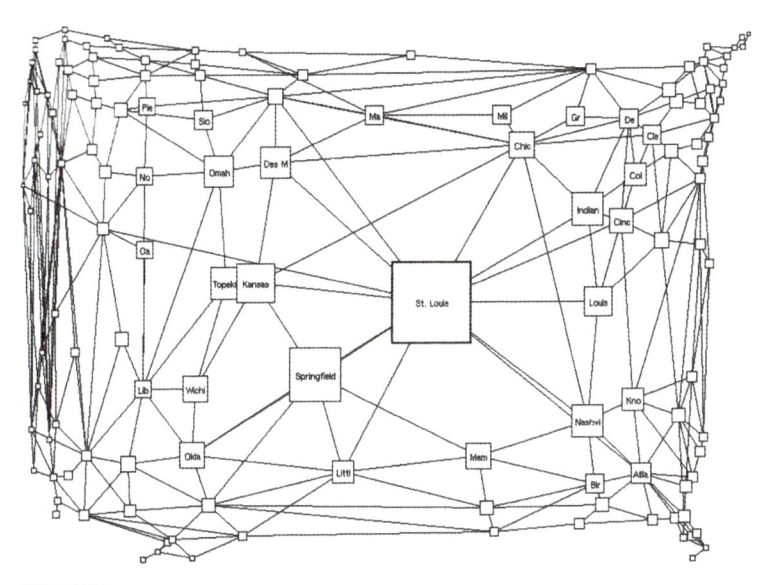

圖 11.9
將焦點放在St. Louis（美國城市）的魚眼檢視模式。雖然扭曲變形可能會迷失方向，但是背景仍能保持不變（Sarkar and Brown, 1994）

首次使用扭曲失真的雙焦點顯示器（bifocal display）（類似魚眼的方法），可以提供「焦點 — 預覽」的資訊檢視。例如，使用者可以專注於一個或兩個文件，同時對整個資訊空間會有一個全面的概觀（Spence, 2001）。

Mac OS X Dock是使用魚眼檢視方法的成功案例，Mac OS X Dock的程式功能選單和檔案圖示是出現在畫面下方。在一個圖示上捲動會放大其項目，以突顯所選取的圖示（應用程式／檔案）（圖1.1）。扭曲失真仍然存在，但突顯的視覺效果明顯。

影像瀏覽器的設計應取決於使用者的工作，其可以分類如下（Plaisant et al., 1995）：

- **影像產生**（image generation）：描繪或建立一個大型影像或圖形。
- **開放式的探索**（open-ended exploration）：為了了解地圖或影像而進行瀏覽。

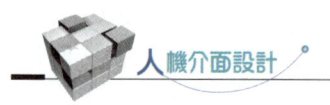

- **診斷**（diagnostics）：尋找電路圖、醫學影像、或報紙版面的問題。
- **瀏覽**（navigation）：知識預覽，但需要沿著途徑或脈絡以尋求細節資訊。
- **監控**（monitoring）：監視預覽，並於問題發生時放大細節部分。

在這些高階的工作中，使用者通常進行許多的低階運作，如移動焦點（在地圖上，從一個城市跳到另一個）、比較（同時觀察兩個港口，比較它們的設施，或在X光影像中觀看左和右肺的對應區域）、遊走（沿著血管尋找阻塞的地方）、或標示位置以便稍後能夠回到原點。

11.6.3 個人角色管理

視窗的整合運作，能幫助處理較大的影像和工作，在過去，這些影像和工作都太過複雜而無法處理。然而，還有其他可以改善視窗管理的機會。目前的圖形使用者介面都以桌面（desktop）的設計為主，其中有以圖示表示的應用程式，並可將文件有系統的放入資料夾。而這樣的方式，仍有改進的空間。

以角色為中心（role-centered）的設計，是一個自然的發展過程，它強調的是使用者的工作，而不是應用程式和文件。雖然電腦支援群體工作（第11章）是以協調多人進行相同的工作為目的，然而以角色為中心的設計，對個人在管理他們的多重角色上可以有很大的幫助。當人們根據獨立的時程來完成階層式的工作時，每個角色都會使個人與不同的人接觸。個人角色管理（personal role manager）可代替視窗管理員，讓使用者在以某個角色工作時，能有效改善效能並降低分散注意力的情形，且它可以協助使用者將注意力從一個角色轉移到另一個角色上。例如，有一個研究是評估是否可改善電子郵件的使用者介面，以服務特定目標群：大學生。這個研究發現，電子郵件過載和功能威脅會阻礙校園中電子郵件的通訊。在電子郵件軟體中整合角色管理，可以幫助大學生更有效地管理電子郵件（Plaisant and Shneiderman, 2007）。

在個人角色管理中,每個角色都有一份由使用者或管理者建立的願景聲明(vision statement)(一份描述責任和目標的文件)。明確的願景,能夠簡化公司新進人員的訓練和整合時間,同時可以協助職務代理人了解休假人員的職責。每個角色也有一組人員、工作階層架構、進度表和全部的文件。此外,每個角色也都有網頁書籤(我的最愛)、和最近開啟過的文件。

畫面管理是個人角色管理的重要功能之一。應該要可以看到所有的角色視窗,但當下所關注的焦點應該會佔畫面的絕大部分。隨著使用者切換到另一個角色,目前使用的視窗就會縮小,但另一個視窗會放大並佔滿整個畫面。若兩個角色之間有交互關係,使用者可以同時放大兩個角色的內容。

例如,教授可能兼具課程的教師、研究生的指導老師、招生委員會的成員、計畫的主持人、技術報告的作者、和業界的顧問等角色。在教師的角色上,教授的願景聲明可能包括:想要把課程和作業內容放在Web上,以輔助一個大型的大學部課程。檔案可能包括:作業、參考文獻和課程大綱等。工作階層架構可能會從選擇教科書的工作開始,一直到舉行期末考的工作。舉行期末考的子工作包括:準備考試題目、預約一間教室、監考和評分。教師角色中的整組人員包括:學生、助教、書商、註冊人員和其它系所教授這門課的同事。時間表可以從將訂單給書商的截止日期開始,並以將期末分數交給註冊人員的時間做為結束。

個人角色管理,可以簡化並加速一般協調工作的效能,就像圖形使用者介面簡化檔案管理工作的方式一樣。個人角色管理的需求包括:

- 根據使用者的角色,支援資訊組織的一致架構。
- 提供與工作相符的(可見的)空間配置。
- 支援資訊快速排列的多視窗運作。
- 利用資訊項目的名稱、空間、和視覺屬性的部分知識,並利用資訊項目與其它資訊的關係,來支援資訊的存取。

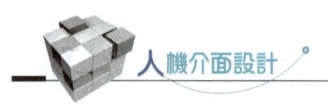

- 允許角色的快速切換和重新開始。
- 釋放使用者的認知資源，讓他們能在工作領域的運作上工作，而不是讓使用者專注在介面層面上的運作。
- 以有效並具生產力的方式利用工作的畫面空間。

11.7 色彩

彩色畫面很吸引使用者，而且可以改善工作效能，但誤用的危險性卻很高。色彩可以達到以下的目的：

- 安撫或吸引目光
- 為無趣的畫面加入特色
- 在複雜的畫面中協助做出細微的判別
- 強調資訊的邏輯組織
- 吸引使用者對警告的注意
- 產生強烈的喜悅、興奮、恐懼、或生氣的情緒反應

為了在書籍、雜誌、道路號誌、和其它的印刷媒體中使用色彩，由圖形藝術家所建立的原則已被應用在使用者介面中（Stone, 2003; MacDonald, 1999; Marcus, 1992）。程式設計師和互動系統設計者正在學習如何創造有效的電腦畫面，並且避免意想不到的錯誤（Galitz, 2007; Brewer et al., 2003）。

透過色彩，可讓電動遊戲更吸引使用者，傳達更多有關發電廠或程序控制圖的資訊，而且，對於人物、風景、或三度空間物件的影像，色彩也是必要的（Foley et al., 2002; Weinman, 2002）。這些應用都需要色彩。然而對於在字母數字顯示器、試算表、圖形、和使用者介面元件中使用色彩的好處，仍存在很大的爭議。

色彩的使用並沒有一組決定性的規則，但以下的指導方針可作為設計者的出發點：

- **謹慎地使用色彩**。許多程式設計師和設計新手都很想利用色彩讓畫面煥然一新，但結果卻往往相反。某個家庭資訊系統以大型字母顯示出它的系統名稱（由七個字母組成）。畫面遠遠看去很吸引人，然而走近一點，這樣的畫面卻很難閱讀。

  當顏色無法顯示有意義的關係時，會誤導使用者去找尋不存在的關係。在同一個功能選單中的12個項目加上不同的顏色，會產生令人受不了的效果。即使在12個項目中使用4種顏色（如紅、藍、綠、和黃），仍會誤導使用者，讓他們覺得相同顏色的項目是相關的。適當的方式是所有的項目都用同一個顏色、標題以另一個顏色、說明用第三種顏色、而錯誤訊息用第四種顏色。但若這些顏色太顯眼，使用這個方式還是會讓人受不了。一個安全的方式是使用白色的背景和黑色的字母、用斜體或粗體表示重點、並保留色彩做為特殊的加強效果。

- **限制色彩的數目**。許多設計指南建議單一畫面中的色彩數目要限制在四個之內，整個系列畫面的色彩數目則限制在七個之內。使用較多的色彩，對於資深的使用者或許有些好處，但太多的色彩會讓新手造成困擾。

- **了解利用色彩做判別的強大能力**。色彩能加速許多工作的判別。例如，在會計應用中，若資料列中有超過30天還沒有兌現的帳目，則以紅色表示；在許多以綠色表示的兌現帳目中，這些紅色的未兌現帳目很快就能判別。在空中交通控制系統中，高空飛行的飛機和低空飛行的飛機可以用不同的顏色加以區別。在程式設計工作站上，可用不同的顏色區別保留字和變數。

- **確保色彩判別是對工作有助益的**。注意，若使用色彩作為判別技術會限制工作的效能，這就與判別技術的本意相悖。在上述的會計應用中，若要找出結餘超過55元的帳目，則現有的判別方法會限制這項工作的效能。同樣的，在程式設計的應用中，使用不同的顏色來顯示最近撰寫的

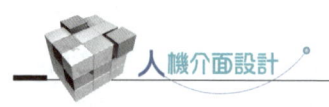

程式，可能會讓整個程式難以閱讀。設計者應該試著建立起使用者的工作和色彩判別之間緊密的連結，並儘可能讓使用者自行控制。

- **讓使用者花最少的力氣做色彩判別**。在一般狀況下，使用者不需要在每次的工作指定色彩判別方式；更確切地說，色彩判別應該要自動出現。例如，當使用者點選網頁連結進行未兌現帳目的檢查工作時，色彩判別就應自動設定好；當使用者進行尋找結餘超過$55的帳目工作時，系統就應該設定好新的色彩判別的方式。

- **讓色彩判別能由使用者控制**。使用者應該可以關閉色彩判別功能。例如，若拼字檢查會以紅色字體標出可能拼錯的字，則使用者應該要能接受或改變這個拼法，並可在修改後關閉色彩判別功能。顯眼的紅色，會造成閱讀分心的情形發生。

- **先以單色做設計**。畫面設計者的主要目標，應該是將內容以符合邏輯的方式配置。相關的欄位，可以用接近或結構類似的樣式表示。例如，一連串的員工紀錄要用相同的縮排樣式；彼此相關的欄位，也可以在群組外圍以框線圈起；不相關的欄位可以空格區隔（在垂直方向上，至少要有一個空白列的空間、或在水平方向上，要留有三個空白字元的空間）。因為未必都會使用彩色顯示器，所以用單色做設計，會比依靠色彩有幫助。

- **考慮到有色彩障礙的使用者之需要**。一個需要考慮的方向是視覺受損使用者對色彩的閱讀能力（最常見的情況是紅／綠混淆、或完全色盲）。色彩傷害是非常普遍的情況，而且不應該被忽視（Rosenthal and Phillips, 1997; Olson and Brewer, 1997）。在北美和歐洲，約有百分之八的男性、和低於百分之一的女性在視覺上有某種程度的永久色彩缺陷。也有許多人因為疾病或藥物而有暫時性的視覺問題。例如，他們可能會把橙色／紅色和綠色弄混，或是看不到黑色背景中的紅點。設計者可以利用限制色彩的使用、利用雙重判別（也就是利用在形狀和色彩、或在位置和色彩上的變化）、提供替代的調色盤、或讓使用者自訂色彩的方式，來

解決這個問題。例如，SmartMoney® Map of the Market提供兩種著色的選擇方式：紅／綠和藍／黃。對於許多不同形式的色彩傷害，可使用像Vischeck等工具模擬色彩視覺傷害，並使圖形最佳化。ColorBrewer提供可以用在色彩視覺傷害上著色方法的指導方針。對大部分的使用者，在白色的背景上使用黑色，或在黑色的背景上使用白色，都是可行的方式。ColorBrewer是一個線上設計工具，可用來幫助人們在製作地圖或其它圖形時選擇適合的顏色，並為那些顏色視覺障礙的人提供顏色的指導方針（Brewer and Harrower, 2008）。

- **利用色彩幫助格式化**。在密度高的畫面中，空間非常珍貴，可以用色彩將類似的項目群組在一起。例如，在員警工作調度表中的任務分派，可以把執行呼叫任務的警車標示成紅色，執行例行巡邏的警車標示成綠色。因此，當新的緊急呼叫出現時，可以很容易地找出正在執行例行巡邏的警車，並可指派一輛警車給這項緊急事件。相異的顏色可以用來區別在實體上相近、但是在邏輯上不同的欄位。在具有區塊結構的程式語言中，當設計者要顯示出不同層次的迴圈時，可以顏色漸層的方式標示指令 — 例如，深綠、淺綠、黃、淺橙、深橙、紅色等。

- **使用一致的色彩判別**。系統中應該從頭到尾使用相同的色彩判別規則。若某個錯誤訊息是以紅色顯示，則要確保系統中的每個錯誤訊息都是以紅色顯示。若訊息改以黃色顯示，可能會被解釋為不同重要性的錯誤訊息。若不同系統的設計者各自使用不同的色彩，使用者即無法判別色彩所表示的意義。

- **留心一般人對色彩判別的預期**。設計者需要先和使用者溝通，以決定在工作中要使用到哪些色彩。來自汽車駕駛的經驗 — 紅色代表停車或危險，黃色代表警告，而綠色代表狀況解除或前進；在投資圈 — 紅色代表虧損，黑色代表獲利；對化學工程師而言，紅色是熱的，藍色是冷的；對地圖製作者而言，藍色代表水，綠色代表森林，而黃色代表沙漠。不同使用者的習慣用法，會是設計者很大的問題。設計者可能會考慮以紅色表示引擎已經暖好機、並在待命狀態，但使用者也許會以為紅

色代表危險狀況。電器通常以紅燈表示機器是開啟狀態，但因為紅色很容易和危險或停止訊息產生聯想，因此也會讓某些使用者感到焦慮。請盡量在畫面或說明面板上，顯示色彩判別的說明。

- **留意色彩配對的問題**。如果畫面上同時出現飽和的（純）紅色和藍色，使用者很難看得到資訊。紅色和藍色是兩個極端，因此眼睛周圍的肌肉會收縮，以便能同時把注意力集中在這兩個顏色上。藍色的視覺效果會變暗，而紅色看起來會比較搶眼。在紅色背景上使用藍色字體，會非常難閱讀。同樣地，有些組合（在紫色背景使用藍色字，在綠色背景上使用洋紅色的字）看起來會太過鮮豔，反而很難閱讀。對比效果太差也會是個問題：想像在白色的背景上使用黃色的文字，或在黑色的背景上使用棕色文字的情況。

- **利用色彩改變來表示狀態改變**。具有數位顯示的汽車時速表、和無線速限接收器，在車速低於速限時，會以綠色顯示數字；車速高於速限時，會以紅色顯示數字，用以表示警告，這樣也許有幫助。同樣的，在煉油廠中，壓力指示器可以隨著數值超過、或低於可接受的界限而改變顏色。在這樣的方式中，色彩扮演著吸引注意的角色。當有上百個數值需要持續顯示時，這個方法就非常有價值。

- **在圖形顯示器中使用色彩以提高資訊密度**。在以許多線條繪製的圖形中，利用色彩，有助於顯示出由哪些線段產生完整的圖形。在白底黑字的圖形上，以虛線、粗線等不同的線條的判別方式，並不比每一種線條用不同的色彩顯示來得有效。建築設計中的電子、電話、熱水、冷水、和瓦斯線路，可以透過使用色彩判別而獲益。同樣的，當使用色彩判別時，地圖的資訊密度可以更高。

在目前的行動裝置中，彩色畫面已成為主流，且設計者通常會在介面設計中大量地運用色彩。毫無疑問的，使用色彩可以幫助增加使用者的滿意度，並增加效能，但是誤用色彩也有危險。為了做適當的設計、並為了做徹底的評估，應該要十分小心（Box 11.5）。

Box 11.5
強調使用色彩判別，可能帶來的好處和危險性的指導方針

使用色彩的指導方針
- 謹慎地使用色彩：限制色彩的使用數量。
- 了解色彩增加或減慢工作的能力。
- 確認色彩判別能對工作有所助益。
- 讓使用者花費最少的心力在色彩判別上。
- 將色彩判別控制權交於使用者。
- 先以單色做設計。
- 考慮對顏色判別有缺陷的使用者之需求。
- 藉由色彩輔助格式化的工作。
- 在色彩判別上須具備一致性。
- 留意使用者對色彩判別的預期。
- 注意色彩配對的問題。
- 透過改變色彩的方式表示狀態的改變。
- 將色彩運用於圖形顯示中，以提高資訊密度。

利用色彩的好處
- 不同的色彩能夠使人平靜或吸引目光。
- 色彩可以改善無趣的畫面。
- 在複雜的畫面中，色彩能協助找出細小的區別。
- 色彩判別可以強調資訊的邏輯結構。
- 特定的色彩可以吸引使用者對警告訊息的注意。
- 色彩判別可以產生快樂、興奮、恐懼、或生氣的情緒反應。

利用色彩的危險
- 色彩配對可能會產生問題。
- 在其它的硬體上，色彩的保真度可能會降低。
- 列印或轉換至其它的媒體可能會有問題。

從業人員的重點整理

系統訊息的用詞，可能對效能和態度有影響，這個影響對初學者特別明顯，他們因焦慮和缺乏知識，使他們居於劣勢。設計者只要利用更明確的診斷訊息、提供建設性的引導、不將焦點集中在失敗上、利用以使用者為中心的用詞、選擇適當的格式、和避免模糊的術語或數字碼，就可以改善這些狀況。

提供引導時，要把焦點集中在使用者和使用者的工作上。在大部分的應用中，盡量避免擬人化的用詞，並使用「你」的形式來引導初學者。避免對使用者進行判斷。簡單的狀態說明會更簡潔，而且通常會更有效。

小心留意畫面的設計，並開發一組局部指導方針給所有的設計者。利用留白、縮排、多欄格式、和欄位標籤為使用者安排畫面。色彩可以改善某些畫面，而且可以產生更好的工作效能與較高的使用者滿意度，但是不良的色彩使用，會誤導並減慢使用者的操作速度。細心地研究畫面設計指導方針文件，並開發自己的指導方針，以符合局部設計的需求（3.2節）。這些文件應該也要包括局部術語和縮寫清單。一致性和全面測試都非常重要。

目前的網際網路技術和支持新網頁設計的指導方針，提供使用者方便和迅速將自訂內容插入到網站上的新工具和方法。目前網站設計指導方針中也提到普遍可用性。好的視窗設計方法可以提高使用者經驗。色彩可以改善顯示器畫面，可以產生更迅速的工作效能，並且達到更高的滿意度，但不當地使用顏色可能誤導使用者，和拖慢使用者的工作。

研究者的議題

透過實驗性測試，可以改進本章所提的錯誤訊息指導方針，並可以找出令使用者感到焦慮或困惑的來源。訊息的擺放位置、強調訊息的設計技巧、和多

○第 11 章○ 平衡功能和風格

階層訊息的表達方法，都是可以嘗試的方式。分析使用者一連串的運作，對自動提供更有效的訊息有幫助。由於目前仍少見成功的擬人化設計，擬人化設計的信奉者應多方進行實證研究，以測試擬人化的功效。

　　為驗證資料顯示和色彩設計的指導方針，需要進行測試的工作。了解畫面的視覺感知方式、和視覺認知模型，會有很大的幫助。使用者會依循從左上角開始的瀏覽模式嗎？使用眼球追蹤系統的研究可以闡明閱讀和聚焦的注意力模式嗎？母語的書寫方式是由右到左的使用者，對於畫面會有不同的瀏覽方式嗎？在功能項目的四周加上空白區域或框線，能幫助使用者理解和加快解釋的速度嗎？在什麼情況下，資訊密集的單一畫面會比兩個資訊稀疏的畫面好？色彩判別如何重新改變瀏覽的模式？

　　運用全球資訊網的工具和方法來增加設計者的知識，可應用到網站設計，強化使用者的經驗、促進使用者自訂內容、以及提升普遍可用性。

　　視窗管理方法已經標準化，但對於大型和多顯示器、需要多個視窗整合運作的新應用、個人角色管理員，仍有許多創新的工作管理機會。

全球資訊網資源

http://www.aw.com/DTUI

　　在全球資訊網上，有針對顯示設計、網頁、和視窗管理的指導方針，並包含一些實證結果，但大部分對使用者有益的和有趣的經驗，只來自於瀏覽生動且色彩豐富的網站。其它網站介面的樣式和風格變化很快，所以請保存下你最喜愛的範例。

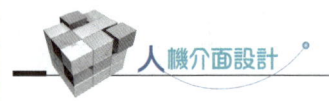

參考資料

Bartram, Lyn, Ho, Albert, Dill, John, and Henigman, Frank, The continuous zoom: A constrained fisheye technique for viewing and navigating large information spaces, *Proc. ACM Symposium on User Interface Software and Technology*, ACM Press, New York (1995), 207–215.

Baudisch, P., Lee, B., and Hanna, L., Fishnet, a fisheye web browser with search term popouts: Acomparative evaluation with overview and linear view, *Proc. Working Conference on Advanced Visual Interfaces*, ACM Press, New York (May 2004), 133–140.

Bederson, B. and Hollan, J. D., Pad++: Azooming graphical interface for exploring alternate interface physics, *Proc. ACM Symposium on User Interface Software and Technology*, ACM Press, New York (1994), 17–26.

Bergel, M., Chadwick-Dias, A., Le-Doux, L., and Tullis, T., Web accessibility for the low vision user, *Usability Professionals Association (UPA) 2005 Presentation*, Montreal, Canada (2005).

Bergman, Eric, *Information Appliances and Beyond: Interaction Design for Consumer Products*, Morgan Kaufmann, San Francisco, CA (2000).

Brennan, Susan E. and Ohaeri, Justina O., Effects of message style on users' attributions towards agents, *Proc. CHI '94 Conference: Human Factors in Computing Systems*, ACM Press, New York (1994), 281–282.

Brewer, C. and Harrower, M., at http://www.ColorBrewer.org/ (2008).

Brewer, Cynthia A., Hatchard, Geoffrey W., and Harrower, Mark A., ColorBrewer in print: Acatalog of color schemes for maps, *Cartography and Geographic Information Science* 30, 1 (2003), 5–32.

Brooke, J., Japan seeks robotic help in caring for the aged, *New York Times* (5 March 2004).

Cassell, Justine, Sullivan, Joseph, Prevost, Scott, and Churchill, Elizabeth, *Embodied Conversational Agents*, MIT Press, Cambridge, MA (2000).

Cockburn, A., Karlson, A., and Bederson, B., Areview of overviewdetail, zooming, and focuscontext interfaces, to appear in *ACM Computing Surveys*, ACM Press, New York (March 2009).

D'Mello, S. K., Picard, R., and Graesser, A. C., Toward an affect-sensitive AutoTutor, *IEEE Intelligent Systems* 22, 4 (July/August 2007), 53–61.

Foley, James D., van Dam, Andries, Feiner, Steven K., and Hughes, John F., *Computer Graphics: Principles and Practice, Second Edition in C*, Addison-Wesley, Reading, MA (2002).

Friedman, Batya, "It's the computer's fault"—Reasoning about computers as moral agents, *Proc. CHI '95 Conference: Human Factors in Computing Systems*, ACM Press, New York (1995), 226–227.

Galitz, Wilbert O., *The Essential Guide to User Interface Design: An Introduction to GUI Design Principles and Techniques, Third Edition*, John Wiley & Sons, New York (2007).

Gratch, J., Rickel, J., Andre, E., Badler, N., Cassell, J., and Petajan, E., Creating interactive virtual humans: Some assembly required, *IEEE Intelligent Systems* 17, 4 (2002), 54–63.

Harless, William G., Zier, Marcia A., Harless, Michael G., and Duncan, Robert C., Virtual conversations: An interface to knowledge, *IEEE Computer Graphics and Applications* 23, 5 (September/October 2003), 46–53.

Henderson, Austin and Card, Stuart K., Rooms: The use of multiple virtual workspaces to reduce space contention in a window-based graphical user interface, *ACM Transactions on Graphics* 5, 3 (1986), 211–243.

Hoffman, R., Baudisch, P., and Weld, D., Evaluating visual cues for window switching on large screens, *Proc. CHI 2008 Conference: Human Factors in Computing Systems*, ACM Press, New York (April 2008), 929–938.

Hornbaek, K., Bederson, B. B., and Plaisant, C., Navigation patterns and usability of zoomable user interfaces with and without an overview, *ACM Transactions on Computer-Human Interaction* 9, 4 (December 2002), 362–389.

Hunt, Ben, Web 2.0 How-To Design Guide, http://www.webdesignfromscratch.com/web-2.0-design-style-guide.cfm (2008).

Ivory, M. Y. and Hearst, M. A., Statistical profiles of highly-rated web site interfaces, *Proc. CHI 2002 Conference: Human Factors in Computing Systems*, ACM Press, New York (2002), 367–374.

Johnson, Jeff, *Web Bloopers*, Morgan Kaufmann, San Franciso, CA, (2003). Updates available at http://www.web-bloopers.com/ (2008).

Jones, M. C., Floyd, I. R., Rathi, D., and Twidale, M. B., Web mash-ups and patchwork prototyping: User-driven technological innovation with Web 2.0 and open source software, *Proc. 40th Annual Hawaii International Conference on System Sciences (HICSS '07)*, IEEE Press, Los Alamitos, CA (2007).

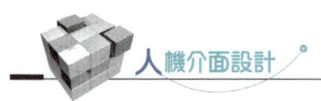

Lavie, T. and Tractinsky, N., Assessing dimensions of perceived visual aesthetics of web sites, *International Journal of Human-Computer Studies* 60, 3 (2004), 269–298.

Lynch, Patrick J. and Horton, Sarah, *Web Style Guide: Basic Design Principles for Creating Web Sites, Third Edition*, Yale University Press, New Haven, CT (2008). Second edition available online at http://webstyleguide.com/.

MacDonald, L., Using color effectively in computer graphics, *IEEE Computer Graphics & Applications* 19, 4 (July/Aug 1999), 20–35.

Mahajan, R. and Shneiderman, B., Visual and textual consistency checking tools for graphical user interfaces, *IEEE Transactions on Software Engineering* 23, 11 (1997), 722–735.

Marcus, Aaron, *Graphic Design for Electronic Documents and User Interfaces*, ACM Press, New York (1992).

Martin, Dianne, ENIAC: Press conference that shook the world, *IEEE Technology and Society Magazine*, 14, 4 (Winter 1995/96), 3–10.

Mayer, Richard E., *Multimedia Learning, Second Edition*, Cambridge University Press, New York (2009).

Microsoft Developers Network, Error messages, http://msdn.microsoft.com/en-us/library/aa511267.aspx (2008).

Mullet, Kevin and Sano, Darrell, *Designing Visual Interfaces: Communication Oriented Techniques*, Sunsoft Press, Englewood Cliffs, NJ (1995).

Mumford, Lewis, *Technics and Civilization*, Harcourt Brace and World, New York (1934), 31–36.

National Cancer Institute, U.S. Department of Health and Human Services, Research-Based Web Design & Usability Guidelines, http://www.usability.gov/pdfs/guidelines.html (2008).

Olson, J. and Brewer, C. A., An evaluation of color selections to accommodate map users with color-vision impairments, *Annals of the Association of American Geographers* 87, 1 (1997), 103–134.

Ozok, A. Ant and Salvendy, Gavriel, The effect of language inconsistency on performance and satisfaction in using the Web: Results from four experiments, *Behaviour & Information Technology* 22, 3 (2003), 155–163.

Parush, A., Nadir, R., and Shtub, A., Evaluating the layout of graphical user interface screens: Validation of a numerical computerized model, *International Journal of Human-Computer Interaction* 10, 4 (1998), 343–360.

Parush, A., Shwartz, Y., Shtub, A., and Chandra, J., The impact of visual layout factors on performance in web pages: Across-language study, *Human Factors* 47, 1 (Spring 2005), 141–157.

Plaisant, C. and Shneiderman, B., Personal role management: Overview and a design study of email for university students, in Czerwinski, M. and Kaptelinin, V. (Editors), *Designing Integrated Digital Work Environments: Beyond the Desktop*, MIT Press, Cambridge, MA (2007), 143–170.

Plaisant, Catherine, Carr, David, and Shneiderman, Ben, Image browsers: Taxonomy and design guidelines, *IEEE Software* 12, 2 (March 1995), 21–32.

Reeves, B. and Rickenberg, R., The effects of animated characters on anxiety, task performance, and evaluations of user interfaces, *Proc. CHI 2000 Conference: Human Factors in Computing Systems*, ACM Press, New York (2000), 49–56.

Rosenthal, O. and Phillips, R., *Coping with Color-Blindness*, Avery Publishing Group, New York (1997).

Sarkar, Manojit and Brown, Marc H., Graphical fisheye views, *Communications of the ACM* 37, 12 (July 1994), 73–84.

Sears, Andrew, Layout appropriateness: Guiding user interface design with simple task descriptions, *IEEE Transactions on Software Engineering* 19, 7 (1993), 707–719.

Shneiderman, Ben, Looking for the bright side of agents, *ACM Interactions* 2, 1 (January 1995), 13–15.

Siegel, David, *Creating Killer Web Sites*, Hayden Books, Indianapolis, IN (1997). Updates can be found at http://www.killersites.com/ (2008).

Smith, Sid L. and Mosier, Jane N., *Guidelines for Designing User Interface Software*, Report ESD-TR–86–278, Electronic Systems Division, MITRE Corporation, Bedford, MA (1986). Available from the National Technical Information Service, Springfield, VA.

Spence, Robert, *Information Visualization*, Addison-Wesley, Reading, MA (2001).

Staggers, Nancy, Impact of screen density on clinical nurses' computer task performance and subjective screen satisfaction, *International Journal of Man-Machine Studies* 39, 5 (November 1993), 775–792.

Stone, Maureen, *A Field Guide to Digital Color*, A. K. Peters, Wellesley, MA (2003).

Sun Microsystems, Inc., Java Look and Feel Design Guidelines, Second Edition, http://java.sun.com/products/jlf/ed2/book/index.html (2001).

Sun Microsystems, Inc., Web Design Standards, http://www.sun.com/webdesign/ (2008).

Teitelbaum, Richard C. and Granda, Richard F., The effects of positional constancy on searching menus for information, *Proc. CHI '83 Conference: Human Factors in Computing Systems*, ACM Press, New York (1983), 150–153.

Tullis, T. S., Information presentation, in Proctor, R. and Vu, K. (Editors), *Handbook of Human Factors in Web Design*, Routledge, New York (2004).

Tullis, T. S., Screen design, in Helander, M., Landauer, T. K., and Prabhu, P. (Editors), *Handbook of Human-Computer Interaction, Second Edition*, Elsevier, Amsterdam, The Netherlands (1997), 377–411.

Tullis, T. S., Web-based presentation of information: The top ten mistakes and why they are mistakes, *Proc. HCI International 2005*, Las Vegas, NV, Lawrence Erlbaum Associates (July 2005).

Walker, Janet H., Sproull, Lee, and Subramani, R., Using a human face in an interface, *Proc. CHI '94 Conference: Human Factors in Computing Systems*, ACM Press, New York (1994), 85–91.

Web Accessibility Initiative, World Wide Web Consortium, http://www.w3.org/WAI/ (2008).

Weinman, Lynda, *Designing Web Graphics, Fourth Edition*, New Riders, Indianapolis, IN (2002).

Williams, T. R., Guidelines for the display of information on the Web, *Technical Communication* 47, 3 (2000), 383–396.

CHAPTER **12**

使用說明文件
與線上說明

Maxine S. Cohen 合著

12.1 簡介

由於使用者介面的標準化和進步，使得電腦應用程式變得容易使用，但使用新介面仍舊是一項挑戰。首次使用電腦的人，會努力想了解基本的介面物件和運作，以及其任務。有經驗的使用者則需要承諾與專注，以學習進階功能和了解新的任務領域。許多使用者從那些了解使用介面的人身上學習；而其他使用者則不斷地從錯誤中學習，還有部分使用者是使用應用程式提供的使用說明文件（一般為線上版本）。使用手冊、線上輔助說明文件、線上教學往往會被忽略或很少使用，但當使用者在某些情況下開始試著完成工作，卻被卡住而無法完成時，這些資源會很有幫助的。

學習任何新事物是一項挑戰。挑戰可能會帶來快樂和滿足，但是，當開始學習電腦系統時，許多人會感受焦慮、沮喪和失望。許多難題是源自於設計不良的功能表、畫面或操作指南（它們帶來錯誤和混亂），或來自於使用者無法容易地決定接下來該怎麼做。當普遍可用性的目標變得愈來愈重要，為了縮短使用者所知道的知識和他們所需要的知識之間的差距，會越來越需要線上說明。

過去的實證研究顯示，撰寫和設計完備的使用手冊，不管是書面或在線上，都很有效（Carroll, 1998; Hackos and Stevens, 1997; Horton, 1994）。現今的互動系統應該提供線上說明、線上手冊、線上文件、快速指引和互動教學，以滿足使用者訓練和參考的需求。事實上，隨著車上、電話、相機、小型個人行動裝置和其它地方都有顯示器後，無所不在且可自訂的線上說明應已成為必備文件。雖然有愈來愈多的注意力投注於改良使用者介面設計，但對於互動式應用的複雜度和多樣性的關注也逐漸增加。證據顯示總是會需要同時具有書面和線上形式的輔助資料來協助使用者（雖然列印的手冊似乎很少使用）。

有多種線上引導使用者的方式（Box 12.1）。許多書面手冊已經轉成線上的形式；軟體製造商通常會提供線上手冊、線上說明系統、線上教學或動態示範。也可以使用情境相關的說明，其範圍從簡單的彈跳視窗，到較進階的輔助

■ Box 12.1

說明文件、線上說明、和教學的分類

說明系統所涵蓋的範圍
- 介面物件和運作的描述（語法的）
- 完成工作的一連串運作（語意的）
- 特定工作領域知識（實務的）

介面整合度（從較少到較多的整合）
- 線上使用說明文件和教學課程：獨立的介面，甚至可能由不同的公司所開發。
- 線上說明：整合到介面中，通常位於按下「說明」按鈕後出現的獨立視窗中。
- 與情境有關的說明：（a）使用者控制—出現在使用者游標所指的位置（彈出的對話窗、對白氣球、或小技巧）（b）系統觸發—系統提出建議，甚至有時執行一些動作。
- 動態示範：通常整合到介面中。

介入的時間
- 開始之前（快速指引、手冊和教學）。
- 互動剛開始時（開始使用、動態示範）。
- 工作進行時（與情境有關的使用者或系統觸發的說明）。
- 在失敗之後（說明按鈕、**FAQs**）。
- 當使用者下次使用時（啟動的小技巧）。

媒體
- 文字（有步驟清單的文字段落）
- 圖形（螢幕擷取的影像可以做為圖示）
- 語音錄製
- 錄製某人使用介面的視訊
- 動畫
- 於運作時紀錄並重播包含或不包含註解的介面
- 以電腦為基礎的訓練模擬環境

延伸性
- 封閉式系統
- 使用者可以加入更多的資訊（註解、同義字、或翻譯）

與精靈。大部份的製造商都有網站，其特色是常見問答（FAQs）的匯編。此外，還有活潑的使用者社群，提供更多「草根」（grass roots）式的說明和支援。這種說明可以透過正式的與結構化的線上使用者社群以及新聞群組、更多的非正式電子郵件、聊天和即時傳訊方式提供。可使用各類的形式和風格滿足使用說明文件的需求。

其它的說明形式包括：教室指導（傳統的、網路為基礎的、或線上的）、個人訓練和協助、電話諮詢、視訊和音訊錄製、和Flash示範。這些形式並不在討論範圍，但有許多相同的教學－設計原則可以使用。另一個重要的方式，是利用電話聯絡支援服務中心，享受個人化的服務，這樣的方式對使用者很有幫助，但卻需要一筆龐大的開銷。為了降低成本，有些提供者會使用混合式系統，這種系統有一小群核心使用者，並提供電腦化之代理人和智慧型說明系統。

本章會先回顧線上與書面說明文件的好處（12.2節），然後再整理出使用者閱讀書面和電腦畫面之間的比較結果（12.3節）。12.4節討論說明文件內容的形式，12.5節探究使用說明文件和輔助系統的特定方法，接著會檢視教學和示範文件（12.6節）、以及協助使用者的線上社群（12.7節）。最後會扼要討論使用者說明文件的開發流程（12.8節）。

12.2 線上與書面說明文件

有許多需要線上說明文件的理由，而正面的理由包括：

- 物理上的優點
    - 只要有電子裝置或電腦，就可以取得資訊。不需要找出文件所在的位置（如果文件就放在附近，拿文件只會稍稍打斷原來的工作，但若文件是放在另一棟大樓、或另一個人的位置上，則拿文件就會造成比較多的工作中斷）。有一項殘酷的事實：許多使用者都會遺失書面文件，或不保留最新版的軟體手冊。

- 第 12 章 ● 使用說明文件與線上說明

 - 使用者不需要物理工作空間來打開文件。書面文件使用不便，且會讓工作空間變得凌亂；在行動環境中，可能沒有可用的實體位置來放置書面文件。
 - 資訊可以透過電子的形式，快速且低成本地進行更新。以電子形式傳播的改版內容，可確保不會取得過時的資料。
- 瀏覽功能
 - 如果線上說明文件提供索引、目錄、圖片目錄、術語辭典、和鍵盤捷徑的清單，則可以很快地找到工作所需的特定資訊。
 - 從數百頁文件中找尋一頁的動作，在電腦上進行會比書面說明文件快得多。
 - 透過文字中的連結，可以引導讀者閱讀相關的資料。另一方面，連結的外界資料（如字典、百科全書、翻譯、和web資源）將有助於了解內容。
- 互動式服務
 - 讀者可以對文字加上書籤、註解和標籤（圖12.1），並把文字和註解以e-mail傳送。
 - 作者可以運用圖片、聲音、色彩、和動畫。藉由這些工具，有助於解釋複雜的運作、並可讓使用者產生參與感（圖12.2）。
 - 讀者可以利用新聞群組、電子論壇、線上社群、e-mail、交談、和即時訊息，從其他使用者身上得到更進一步的幫助（12.7節）。
 - 視覺障礙者（或需要免持模式之使用者）可以利用螢幕閱讀器來聽取說明。
- 經濟上的好處
 - 線上說明文件比起書面說明文件，其複製和傳送的成本較便宜。

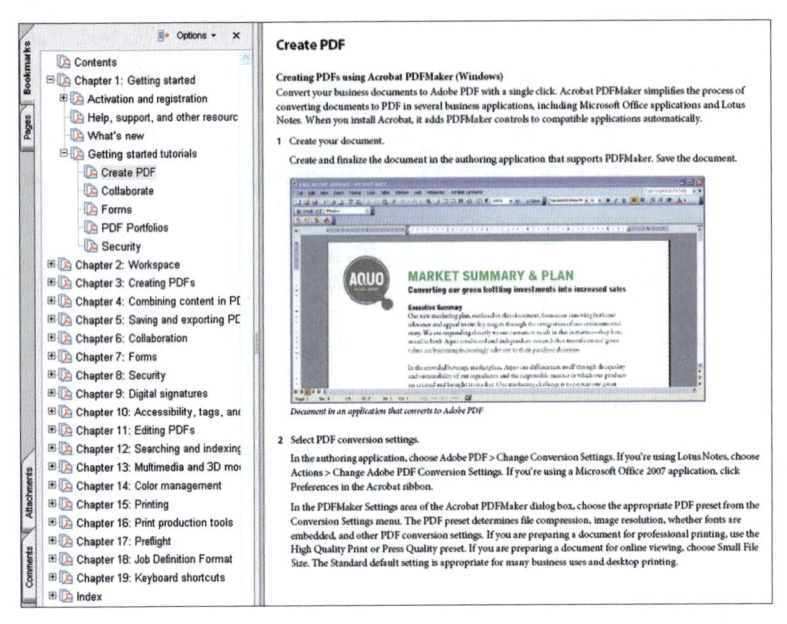

圖12.1

Adobe Reader® 9.0（http://www.adobe.com/）的使用手冊，是一個線性的PDF文件，可以印出或在線上閱讀。分頁框中包含可以展開的目錄、頁縮圖、或書籤。使用者可以點選連結，連到相關的章節、放大、加入評語、搜尋等

雖然線上說明文件有這些優點，但有些優點會因為潛在的負面邊際效應而受影響，這些優點包括：

- 螢幕畫面不如書面文件容易閱讀（12.3節）。

- 實質上，每個畫面所包含的資訊會比一張紙少得多。畫面的解析度也比紙張要低，使用照片和圖片時需特別注意。

- 線上說明系統的使用者介面可能是新穎的，尤其會讓初學者感到困惑。相反地，大部分的人都非常熟悉書面說明文件或書面手冊的「使用者介面」。

- 在許多畫面之間瀏覽和捲動，需要耗費額外的腦力，這也許會影響專注力和學習力，而且加上註解也比較困難。

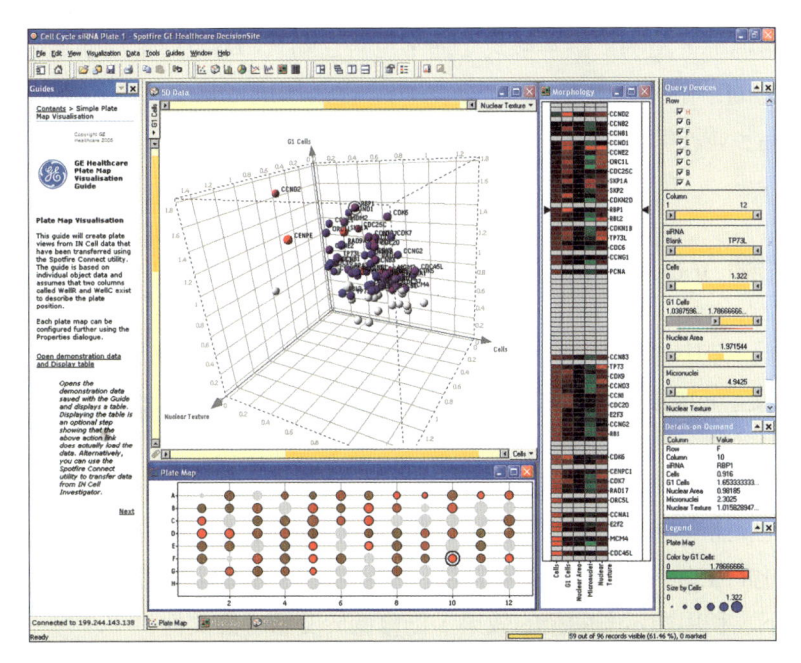

圖12.2

發掘工具Spotfire™（http://www.spotfire.com/）提供指引使用者的範例，以指導使用者學習使用介面。在這裡，癌症細胞的樣本資料集會被載入到工具中；使用者遵循循序漸進的指示，並根據各種不同的捲動軸和其他調整工具來改變觀看的視角

- 把工作和說明視窗或教學視窗分開顯示，會減少工作視窗的顯示空間。如果使用者必須切換到另一個視窗中的說明或教學應用，對短期記憶的負擔可能會很大。使用者可能會忘記工作情境，而且很難記得線上說明文件寫了什麼（大型顯示器為桌上型電腦應用提供了一個可能的解決方案；8.5節）。

- 諸如手機之類的小型裝置，並沒有足夠的畫面空間來顯示線上說明。它們通常必須依賴書面說明文件，包括快速指引、或獨立的網頁線上說明文件與教學課程。

目前的趨勢是將大部分的說明文件放在網路上。越來越高的印刷、運送和更新成本，讓提供書面說明文件的廠商變少，且其市場也變得有限。然而，訓

練書籍的市場熱絡現況，證明了紙本形式（通常包含互動式CDs/DVDs）的高品質教材是有吸引力的。研究人員警告，不論說明文件是印刷或線上形式，應被視為有價值的商品，並謹慎地使用。

12.3 紙上閱讀 VS. 螢幕上閱讀

把文字印在紙上的技術已經有500年的歷史了，針對紙張外觀和顏色、字體、字元寬度、文字的對比、文件的欄寬、頁緣大小、行距、甚至是房間光線，全都已經努力試驗，以產生最吸引人和適合閱讀的文件格式。

在電腦螢幕上閱讀而產生的視覺疲勞和壓力是常見的問題，但這些狀況可藉由休息和多樣化的工作內容而適當地排除。甚至在使用者沒有察覺到視覺疲勞或壓力的情況下，利用顯示器閱讀的效果，仍會低於閱讀書面文件。

在螢幕上閱讀的潛在缺點包括：

- 特別是對於低解析度顯示器，字型可能會變得很難看。組成字母的點，可能大到可以看到每個點，因此使用者必須花費精力在辨識字元上。
- 字元和背景之間的低對比和模糊的字元邊界也會造成困擾。
- 顯示器發出的光線可能會比紙張的反射光更容易造成閱讀上的困難。可能會更刺眼，同時，閃爍也是個問題。
- 小的顯示畫面需要經常換頁，發出換頁的命令會造成中斷，而且當換頁速度很慢或會因視覺而造成分心時，換頁會令人感到困擾。
- 紙張的閱讀距離很容易調整。大部分的顯示位置都是固定在適當的地方（驗光師建議，閱讀時，眼睛朝下看的方向會比較好）。"near quintad"（Grant, 1990）是五種調整眼睛看近距離物件的方式：適應（水晶體形狀調整）、聚合（往中心看）、瞳孔縮小（瞳孔收縮）、

第 12 章 使用說明文件與線上說明

excyclotorsion（旋轉）、和向下凝視（往下看）。平板電腦和行動裝置的使用者經常將顯示器放在比桌上型電腦顯示器還要低的位置，以方便閱讀。

- 配置和格式化的問題 — 例如，不正確的頁緣空間、不適當的列寬（建議35到55個字元），或不合適的對齊方式（建議向左對齊和不整齊的右邊緣）。多欄的配置會需要不斷地往上和往下捲動。分頁會造成分心和浪費空間。

- 位置固定的顯示器能減少手和身體的移動，但和紙張比較起來，比較容易令人感到疲勞。

- 對畫面不熟悉和瀏覽文字的焦慮會增加壓力。

隨著行動裝置、iPhones（圖1.8）、特殊的電子書平台（圖8.20）、和網路圖書館變得越普及，使用者在螢幕上閱讀的興趣也隨之增加。下載早報到掌上型電子裝置或手機上，即使站在擁擠的地鐵也能夠閱讀，或在旅遊時把整個城市導覽手冊載入到這樣的裝置中，這些都是非常具吸引力。若使用者

> 這是一個明體字型的範例
>
> 這是一個標楷體字型的範例

圖12.3

使用明體字型和標楷體字型的簡單範例

要在線上閱讀大量的資料，則建議使用高解析度和較大的顯示器。其他研究建議：如果顯示的文字是為了要取代紙上文件，快速的回應時間、快速的顯示速率、在白色背景上顯示黑色文字、和像一頁大小的顯示器等，都是重要的考量因素。一些其他應用，如Microsoft Word提供了一個專用的閱讀版面配置之檢視，限制控制介面的數目，並增加文字可以顯示的空間。動態的分頁要考量螢幕的大小，以改善文件的換頁，而非使用捲動軸。

大型線上圖書館的書籍（如Gutenberg資料庫、或國會圖書館，圖1.6）— 不論書籍是否可以免費使用 — 皆是為了提升閱讀感受所做的努力。報紙和科學期刊的出版者不斷的發展足以滿足線上讀取文章的強烈需求、且可以回收成本的

方式。文件的可塑性逐漸變成是一種需求。在閱讀文件時自動地判斷正確方向的能力，逐漸變成是一種標準特色。文件的設計者必須將文件結構化，使得文件能夠在小型、中型、和大型顯示器上以不同的字體大小顯示，幫助有視覺障礙的使用者。

在線上環境中，了解使用者的閱讀模式是很重要的。在一項閱讀研究中提供三種不同介面：概況＋細節、魚眼、和線性，並顯示一些有趣的結果：傳統線性介面的效能最差（Hornbaek and Frokjaer, 2003）。另一項使用眼球追蹤、顯示使用者位置、以及如何清楚地看一個網頁之研究，則清楚的顯示一個F型的圖案（圖12.4）。這個研究指出，使用者不會逐字逐句地閱讀線上文字。在一開始的段落應包含最重要的資訊；在閱讀這些內容之後，使用者會往下掃描頁面的左側，所以他們所看到的文字也應該包含重要內容（Nielsen, 2006）。

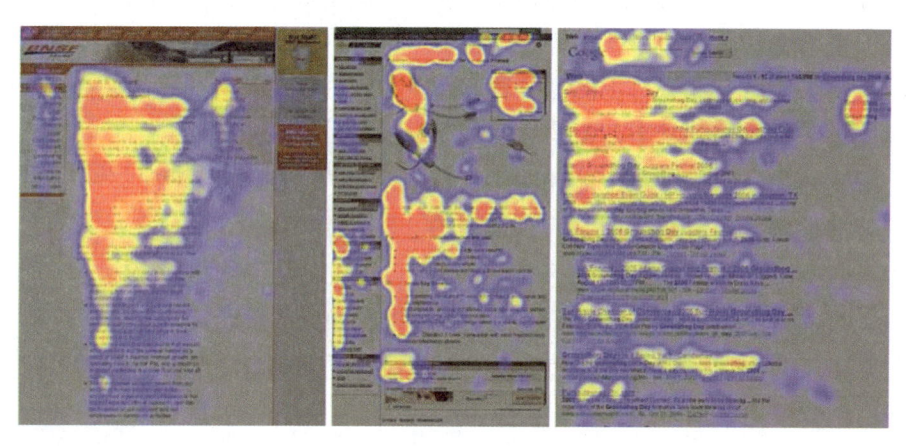

圖12.4
眼球追蹤研究的熱流圖（heatmap）。紅色代表使用者看最多的區域，黃色代表較少看的，藍色代表最少看的。灰色的區域是代表還沒有看的。圖片的左邊的內容是來自於公司網站中「關於我們」的文章。中間的圖片是某個電子商務網站中的產品頁面，而在右邊的圖片是搜尋引擎的結果網頁（ http://www.useit.com/alertbox/reading_pattern.html和Jakob Nielsen）

文字的標記（例如，XML或XHTML的標記）可以支援自動產生書面和線上版本、目錄、各種索引方式、增強的搜尋功能、可做快速瀏覽的簡短版本、和詳

細內容的連結。進階的功能可能包括自動轉換到外國語、註解工具、加入書籤、將文字大聲唸出的能力、和為不同類別的讀者標示出重要的部分。

12.4 規劃說明文件的內容

　　傳統上，電腦系統的訓練資料和參考資料都是紙本手冊。撰寫這些手冊的工作，是計畫最後的低勞力工作，通常會留給開發團隊中最資淺的成員。因此，手冊往往寫得很差、不符合使用者的經驗、不完整、未經過充分測試。而現在管理者了解到，設計者可能無法完全了解使用者的需求，系統開發者也不是好的撰寫者，而且，撰寫有效的說明文件需要時間和技巧。他們也認知到，在廣泛發送說明文件之前，必須通過測試和經過修改，而且系統的成功與否與文件品質有很大關係。使用者很少會有興趣地把手冊或說明文件從頭到尾讀一遍；他們的關注會集中在收集資訊或完成工作（Redish, 2007）。使用者也喜歡有一些選擇，針對不同的工作來選擇不同類型的說明文件（Smart et al., 2001）。Horton（1994）做出以下的結論：「好的線上說明文件會比品質不佳的書面文件好，好的書面文件會比品質不佳的線上說明文件好」，這個格言至今仍適用。

12.4.1 朝向最簡短的使用手冊邁進

　　對於正在學習文書處理器的受測者來說，把想法說出來的（Think-aloud）研究方式（4.3.3節）可以顯示出大部分初學者所遭遇到的困難，以及他們用來克服這些困難的方式（Carroll and Mack, 1984）。學習者積極嘗試讓系統運作、閱讀部分的手冊內容、了解顯示的畫面、嘗試按鍵的功能，同時也克服許多遭遇到的問題。學習者明顯喜歡在電腦上運作，而不是閱讀冗長的手冊；他們想要馬上進行有意義和熟悉的工作，並且看到運作的結果。他們應用現實生活的知識、使用其他介面的經驗，以及經常猜測。新使用者有耐心地、循序地閱讀並且吸收手冊內容的景象，實際上是很少見。

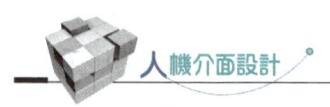

從這些觀察產生了最簡短的使用手冊（minimal manual）的設計概念 — 把工具限定在某個工作領域，鼓勵親自動手做，進行系統功能的引導探索（guided exploration），並支援錯誤辨識和復原。使用手冊和說明文件設計的關鍵原則（Box 12.2）會隨著時間而逐步改進、詳細地說明並經過實際驗證（van der Meij and Carroll, 1995; Carroll, 1998）。當然，好的使用手冊應該要包含目錄和索引。辭彙表也有助於釐清技術術語，也建議提供包含錯誤訊息的附錄。

■ Box 12.2

根據實際使用和經驗研究（主要根據Carroll, 1998）的使用手冊指導方針

選擇運作導向（action-oriented）的方法
- 提供馬上行動的機會
- 鼓勵並支援探索與創新
- 著眼於使用者活動的整合
- 顯示許多範例

讓使用者的工作引導文件的結構
- 選擇或設計實際工作的教學活動
- 在呈現介面物件和運作之前，先呈現概念
- 建立可以反應工作結構的引導單元

支援錯誤辨識和復原
- 避免可能發生的錯誤
- 當運作容易發生錯誤或難以修正時，提供錯誤資訊
- 提供可支援偵測、診斷、和修正的錯誤資訊
- 提供立即的錯誤資訊

建立幫助操作、學習、尋找的閱讀指引
- 要簡潔，不要詳細說明每一件事
- 提供目錄、索引、和詞彙表
- 保持清楚和簡單的撰寫風格
- 提供章節的結束討論

•第12章• 使用說明文件與線上說明

　　視覺外觀對讀者很有幫助，特別是高度視覺化的直接操作介面以及圖形使用者介面。觀看許多的精選螢幕畫面，可用以證明典型使用方式能讓使用者建立對於介面的認識與預測模型。在使用者第一次使用軟體時，他們通常會模仿說明文件中的範例。含有複雜的資料結構、轉換圖和功能表選單的圖片，能夠藉由讓使用者接觸到設計者所建立的系統模型，而大幅地改善效能。

　　在現今的互動世界中，許多使用者都熟悉技術。閱讀或瀏覽許多頁的說明文件是沒有吸引力的；使用者想要快速開始使用他們的技術產品。只有最複雜的電子系統需要廣泛的訓練與較長的入門時間。使用者想要能快速上手的指引（圖12.5）、容易瀏覽的資料和許多範例（Novick and Ward, 2006a），他們也想要完整的、正確的、組織良好的、和正確相關的技術細節之資訊（Smart et al., 2001）。有些特性很難在適用於廣大讀者群的一般說明文件中見到。

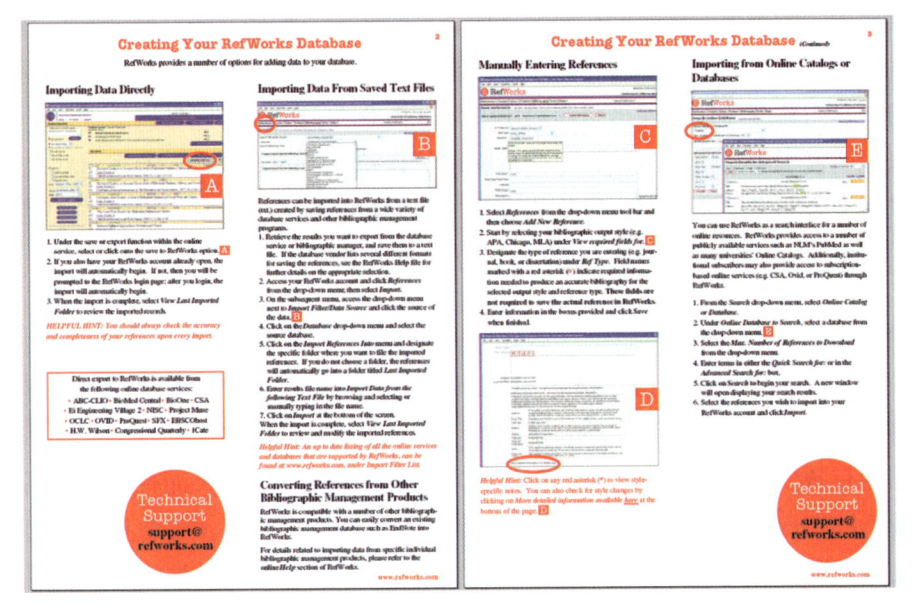

圖12.5
這兩頁快速入門指引是來自於RefWorks.com，一個線上研究管理、寫作與協同工作的工具。不同大小的字體和顏色是用來幫助使用者掃瞄資訊，透過這些資訊並使用大寫的英文字（A、B、C等）來引導使用者，而且也顯示有用的提示（http://www.refworks.com）

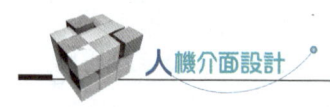

是否給予作者和設計者讚譽，是一項經常被討論的話題。支持者鼓勵在說明文件中加入讚譽，為好的作品增光，以鼓勵撰寫者持續做出好的作品，並建立起使用者對他們的信賴。因為撰寫者和設計者願意公開姓名，所以相對的責任感和信賴度也會增加。

12.4.2 組織和撰寫方式

設計教材是一項具有挑戰性的工作。作者必須熟知技術內容；對於讀者的背景、閱讀能力、和智能具有敏銳度，並精於撰寫流暢的文章。若作者必須撰寫技術內容，則製作說明文件時的首要工作是了解讀者以及讀者所需執行的工作。

對作者和讀者而言，精確的教學目標說明（Mager, 1997）是很有價值的指引。教學內容的順序，應該取決於讀者所具備的知識、和最終的目標。要訂出明確的規則並不容易，但作者應該試著以邏輯順序來呈現所要解釋的概念，並逐漸增加其困難度，以確保後續章節中的每個概念在引用前即已做過解釋，避免尚未說明就引用的情況，並讓每個章節都包含差不多的新內容。除了這些結構需求外，說明文件應該包含足夠的範例、和完整的實例。通常以循序方式閱讀的手冊和其他的說明文件中，這類指導方針是有效的。

開始撰寫任何說明文件之前，徹底地調查說明文件的使用者，以及說明文件會如何使用是很重要的（Smart et al., 2001）。Frampton（2008）提出許多應該要考慮的問題。誰是說明文件的預期使用者？說明文件的市場期望是什麼？說明文件有多少的製作預算？是否有部分內容是必要或必需的，而有些其他部份則視為補充資料？文件將如何使用？說明文件只使用一次，或是會長段時間反複使用？潛在使用者的程度為何？說明文件是以使用者的母語撰寫嗎？使用者的技術層級為何？對於說明文件的作者，遵循以使用者為中心的設計流程是很好的方式，讓作者與使用者溝通及討論需求，而這種方式將產生更好的設計說明文件。

第 12 章 使用說明文件與線上說明

　　Redish（2007）鼓勵作者將說明文件分成不同的主題和小主題。根據時間或順序、工作、人員、資訊呈現的類型、或人們提出的問題等來安排主題。現今的網路世界是一個資訊發展敏捷的世界（Hackos, 2006），其開發週期短，且競爭是激烈的。

　　使用者應該與幾個不同認知層級的說明文文件進行互動，他們會在說明文件中找到完成一項工作的相關資料。他們需要了解說明文件中的解釋，然後把對文件的理解應用到需要說明文件的工作上（Galitz, 2007）。在這個過程中，有很多地方會產生誤解，並且會增加認知負荷。此外，因為介面不能讓使用者完成工作，使用者可能已經陷入緊張和沮喪的情境中。

　　使用手冊的用字與措辭和整體結構一樣重要。撰寫不佳的字句會破壞精心設計的使用手冊，就像錯誤的音符會破壞優美的旋律一樣。《The Elements of Style》（Strunk et al., 2000）和《On Writing Well》（Zinsser, 2006）兩本近來都作了更新的寫作經典都是珍貴的資源。寫作結構的風格指引足以確保一致性和高品質（Mandel, 2002）。當然，沒有一組指導方針可以把平庸的作者變成偉大的作者，寫作是高度創意的工作，好的作者是眾人的寶藏。

　　針對專業傳播者，有許多強調技術溝通的可用資源。正規課程和進修課程也出現在各專門機構和補習班。目前已有解釋撰寫說明文件（特別是Web內容）技術及正式教學的書籍（Robinson amd Etter, 2000; Hackos, 2006; Lannon, 2007; Redish, 2007）。IEEE（透過他們的專業交流協會）和技術交流協會皆提供理論的出版品和更實用的資訊。

12.5 使用說明文件

　　過去的研究已經證實，精心設計的說明文件會很有用（Cohill and Williges, 1982; Magers, 1983）。然而，除了改善外，大部分的使用者為了避免使用手冊，會較喜歡藉由探索（Rieman, 1996）和其他方式（Novick and Ward, 2006b;

Novick et al., 2007）學習介面。如果使用者閱讀說明文件，以高層級的方式閱讀；他們會「滿意」、跳過、掃描、和略讀（Mehlenbacher, 2003）。使用者通常不想要詳查大量的使用手冊，因為這樣會很難瀏覽。相反的，他們希望能針對正在執行的特定工作，迅速而容易地使用指令（Redish, 2007）。甚至當問題出現時，許多使用者仍不願意查詢說明文件，而且使用者最後可能只會這樣做。雖然指引方針已被用於改進線上元件的設計，但是研究上仍顯示說明文件的使用率不高（Novick et al., 2007）。

WinHelp和Windows HTML的說明標準格式刺激了許多軟體工具的開發，如Adobe RoboHelp™和helpMATIC Pro。這些工具能在開發互動的線上說明時，協調使用不同平台及不同格式的作者團隊。

文件通常被放在網路上是因為有好的理由。在使用說明文件時，這個論述已變成是要讓線上環境做最好的使用。搜尋和瀏覽線上資訊的方式不同於書面說明文件。能夠提供情境相關的說明是線上說明文件的優點。說明文件可以針對不同的使用族群進行設計，例如殘障者、跨國使用者、和不同的年齡層的人。

12.5.1 線上說明文件

由於CD-ROM製造和運送成本很低，因而鼓勵硬體供應商提供和書面說明文件／或使用手冊一模一樣的線上說明文件。現在大部分的製造商都把說明文件放在網路上。現代的設計都假設有可用的線上說明文件或網頁的說明文件，通常這些文件是以標準的瀏覽介面呈現，以減少學習時間。針對行動裝置，小型顯示器限制了一些可能性，但是，在裝置上提供有用的說明仍是優先的考量，這可用以彌補紙上使用手冊的不足。為了維持最新的資訊，使用者通常喜歡造訪可以下載使用手冊、以及有其它格式的說明文件之製造商網站。

雖然線上說明文件經常來自相同的原始文件（通常是XML或XHTML文件），但線上和書面的說明文件目前已有許多地方不相同。線上文件可以從所

有在12.2節中提到的物理優點、導覽功能和互動服務中獲益。另一方面，傳統的書面文件涵蓋一些輔助的局部資訊，通常是書寫在頁緣，或寫在紙條上貼在適當的書頁中。考慮到局部註解、同義字、交替使用的措辭、或翻譯的線上說明文件，能提升其價值。其它讓人滿意的服務包括：加入書籤、和能做回溯的自動歷史紀錄。當設計者使用突顯文字、色彩、聲音、動畫、和具有適當回饋的字串搜尋等適合用於電子媒體的功能進行線上說明文件設計時，設計者會更有效率。

線上說明文件（尤其是使用手冊）最重要的特色，是經過適當設計的目錄可以一直出現在文字顯示頁面的一邊。選擇某一章或目錄中的某一項，即會馬上顯示對應的頁面（圖12.1）。利用展開或收合目錄（一般是使用＋或－的符號）、多重窗格，也有助於同時顯示多個階層的內容（Chimera and Shneiderman, 1994）。能方便地、容易地瀏覽線上說明文件中大量的內容，對使用者來說是很重要的。

12.5.2 線上說明

使用者尋找解決特定問題的說明文件時，會希望直接找到所需資訊的位置，而不是循序地閱讀線上說明文件的全部內容。傳統的線上說明文件是讓使用者輸入或選擇說明功能表中的項目，而系統會列出按照字母排列的主題清單，在這些主題中，使用者可以點選所要閱讀的段落或更多有用的資訊。這個方法雖然行得通，但是對於希望完成工作、而不確定要使用什麼正確的詞來尋找資訊的使用者，通常會覺得非常沮喪。他們可能會看到許多類似的詞（搜尋、查詢、選擇、瀏覽、尋找、顯示、資訊、或檢視），但卻不知道該做何選擇。更糟的是，完成工作可能需要不只一個單一的命令，而且說明如何組合多種運作以完成一件工作（如把圖形轉為另一個格式）的資訊更少。提供簡明的介面物件和運作描述的線上說明，對於知識性使用者可能是最有效的；但是對於需要教學訓練的新手可能沒有什麼太大的幫助。

有時候，簡單的清單（例如，鍵盤捷徑、功能選單項目、或滑鼠捷徑）可以提供必要的資訊。清單中的每個項目可加註特色敘述，然而許多設計者知道，這樣的清單可能會太過冗長，而且使用者通常只需知道完成特定工作（例如，在信封上列印）的引導。

以下是部分使用線上說明所產生的抱怨（Smart, 2001）：

瀏覽說明功能時遇到麻煩
尋找的專業術語的方式需要太多技術
使用搜尋策略有困難
提供的資訊不完整
太多的選擇和路徑
同時開啟多個視窗會有問題
太多的資訊

大部份Microsoft產品的線上說明和支援中心會提供多種找到相關文件的方式，稱為說明主題（topics）。使用者可以瀏覽階層式結構中列出的主題目錄、或搜尋文章中的文字（圖12.6）。最後，Microsoft的精靈能讓使用者透過自然語言輸入要求，然後程式會選擇相關的關鍵字並提供分類後的建議主題清單。例如，輸入「告訴我如何打開檔案」會產生：

將開啟的檔案新增到我的最愛資料夾
功能變數代碼：NumChars功能變數
檢視檔案內容
刪除檔案
…

這個範例顯示自然語言系統成功回應，但回應的品質會因實際的使用狀況而有差異。使用者可能不知道如何輸入適當的詞，而且，他們經常很難了解說明的內容。

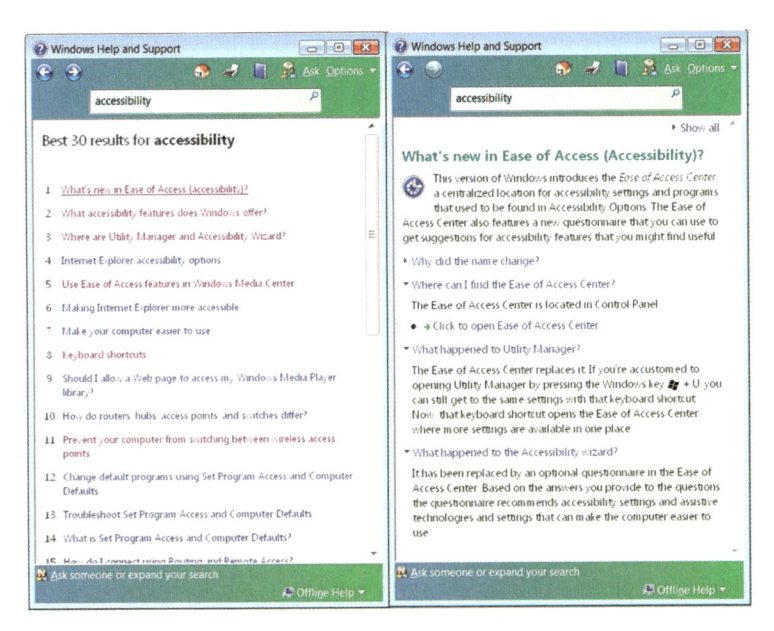

圖12.6

Microsoft Windows Vista的說明及支援中心,提供許多種瀏覽資訊頁的方式。本範例顯示搜尋"accessibility"並傳回最好的結果和最新資訊。此外,還有其他離線說明的連結。在說明頁面內可以驅動命令

12.5.3 與情境有關的說明

　　能夠提供與情境有關的資訊,是使用線上說明系統的一大優點。把情境列入考量的最簡單方式,就是監視游標的位置,並且提供游標所在處相關物件的有用資訊。這種由使用者控制的互動物件說明形式,很容易為使用者所接受。另一個方式是提供系統觸發的說明,通常稱為「智慧說明」(intelligent help),主要利用互動的歷史記錄、使用者分佈的模型、和使用者的工作呈現,以產生使用者需求的假設。

　　使用者控制、互動物件說明。產生與情境有關說明的一個簡單方式,就是以介面中的互動元件為基礎。使用者把游標移動到元件上(或其它可見的介面物件),然後按下說明鍵;或把滑鼠移到物件上,保持靜止數秒,以產生游標

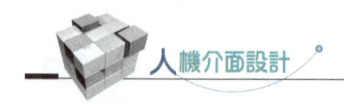

所停留的物件相關資訊。這個技術是常見的方式是，使用者簡單地移動游標到所要求的位置，並將滑鼠停留在物件上，此時會彈出一個小框框（通常稱為工具提示、螢幕提示或汽球狀說明（balloon help））顯示物件的說明（圖12.7）。一個變化的方式，是同時顯示所有的汽球，因此使用者可以同時看到所有的說明。另一個方式是將部份畫面專為說明所用；隨著使用者在介面元件上移動或選擇，說明內容就會自動更新（圖12.8）。使用者控制的說明，也可以用在比元件更複雜的物件上，如控制台或表單。在狹小的視窗上，這些方式讓使用者可以使用大量的說明內容。

系統觸發的說明。某些研究人員相信，透過追蹤使用者的運作，可以提供有效的系統引導。例如，若使用者把每一列設定縮排，就建議使用者應該重新定義他們的邊界。在以電腦為基礎的智慧型使用者介面研究中，已經看到了許多結果（Hook, 2000）。一開始，是由從事如郵件清單列印的八位商務工作者接受模擬的「智慧型說明」系統（Carroll and Aaronson, 1988）測試。研究人員為預期的錯誤情況準備訊息，但他們發現「人們很容易產生錯誤和誤解，而且發生的速度還快得難以置信」。即使是模擬的系統，結果仍是非常混亂。作者在結論中說到「開發智慧說明系統會面臨嚴重的可用性挑戰」。提供系統觸發說明的智慧說明系統通常是失敗的。這類方式的問題中，最聲名狼藉的例子是引起諸多爭議的Microsoft Office（Shroyer, 2000）。它的一個功能是當使用者輸入"Dear..."時，小幫手會跳出來並且協助將信件格式化。許多使用者認為小幫手非常煩人，馬上就把這個功能關閉了。如今Office小幫手（圖12.9）仍存在於Microsoft的套裝產品中，但會是由使用者控制的選擇，且預設情況下是不會出現的（它是隱藏的）。

一個在Smalltalk™ 程式環境中所開發的觸發式說明系統，有一個像卡通一樣的專家出現在畫面上，並在圖形化使用者介面動態示範中提供語音說明（Alpert et al., 1995）。Smalltalk的設計者考量許多擬人化說明的問題，如使用者觸發、步調、和矯正的使用者控制。然而並沒有實證證明這個說明系統是有效的。

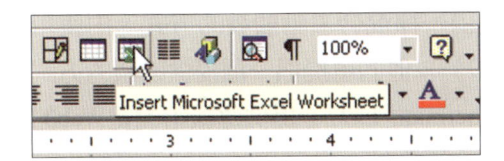

圖12.7
在Microsoft Office中，當使用者的游標在圖示上移動，就會出現螢幕提示說明圖示所代表的命令，提供介面元件層次的說明

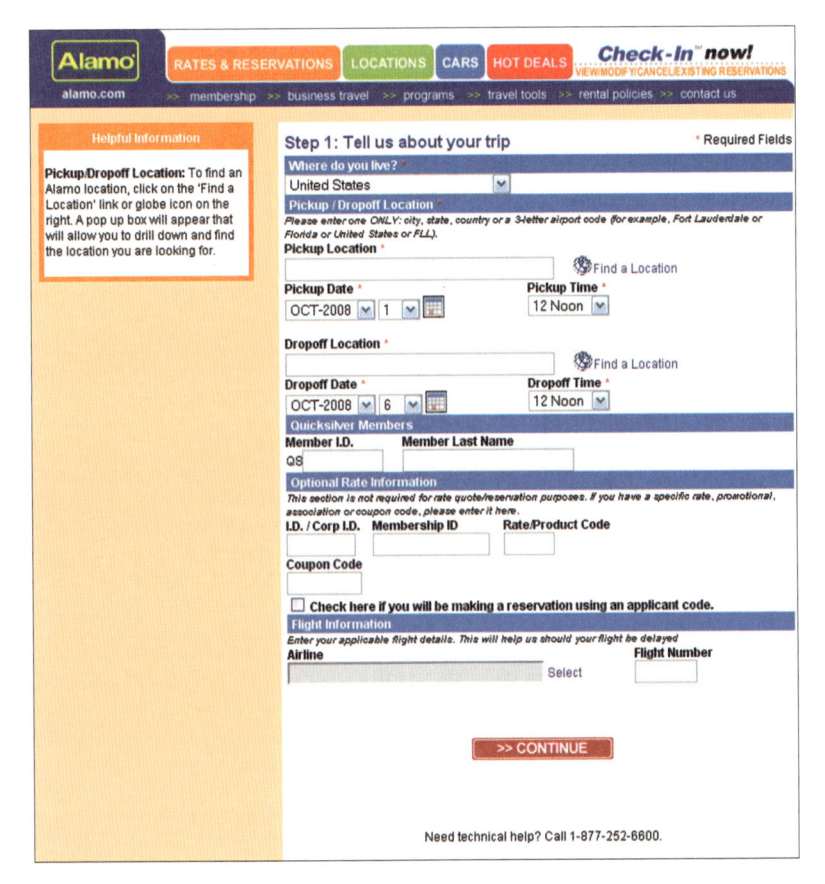

圖12.8
為了要在Alamo（http://www.alamo.com）租車，使用者需要填寫與旅遊行程相關的資訊。當他們點選一個欄位（此處為"pick up location"功能表選單），與情境有關的詳細說明資訊就出現在畫面的左邊，而斜體字提供簡潔的引導，並解釋為什麼需要這個資訊

混合的方式。智慧型說明的支持者提倡一種混合主動觸發的方式,由使用者和系統共享觸發的主動權(Horvitz, 1999),他們也提倡一種提供建議的方式(Lieberman, 2001)。例如,Letizia(Lieberman, 1997)提供建議給瀏覽Web的使用者,但它著重在網站的建議,而不是介面訓練。在可用性測試的過程中,協助資淺護士的電話分類助理(Telephone Triage Assistant)的反應相當好(Mao and Leung, 2003)。建議視窗的內容無法預期,但卻不唐突,而且它不會干擾使用者的工作。這個方式需要佔用很大的畫面空間來顯示說明資訊,但它能讓使用者控制接收的說明的資訊量與時機,使這個技術成為線上說明和教學課程的一個有效混合方式。

圖12.9

Word 2000中的小幫手猜測使用者要寫信,因此提供說明並準備標準信件格式

儘管許多早期的嘗試結果好壞參半,為了個人化介面的努力仍持續進行著。Russell(2003)的研究顯示,以清楚定義的運作結合大量的資料探勘技術可以產生可接受的結果。這個研究調查了Oracle® 公司中具有大型說明文件圖書館介面之不同使用經驗的使用者,分析超過90天且包含幾十萬筆搜尋記錄的使用資料。Russell觀察持續的選擇和單一次的選擇之間的差異,他警告使用者選擇的不一致的原因,通常是因為對系統沒有充分的了解。他區分客製化(customization)(當使用者做出明確的選擇)和個人化(personalization)(系統觀察和調整)之間的不同,並建議使用平衡這兩者的混合方式。

12.5.4 特殊的使用族群

電腦系統及其所附帶的說明文件，會有各種的使用族群，而這些族群會具有不同複雜度的各類應用程式進行互動。這些使用者有不同的年齡、電腦使用經驗、和語言理解。在設計和建立說明文件時，作者需要知道和了解潛在使用者，而需要考量某些特殊需求的使用群則需額外的努力和研究。

跨國性和跨文化的問題。在處理全球經濟時，說明文件的作者需要了解跨國性和跨文化的問題。或許是因為時間和預算限制，文化差異往往會被忽視，說明文件也僅僅是簡單地翻譯（Warren, 2006）。然而，缺乏敏感度會發生使用者對說明文件認知差異的問題。

針對跨國性的讀者，在設計說明文件時需要做考量5個重要的修辭要素：目的、讀者、內容、內容組織、和風格（Dong, 2007）。更深入的文化差異，包括必須考慮不同的詞彙。甚至眼球移動和掃描方式在不同文化中也是不同的。不同社會文化的比較超出本書的探討範圍，但是撰寫全球說明文件的作者需要知道這些差異。此外，一個以使用者為中心的設計方法是相當有幫助。

老年人使用者。世界人口正在老化，人們的壽命延長，以及技術漸漸成為日常生活中不可分割的一部分，因此應特別注意老年的使用者（1.4.6節）。大部份的電腦說明文件會對使用者經驗和詞彙做諸多假設，實際上這個人口可能不是這樣子（Tilley, 2003）。利用熟悉的工作、語言和隱喻可以提升理解能力（Carroll, 1998）。可使用三管齊下的方法：圖示應要定義、縮寫字和關鍵詞彙應提早介紹（圖12.10）、提供足夠的說明（使用類比是有幫助的）並針對一般工作列出例外導向的指導方針。一般情況下，指導方針不僅要說明如何執行任務，如果電腦並未正常運作，還要提供後續的運作計劃。老年人似乎更喜歡有結構的指導（Tilley, 2003），在指導說明中缺乏目標資訊、結果資訊和確認資訊，對於老年人會有很大的影響（van Horen et al., 2009）。在某些情況下，針對老年人開發特殊介面是值得的。例如，美國國家健康科學研究院（National

Institute of Health）專門為老年人開發了一個網站：它包括在首頁上有明顯的控制元件來調整字體、調整對比度、以及開啟或關閉語音（圖12.11）。

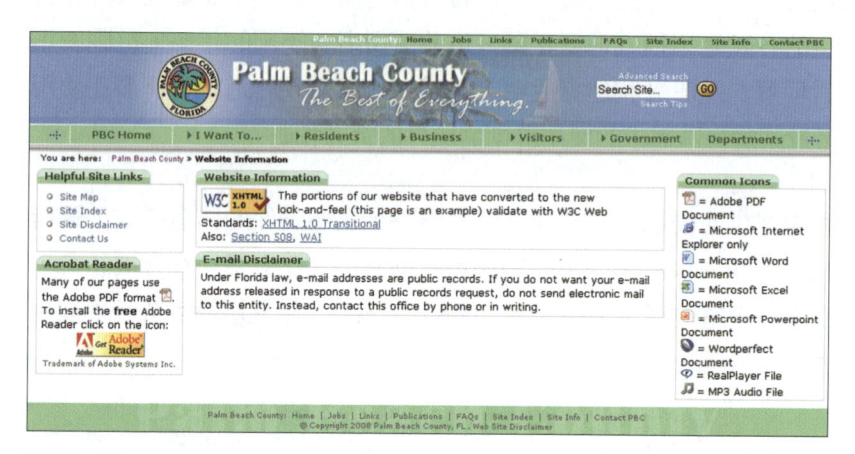

圖 12.10

這個圖片是來自於佛羅里達州Palm Beach County網站（http://www.pbcgov.com）。請注意，靠近上方的導覽路徑標示是說明使用者要如何連到這個網頁（網站資訊），以及右邊列出一般圖示之清單，讓新手熟悉網站上所使用的符號

殘障使用者。電腦為許多有嚴重溝通能力限制的殘障使用者打開了另一個世界。這些使用者現在可以使用替代方法輸入，如開關、頭部追蹤、眼球凝視和聲音。有各種不同的螢幕閱讀器程式，如Freedom Scientific JAWS、GW Micros的Window-Eyes和IBM Home Page Reader（首頁閱讀器）（1.4.5節）。說明文件的作者需要知道說明文件的內容是要聽的，而不是看的。長期以來，在這種環境中，冗長的文章段落很難被了解，比較好的方式是寫成簡短的章節和小章節。

有時可能會需要以不用雙手的方式來使用說明文件。這可能是因為環境問題（當雙手忙碌時），或因為殘疾所造成。說話是典型的輸入方式，並由這些系統提供其他視覺的或聽覺的輸出形式。在擴增實境應用的環境下使用，會有一些可能性（Ward and Novick, 2003）。有些裝置可能沒有顯示器，說話可能是唯一的輸出方式。這對設計者而言是額外的新挑戰（Kehoe and Pitt, 2006）。

•第 12 章• 使用說明文件與線上說明

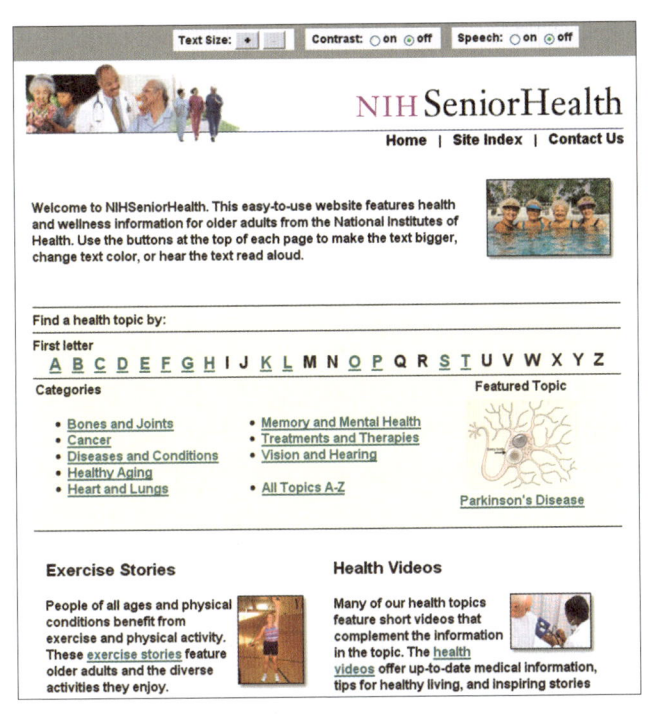

圖12.11

針對老年人設計的美國國家健康科學研究院的網站（http://www.nihseniorhealth.gov）有控制元件可調整文字大小、開啟或關閉對比、以及開啟或關閉語音。所使用的字體是sans-serif字體，字體的大小大於Web使用的典型大小。提供多種方式來瀏覽資訊（按字母順序排列的、按類別分群等等）

12.6 線上教學和動態的說明文件

　　線上教學是一個互動式的訓練環境，使用者可在線上看到使用者介面物件和運作的說明，這些說明往往和實際的工作情形連結在一起。有很多方法是利用電子媒體來教導使用者熟悉介面。根據介面的複雜度與使用者可以撥出的時間，許多電腦訓練模組、功能的動態示範、或由熟悉的人所錄製的歡迎訊息，都能提供使用者很好的協助。要為那些只能給三分鐘進行介紹、以一小時深入講解的使用者準備教材，是線上教學的挑戰。本節先回顧一些線上教學的方式，包括從文字和圖形的教學，到完整的動態示範。

　　一個更具野心的訓練方式，是根據學習型態的複雜模型，精心設計用以引導使用者與糾正錯誤的教學方法。這些方式都展現了令人印象深刻的結果，但

是，成功的例子都是建立在多年的開發、測試和改良上。成功的設計，提供清楚的挑戰、有用的協助工具和很棒的回饋（7.4.5節）；他們不仰賴自然語言的互動，而是提供使用者清楚的工作情境，並控制他們的學習經驗。

12.6.1 線上教學

Adobe PhotoShop® 軟體的一個入門教學，指示使用者必須要做的每一個步驟，然後利用錄製好的示範顯示運作的執行過程。使用者只要持續按下空白鍵，就能觀看整個示範。某些使用者覺得這樣的引導方式很吸引人；其它人則認為雖然限制運作步驟的順序可以避免錯誤和隨意的嘗試，但是很浪費時間。使用Autodemo® 和Show Me How Videos™可以建立動態教學。Autodemo已和全球許多企業簽約，並在瀏覽各種網站時提供明確的指示（圖12.12）。

圖12.12
這是一個螢幕畫面擷取圖，來自Autodemo（http://www.autodemo.com）的Priceline示範。使用者可以選擇是否聆聽示範、或觀看有說明文字的示範。2到9節是這個示範的一部分。在右邊有一個彈出式對話框，提供說明和進一步的解釋

在線上教學過程中,最大的優勢就是有機會進行實際工作。這個最簡短—使用手冊方式的主要原則是要讓使用者能主動參與,而且,這個原則應用在線上教學上特別好。為學習軟體而親自動手實踐的方法研究中,比較過自由探索、練習、和自由探索後再做練習等三種方式。對於沒有經驗的使用者,使用何種方式都沒有太大的影響,但對於很有經驗的使用者,當他們透過練習進行訓練時,學習效率會明顯地提高(Wiedenbeck and Zila, 1997)。

互動式教學的開發者必須指出教學設計常見的問題、以及電腦環境的新事物。提供常用工作庫讓使用者實際操作會很有幫助。文書處理器的文件範例、簡報軟體的投影片、地理資訊系統的地圖,都能幫助使用者熟悉所學習的應用程式。強烈建議教學的內容要經過重複測試和修正。

啟動時出現小技巧提示是一個很吸引人的變化方式:每當使用者開啟介面時,他們看到一個彈出視窗,顯示某個功能的簡單描述。某些系統會監視使用者的行為,只顯示使用者沒有用過的功能之技巧說明。當然,應該可以讓使用者在任何時間選擇關閉小技巧。

12.6.2 動態示範和多媒體

動態示範(animated demonstration)已成為最新的高科技藝術類型。製造商一開始的動態示範設計,是由廣告商製作最佳的動畫、彩色圖片、聲音和資訊呈現,藉此展示系統的特色,以吸引軟體或硬體使用者。這些示範的重點在於建立產品的正面形象。而最近,示範已經變成訓練使用者的標準技術,其強調的是示範一步接著一步的程序,並解釋運作的結果(Woolf, 2008)。電腦自動設定步調、或使用者手動控制,能分別滿足不親自動手、以及親自動手練習的使用者。使用標準的錄放控制,能讓使用者暫停、重播或跳過某些部分,可增加動態示範的接受度。

動態示範可以投影片、螢幕擷取動畫、或使用設備錄影的方式呈現。針對填空式表單或功能表選單介面,可能很適合使用投影片,而動畫則比較適合用來示範直接操作的互動,如拖曳操作、放大縮小或動態查詢。利用像Camtasia Studio® 和Flash的標準工具,很容易製作螢幕擷取的動畫,這些紀錄可以儲存起來,可能加上註解或旁白,然後由使用者自動重複撥放。在這些研究中,我們發現使用者很喜愛錄製語音說明,它可使示範更生動,而且可以產生更簡潔的示範。然而,必須要提供腳本和字幕,才能滿足殘障使用者的需要。此外,錄製某人使用介面的視訊,可以輔助說明如何使用特殊的硬體 — 例如,展示繪圖系統中的雙手操作、或展開電話鍵盤配件。

在傳達使用目的與工具的使用上,已經證明動態示範比靜態的說明有效(Baecker et al., 1991; Sukaviriya and Foley, 1990)。使用者在看過動態示範而不是文字說明之後,進行工作會更快、更正確。然而,令人訝異地,在一週之後,時間和錯誤的影響卻相反,而且利用動畫做教學工具所得到的好處會有局限(Palmiter and Elkerton, 1991)。作者建議,利用文字說明補充動畫(它是沒有分段的,意即,連續的撥放)的內容;把動畫分段也有助於理解和記憶。其它的研究顯示,當動畫對學習者的好處仍不清楚時,使用者通常很喜歡這樣的呈現方式(Payne et al., 1992; Harrison, 1995)。

新手有時會因為現今介面的複雜度而不知所措。提供良好的說明文件有助於使用者了解介面,但是介面有時必須簡化。當使用者變得更熟悉介面時,多層次的介面設計(multi-layered interface design)是一個好方法,可以進一步挑戰和鼓勵使用者(Kang et al., 2003)。允許使用者移動3、8或更多層級,這在遊戲設計中非常成功,可以幫助使用者優雅地學習許多生產性應用程式的特色(Shneiderman, 2003)。例如,Dynamap® 的多層次設計能讓初學者從具有簡單介面的層級1開始(圖12.13),當他們準備好後可往上移動至層級2或層級3,並分別加入動態查詢過濾器和分佈圖。"Show me"的示範,可以在生動的介面中觸發。在應用中整合更多層級,能讓使用者在觀看示範和自己嘗試其它步驟之間交替選擇。

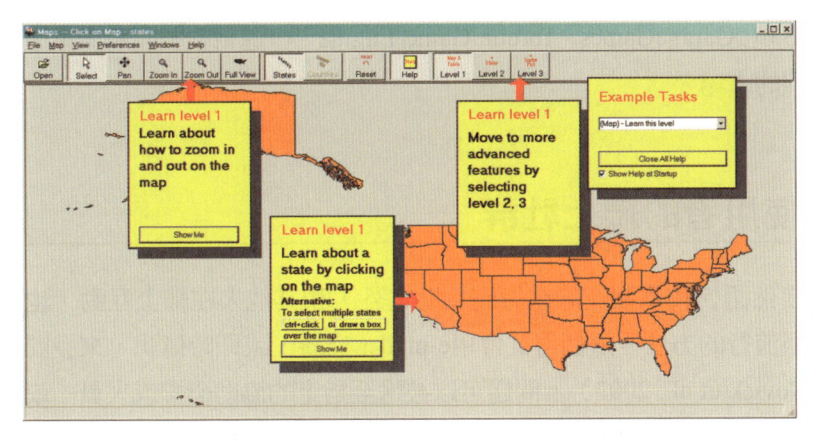

圖12.13

Dynamap是一個有三個層級的多層次介面。在此顯示的層級1，只有一個地圖。Sticky notes介紹主要的功能和範例工作。"show me"按鈕，觸發啟動介面的動態示範。使用者可以透過示範，依照指示一步一步地做。Sticky note也會指向讓使用者提升至層級2和3的按鈕

電腦遊戲的設計者因推動動態示範的藝術，並生動地說明遊戲的玩法，而值得獲得讚揚。在公共場合的遊戲機中，這樣的動機很明顯：讓使用者把他們的錢投入機器中。解釋遊戲規則的示範和預覽必須在30秒內完成，並讓其看起來很吸引人且具有挑戰性。

在IBM多倫多軟體實驗室（IBM Toronto Software Laboratory），在建立電子書的個案研究（Davison et al., 2005）中「解釋」DB2 Universal Database®。最終產品是一個像漫畫書的實作，包括SuperDBA和DB2 Sidekick的角色。這本電子書創下DB2雜誌有始以來下載率最高的電子書。雖然這個實作是成功的，有一些限制需要進一步研究（例如，儘管電子書實作可以從螢幕擷取，它缺乏列印的能力）。

第二份部分是Davison等人的研究，其研究靜態圖與動畫。他們的研究結果證實了其他人的發現：這兩種形式都有優點和缺點。另一項研究（Hailey, 2004）是成功地在說明文件中廣泛使用動畫和虛擬實境技術。使用的軟體工具包括：Alias/Wavefront™的Maya®、Discreet Software™的3D Studio Max®、

Virtools™ Dev 3.0和GarageGames® Torque Game Engine™。遊戲軟體開發產業顯然是個競爭激烈的市場。

12.7 協助使用者的線上社群

除了利用自然語言和電腦交談來得到協助之外，和其他人在線上互動，也是很有效的、很流行的方法。這個方式會用e-mail、交談、或即時傳訊，來發問問題和回應（Novick et al., 2007）。問題可以被送至指定的協助櫃檯或人員，或張貼在討論版上（圖12.14和9.3.2節）。也可以在數秒、或通常在數分鐘或數小時得到回應。在一個簡單且正面的例子中，廣播的使用者查詢訊息可以在42秒內得到答案：

```
Time: 18:57:10
From: <azir>
after i change a list to a group, how long before I can use it?
Time: 18:57:52
From: starlight on a moonless night <clee>
you can use it immediately
```

像這樣用廣播訊息的方式愈來愈吸引人，因為軟體維護和客服人員的成本很低。許多回應者能從幫助其他人、和展現專業能力中得到滿足感。某些人想要在社群中受到注意，以得到顧問工作合約。Microsoft 已經投入了許多心力在線上社群的使用上，並對專家和初學者提供協助（Smith, 2002）。網站上表彰這些主動的貢獻者為最有價值專家（Most Valuable Professional），因而為這些主動的貢獻者帶來專業諮詢和進一步認可的機會。Microsoft 的網站描述受獎者為「來自世界各地優秀的技術社群領導者，他們受表彰是因為他們願意在離線社群和線上社群中分享高品質、真實世界的專業知識」。當然，請求協助的負面情況是，使用者必須公開揭露他們缺乏知識，並承擔可能得到錯誤意見的風險。

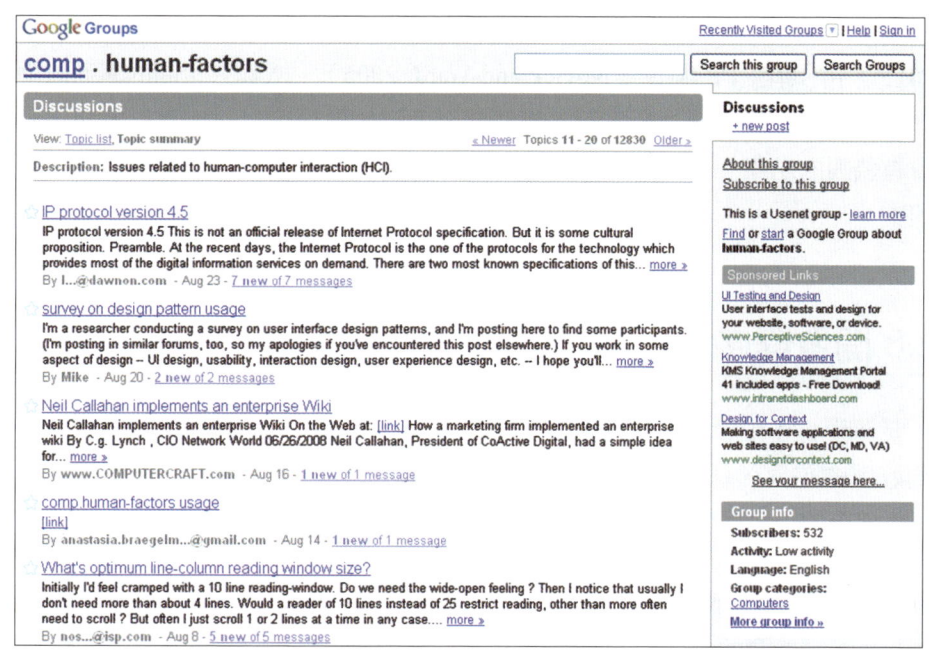

圖12.14

利用Google 新聞群組（http://groups.google.com），使用者可以在討論板上張貼問題，並得到來自於他人的答案。每個群組都有一個討論串的清單，並且有一個目錄幫助使用者找到最適當的群組。也會顯示相關群組清單。Comp.human-factors群組（http://groups.google.com/group/comp.human-factors/topics?lnk）包含超過12,800個與人機互動相關的連結

　　現在許多網站提供的是e-mail連絡方式，而不是一般的住址或電話號碼。且為了避免人力資源被基本問題纏住，客服的管理者經常要紀錄常見的問題和答案，並將這些紀錄存放於FAQ的檔案中。這些資訊能幫助新使用者瀏覽以前討論過的基本問題。這些檔案通常是可以搜尋的，而且會依據問題的類型或其它的階層式方法來組織。

　　今天，在Web上搜尋各類資訊被認為是標準的做法，無所不在的Google搜尋畫面通常會使用簡單的介面（圖1.12A）。在這裡有各種不同的選擇，但使用者必須意識到，並非所有的資訊都是正確和有效的。

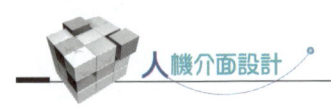

儘管公司可能會針對資訊、建議提供大量的線上功能，但人們仍會習慣尋求辦公室中「專家」的協助（Novick and Ward, 2006）。人與人之間的溝通能排除一些在傳統說明文件中的障礙：無法完全理解的部份可以快速獲得處理，且不會有錯誤的結果，同時人與人之間的介面會提供互動性和其他可以增進了解的線索。

12.8 開發程序

要準時並且在合理的預算內寫出成功的手冊，必須先了解使用者說明文件之間好壞的差異。任何說明文件的產生，就像任何計畫一樣，必須適當地管理，由適合的人員處理，並且監控時間（Box 12.3）。

■ **Box 12.3 開發程序指導方針**

- 尋求專業作者和廣告文案撰寫者
- 提早準備使用者說明文件（在開發之前）
- 建立指導方針，並與所有相關部門進行協調與整合
- 徹底審查初稿
- 針對早期版本進行現場測試
- 提供讀者回饋機制
- 定期修改以反映改變

提早開始是非常有用的。若說明文件撰寫的過程在開發之前就開始，將會有足夠的時間進行審查、測試和修改。甚至，就軟體的正式規格書而言，使用者說明文件可作為更完整和可理解的替代方式。閱讀正式的規格書時，開發者可能會遺漏或誤解一些設計需求，撰寫完整的使用者說明文件可以澄清設計上的疑問。使用手冊的作者會成為刺激開發團隊的有效評論者、審查者、和發問者。愈早開發說明文件，愈能讓軟體學習力的引導測試提早進行，甚至是在建

立介面之前即開始。在軟體完成之前的數個月，說明文件是向客戶、使用者、開發者以及專案管理者表達設計者用意的最佳方式。

針對使用者進行非正式的演練，通常能夠帶給軟體設計者和作者一些經驗。使用者被要求閱讀說明文件，並大聲描述他們看到什麼、學到什麼、以及他們想到有哪些可能遺漏之處。以多數使用者所做的現場測試，建構了進一步找出使用者說明文件和軟體問題的程序。現場測試的範圍，可以從六個人進行半個小時的測試，到數千人進行數個月。還有一個有效且簡單的方式，是讓受測的使用者在說明文件做上記號。因此，可以快速地指出拼字錯誤、誤導的資訊和令人困惑的章節。

軟體和其伴隨的說明文件很少是真正完整的。因此，它們是處於持續演進與改善的狀態。每個版本刪除了一些已知的錯誤、加上修正、並拓展功能性。如果使用者可以和使用手冊作者溝通，則快速改善的機會將會提高。可能的話，保留說明資料和客服協助的使用紀錄，以決定系統的哪一部分需要修改。

這類開發工作通常是由不同群組的人執行，而且即使是同一公司的員工，辦公室的位置也可能不同，或者有一些工作可能是「外包」。但很重要的是要讓使用者看到一個流暢和整合的觀點。這意味著要注意顏色、商標、術語和風格。必須建立並遵守標準化的指導方針（2.2節），而說明文件、相關的軟體、和所有的套件都必須在同一個整合的系統中。

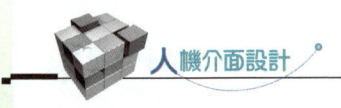

從業人員的重點整理

　　說明文件（書面和線上）、線上說明、提供使用者協助的線上社群和教學，可以決定軟體產品、行動裝置或web服務的成敗。因此，應針對這些協助工具配置足夠的人員、金錢和時間。說明文件和線上說明應該在進行系統開發之前建立，以協助開發團隊定義介面，並有足夠的時間進行測試。所有的說明文件和線上說明應該為特定的使用群量身訂做，藉以完成特定的目標（例如，提供工作指導或描述介面和運作）。教學範例應該實際、透過練習來鼓勵主動的探索、使用一致的用語並支援錯誤辨識和復原。可能的話，應該使用動態示範。如果線上引導包含真人或適當的動畫人物，則可以提供人的接觸。透過新聞群組、電子論壇、線上社群、e-mail、交談、部落格和即時傳訊的社群媒體，可提供低成本的支援機制。可能的話，隨著使用者技巧增加，嘗試使用多層次使用者介面來提升介面的發展。

研究者的議題

　　線上教材的主要優點，是具備快速取得和瀏覽的潛力，但是很少人知道如何合宜地利用這個優勢，以免讓初學者受不了。需要深入了解示範學習的認知模型的動態整合方式，才可用以引導設計者。應該紀錄並研究線上說明系統的使用者導覽，如此才可了解有效的說明策略之特徵為何。仍需要能把說明文件直接整合到使用者介面中的好策略。在多層次設計中讓使用者選擇適合的專業層級似乎是有幫助的，但仍必須做進一步的測試和修正。需要更了解使用電子文件的閱讀模式，關於特殊人口和其特殊的設計標準，也需有更進一步地研究與了解。

全球資訊網資源

http://www.aw.com/DTUI

教學和示範的線上範例，可以在使用者協助的過程中提供支援。

參考資料

Alpert, Sherman R., Singley, Mark K., and Carroll, John M., Multiple multimodal mentors: Delivering computer-based instruction via specialized anthropomorphic advisors, *Behaviour & Information Technology* 14, 2 (1995), 69–79.

Baecker, Ronald, Small, Ian, and Mander, Richard, Bringing icons to life, *Proc. CHI '91 Conference: Human Factors in Computing Systems*, ACM Press, New York (1991), 1–6.

Carroll, J. M., *Minimalism Beyond the Nurnberg Funnel*, MIT Press, Cambridge, MA(1998).

Carroll, J. M. and Aaronson, A. P., Learning by doing with simulated intelligent help, *Communications of the ACM* 31, 9 (September 1988), 1064–1079.

Carroll, J. M. and Mack, R. L., Learning to use a word processor: By doing, by thinking, and by knowing, in Thomas, J. C. and Schneider, M. (Editors), *Human Factors in Computing Systems*, Ablex, Norwood, NJ (1984), 13–51.

Chimera, R. and Shneiderman, B., Evaluating three user interfaces for browsing tables of contents, *ACM Transactions on Information Systems* 12, 4 (October 1994), 383–406.

Cohill, A. M. and Williges, R. C., Computer-augmented retrieval of HELP information for novice users, *Proc. Human Factors Society—Twenty-Sixth Annual Meeting*, Human Factors Society, Santa Monica, CA (1982), 79–82.

Davison, Gord, Murphy, Steve, and Wong, Rebecca, The use of ebooks and interactive multimedia as alternative forms of technical documentation, *Proc. International Conference on Documentation*, ACM Press, New York (2005), 108–115.

Dong, Qiumin, Cross-cultural considerations in instructional documentation: Contrasting Chinese and U.S. home heater manuals, *Proc. International Conference on Documentation*, ACM Press, New York (2007), 221–228.

Frampton, Beth, Use as directed: Developing effective operations and maintenance manuals, *Intercom*, STC (June 2008), 6–9.

Galitz, Wilbert O., *The Essential Guide to User Interface Design, Third Edition*, John Wiley & Sons, New York (2007).

Grant, Allan, Homo quintadus, computers and ROOMS (repetitive ocular orthopedic motion stress), *Optometry and Vision Science* 67, 4 (1990), 297–305.

Hackos, J. T., *Information Development: Managing Your Documentation Projects, Portfolio, and People*, John Wiley & Sons, New York (2006).

Hackos, J. T. and Stevens, D. M., *Standards for Online Communication*, John Wiley & Sons, New York (1997).

Hailey, David E., Anext generation of digital genres: Expanding documentation into animation and virtual reality, *Proc. International Conference on Documentation*, ACM Press, New York (2004), 19–26.

Harrison, Susan M., Acomparison of still, animated, or non-illustrated on-line help with written or spoken instructions in a graphic user interface, *Proc. CHI '95 Conference: Human Factors in Computing Systems*, ACM Press, New York (1995), 82–89.

Hook, K., Steps to take before intelligent user interfaces become real, *Interacting with Computers* 12, 4 (2000), 409–426.

Hornbaek, Kasper and Frokjaer, Erik, Reading patterns and usability in visualizations of electronic documents, *ACM Transactions on Computer-Human Interaction* 10, 2 (June 2003), 119–143.

Horton, William K., *Designing and Writing Online Documentation: Hypermedia for Self-Supporting Products*, John Wiley & Sons, New York (1994).

Horvitz, E., Principles of mixed-initiative user interfaces, *Proc. CHI '99 Conference: Human Factors in Computing Systems*, ACM Press, New York (1999), 159–166.

Kang, H., Plaisant, C., and Shneiderman, B., New approaches to help users get started with visual interfaces: Multi-layered interfaces and integrated initial guidance, *Proc. Digital Government Research Conference*, Boston, MA (May 2003), 141–146.

Kehoe, Aidan and Pitt, Ian, Designing help topics for use with text-to-speech, *Proc. International Conference on Documentation*, ACM Press, New York (2006), 157–163.

Lannon, John M., *Technical Communication, Eleventh Edition*, Longman, New York (2007).

Lieberman, H., Autonomous interface agents, *Proc. CHI '97 Conference: Human Factors in Computing Systems*, ACM Press, New York (1997), 67–74.

Lieberman, H., Interfaces that give and take advice, in Carroll, John M. (Editor), *Human-Computer Interaction in the New Millennium*, ACM Press, New York (2001), 475–485.

Mager, Robert F., *Preparing Instructional Objectives: A Critical Tool in the Development of Effective Instruction*, Center for Effective Performance, Atlanta, GA (1997).

Magers, Celeste S., An experimental evaluation of on-line HELP for non-programmers, *Proc. CHI '83 Conference: Human Factors in Computing Systems*, ACM Press, New York (1983), 277–281.

Mandel, Theo, Quality technical information: Paving the way for usable print and web interface design, *ACM Journal of Computer Documentation* 26 (2002), 118–125.

Mao, J.-Y. and Leung, Y. W., Exploring the potential of unobtrusive proactive task support, *Interacting with Computers* 15, 2 (2003), 265–288.

Mehlenbacher, Brad, Documentation: Not yet implemented but coming soon, in Sears, Andrew and Jacko, Julie A. (Editors), *The Human-Computer Interaction Handbook: Fundamentals, Evolving Technologies and Emerging Applications*, Lawrence Erlbaum Associates, Mahwah, NJ (2008), 527–543.

Nielsen, Jakob, F-Shaped pattern for reading web content, Jakob Neilsen's Alertbox (April 17, 2006). Available at http://www.useit.com/alertbox/reading_pattern.html.

Novick, David G., Elizalde, Edith, and Bean, Nathaniel, Toward a more accurate view of when and how people seek help with computer applications, *Proc. International Conference on Documentation*, ACM Press, New York (2007), 95–102.

Novick, David G. and Ward, Karen, What users say they want in documentation, *Proc. International Conference on Documentation*, ACM Press, New York (2006a), 84–91.

Novick, David G. and Ward, Karen, Why don't people read the manual, *Proc. International Conference on Documentation*, ACM Press, New York (2006b), 11–18.

Palmiter, Susan and Elkerton, Jay, An evaluation of animated demonstrations for learning computer-based tasks, *Proc. CHI '91 Conference: Human Factors in Computing Systems*, ACM Press, New York (1991), 257–263.

Payne, S. J., Chesworth, L., and Hill, E., Animated demonstrations for exploratory learners, *Interacting with Computers* 4 (1992), 3–22.

Redish, Janice (Ginny), *Letting Go of the Words: Writing Web Content that Works*, Morgan Kaufmann, San Francisco, CA (2007).

Rieman, John, Afield study of exploratory learning strategies, *ACM Transactions on Computer-Human Interaction* 3, 3 (September 1996), 189–218.

Robinson, Patricia and Etter, Ryn, *Writing and Designing Manuals, Third Edition*, CRC Press, Boca Raton, FL (2000).

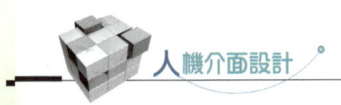

Russell, John, Making it personal: Information that adapts to the reader, *Proc. International Conference on Documentation*, ACM Press, New York (2003), 160–166.

Shneiderman, Ben, Promoting universal usability with multi-layer interface design, *ACM Conference on Universal Usability*, ACM Press, New York (2003), 1-8.

Shroyer, R., Actual readers versus implied readers: Role conflicts in Office 97, *Technical Communication* 47, 2 (2000), 238–240.

Smart, Karl L., Whiting, Matthew, and DeTienne, Kristen Bell, Assessing the need for printed and online documentation: Astudy of customer preference and use, *Journal of Business Communication* 38, 3, (2001), 285–314.

Smith, Marc, Supporting community and building social capital: Tools for navigating large social cyberspaces, *Communications of the ACM* 45, 4 (2002), 51–55.

Strunk, Jr., William, White, E. B., and Angell, Roger, *The Elements of Style, Fourth Edition*, Allyn & Bacon, New York (2000).

Sukaviriya, Piyawadee "Noi" and Foley, James D., Coupling a UI framework with automatic generation of context-sensitive animated help, *Proc. UIST '90 Symposium on User Interface Software & Technology*, ACM Press, New York (1990), 152–166.

Tilley, Scott, Computer documentation for senior citizens, *Proc. International Conference on Documentation*, ACM Press, New York (2003), 143–146.

van der Meij, Hans and Carroll, John M., Principles and heuristics in designing minimalist instruction, *Technical Communication* (Second Quarter 1995), 243–261.

van Horen, Floor, Jansen, Carel, Noordman, Leo and Maes, Alfons, Manuals for the elderly: Text characteristics that help or hinder older users, in Hayhoe, George F. and Grady, Helen M. (Editors), *Connecting with Technology: Issues in Professional Communication*, Baywood Publishing Compnay, Inc., Amityville, NY (2009), 43–53.

Ward, Karen and Novick, David G., Hands-free documentation, *Proc. International Conference on Documentation*, ACM Press, New York (2003), 147–154.

Warren, Thomas L., *Cross-Cultural Communication: Perspectives in Theory and Practice*, Baywood, Amityville, NY (2006).

Wiedenbeck, S. and Zila, P. L., Hands-on practice in learning to use software: Acomparison of exercise, exploration, and combined formats, *ACM Transactions on Computer-Human Interaction* 4, 2 (June 1997), 169–196.

Woolf, Beverly, *Building Intelligent Interactive Tutors: Student-Centered Strategies for Revolutionizing E-Learning*, Morgan Kaufmann, San Francisco, CA (2008).

Zinsser, William, *On Writing Well, Thirtieth Anniversary Edition*, Harper Collins, New York (2006).

CHAPTER **13**

資訊搜尋

13.1 簡介

資訊探索（information exploration）應該是很快樂的經驗，但許多評論者都談到資訊過多和資訊焦慮的情況（Wurman, 1989）。然而，新一代的數位圖書館和資料庫，可以讓更多的使用者方便地探索不斷成長的資訊空間。使用者介面的設計者正在發明更強大的搜尋方法，同時將工作與科技做更好的整合（Hearst, 2009）。

在這個領域中，所用的術語特別豐富。早期的資訊擷取（information retrieval）（經常用在書目與文字文件系統）和資料庫管理（database management）（經常用在更具結構化的關聯式資料庫系統），已經被新的資訊收集（information gathering）、搜尋（seeking）、過濾（filtering）、或協同式過濾（collaborative filtering）、sensemaking、視覺分析的概念撇在一旁。電腦科學家現在把焦點放在大量的資料上，並談論資料倉儲（data warehouse）和資料超市（data mart）中的資料探勘（data mining），而理想家則是談論知識網路（knowledge network）或語意資訊網（semantic web）。這些術語的差異很小。它們的共同目標，其範圍從自大量的資料中找出符合某個已知資訊（已知項目搜尋（known-item search））的少量資訊，到找出資訊的意義、或發掘資料中非預期的模式（Marchionini and White, 2007）。

隨著資料量和差異愈來愈大，資訊的收集也變得更加困難。一頁的資訊很容易探索，但是當資訊來源的大小相當於一本書、或一間圖書館、或更大的範圍時，要找到已知的項目，或者要用瀏覽的方式得到概觀，都會很困難。圖書館員和資訊搜尋專家非常了解聚焦和把搜尋範圍縮小的方法，而這些方法早已出現並廣泛地使用。電腦是用來進行搜尋的強大工具，但對初學者而言，較古老的使用者介面是一個障礙（複雜的命令、布林運算子、龐雜的概念），對專家也是一項挑戰（在多個資料庫中重複進行搜尋非常困難、縮小搜尋範圍的方法不佳與其它工具的整合不良）。本章將檢視適合初次／中階與經常使用電腦的使用者，以及工作上的新手與專家的介面。隨著用來產生查詢、和新一代呈

現資訊視覺化方法的出現,將可能出現改進傳統文字和多媒體搜尋的新搜尋方式(見14章)。

第一次使用資訊探索系統的使用者(不論他們是否具備工作上的知識)經常要努力地了解所看到的畫面,並把他們的資訊需求記在腦海中。如果他們必須學習複雜的查詢語言、或控制複雜的互動元件,他們會感到挫折。他們需要功能表、和直接操作設計所提供的簡單關鍵字搜尋功能。隨著使用者使用介面經驗的增加,他們可以藉著調整工具列、或利用預覽和綜覽資訊,來取得額外的功能。具備電腦知識、和頻繁使用系統的使用者,會希望能使用範圍更廣、且具有許多選項的搜尋工具,以便能編寫、儲存、重複執行、和修改愈來愈複雜的查詢方案。

為了讓討論順利進行,我們需要定義一些名詞。工作物件(task object),如出租的電影或Olympics的運動片段,都在結構化關聯式資料庫、文字文件庫、或多媒體文件庫中,以介面物件(interface object)的方式呈現。結構化關聯式資料庫(structured relational database)由關係(relation)和描述關係的綱要(schema)組成。關係包含項目(item)(通常稱為tuple(值組)或record(記錄)),而且,每個項目都有多個屬性(attribute)(常稱為欄位(field)),每個欄位都有屬性值(attribute value)。在關聯式模型中,許多項目會組成一個沒有順序的集合(雖然某個屬性會包含順序的資訊、或是可用來找出或排序其它項目的獨一無二的鍵),而且屬性是最小的(atomic)。

文字文件庫(textual document library)包含許多集合(collection)的組合(一般一個文件庫有多達數百個集合)、以及一些描述性的屬性(descriptive attribute)、或有關文件庫的metadata(例如,名稱、地點、擁有人)。每個集合都有一個名稱、和一些描述此集合的屬性(例如,位置、媒體類型、管理者、捐贈者、日期、地理範圍),以及一組項目(一般每個集合都有10到100,000個項目)。在集合中的項目差異可能很大,但通常會存在一個屬性的超集合,可以涵蓋所有的項目。屬性可能是空的、具有單一數值、有多個數值、

或冗長的文字。雖然可能有例外，但是集合只屬於單一的文件庫，而且項目屬於單一的集合。多媒體文件庫（multimedia document library）中含有許多文件集合，這些文件中含有影像、掃描的文件、聲音、視訊、動畫、資料集等。數位圖書館（digital libraries）是精心挑選和分類的集合所組成的組合，而數位典藏（digital archives）的組成可能比較鬆散。目錄（directories）儲存文件庫中項目的metadata，並引導使用者到適當的位置（例如，NASA Global Change Master Directory可以協助科學家在NASA的典藏中找到資料）。如全球資訊網這類的非結構化集合項目包含幾個屬性：這些屬性包括檔案格式或檔案建立日期。工具的出現，可以自動地萃取特徵（例如，主題或名稱實體萃取）或幫助使用者對項目做註釋和標記。動態地建立詮釋資料（metadata）的工具，對於介面設計者而言是有用的，但是可擴展性和正確性通常也是問題。

工作運作（task actions）分為瀏覽（browsing）或搜尋（searching），並利用像捲動、放大縮小、結合、或連結的介面運作（interface actions）呈現。結構化的工作範圍從尋找特定的事實，延伸到尋找不確定、但是可以重複發現的事實。非常沒有結構的工作包括：探索某個主題的資訊、開放地瀏覽已知的集合、或複雜問題的分析，這些工作可參考探索式搜尋（exploratory search）。這裡有一些工作的範例：

- 尋找特定事實（已知項目搜尋）
    - 尋找美國總統的e-mail。
    - 尋找College Park在2008年7月26日10:00 A.M時解析度最高的LANDSAT影像。
- 擴大事實尋找
    - 哪些書的作者也是Jurassic Park的作者？
    - 如何進行Maryland和Virginia在2009年的消費物價指數比較？

- 可取得資訊的探索
    - 在National Archives中有哪些族譜資訊？
    - 在ACM數位圖書館中，有新的語音辨識著作嗎？
- 開放式瀏覽和問題分析
    - Mathew Brady的Civil War相片集，顯示出女性在此戰爭中扮演的角色嗎？
    - 針對纖維肌痛症，有能夠幫助我病人的新研究嗎？

一旦使用者清楚他們的資訊需求之後，滿足這些需求的第一步，就是要決定在何處進行搜尋。資訊需求（使用工作領域的術語來描述）轉換為介面運作，是一項大型的認知步驟。一旦完成了，使用者就可以透過查詢語言、或一連串的滑鼠點選來代表這些運作。

輔助的檢索工具（finding aids）可以幫助使用者闡明、並追求他們的資訊需求。這些工具包括：書的目錄或索引、描述性的簡介和主題分類。仔細地了解工作、過去和未來可能的搜尋需求，藉著讓系統提供熱門主題清單和有用的分類方法，這些方式都可以改善搜尋的結果。例如，美國國會研究服務（U.S. Congressional Research Service）有一個約80個熱門主題的清單，這些主題涵蓋國會目前的法案，以及在美國國會研究服務索引典（Legislative Indexing Vocabulary）中的5,000個辭彙。美國國家醫學圖書館（National Library of Medicine）維護一個有7個階層，包含24,000個項目的醫學主題標題（Medical Subject Headings, MeSH），並維護一個19個階層，含有超過15,000個基因的基因分類資料庫（Gene Ontology Database）。

系統可以建立項目和集合的額外預覽和概觀，以協助使用者執行瀏覽功能（Greene et al., 2000）。圖形化的概觀，會指出範圍、大小或結構，並能幫助預估集合之間的關聯。由許多樣本組成的預覽，能誘使並幫助使用者定義有效率的查詢。

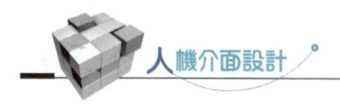

13.2節介紹全文搜尋和資料庫查詢的方式,並介紹搜尋架構的五個階段。13.3節回顧多媒體文件的特殊範例,13.4節則介紹進階搜尋和過濾介面。

13.2 純文字文件的搜尋和資料庫查詢

使用者進行搜尋的方式,在過去十年來已有很大的改變。曾經是保留給精通搜尋語言的搜尋專家進行搜尋大量電腦文件的方法,現在也可提供給各類使用者使用,其範圍從學生準備學校報告、病人尋找可能的醫療方式、到研究人員尋找最新的結果或諮詢專家。

一般全球資訊網的搜尋引擎,利用潛藏於Web的超連結結構中的統計順序和資訊,大幅地改善了它們的效能。例如,搜尋引擎Google開發了一個以連結為基礎的網頁排序方式,稱為PageRank,把連結到特定網頁的網頁重要性列入考量,來計算每一個網頁的「與查詢無關」(query-independent)分數。由於Web上資訊的重複性,搜尋的結果總是會傳回適當的文件,而且,它們能讓使用者沿著超連結找到答案。例如,為了尋找一位資訊檢索的專家,使用者可能先找到這個主題的論文,接著可以發現主要的期刊、期刊的編輯、和他們的個人網頁。然而針對目前的演算法所進行的實證評估顯示,所找到的相關文件之品質仍需改善(Agichein, 2006)。

隨著大眾轉向使用全球資訊網來預約旅遊行程、購買雜貨、或搜尋數位圖書館的兒童叢書等等,資料庫搜尋已變得非常普遍。專門的資料庫,可以幫助律師找到相關的判例,科學家也可以找到他們需要的科學資料。結構化查詢語言(Structured Query Language, SQL)已經成為搜尋結構化關聯式資料庫系統的標準,並能把查詢的機制隱藏在更容易使用的介面之後。利用SQL,專家可以編寫查詢,以尋找符合某些屬性值(如作者、發表日期、語言、或出版社)的資料。每個文件都有許多屬性值,而透過資料庫管理方法能加速資料的擷取,即使是在有數百萬份文件的情況下。例如,某個SQL的命令可能是:

```
SELECT DOCUMENT#
FROM JOURNAL-DB
WHERE (DATE >= 2004 AND DATE <= 2008)
   AND (LANGUAGE = ENGLISH OR FRENCH)
   AND (PUBLISHER = ASIST OR HFES OR ACM)
```

SQL有強大的功能，但需要經過訓練（2到20小時）才能使用它，而且即使是在訓練之後，面對多類別的查詢，使用者仍經常會出錯（第7章）。

自然語言查詢（natural-language queries）（例如："please list the documents that deal with…"）可能很吸引人，但電腦處理自然語言查詢的能力非常有限，因此系統經常會刪去常見的詞或命令，而僅搜尋剩下的文字，這樣的結果會讓使用者感到挫折（8.6節）。研究人員正持續研究這個主題。

填空式表單查詢（form fill-in queries）（6.7節）大量地簡化了查詢式的產生，仍允許使用某些布林組合（通常是在屬性之間，用OR和AND將它們連接起來）。從填空式表單的概念所延伸出來更好的查詢方式，是範例式查詢（query-by-example, QBE），使用者輸入屬性值以及關聯表範本中的一些關鍵字。這個方法影響了現代的系統，但卻已不是主要的介面。

13.4節中將討論其他新的介面風格，例如多面向式搜尋（faceted search）和依例搜尋（searching by example）。但我們將先討論應用於搜尋介面的基本設計原則。

要找到一個不會讓初學者頭昏腦脹且功能強大的搜尋工具，在目前仍是一大挑戰。通常這個問題是透過同時提供簡單和進階的搜尋介面來解決：簡單的搜尋介面，能讓使用者指定用在所有欄位中的搜尋詞；而進階搜尋介面，能讓使用者指明更準確的詞、或限制特定的搜尋欄位（圖13.1）。不幸地，介面經常會隱藏搜尋的重要部分（由於設計不佳、或要保護專用的相關性排序方法）、或將進階查詢設計得很難使用而讓使用者打消使用的念頭。從實證研究得到的

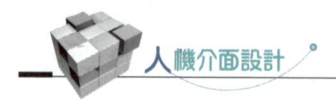

證據顯示，當使用者可以看到並掌控搜尋時，使用者的表現會比較好，並且有較高的主觀滿意度（Koenemann and Belkin, 1996）。但若搜尋介面之間缺乏一致性，則使用者每次使用不同的搜尋系統時，都必須重新了解如何進行搜尋。利用汽車使用者介面的演進，可以說明搜尋介面標準化的需要。早期的汽車競爭者之間，提供多種不同的控制器，每個製造商都有獨特的設計。某些設計 — 像煞車踏板離加速踏板很遠，是非常危險的。甚至，如果你習慣駕駛煞車踏板在加速踏板左邊的車子，若你鄰居的車子踏板位置恰好相反，則交換開車發生危險的機率就很高。汽車的設計花了半個世紀才達到好的設計與適當的一致性。讓我們期待，文字搜尋的使用者介面的演進能更加快速。

用來達到標準狀態的設計方向，是提供能連結到進階搜尋介面的簡單搜尋介面。簡單的介面包含用來輸入術語的單一欄位，和一個用來啟動搜尋的按鈕（如圖1.12A）。在設計進階介面時，五個階段的架構（five-phase framework）能夠協調設計工作，以滿足初次、偶爾、和經常使用者的需求。運作的五個階段（延伸自Shneiderman等人於1997年的想法）在Box 13.1中有更完整的說明：

1. **規劃**（Formulation）：表達搜尋的內容
2. **開始運作**（Initiation of action）：開始搜尋
3. **結果的審查**（Review of results）：閱讀訊息和結果
4. **改進**（Refinement）：產生下一步的動作
5. **使用**（Use）：編輯或散播所理解的內容

規劃階段包括：定出資訊的來源（source）、限制來源範圍的欄位（fields）、詞組（phrase）、和變化（variant）（圖13.1）。即使在技術上和經濟上是可行的，搜尋所有的資料庫或資料中所有的集合並不是個好方法。使用者經常喜歡把來源限制在特定的資料庫、或資料庫中特定的集合。使用者也會限制搜尋特定的欄位（例如，科學文獻的標題或摘要），而且來源還可以進一步地限制是結構化的欄位，例如發表年度、卷號、或語言。

■ Box 13.1 闡述純文字搜尋的使用者介面的五階段架構。

1. 規劃
- 在圖書館和集合間,提供適當資料來源的存取。
- 利用欄位來限制資料來源:結構化欄位(如年度、媒體、或語言),和文字欄位(如文件的標題、或摘要)。
- 辨識詞組,以允許名稱(如George Washington或Environmental Protection Agency)和概念(如abortion rights reform或gallium arsenide)的輸入。
- 允許各種變化來放寬搜尋的限制條件,如分別大小寫、字根、部分比對、語音的變化、縮寫、或同義字。
- 控制結果組合的大小。

2. 開始運作
- 包括由具有一致的標籤(如 "Search")、位置、大小、色彩的按鍵所觸發的明顯運作。
- 包括由改變規劃階段的參數所觸發的隱含運作,它能馬上產生一組新的搜尋結果。

3. 結果的審查
- 避免解釋性的訊息。
- 檢視結果的概觀、和項目的預覽。
- 操作視覺化。
- 調整結果集合的大小,以及要顯示哪個欄位。
- 改變順序(字母順序、時間順序、相關性排序等)。
- 探索分群(根據屬性值、主題等)。
- 檢查選擇的項目。

4. 改進
- 在逐漸改進的過程中,利用有意義的訊息來引導使用者。例如,如果詞組中的兩個字無法被找到,則提供一些方式,使能夠容易選擇個別的字或變化。
- 讓改變搜尋參數變得很容易。
- 使用適當的回饋。

5. 使用
- 讓查詢、參數的設定和結果可以被儲存起來,並且加上註解、以email傳送、或作為其它程式(如視覺化或統計工具)的輸入。

圖13.1
在美國國會圖書館的網站（http://www.loc.gov/thomas）上的進階搜尋介面，可幫助使用者找尋目前或過去數年間的議會法案（也就是被提出的法案）。它有控制的介面，能選擇搜尋的範圍，並有許多不同的搜尋方式。複雜的詞彙會有說明按鈕

在純文字資料庫中，使用者通常會找尋包含有意義詞組的項目（Civil War、Environmental Protection Agency、carbon monoxide），而且應該要提供多個輸入欄位，以允許搜尋多個詞組。已有研究證明搜尋詞組比搜尋單字更準確。詞組也能協助名稱的搜尋（例如，搜尋George Washington不應該出現George Bush或Washington, D.C.）。因為用字不同，可能會忽略某些相關的項目，所以應該要讓使用者可以把詞組分解成分離的單字，以擴大搜尋。若布林運算、近似程度的限制、或其它組合的方式都可以被明確指定，則使用者也應該要可以

表達它們。使用者或服務提供者也應該要能夠控制禁止清單（基本上是過濾掉一般常用字、單一字母、猥褻的搜尋詞組）。

當使用者不確定欄位的正確值（主題項、或名稱的拼法或大小寫）時，他們需要藉著允許接受幾個不同變化的方式來放寬搜尋的條件。在結構化資料庫中，可能的變化包括範圍更廣的數值屬性。在純文字文件搜尋中，介面應該要讓使用者能夠控制大小寫的變化（分辨大小寫）、字根的變化（關鍵字teach會找尋多個字尾的變化，如teacher、teaching、或teaches）、部分比對（關鍵字biology會尋找sociobiology和astrobiology）、相似音搜尋方法（soundex）所得到的語音變化（關鍵字Johnson會尋找Jonson、Jansen、和Johnsson）、同義字（關鍵字cancer會尋找malignant neoplasm）、縮寫（關鍵字IBM會尋找International Business Machines，反之亦然），以及百科全書中範圍更廣或更小的詞（片語New England會尋找Vermont、Maine、Rhode Island、New Hampshire、Massachusetts、和Connecticut）。

第二個階段是開始運作（initiation of action），其可以是明顯的或隱含的。目前大部分的系統都有一個搜尋按鈕，按下按鈕表示立即開始運作、或表示延遲、或定期運作。不同介面版本的按鈕的標籤、大小和顏色應該要一致。一個吸引人的替代方式是隱含開始（implicit initiation）。在採用隱含開始時，對於在規劃階段的結果中的每一個改變，都會馬上觸發運作，產生出一組新的搜尋結果（圖13.2）。動態查詢（dynamic queries）— 使用者可以調整搜尋介面元件工具，來產生連續性的更新 — 已經被證明很有效且令人滿意。它們需要足夠的螢幕空間和快速的處理速度，但它們的確帶來很好的結果（見13.4節）。

第三個階段是結果的審查，在這個階段中，使用者閱讀訊息，觀看文字清單，或操作視覺化的內容。由抽樣樣本（例如，圖1.13的Google搜尋結果）、人為產生的摘要、或自動產生的摘要等所組成的預覽，能幫助使用者選擇部分的結果，讓他們在學習項目的內容時，可以定出更有效的查詢。翻譯也可能會被提出。使用者應該要能夠控制結果集合的大小、以及要顯示哪些欄位，這讓使用者可以更滿足於他們的資訊搜尋需求。雖然通常的做法是只傳回10或20個

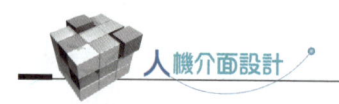

結果，而較大的搜尋結果集合最好能有高頻寬和大的顯示器。使用者能夠控制結果排序（例如，按字母順序排列的、時間順序性、相關度排名、或熱門程度），也有助於產生更有效的結果。Endeca®所使用的一個方式是使用屬性值來提供結果的概觀；例如，提供了一些書籍、雜誌文章、或新聞文章（圖13.3）。另一個由Vivisimo®和Grokker™所使用的方式，牽涉到自動分群和爲分群命名。自動命名的集群是有問題的，但研究結果指出，根據更完整且有意義的階層架構做分群可能會更有效（Hearst, 2006）。爲了幫助使用者找到感興趣的項目，通常必須提供完整的文件，並標示出關鍵字或關鍵字句。針對大型文件，可以自動位移到第一個出現的關鍵字，沿著螢幕捲動軸所做的標記可以用來指示其他關鍵字出現的位置。

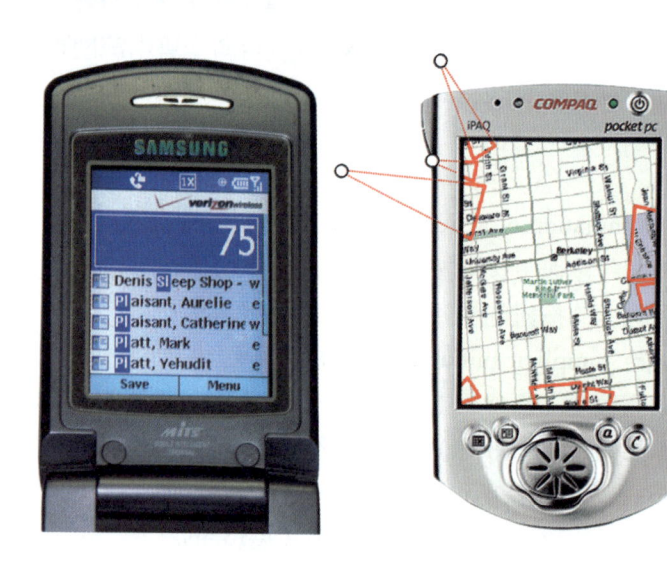

圖13.2
當使用者按下按鍵時（左圖），螢幕上就會顯示出數字，並觸發一個隱含的搜尋，接著螢幕會顯示通訊錄中符合一連串按鍵輸入的姓名清單。在右圖中，螢幕邊緣的紅色楔形邊框是用來提示在地圖上而非螢幕上的位置（Gustafson et al., 2008）

第四個階段是改進。搜尋介面應該要提供有意義的訊息，以說明搜尋的結果，並支援漸進的改良。例如，可以鼓勵使用者用較少的項目進行部分比對。例如，在搜尋的階段，將兩個字當作一個詞進行查詢，若找不到相近的結果，則應該提供這兩個字個別的查詢結果，並提供建議修正，例如，當關鍵字拼錯時，則詢問使用者「你要查的是fibromyalgia？」。若輸入多個詞組，則應該先顯示並找出包含所有詞組的項目，之後才顯示包含部分詞組集合的項目；若所

第 13 章 資訊搜尋

有詞組的組合都無法找到相符的內容，則應該回報這次的搜尋失敗。搜尋的結果可能是非常詳盡的決策樹（也許有60到100個分枝），並需要對訊息再加以說明。回饋的另一個層面，是系統在搜尋後，應該把結果記錄在搜尋紀錄中，並允許檢視和重複使用先前的搜尋（Komlodi, 2002）。藉由改變搜尋參數而改善搜尋結果的漸進搜尋，應該要能方便地使用。

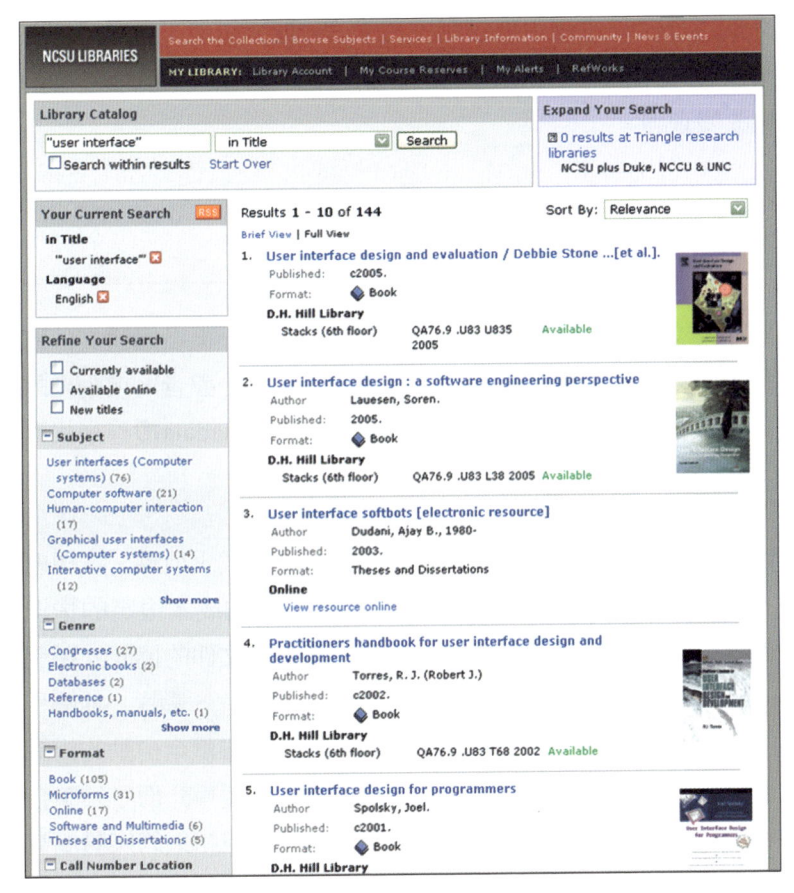

圖13.3

Endeca（http://www.lib.ncsu.edu）搜尋 "user interface" 會傳回 144 個結果，並將結果分為 10 頁。在右上方的功能表選單讓使用者可以根據相關性或日期排序搜尋結果，而在左邊的是根據主題、類型或格式所整理的結果摘要，針對搜尋結果提供概觀，並能進一步修正搜尋結果

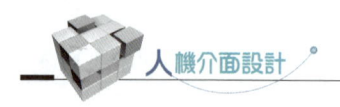

最後的階段是使用結果，這是得到報酬的時候。所獲得的結果可以合併和儲存、用電子郵件分送、或當作其它程式的輸入（例如，視覺化工具或統計工具）。使用者可能也想要驅動一個 RSS feed，以便能在新結果變得可用時得到通知。

設計者可以透過這五個階段的架構，讓搜尋的過程更清楚、更容易理解、且更能為使用者所控制。這個方式和直接操作的方向一致。在直接操作中，系統的狀態是很清楚的，而且是由使用者控制。初學者一開始可能不會想了解五個階段的所有內容，但如果他們不滿意搜尋的結果，他們應該要能觀看搜尋的設定，並能輕易地改變查詢。

13.3 多媒體文件搜尋

結構化資料庫和純文字文件庫的介面有愈來愈好的趨勢，但多媒體文件庫的搜尋介面仍有很大的挑戰。大部分被用來尋找影像、視訊、聲音、或動畫的系統，是根據描述性文件中的文字搜尋、關鍵字、標籤和metadata搜尋來找到項目。

例如，搜尋照片庫時，可以透過日期、攝影師、表現方式、地點、或標題的文字來進行。但在缺乏標題、和利用人工加入相片註解的成本很高的情況下，要找到剪綵儀式或賽馬的相片，是非常困難的。多媒體文件的協同式標記（collaborative tagging）方式，正戲劇性地改變使用者搜尋照片、影片、地圖和網頁（9.3節）的方式，但許多重要的集合仍未被加上標籤。雖然全自動的辨識是不可能的，然而透過電腦進行過濾仍很有用。多媒體文件搜尋介面必須整合功能強大的註解和索引工具、過濾集合的搜尋演算法、和觀看結果的媒體瀏覽技術。搜尋的類型可能包含下列幾種：

- **影像搜尋**。對於以影像內容查詢（query by image content, QBIC）（Datta et al., 2008）的影像分析研究者而言，要尋找像自由女神雕像這樣的影像，是一大挑戰。如果方向、焦距和光線都固定，則自由女神獨特的

輪廓可能可以被辨識出來,但要在大量且具差異的相片集中,這樣的問題是很困難的。較佳的方法是可以搜尋局部特徵(如找到火炬或王冠上的七個尖角),或搜尋獨特的結構或顏色(例如美國國旗上的紅、白、和藍色)。當然,顏色區分出英國、法國、和其他相似顏色的國旗並不容易。根據相似度進行搜尋會更成功,使用者可以描繪出想要的輪廓,並找到符合特徵的項目(例如在圖13.4中說明的retrievr)。針對個人相簿,提供有效的瀏覽、和簡單的註解機制是很重要的(Kang et al., 2007)。在照片上貼標籤的功能首見於商業工具(如Adobe Photoshop Album),但現在已廣泛應用在線上工具中(如facebook、Flickr或Google的Picasa™)。

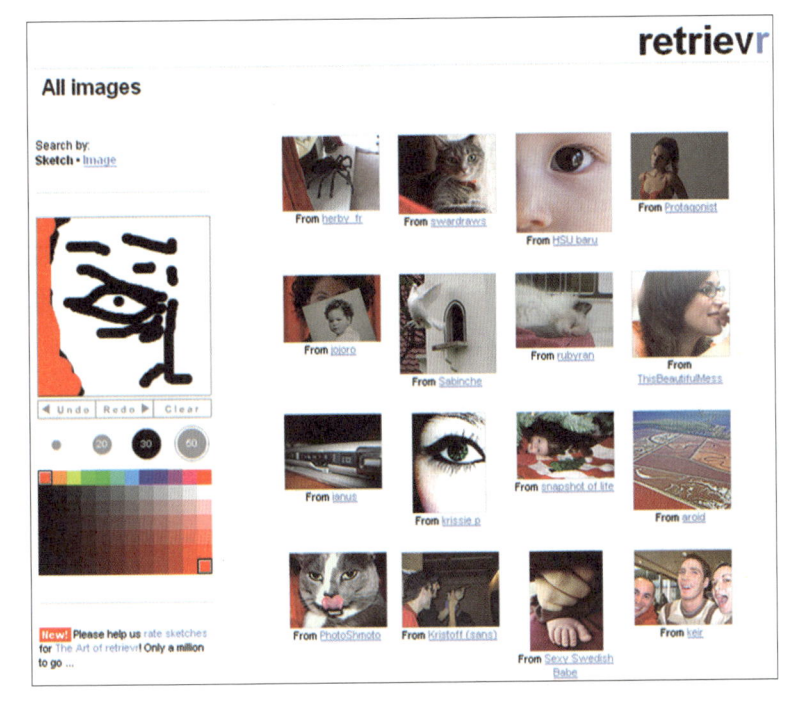

圖13.4
來自retreivr(http://labs.systemone.at/retrievr/)的依例搜尋介面,讓使用者能上傳圖片或畫一個草圖,這些圖片將用於尋找類似的圖像。在結果集合中的每個項目是由一個預覽縮圖和作者姓名所組成。結果呈現在一個簡潔的網格中,以幫助進行檢視

人機介面設計

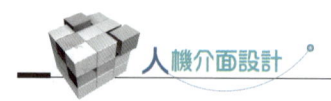

- **地圖搜尋**。透過電腦產生的地圖現正廣泛地使用。傳統的方式是在地圖上利用名稱或指定緯度和經度來指出一個點，而因地理資訊系統保留了地圖的結構和層次，所以現在也可以利用特徵來搜尋（Dykes et al., 2004）。例如，使用者可能會指明要尋找人口超過一百萬、而且距離機場10英里內的所有港口都市。行動裝置的應用程式可以讓使用者於所在位置的特定距離內，找到供應某種菜餚的餐廳（圖13.2）。

- **設計或圖形搜尋**。某些電腦輔助設計軟體提供使用者有限的搜尋工具。在某些情況下，在藍色正方形中尋找紅色的圓形，可能會有幫助，但是更精心設計的搜尋方式，如尋找擁有小於6公分活塞的引擎，可能會更有用。目前已有一些文件結構辨識和搜尋工具，它們可以用來進行搜尋，例如，搜尋沒有廣告的報紙頭版（Doermann, 1998）。

- **聲音搜尋**。音樂資訊檢索（music-information retrieval, MIR）系統可以利用音訊輸入的方式，讓使用者查詢音樂內容。使用者可以用唱的、撥放一段旋律、哼唱、或用所要找的重複音樂片段，進行查詢，而系統會回傳最類似的項目（Downie, 2003）。要辨識出個別的表演者，例如「尋找Caruso」，也越來越可行。在電話交談資料庫中尋找人們說出的字或片語，仍是很困難的工作，但是，甚至是使用與說話者無關的方式，進行聲音搜尋的工作也漸漸成為可能實現的想法（見8.4節）。

- **視訊搜尋**。搜尋視訊或影片所牽涉到的，不只是搜尋每個畫面。視訊應該被分為場景（scenes）或片段（cuts），而且可允許略過某些場景。利用場景出現順序，產生兩小時的影片總覽，能幫助使用者了解影片內容、編輯和選擇影片。成功的搜尋工具使用各種視覺場景特徵（例如，色彩、面向、或文字附加物）、以及文字的特徵（例如speech-to-text，從語音轉為文字）的副本，使能夠檢索大量的數位視訊（Luo et al., 2006; Wactlar et al., 1999）。

- **動畫搜尋**。隨著Flash的成功，動畫編輯工具變得愈來愈流行，所以，指明搜尋某些特定類型的動畫，例如旋轉的地球、或轉化表情形狀的臉，也成為可能。

13.4 進階的過濾和搜尋介面

不同的使用者對於進階的過濾功能的需求有很大的差異（Hearst, 2009）。本節將檢視一些填空式表單介面的替代方案。

- **用複雜的布林查詢過濾**。像Dialog®和FirstSearch®的商業資訊檢索系統，可以使用含有括號的布林運算式，但它們不容易使用，因而未被廣泛地採用。到目前為止，為了降低使用者描述複雜的布林運算式的負擔，已經有許多方法被提出，而大部分的困擾是來自使用非正式的英語。例如，查詢"List all employees who lived in New York and Boston"（列出所有住在紐約和波士頓的員工），所得到的結果通常是空的清單。這是因為"and"（和）可能會被解釋成交集；只有同時住在這兩個城市的員工才會符合條件！在英語中，"and"通常會擴大選擇的範圍。在布林算式中，AND是用來把範圍變小的交集。類似的範例，在英語中，"I'd like Russian or Italian salad dressing"（我想要蛋黃醬或義大利沙拉醬）的"or"是排他性的，它表示你只能要其中一個，不能全都要。然而，在布林算式中，OR是把一切包括在內的，而且，它可以用來擴展一個集合。使用者對包含巢狀括號、和NOT運算子的完整的布林運算式的渴望，產生了用來指明查詢內容的新的比喻方式。維恩圖（Venn diagram）、決策表都已經使用過，但隨著查詢複雜度的增加，這些表示方式就變得比較沒有彈性。

- **自動過濾**。另一種過濾的形式，是利用使用者建立的一組關鍵字，來動態地產生資訊，例如，傳送過來的電子郵件訊息、報紙報導、或科學期刊文章（Belkin and Croft, 1992）。使用者建立、並儲存他們的個人資訊檔，每當新的文件出現時，這些資訊檔都會被評估。透過電子郵件、RSS Feed、語音郵件或文字訊息，可以告知使用者有一個相關的文件出現，或只是把結果儲存在檔案中，直到使用者要尋找它們為止。這些都是早期以磁帶散佈文件集合時期，傳統資訊檢索方法的新版本，稱為資訊選粹服務（selective dissemination of information, SDI）。

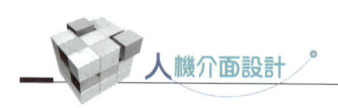

- **動態查詢**。使用滑桿調整數值範圍、文字滑桿調整名稱或種類、或透過按鈕選擇數類集合的動態查詢方式，都非常吸引使用者（Shneiderman, 1994）。因為動態查詢也有運作（滑桿或按鈕）和物件（工作領域畫面中顯示的查詢結果）的視覺顯示；使用快速、漸進、和可復原的運作；且能馬上顯示回饋（於100毫秒內）。所以，動態查詢也稱為直接操作查詢（direct-manipulation query）。動態查詢的其他好處包括能夠避免語法錯誤，並能鼓勵使用者做嘗試。布林查詢的子集合，也是可行的（在屬性值之間的OR和屬性之間的AND）。動態查詢也可用來搜尋線上資料庫（圖13.5）。進行線上搜尋時，必須將資料下載並且儲存到使用者的電腦中，但當資料量很大時，要將動態查詢回應時間維持在100毫秒內會有很大的問題。查詢預覽（query previews）（Greene et al., 2000）利用先提供互動式的資料概觀來解決以上的問題。這個概觀能讓使用者選擇一些屬性，來得到資料分佈的有用資訊，並且讓使用者快速地刪除不想要的項目。在做大略的選擇後，可以下載剩下資料的metadata，以改善查詢結果。雖然填空式表單介面經常讓使用者浪費時間在找不到相符的資料、或找到過多資料的查詢上，一項使用者研究顯示，查詢預覽可以使效能提高1.6到2.1倍，且有較高的主觀滿意度（Tanin et al., 2000）。查詢預覽是使用長條圖來顯示每個面向的屬性值頻率，此方式為使用更緊密的數值計數之平面瀏覽奠定了基礎。

- **Faceted metadata搜尋**。如同Flamenco所展示的一樣（Yee et al., 2003；圖13.6），這種搜尋介面把分類瀏覽和關鍵字搜尋整合在一起。這個介面將階層式的faceted metadata用同步功能選單的樣子呈現（6.4.1節），並且動態地產生數值查詢的預覽。它讓使用者能夠清楚的根據多個影像描述概念瀏覽，並在瀏覽影像的同時，漸進地縮小或放大查詢的範圍。在瀏覽建築物照片時，使用者可以尋找現代住家、接著縮小搜尋範圍到尋找前門、再縮小到尋找位於Virginia住家的照片；然後，放寬查詢條件來顯示窗戶和門，再接著轉換到尋找在Maryland的住家。整個瀏覽的過程保持流暢，且能將使用者的注意力集中在影像上。許多搜尋介面現在

都利用多個功能選單作為它們主要的搜尋介面，但它們往往只允許每次用一種功能選單進行改進搜尋 — 例如，在Epicurious（圖6.9）、或國際兒童數位圖書館（圖1.16）— 而不是像Shopping.com（圖6.14）一樣，同時使用許多功能選單進行改進搜尋。

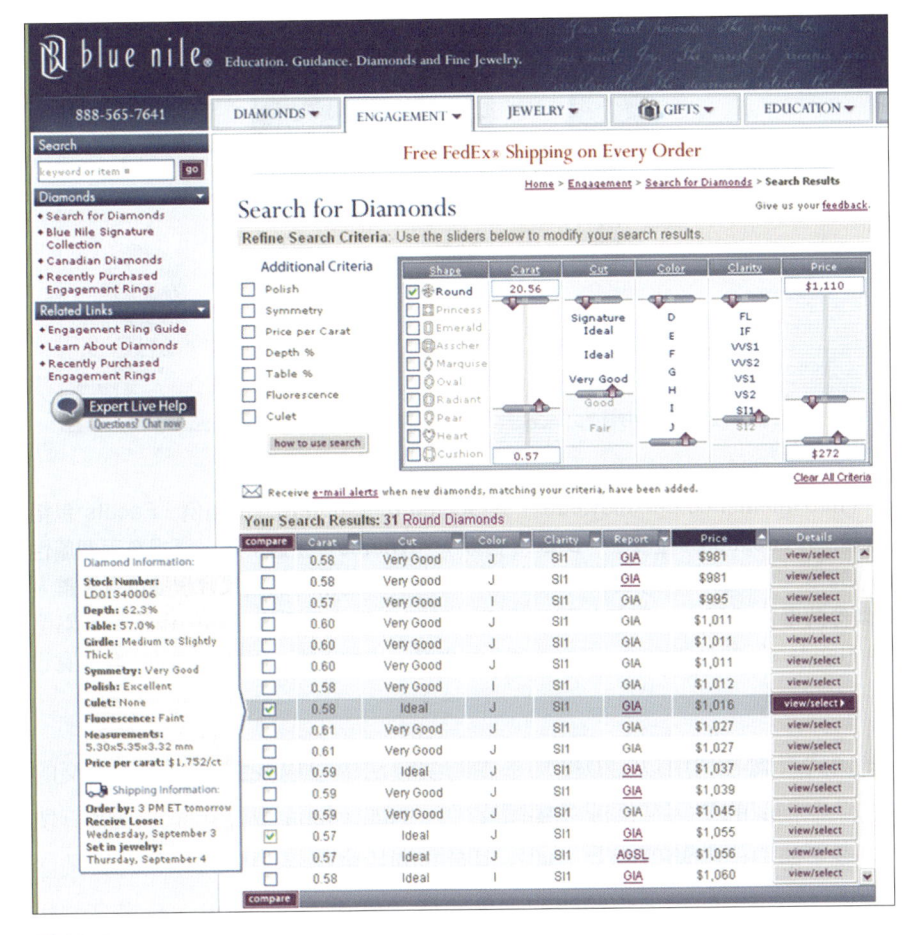

圖13.5
Blue Nile（http://www.bluenile.com/）利用動態查詢來縮小搜尋的結果。在此，調整雙向的滑桿，可顯示有好車工、且有高純度的低價鑽石

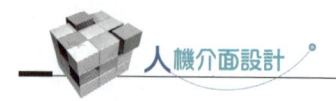

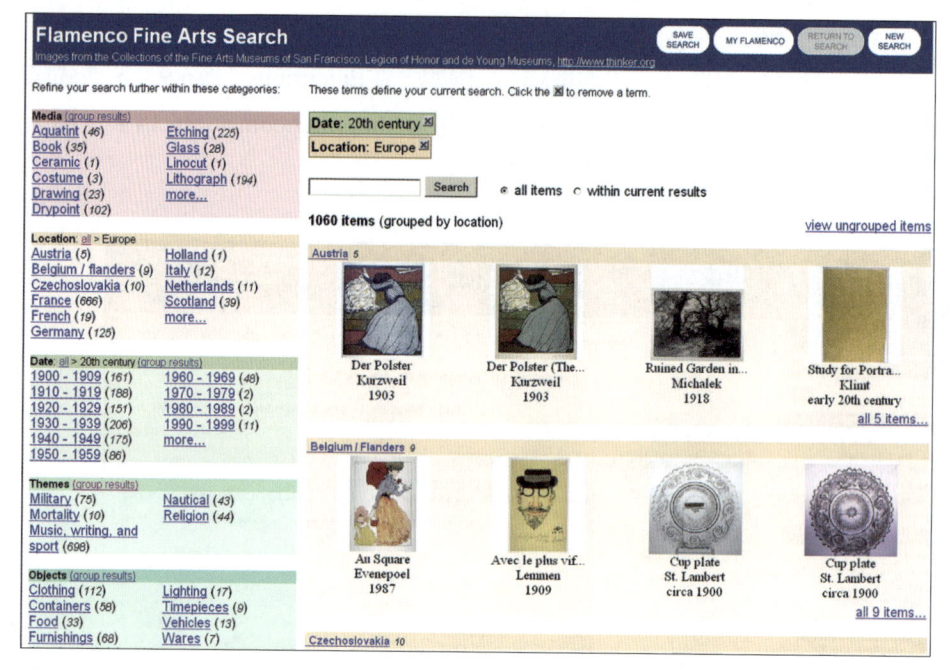

圖 13.6

Flamenco（http://flamenco.berkeley.edu/）是 faceted metadata 搜尋的範例。Facets 包括 Media（媒體）、Location（位置）、Date（日期）、Theme（主題）等。這裡有兩個屬性值被選擇（Date = 20th century 且 Location = Europe），而所得的結果會根據位置分群。隨著限制條件的增加或減少，預覽的影像會馬上更新（另一個隱含查詢的例子）。點選"Belgium/Flanders"的分群標題，可對這個分類做進一步的查詢，而點選"All"會放寬日期的限制

- **範例式查詢**。利用以相似度為基礎的演算法，可以找到與使用者遞交的文件中相似的文字文件或多媒體文件。例如，圖片搜尋介面可以允許使用者上傳自己的範例圖片，並在現有的圖片中搜尋類似的、且感興趣之圖片，或畫出使用者想尋找的圖片類型之草圖（圖13.4）。結果常常是好壞參半，但也可以幫助使用者擴大他們的搜尋。快速瀏覽結果是重要的，而且反覆地修正是必要的。

- **隱含搜尋**（Implicit search）。隱含搜尋介面使用相似度或背景資訊，來呈現對項目的潛在興趣。這一種方式常被用在購物網站，網站會根據買

家的購買歷史記錄，鼓勵買家瀏覽新的產品，或推薦買家持續瀏覽他們剛看過產品的類似商品。這種類型的搜尋不使用查詢工具，但若知道什麼資訊可以達成推薦效果，則使用者會更滿意。

- **協同過濾**。這個過濾的社交形式，是讓數個使用群能夠合併他們的評估結果，以協助彼此能在大量的資料中找到感興趣的項目（Herlocker et al., 2004）。每個使用者根據他們的興趣對項目進行評分，接著，將評分的結果和其他人的興趣評分比對。系統可以建議使用者尚未被讀取到、但卻接近使用者興趣的項目。這個方法也可以用在電影、音樂、餐廳等應用上。例如，若你給了六家餐廳很高的評分，演算法會推薦你其它幾家餐廳，而這些餐廳是由連結到跟你同樣推薦了該家餐廳高分的人的推薦清單。這個方式很具吸引力，而且在購物、新聞檔案、電影、音樂等方面，已經建立了許多這樣的系統。

- **多語搜尋**。在某些情況下，使用者會希望能夠搜尋多國語言的文件集合。目前的網頁搜尋引擎只提供基本的翻譯工具，但多國語資訊系統的原型系統，能讓使用者搜尋演講的多國語言集合、和／或以使用者未知的語言列印文件、提供特殊瀏覽器來反覆地修正查詢、選擇適當的字典、限制關鍵字的翻譯等。這些功能強大的翻譯系統的目的，通常用來確認文件，其文件用以證明高品質的專業翻譯之成本（Oard et al., 2008）。

- **視覺欄位之說明**。利用顯示出欄位可能的數值，可以簡化查詢欄位的說明（圖6.12 和6.13）。例如，在月曆上選擇日期，或利用飛機的座位規劃圖選擇空位。對於不知道馬賽（Marseilles）的確切位置，卻想要尋找相關旅遊資訊的旅客，會需要一個按照字母排列的捲動式清單；而當顯示法國或歐洲地圖時，就可以快速地選擇上百個地點，因此在不知道該城市的名稱時，也能快速地選擇地中海的城市。當選項並沒有自然的圖形呈現方式時，則可以利用資訊視覺化的技術。例如，樹狀圖可以用來顯示產品目錄（圖13.7）。視覺搜尋介面能提供背景資訊，並能幫助使用者修改他們的需求。這些介面很吸引人，而且可以降低如「超出資料範圍」的錯誤，也能提供使用者可用的資訊和完整的感受。

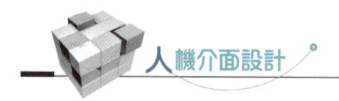

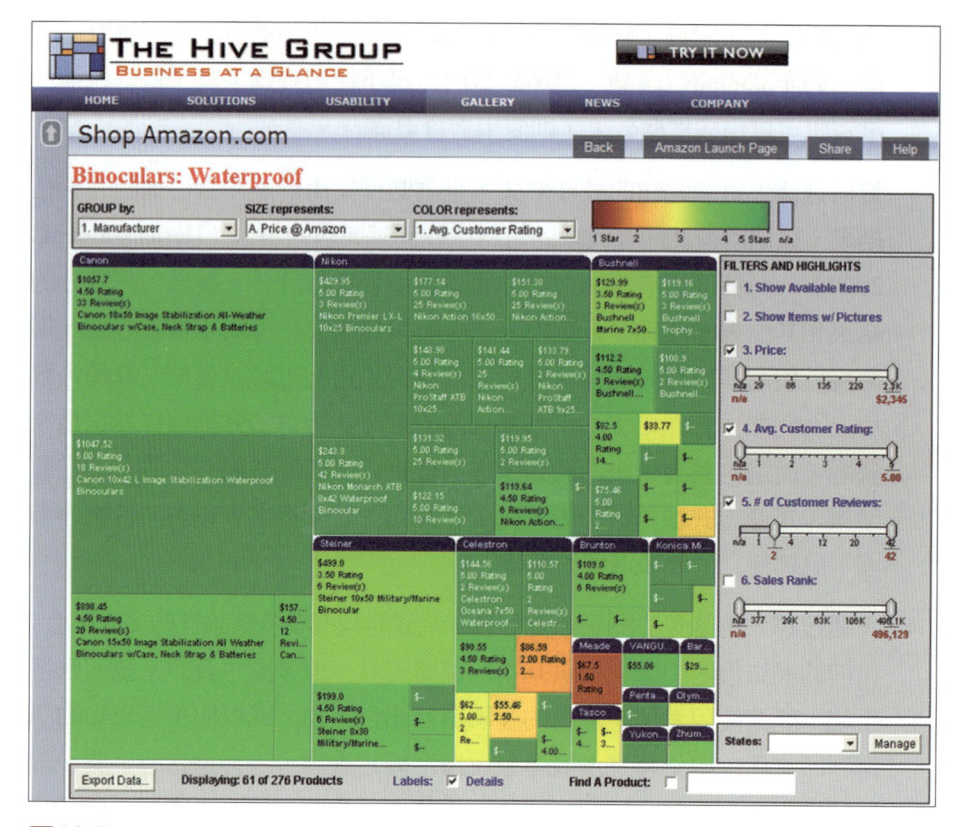

圖13.7

利用The Hive Group的樹狀圖（http://www.hivegroup.com/），使用者可以在Amazon.com 的產品目錄中檢閱所有的防水望遠鏡，瀏覽清單中的項目，並依照製造商來做分群。每個方塊都對應一對望遠鏡，而且方塊的大小和它的價格成正比。綠色的方塊代表最暢銷的。使用者也可以用右邊的動態查詢鈕來過濾結果。在這裡使用者評比數小於三的望遠鏡會被過濾掉，只留下61個望遠鏡供考慮

　　視覺搜尋介面和瀏覽介面間有許多相同的地方，且它們都是利用功能選單的組合（見6.4節）。用隱含觸發和立即回饋來增強視覺搜尋介面，可以使它變成功能強大的動態查詢介面，而額外的資料預覽摘要和概觀，能把視覺搜尋介面變成有效的資訊視覺化和探索工具，它們能讓使用者在指定任何搜尋之前，以視覺化的方式探索資料。

從業人員的重點整理

雖然RSS feeds正在改變傳送資訊給使用者的方式，搜尋介面對許多應用程式來說仍然是一個重要的組成部分。由於數位圖書館和多媒體資料庫的使用者介面的改進，現已吸引更多新的產品。以協同作業為多媒體文件加上標籤的方式，正戲劇性地改變使用者搜尋照片、影片、地圖和網頁的方式。新的圖形化和直接操作方法，現在也可能可用來建立查詢。

研究者的議題

雖然電腦造成資訊暴增，它也是尋找、排序、過濾、和呈現相關項目的魔鏡。在複雜的文件結構、圖形、影像圖書館、和聲音或視訊檔案中的搜尋需求，提供了設計進階介面的大好機會。功能強大的搜尋引擎，將能夠從乾草堆中找到針葉、發現大樹後的森林。

全球資訊網資源

http://www.aw.com/DTUI

像是Google或國會圖書館所提供的搜尋服務，提供不斷改良中的全球資訊網存取介面。你可以在線上找到更多關於協同過濾、多媒體搜尋和檢索、以及索引方法等資訊。

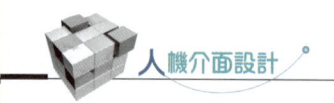

參考資料

Agichtein, E., Brill, E., and Dumais, S.T., Improving web search ranking by incorporating user behavior information, *Proc. 29th Annual ACM SIGIR Conference on Research and Development in Information Retrieval*, ACM Press, New York (2006), 19–26.

Belkin, N. J. and Croft, B. W., Information filtering and information retrieval: Two sides of the same coin?, *Communications of the ACM* 35, 12 (1992), 29–38.

Datta, R., Joshi, D., Li, J., and Wang, J. Z., Image retrieval: Ideas, influences, and trends of the new age, *ACM Computing Survey* 40, 2 (2008), 1–60.

Doermann, D., The indexing and retrieval of document images: Asurvey, *Computer Vision and Image Understanding* 70, 3 (1998), 287–298.

Downie, J. S., Music information retrieval, *Annual Review of Information Science and Technology* 37 (2003), 295–340.

Dykes, J., MacEachren, A. M., and Kraak, M. J. (Editors), *Exploring Geovisualization*, Elsevier, Amsterdam, The Netherlands (2004).

Greene, S., Marchionini, G., Plaisant, C., and Shneiderman, B., Previews and overviews in digital libraries: Designing surrogates to support visual information-seeking, *Journal of the American Society for Information Science* 51, 3 (March 2000), 380–393.

Gustafson, Sean, Baudisch, Patrick, Gutwin, Carl and Irani, Pourang, Wedge: clutter-free visualization of off-screen locations, *Proc. of CHI'08 Conference: Human factors in Computing Systems*, ACM Press, New York (2008), 787–796.

Hearst, M. Clustering versus faceted categories for information exploration, *Communications of the ACM* 49, 4 (2006), 59–61.

Hearst, Marti, *Search User Interfaces*, Cambridge University Press, NewYork (2009).

Herlocker, Jonathan, Konstan, Joseph, Terveen, Loren, and Riedl, John, Evaluating collaborative filtering recommender systems, *ACM Transactions on Information Systems* 22, 1 (2004), 5–53.

Kang, Hyunmo, Bederson, Benjamin B., and Suh, Bongwon, Capture, annotate, browse, find, share: Novel interfaces for personal photo management, *International Journal of Human-Computer Interaction* 23, 3 (2007), 315–337.

Koenemann, J. and Belkin, N., Acase for interaction: Astudy of interactive information retrieval behavior and effectiveness, *Proc. CHI '96 Conference: Human Factors in Computing Systems*, ACM Press, New York (1996), 205–212.

Komlodi, A., The role of interaction histories in mental model building and knowledge sharing in the legal domain, *I-KNOW '02 2nd International Conference on Knowledge Management, Journal of Universal Computer Science* 8, 5 (2002), 557–566.

Luo, Hangzai, Fan, Jianping, Yang, Jing, Ribarsky, William, and Satoh, Shin'ichi, Exploring large-scale video news via interactive visualization, *Proc. IEEE Visual Analytics Science and Technology*, IEEE Computer Press, Los Alamitos, CA (2006), 75–82.

Marchionini, G. and White, R. W., Find what you need, understand what you find, *International Journal of Human-Computer Interaction* 23, 3 (2007), 205–237.

Oard, Douglas, He, Daqing, and Wang, Jianqiang, User-assisted query translation for cross-language information retrieval, *Information Processing and Management* 44, 1 (2008), 181–211.

Shneiderman, B., Dynamic queries for visual information seeking, *IEEE Software* 11, 6 (1994), 70–77.

Shneiderman, B., Byrd, D., and Croft, B., Clarifying search: Auser-interface framework for text searches, *D-LIB Magazine of Digital Library Research* (January 1997). Available at http://www.dlib.org/.

Tanin, E., Lotem, A., Haddadin, I., Shneiderman, B., Plaisant, C., and Slaughter, L., Facilitating network data exploration with query previews: Astudy of user performance and preference, *Behaviour & Information Technology* 19, 6 (2000), 393–403.

Wurman, Richard Saul, *Information Anxiety*, Doubleday, New York (1989).

Wactlar, H. D., Christel, M. G., Yihong G., and Hauptmann, A. G., Lessons learned from building a terabyte digital video library, *IEEE Computer* 32, 2 (1999), 66–73.

Yee, K.-P., Swearingen, K., Li, K., and Hearst, M., Faceted metadata for image search and browsing, *Proc. CHI 2003 Conference: Human Factors in Computing Systems*, ACM Press, New York (2003), 401–408.

CHAPTER 14

資訊視覺化

14.1 簡介

　　一張圖片通常可以勝過千言萬語，而且對某些工作，比起純文字的敘述或口頭報告，視覺呈現方式（如地圖或相片）會更容易使用或理解。設計者正在尋找，以簡潔的、使用者控制來呈現和處理大量資訊的方式。我們現在認為使用介面可勝過千萬張圖片。資訊視覺化（information visualization）可以被定義為 — 針對抽象資料，使用互動的視覺呈現方式來強化認知（Ware, 2008; Card et al., 1999）。資料的抽象特徵，是從科學視覺化（scientific visualization）中區分出資訊視覺化（information visualization）的不同之處。對科學視覺化而言，因為其基本的問題牽涉到連續變數、體積、和表面（內／外、左／右、和上面／下面），所以三度空間是必要的。然而，對資訊視覺化而言，其基本的問題牽涉到更多的類別變數、在資料中找尋模式、趨勢、分群、離群值、和資料缺口（如股價、病患紀錄、或社交關係）（Card, 2008; Spence, 2007; Henry et al., 2007; Grinstein et al.,）。

　　資訊視覺化提供簡潔的圖形呈現方式和使用者介面，使其能夠以互動的方式處理大量的項目（$10^2 - 10^6$），這些項目可能是萃取自很大的資料集，因此有時稱為視覺資料探勘（visual data mining）。它利用龐大的視覺能力、和很棒的人類感知系統，讓使用者能探索資料、做決策、或針對模式、群組項目與個別項目提出說明解釋。資訊視覺化甚至能讓使用者回答他們所不知道的問題。相反地，儀表板（dashboards）（Few, 2006；圖5.9和5.10）和少數視覺化應用是針對行動裝置而設計，以提供簡潔、自動產生的報表，並概述企業效能以及提供有限的互動能力。

　　感知心理學家、統計學家和圖形設計師提供了呈現靜態資訊的寶貴指引（Tufte, 2006, 1983），但是動態顯示能夠讓使用者介面設計者比目前更具智慧（Ware, 2008）。人類有優異的感知能力，但是在目前大部分的介面設計中，這個能力並未充分地利用。使用者可以快速地瀏覽、辨識和回想影像，而且可以偵測影像在大小、顏色、形狀、移動或紋路上的微小改變。在圖形化使用

介面中呈現的核心資訊，目前仍大多是文字（儘管它們用吸引人的圖示、和簡潔的圖例來強化），所以當視覺化方法的研究越來越多時，動人的新契機就會出現。

許多使用者反抗使用視覺化方式，而喜歡有效的純文字方式，例如，多層次詮釋資料（faceted metadata）檢索中使用多個功能表選單和數值查詢預覽（圖13.6）。他們的選擇也許是合理的，因為這些純文字工具是利用簡潔且熟悉的呈現方式來表示富有意義的資訊。成功的資訊視覺化工具，必須不只是「酷」而已，對於實際的工作，它們必須要提供可預期的好處，它們也必須要建立能滿足普遍可用性的工作原則，讓所有使用者（包括殘障使用者）都能在不同的平台上工作。

隨著資訊視覺化的成熟發展，這個領域的指導方針、原則、和理論都將陸續出現。其中，可能會有廣為引用的原則，通常稱為視覺－資訊－搜尋箴言（visual-information-seeking mantra）：

先產生綜覽、放大搜尋範圍並過濾、然後進行隨選細節
先產生綜覽、放大搜尋範圍並過濾、然後進行隨選細節
先產生綜覽、放大搜尋範圍並過濾、然後進行隨選細節
先產生綜覽、放大搜尋範圍並過濾、然後進行隨選細節
先產生綜覽、放大搜尋範圍並過濾、然後進行隨選細節
先產生綜覽、放大搜尋範圍並過濾、然後進行隨選細節
先產生綜覽、放大搜尋範圍並過濾、然後進行隨選細節

這些不斷重複的原則，代表這個原則會經常使用，並表示在研究過程中會反覆發生的本質。

14.2 根據工作分類法定義的資料型別

資訊視覺化的研究者和商業開發者使用根據工作分類法定義出的資料型別（data type by task taxonomy）（Box 14.1），可以挑選出許多工具並找出新的機會。以搜尋為例，使用者檢視項目的集合，而其中的項目有多個屬性。根據工作分類法定義的資料型別包括七個基本資料型別和七個基本工作。基本資料型別是一維、二維、三維或多維的，以及三個更結構化的資料型別：時間的、樹狀的和網路的。這些簡化的型別，有助於描述已經建立的視覺方法，以及使用者所遭遇的問題。例如，利用時間資料，使用者可以處理事件和時間間隔，而且可以根據事件發生前／後或期間來考量問題。在樹狀結構的資料中，使用者處理內部節點上的標籤，以及樹葉節點的數值，而且他們的問題會與路徑、階層和子樹有關。七項基本工作是：產生綜覽、放大、過濾、隨選細節（details on demand）、關聯、歷史、和萃取。我們先討論七個資料型別，接著再討論七項工作。

14.2.1 七種資料類型

- **1D線性資料**。線性資料型別（linear data types）是一維的；它們包括程式的原始碼、純文字文件、字典、和按照字母排列的名稱，這些資料都可以循序的方式組織。針對程式碼，只要對每個字元壓縮一個像素，就可以在單一個畫面上簡潔地顯示幾萬行的程式碼（Eick, 1998; Stasko et al, 1998；圖14.1）。諸如程式最近修改日期、或作者的名字等屬性，可以利用色彩進行判別。介面設計的議題包括：要用什麼顏色、大小、和版面配置，以及應該提供給使用者的綜覽形式、捲動、或選擇方法。使用者的工作可能是找出項目數量、觀看含有某些特定屬性的項目（例如，在上一版本之後，改變過的程式）、找出愛麗絲夢遊仙境的第3章中（圖14.2）最常出現的字，或看到項目所有的屬性。標籤雲（tag clouds）最初是在協同標記應用中用來顯示熱門標籤（圖6.11），但已演變成用來顯示文章中文字使用的統計數值的文字雲（word clouds）

（Viégas and Wattenberg, 2008）。範例包括Many Eyes（圖1.2）和Wordle（圖14.3）。

■ Box 14.1 根據工作分類法定出資料型別的視覺化、和需要支援的工作

資料型別	
1D線性	Document Lens、SeeSoft™、Information Mural、TextArc
2D地圖	地理資訊系統、ESRI ArcInfo™、ThemeView™、報紙版面、自我組織特徵映射圖（self-organizing maps）
3D世界	桌面、WebBook™、VRML™、Web3D™、建築、電腦輔助設計、醫療、分子
多維度的	平行座標、分布圖矩陣、階層式分群、Sportfire®、Tableau®、GGobi®、DataDesk®、TableLens®、InfoZoom®
時間的	DataMontage、Palantir、Project Managers、LifeLines、TimeSearcher
樹狀	Outliners、Degree-of-Interest Trees、Cone/Cam Trees、Hyperbolic trees、SpaceTree、treemaps
網路	NetMap™、netViz™、Pajek、JUNG、UCINet、NetDraw、Touch-Graph、SocialAction、NodeXL、Prefuse

工作	
綜覽	取得所有集合的綜覽
放大	放大有興趣的項目
過濾	過濾掉沒有興趣的項目
隨選細節	當需要的時候，選擇項目或群，並取得其細節
關聯	觀看項目之間的關係
歷史紀錄	保存運作的歷史，以支援復原、重複執行、和逐步改進等工作
抽取	使能夠萃取子集合和查詢的參數

- **2D地圖資料**。平面資料包括地圖、建築平面圖和報紙版面。在這類集合中的每個項目，佔據一部分的區域面積，它的形狀可能是矩形，也可能不是。每個項目都有工作領域屬性，例如名稱、擁有者和數值；和介面領域性質，如形狀、大小、色彩和不透明度（圖14.4）。許多系統採

用多層次的方式處理地圖資料，但是每層都是二維的。使用者的工作包括：找到鄰近的項目、包含某些項目的區域、和項目之間的路徑，以及執行七項基本工作。其實例包含具有廣大研究領域與商業領域的地理資訊系統（圖5.6）（Dykes et al., 2004）。資訊視覺化研究者根據文件中名詞共現的情形來組織文件集合，並顯示在平面圖上，如ThemeView（Wise et al., 1995；圖14.5）。這樣的顯示方式可以將集合的綜覽顯示給使用者看，因為在閱讀文件內容之前，文件的關聯性並不容易判斷，所以若是要藉此找到文件，這個方法未必和純文字的呈現一樣有用。

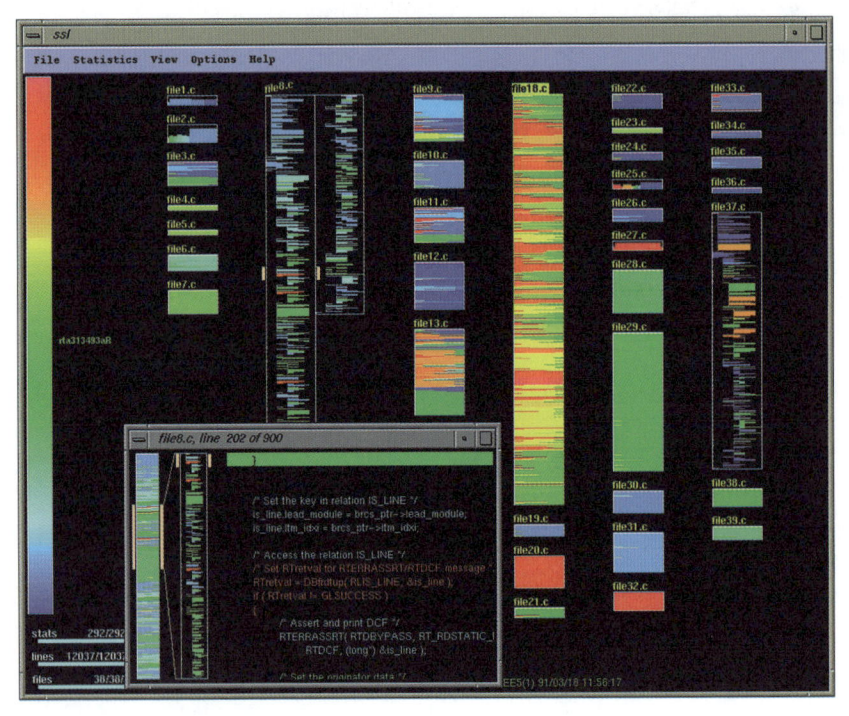

圖14.1

SeeSoft 顯示一個有4000行程式碼的電腦程式。最新的程式碼標示成紅色；最久的程式碼標示成藍色。較小的瀏覽視窗顯示程式的綜覽和詳細內容（Eick, 1998）

第 14 章 資訊視覺化

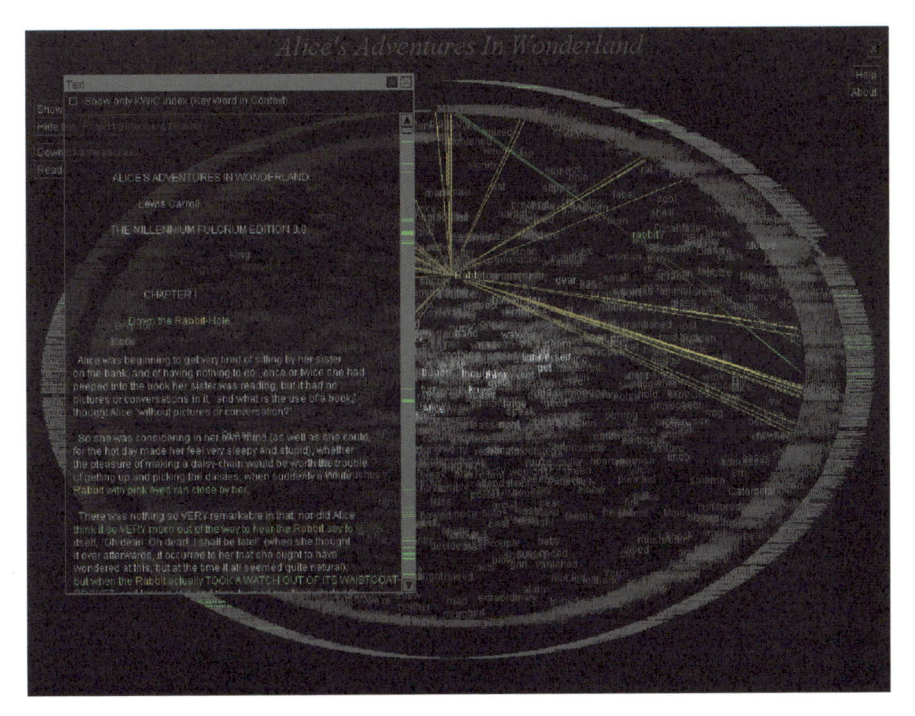

圖14.2

TexArc（http://www.textarc.org/）在一個圓弧形上顯示愛麗絲夢遊仙境所有的內容，從12點鐘方向開始以順時鐘弧狀排列。線條畫在外面、文字在裡面。經常出現的文字比較亮。在此，"Rabbit"突顯在圓弧上。含有"Rabbit"的列，以綠色顯示在圓弧上、文字視窗中、甚至在捲動軸上

圖14.3

在協同標籤應用中，雖然標籤雲會彙總熱門標籤，文字雲則會顯示在文字集合中關於字詞使用的統計資料。在這裡，Wordle（http://www.wordle.com）在一個優美的顯示器上顯示文字，而這些文字是維多利亞中期 80 部小說中最感傷的章節裡出現比例最高的文字（Sara Steger 提供）

603

圖14.4

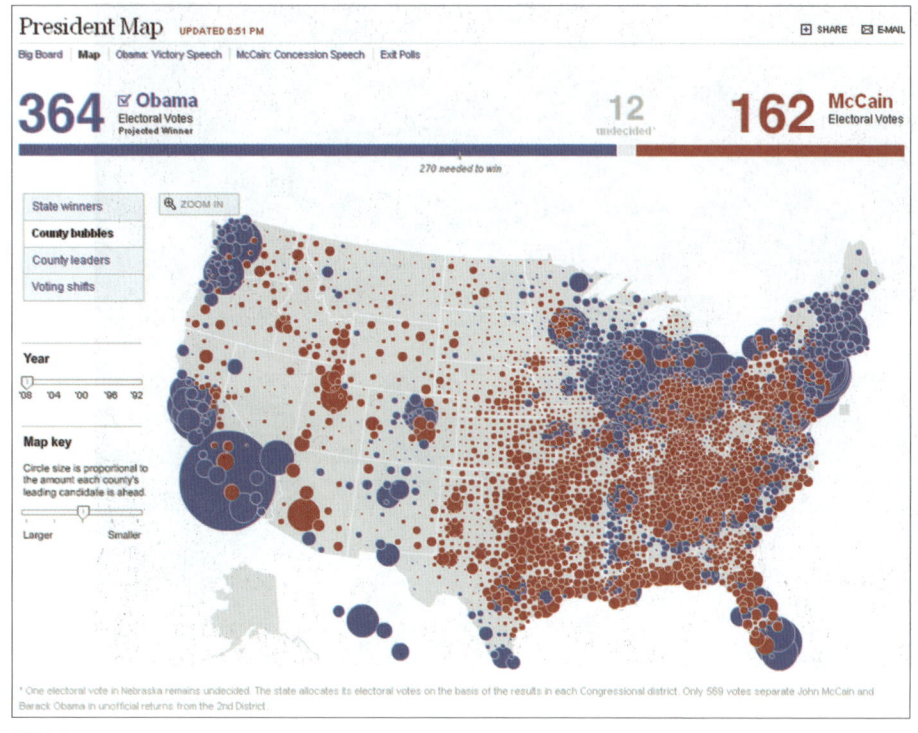

為了呈現美國2008年總統大選的結果，紐約時報（New York Times）使用各種視覺化方式（http://elections.nytimes.com）。在這裡，氣泡地圖中一個圓圈代表一個郡，而圓圈的大小與每個郡中領導候選人的數量成正比，藍色代表Obama，而紅色為McCain

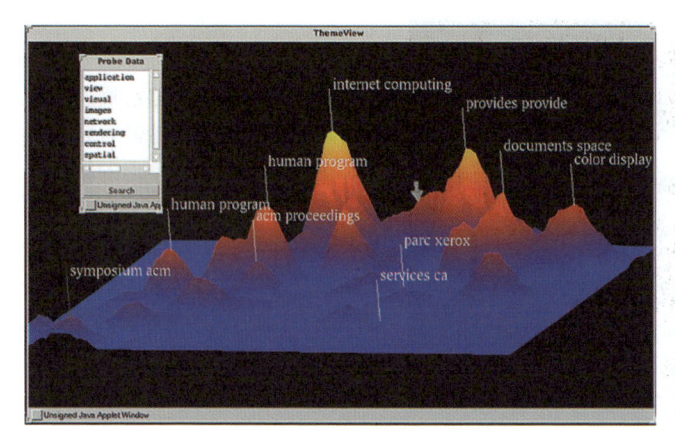

圖14.5

ThemeView（之前稱為ThemeScapeTM）以一個三維的地圖顯示在大型文件庫中的搜尋結果。接近程度代表主題的相關性，而高度表示文件的數目、和名詞的出現頻率。商業應用是由OmniViz, Inc.開發（Wise et al., 2005）

- **3D 世界的資料**。真實世界中的物件，如分子、人類的身體和現實世界的建築物，都具有體積、以及與其它物件的複雜關係。為了處理這些複雜的三度空間關係，建立了電腦輔助醫學造影、建築繪圖、機械設計、化學結構模型和科學模擬。使用者的工作，基本上是在處理像溫度或密度的連續變數，工作的結果經常透過體積和表面呈現，而且使用者的焦點集中在左／右、在上面／在下面、和內／外的關係上。在三度空間的應用中，當使用者觀看物件時，必須控制他們的位置和方位，而且必須要處理遮蔽和導覽的潛在問題。利用強化的 3D 技術所得到的解決方式，像綜覽、地標、遠距傳送、多景觀和實體使用者介面（圖 5.11），正逐漸發展成研究原型和商業系統。成功的範例包括：可協助醫生規劃手術的醫學影像術、以及可讓購屋者知道房子蓋好後會是什麼樣子的建築漫遊。

  三度空間電腦圖學和電腦輔助設計工具的例子很多，但在三度空間上的資訊視覺化成果仍有許多爭議。某些虛擬環境的研究者和圖形的創造者企圖以三度空間的結構呈現資訊，但這些設計似乎需要更多的導覽步驟，因而讓產生的結果更難理解（5.4節）。

- **多維度資料**。大部分的關聯式資料庫和統計式資料庫內容可以視為多維度的資料，並且能方便地操作；多維度資料中每個項目有 n 個屬性，而項目在 n 度空間中被視為「點」。介面的呈現可能是動態的二維分佈圖，每個維度都用一個滑桿控制（Ahlberg and Shneiderman, 1994）。當屬性數目很少時 — 大約少於 10，則可以用按鈕代表屬性值。使用者的工作包含找尋特定的模式（如變數對之間的交互關係、分群、缺口和偏離值）。多維度資料也可以用三維分佈圖呈現，但是方向迷失（如果使用者以分群內的點來檢視）和遮蔽（如果接近的點會看起來比較大時）都會是個問題。FilmFinder 在可縮放、彩色、使用者控制的多維度資料之分佈圖上開發動態查詢，並且為商業產品 Spotfire 建立了基礎（圖 12.2）。

  平行座標圖是少數真正簡潔的多維技術（Inselberg, 2009）。每個平行的垂直軸代表一個維度，而每個項目變成連接每個維度上的數值的線條。透過訓練和練習，將有助於人們成為「多維度資料偵探」。其它

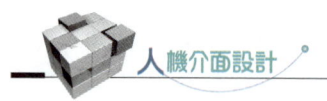

的技術包括：組合許多小的雙變數圖所產生的矩陣（圖14.6）、使用試算表象徵物（spreadsheet metaphor）（圖14.7）、與顯示每個維度的數值分佈，並能藉著點選這些數值，以漸進的方式過濾資料（例如，InfoZoom®）。最後，有愈來愈多用觀看多維度資料的方式，都是利用階層式或k-means分群演算法來辨識類似的項目。階層式分群法能找出接近的項目對，並可以不斷地產生更大的分群，直到每個點都在一個群之中為止。分群結果基本上可以用樹狀結構來表示。K-means分群法是讓使用者指定要建立多少群開始，然後透過演算法把每個項目放在最適合的群中，一群的點可以表示成群集。這些方式可以找出令人驚訝的關係和有趣的偏離值，但新手會很難解釋分群結果。

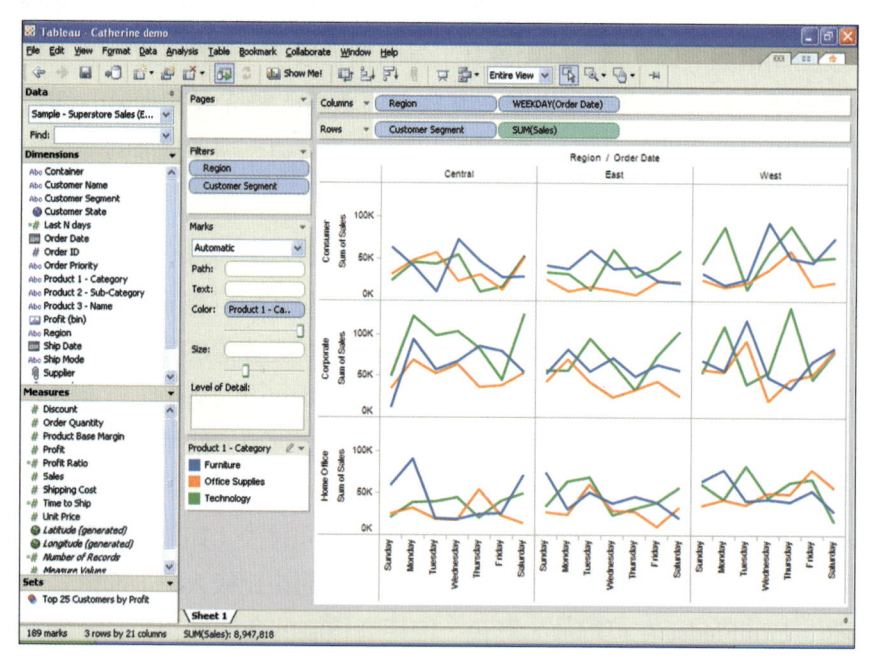

圖14.6
Tableau Software（http://www.tableausoftware.com/）允許使用者以交互方式構建顯示的內容，透過拖拉變數名稱到顯示的內容上。在這裡，有9個畫面的多表格中顯示如何隨著時間改變三個區域和三個客戶群的銷售。Tableau還可以提出新的配置方式（Mackinlay et al., 2007）

圖14.7

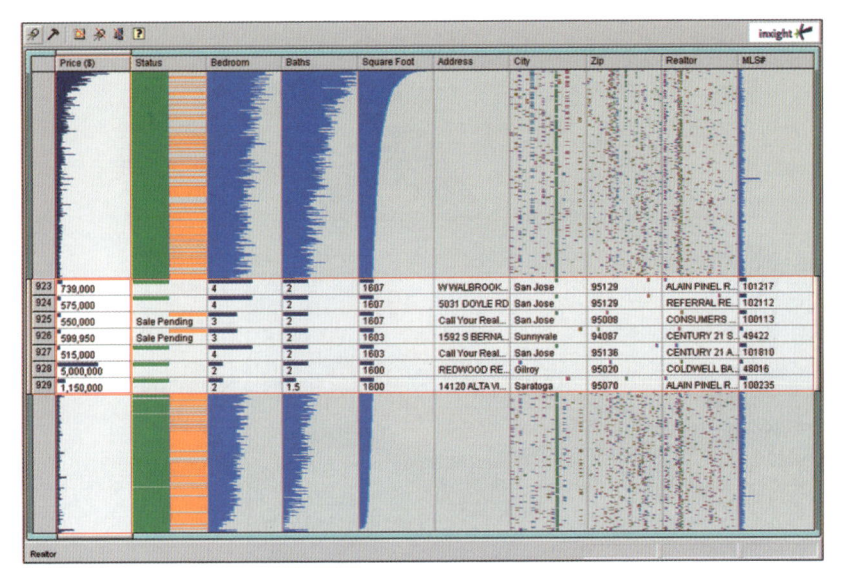

TableLens®（http://www.businessobjects.com/）提供了一個像試算表的表格資料檢視模式──在此，列出要出售的房屋。這些房屋用"Square Foot"屬性排列，其顯示出房屋價格大部份是和面積最有關係，一些例外可以很容易地從Price欄看出來。

- **時間資料**。時間序列是一種很常見的資料型別（例如：心電圖、股價、或氣候資料），而且將它從一維資料中獨立出來的資料型別是有價值的（Silva and Ca tarci, 2000）。時間資料（temporal data）的特質是：項目（事件）有開始和結束的時間，而且項目可能會重疊（圖14.8）。經常出現的工作包括：尋找在某個時段或時刻之前、之後、或之中的所有事件；和在某些情況下比較週期性現象，以及七項基本工作。有許多專案管理工具；新的時間視覺化方式，包括Perspective Wall（Robertson et al., 1993）和LifeLines（Plaisant et al., 1998；圖14.9）。在地理視覺化（geovisualization）中，空間－時間資料一直很受到重視（Andrienko and Andrienko, 2005；圖14.15）。TimeSearcher結合許多時間序列（如隨時間改變的股價）、或其它的線性資料序列（如油井的溫度）。使用者藉由在畫面上畫框的方式，指定時間的組合範圍，並由TimeSearcher 顯示資料落在這個時間範圍內的序列（Hochheiser and Shneiderman, 2004）。

圖14.8

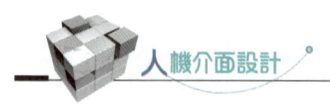

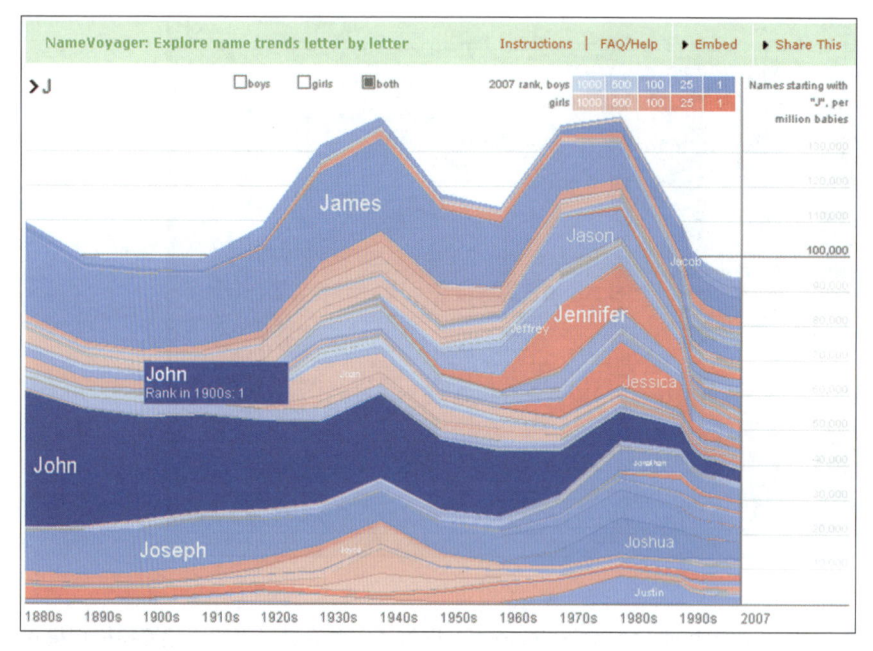

Baby NameVoyager的視覺化（http://www.babynamewizard.com/voyager/）讓使用者輸入一個名字，並可以看到這個名字在過去的一個世紀中受歡迎的程度。當你在輸入名字的字母時，這種視覺化的方式會一個字一個字顯示，所有名字的受歡迎程度是從你在輸入字母開始

- **樹狀資料**。階層或樹狀結構都是由項目組成，每個項目（除了樹根外）都有一個連到父項目（parent item）的連結。項目以及父項目與子項目之間的連結含有多個屬性。使用者的基本工作可以使用項目和連結來表示，而且與結構性質有關的工作愈來愈令人感興趣 ─ 例如，公司組織圖中，它的階層等級是深、還是淺，以及每個管理者管理多少員工？樹狀的介面呈現可以利用目錄縮排的大綱形式或Windows檔案總管、或節點－與－連結圖；最後的方法是使用興趣程度樹（Degree-of-Interest Tree）（圖14.10）、雙曲線瀏覽器和SpaceTree（Plaisant et al., 2002；圖14.11）。填滿空間的方式，是使用樹狀圖（treemap）來顯示在固定的矩形面積中大小不同的樹（Shneiderman, 2009; Bederson et al., 2002）。這種樹狀圖的方式已經成功地使用於許多應用中，從股票市場的資料視覺

608

圖14.9

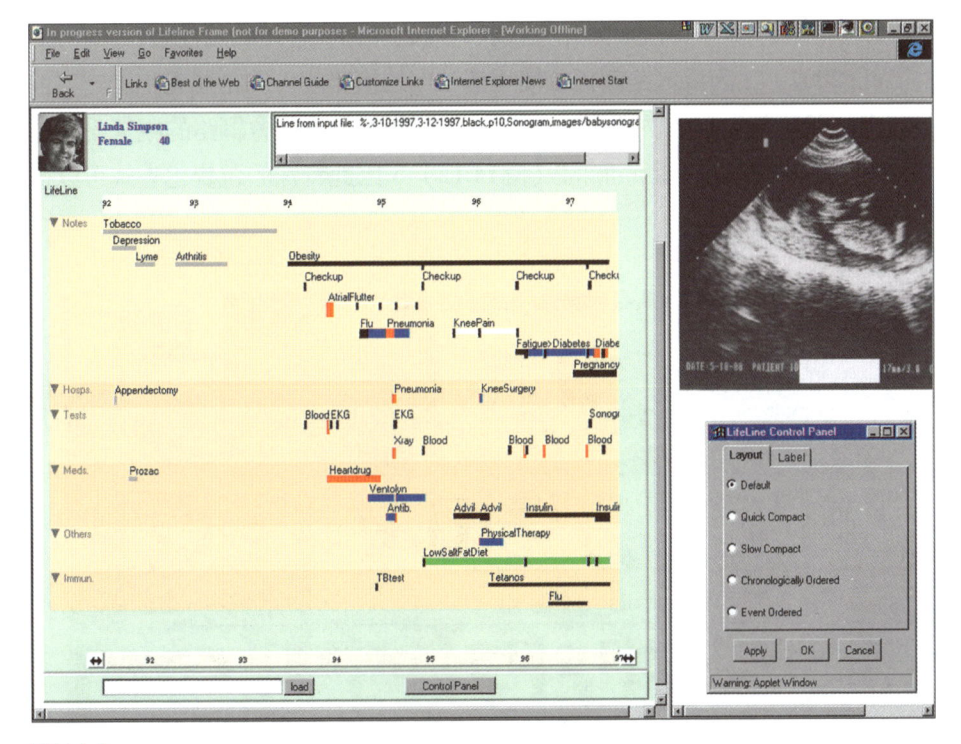

LifeLines (http://www.cs.umd.edu/hcil/lifelines/) 顯示個人紀錄的概要,在此,將醫療紀錄顯示在可放大的時間軸上。LifeLines顯示紀錄的多個面向,如醫生的筆記、住院治療或測試,而且它們利用線條的粗細和色彩,表示像嚴重性或藥物劑量的資料屬性。LifeLine像一個巨大的功能表選單;使用者點選事件,以顯示相關資訊

化 (http://www.smartmoney.com/map-of-the-market/) ,到產油監視和電子產品型錄的搜尋等應用 (圖13.7) 。

- **網路資料**。當項目之間的關係無法以樹狀結構紀錄時,在一個網路中可以將項目連結到任意項目。但除了基本工作的執行是使用項目和連結之外,網路使用者常想要了解兩個項目之間、或遊走整個網路的最短或成本最低的路徑。節點-與-連結圖是一種介面呈現類型 (Dodge and Kitchin, 2001) ,但顯示大型的網路時,所設計的演算法往往非常複雜,使得使用者的互動很有限,因此過濾變得很重要。另一個選擇是顯

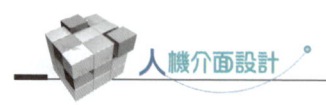

示項目矩陣,以每個矩陣元素代表可能的連結和連結的屬性值(Henry et al., 2007)。因為網路關係和使用者工作的複雜度,網路視覺化是一項古老但仍不甚完美的技術(Herman et al., 2000)。社會網路的視覺化在這個主題中已經引起新的關注(圖14.12),因此特殊的視覺化方式可以被設計得更有效率。

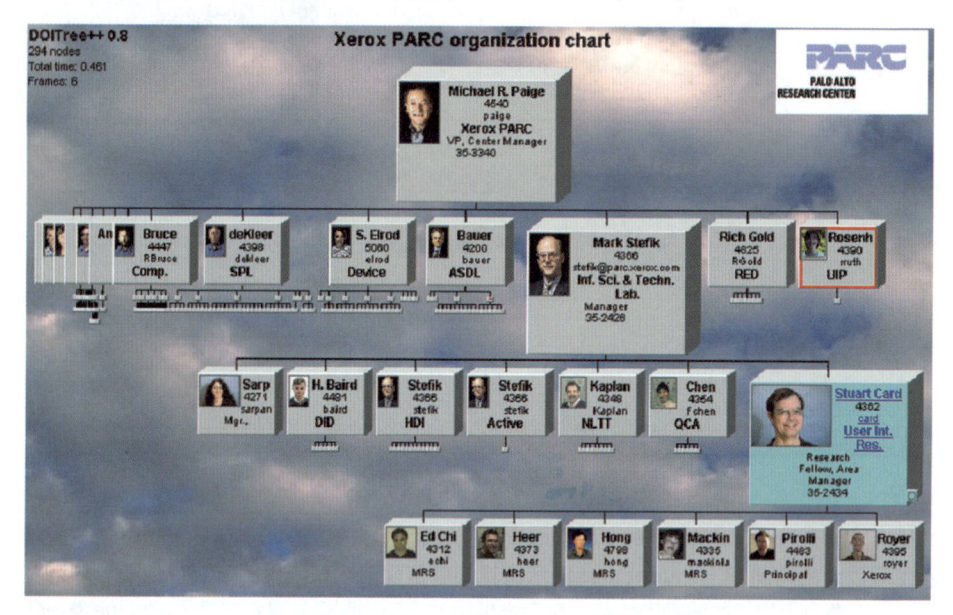

圖14.10

以興趣程度樹(Degree-of-Interest Tree)呈現的組織圖。使用符合顯示器邊界大小的魚眼檢視,動態地決定341個節點的大小,以提供焦點和背景內容。使用者藉由點選節點的方式改變焦點;在此,焦點是在Stuart Card上,他的節點大小和他的主管一樣大(Card and Nation, 2002)

這裡討論的七種資料型別,能反映現實生活的抽象概念。這些型別(二又二分之一、四維度資料、multitrees等)有許多變化,許多雛型介面是使用這些資料型別的組合。

圖14.11

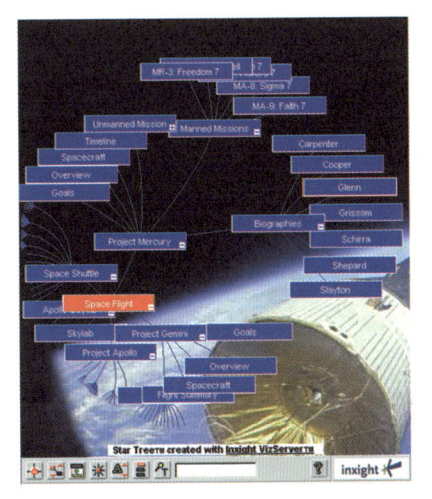

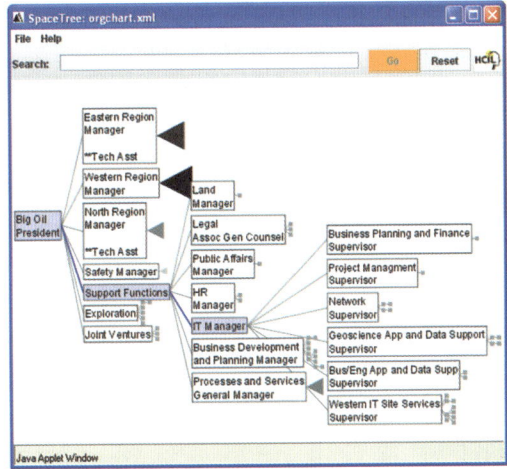

樹的兩種呈現方式。左邊是StarTree™雙曲線樹狀瀏覽器（http://www.businessobjects.com/），讓靠近中央的10到30個節點可被清楚地觀看。而當節點愈接近外圍，樹狀分支就會逐漸地減少。當焦點在節點間移動時，畫面也可以平順地更新，產生令人滿意的動畫。右邊是SpaceTree（http://www.cs.umd.edu/hcil/spacetree/），可表示每個分支的大小，並利用一個圖示表示不能被顯示的分支。當使用者開啟和關閉樹的分支時，版面配置仍然是穩定和可預測的

14.2.2 七項基本工作

用來分析資訊視覺化的第二個架構，包含使用者常執行的七項基本工作。

- **綜覽工作。** 使用者可以得到所有集合的綜覽。綜覽的策略包括每個資料型別的縮小檢視，可讓使用者看到整個集合，以及伴隨的詳細檢視。綜覽可能含有一個可以移動的視野框（field-of-view box），使用者可以用它來控制詳細檢視的內容，使放大倍率從3到30。把調整視野框的方式應用在中間檢視上，能讓使用者得到更大的放大倍率（圖11.18）。另一個常用的方式是魚眼（fisheye）技術，它的扭曲變形能放大畫面中的一個或多個區域（圖11.9和8.23），但是幾何放大倍率必須限制在五倍以內，或必須要用不同的呈現等級，使顯示的內容是可以閱讀的（圖14.7

和14.10）。因為大部分的查詢語言工具不容易產生集合的綜覽，所以介面是否提供適當的綜覽策略是用來判定介面好壞的有用條件（Hornbæk et al., 2002）。

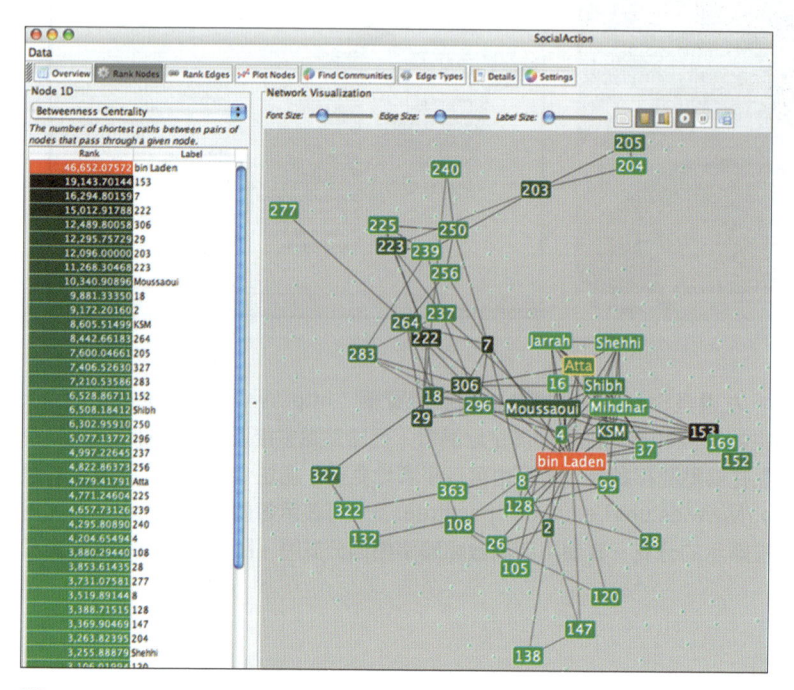

圖14.12

SocialAction能讓使用者分析網路（在此是一個恐怖份子嫌疑犯的社會網路）。節點被排序，並使用社會網路分析方式中的一種方式—顏色標示；在這個例子中所使用的評估方式是"betweeness centrality"，其能在網路中以紅色來突顯看門人（Perer and Shneiderman, 2008）

- **放大工作**。使用者可以放大感興趣的項目。使用者一般會對集合的某部分感到興趣，而且他們需要工具來控制放大的焦點和倍率。平滑的放大過程有助於使用者保持對位置和情境的了解。使用者可以藉著移動放大桿控制器、或藉著調整視野框大小的方式，每次放大一個維度的資訊。一個令人滿意的放大方式通常是藉由按下滑鼠按鈕，指向一個位置並發出放大的命令。在小螢幕中，「放大」的應用特別重要。

- **過濾工作**。使用者可以過濾不感興趣的項目。針對集合中的項目進行動態查詢，是資訊視覺化中的重要概念之一（Shneiderman, 1994）。當使用者控制畫面的內容時，透過刪除不想要的項目，他們可以快速地把焦點集中在感興趣的項目上。可以將滑桿、按鈕、或其它控制工具與快速的（少於100毫秒）畫面更新方式結合在一起，是過濾工作的目標。同樣的，剔除和連結的技術能讓使用者動態地在多個畫面間突顯感興趣的項目。

- **隨選細節**（Detail-on-demand）**工作**。使用者可以透過選擇項目或群組來得到詳細的內容。一旦集合被刪除到只剩數十個項目時，瀏覽群組或個別項目的細節應該會變得很容易。一般的方式就是簡單地點選項目，並且在分離或彈出的視窗中顯示細節檢視。隨選細節視窗含有進一步資訊的連結。

- **關聯工作**。使用者可以針對集合中的項目或群組建立關係。相較於純文字顯示，視覺化顯示的吸引力在於：它利用人類非凡的感知能力來處理視覺化資訊。在視覺化顯示中，可以利用鄰近度（proximity）、包含範圍（containment）、連接線、或以色彩來顯示關係。突顯內容的技術，可以讓人們在數千個項目中注意到某些特定的項目。視覺化顯示的方式可以讓使用者快速選擇，而且回饋也很明顯，當使用者在視覺化畫面上進行操作時，眼、手、和心智似乎能夠比較順利且快速執行工作。例如，在LifeLines（圖14.19）中，使用者可以點選藥物，並且看到相關的就診紀錄或測試結果。然而，設計使用者介面運作來指定項目關聯這項工作，目前仍是一大挑戰。使用者也可能希望緊密整合多個視覺化技術，讓一個檢視中的運作能在其他所有的檢視中觸發立即的改變。有許多開發中的工具能讓使用者指明他們需要什麼樣的視覺化，以及視覺化之間的互動應該要如何控制（North et al., 2002）。

- **歷史工作**。使用者可以紀錄運作的歷史，以支援復原、重複執行和逐步改進。很少看到只藉由單一的使用運作就可產生想要的結果。資訊的探索本質上是一個具有許多步驟的流程，所以記錄運作的歷史，並讓使用

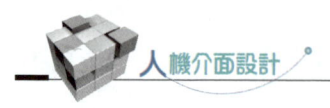

者追溯他們的步驟是很重要的。然而大部分的產品都無法適當地處理這個需求。設計者能夠建立很好的資訊檢索系統，這個系統能夠有固定的搜尋順序，使得這些搜尋可以被組合或改進。

- **萃取工作**。使用者可以萃取部分的集合和查詢參數。一旦使用者得到了想要找的項目或項目集合，並萃取、儲存、用電子郵件傳送這些項目集合、或把集合插入至一個統計或簡報軟體中，這些工作對使用者是很有幫助的。他們可能也想要使用簡單的視覺化工具，把這些資料公開給其他使用者。

14.3 資訊視覺化的挑戰

根據工作分類法定義的資料型別，可幫助我們組織與理解問題的範圍，但資訊視覺研究者在建立成功的工具時，仍然有許多挑戰：

- **匯入和清理資料**。決定如何組織輸入的資料以得到想要的結果，這個過程往往會比預期的還要耗費思考和工作時間。取得格式正確的資料、過濾掉不正確的項目、使屬性值呈常態分佈、處理遺失的資料等都是相當繁重的工作。

- **結合視覺呈現和文字標籤**。視覺化的呈現很有效，但是有意義的文字標籤卻扮演著重要角色。標籤應該是看得見的，而且不影響畫面或讓使用者困惑。地圖的製作者長久以來都在處理這個問題，而且他們的工作能提供寶貴的教訓。像ScreenTips的使用者控制方式、和在目標旁邊的標籤，通常都是有幫助的（圖14.13）。

- **尋找相關資訊**。為了要做有意義的判斷，往往需要多個資訊來源。專利律師想要看到相關的專利、同一個人的其他專利、或競爭公司的近期專利。基因研究者想要看到細胞產生過程中，基因群如何協調工作，並會觀察基因分類資料庫（Gene Ontology Database）中的類似基因，或閱讀

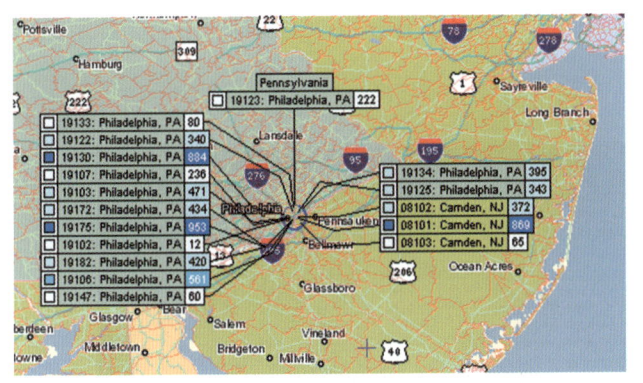

圖14.13
項目的動態標記仍然是一項挑戰。在此，在NSpaceLab應用（http://www.nspacelabs.com/）中，目標旁邊的標籤顯示所有在圓圈內發現的郵遞區號。以顏色的色調標示區域，而顏色的飽和度代表商店的數量。目標旁邊的標籤可以顯示隱藏的項目，項目可被選擇

與生物相關的研究論文。在探索的過程中追尋真理，需要快速存取大量的相關資訊，而這些資訊是需要整合來自多個來源的資料。

- **檢視大量的資料**。資訊視覺化的典型挑戰在於處理大量的資料。許多創新的雛型只能處理數千個項目；或是在處理較多的項目時，要維持即時互動會是一個問題。顯示數百萬個項目的動態視覺化（圖14.14）證明資訊視覺化尚未達到人類視覺能力的極限，而且使用者控制整合的機制將會使系統更完善（SHneiderman, 2008）。因為更多的像素能讓使用者看到更多的細節，並維持適當的綜覽，所以較大的顯示器（8.5.2節）會有幫助。

- **整合資料探勘**。資訊視覺化和資料探勘源自於兩個不同的研究路線。資訊視覺化研究者相信讓使用者的視覺系統引導他們進行假設的重要性；而資料探勘的研究者相信，可以依賴靠統計演算法和機械學習方式找出令人感興趣的模式。適當的視覺化呈現可突顯消費者的購物模式，如在暴風雪前購買雪靴的需求、或購買啤酒和椒鹽脆餅之間的關係。然而，在購物需求中尋找微小的趨勢，或是在產品購買中尋找人口的關連，統計的測試方法會很有用。漸漸地，研究者開始結合這兩種方式。統計方法因為客觀，所以很有吸引力，但是它們會隱藏偏離本體或不連續的部分（像凝固點或沸點）。另一方面，資料探勘可以指出更令人感興趣的資料部分，這些資料可以使用視覺化的方式檢視。例如，Spotfire的

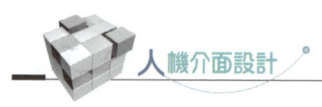

ViewTip會突顯具有很強的線性關係之變數對,並鼓勵使用者去探索這些變數。

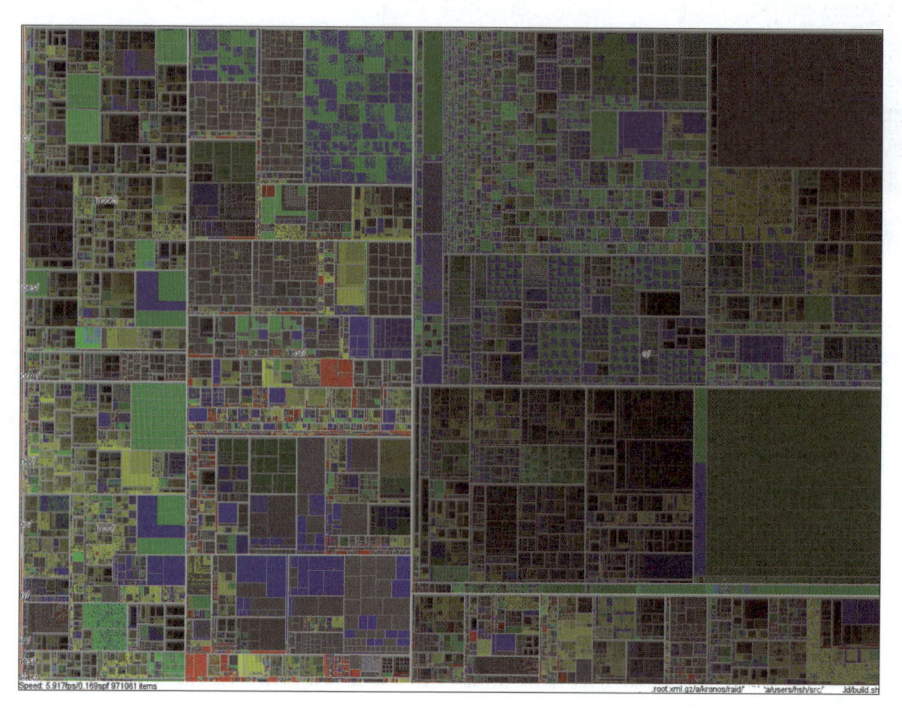

圖14.14
treemap顯示大型檔案系統中沒有群集的數百萬個檔案(http://www.cs.umd.edu/hcil/millionvis/)。每一個正方形是一個檔案,並根據檔案類型加上顏色。檔案可以根據目錄做群聚。仔細地檢視高解析度的畫面,可以看出模式,而且利用特殊的演算法,能讓互動中保有豐富的綜覽和過濾工具(Fekete and Plaisant, 2002)

- **與分析推理技術整合**。為了支援評估、規劃和決策,視覺分析的領域強調資訊視覺化與分析推理工具的整合(圖14.15)。企業與情報分析師使用資料、以及自搜尋與視覺化方式中獲得的理解,來當成支持或是反對競爭假設的證據。他們還需要工具,迅速產生分析結果的摘要,並將推理結果傳達給決策者,而決策者可能需要追蹤證據的來源(Thomas and Cook, 2005)。

圖14.15

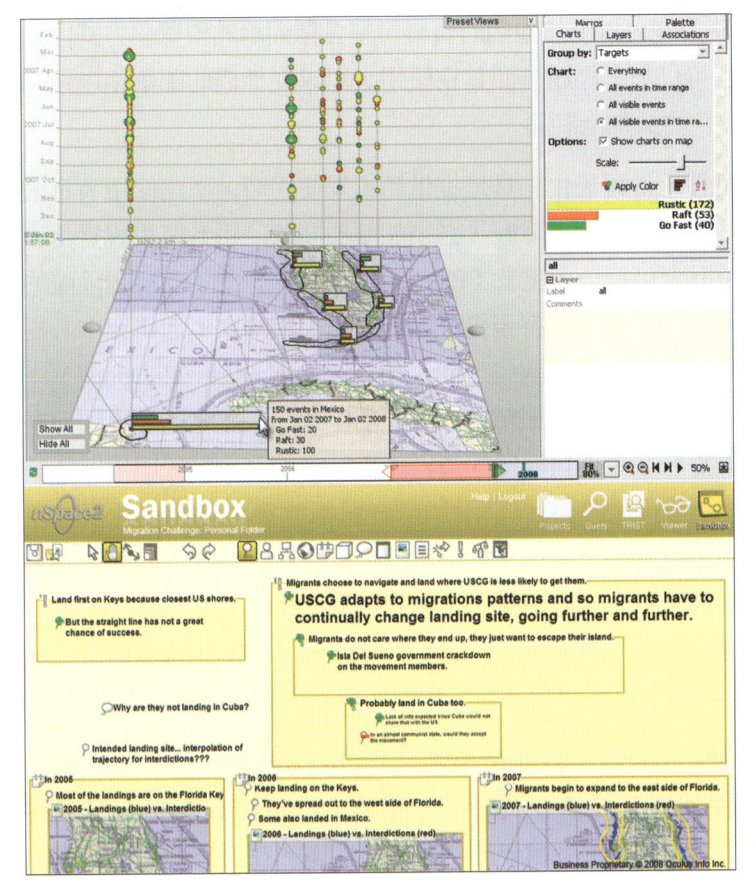

視覺分析的使用者介面結合搜尋、視覺化和管理的假設。在這裡，GeoTime™的介面（頂端；http://www.oculusinfo.com/）顯示移民船登陸時的地理時空模式，而底部的框架顯示註解範例，以及在分析過程中產生的假設。綠色＋和紅色－的圖示是用來標示是否有證據支持假設

- **與他人合作**。探索是個複雜的過程，它需要知道要找什麼、藉著和他人合作來驗證推論、注意反常的事物、和說服他人發現的重要性。因為支援社交過程對資訊視覺化很重要，軟體工具應該要能很容易地記錄目前的狀態、傳送這些狀態給同事、或把加上註解和資料的狀態張貼在網站上（第9章）。受歡迎的IBM網站，稱為Many Eyes（Viégas et al., 2007；

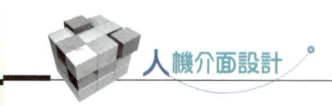

圖1.2），讓使用者可以上傳他們的資料、在各種簡單的視覺化方式中進行選擇，並且可以加上標題。而其它使用者可以從他們的部落格中連結至此或以視覺化方式加上評論。

- **達成普遍可用性**。當視覺化工具是提供給大眾使用時，不論使用者具備什麼背景、技術條件或個人障礙，必須能讓不同的使用者使用視覺化工具，但這對設計者仍是一大挑戰（Plaisant, 204）。例如，有視覺障礙的使用者，可能需要以文字代替視覺化顯示；由美國國家癌症研究中心提供一個很好的例子是癌症圖解集（http://www3.cancer.gov/atlasplus/）。透過圖形、分佈圖和表格的顯示方式，目前已有令人振奮的結果，而在未來，也會以聲音來表現更複雜的資料（見8.4.5節）。觸覺顯示器（圖8.12）的解析度仍然很低，但當增加了音訊描述後，它們就會很有幫助。但不幸的，這樣的方式仍不是很普及。針對有色彩缺陷的使用者可以提供替代的調色盤、或自訂顯示色彩的工具。例如，流行的紅／綠調色盤可以和另一個藍／黃調色盤互補。ColorBrewer和VisCheck提供了一些色彩機制的指導方針，可用在色彩視覺能力受損的使用者身上。

- **評估**。資訊視覺化系統可以非常複雜。系統的分析很少是孤立的短期過程，因此使用者可能需要長時間以不同的角度來觀察相同的資料（Plaisant, 2004）。使用者還要能明確描述問題，在看到視覺化之前，以及還沒有參與就能回答問題（很難使用典型的實證研究技術），而其問題的主題是針對短時間內所執行的工作。最後，雖然發現問題可以產生巨大影響，但這些問題卻很少出現，不太可能在一個研究期間內觀察到。如同Saraya、North、和Duca（2005）所描述，以洞察力為基礎的研究會是第一步。個案研究報告是使用者在自然環境中執行真正的工作，他們可以說明一些發現、使用者之間的合作、以及清理資料時所遭遇的挫折、進行資料探索時感到的興奮、以及他們可以報告使用的頻率和獲得到的利益（Perer and Shneiderman, 2008）。個案研究的缺點是非常費時，而且可能無法複製或適用於其他領域。

從業人員的重點整理

　　資訊視覺化正走出實驗室，並有愈來愈多的商業產品出現（如TIBCO Spotfire、Tableau Software®、SAP Business Objects™、Gapminder、IBM Cognos®、ILOG®、Macrofocus的產品）、統計套裝軟體的附加工具（SPSS®/SigmaPlot®、SAS/GRAPH™、和DataDesk™）現在都可以使用。也有許多提供給設計者和開發者的資源，如XmdvTool、GGobi、Common GIS、GeoVISTA Studio、Indiana University InfoVis Repository、Jean-Daniel Fekete的InfoVis Toolkit、馬里蘭大學的Piccolo工具集可用來縮放使用者介面、和Prefuse視覺化工具集。新的產品需要和現有的軟體整合，並支援完整的工作清單：綜覽、放大、過濾、隨選細節、關聯、歷史和萃取。因為這些產品能快速地呈現資訊，並可以進行由使用者控制的探索，所以會很有吸引力。若要讓這些產品發揮完整的效果，就必須藉助高等資料結構、高解析度的彩色顯示器、快速的資料檢索、和新的使用者訓練方式。應該仔細進行測試，以確保產品能超越使用者對「酷」介面的渴望，並執行對實際工作有好處的設計。

研究者的議題

　　新的資訊探索工具 — 如動態查詢、樹狀地圖、可放大的使用者介面、和平行座標 — 是使用者介面設計者少數能駕馭並驗證的發明。將感知心理學（了解注意力前期的處理，和各種編碼或突顯技術的影響）、分析推理和商業決策制定（找出發生在實際狀況下的工作和程序）進行較好的整合將有助於流程的進行。同樣的，理論基礎與用來選擇各種不同視覺化技術的實際基準，都可用以指引研究人員和設計師。資訊探索會產生讓初學者無法理解的複雜介面，以視訊展示或透過互動式訓練方法可能會很有用。個案研究、使用真實資料與工作的實證研究（即，來自Visual Analytical Science and Technology（VAST）Challenge）將有助於找出使用視覺化最為有用的特定情況。最後，用來建立視覺化的軟體工具集，會讓探索過程變得容易。

全球資訊網資源

http://www.aw.com/DTUI

資訊視覺化工具對於許多工作的幫助愈來愈大,而且現在也有商業工具。

參考資料

Ahlberg, C. and Shneiderman, B., Visual information seeking: Tight coupling of dynamic query filters with starfield displays, *Proc. CHI '94 Conference: Human Factors in Computing Systems*, ACM Press, New York (1994), 313–321 and color plates.

Andrienko, Natalia and Andrienko, Gennady, *Exploratory Analysis of Spatial and Temporal Data, A Systematic Approach*, Springer-Verlag, New York (2005).

Bederson, B. B., Shneiderman, B., and Wattenberg, M., Ordered and quantum treemaps: Making effective use of 2D space to display hierarchies, *ACM Transactions on Graphics* 21, 4 (October 2002), 833–854.

Card, S., Information visualization, in Jacko, J. and Sears, A. (Editors), *The Human-Computer Interaction Handbook*, Lawrence Erlbaum Associates, Mahwah, NJ (2008), 544–582.

Card, S., Mackinlay, J., and Shneiderman, B., *Readings in Information Visualization: Using Vision to Think*, Morgan Kaufmann, San Francisco, CA (1999).

Card, S. and Nation, D., Degree-of-interest trees: Acomponent of attention-reactive user interface, *Proc. Conference on Advanced Visual Interfaces (AVI 2002)*, ACM Press, New York (2002), 231–245.

Dodge, M. and Kitchin, R., *Atlas of Cyberspace*, Addison-Wesley, Reading, MA (2001).

Dykes, J., MacEachren A. M., and Kraak, M. J. (Editors), *Exploring Geovisualization*, Elsevier, Amsterdam, The Netherlands (2004).

Eick, Stephen, Maintenance of large systems, in Stasko, John, Domingue, John, Brown, Marc H., and Price, Blaine A. (Editors), *Software Visualization: Programming as a Multimedia Experience*, MIT Press, Cambridge, MA (1998), 315–328.

Fekete, J-D. and Plaisant, C., Interactive information visualization of a million items, *Proc. IEEE Symposium on Information Visualization*, IEEE Computer Press, Los Alamitos, CA (2002), 117–124.

Few, Stephen, *Information Dashboard Design: The Effective Visual Communication of Data*, O'Reilly Media, Sebastopol, CA (2006).

Grinstein, Georges, Keim, Daniel, and Ward, Matt, *Interactive Data Visualization: Foundations, Techniques, and Applications* (to appear).

Henry, N., Goodell, H., Elmqvist, N., and Fekete, J-D., 20 years of four HCI conferences: Avisual exploration, *International Journal of Human-Computer Interaction* 23, 3 (2007), 239–285.

Herman, I., Melançon, G., and Marshall, M. S., Graph visualization and navigation in information visualization: Asurvey, *IEEE Transactions on Visualization and Computer Graphics* 6, 1 (2000), 24–43.

Hochheiser, H. and Shneiderman, B., Dynamic query tools for time series data sets: Timebox widgets for interactive exploration, *Information Visualization* 3, 1 (2004), 1–18.

Hornbæk, K., Bederson, B. B., and Plaisant, C., Navigation patterns and usability of zoomable user interfaces with and without an overview, *ACM Transactions on Computer-Human Interaction* 9, 4 (2002), 362–389.

Inselberg, A., *Parallel Coordinates: Visual Multidimensional Geometry and Its Applications*, Springer-Verlag, New York (2009).

Mackinlay, J.D., Hanrahan, P., and Stolte, C., Show me: Automatic presentation for visual analysis, *IEEE Transactions on Visualization and Computer Graphics* 13, 6 (2007), 1137–1144.

North, C., Conklin, N., and Saini, V., Visualization schemas for flexible information visualization, *Proc. IEEE Symposium on Information Visualization*, IEEE Computer Press, Los Alamitos, CA (2002), 15–22.

Perer, Adam and Shneiderman, Ben, Integrating statistics and visualization: Case studies of gaining clarity during exploratory data analysis, *Proc. SIGCHI Conference on Human Factors in Computing Systems*, ACM Press, New York (2008), 265–274.

Plaisant, C., Information visualization and the challenge of universal access, in Dynes, J., MacEachren, A. M., and Kraak, M. J. (Editors), *Exploring Geovisualization*, Elsevier, Amsterdam, The Netherlands (2004).

Plaisant, C., The challenge of information visualization evaluation, *Proc. Conference on Advanced Visual Interfaces (AVI 2004)*, ACM Press, New York (2004), 109–116.

Plaisant, C., Grosjean, J., and Bederson, B. B., SpaceTree: Supporting exploration in large node link tree, design evolution and empirical evaluation, *Proc. IEEE Symposium on Information Visualization*, IEEE Computer Press, Los Alamitos, CA (2002), 57–64.

Plaisant, C., Mushlin, R., Snyder, A., Li, J., Heller, D., and Shneiderman, B., LifeLines: Using visualization to enhance navigation and analysis of patient records, *American Medical Informatics Association Annual Fall Symposium*, AMIA, Bethesda, MD (1998), 76–80.

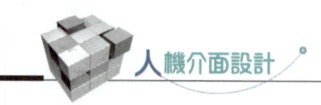

Robertson, George G., Card, Stuart K., and Mackinlay, Jock D., Information visualization using 3-D interactive animation, *Communications of the ACM* 36, 4 (April 1993), 56–71.

Saraiya, P., North, C., and Duca, K., An insight-based methodology for evaluating bioinformatics visualization, *IEEE Trans. Visualization and Computer Graphics* 11, 4 (2005), 443–456.

Shneiderman, B., Dynamic queries for visual information seeking, *IEEE Software* 11, 6 (1994), 70–77.

Shneiderman, B., Extreme visualization: Squeezing a billion records into a million pixels, *Proc. ACM SIGMOD 2008 International Conference on the Management of Data*, ACM Press, New York (June 2008), 3–12.

Shneiderman, B., Treemaps for space-constrained visualization of hierarchies (2009). Available at http://www.cs.umd.edu/hcil/treemap-history.

Silva, S. F. and Catarci, T., Visualization of linear time-oriented data: Asurvey, *Proc. First International Conference on Web Information Systems Engineering (WISE '00)*, IEEE Computer Press, Los Alamitos, CA (2000), 310–319.

Spence, Robert, *Information Visualization: Design for Interaction, Second Edition*, Prentice Hall, Upper Saddle River, NJ (2007).

Stasko, John, Domingue, John, Brown, Marc H., and Price, Blaine A. (Editors), *Software Visualization: Programming as a Multimedia Experience*, MIT Press, Cambridge, MA(1998).

Thomas, J., and Cook, K. (Editors), *Illuminating the Path—The Research and Development Agenda for Visual Analytics*, IEEE Computer Press, Los Alamitos, CA (2005).

Tufte, E., *The Visual Display of Quantitative Information*, Graphics Press, Cheshire, CT (1983).

Tufte, E., *Beautiful Evidence*, Graphics Press, Cheshire, CT (2006).

Viégas, Fernanda and Wattenberg, Martin, Tag clouds and the case for vernacular visualization, *ACM interactions* 15, 4 (2008), 49–52.

Viégas, Fernanda, Wattenberg, Martin, van Ham, Frank, Kriss, Jesse, and McKeon, Matt, Many Eyes: Asite for visualization at Internet scale, *IEEE Transactions on Visualization and Computer Graphics* 13, 6 (2007), 1121–1128.

Ware, Colin, *Visual Thinking for Design*, Morgan Kaufmann, San Francisco, CA (2008).

Wise, J. A., Thomas, J., Pennock, K., Lantrip, D., Pottier, M., Schur, A., and Crow, V., Visualizing the non-visual: Spatial analysis and interaction with information from text documents, *Proc. IEEE Symposium on Information Visualization*, IEEE Computer Press, Los Alamitos, CA (1995), 51–58.

後記

使用者介面對社會
和個人的影響

人機介面設計

A.1 未來的介面

人機互動（HCI）的研究人員和可用性專家會對於這三十年來的研究成果（如圖形使用者介面、全球資訊網、線上社群、使用者自訂內容、行動裝置等）感到驕傲，使用者介面並不完美，但它們已經促成了如醫療、教育、管理、科學、和工程等領域的成長；它們也孕育出在電子商務、行動通訊和娛樂的成功事蹟。

在這裡，我們將談論未來的方向（A.1節），並對可能的危險提出警告（A.2節）。然後，會回顧使用者介面設計中持續有爭議的議題（A.3節）。

新聞記者會問HCI研究者的問題是「下一個會發生的大事是什麼？」有一個學派認為，未來的發明會從先進的技術發展中產生，這樣的主張是根據Moore定律（Moore's Law）（其說明快速成長的晶片密度，將帶來更快更便宜的電腦）。擁護這個觀點的領導者相信，藉著開發新的裝置會為HCI帶來新發展，特別是那些普及的裝置，因為這些裝置是無所不在、廉價、且體積小。第二個論點是，這些新裝置將可以穿戴、可移動、個人化、並可以攜帶，這代表使用者無論任何時刻都可以帶著它們。第三個論點是這些裝置會是內嵌的、會感知背景環境的、而且是環繞於四周的，這些裝置會內建在我們的環境中，而且是看不見的，但當有需要時即可使用，並且能回應使用者的需求。最後，這些新裝置中的一些裝置，被稱為感知的、與多模式的（multimodal），它們會察覺使用者的狀態和需求，並允許使用視覺、聽覺、觸覺、手勢、和其它的刺激進行互動。這個學派的成員創造出聰明的發明，例如用以監測健康狀況的迷你醫療感應器、用來避免危險的隱藏偵測器以及令人有豐富感受的娛樂裝置。科技的發展是許多新概念的來源，並且會讓更多媒體關注這樣的情境（Norman, 2007）。

第二個學派的想法是以普遍可用性為中心，它指出接下來幾十年的發展焦點，是將早期的研究成果散播給更多的使用群（Lazar, 2007; Shneiderman, 2000）。支持這個觀點的成員相信，這麼做能讓每個人獲得來自資訊和通訊技術的好處。普遍可用性的支持者認為，這個原則可以刺激創新。當然，目前已

• 後記 • 使用者介面對社會和個人的影響

有先進的基礎設施技術可讓3億的使用者使用手機並提升新的商業模式，在廣泛的使用之下，促成手機的使用者介面變成多語言介面、可在苛刻的環境下使用，同時也能以有效的方式在各式各樣的任務中使用。普遍可用性的發展速度，是根據可以方便且廉價的使用電腦和網際網路服務的人口的成長比例計算而來。

仍有許多被遺忘的使用者，特別是各個國家的低收入者，以及大部分開發中國家的居民。為了符合能力不足的使用者的使用需求，可利用E-mail、網站和其他服務協助他們改善使用技巧。工作訓練和工作搜尋可用以服務這些缺乏工作技巧的員工，並可改善他們的生活方式。若具備普遍可用性，則像是投票、健康資訊、或檢舉犯罪之類服務，都可以再加以改進。設計者可以從改善一般工作為起點，接著再提供訓練和說明方法，讓電腦的使用變成是令人滿意的機會，而不再是令人感到挫折的挑戰。利用多階層介面的漸進學習方式，即使是初次使用的使用者，也能做好一般工作，同時也能為使用者提供清楚且沒有壓力的成長途徑，以期日後能朝向更複雜的使用功能邁進。

透過對話窗的改善，可以設計出適合不同類型使用者的使用介面，讓使用者能從容地指定各自使用的語言、度量單位、技術等級等。為各類型硬體提供可攜性、能適用於各種不同螢幕大小或數據機速度、以及專為行動不便與長者所進行的設計，都應該是設計者的工作內容。藉由記錄範例來學習新介面的支援方式是可以修正的，資料和多媒體語意標籤能讓軟體設計者重新格式化呈現方式，以滿足使用者的需求。

第三個學派認為，從傳統、內向的電腦使用者，到新的、渴望連結、使用通訊技術的社會使用者之間完全的轉變，是為了建立和保持豐富的社會網絡。這個學派的支持者將想法指向極度成功的Facebook、MySpace和LinkedIn，以及持續成長的線上使用群、部落格、微型部落格（即，Twitter）、wikis、手機、簡訊和即時訊息。他們也看到快速成長的使用者自訂內容，例如視訊、音樂、podcasts、照片、註解說明和評論，這些可視為是社群媒體的一個需求象徵，而

這樣的社群媒體是由一群人形成的。他們也希望支持鄰居、移情社群和集體智慧的報酬將是很大的，但是他們也實際評估分心、多任務、以及分散注意力的危險性（Shirky, 2008; Thompson, 2008; Maloney-Krichmar and Preece, 2005）。

第四個學派認為，個人參與和社會需求通常會產生更適合的社會技術創新（Whitworth and de Moor, 2009）。這種觀點的支持者最喜歡討論價值觀、隱私、信任、同情和責任感，同時提高偏見、破壞和有害副作用等道德議題（Himma and Tavani, 2008; Hochheiser and Lazar, 2007; Friedman et al., 2006）。現在有越來越多的社會問題需要跨學科團隊和新研究方法，這些方法結合傳統的自然科學與社會科學、倫理和政策研究（Shneiderman, 2008）。

在處理困難的社會挑戰時，需要有不同的學派思想，這樣的挑戰可能會定義未來人機互動的研究。針對社群媒體、電子商務和使用者自訂內容，在成功的專業工具、行動裝置、消費電子、遊戲和網站中，可用性漸漸被視為是一個關鍵因素。人機互動的強度有賴於它的整合方法，這樣的方法結合了嚴謹的科學、複雜的科技、和人類需求的敏感度。這種方法在複雜的社會技術系統中是必要的，而且會有下列重要目的：

- **預防恐怖事件**。2001年9月11日，在紐約和華府發生的恐怖攻擊事件，以及在巴里島、倫敦、馬德里、孟買等地發生的連續攻擊，讓保護技術產生許多新的需求。其中的部分技術，和防止恐怖活動的即時偵測有關，而其它的技術則是希望保護可能的攻擊目標。收集與每位公民有關的大量紀錄，會有妨害隱私和增加歧視的嚴重傷害，更糟的是，這樣的工作對於避免恐怖主義並無多大效用。另一個方法，是分析者把焦點集中在特定的威脅上，如簽證申請、特定人士的金融轉帳、購買列管品等。而透過生物特徵辨識工具，可降低恐怖攻擊和其它犯罪活動的機會，但是實作、正確性和隱私問題必須要說明。積極的方式是透過他們的歷史、語言來增加對其文化的了解，藉以建立良好的關係以解決衝突問題。

● **災難回應**。2004年12月26日在印尼亞齊省發生的海嘯災難、2005年8月29日發生卡崔娜颶風襲擊紐奧良和洛杉磯、而之後發生的颶風,如Rita、Gustav和Ike,在這些災難中,溝通在居民與救援人員之間扮演重要的角色。如果能有效地溝通,將有助於評估損失、分配資源、修復服務、重建、創造就業機會...,如此社區即可慢慢的復原。另一個與社群媒體相關的悲劇發生在2007年4月16日,維吉尼亞理工大學的槍擊案造成32人死亡。學生利用手機報告槍擊的部份過程、立即提供照片和視訊給CNN和其他新聞媒體。在幾個小時內,1500名學生自行組織,以合作的方式在維基百科撰寫此事件。在這樣的危機中,個人能透過網站向親友報告現況(「我很好,而且已經去蘇珊的宿舍過夜」)。精心設計的社會網路可以幫助社區做好準備,甚至減少災害損失。

● **國際性開發**。在一些居住、衛生環境和食物仍然匱乏的社區中,資訊和通訊技術並不是主要的需求,但是卻可作為整體發展計畫的一部分。用於新加坡和西雅圖的金融安全都市之社區網路工作技術,正逐漸被應用在Nepal山區、Rio de Janeiro、和Botswana鄉村。採用多國語言設計和增加公民的參與機會,可加快使用者的教育機會。建立全球資訊社會和提倡開發等國際性的工作,正由聯合國機構、區域聯盟、和許多較小的非政府組織協調進行中。聯合國千年發展目標要到2015年才會實現,包括:消除極端貧困和飢餓;普及初等教育;促進兩性平等並賦予婦女權力;降低兒童死亡率;改善婦女保健;防治HIV/AIDS、瘧疾和其他疾病;確保環境的可持續性;和發展全球的夥伴關係。

● **醫學資訊**。基因的科學探索需要電腦的大力支援,才可能讓研究者了解控制細胞活動的生物途徑。隨著研究者對基因科學越來越了解,新的治療方式也不斷的出現,甚至如癌症和HIV/ADIS之類的重症,目前也有了治療方法。由於介面可改進診斷和醫療計畫、以及醫院和診所保存的醫療記錄,因此物理治療師和護士所提供的醫療照顧也會跟著改善。改進電子健康記錄的搜尋功能,可讓接受虛擬臨床試驗的病人查詢類似疾病的醫療研究,以作為選擇治療方案時的參考。因醫療錯誤而致死的案例

（美國每年約有9萬8千人）可利用改良後的醫療資訊來降低發生比例。病患可藉由網站和線上社群的討論來瞭解疾病資訊。家庭醫療裝置會成為健康監控、和個人保健的重要產品，但需有標準的資料格式和介面。積極處理病患自控式的健康記錄，能讓更多的使用者對自己的醫療資訊負責，並能為研究者建立一個值得注意的資源。

- **環境保護與永續能源**。氣候變遷和能源政策兩個議題將會在今後數十年內產生深遠的影響（Blevis, 2007）。具有強大說服力、精心設計的使用者介面會是任何解決方案中的一部份，以提供有關環境變化和能源消費的回饋意見（Fogg, 2002; Hanks et al., 2008）。很多Toyota Prius的駕駛透過能顯示汽電混合引擎狀態的儀表板顯示器，仔細監測其汽油消耗量。能得到能源消耗的詳細視覺顯示的屋主，可能會使用節能方法，例如非尖峰使用或減少設備的使用。碳排放計算器可讓使用者了解如何改變通勤、加熱方式或購買行為。有些使用者以簡單的數值報告或長條圖來做回應，而其他使用者可能會更積極地使用藝術取向的方法（Holmes, 2007）。

- **電子商務**。廣告和購物已經被認為是網際網路上的主要應用，尤其是針對像是書籍、音樂、機票、飯店住宿、和個人物品拍賣等產品。但因dot-com在2000年泡沫化，因此停止或減緩了這方面的許多努力。由於介面具有的普遍可用性，市場會因此而拓展，設計者可製作更容易使用的網站，並透過信用管理策略的設計來降低詐欺事件。網站的最佳化策略，可以幫助商業客戶有效地建立網站，而搜索引擎的最佳化可以確保他們與潛在客戶的聯繫。藉由字詞的搜尋，鎖定目標的廣告已經非常成功，而方便的產品資訊搜集和價格比較可促進電子商務的發展。

- **政府服務**。像汽機車註冊、公司執照、稅務資訊、公園和休閒設施等公民使用的服務，都會持續地進步。針對政府公部門，可靠、安全、方便公民使用、且設計良好的投票技術可以產生更高層次的參與信任。當使用者人數因普遍可用性而增加時，區域、州和國家級的服務也會隨著時間而成長。政府不願使用社群媒體而讓使用者自訂內容是可理解的，然

而來自信任的政府的創新策略和夥伴關係可以促進創新的服務。來自居民的改進後的回饋意見，將有助於設計師改造他們的網站。

- **創意支援**。在音樂、藝術、科學、和工程領域中，科技一直是創意工作的一部份。現在的使用者介面可透過協同工作技術，以視覺化和更容易的資訊方式，加速探索的步伐。進階的工具順利地整合資料探勘和其它統計技術，以偵測模式、群集、偏離值、缺口和異常。這些工具支援假設的產生和假設檢定，並讓使用者看到令人驚奇的模式。進階的合成工具允許使用者在音樂、藝術、動畫和寫作中，快速地探索各種替代方式，以支援大量的使用者自訂內容。設計良好的工具也能讓使用者進行全球性的改變、進行模式搜尋、強化有用的限制、以及避免錯誤。有大量的觀眾評論和批評使用者自訂內容，其會鼓勵內容的產生，並刺激高品質的內容。創意支援工具的潛力在於能讓使用者變得更有創意（Shneiderman, 2007）。

毫無疑問的，在人機互動的研究中會不斷出現其它的機會和意料之外的發展。在這些複雜的社會技術系統上進行研究也需要新的想法。傳統的受控實驗方法將需要配合嚴格的、反覆地深入的個案研究。這些問題需要能改進跨學科的方法，而這些方法可形成新形式科學的基礎（Shneiderman, 2008; Berners-Lee et al., 2006; Yin, 2003）。另一種方式是藉由評估使用者感到苦惱的問題，來思考未來的方向，相關內容請見下節的討論。

A.2 資訊時代的十大問題

我們所面對的真正問題是：這些工具是否真能改善未來的生活並強化其價值？

Mumford
Technics and Civilization, 1934

人機介面設計

電腦普及帶來的只有好處，這樣的想法可能太過天真。對於資訊和通訊技術的普及可能會為個人、組織、政治、或社會帶來各式各樣的壓力，這樣的想法是很合理的。而擔心電腦會帶來負面效果的人，都會為他們的顧慮找到很好的理由。若希望看到更多使用這些技術的好處，就需要解決收到垃圾郵件、電腦病毒、色情郵件...等擾人的問題。設計者有機會、也有責任對危險狀況提出警告訊息，同時為了降低危險情況，也需要仔細做出決策。以下列出使用資訊和通訊技術可能產生的危害：

1. **焦慮**。許多人經歷過電腦震撼或網路恐懼，因而會避免使用電腦，或以恐懼的心情使用電腦。他們感到擔憂的事情包括：擔心弄壞電腦、擔心無法控制電腦、擔心出現很愚蠢的情況（「電腦讓你覺得自己非常愚蠢」）、或擔心面對某些新的事物。這些憂慮都很真實，我們應該承認它們的存在，而不是故意忽略。這些情況可以透過正面的感受而加以克服。我們可以透過建立改良的使用者介面，以減輕許多使用者所經歷的高度焦慮嗎？

2. **疏離**。隨著人們使用電腦和行動裝置的時間增加，和他人接觸的時間相對的就減少了，而電腦使用者比其他人更少與人交際。很少和他人溝通、僅沉迷於電腦的遊戲玩家，就是一個極端的例子。但若一個人每天花八小時的時間處理e-mail，而不是利用這些時間和同事或家人交談，這對關係的影響為何？我們可以建立一個用以鼓勵人類社會互動的使用者介面嗎？

3. **資訊匱乏的少數人**。雖然某些烏托邦的理想家相信，資訊與通訊技術會消除貧富的差距，或糾正社會不法的一面，但是，這些工具往往只是讓弱勢者處於不利狀況而已（NTIA , 2008）。缺乏電腦技能的人可能會為其不佳的學習成效、或找不到工作找到新的理由。若我們了解差距，並藉由提供適當的使用方式、訓練、支援、和服務來縮短差距，則富有的社區（或國家）與貧困的社區（或國家）之間在使用方式上的差距已證實是可以克服的。我們能夠建立一個使用者介面，讓缺乏電腦技能的工

作者進行專家級的工作嗎？我們可以為社會上的每個人，提供訓練和教學課程嗎？

4. **個人的重要性**。因為處理特殊情況的成本很高，所以大型的組織會忽略個人的問題。而這些希望獲得個人化對待和注意的人，在遭受挫折後，可能會把他們的憤怒發洩在組織、遇到的人、或限制他們的技術。試圖去查詢目前保險帳戶狀態的人，或是需要銀行解釋帳單不一致之處的人，大概都知道這類的問題，特別是有語言或聽力障礙，或其它生理或認知障礙者。介面該如何設計，才能讓個人感受到自己具有權力並能發揮個人的能力？

5. **令人迷惑的複雜度和速度**。電腦化的稅務、社會福利、和保險規章非常複雜，而且改變速度相當快，因此個人很難從電腦提供的訊息中做選擇。即使是具備科技知識的使用者，也常被有上千個功能和選項的新軟體、行動裝置、和Web服務弄得暈頭轉向。速度非常重要，有更多的功能當然更好。「簡明」是個很簡單的原則，但常常被忽略。遵守設計的基本原則，可能是達成人類所關心的、更安全、更健全、更簡單的世界的唯一途徑。

6. **組織的脆弱性**。當組織變得依賴更複雜的技術時，組織就會變得很脆弱。當硬體發生故障、安全疏失、或病毒攻擊時，這些問題會很快的擴散，並讓許多人中斷工作（Friedman, 2005）。對於電腦化的航空服務、電話交換或電力網格，故障意謂著服務會快速且全面性地停擺。因為網路可以讓專業知識聚集，所以只要少數人就足以瓦解大型組織。所以開發者可以預見危險，並發展出穩固、具有容錯能力的設計嗎？

7. **侵犯隱私**。因為資訊的集中，以及功能強大的檢索系統的存在，因此可以很容易而且很快地侵犯到許多人的隱私，而針對隱私遭受到侵犯的報告，已經多到令人感到煩惱。當然，若管理者能致力於保護隱私，則精心設計的電腦系統可能會比紙上系統更安全。若機密被洩漏，則電話、銀行、醫療、法律和員工紀錄都可以洩漏大量的個人資訊。在電腦化的

組織中，管理者可以找到能保護隱私的策略和系統，以減少商業組織和政府單位的隱私威脅嗎？

8. **失業和免職**。自動化的普及，可能可以增加生產力，但某些工作可能就不再有價值、或甚至是被淘汰。「再訓練」可對某些員工產生幫助，但有些員工可能面臨工作模式改變的問題。尤其是在經濟衰退時期，低薪辦事員的工作可能會被取代，而高薪的汽車維修人員的工作則可能會外包或自動化。雇主會建立勞動政策，以做為員工再訓練和保有工作的保證嗎？

9. **缺乏專業倫理**。匿名的組織，會用與個人無關的方式進行回應，並拒絕對問題負責。技術和組織的複雜度，使員工有機會把責任推給他人或電腦：「抱歉，若沒有機器可以讀取的卡片，電腦是不會讓我們借你圖書館的書。」使用醫療診斷或防禦相關介面的使用者，可以規避決策的責任嗎？使用者介面會變得比個人的說辭、或專家判斷還值得相信嗎？複雜的、和令人感到疑惑的使用者介面，讓使用者和設計者有機會責怪機器，但是，有了改良的設計，使用者和設計者會提供並接受他們應負的信用和責任。

10. **逐漸惡化的人類形象**。隨著智慧型介面、聰明機器和專家系統的出現，機器似乎接管了人類的能力。這些誤導人的說法，不僅會讓人對電腦和機器人產生焦慮，也可能損害我們對電腦和機器人、以及對他們能力的看法。某些行為心理學家認為，我們不過和機器一樣；部分人工智慧的工作者相信，許多人類技能的自動化，都是可達成的。人類技能豐富的多樣性、每日生活所具有的生產力或創意的本質、人類的情緒或熱情的一面、每個兒童特別的想像力，似乎都被忽略或低估了。針對醫療服務、老年人照護、和戰爭的機器人方案，可以緩和人類關係所扮演的角色和批評嗎（Asaro, 2008; Weizenbaum, 1976）？

毫無疑問的，還存在著更多的災難和問題。每個狀況都是給設計者的小警告。每個設計都是以正面和積極的方式運用科技，並避免發生危險的機會。並

● 後記 ● 使用者介面對社會和個人的影響

沒有可以避免這十個問題的預防針。即使好的設計者無可避免的也可能會因不小心而發生這些問題。但是透過警告，可讓認真的設計者察覺到這些問題，進而降低危險性。以下策略可用以預防這些問題，並降低它們所造成的影響：

- **以人為中心的參與設計**。把焦點集中在使用者、和他們必須完成的工作上。讓使用者成為注意的焦點，讓使用者參予設計的過程，並且建立可以勝任、熟練、清楚和可預測的感受。建立完整的功能表選單、提供詳細且具有建設性的引導和訊息、發展可了解的畫面、提供有幫助的回饋、錯誤預防、有適當的回應時間、並產生容易理解的學習教材。

- **組織的支援**。除介面設計外，組織也必須支援使用者。可以運用參與設計決策，並從使用者身上獲取評估和回饋訊息。這些技術包括個人訪談、線上問卷調查、紙上問卷、線上社群、線上諮詢、和意見箱。

- **工作設計**。歐洲勞工聯盟一直積極從事電腦使用者規範的制定，以避免電子工廠（electronic shop）所造成的超時工作、壓力、或失去熱情。使用者規範可以規定電腦的使用時數、保證的休息時間、增進工作的輪替、和支援教育訓練。相同的，協調的生產力和錯誤率評估將有助於獎勵模範員工，並可引導訓練。必須小心執行工作的監控或計量，但相對來說，管理者和員工都會是完善計畫的受惠者。

- **教育**。現代生活和使用者介面的複雜度，讓教育越來越重要。學校和雇主，都是訓練中的一環。應該特別注意專業進修教育、在職訓練和師資訓練。

- **回饋、表彰和獎勵**。使用者已經會主動提供使用者自訂內容，並參與管理社群的管理。他們可以協助建立社會規範，這樣的社會規範可以提升尊重的行為、藉由管理者與設計人員溝通來推動設計之改進，並追蹤使用者的學習以了解他們的需要。像是獎勵專業貢獻的ACM獎、和獎勵有效設計的Webby獎，都是用來表彰與感謝有建設性貢獻的人。

- **提昇公共意識**。具豐富學識的消費者和資訊與通訊科技的使用者,能讓整個社會受益。如ACM、IEEE、HFES、和UPA等專業學會,以及使用群,能夠在公共關係、消費者教育、和倫理的專業標準上,扮演重要的角色。

- **法律**。有關於隱私、資訊存取權、和電腦犯罪方面的法規,已經有相當大的進步,但是仍有許多工作要持續進行。小心地制訂規定、工作法規、和標準,對於這些領域有很大的幫助。限制性法規的危險的確存在,但完善的法律保護能刺激發展,並可避免濫用的問題。

- **進階研究**。由於個人、組織、和政府對於研究的支持,因而可開發新的構想、降低技術風險、並宣傳互動式系統的優點。使用者認知行為、個人差異、社群發展和編制改變等理論,可協助引導設計者和開發者的方向。

A.3 持續的爭議

許多快速發展的使用者介面是由研究人員和設計人員根據不同的看法進行設計,因而有時會爆發激烈的爭論。哪些方向最有成效?這個問題仍在持續討論中。在所有情況下,所有的團體都宣稱會有勝利的空間,而且有理由相信未來會有更多的研究資金來支持他們的立場。知情討論(informed discussion)可以產生協議,或至少會有一些方式以更好的保護來平衡風險。爭論的焦點包括:

- **機器自動化與使用者控制**。這個基本問題仍然是爭議的來源,並產生很多有關這個問題的爭論,例如駕駛艙的自動化程度、文字處理器中自動縮排的工具、和金融市場中自動代理人的威脅。雖然設計者常常會得意地提高自動化程度,但使用者 ─ 有些人 ─ 通常想要擁有控制權。一個過份熱情的介面(超出使用者想要的),會破壞使用者對控制的渴望和成就感。讓自動化是可理解的、可預測的和可控制的,在許多情況中是有助益的,特別是當設計者已有建置顯著的資訊回饋,讓使用者清楚知

● 後記 ● 使用者介面對社會和個人的影響

道機器的狀態時。有些範例有助於澄清使用者希望擁有控制權的理由。醫生不想要讓機器做出醫療診斷；但他們想要機器協助他們做出更準確、更可靠的診斷，以獲取科學文獻或臨床試驗相關的參考資料、快速取得諮詢支援、並正確地進行記錄。同樣的，空中交通的控制者或製造業的控制者，不想讓機器自動做他們的工作；但他們會想要透過機器來提高生產力、降低錯誤率、並能夠有效地處理特殊情況或緊急情況。使用者控制的論點在於連結一個信念：增加個人責任將能改善服務。提升自動化的提倡者認為，在一些複雜的、快速移動的情況下（如NASA太空梭發射），只有一台機器可以適當地做出快速、準確的決定。在這種情況下，非常需要精心的設計和全面的測試，但是在發射失敗和電腦故障的悠久歷史中，應該對相信自動化是完美無缺的人提出警告。

- **語音辨識與視覺互動**。早期夢想家認為，講話是人類互動的「自然」方式，因此語音辨識將會是使用者操作電腦的「自然」方法。雖然語音辨識技術已經成熟，而且在介面中已被證明是有效的技術。口述和有限的電話系統已經有穩定的改善，但是最成功的例子已變成是視覺互動。電腦不像人類：它們有很大的顯示器，可以迅速提供視覺概觀、呈現可供填寫的大表格、並提供多種選擇的功能表選單。由於說話的認知負荷非常高，它能讓好的設計概念不只是讓使用者點選而已（人類大腦的活動與規劃可以平行處理）。除了視覺效果外，精心設計的介面能讓數位相機、電腦遊戲、以及戰鬥機的操作者，迅速滑動開關、按下按鈕、移動控制桿。

- **自然語言互動與直接操作**。對電腦鍵入命令、或以自然語言說話就可以得到答案，這樣的早期夢想在好萊塢（Hollywood）已經實現，但在華爾街和商業街（Main Street）卻無進展。這個想法在這些情境中仍然存在：將自然語言問題輸入至以web為基礎之代理人、或對家用電器說出簡單的指令，但是針對直接操作和圖形化使用者介面，其商業市場已經快速地成長。無論是打字或說話方式的自然語言互動，通常已被證明是會更麻煩，而且在圖形介面上，會比指示、拖曳、點擊的速度要來得

慢。自然語言互動的擁護者仍然相信,未來透過研究上的改良,自然語言互動方式可以變得更有吸引力,而直接操作策略也會持續得到改善。

- **擬人化模式與人類操作**。從設計者和使用者的觀點,隱喻、形象和名稱的選擇在使用者介面中扮演重要的角色。這並不奇怪,許多使用者介面的設計者仍然模仿人類或動物的形體:我們的第一次嘗試飛行是模仿鳥類,而第一個麥克風設計是模仿人類耳朵的形狀。這種簡單的觀點可能是個有用的起點,但大部份快速成功的人,都是能超越這些簡單概念的人。除了用於娛樂或撞擊測試的假人模型之外,我們的目標很少是為了要準確模仿人類的形體,而是為了提供使用者能完成工作的有效服務。Lewis Mumford在其經典圖書Technics and Civilization(1934)中,將「動作和機械分離」的問題描述為「泛靈論(animism)的障礙」。他描述,李奧納多達文西(Leonardo da Vinci)試著重製鳥類翅膀的運動、Ader像蝙蝠的飛機(直到1897)、以及Branca的蒸氣引擎像是人類頭部和軀幹的形狀。Mumford寫道:「最沒效率的機器類型是人或其他動物的真實機械模擬...幾千年來泛靈論已經代表...發展的一種方式」。選擇人類或動物形體來當成一些專案的靈感,這是可以理解的,但是若設計師認清人類需求,並使用技術中所存在的屬性等目標,重大的發展將會變得更快速。手持式計算工具不使用人類的形體,但是它們能有效地執行計算。西洋棋錦標賽程式的設計者不再模仿人類的策略,但是使用硬體加速器來探索數十億種替代方式。視覺化系統的研究人員已經了解雷達或聲納探測器的優點,而不使用類似人類立體聲之深度感知信號。像是工業機器人、洗衣機、或吸塵器機器人等成熟的技術,並非以擬人化設計為基礎。不過在最近幾年裡,已經由一群研究者實作出來自人類靈感而設計的機器人,而且已經證實能成功地幫助自閉症兒童、提供訓練、以及為老年人提供機器人的協助。

- **適應的與適合的介面**。相信自己有能力可以建構模型並同時會考慮到使用者需求的設計者,提出了版面和內容會根據使用者過去的效能而做改變的適性化介面。他們的目的是藉由提供相關的介面控制和內容,來幫

助使用者，這樣的目的非常好，但是會有兩個問題：（1）使用者不是永遠都可以預測的，因此，根據過去的效能來做改變可能不會有幫助；（2）對已經熟悉固定選擇集合的使用者而言，改變介面會令人感到驚訝且具破壞性的。成功的妥協方式是保持一個穩定的顯示方法，然後加上元件，例如，一個提供不同選擇的工具列。另一個有用的適性化方式，可能是在已經發生變化的顯示領域中，例如報紙網站上有一個小視窗，用來預測特定使用者感興趣的主題。

- **媒體的豐富性與簡單的設計**。部份溝通理論學者認為，使用者會喜歡而且更有效地使用更豐富的媒體。他們認為視訊會議會勝過電話會議，而且電話交談會比打字的訊息更有效。有些時候這些信念是有效的，但成功的案例通常是精簡的設計。視訊會議的額外負擔是參與者需要更加注意要表達的事，並在其他發言者談話時表現出興趣。相較之下，電話會議能讓使用者在談論到較不感興趣的話題時，檢查電子郵件或做些別的事情。同樣的，文字訊息和Twitter已經變成非常成功的故事，這是因為訊息交換是較無負擔的、不用花太多時間閱讀、容易搜尋、保存和重新發送。在這個爭議中雙方皆提供了成功案例，但是過於籠統會造成錯誤的預測。雖然使用者常會感謝豐富的媒體所帶來的高解析度視訊和高品質的音訊，但快速使用所帶來的高報酬和簡單設計的低認知負荷仍很有說服力。

- **3D與2D介面**。成功的好萊塢電影製片人，透過動態影像來說故事並展示於世人面前。Electronic Arts®、Sony、Microsoft、Nintendo和其他公司的三維電動遊戲，以及來自Pixar®、Industrial Light & Magic®、或Disney®的動畫電影，皆在圖形技術社群中有驚人的成就。他們提供使用者和觀眾滿意的經驗，這樣的經驗很難在二維平面中呈現。然而，在顯示資訊上，2D幾乎是很有效的：使用者最初會喜歡3D，但經常使用後，精心設計的2D介面被認為是更有效、更受喜愛。除了3D的吸引力之外，有身歷其境立體效果的3D介面、甚至是3D眼鏡，都還沒有被證明是有效的或會廣泛流行的。在這裡，爭議能讓人們理解：更高的維度和更逼真的環境

並不會一直都很好。較少的認知負荷、簡化的瀏覽方式、減少封閉性，和強大的功能都是有吸引力的目標。

- **資料蒐集與隱私**。技術的進步帶給企業和政府收集大量個人資料的能力，進而推動商業或安全目標。然而預期中的目標是，因為快速的搜尋的能力是一種巨大的改變，其會擾亂許多人，進而降低個人隱私。雖然 RFID 標籤（radio-frequency identification, 無線射頻辨識系統）可以加快駕駛通過收費亭、或通勤者通過車站的速度，然而對於個人行為詳細追蹤的方式卻非傳統的期望。信用資料庫讓貸款更加方便，但是它們集中收集的個人資訊，可能會為罪犯或專制的政治團體所濫用。反恐偵測機制可以促進安全，但是資料探勘策略會受到挑戰，視其為無效的，並可能侵犯個人隱私（NAS, 2008），而其他方法可能會同時地提高安全性以及個人隱私。當個人將個人的資料和照片公佈在公開的空間，這些資料可能會被惡意濫用，這使得社會網路和使用者自訂內容之網站引起關注。

爭議是代表濃厚興趣和新技術的指標。新的爭議會帶來：周邊顯示器的利益、推動加入社群媒體的策略、保護隱私的技術等等。如果爭議的訊息強烈，就代表我們的原則將會蓬勃發展。

從業人員的重點整理

成功的互動式使用者介面會帶給設計者豐富的回報，但這些廣泛使用的有效工具只是為達成更高遠目標的工具。使用者介面不只是技術的作品；互動式系統，特別是透過電腦網路連結起來時，就能建立起社會技術系統。正如 Marshall McLuhan 所提出的「媒體即訊息」，每一個互動式使用者介面都是設計者要傳達給使用者的訊息。這個訊息一直以來都很粗糙，也代表著設計者不關心使用者。低級的錯誤訊息，很明顯的是一種粗糙的形式。複雜的功能表選單、凌亂的畫面、和令人感到困惑的對話窗，也都是粗糙訊息中的句子。

大部分的設計者想要傳達更親切、以及提供協助的訊息。設計者、開發者和研究者正在學習利用有效、且經完整測試的使用者介面傳遞較溫暖的歡迎詞給使用者。這個訊息的品質會引起接受者的注意，並能為使用者帶來好的感受、對設計者產生感激、並希望自己能有好的工作表現。Sterling（1974）在其資訊系統指導方針的最後，提到優異的系統能帶給人們同情和連結的能力：「最後，重要的可能是系統的結構。這裡的結構表示品質，系統必須要讓使用者和參與者感受到，系統會增進人與人之間的關係。」這樣的遠見說明的是預期社群媒體、通訊工具、以及人們分享自訂內容等方面都將會有極大的成長。比起以往任何時候，使用者介面設計者正面臨著很大的挑戰，並且分擔人際關係發展的責任。讓我們好好利用這個機會，創造一個更美好的世界。

研究者的議題

介面設計者能朝向更高階的目標邁進，例如世界和平、完善的醫療照顧、能源效率、適當的培訓計劃、和安全的運輸。除了基本的需求之外，設計師應該渴望推動全民教育的理想、改進通訊方式、能自由的表達、支援創意探索、以及援助的建設性娛樂環境。若可以清楚說明可評估的目標、得到專家的參與、和設計有效的人機介面，則電腦技術可以幫助我們達成這些高階目標。設

計的考量包括：把注意力放在使用者間的個別差異上；支援社會和組織結構；信賴度和安全性的設計；讓年長者、身體不便、或未受教育者都可使用；以及適當的使用者控制調適。

在新裝置、普遍可用性、和創意支援的目標下，包含了許多具有雄心的研究計畫。以恐怖事件的防範、災難應變、國際發展、醫療資訊、電子商務和政府服務為例，因為這些改變所造成的影響是如此之大，所以都是早期最吸引人的研究。若要提供新的服務給不同的使用者，我們就需要有效的理論和嚴謹的經驗研究，以達到容易學習、快速的效能、低錯誤率、和好的記憶維持力等目標，並同時保持高度的主觀滿意度。

全球資訊網資源

http://www.aw.com/DTUI

處理電腦使用倫理、社會影響、和公共政策的組織，正盡力達成電腦和資訊服務的最大功效。這些組織提供使用者成為行動主義者的方法。

參考資料

Asaro, Peter, How just could a robot war be?, in Brey, Philip, Briggle, Adam, and Waelbers, Katinka (Editors), *Current Issues in Computing and Philosophy*, IOS Publishers, Amsterdam, The Netherlands (2008), 50–64.

Atkinson, Robert D. and Castro, Daniel D., *Digital Quality of Life: Understanding the Personal and Social Benefits of the Information Technology Revolution*, Information Technology and Innovation Foundation, Washington, D.C. (October 2008). Available at http://www.itif.org/files/DQOL.pdf.

Berners-Lee, T., Hall, W., Hendler, J., Shadbolt, N., and Weitzner, D., Creating a science of the Web, *Science* 313, 11 (August 2006), 769–771.

Blevis, Eli, Sustainable interaction design: Invention & disposal, renewal & reuse. *Proc. CHI 2007 Conference: Human Factors in Computing Systems*, ACM Press, New York (2007), 503–512.

Fogg, B.J., *Persuasive Technology: Using Computers to Change What We Think and Do*, Morgan Kaufmann, San Francisco, CA (2002).

Friedman, Batya, Kahn, Peter H., Jr., and Borning, Alan, Value sensitive design and information systems, in Zhang, P. and Galletta, D. (Editors), *Human-Computer Interaction in Management Information Systems: Foundations*, M. E. Sharpe, Armonk, New York (2006), 348–372.

Friedman, B., Lin, P., and Miller, J. K., In Cranor, L. and Garfinkel, S. (Eds.) Informed consent by design, in *Security and Usability: Designing Secure Systems That People Can Use*, O'Reilly Media, Sebastopol, CA (2005), 495–521.

Hanks, Kristin, Odom, William, Roedl, David, and Blevis, Eli, Sustainable millennials: Attitudes towards sustainability and the material effects of interactive technologies, *Proc. CHI 2008 Conference: Human Factors in Computing Systems*, ACM Press, New York (2008), 333–342.

Himma, Kenneth E. and Tavani, Herman T. (Editors), *The Handbook of Information and Computer Ethics*, John Wiley & Sons, Hoboken, NJ (2008).

Hochheiser, Harry and Lazar, Jonathan, HCI and societal issues: A framework for engagement, *International Journal of Human-Computer Interaction* 23, 3 (2007), 339–374.

Holmes, Tiffany, Eco-visualization: Combining art and technology to reduce energy consumption, *Proc. ACM Conference on Creativity and Cognition*, ACM Press, New York (2007), 153–162.

Lazar, Jonathan (Editor), *Universal Usability: Designing User Interfaces for Diverse Users*, John Wiley & Sons, New York (2007).

Maloney-Krichmar, Diane and Preece, Jennifer, A multilevel analysis of sociability, usability, and community dynamics in an online health community, *ACM Transactions on Computer Human Interaction* 12, 2 (June 2005), 201–232.

Mumford, Lewis, *Technics and Civilization*, Harcourt Brace and World, New York (1934).

National Academy of Sciences, *Protecting Individual Privacy in the Struggle Against Terrorists*, National Academies Press, Washington, D.C. (2008).

National Telecommunications and Information Administration, U. S. Dept. of Commerce, *Networked Nation: Broadband in America*, Washington, D.C. (January 2008). Available at http://www.ntia.doc.gov/reports/2008/NetworkedNationBroadbandinAmerica2007.pdf.

Norman, Don, *The Design of Future Things*, Basic Books, New York (2007).

Penzias, Arno, *Ideas and Information*, Simon and Schuster, New York (1989).

Shirky, Clay, *Here Comes Everybody: The Power of Organizing Without Organizations*, Penguin Press, New York (2008).

Shneiderman, Ben, Creativity support tools: Accelerating discovery and innovation, *Communications of the ACM* 50, 12 (December 2007), 20–32.

Shneiderman, Ben, Science 2.0, *Science* 319, Issue 5868 (March 7, 2008), 1349–1350.

Shneiderman, Ben, Universal usability: Pushing human-computer interaction research to empower every citizen, *Communications of the ACM* 43, 5 (2000), 84–91.

Shneiderman, Ben and Preece, Jennifer, 911.gov, *Science* 315, Issue 5814 (February 16, 2007), 944.

Sterling, T. D., Guidelines for humanizing computerized information systems: Areport from Stanley House, *Communications of the ACM* 17, 11 (November 1974), 609–613.

Thompson, Clive, Brave new world of digital intimacy, *New York Times Sunday Magazine* (14 September 2008), 42ff.

Weizenbaum, Joseph, *Computer Power and Human Reason*, W. H. Freeman, San Francisco, CA (1976).

Whitworth, Brian and De Moor, Aldo (Editors), *Handbook of Research on Socio-Technical Design and Social Networking Systems*, IGI Global, Hershey, PA(2009).

Yin, R. K., *Case Study Research: Design and Methods, Third Edition*, Sage Publications, Thousand Oaks, CA (2003).

致謝

圖1.1	Mac OS X® © 2008 Apple, Inc. All Rights Reserved; Facebook © 2008. All Rights Reserved; eBay © 1995–2008 eBay Inc. All Rights Reserved. Designated trademarks and brands are the property of their respective owners.
圖1.2	Microsoft®Windows Vista® © 2008 Microsoft Corp. All Rights Reserved; Picasa™ © 2008 Google. All Rights Reserved; Many Eyes © IBM Corporation 1994, 2008. All Rights Reserved; University of Maryland © 2008 University of Maryland. All Rights Reserved.
圖1.3	iTunes® © 2008 Apple Inc. All Rights Reserved.
圖1.4	© 1996–2008 Amazon. All Rights Reserved.
圖1.5	© 2008 YouTube, LLC; Sony™ Playstation®3 Untold Legends™ © 2008 Sony Corporation of America.
圖1.6	Courtesy United States Library of Congress.
圖1.7	Firefox® 3.0 © 1998–2008 Contributors. All Rights Reserved. Firefox and the Firefox logos are trademarks of the Mozilla Foundation. All Rights Reserved; Kayak.com © 2008 Kayak.com. All Rights Reserved.
圖1.8	Blackberry® Curve™ © 2009 Research In Motion® (RIM®) Limited; Apple® iPhone™ © 2009 Apple Inc. All Rights Reserved; HTC © 2009 HTC Corporation. All Rights Reserved; Android™ © Google Inc.
圖1.10	Guitar Hero™ © Activision Publishing, Inc. Activision™ is a registered trademark. All Rights Reserved.
圖1.11	© 2008 Yahoo! Inc. All Rights Reserved.
圖1.12A–B, 1.13	© 2008 Google. All Rights Reserved.
圖1.14	Autodesk® Inventor™ © 2008 Autodesk, Inc. All Rights Reserved; Worm Gear Component Generator © 2008 Townsend Engineering. All Rights Reserved.
圖1.15	LeapFrog® Tag™ Reading Basics © LeapFrog Enterprises, Inc. All Rights Reserved.
圖1.16	Courtesy of International Children's Digital Library Foundation (http://www.childrenslibrary.org/).
圖3.2	© 2008 IBM Corporation. Reproduced by permission from International Business Machines Corporation (IBM) web site. All Rights Reserved.
表3.1	© 2005 by Elsevier Inc. All Rights Reserved. Morgan Kaufmann Publishers is an imprint of Elsevier.
圖3.3	Courtesy of Catherine Plaisant and University of Baltimore, KidsTeam (Nancy Kaplan).
圖3.4	© Dr. Allison Druin. Reprinted with permission.
圖4.1, 4.3	© CURE Center for Usability Research & Engineering.

圖4.2	Reproduced courtesy of U.S. Government.
圖4.4	© 1998–2009 Mangold International GmbH.
圖4.5	© Tracksys 2006–2007.
圖4.6	© 2006 UserWorks, Inc.
表4.1	© University of Maryland. All Rights Reserved.
圖4.7	Google's Chrome™ browser © 2008 Google. All Rights Reserved.
圖4.8	ExperiScope courtesy of Guimbretière et al., 2007.
圖5.1	From Wang et al., Aligning temporal data by sentinel events: discovering patterns in electronic health records. In Proceeding of the Twenty-Sixth Annual SIGCHI Conference on Human Factors in Computing Systems (Florence, Italy, April 05–10, 2008). CHI '08. ACM, New York, NY, 457–466. © 2008 ACM, Inc. All Rights Reserved.
圖5.4	Xerox Star 8010 with the ViewPoint™ system courtesy of Xerox Corporation.
圖5.6	ArcGIS™ by ESRI™ © 1995–2009 ESRI. All Rights Reserved.
圖5.7	Courtesy of Catherine Plaisant.
圖5.8	Spore™ © 2008 Electronic Arts Inc. Electronic Arts, EA, the EA logo and Spore are trademarks or registered trademarks of Electronic Arts Inc. in the U.S. and/or other countries. All Rights Reserved.
圖5.9, 5.10	© 2008 The Dashboard Spy. This reproduction courtesy of The Dashboard Spy (http://dashboardspy.com).
圖5.11	© 2003 A. Olson, The Scripps Research Institute (TSRI).
圖5.12	Ambient™ Energy Joule © 2008 Ambient Devices, Inc. All Rights Reserved.
圖5.13	Jitterbug® OneTouch™ © GreatCall, Inc.
圖5.14	Second Life® © 2009 Linden Research, Inc. All Rights Reserved.
圖5.15	EverQuest®, EverQuest II® © 2008 Sony Corporation of America. All Rights Reserved.
圖5.16	Courtesy of the Telepathology Lab at the University of Pittsburgh.
圖5.17	da Vinci® Surgery System © 2008 Intuitive Surgical, Inc. All Rights Reserved.
圖5.18	Courtesy of NASA.
圖5.19	Courtesy of Dave Pape, Department of Media Study, University of Buffalo.
圖5.20	©2008 Virtually Better, Inc.®. All Rights Reserved.
圖5.21	© 1999–2005 by Fifth Dimension Technologies. All Rights Reserved.
圖5.22	© Fakespace, Inc.
圖6.4, 6.20	© 2006–2009 Zumobi, Inc.
圖6.6	The Sims™ © 2008 Electronic Arts Inc. Electronic Arts, EA, the EA logo and Spore are trademarks or registered trademarks of Electronic Arts Inc. in the U.S.

	and/or other countries. All Rights Reserved; Palantir pie menus © 2008 Palantir Technologies. All Rights Reserved.
图6.8, 6.13	© 1990–2009 Peapod, LLC All rights Reserved.
图6.9	Epicurious © 2009 CondéNet, Inc. All Rights Reserved.
图6.10	© 2009 craigslist, inc.
图6.11	Flickr © 2009 Yahoo! Inc. All Rights Reserved.
图6.12	© 2009 Alamo Rent ACar. All Rights Reserved.
图6.14	© Shopping.com. All Rights Reserved.
图6.15	© 1995–2008 eBay Inc. All Rights Reserved.
图6.17	© 2009 Yahoo! Inc. All Rights Reserved.
图6.19	Reprinted with permission of Francois Guimbretière, University of Maryland.
图6.20	Reprinted from Bergman, E. Information Appliances and Beyond, p. 91/4.4. © 2000 Morgan Kaufmann Publishers. Reprinted with permission from Elsevier.
图7.1	Courtesy J. K. Jacob, Naval Research Laboratory.
图7.2	Cognitive Tutor® software from Carnegie Learning, Inc.® © 2008 Carnegie Learning, Inc. All Rights Reserved.
图8.2	Blackberry® © 2009 Research In Motion® (RIM®) Limited; Nokia Smartphone © 2009 Nokia. All Rights Reserved.
图8.4	Apple® iPhone™ © 2009 Apple Inc. All Rights Reserved.
图8.5	© 2009 Palm, Inc. All Rights Reserved.
图8.6	Apple® wireless mouse, Microsoft®Wireless IntelliMouse® © PalmSource
图8.7	Logitech® Trackman® Wheel © 2009 Logitech. All Rights Reserved.
图8.8	Saitek™ X45 Flight System © Mad Catz Interactive, Inc.; X-Plane™ © Laminar Research.
图8.10	© 2004 Larry Ravitz. Used with permission.
图8.11	Courtesy of Trace R & D Center, University of Wisconsin-Madison.
图8.12	Courtesy of Touch Graphics Company, USA, 2004.
图8.13	Courtesy of Jean-Pablo Hourcade. From ACM Transactions on Computer-Human Interaction
图11, 4	(December 2004), 357–386. © 2004, ACM, Inc. All Rights Reserved.
图8.14	Courtesy of Sheelagh Carpendale, University of Calgary, Alberta, Canada.
图8.15	Pulse™ Smartpen © 2007–2008 Livescribe, Inc. All Rights Reserved.
图8.16	QX3™ Microscope © 2002 Digital Bluet ™ and Prime Entertainment Inc. All Rights Reserved.
图8.17	Amazon Kindle™ © Amazon.com, Inc.; E-Ink® technology © 1997–2005 E-Ink Corporation.

圖8.18	Courtesy of Maryland State Highway Administration.
圖8.19	Courtesy of Princeton University, Immersive Media Systems.
圖8.20	Courtesy of Francois Guimbretière.
圖8.21	Courtesy of Chris North, VirginiaTech.
圖8.22	© Seiko Watch Corporation; E-Ink® technology © 1997–2005 E-Ink Corporation.
圖8.23	© Windsor Interfaces, Inc.
圖9.2	University of Maryland's Between the Columns magazine © 2008 University of Maryland. All Rights Reserved.
圖9.3	© 2008 Google. All Rights Reserved.
圖9.4	Apple® iPhone™ © 2009 Apple Inc. All Rights Reserved.
圖9.6	Blogger.com © 2008 Google. All Rights Reserved.
圖9.7	Courtesy Wikipedia.com.
圖9.8	Courtesy of John Gruber (www.daringfireball.net).
圖9.9	© 2009 Bob Willmot. All Rights Reserved.
圖9.10	Courtesy Los Angeles County Office of Education.
圖9.11	© Sentry Parental Controls 2005–2008 All Rights Reserved.
圖9.12	© 2009 Hewlett-Packard Development Company, L.P.
圖9.13, 9.16	© 2009 SMART Technologies ULC.
圖9.14	Halkia, M., Local, G., Building the Brief: Action and Audience in Augmented Reality. In: Stephanides, C., (Ed), Universal Access in HCI: Inclusive Design in the Information Society, v.4. Lawrence Erlbaum Associates: London 2003 pp. 389–393 (figure 3 is on page 392).
圖10.1	Courtesy Paul Davis, University of Maryland. All Rights Reserved.
圖11.1	Reprinted from Staggers, Nancy. Impact of Screen Density on Clinical Nurses' Computer Task Performance and Subjective Screen Satisfaction. International Journal of Man-Machine Studies 39, 5. November 1993, 775–792. © 1993 Academic Press, reprinted with permission from Elsevier.
圖11.3	Reprinted with permission from Sears, Andrew. Layout Appropriateness: AMetric for Evaluating User Interface Widget Layout. IEEE Transactions on Software Engineering 19, 7 (1993) 707–719. © 1993 IEEE.
圖11.4	© 2008 Google. All Rights Reserved; © 1995–2008 craigslist, inc. All Rights Reserved.
圖11.5	Courtesy EASYCODE. All Rights Reserved.
圖11.8	Reprinted with permission from Plaisant et al., Image Browsers: Taxonomy and Design Guidelines. IEEE Software 12, 2 (March 1995), 21–32. © 1993 IEEE.
圖11.9	From Sarkar and Brown, Graphical Fisheye Views. Communications of the ACM 37, 12 (July 1994), 73–84. © 1994, ACM, Inc. All Rights Reserved.

图12.1	© 2008 Adobe Systems Incorporated. All Rights Reserved.
图12.2	© 2009 General Electric Company. All Rights Reserved.
图12.5	Refworks © 2008. All Rights Reserved.
图12.6, 12.9	© 2008 Microsoft Corp. All Rights Reserved.
图12.8	© 2008 Vanguard Car Rental USA, Inc. All Rights Reserved.
图12.10	© 2008 Palm Beach County, FL.
图12.11	Courtesy of National Institutes of Health.
图12.12	© 2008 priceline.com Incorporated.
图12.13	© Tele Atlas BV 2009. All Rights Reserved.
图12.14	© 2008 Google. All Rights Reserved.
图13.1	Courtesy of the Library of Congress.
图13.3	© The NCSU Libraries. All Rights Reserved.
图13.4	© 2008 ProgrammableWeb.com. All Rights Reserved.
图13.5	© 1999–2008 Blue Nile, Inc. All Rights Reserved.
图13.6	Courtesy Flamenco Search, UC Berkeley School of Information.
图13.7	© 2009 The Hive Group. All Rights Reserved.
图14.1	Courtesy of Seesoft. All Rights Reserved.
图14.2	© 2002 by W. Bradford Paley. All Rights Reserved.
图14.3	Image courtesy of Sara Steger, created with Wordle at http://www.wordle.net/. Used per the terms of the Creative Commons Attribution 3.0 United States License. The clever and free Wordle web site was created by Jonathan Feinberg.
图14.4	© 2008 New York Times Company. All Rights Reserved.
图14.5	ThemeView (formerly ThemeScape™) © 2008 ThemeView. All Rights Reserved.
图14.6	© 2008 Tableau Software. All Rights Reserved.
图14.7	TableLens® © 2008 SAP AG. All Rights Reserved.
图14.8	© 2009 Generation Grownup, LLC.
图14.9	© 2008 University of Maryland. All Rights Reserved.
图14.10	Courtesy of PARC.
图14.11	StarTree™ hyperbolic tree browser © 2008 SAP AG. All Rights Reserved; SpaceTree © University of Maryland. All Rights Reserved.
图14.12	© 2008 Social Action. All Rights Reserved.
图14.13	© 2008 NSpaceLabs, Inc. All Rights Reserved.
图14.14	© University of Maryland. All Rights Reserved.
图14.15	GeoTime™ © 2002, 2003, 2004, 2005, 2006, 2007, 2008, 2009 Oculus Info Inc. and Others. All Rights Reserved. Oculus and Oculus Info are trademarks of Oculus Info Inc.

作者簡介

Ben Shneiderman

Ben Shneiderman是美國馬里蘭大學（University of Maryland）資訊科學系教授、人機互動實驗室（http://www.cs.umd.edu/hcil）的創辦人（1983–2000），以及Institute for Advanced Computer Studies和Institute for Systems Research的成員。他是ACM和AAAS會士，並獲得ACM CHI（人機互動）的終身成就獎。他的著作、論文、最常講授的課程，讓他成為此一新興學科中的知名領導人物。他的休閒娛樂包括騎自行車、健行、滑雪和旅行。

Catherine Plaisant

Catherine Plaisant是美國馬里蘭大學Advanced Computer Studies人機互動實驗室的助理研究員。她在1982年取得法國工程博士學位，並開始人機互動領域的研究。1987年，她加入Shneiderman教授在馬里蘭大學的團隊，參與了人機互動領域的成長過程。她的研究，範圍從集中式互動技術到創新的視覺化技術，並且透過業界夥伴將使用者研究實作成實際的應用。

致謝

協力作者

Maxine S. Cohen

Maxine S. Cohen是美國佛州諾瓦大學（Nova Southeastern University）資訊科學研究所教授，專門教授研究所的人機互動課程。在加入諾瓦大學之前，她曾於IBM的User Centered Design部門工作，而更早期則是在紐約州立大學（State University of New York）賓漢頓校區的湯瑪士‧華生工程與應用科學學院擔任電腦科學系的教師。她在HCI領域已有經超過20年的經驗。她於佛蒙特大學（University of Vermont）取得學士（數學）和碩士（電腦科學）學位，並於紐約州立大學賓漢頓分校取得博士（系統科學）學位。

Steven M. Jacobs

Steven M. Jacobs最近剛從美國南加州大學以及航空業退休，現任北亞利桑那大學（Northern Arizona University）的兼任教師。他以前曾在加州Carson的Northrop Grumman Mission Systems工作。Jacobs所管理的工程師，是專為政府與商業應用開發各類使用者介面和Web應用軟體。他也在美國南加州大學當了17年的兼任助理教授，發展並教授電腦科學研究所的使用者介面設計與人因工程學課程。他也在加州大學洛杉磯分校（UCLA）和ACM教授相同主題的短期課程。他在UCLA取得電腦科學碩士學位，並在蒙茅斯大學（Monmouth University）（新澤西州）取得數學學士學位。

國家圖書館出版品預行編目資料

人機介面設計 / Ben Shneiderman, Catherine
　Plaisant 原著；賴錦慧翻譯. -- 五版. --
　臺北市：臺灣培生教育, 2009.12
　　面； 公分
　　譯自：Designing the user interface : strategies
for effective human-computer interaction
　　　　ISBN 978-986-154-943-9(平裝)

　1. 人機界面 2. 電腦界面
312.014　　　　　　　　　98023467

人機介面設計

原　　　　著	Ben Shneiderman, Catherine Plaisant
協 力 作 者	Maxine S. Cohen, Steven M. Jacobs
譯　　　　者	賴錦慧
發 　行 　人	郭魯中
主　　　　編	陳慧玉
內 頁 設 計	林娟如・廖秀貞
封 面 設 計	陳韋勳
美 編 印 務	楊雯如
發 　行 　所 出 　版 　者	台灣培生教育出版股份有限公司 地址／台北市重慶南路一段 147 號 5 樓 電話／ 02-2370-8168 傳真／ 02-2370-8169 網址／ www.Pearson.com.tw E-mail ／ Hed.srv.TW@Pearson.com
台 灣 總 經 銷	台灣東華書局股份有限公司 地址／台北市重慶南路一段 147 號 3 樓 電話／ 02-2311-4027 傳真／ 02-2311-6615 網址／ www.tunghua.com.tw E-mail ／ service@tunghua.com.tw
香 港 總 經 銷	培生教育出版亞洲股份有限公司 地址／香港鰂魚涌英皇道 979 號（太古坊康和大廈 2 樓） 電話／ 852-3180-0000　傳真／ 852-2564-0955
出 版 日 期	2010 年 6 月初版一刷
I　S　B　N	978-986-154-943-9

版權所有・翻印必究

Authorized Translation from the English language edition, entitled DESIGNING THE USER INTERFACE: STRATEGIES FOR EFFECTIVE HUMAN-COMPUTER INTERACTION, 5th Edition by SHNEIDERMAN, BEN; PLAISANT, CATHERINE; COHEN, MAXINE; JACOBS, STEVEN, published by Pearson Education, Inc, publishing as Addison-Wesley, Copyright © 2010, 2005, 1998 Pearson Higher Education.

All rights reserved. No part of this book may be reproduced or transmitted in any form or by any means, electronic or mechanical, including photocopying, recording or by any information storage retrieval system, without permission from Pearson Education, Inc.

CHINESE TRADITIONAL language edition published by PEARSON EDUCATION TAIWAN, Copyright © 2010.